“十二五”江苏省高等学校重点教材
编号：2015-2-080
江苏高校品牌专业建设工程资助项目

高等代数选讲

GAODENG DAISHU XUANJIANG

主 编 朱世平 郭曙光 张 勇

南京大学出版社

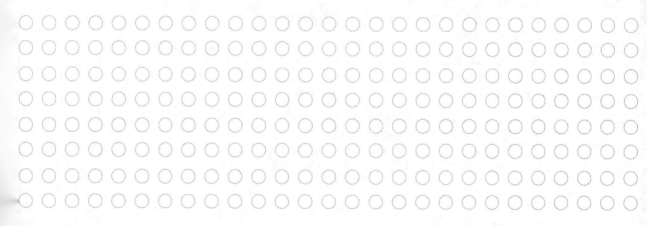

内容简介

本书主要是对高等代数的内容和方法进行梳理、归纳和补充，并紧扣“选讲”课程的根本任务，突出重要结论和常用技巧以及概念的相互联系，内容包括多项式、行列式、线性方程组、矩阵、二次型、线性空间、线性变换、λ-矩阵、欧氏空间等内容.

图书在版编目(CIP)数据

高等代数选讲 / 朱世平，郭曙光，张勇主编.
-- 南京：南京大学出版社，2016.9(2022.7 重印)
ISBN 978-7-305-17686-9

Ⅰ. ①高… Ⅱ. ①朱… ②郭… ③张… Ⅲ. ①高等代数—高等学校—教学参考资料 Ⅳ. ①O15

中国版本图书馆 CIP 数据核字(2016)第 238981 号

出版发行 南京大学出版社
社　　址 南京市汉口路 22 号　　邮　编 210093
出 版 人 金鑫荣

书　　名 高等代数选讲
主　　编 朱世平　郭曙光　张　勇
责任编辑 刘　飞　蔡文彬　　编辑热线 025-83592148

照　　排 南京南琳图文制作有限公司
印　　刷 常州市武进第三印刷有限公司
开　　本 787×1092　1/16　印张 16　字数 400 千
版　　次 2016 年 9 月第 1 版　2022 年 7 月第 3 次印刷
ISBN 978-7-305-17686-9
定　　价 42.00 元

网址：http://www.njupco.com
官方微博：http://weibo.com/njupco
官方微信号：njuyuexue
销售咨询热线：(025) 83594756

前　言

本书是在教学团队自1999年起至今执教数学与应用数学(师范类)专业《高等代数选讲》课程的讲义基础上形成的,主要是对高等代数的内容和方法进行梳理、归纳和补充,包括多项式、行列式、线性方程组、矩阵、二次型、线性空间、线性变换、λ-矩阵、内积空间等内容.

本教材紧扣"选讲"课程的根本任务,突出重要结论和常用技巧以及概念的相互联系,提高学生对代数知识的掌握和学生的代数素养;强化解题方法指导,注重学生实战经验的提高,尽可能多地采用近几年的考研原题作为例题,并对这些考研题做方法的总结;设置合理的难度梯度,使学生能从简单问题到复杂问题逐步提高认识水平和解题能力.以普通本科院校学生实际为出发点,力争将思想方法系统化,使学生对理论、方法做到融会贯通,以夯实基础,拓宽思路,提升数学素养.突破传统教材编写手法与体例,按照考研复习的"全面了解、重点掌握、精做深思"的一般规律来安排教材各章节的编写内容,做到既循序渐进又重点突出.突出高等代数中矩阵方法的中心地位,强化矩阵思想在课程中的主导地位,培养和提高学生应用矩阵思想方法解决问题的能力.融入典型考研题和反映最新导向的考研题,强化解题方法与技巧的研究与解析,尽量将抽象问题具体化,复杂问题简单化.通过注解的方式对例题和习题解法和用法的一般性推广做出说明,便于学生进一步深入了解相关内容.

本教材作为《高等代数选讲》课程讲义已在我院"数学与应用数学(师范类)"、"信息与计算科学"、"统计学"三个本科专业使用了15届.

教材出版后,可供数学类专业《高等代数选讲》课程的教材和研究生考试的辅导教材,也可作为《高等代数》课程的学习参考书、教师的参考书.

本书共九章,其中郭曙光教授负责了1、5、9章节的编写,朱世平副教授负责了3、4、6、7章节的编写,张勇副教授负责了2、8章节的编写.

本书在编写过程中引用了少量同类教材的内容,没有注释标出,敬请原谅.对本书存在的问题和疏漏,我们诚恳地希望听到广大学生、教师的意见、建议和批评.

本书在编写过程中,得到南京大学出版社等的大力支持,在此,谨表谢忱!

编　者

2016.6

目　录

第一章 多项式

码上学习

一元多项式理论的主要内容可归纳为：

① 一般理论，包括数域 P 上的一元多项式环的概念、运算、导数及基本性质.

② 整除性理论，包括整除、最大公因式、互素的概念与性质.

③ 因式分解理论，包括不可约多项式、因式分解、重因式、实系数与复系数多项式的因式分解、有理系数多项式不可约的判定.

④ 根的理论，包括多项式函数、多项式的根、代数学基本定理、有理系数多项式的有理根求法、根与系数的关系等.

重点是整除与因式分解的理论，最基本的是带余除法定理、最大公因式的存在表示定理、因式分解唯一性定理.

难点是最大公因式的性质、多项式互素的性质、不可约多项式的概念及性质、有理系数多项式不可约性的判别.

第一节 数域 P 上的一元多项式环

1. 基本内容

(1) 数域的定义，基本数域.

(2) 一元多项式(零多项式)，多项式的次数. 多项式的相等，多项式的运算，一元多项式环.

(3) 关于一元多项式的运算的基本结论：

① 多项式的加法、减法和乘法满足一些运算规律.

② $\deg(f(x)+g(x))\leqslant\max(\deg(f(x)),\deg(g(x)))$,

$\deg(f(x)g(x))=\deg(f(x))+\deg(g(x))$.

③ 多项式乘积的常数项(最高次项系数)等于因子的常数项(最高次项系数)的乘积.

2. 难点解析与重要结论

① 多项式是代数学的基本研究对象之一，它与方程、线性空间、矩阵理论等都有联系，同时，还与将来进一步学习代数时遇到的环、有限域等有联系. 多项式的因式分解问题是多项式的核心问题，多项式的因式分解与系数的取值范围有关，例如，关于多项式 x^3-1，看成有理系数、实系数或复系数多项式，它们的因式分解情况各不相同. 数域的引入使得我们可以更为一般地讨论多项式的因式分解.

② 多项式 $f(x)=a_nx^n+a_{n-1}x^{n-1}+\cdots+a_0$ 中的“x”是一个符号(教材称之为文字),它可以是未知数,可以是矩阵,可以是线性变换等. 这样,就使得我们可以利用多项式讨论更为广泛的代数对象. 数域 P 上的多项式的全体构成的集合 $P[x]$关于加法和乘法构成环,也关于加法和数乘构成线性空间.

3. 基本题型与方法

关于一元多项式的基本概念,通常有一元多项式的比较次数法、比较系数法,用以确定多项式的次数及证明有关命题.

(1) 数域的判定

【例 1.1】 证明:数集 $Q(\sqrt{2}\mathrm{i})=\{a+b\sqrt{2}\mathrm{i}\mid a,b\in Q\}$作成一个数域. 又问:此数域是否包含$\sqrt{2}$?

证 任取 $a+b\sqrt{2}\mathrm{i},c+d\sqrt{2}\mathrm{i}(a,b,c,d\in Q)$,则

$$a+b\sqrt{2}\mathrm{i}-c-d\sqrt{2}\mathrm{i}=(a-c)+(b-d)\sqrt{2}\mathrm{i}\in Q(\sqrt{2}\mathrm{i}).$$

又当 $a+b\sqrt{2}\mathrm{i}\neq 0$ 时,显然 $a-b\sqrt{2}\mathrm{i}\neq 0$,且

$$\frac{c+d\sqrt{2}\mathrm{i}}{a+b\sqrt{2}\mathrm{i}}=\frac{(c+d\sqrt{2}\mathrm{i})(a-b\sqrt{2}\mathrm{i})}{(a+b\sqrt{2}\mathrm{i})(a-b\sqrt{2}\mathrm{i})}=\frac{ac+2bd}{a^2+2b^2}+\frac{ad-bc}{a^2+2b^2}\sqrt{2}\mathrm{i}\in Q(\sqrt{2}\mathrm{i}).$$

故数集 $Q(\sqrt{2}\mathrm{i})$作成数域.

又$\sqrt{2}\notin Q(\sqrt{2}\mathrm{i})$. 因若不然,设$\sqrt{2}=a+b\sqrt{2}\mathrm{i}(a,b\in Q)$,则 $b=0$,$\sqrt{2}=a$. 这与$\sqrt{2}$是无理数,a 是有理数矛盾.

【例 1.2】 证明:若数域 P 包含$\sqrt{2}+\sqrt{3}$,则必包含$\sqrt{2}$与$\sqrt{3}$.

证 因 P 是数域且包含$\sqrt{2}+\sqrt{3}$,故必包含

$$\frac{1}{\sqrt{2}+\sqrt{3}}=\frac{\sqrt{3}-\sqrt{2}}{(\sqrt{2}+\sqrt{3})(\sqrt{3}-\sqrt{2})}=\sqrt{3}-\sqrt{2},$$

以及$(\sqrt{2}+\sqrt{3})\pm(\sqrt{3}-\sqrt{2})$,即 $2\sqrt{3}$与 $2\sqrt{2}$. 从而包含$\sqrt{2}$与$\sqrt{3}$.

注:从证明可知 P 还包含$\sqrt{2}-\sqrt{3}$及$\sqrt{3}-\sqrt{2}$.

【例 1.3】 证明:在实数域 **R** 与复数域 **C** 之间没有别的数域.

证 设 P 是包含 **R** 且比 **R** 大的任一数域,则必有 $a+b\mathrm{i}\in P$,其中 $a,0\neq b\in \mathbf{R}$. 于是 $\mathrm{i}=(a+b\mathrm{i}-a)b^{-1}\in P$. 从而 $P=\mathbf{C}$. 即 **R** 与 **C** 之间没有别的数域.

注:由此题可知,数域绝大部分都是实数域的子域以及包含一部分实数和一部分虚数的数域.

(2) 多项式的运算

【例 1.4】 设 $f(x),g(x)$和 $h(x)$是实系数多项式. 证明若

$$f^2(x)=xg^2(x)+xh^2(x),$$

则必有 $f(x)=g(x)=h(x)=0$. 并请指出有不全为零复系数多项式满足上式.

证 设若 $f(x)\neq 0$,则 $f^2(x)$次数为偶数. 但 $f^2=x(g^2+h^2)$,故 $g^2+h^2\neq 0$ 且 $x(g^2+h^2)$次数为奇数,矛盾. 因此必有 $f=0$. 从而 $g^2(x)+h^2(x)=0$. 又因为 g,h 均为实系数多项式,故若 $g\neq 0$,则必 $h\neq 0$ 且 $g^2(x)+h^2(x)$的次数必大于零,矛盾. 因此 $g=h=0$.

但存在不全为零的复系数多项式 f,g,h 满足上式. 例如 $f=0,g=x,h=\mathrm{i}x$.

【例 1.5】 设 $f(x)=2x^2-3,g(x)=8x^4-6x^2+4x-7$. 请问乘积 $f^3(x)g(x)$的所有系数之和是多少？

分析 此题若把乘积展开求出逐项系数后再求其和，则过程过于繁琐. 然而，若注意到任何多项式 $f(x)$的所有系数之和就是 $f(1)$，问题就迎刃而解.

解 因为 $f(1)=-1,g(1)=-1$，故 $f^3(1)g(1)=1$. 即乘积 $f^3(x)g(x)$的所有系数之和为 1.

第二节　整除、互素、最大公因式

1. 基本内容

(1) 整除的概念及其基本性质.

(2) 带余除法.

① 带余除法定理.

② 设 $f(x),g(x)\in F[x],g(x)\neq 0$，则

$$g(x)\mid f(x)\Leftrightarrow g(x)\text{除 }f(x)\text{的余式 }r(x)=0.$$

因此，多项式的整除性不因数域的扩大而改变.

(3) 最大公因式和互素.

① 最大公因式和互素的概念.

② 最大公因式的存在性和求法——辗转相除法.

③ 设 $d(x)$是 $f(x)$与 $g(x)$的最大公因式，则存在 $u(x),v(x)$使得 $f(x)u(x)+g(x)v(x)=d(x)$. 反之不然.

④ $(f(x),g(x))=1\Leftrightarrow\exists u(x),v(x)$, s. t. $f(x)u(x)+g(x)v(x)=1$.

⑤ $f(x)\mid g(x)h(x),(f(x),g(x))=1\Rightarrow f(x)\mid h(x)$.

$f(x)\mid h(x),g(x)\mid h(x),(f(x),g(x))=1\Rightarrow f(x)g(x)\mid h(x)$.

2. 难点解析与重要结论

① 对于数域 P 上的任意两个多项式 $f(x),g(x)$，其中 $g(x)\neq 0$，$g(x)\mid f(x)$的充要条件是 $g(x)$除 $f(x)$的余式为零.

② 若 $f(x)\mid g_i(x),i=1,2,\cdots,r$，则

$$f(x)\mid(u_1(x)g_1(x)+u_2(x)g_2(x)+\cdots+u_r(x)g_r(x)),$$

其中 $u_i(x)$是数域 P 上任意的多项式.

③ 对于 $P[x]$的任意两个多项式 $f(x),g(x)$，在 $P[x]$中存在一个最大公因式 $d(x)$，且 $d(x)$可以表示成 $f(x),g(x)$的一个组合，即有 $P[x]$中多项式 $u(x),v(x)$使 $d(x)=u(x)f(x)+v(x)g(x)$.

④ $P[x]$中两个多项式 $f(x),g(x)$互素的充要条件是在 $P[x]$中存在多项式 $u(x),v(x)$使$u(x)f(x)+v(x)g(x)=1$.

⑤ 设 $f(x),g(x)\in P[x]$，$a,b,c,d\in P$，且 $ad-bc\neq 0$. 则

$$(af(x)+bg(x),cf(x)+dg(x))=(f(x),g(x)).$$

⑥ 如果 $(f(x),g(x))=1$，且 $f(x)\mid g(x)h(x)$，那么 $f(x)\mid h(x)$.

⑦ 如果 $(f(x),g(x))=1$，$(f(x),h(x))=1$，则 $(f(x),g(x)h(x))=1$.

⑧ 如果 $f_1(x)\mid g(x)$，$f_2(x)\mid g(x)$ 且 $(f_1(x),f_2(x))=1$，那么 $f_1(x)f_2(x)\mid g(x)$.

⑨ 判别条件

a. 若首项系数为 1 的多项式 $d(x)$ 是 $f(x)$ 与 $g(x)$ 的最大公因式 $\Leftrightarrow d(x)$ 是 $f(x)$ 与 $g(x)$ 的公因式中的次数最高者，且 $d(x)$ 的首项系数为 1.

b. $(f(x),g(x))=d(x)\Leftrightarrow d(x)$ 为形如：

$f(x)\varphi(x)+g(x)\psi(x)=d(x)$ 的多项式中次数是最低者且首项系数为 1. $\varphi(x),\psi(x)$ 为 $P[x]$ 中任意多项式.

证 $(\Rightarrow)$ 若 $(f(x),g(x))=d(x)$，则存在 $\varphi(x),\psi(x)\in P[x]$，使 $f(x)\varphi(x)+g(x)\psi(x)=d(x)$，若还有 $f(x)\varphi_1(x)+g(x)\psi_1(x)=r(x)$，且 $\partial(r(x))<\partial(d(x))$ 但由 $d(x)\mid f(x)$，$d(x)\mid g(x)$，知 $d(x)\mid r(x)$ 矛盾.

$(\Leftarrow)$ $d(x)$ 是形如 $f(x)\varphi(x)+g(x)\psi(x)=d(x)$ 中次数最低者，需要证明 $d(x)\mid f(x)$，否则有 $f(x)=d(x)q(x)+r(x)$，$r(x)\neq 0$，$\partial(r(x))<\partial(d(x))$. 则

$$f(x)-d(x)q(x)=r(x),$$

$$f(x)-[f(x)\varphi(x)+g(x)\psi(x)]q(x)=r(x),$$

即 $f(x)[1-\varphi(x)q(x)]+g(x)[-\psi(x)q(x)]=r(x)$，这与假设矛盾，故 $d(x)\mid r(x)$.

同理 $d(x)\mid g(x)$，且 $d(x)$ 能被 $f(x)$ 与 $g(x)$ 的其他公因式整除，所以 $(f(x),g(x))=d(x)$.

⑩ $(f_1(x),g_1(x))(f_2(x),g_2(x))=(f_1(x)f_2(x),f_1(x)g_2(x),f_2(x)g_1(x),g_1(x)g_2(x))$.

⑪ 最小公倍式

定义 设 $f(x),g(x)\in P[x]$，若存在 $m(x)\in P[x]$，使 $f(x)\mid m(x)$，$g(x)\mid m(x)$，且 $m(x)$ 能整除 $f(x)$ 与 $g(x)$ 的任一最小公倍式，则称 $m(x)$ 为 $f(x)$ 与 $g(x)$ 的最小公倍式. $f(x)$ 与 $g(x)$ 的首项系数为 1 的最小公倍式记为 $[f(x),g(x)]$. 首项系数为 1 的多项式 $m(x)$ 是 $f(x)$ 与 $g(x)$ 的最小公倍式，当且仅当 $m(x)$ 是 $f(x)$ 与 $g(x)$ 的最小公倍式中次数最低者.

性质 a. 若 $(f(x),g(x))=d(x)$，$f(x)=d(x)f_1(x)$，$g(x)=d(x)g_1(x)$，则 $[f(x),g(x)]=d(x)f_1(x)g_1(x)$.

b. $(f(x),g(x))[f(x),g(x)]=f(x)g(x)$，即有 $[f(x),g(x)]=\dfrac{f(x)g(x)}{(f(x),g(x))}$.

c. 若 $f(x)\mid m(x)$，$g(x)\mid m(x)$，则 $[f(x),g(x)]=m(x)\Leftrightarrow\left(\dfrac{m(x)}{f(x)},\dfrac{m(x)}{g(x)}\right)=1$.

d. $[f(x),g(x)]h(x)=[f(x)h(x),g(x),h(x)]$，($h(x)$ 首项系数为 1).

3. 基本题型与方法

关于一元多项式整除性理论，通常有多项式整除性的检验、最大公因式的求法、互素的判别、按幂展开等等，可采取综合除法、带余除法、辗转相除法、待定系数法、反证法及利用多

项式的整除、最大公因式、互素等定义与性质求证有关命题.

(1) 多项式的带余除法及整除

【例 2.1】 求以下 $g(x)$ 能整除 $f(x)$ 的条件:

(1) $g(x)=x^2-2ax+a^2, f(x)=x^3-3px+2q$;

(2) $g(x)=x^2-2ax+2, f(x)=x^4+3x^2+ax+b$.

分析 利用带余除法求使余式等于零的条件.

解 (1) 用 $g(x)$ 去除 $f(x)$,可得商和余式分别为:

$$q(x)=x-2a, r(x)=3(a^2-p)x+2(q+a^3).$$

令 $r(x)=0$,得 $a^2-p=0, q+a^3=0$,即 $p=a^2, q=-a^3$.

(2) 因 $\deg(f(x))=4, \deg(g(x))=2$,故商必为 2 次,且首系数为 1,令

$$q(x)=x^2+c_1x+c_0, f(x)=g(x)q(x).$$

展开后比较两端同次系数可得:

$$2a-c_1=0, 2-2ac_1+c_0=3,$$
$$2c_1-2ac_0=a, 2c_0-b=0.$$

由此解得:$a=0, b=2(c_1=0, c_0=1)$ 或 $a=\pm\frac{\sqrt{2}}{4}, b=3\left(c_1=\pm\frac{\sqrt{2}}{2}, c_0=\frac{3}{2}\right)$. 这就是 $g(x)$ 整除 $f(x)$ 的条件.

【例 2.2】 设 $f|g_1-g_2, f|h_1-h_2$. 证明:$f|g_1h_1-g_2h_2$.

分析 利用多项式整除性质证明.

证 因为 $f|g_1-g_2, f|h_1-h_2$,故

$$f|h_1(g_1-g_2), f|g_2(h_1-h_2)$$

于是 f 整除 $h_1(g_1-g_2)+g_2(h_1-h_2)=g_1h_1-g_2h_2$.

【例 2.3】 证明:$x-a|x^n-a^n$. 又问:何时 $x+a|x^n-a^n$?

证 因为 $x^n-a^n=(x-a)(x^{n-1}+ax^{n-2}+\cdots+a^{n-2}x+a^{n-1})$,故 $x-a|x^n-a^n$. 又因为当 $n=2k, k\in\mathbf{N}$ 时,有

$$x^n-a^n=(x+a)[(x^{2k-1}-ax^{2k-2})+\cdots+(a^{2k-2}x-a^{2k-1})],$$

故 $x+a|x^n-a^n$.

注:本题也有另外一种证明方法:由于当 $x=a$ 时,$x^n-a^n=0$,故 $x-a|x^n-a^n$;又当 n 为偶数时,$(-a)^n-a^n=0$,故 $x+a|x^n-a^n$. 另外,当 n 为奇数时,由于 $(-a)^n-a^n=-2a^n$,故当 $a\neq 0$ 时,$x+a\nmid x^n-a^n$.

【例 2.4】 证明:$x^m-1|x^n-1\Leftrightarrow m|n$.

证 设 $m|n$ 且 $n=mq$,则

$$x^n-1=(x^m-1)(x^{m(q-1)}+x^{m(q-2)}+\cdots+x^m+1).$$

故 $x^m-1|x^n-1$.

反之,设 $x^m-1|x^n-1$ 且 $n=mq+r, 0\leqslant r<m$. 则

$$x^n-1=x^{mq+r}-1=(x^{mq}-1)x^r+x^r-1,$$

但因为 $x^m-1|x^n-1, x^m-1|x^{mq}-1$,故 $x^m-1|x^r-1$. 又因为 $0\leqslant r<m$,故 $r=0$. 从而 $m|n$.

注:由本题可得:$(x^m-1, x^n-1)=x^d-1\Leftrightarrow(m,n)=d$.

【例 2.5】 设

$$f(x)=x^{50}+x^{49}+\cdots+x+1, g(x)=x^{50}-x^{49}+x^{48}-x^{47}\cdots+x^2-x+1,$$

试证明：$f(x)g(x)$无奇数次项.

分析 应根据 $f(x)$与 $g(x)$的特征来寻求简洁方法.

证 因为易知$(x-1)f(x)=x^{51}-1$，$(x+1)g(x)=x^{51}+1$，故

$$(x^2-1)f(x)g(x)=x^{102}-1.$$

但因为 x^2-1 与 $x^{102}-1$ 无奇数次项，故 $f(x)g(x)$必无奇数次项.

【例 2.6】 证明如果多项式 $f(x)$对任何数 a,b 都有 $f(a+b)=f(a)+f(b)$，则必有 $f(x)=kx$，其中 k 为一常数.

分析 多项式 kx 的特点是常数项为零且次数是 1，只有一根(当 $k\neq 0$ 时). 从假设条件出发，以求 $f(x)$有这些特点.

证 显然，$f(0+0)=f(0)+f(0)$，所以 $f(0)=0$，所以 $f(x)$的常数项为 0. 若 $f(x)=a_nx^n+\cdots+a_1x(a_n\neq 0)$的次数 $n>1$，则必有 $f(x)\neq a_nx^n$. 因为若不然，则由 $f(1+1)=f(1)+f(1)$得：$2^na_n=2a_n$，矛盾. 这样，$f(x)$在复数域中必有根 a，且 $a\neq 0$. 于是又得

$$f(2a)=f(a)+f(a)=0,$$

$$f(ta)=f(a)+f(a)+\cdots+f(a)=0, t\in Z_+.$$

由此得有无穷多根，矛盾，故 $n=1$，从而 $f(x)=kx$.

【例 2.7】 设 $g=x^2-x-2$ 整除 $f=x^4+ax^3+2x^2+bx-2$，求 a,b.

解 直接用整除定义，因为 f 为 4 次，g 为 2 次，故商 q 必为 2 次；又因 f 与 g 的首系数相同，常数项也相同，故商的首系数和常数项都必为 1. 于是设 $q=x^2+kx+1$ 且

$$x^4+ax^3+2x^2+bx-2=(x^2-x-2)(x^2+kx+1),$$

比较两端同次项系数，得

$$a=k-1, 2=-1-k, b=-1-2k,$$

由此得 $k=-3$ 且 $a=-4$，$b=5$.

【例 2.8】 求 $g(x)=x^4+x^2+1$ 整除 $f(x)=x^{3m}+x^{3n+1}+x^{3t+2}$ 的条件.

分析 由 $g(x)\mid f(x)$知，$g(x)$的根都是 $f(x)$的根. 再注意到

$$x^6-1=(x^3+1)(x^3-1)=(x^2-1)(x^4+x^2+1),$$

即 x^6-1 的根除± 1 外都是 x^4+x^2+1 的根，且其中两个根还是三次单位根.

解 设 ε 是三次原根，则 $\varepsilon^3=1$ 且 $\varepsilon^2+\varepsilon+1=1$. 由此可知，$g(x)$的四根为$\pm\varepsilon$，$\pm\varepsilon^2$. 故 $g\mid f\Leftrightarrow\pm\varepsilon$，$\pm\varepsilon^2$ 都是 f 的根. 但由 $\varepsilon^2+\varepsilon+1=1$ 知 $f(-\varepsilon)=f(-\varepsilon^2)=0$. 故 $g\mid f\Leftrightarrow f(\pm\varepsilon)=f(\pm\varepsilon^2)=0$.

将$-\varepsilon$，$-\varepsilon^2$ 代入 $f(x)$验算，并由 $\varepsilon^2+\varepsilon+1=1$ 可知：

$$f(-\varepsilon)=(-1)^m+(-1)^{n+1}\varepsilon+(-1)^t\varepsilon^2,$$

$$f(-\varepsilon^2)=(-1)^m+(-1)^{n+1}\varepsilon^2+(-1)^t\varepsilon.$$

故 $g\mid f\Leftrightarrow$以上二式为零，亦即 m,t 为奇数而 n 为偶数或 m,t 为偶数而 n 为奇数.

【例 2.9】 证明：若 $x-1\mid f(x^n)$，则 $x^n-1\mid f(x^n)$.

证 因为 $x-1\mid f(x^n)$，故 $f(1)=f(1^n)=0$. 设 ε 为任意 n 次单位根，则

$$f(\varepsilon^n)=f(1)=0.$$

即 ε 为 $f(x^n)$的根. 故 x^n-1 的根都是 $f(x^n)$的根，因此 $x^n-1\mid f(x^n)$.

【例 2.10】 一个多项式 $f(x)$可以唯一地表示成另一个多项式 $g(x)$，$(\partial(g(x))\geqslant 1)$的

多项式,即:

$$f(x)=r_m(x)g^m(x)+r_{m-1}(x)g^{m-1}(x)+\cdots+r_1(x)g(x)+r_0(x) \tag{1}$$

其中 $r_i(x)\in P[x]$,$r_i(x)=0$ 或 $\partial(r_i(x))<\partial(g(x))$,$i=0,1,2,\cdots,m$,且这种表示法唯一.

证 可重复应用带余除法即得.

(2) 最大公因式的计算和证明

【例 2.11】 证明:$(f(x)g(x),f(x)+g(x))=1\Leftrightarrow(f(x),g(x))=1$.

分析 关键是利用$(f(x),g(x))=1\Leftrightarrow$存在 $s(x)$,$t(x)$,使得 $f(x)s(x)+g(x)t(x)=1$.

证 设$(f(x)g(x),f(x)+g(x))=1$,则存在 $s(x)$,$t(x)$使

$$f(x)g(x)s(x)+(f(x)+g(x))t(x)=1.$$

由此得:

$$f(x)((g(x)s(x)+t(x))+g(x)t(x)=1,$$

故$(f(x),g(x))=1$.

反之,设$(f(x),g(x))=1$,则存在 $u(x)$,$v(x)$有 $f(x)u(x)+g(x)v(x)=1$,于是

$$f(x)(u(x)-v(x))+(f(x)+g(x))v(x)=1,$$

$$g(x)(v(x)-u(x))+(f(x)+g(x))u(x)=1,$$

故$(f,f+g)=(g,f+g)=1$,从而$(fg,f+g)=1$.

【例 2.12】 设 $f(x)$,$g(x)$为两个非零多项式. 证明:

(1) 若对任意 $h(x)$,由 $f(x)|g(x)h(x)$必得 $f(x)|h(x)$,则$(f,g)=1$;

(2) 若对任意 $h(x)$,由 $f(x)|h(x)$,$g(x)|h(x)$必得 $fg|h$,则$(f,g)=1$;

(3) $(f,g)=1\Leftrightarrow$对任意 $h(x)$都有相应的 $s(x)$,$t(x)$使

$$f(x)s(x)+g(x)t(x)=h(x). \tag{1}$$

证 (1) 若不然,设$(f,g)=d$,$\deg(d)>0$,且

$$f(x)=d(x)f_1(x),g(x)=d(x)g_1(x),\deg(f_1)<\deg(f),$$

则 $f(x)|g(x)f_1(x)$,但 $f(x)\nmid f_1(x)$. 与假设矛盾,故必有$(f,g)=1$.

(2) 若不然,同 1 所设,可知有

$$f(x)|g(x)f_1(x),g(x)|g(x)f_1(x),$$

但 $f(x)g(x)\nmid g(x)f_1(x)$,此与假设矛盾. 故必有$(f,g)=1$.

(3) 若$(f,g)=1$,则有 $f(x)u(x)+g(x)v(x)=1$,从而有

$$f(x)s(x)+g(x)t(x)=h(x),$$

其中 $s(x)=u(x)h(x)$,$t(x)=v(x)h(x)$.

反之,若对任意 $h(x)$都有(1)式,则特别地,$h(x)=1$ 也有(1)式,故$(f,g)=1$.

注:(1),(2),(3)表明,具有这些性质的多项式必互素.

【例 2.13】 设 a,b,c,d 为常数,且 $ad-bc\neq0$. 又

$$f_1(x)=af(x)+bg(x),g_1(x)=cf(x)+dg(x).$$

证$(f(x),g(x))=(f_1(x),g_1(x))$.

分析 证明本题的关键是熟悉整除性质和最大公因式定义.

证 令$(f(x),g(x))=d(x)$. 则由条件知:

$$d(x)|f_1(x),d(x)|g_1(x),$$

又若 $h(x)|f_1(x)$,$h(x)|g_1(x)$,则由条件得

$$f(x)=\frac{1}{ad-bc}[df_1(x)-bg_1(x)],$$

$$g(x)=\frac{1}{ad-bc}[ag_1(x)-cf_1(x)].$$

从而可知：$h(x)\mid f(x)$，$h(x)\mid g(x)$. 于是 $h(x)\mid d(x)$，即 $d(x)$ 是 $f_1(x)$，$g_1(x)$ 的最大公因式，故得结论.

（3）多项式互素的判定与证明

【例 2.14】 如果 $f(x)$，$g(x)$ 不全为零，证明：

$$\left(\frac{f(x)}{(f(x),g(x))},\frac{g(x)}{(f(x),g(x))}\right)=1.$$

证 存在 $u(x)$，$v(x)$ 使 $(f(x),g(x))=u(x)f(x)+v(x)g(x)$，又因为 $f(x)$，$g(x)$ 不全为 0，所以 $(f(x),g(x))\neq 0$，由消去律可得

$$1=u(x)\frac{f(x)}{(f(x),g(x))}+v(x)\frac{g(x)}{(f(x),g(x))},$$

所以 $\left(\frac{f(x)}{(f(x),g(x))},\frac{g(x)}{(f(x),g(x))}\right)=1$.

【例 2.15】 证明：如果 $f(x)$，$g(x)$ 不全为零，且 $u(x)f(x)+v(x)g(x)=(f(x),g(x))$，那么 $(u(x),v(x))=1$.

证 由上题证明类似可得结论.

【例 2.16】 证明：如果 $(f(x),g(x))=1$，$(f(x),h(x))=1$，那么 $(f(x),g(x)h(x))=1$.

证 由假设，存在 $u_1(x)$，$v_1(x)$ 及 $u_2(x)$，$v_2(x)$ 使

$$u_1(x)f(x)+v_1(x)g(x)=1 \tag{Ⅰ}$$

$$u_2(x)f(x)+v_2(x)h(x)=1 \tag{Ⅱ}$$

将（Ⅰ）（Ⅱ）两式相乘，得

$[u_1(x)u_2(x)f(x)+v_1(x)u_2(x)g(x)+u_1(x)v_2(x)h(x)]f(x)+[v_1(x)v_2(x)]g(x)h(x)=1$，所以 $(f(x),g(x)h(x))=1$.

【例 2.17】 证明：若 $f(x)$，$g(x)$ 都是数域 P 上次数大于零的多项式，且 $(f(x),g(x))=1$，则存在唯一的 $u(x)$，$\upsilon(x)\in P[x]$，使 $\partial(u(x))<\partial(g(x))$，$\partial(\upsilon(x))<\partial(f(x))$，且有

$$u(x)f(x)+\upsilon(x)g(x)=1.$$

证 只证存在性，唯一性自证.

因 $(f(x),g(x))=1$，故存在 $u_1(x)$，$\upsilon_1(x)\in P[x]$，使

$$u_1(x)f(x)+\upsilon_1(x)g(x)=1. \tag{Ⅰ}$$

若 $\partial(u_1(x))<\partial(g(x))$，$\partial(\upsilon_1(x))<\partial(f(x))$，结论已成立. 否则，由（Ⅰ），若 $\partial(u_1(x))<\partial(g(x))$ 与 $\partial(\upsilon_1(x))<\partial(f(x))$ 不同时成立. 这时，作带余除法，并设

$$u_1(x)=q_1(x)g(x)+u(x), \tag{Ⅱ}$$

$$\upsilon_1(x)=q_2(x)f(x)+\upsilon(x). \tag{Ⅲ}$$

易证其中 $u(x)$，$\upsilon(x)$ 皆不为零. 事实上，若 $u(x)=0$，则（Ⅰ）成为

$$q_1(x)g(x)f(x)+g(x)\upsilon_1(x)=1,$$

于是 $g(x)$ 将整除等式的左端，从而 $g(x)\mid 1$，而这不可能. 同样可知 $\upsilon(x)\neq 0$. 所以

$$\partial(u(x))<\partial(g(x)),\partial(\upsilon(x))<\partial(f(x)), \tag{Ⅳ}$$

将(Ⅱ)与(Ⅲ)代入(Ⅰ)式,得

$[q_1(x)g(x)+u(x)]f(x)+[q_2(x)f(x)+v(x)]g(x)=1$,于是

$$(q_1(x)+q_2(x))f(x)g(x)+u(x)f(x)+v(x)g(x)=1, \quad (\mathrm{V})$$

(Ⅴ)中 $q_1(x)+q_2(x)=0$,否则

$$f(x)g(x)\leqslant\partial((q_1(x)+q_2(x))f(x)g(x)).$$

因(Ⅳ)有

$$\partial(u(x)f(x))<\partial(f(x)g(x)),\partial(v(x)f(x))<\partial(f(x)g(x)).$$

所以,(Ⅴ)左端的次数大于0,而右端次数等于0,矛盾.这样(Ⅴ)为

$$u(x)f(x)+v(x)g(x)=1.$$

而 $\partial(u(x))<\partial(g(x)),\partial(v(x))<\partial(f(x))$,存在性得证.

注:降低式(Ⅰ)中 $u_1(x),v_1(x)$的次数,用带余除法是最常用的方法.

第三节　因式分解理论

1. 基本内容

多项式的因式分解问题是本章的核心问题.多项式的因式分解问题的讨论必须是在一定的数域 P 上进行,为了更好地叙述因式分解唯一性定理,引入了不可约多项式的概念,一个不可约多项式如果整除两个多项式的乘积,那么一定整除其中一个多项式,这一点是因式分解定理的重要依据.多项式的标准分解式使得因式分解规范化.多项式函数的概念有助于理解三个基本数域中的因式分解的结论,通常所提到的多项式函数(例如高等数学中)是定义在实数域上.代数基本定理给出了复数域上因式分解的结论,之所以称为代数基本定理,是由于当时的代数研究还主要停留在多项式理论上.重因式和重根也是讨论因式分解问题的重要工具.以下是主要知识点.

(1) 不可约多项式

① 不可约多项式的概念.

② 不可约多项式 $p(x)$有下列性质:

$$\forall f(x)\in P[x]\Rightarrow p(x)\mid f(x)\text{或}(p(x),f(x))=1,$$

$$p(x)\mid f(x)g(x)\Rightarrow p(x)\mid f(x)\text{或 }p(x)\mid g(x).$$

③ 整系数多项式在有理数域上可约⇔它在整数环上可约.

④ 艾森斯坦判别法.

(2) 因式分解的有关结果

① 因式分解及唯一性定理.

② 次数大于零的复系数多项式都可以分解成一次因式的乘积.

③ 次数大于零的实系数多项式都可以分解成一些一次因式和某些二次不可约因式的乘积.

(3) 重因式

① 重因式的概念.

② 若不可约多项式 $p(x)$是 $f(x)$的 k 重因式($k\geqslant 1$),则 $p(x)$是 $f'(x)$的 $k-1$ 重因式.但逆命题不成立,即 $p(x)$是 $f'(x)$的 $k-1$ 重因式,$p(x)$未必是 $f(x)$的 k 重因式.但以下命题成立:若 $p(x)$是 $f'(x)$的 $k-1$ 重因式,且 $p(x)$又是 $f(x)$的因式,则 $p(x)$是 $f(x)$的 k 重因式.

③ $f(x)$没有重因式$\Leftrightarrow(f(x),f'(x))=1$.

④ 消去重因式的方法:$\dfrac{f(x)}{(f(x),f'(x))}$是一个没有重因式的多项式,它与 $f(x)$具有完全相同的不可约因式.

2. 难点解析与重要结论

① 设 $f(x)=a_nx^n+a_{n-1}x^{n-1}+\cdots+a_1x+a_0$ 是一个整系数多项式,$\dfrac{r}{s}$是 $f(x)$的一个有理根,其中$(r,s)=1$,那么必有 $s\mid a_n$,$r\mid a_0$.特别地,如果 $a_n=1$,那么 $f(x)$的有理根都是整数.

② 设 $p(x)$是数域 P 上的不可约多项式.对于数域 P 上的任意两个多项式 $f(x)$,$g(x)$,如果 $p(x)\mid f(x)g(x)$一定推出 $p(x)\mid f(x)$或者 $p(x)\mid g(x)$.

③ 不可约多项式 $p(x)$是 $f(x)$的重因式的充要条件是 $p(x)$为 $f(x)$与 $f'(x)$的公因式.

④ 多项式 $f(x)$没有重因式的充要条件是 $f(x)$与 $f'(x)$互素.

⑤ 设 $f(x)$的标准分解式为 $f(x)=cp_1^{r_1}(x)p_2^{r_2}(x)\cdots p_s^{r_s}(x)$,则

$$\frac{f(x)}{(f(x),f'(x))}=cp_1(x)p_2(x)\cdots p_s(x)$$

⑥ 设 $p(x)$是数域 P 上的不可约多项式.对于数域 P 上的任意多项式 $f(x)$,必有$(p(x),f(x))=1$或者 $p(x)\mid f(x)$.

⑦ (因式分解唯一性定理)数域 P 上的每一个次数大于等于 1 的多项式 $f(x)$,都可以唯一的分解成数域 P 上的一些不可约多项式的乘积.

⑧ 实数域上不可约多项式只能是 1 次多项式或判别式小于零的 2 次多项式.

⑨ 有理数域上存在任意高次的不可约多项式.

⑩ 如果一非零的整系数多项式能够分解成两个次数较低的有理系数多项式的乘积,那么它一定能分解成两个次数较低的整系数多项式的乘积.

⑪ (Eisecstein 判别法)设 $f(x)=a_nx^n+a_{n-1}x^{n-1}+\cdots a_1x+a_0$ 是整系数多项式.如果存在一个素数 p,使得

a. p 不能整除 a_n;

b. $p\mid a_i,i=0,1,2,\cdots,n-1$;

c. p^2 不能整除 a_0.

那么 $f(x)$在有理数域上不可约.

⑫ 设 $f(x)$是整系数多项式,作变量代换,令 $x=ay+b,a,b\in\mathbf{Z},a\neq 0$.则 $g(y)=f(ay+b)$仍为整系数多项式,且 $f(x)$与 $g(y)$在有理数域及整数环上具有完全相同的可约性.

3. 基本题型与方法

关于一元多项式的因式分解理论,通常有多项式的可约性判别、因式分解、重因式的判

别等，可采用艾森斯坦判别法、求有理根的分解法、分离重因式法、辗转相除法以及利用不可约多项式的定义与性质求证有关命题.

(1) 不可约多项式的判定与证明

【例 3.1】 下列多项式在有理数域上是否可约?

① x^2+1;

② $x^4-8x^3+12x^2+2$;

③ x^6+x^3+1;

④ x^p+px+1，p 为奇素数;

⑤ $x^4+4kx+1$，k 为整数.

解 ① 因为±1都不是它的根，所以 x^2+1 在有理数域里不可约.

② 利用艾森斯坦判别法，取 $p=2$，则此多项式在有理数域上不可约.

③ 首先证明:

命题 设有多项式 $f(x)$，令 $x=y+1$ 或 $x=y-1$，得

$$g(y)=f(y+1)\text{或}g(y)=f(y-1),$$

则 $f(x)$ 与 $g(y)$ 或者同时可约，或者同时不可约.

事实上，若 $f(x)$ 可约，即 $\exists f_1(x),f_2(x)$，s. t $f(x)=f_1(x)f_2(x)$，从而 $g(y)=f(y\pm1)=f_1(y\pm1)f_2(y\pm1)$，这就是说 $g(y)$ 也可约，反之亦然.

现在用它来证明 x^6+x^3+1 在有理数域上不可约. 令 $x=y+1$，则多项式变为

$$(y+1)^6+(y+1)^3+1=y^6+6y^5+15y^4+21y^3+18y^2+9y+3,$$

利用艾森斯坦判别法，取 $p=3$，即证上式不可约，因而 x^6+x^3+1 也不可约.

④ 设 $f(x)=x^p+px+1$，令 $x=y-1$，则

$$g(y)=f(y-1)=y^p-C_p^1y^{p-1}+C_p^2y^{p-2}-\cdots-C_p^{p-2}y^2+(C_p^{p-1}+p)y-p$$

由于 p 是素数，因而 $p\mid C_p^i(i=1,2,\cdots,p-1)$，但 $p^2\nmid p$，所以由艾森斯坦判别法，即证 $g(y)$ 在有理数域上不可约，因而 $f(x)$ 也在有理数域上不可约.

⑤ 已知 $f(x)=x^4+4kx+1$，令 $x=y+1$，可得

$$g(y)=f(y+1)=y^4+4y^3+6y^2+(4k+4)y+4k+2,$$

利用艾森斯坦判别法，取 $p=2$，即证 $g(y)$ 在有理数域上不可约，因而 $f(x)$ 也在有理数域上不可约.

【例 3.2】 证明:设 $p(x)$ 是次数大于零的多项式，如果对于任意多项式 $f(x)$，$g(x)$，由 $p(x)\mid f(x)g(x)$，可以推出 $p(x)\mid f(x)$ 或者 $p(x)\mid g(x)$，那么 $p(x)$ 是不可约多项式.

证 采用反证法. 设 $p(x)$ 可约，则有 $p(x)=p_1(x)p_2(x)$，那么由假设可得 $p(x)\mid p_1(x)$ 或 $p(x)\mid p_2(x)$，这是不可能的，因为后面两个多项式的次数均低于 $p(x)$ 的次数. 得证.

【例 3.3】 证明:次数大于0的多项式 $f(x)$ 是一个不可约多项式的方幂的充要条件是对任意的多项式 $g(x)$，必有 $(f(x),g(x))=1$，或者对某一个正整数 m，$f(x)\mid g^m(x)$.

证 ($\Rightarrow$)设 $f(x)=p^m(x)$，m 是一个正整数，$p(x)$ 是不可约多项式. $\forall g(x)\in p[x]$，于是有 $(p(x),g(x))=1$，或 $p(x)\mid g(x)$.

当 $(p(x),g(x))=1$ 时，有 $(p^m(x),g(x))=1$，即 $(f(x),g(x))=1$.

当 $p(x)\mid g(x)$ 时，有 $p^m(x)\mid g^m(x)$，即 $f(x)\mid g^m(x)$.

($\Leftarrow$)由$\partial(f(x))>0$,$f(x)$必有不可约因式$p(x)$. 不妨设其首项系数为1,于是$(f(x),p(x))=p(x)$. 对于多项式$p(x)$,按充分性假设,存在正整数m,使得

$$f(x)\mid p^m(x).$$

于是

$$f(x)=p^l(x),l\leqslant m.$$

即$f(x)$是不可约多项式$p(x)$的方幂.

【例 3.4】 设p是一个素数,则分圆多项式

$$f(x)=x^{p-1}+x^{p-2}+\cdots+x+1$$

在**Q**上不可约. 其中**Q**是有理数域.

证 令$x=y+1$. 因$(x-1)f(x)=x^p-1$,于是有

$$\begin{aligned}yf(y+1)&=(y+1)^p-1=y^p+C_p^1y^{p-1}+C_p^2y^{p-2}+\cdots+C_p^{p-1}y\\&=y(y^{p-1}+C_p^1y^{p-2}+\cdots+C_p^{p-1}).\end{aligned}$$

令$g(y)=y^{p-1}+C_p^1y^{p-2}+\cdots+C_p^{p-1}$,

由上式得

$$f(y+1)=g(y).$$

对于$g(y)$,有素数p,使得

$$p\nmid 1,p\mid C_p^i,i=1,2,\cdots,p-1,\text{而 } p^2\nmid C_p^{p-1}.$$

由艾森斯坦判别法,$g(y)$在**Q**上不可约,从而$f(x)$在**Q**上也不可约.

【例 3.5】 令$f(x)=x^n+a_1x^{n-1}+\cdots+a_n$是整系数多项式$(n>1)$. 若$c_1,c_2,\cdots,c_n$是$n$个两两不同的整数,且使$f(c_i)=-1,i=1,2,\cdots,n$. 证明$f(x)$是有理数域**Q**上的不可约多项式.

证 若$f(x)$在**Q**上可约,于是在**Z**上可约. 故有整系数多项式$g(x),h(x)$,使得

$$f(x)=g(x)h(x),$$

其中$\partial(g(x)<\partial(f(x)),\partial(h(x))<\partial(f(x))$. 由此有

$$f(c_i)=g(c_i)h(c_i),\quad i=1,2,\cdots,n.$$

由$f(c_i)=-1$,故有$g(c_i)h(c_i)=-1$. 因$g(c_i),h(c_i)$都是整数,于是

$$g(c_i)+h(c_i)=0,\quad i=1,2,\cdots,n.$$

因$\partial(g(x)+h(x))<\partial(f(x))=n$,所以$g(x)+h(x)=0$. 于是$g(x)=-h(x)$. 这样

$$f(x)=g(x)h(x)=-h^2(x),$$

由此,$f(x)$的首项系数<0,这与已知条件中$f(x)$的首项系数为1矛盾. 故$f(x)$在**Q**上不可约.

(2) 重因式的判定与证明

【例 3.6】 判别下列多项式有无重因式:

① $f(x)=x^5-5x^4+7x^3-2x^2+4x-8$;

② $f(x)=x^4+4x^2-4x-3$;

解 ① $f'(x)=5x^4-20x^3+21x^2-4x+4$,

$$(f(x),f'(x))=(x-2)^2.$$

所以$f(x)$有$x-2$的三重因式.

② $f'(x)=4x^3+8x-4$,$(f(x),f'(x))=1$,所以$f(x)$无重因式.

【例 3.7】 设 $p(x)$是 $f(x)$的导数 $f'(x)$的 $k-1$ 重因式. 证明:$p(x)$是 $f(x)$的 k 重因式的充要条件是 $p(x)\mid f(x)$.

证 $(\Rightarrow)$由 $k-1\geqslant 0$ 知 $k\geqslant 1$. 于是 $p(x)$是 $f(x)$的 k 重因式,就有 $p(x)\mid f(x)$. $(\Leftarrow)$ $p(x)\mid f(x)$,所以可设 $p(x)$是 $f(x)$的 s 重因式$(s\geqslant 1)$,所以 $p(x)$是 $f'(x)$的 $s-1$ 重因式,从而 $s-1=k-1$,即 $s=k$,故 $p(x)$是 $f(x)$的 k 重因式.

【例 3.8】 设多项式 $f(x)$有 k 重因式$(x-a)$,$k>1$. 证明

$$g(x)=f(x)+(a-x)f'(x),$$

且 $g(x)$亦有 k 重因式 $x-a$. 当 $k=1$ 时此命题对否? 说明理由.

证 因 $f(x)$有 k 重因式$(x-a)$,故可设

$$f(x)=(x-a)^k q(x),(x-a)\nmid q(x).$$

于是

$$f'(x)=k\,(x-a)^{k-1}q(x)+(x-a)^k q'(x).$$

由此得

$$\begin{aligned}g(x)&=(x-a)^k q(x)+(a-x)[k\,(x-a)^{k-1}q(x)+(x-a)^k q'(x)]\\&=(x-a)^k[(1-k)q(x)+(a-x)q'(x)].\end{aligned}$$

因 $k>1$,故

$$(x-a)\nmid(1-k)q(x),$$

但$(x-a)\mid(a-x)q'(x)$,所以

$$(x-a)\nmid(1-k)q(x)+(a-x)q'(x).$$

于是 $x-a$ 是 $g(x)$的 k 重因式.

当 $k=1$ 时,$g(x)=-(x-a)^{k+1}q'(x)$. 故

① $q(x)=c$ 时,$g(x)=0$.

② $q(x)\neq c$ 时,$x-a$ 至少是 $g(x)$的二重因式. 总之,命题不成立.

(3) 重要数域上多项式的因式分解

【例 3.9】 求多项式 x^n-1 在复数范围内和在实数范围内的因式分解.

解 在复数范围内 $x^n-1=(x-1)(x-\varepsilon)(x-\varepsilon^2)\cdots(x-\varepsilon^{n-1})$,其中 $\varepsilon=\cos\dfrac{2\pi}{n}+i\sin\dfrac{2\pi}{n}$,在实数域内$\overline{\varepsilon^j}=\varepsilon^{n-j}(0<j<n)$,所以,当 n 为奇数时,有

$$x^n-1=(x-1)[x^2-(\varepsilon+\varepsilon^{n-1})x+1][x^2-(\varepsilon^2+\varepsilon^{n-2})x+1]\cdots\cdot[x^2-(\varepsilon^{\frac{n-1}{2}}+\varepsilon^{\frac{n+1}{2}})x+1],$$

其中 $\varepsilon^j+\varepsilon^{n-j}=\varepsilon^j+\overline{\varepsilon^j}=2\cos\dfrac{2j\pi}{n}\left(j=1,2,\cdots,\dfrac{n-1}{n}\right)$,皆为实数.

当 n 是偶数时,有

$$\begin{aligned}x^n-1=&(x+1)(x-1)[x^2-(\varepsilon+\varepsilon^{n-1})x+1][x^2-(\varepsilon^2+\varepsilon^{n-2})x+1]\cdots\\&[x^2-(\varepsilon^{\frac{n-1}{2}}+\varepsilon^{\frac{n-1}{2}})x+1].\end{aligned}$$

第四节　多项式的根

1. 基本内容

① 多项式函数,根和重根的概念.

② 余数定理. $x-c$ 去除 $f(x)$ 所得的余式为 $f(c)$,则 $(x-c)\mid f(x)\Leftrightarrow f(c)=0$.

③ 有理系数多项式的有理根的求法.

④ 实系数多项式虚根成对定理.

⑤ 代数基本定理. 每个 $n(n\geqslant 1)$ 次复系数多项式在复数域中至少有一个根. 因而 n 次复系数多项式恰有 n 个复根(重根按重数计算).

⑥ 韦达定理.

⑦ 根的个数定理. $F[x]$ 中 n 次多项式($n\geqslant 0$)在数域 F 中至多有 n 个根.

⑧ 多项式函数相等与多项式相等是一致的.

2. 难点解析与重要结论

① 设 $f(x)=a_nx^n+a_{n-1}x^{n-1}+\cdots+a_1x+a_0$ 是一个整系数多项式,$\frac{r}{s}$ 是 $f(x)$ 的一个有理根,其中 $(r,s)=1$,那么必有 $s\mid a_n$,$r\mid a_0$. 特别地,如果 $a_n=1$ 那么 $f(x)$ 的有理根都是整数.

② 方程的变换

设 $f(x)=a_nx^n+a_{n-1}x^{n-1}+\cdots+a_1x+a_0$ 的根为 $x_1,\cdots,x_n$

a. 根负变换:以 $-x_1,-x_2,\cdots,-x_n$ 为根的多项式为

$$g_1(y)=a_ny^n+a_{n-1}y^{n-1}+\cdots+(-1)^{n-i}a_iy^2+\cdots+(-1)^{n-1}a_1y+(-1)^na_0.$$

b. 根乘数变换:以 $Kx_1,Kx_2,\cdots,Kx_n$ 为根的多项式为

$$g_2(y)=a_ny^n+Ka_{n-1}y^{n-1}+\cdots+K^{n-1}a_1y+K^na_0.$$

c. 根减数变换:以 $x_1-c,x_2-c,\cdots,x_n-c$ 为根的多项式是

$$g_3(y)=b_ny^n+b_{n-1}y^{n-1}+\cdots+b_1y+b_0.$$

这里 $b_n,b_{n-1},\cdots,b_1,b_0$ 是将 $f(x)$ 表示成 $x-c$ 的多项式的系数,即

$$f(x)=b_n(x-c)^n+b_{n-1}(x-c)^{n-1}+\cdots+b_1(x-c)+b_0.$$

d. 根倒数变换:以 $\frac{1}{x_1},\frac{1}{x_2},\cdots,\frac{1}{x_n}$ 为根的多项式是

$$g_4(y)=a_0y^n+a_1y^{n-1}+\cdots+a_{n-1}y+a_n.$$

③ n 次单位根

定义　数 1 在复数范围内的 n 次方根,称为 n 次单位根. 亦即多项式 x^n-1 的根.

设 ε 是一个 n 次单位根,若 $\varepsilon,\varepsilon^2,\varepsilon^3,\cdots,\varepsilon^n$ 为全部 n 次单位根,则称 ε 为本原 n 次单位根.

性质　a. 全部 n 次单位根,对于数的乘法作成群.

b. 设 ε 是一个 n 次单位根,对 ε 是 n 次原根的充要条件是对于 $1\leqslant m<n$ 的自然数 m,

都有 $\varepsilon^m \neq 1$（即 ε 不是低于 n 次的单位根）.

证 必要性显然.

充分性：只需证 $1,\varepsilon,\varepsilon^2,\cdots,\varepsilon^{n-1}$ 互不相等即可. 否则，若有 $\varepsilon^s=\varepsilon^t(1<t<s<n)$，有 $\varepsilon^{s-t}=1$，$1\leqslant s-t<n$，矛盾.

c. 设 $d_1, d_2,\cdots,d_t$ 为 n 的全体正因数（包括 1），则全体 $d_i(i=1,2,\cdots,t)$ 次原根，就是全体 n 次单位根.

证 一方面，设 ε 是任一 d_i 次原根，则 $\varepsilon^{d_i}=1$，$\varepsilon^n=1$.（因为 $d_i|n$）

另一方面，设 ε 为任一 n 次单位根，$\varepsilon^n=1$. 设 d 是使 $\varepsilon^d=1$ 的最小自然数，$n=dq+r$，$\varepsilon^n=\varepsilon^{dq+r}=\varepsilon^r=1$，必有 $r=0$. 即 $d|n$，ε 是 d 次原根.

④（因式分解唯一性定理）数域 P 上的每一个次数大于等于 1 的多项式 $f(x)$，都可以唯一的分解成数域 P 上的一些不可约多项式的乘积.

3. 基本题型与方法

关于一元多项式的根与重根，通常有根的检验及重根的判别、根与系数的关系以及求多项式的根与重根等，可利用辗转相除法、结式判别法、分离重因式法、艾森斯坦判别法等进行讨论，以及利用某些基本定理求解.

【例 4.1】 求下列多项式的公共根

$$f(x)=x^3+2x^2+2x+1,\ g(x)=x^4+x^3+2x^2+x+1.$$

解 由辗转相除法，可求得 $(f(x),g(x))=x^2+x+1$，所以它们的公共根为 $\dfrac{-1\pm\sqrt{3}i}{2}$.

【例 4.2】 求 t 值，使 $f(x)=x^3-3x^2+tx-1$ 有重根.

解 易知 $f(x)$ 有三重根 $x=1$ 时，$t=3$. 若令

$x^3-3x^2+tx-1=(x-a)^2(x-b)$，比较两端系数，得

$$\begin{cases}-3=-2a-b, & (\text{Ⅰ})\\ t=a^2+2ab, & (\text{Ⅱ})\\ 1=a^2b. & (\text{Ⅲ})\end{cases}$$

由（Ⅰ），（Ⅲ）得 $2a^3-3a^2+1=0$，解得 a 的三个根为 $a_1=1,a_2=1,a_3=-\dfrac{1}{2}$，将 a 的三个根分别代入（Ⅰ），得 $b_1=1,b_2=1,b_3=4$. 再将它们代入（Ⅱ），得 t 的三个根 $t_1=3,t_2=3,t_3=-\dfrac{15}{4}$.

当 $t_{1,2}=3$ 时 $f(x)$ 有 3 重根 $x=1$；当 $t_3=-\dfrac{15}{4}$ 时，$f(x)$ 有 2 重根 $x=-\dfrac{1}{2}$.

【例 4.3】 求多项式 x^3+px+q 有重根的条件.

解 令 $f(x)=x^3+px+q$，则 $f'(x)=3x^2+p$，显然，当 $p=0$ 时，只有当 $q=0$，$f(x)=x^3$ 才有三重根.

下设 $p\neq 0$，且 a 为 $f(x)$ 的重根，那么 a 也为 $f(x)$ 与 $f'(x)$ 的根，即

$$\begin{cases}a^3+pa+q=0, & (\text{Ⅰ})\\ 3a^2+p=0. & (\text{Ⅱ})\end{cases}$$

由(Ⅰ)可得 $a(a^2+p)=-q$,再由(Ⅱ)有 $a^2=-\frac{p}{3}$. 所以

$$a\left(-\frac{p}{3}+p\right)=-q\Rightarrow a=-\frac{3q}{2p}.$$

两边平方得 $\frac{9q^2}{4p^2}=a^2=-\frac{p}{3}$,所以 $4p^3+27q^2=0$.

综上所述即知,当 $4p^3+27q^2=0$ 时,多项式 x^3+px+q 有重根.

【例 4.4】 证明:$1+x+\frac{x^2}{2!}+\cdots+\frac{x^n}{n!}$没有重根.

证 因为 $f(x)$的导函数 $f'(x)=1+x+\frac{1}{2!}x^2+\cdots+\frac{1}{(n-1)!}x^{n-1}$,所以 $f(x)=f'(x)+\frac{1}{n!}x^n$,于是$(f(x),f'(x))=(f'(x)+\frac{1}{n!}x^n,f'(x))=\left(\frac{1}{n!}x^n,f'(x)\right)=1$,从而 $f(x)$无重根.

【例 4.5】 如果 α 是 $f'''(x)$的一个 k 重根,证明 α 是 $g(x)=\frac{x-a}{2}[f'(x)+f'(a)]-[f(x)+f(a)]$的一个 $k+3$ 重根.

证 因为

$$g'(x)=\frac{x-a}{2}f''(x)-\frac{1}{2}[f'(x)-f'(a)].$$

$$g''(x)=\frac{x-a}{2}f'''(x).$$

由于 α 是 $f'''(x)$的 k 重根,故 α 是 $g''(x)$的 $k+1$ 重根. 代入验算知 α 是 $g(x)$的根.
现在设 α 是 $g(x)$的 s 重根,则 α 是 $g'(x)$的 $s-1$ 重根,也是 $g''(x)$的 $s-2$ 重根.
所以 $s-2=k+1\Rightarrow s=k+3$. 得证.

【例 4.6】 证明:x_0 是 $f(x)$的 k 重根的充分必要条件是 $f(x_0)=f'(x_0)=\cdots=f^{(k-1)}(x_0)=0$,而 $f^{(k)}(x_0)\neq 0$.

证 必要性:设 x_0 是 $f(x)$的 k 重根,从而是 $f'(x)$的 $k-1$ 重根,是 $f''(x)$的 $k-2$ 重根,…,是 $f^{(k-2)}(x)$的一重根,并且 x_0 不是 $f^{(k)}(x)$的根. 于是

$$f(x_0)=f'(x_0)=\cdots=f^{(k-1)}(x_0)=0,而\ f^{(k)}(x_0)\neq 0.$$

充分性:由 $f^{(k-1)}(x_0)=0$,而 $f^{(k)}(x_0)\neq 0$,知 x_0 是 $f^{(k-1)}(x)$的一重根. 又由于 $f^{(k-2)}(x_0)=0$,知 x_0 是 $f^{(k-2)}(x)$的二重根,依此类推,可知 x_0 是 $f(x)$的 k 重根.

【例 4.7】 举例说明命题"α 是 $f'(x)$的 m 重根,那么 α 是 $f(x)$的 $m+1$ 重根"是不对的.

解 例如,设 $f(x)=\frac{1}{m+1}x^{m+1}-1$,那么 $f'(x)=x^m$ 以 0 为 m 重根,但 0 不是 $f(x)$的根.

【例 4.8】 证明:$x^n+ax^{n-m}+b$ 没有不为零的重数大于 2 的根.

证 设 $f(x)=x^n+ax^{n-m}+b$,则 $f'(x)=x^{n-m-1}[nx^m+(n-m)a]$,
又因为 $f'(x)$的非零根都是多项式 $g(x)=nx^m+(n-m)a$ 的根,而 $g(x)$的 m 个根都是单根,因而 $f'(x)$没有不为零且重数大于 2 的根.

【例 4.9】 证明:如果 $f(x)\mid f(x^n)$,那么 $f(x)$的根只能是零或单位根.

证 设 a 是 $f(x)$的任一个根,由 $f(x)\mid f(x^n)$知,a 也是 $f(x^n)$的根,即 $f(a^n)=0$,所以 a^n 也是 $f(x)$的根. 以此类推下去,则 $a,a^n,a^{n^2},\cdots$都是 $f(x)$的根.
若 $f(x)$是 m 次多项式,则 $f(x)$最多只可能有 m 个相异的根,于是存在 $k>\lambda$ 使 $a^{n^k}=a^{n^\lambda}$, $a^{n^\lambda}(a^{n^k-n^\lambda}-1)=0$,因此 $f(x)$的根 a 或者为 0,或者为单位根.

【例 4.10】 如果 $f'(x)\mid f(x)$,证明 $f(x)$有 n 重根,其中 $n=\partial(f(x))$.

证 设 $a_1,a_2,\cdots,a_s$ 是 $f'(x)$的 s 个不同的根,且它们的重数分别为 $\lambda_1,\lambda_2,\cdots,\lambda_s$,由于 $f'(x)$是 $n-1$ 次多项式,因而 $\lambda_1+\lambda_2+\cdots+\lambda_s=n-1$,
其次,由 $f'(x)\mid f(x)$,所以 $a_1,a_2,\cdots,a_s$ 分别为 $f(x)$的 $\lambda_1+1,\lambda_2+1,\cdots,\lambda_s+1$ 重根,但

$$(\lambda_1+1)+(\lambda_2+1)+\cdots+(\lambda_s+1)=n,$$

所以 $n-1+s=n$,从而 $s=1$. 这就是说,$f'(x)$只可能有一个根 a_1,且重数为 $\lambda_1=n-1$. 故 $f(x)$有 n 重根.

【例 4.11】 设 $f(x)$是次数大于零的整系数多项式,且存在整数 a,有

$$f(a)=f(a+1)=f(a+2)=3.$$

证明:对任意整数 c,$f(c)\neq 5$.

证法一 由已知与余数定理,有

$$f(x)=(x-a)q(x)+3,$$

其中 $q(x)$是整系数多项式.

设 c 是任一整数,于是 $c-a=k$ 是整数,或 $c=a+k$. 这时

$$f(c)=(c-a)q(c)+3=kq(c)+3.$$

若 $f(c)=5$,则由上式得 $5=kq(c)+3$,于是 $kq(c)=2$. 因 $k,q(c)$均是整数,必有 $k=\pm 1$ 或 $k=\pm 2$.

$k=1$ 或 $k=2$ 时,$c=a+1$ 或 $c=a+2$,这时 $f(c)=3\neq 5$;而 $k=-1$ 或 $k=-2$ 时,即 $c=a-1$ 或 $c=a-2$ 时,可证明 $f(c)\neq 5$.

证法二 若 $f(a-1)=5$,由余数定理有

$$f(x)=(x-a+1)q_1(x)+5,$$

$q_1(x)$是整系数多项式. 于是

$$f(a+2)=3q_1(a+2)+5.$$

由 $f(a+2)=3$,得 $3q_1(a+2)+5=2$. 因 $q_1(a+2)$是整数,这不可能. 所以 $f(a-1)\neq 5$.

同样可证 $f(a-2)\neq 5$. 总之,对任意整数 c,$f(c)\neq 5$.

【例 4.12】 若既约分数$\frac{r}{s}$使 $f\left(\frac{r}{s}\right)=0$,$f(x)$是整系数多项式,则$(r-ms)\mid f(m)$.

证 令 $x=y+m$

$$f(x)=a_nx^n+a_{n-1}x^{n-1}+\cdots+a_1x+a_0,$$

$$f(y+m)=a_ny^n+c_{n-1}y^{n-1}+\cdots+c_1y+c_0=g(y),$$

$$g(0)=f(m)=c_0,$$

$$f(y+m)=a_n(x-m)^n+c_{n-1}(x-m)^{n-1}+\cdots+c_1(x-m)+c_0=q(x)=f(x),$$

$$q\left(\frac{r}{s}\right)=f\left(\frac{r}{s}\right)=a_n\left(\frac{r}{s}-m\right)^n+c_{n-1}\left(\frac{r}{s}-m\right)^{n-1}+\cdots+c_1\left(\frac{r}{s}-m\right)+c_0=0,$$

有 $a_n(r-ms)^n+c_{n-1}(r-ms)^{n-1}+\cdots+c_1s^{n-1}(r-ms)=-c_0s^n$.
由上式可知：$(r-ms)\mid c_0s^n$. 因为 $((r-ms),s)=1$，所以 $((r-ms),s^n)=1$，故 $(r-ms)\mid c_0=f(m)$.

特别情形：当 $m=1$ 时，有 $(r-s)\mid c_0=f(1)$；

当 $m=-1$ 时，有 $(r+s)\mid f(-1)$，

这样在 ±1 不是 $f(x)$ 的根时，可以缩小有理根的试验范围，即只需验证，使 $(r-s)\mid f(1)$，$(r+s)\mid f(-1)$ 的 $\frac{r}{s}$ 即可.

第五节　综合举例

【例 5.1】 设 $p(x)$ 是一个不可约多项式. 证明：

$p(x)$ 是 $f(x)$ 的 k 重因式 $\Leftrightarrow p(x)$ 整除 $f(x),f'(x),\cdots,f^{(k-1)}(x)$，但是 $p(x)\nmid f^{(k)}(x)$.

证　若 $p(x)$ 是 $f(x)$ 的 k 重因式，则 $p(x)$ 便是 $f'(x)$ 的 $k-1$ 重因式，是 $f''(x)$ 的 $k-2$ 重因式，…，是 $f^{(k-1)}(x)$ 的单因式，从而不是 $f^{(k)}(x)$ 的因式. 因此，$p(x)$ 整除 $f(x)$，$f'(x),\cdots,f^{(k-1)}(x)$，但是 $p(x)\nmid f^{(k)}(x)$.

反之，若 $p(x)$ 整除 $f(x),f'(x),\cdots,f^{(k-1)}(x)$，则 $p(x)$ 是 $f(x)$ 的重因式且重数 $\geqslant k$；若再有 $p(x)\nmid f^{(k)}(x)$，则说明 $p(x)$ 在 $f(x)$ 中的重数 $\leqslant k$. 因此，$p(x)$ 是 $f(x)$ 的 k 重因式.

注：本题的一个直接结果是：x_0 是 $f(x)$ 的 k 重根 $\Leftrightarrow f(x_0)=f'(x_0)=\cdots=f^{(k-1)}(x_0)=0$，但 $f^{(k)}(x_0)\neq0$.

【例 5.2】 设 $f(x)$ 为任一多项式. 证明：

(1) $f(x)$ 除以 $ax-b(a\neq0)$ 所得余数为 $f\left(\frac{b}{a}\right)$；

(2) 求 $f(x)$ 除以 $(x-a)(x-b)(a\neq b)$ 所得的余式.

证　(1) 设 $f(x)=(ax-b)q(x)+r$. 令 $x=b/a$，即得 $r=f\left(\frac{b}{a}\right)$.

(2) 设 $f(x)=(x-a)(x-b)q(x)+cx+d$. 分别令 $x=a,b$，得

$$f(a)=ac+d,f(b)=bc+d.$$

但因为 $a\neq b$，故

$$c=\frac{f(a)-f(b)}{a-b},d=f(a)-a\cdot\frac{f(a)-f(b)}{a-b}.$$

因此，所求余式为 $\frac{f(a)-f(b)}{a-b}(x-a)+f(a)$.

【例 5.3】 在实数域上分解以下多项式：

(1) $f(x)=x^n-1$；(2) $g(x)=x^{2n}+x^n+1$.

解　(1) 令 $\varepsilon_k=\cos\frac{2k\pi}{n}+i\sin\frac{2k\pi}{n}(k=0,1,\cdots,n-1)$，则

$$x^n-1=(x-1)(x-\varepsilon_1)\cdots(x-\varepsilon_{n-1}).$$

但因为 $\bar{\varepsilon}_k=\varepsilon_{n-k}$，故 $\varepsilon_k+\varepsilon_{n-k}=2\cos\frac{2k\pi}{n}$ 为实数，且

$$(\varepsilon_k+\varepsilon_{n-k})^2-4=4\cos^2\frac{2k\pi}{n}-4<0.$$

故 $x^2-(\varepsilon_k+\varepsilon_{n-k})x+1$ 为实数域上的不可约多项式. 于是,当 n 为奇数时,x^n-1 在实数域上的分解为

$$(x-1)[x^2-(\varepsilon_1+\varepsilon_{n-1})x+1][x^2-(\varepsilon_2+\varepsilon_{n-2})x+1]\cdots[x^2-(\varepsilon_t+\varepsilon_{n-t})x+1],$$

其中 $t=\dfrac{n-1}{2}$.

当 n 为偶数时,x^n-1 在实数域上的分解为

$$(x-1)(x+1)[x^2-(\varepsilon_1+\varepsilon_{n-1})x+1][x^2-(\varepsilon_2+\varepsilon_{n-2})x+1]\cdots[x^2-(\varepsilon_s+\varepsilon_{n-s})x+1],$$

其中 $s=\dfrac{n-2}{2}$.

(2) 令 $\varepsilon=\cos\dfrac{2\pi}{3}+i\sin\dfrac{2\pi}{3}$,则 $\varepsilon^2=\bar{\varepsilon}$,$\varepsilon+\varepsilon^2=-1$,$\varepsilon^3=1$,且

$$\sqrt[n]{\varepsilon}=\cos\frac{3k+1}{3n}2\pi+i\sin\frac{3k+1}{3n}2\pi,k=0,1,\cdots,n-1.$$

$\sqrt[n]{\bar{\varepsilon}}=\overline{\sqrt[n]{\varepsilon}}$. 于是得

$$x^{2n}+x^n+1=(x^n-\varepsilon)(x^n-\bar{\varepsilon})=\prod_{k=0}^{n-1}\left(x^2-2x\cos\frac{3k+1}{3n}2\pi+1\right).$$

此即 $g(x)$ 在实数域上的分解式.

注:虽然从理论上说每个实系数多项式(次数>0)都可唯一分解为一次和二次不可约多项式之积,但在实际上并不可行. 只有一些特殊的多项式才可以.

【例 5.4】 设 $f(x)=a_nx^n+a_{n-1}x^{n-1}+\cdots+a_1x+a_0$ 为整系数多项式. 证明:

(1) 若 $f(0)$ 与 $f(1)$ 都是奇数,则 $f(x)$ 无整数根;

(2) 若 a_n 与 a_0 均为奇数,而 $f(1)$ 与 $f(-1)$ 至少有一个是奇数,则 $f(x)$ 无有理数根;

(3) 若 a_n,a_0 与 $f(1)$,$f(-1)$ 都不能被 3 整除,则 $f(x)$ 无有理数根.

证 (1) 设若 $f(x)$ 有理数根 x_0,且 $f(x)=(x-x_0)q(x)$,则 $q(x)$ 是整系数多项式. 分别将 $x=0,1$ 代入上式得 $f(0)=-x_0q(x_0)$,$f(1)=(1-x_0)q(x_0)$. 但由于 $f(0)$,$f(1)$ 都是奇数,故 x_0 与 $1-x_0$ 必均为奇数,矛盾. 因此,$f(x)$ 无整根.

(2) 设若 $\dfrac{v}{u}$ 为 $f(x)$ 有理根,则必有

$$u\mid a_n,v\mid a_0,(u-v)\mid f(1),(u+v)\mid f(-1) \qquad (*)$$

但因为 a_n,a_0 均为奇数. 故 u,v 必均为奇数. 从而 $u-v$,$u+v$ 必均为偶数. 因此,$f(1)$ 与 $f(-1)$ 必均为偶数. 这与题设矛盾. 故 $f(x)$ 无有理根.

(3) 设若既约分数 $\dfrac{v}{u}$ 是 $f(x)$ 的有理根,则亦得($*$). 但因为 $3\nmid a_n$,$3\nmid a_0$,故 $3\nmid u$,$3\nmid v$. 又因为 $3\nmid f(-1)$,故 $3\nmid(u+v)$. 于是用 3 去除 u,v,$u+v$ 三数所得余数必有两个相同,且只能是 3 去除 u,v 的余数相同. 于是必有 $3\mid(u-v)$. 从而 $(u-v)\mid f(1)$,得 $3\mid f(1)$. 这与题设矛盾. 故 $f(x)$ 无有理根.

【例 5.5】 设 $f(x)\neq 0$ 是整系数多项式. 证明:若有偶数 a 和奇数 b 使 $f(a)$,$f(b)$ 都是奇数,则 $f(x)$ 无整数根.

证 设 $f(x)=a_nx^n+\cdots+a_1x+a_0$. 由于 a 是偶数,而 $f(a)$ 是奇数,故 a_0 必为奇数. 从

而对任何偶数 c，$f(c)$必为奇数，亦即任何(正、负)偶数都不是 $f(x)$的根.
又因为 b 与 $f(b)$都是奇数，故对任何奇数 d，由于 b^i-d^i 是偶数，故

$$f(b)-f(d)=a_n(b^n-d^n)+\cdots+a_1(b-d)$$

是偶数，从而 $f(d)$必为奇数，即任何(正、负)偶数都不是 $f(x)$的根. 因此，$f(x)$无整数根.

【例 5.6】 设 $f(x)=x^3+ax^2+bx+c$ 是整系数多项式. 证明：若$(a+b)c$ 是奇数，则 $f(x)$在有理数域 $\mathbf{Q}$ 上不可约.

证 反证法. 若 $f(x)$在 $\mathbf{Q}$ 上可约，则在整数环上可约. 设

$$f(x)=(x+p)(x^2+qx+r)(p,q,r\in\mathbf{Z}).$$

则因为$(a+b)c$ 是奇数，故 $a+b$ 与 c 都是奇数，从而 $f(0)=pr=c$. 知：p 与 r 都是奇数. 又当 $x=1$ 时由上得$(1+p)(1+q+r)=f(1)=1+a+b+c$. 此式左端是偶数，右端是奇数，矛盾. 故 $f(x)$在 $\mathbf{Q}$ 上不可约.

【例 5.7】 设 $f(x)=\sum\limits_{i=1}^{2n+1}a_ix^i$ 在 $\mathbf{Q}$ 上不可约，$a_{2n+1}\neq 0$，如果 $\alpha\neq\beta$ 都是 $f(x)$的根，证明 $\alpha+\beta$ 不是有理数.

证 反证法. 设 $\alpha+\beta=q$ 为有理数，作 $\varphi(x)=f(q-x)$，于是 $\varphi(\alpha)=f(\beta)=0$，而 $f(x)$不可约，必有 $\varphi(x)=f(q-x)$，于是 $\varphi(x)$被 $f(x)$整除. 而 $\varphi(x)=f(q-x)$与 $f(x)$的次数相等，首系相反，得

$$\varphi(x)=-f(x).$$

所以，$f(q-x)+f(x)=0$，令 $x=\frac{q}{2}$代入得

$$2f\left(\frac{q}{2}\right)=0\Rightarrow f\left(\frac{q}{2}\right)=0,$$

即$\left(x-\frac{q}{2}\right)\mid f(x)$，$\partial(f(x))>2$，所以 $f(x)$可约，矛盾.

思考：若将 $\mathbf{Q}$ 换成一般数域 P，是否仍有结论 $\alpha+\beta\notin P$.

【例 5.8】 设 $f(x)\in\mathbf{Q}[x]$且在 $\mathbf{Q}$ 上不可约，$\alpha\neq\beta$ 为 $f(x)$的根，证明 $\alpha-\beta$ 不是有理数.

证 反证法. 设 $\alpha-\beta\in\mathbf{Q}$，令 $p=\alpha-\beta$，作 $\varphi(x)=f(p+x)$，
有 $\varphi(\beta)=f(\alpha)=0$，故 $f(x)\mid\varphi(x)$，考虑到 $f(x)$，$\varphi(x)$有相同的首项系数及次数，得

$$\varphi(x)=f(x)\Rightarrow f(x)=f(p+x),$$

表明 $f(x)$是一个周期函数，与 $f(x)\in\mathbf{Q}[x]$矛盾.
同样，可以从 $\mathbf{Q}$ 推广到一般数域 P.

【例 5.9】 设 $f_1(x),f_2(x),\cdots,f_n(x)\in P[x]$. $g(x)\in P[x]$，且

$$f_1(x^{n+1})+xf_2(x^{n+1})+\cdots x^{n-1}f_n(x^{n+1})=(1+x+\cdots+x^n)g(x),$$

证明：对 $\forall i$，有$(x-1)\mid f_i(x)$.

证 设 $1+x+x^2+\cdots+x^n$ 的 n 个根为 $\omega_1,\omega_2,\cdots\omega_n$，它们互不相同，且 $\omega_i^{n+1}=1$，将它们代入题目中关系式得

$$\begin{cases}f_1(1)+\omega_1f_2(1)+\cdots+\omega_1^{n-1}f_n(1)=0,\\ f_1(1)+\omega_2f_2(1)+\cdots+\omega_2^{n-1}f_n(1)=0,\\ \cdots\\ f_1(1)+\omega_nf_2(1)+\cdots+\omega_n^{n-1}f_n(1)=0.\end{cases}$$

其系数行列式是一个 Vandermonde 行列式且非 0，得到零解

$$f_1(1)=f_2(1)=\cdots=f_n(1)=0$$

即 $$(x-1)\mid f_i(x),\text{对}\forall i.$$

【例 5.10】 若 $(f(x),g(x))=1$，则 $f^2(x)+g^2(x)$ 的重根也是 $(f'(x))^2+(g'(x))^2$ 的根.

证：设 x_0 为 $f^2(x)+g^2(x)$ 重根，则有

$$f^2(x_0)+g^2(x_0)=0, \qquad (\text{Ⅰ})$$

$$f(x_0)f'(x_0)+g(x_0)g'(x_0)=0, \qquad (\text{Ⅱ})$$

因为 $f(x)$ 与 $g(x)$ 互素，由(Ⅰ)必有 $f(x_0)\neq 0, g(x_0)\neq 0$，由(Ⅱ)及(1)

$$f^2(x_0)(f'(x_0))^2=g^2(x_0)(g'(x_0))^2, f^2(x_0)=-g^2(x_0)$$

得 $$f^2(x_0)=-g^2(x_0)\Rightarrow g^2(x_0)(f'(x_0))^2+g^2(x_0)(g'(x_0))^2=0,\text{而 } g(x_0)\neq 0$$

因此，x_0 也是 $(f'(x))^2+(g'(x))^2$ 的根.

【例 5.11】 设 m,n 为正整数. 证明：

(1) $(x^m-1,x^n-1)=x^d-1\Leftrightarrow(m,n)=d$；

(2) $(f,g)=1\Leftrightarrow(m,n)=1$，其中 $f=x^{m-1}+\cdots+x+1, g=x^{n-1}+\cdots+x+1$.

证 (1) 设 $(x^m-1,x^n-1)=x^d-1$，则 $x^d-1\mid x^m-1, x^d-1\mid x^n-1$，于是，由例 2.4 知：$d\mid m, d\mid n$.

又若 $t\mid m, t\mid n$，则由【例 2.4】知 $x^t-1\mid x^m-1, x^t-1\mid x^n-1$. 从而 $x^t-1\mid x^d-1$，故 $t\mid d$. 因此，$(m,n)=d$.

反之若 $(m,n)=d$，可类似得 $(x^m-1,x^n-1)=x^d-1$.

(2) 因为 $x^m-1=(x-1)f, x^n-1=(x-1)g$，故由上知：

$$(f,g)=1\Leftrightarrow((x-1)f,(x-1)g)=(x^m-1,x^n-1)=x-1.$$

从而可知：$(f,g)=1\Leftrightarrow(m,n)=1$.

【例 5.12】 设 $f(x),g(x)$ 为两个非零多项式，n 为正整数. 证明：

(1) $(f(x),g(x))=1\Leftrightarrow(f^n(x),g^n(x))=1$；

(2) $(f(x),g(x))^n=(f^n(x),g^n(x))$.

证 (1) 若 $(f^n(x),g^n(x))=1$，则显然 $(f(x),g(x))=1$.

反之，设 $(f(x),g(x))=1$，下证 $(f^n(x),g^n(x))=1$：

若不然，则必有不可约多项式

$$p(x)\mid f^n(x), p(x)\mid g^n(x).$$

从而 $p(x)\mid f(x), p(x)\mid g(x)$. 这与 $(f(x),g(x))=1$ 矛盾.

(2) 设 $(f(x),g(x))=d(x)$，且令

$$f(x)=d(x)f_1(x), g(x)=d(x)g_1(x).$$

则 $(f_1,g_1)=1$. 于是由(1)知 $(f_1^n,g_1^n)=1$. 从而由(2)得

$$f^n(x)=d^n(x)f_1^n(x), g^n(x)=d^n(x)g_1^n(x).$$

因此，$(f(x),g(x))^n=(f^n(x),g^n(x))$.

【例 5.13】 设 r 为任意给定的正有理数，证明：

(1) $P=\{x+y\sqrt{r}\mid(x,y\in\mathbf{Q})\}$ 是一个数域；

(2) $P=\mathbf{Q}\Leftrightarrow$ 存在 $s\in\mathbf{Q}$ 使 $r=s^2$.

证 (1) P 对减法封闭(即 P 中任意两个数之差仍属于 P). 显然再任取 $0\neq a+b\sqrt{r}\in P$. 若 $b=0$,则 $a\neq 0$ 且 $a^{-1}\in P$;若 $b\neq 0$,则当 $a-b\sqrt{r}=0$ 时$\sqrt{r}=ab^{-1}$,即有 $s=ab^{-1}\in\mathbf{Q}$ 使 $r=s^2$. 从而 $x+y\sqrt{r}=x+ys\in\mathbf{Q}$,故 P 为有理数域.

当 $a-b\sqrt{r}\neq 0$ 且 $c+d\sqrt{r}\neq 0$ 时,得

$$\frac{c+d\sqrt{r}}{a+b\sqrt{r}}=\frac{(a-b\sqrt{r})(c+d\sqrt{r})}{(a-b\sqrt{r})(a+b\sqrt{r})}=\frac{ac-bdr}{a^2-b^2r}+\frac{ad-bc}{a^2-b^2r}\sqrt{r}\in P,$$

即 P 对除法封闭,因此 P 是一个数域.

(2) 若 $P=\mathbf{Q}$. 则$\sqrt{r}\in\mathbf{Q}$ 且 $r=(\sqrt{r})^2$. 反之,若 $r=s^2(s\in\mathbf{Q})$,则$\sqrt{r}=s\in\mathbf{Q}$,显然 $P=\mathbf{Q}$.

【例 5.14】 设 $a_1,a_2,\cdots,a_n$ 是 n 个不同的数,而 $F(x)=(x-a_1)(x-a_2)\cdots(x-a_n)$,证明:(1) $\sum\limits_{i=1}^{n}\dfrac{F(x)}{(x-a_i)F'(a_i)}=1$;(2)任意多项式 $f(x)$用 $F(x)$除所得的余式为

$$\sum_{i=1}^{n}\frac{f(a_i)F(x)}{(x-a_i)F'(a_i)}.$$

证 (1) 令 $g(x)=\sum\limits_{i=1}^{n}\dfrac{F(x)}{(x-a_i)F'(a_i)}$,则 $\partial(g(x))\leqslant n-1$,但

$$g(a_1)=g(a_2)=\cdots=g(a_n)=1,$$

所以 $g(x)\equiv 1$. 即证得

$$\sum_{i=1}^{n}\frac{F(x)}{(x-a_i)F'(a_i)}=1.$$

(2) 对于任意的多项式 $f(x)$,用 $F(x)$除得

$$f(x)=q(x)F(x)+r(x),(r(x)=0\text{ 或 }\partial(r(x))\leqslant n-1),$$

当 $r(x)=0$ 时,结论显然成立. 当 $\partial(r(x))\leqslant n-1$ 时,若令

$$k(x)=\sum_{i=1}^{n}\frac{f(a_i)F(x)}{(x-a_i)F'(a_i)},$$

则 $\partial(k(x))\leqslant n-1$,于是

$$r(a_i)=f(a_i)=k(a_i),(i=1,2,\cdots,n)$$

即证得

$$r(x)=k(x)=\sum_{i=1}^{n}\frac{f(a_i)F(x)}{(x-a_i)F'(a_i)}.$$

习 题

1. 求一个次数最低的实系数多项式,使其被 x^2+1 除余式为 $x+1$,被 x^3+x^2+1 除余式为 x^2-1.

2. 设 $f(x)$是 n 次多项式,则 $f(x)$有 n 重根的充要条件是 $f'(x)\mid f(x)$.

3. 设 $\alpha,\beta,\gamma,\delta$ 是实数,给出存在一个次数不超过 2 的实系数多项式 $f(x)$使得满足 $f(-1)=\alpha,f(1)=\beta,f(3)=\gamma,f(0)=\delta$ 的充要条件.

4. 设 $f(x)$为有理数域上的非零多项式,如果 $f(\sqrt{3})=0$,证明:在有理数域上 x^3-2 整

除 $f(x)$.

5. 设 $f_1(x),f_2(x)$是数域 P 上的两个多项式，满足$(x^2+x+1)\mid f_1(x^3)+xf_2(x^3)$. 证明：$(x-1)\mid(f_1(x),f_2(x))$.

6. 设整系数多项式 $f(x)=x^4+ax^2+bx-3$，记$(f(x),g(x))$为 $f(x)$和 $g(x)$的首项系数为 1 的最大公因式，$f'(x)$为 $f(x)$的导数. 若$\dfrac{f(x)}{(f(x),f'(x))}$为二次多项式，求 a^2+b^2 的值.

7. 设复数 $c\neq 0$ 为某个非零有理系数多项式的根，记 $M=\{f(x)\mid f(x)$为有理系数多项式，$f(c)=0\}$.

(1) 证明：M 中存在唯一的首项系数为 1 的有理数域上的不可约多项式 $p(x)$，使得对任意的 $f(x)\in M$ 都有 $p(x)\mid f(x)$成立；

(2) 证明：存在有理数域上的多项式 $g(x)$，使得 $g(c)=\dfrac{1}{c}$；

(3) 令 $c=\sqrt{3}+i$，求(1)中的 $p(x)$.

8. $f(x)=x^3+ax^2+bx+c$ 是整系数多项式，若 a,c 是奇数，b 是偶数，证明 $f(x)$是有理数域上的不可约多项式.

9. 设 $f(x),g(x)$是数域 P 上的两个多项式，$a,b,c,d\in P$，$f_1(x)=af(x)+bf(x)$，$g_1(x)=cf(x)+dg(x)$，$ad\neq bc$，$(f(x),g(x))=1$，证明：$(f_1(x),f_1(x)+g_1(x))=1$.

10. 设 $\boldsymbol{A}$ 是一任意 n 阶方阵，$m(x)$和 $f(x)$分别是它的最小多项式和特征多项式，证明：$f(x)$整除 $m(x)^n$.

11. 求非负整数 m,n,k，使得 x^2-x+1 整除 $x^{3m}+x^{3n+1}+x^{3k+2}$.

12. 设 n 为正整数，$f_1(x),f_2(x),\cdots,f_n(x)$都是多项式，并且 $x^n+x^{n-1}+\cdots+x^2+x+1\mid f_1(x^{n-1})+xf_2(x^{n+1})+\cdots+x^{n-1}f_n(x^{n+1})$.
证明：$(x-1)^n\mid f_1(x)f_2(x)\cdots f_n(x)$

13. 设 $f(x),g(x)$为数域 P 上的多项式，求证：$(f(x),g(x))=1$ 的充要条件是$(f(x)g(x),f(x)+g(x))=1$.

14. 如果多项式 $f(x),g(x)$不全为零且，$u(x)f(x)+v(x)g(x)=(f(x),g(x))$. 请证明：$(u(x),v(x))=1$.

15. 设 F 是一个数域，$a\in F$，$f(x)\in F[x]$，如果 a 是 $f(x)$的三阶导数 $f'''(x)$的一个 k 重根(其中，k 为正整数)，证明：a 是

$$g(x)=\frac{x-a}{2}[f'(x)+f'(a)]-f(x)+f(a)$$

的一个 $k+3$ 重根.

16. 问多项式 $1+z+\dfrac{z^2}{2!}+\cdots+\dfrac{z^n}{n!}$是否有重根？请证明结论.

17. 设对任意非负整数 n，令 $f_n(x)=x^{n+2}-(x+1)^{2n+1}$. 设多项式

$$g(x)=f_1(x)f_2(x)\cdots f_{2012}(x),$$

证明：$(x^2+x+1,g(x))=1$.

第二章　行列式

码上学习

第一节　n 阶行列式的定义及性质

1. 定义

由 n^2 个数 $a_{ij}\in P(i,j=1,2,\cdots,n)$ 排成的 n 行 n 列的表

$$D_n=\begin{vmatrix} a_{11} & a_{12} & \cdots & a_{1n} \\ a_{21} & a_{22} & \cdots & a_{2n} \\ \vdots & \vdots & & \vdots \\ a_{n1} & a_{n2} & \cdots & a_{nn} \end{vmatrix}$$

称为 n 阶行列式，它等于所有取自不同行不同列的 n 个元素的乘积 $a_{1j_1}a_{2j_2}\cdots a_{nj_n}$ 的代数和，这里 $j_1j_2\cdots j_n$ 是 $1,2,\cdots,n$ 的一个排列，每一项 $a_{1j_1}a_{2j_2}\cdots a_{nj_n}$ 都按以下规则带有符号：当 $j_1j_2\cdots j_n$ 是偶排列时，带正号；当 $j_1j_2\cdots j_n$ 是奇排列时，带负号. 即

$$D_n=\begin{vmatrix} a_{11} & a_{12} & \cdots & a_{1n} \\ a_{21} & a_{22} & \cdots & a_{2n} \\ \vdots & \vdots & & \vdots \\ a_{n1} & a_{n2} & \cdots & a_{nn} \end{vmatrix}=\sum_{j_1j_2\cdots j_n}(-1)^{\tau(j_1j_2\cdots j_n)}a_{1j_1}a_{2j_2}\cdots a_{nj_n}.$$

注：由定义，D_n 也可写成以下的和：

$$\begin{aligned} D_n &= \sum_{i_1i_2\cdots i_n}(-1)^{\tau(i_1i_2\cdots i_n)}a_{i_11}a_{i_22}\cdots a_{i_nn} \\ &= \sum_{\binom{i_1i_2\cdots i_n}{j_1j_2\cdots j_n}}(-1)^{\tau(i_1i_2\cdots i_n)+\tau(j_1j_2\cdots j_n)}a_{i_1j_1}a_{i_2j_2}\cdots a_{i_nj_n}. \end{aligned}$$

2. 行列式的基本性质

① 行列式与它的转置行列式相等，即 $D=D'$.

② 互换行列式的两行(列)，行列式变号.

③ 用数 k 乘行列式某行(列)，等于将行列式乘以数 k.

④ 若行列式中有一行(列)元素全为零，则行列式等于零.

⑤ 若行列式中有两行(列)对应元素成比例，则这个行列式等于零.

⑥ 若行列式中某一行(列)的每个元素都是两数之和，这个行列式等于下列两个行列式的和：

$$(i)\begin{vmatrix} a_{11} & a_{12} & \cdots & a_{1n} \\ \vdots & \vdots & & \vdots \\ a_{i1}+b_{i1} & a_{i2}+b_{i2} & \cdots & a_{in}+b_{in} \\ \vdots & \vdots & & \vdots \\ a_{n1} & a_{n2} & \cdots & a_{nn} \end{vmatrix}=(i)\begin{vmatrix} a_{11} & a_{12} & \cdots & a_{1n} \\ \vdots & \vdots & & \vdots \\ a_{i1} & a_{i2} & \cdots & a_{in} \\ \vdots & \vdots & & \vdots \\ a_{n1} & a_{n2} & \cdots & a_{nn} \end{vmatrix}+(i)\begin{vmatrix} a_{11} & a_{12} & \cdots & a_{1n} \\ \vdots & \vdots & & \vdots \\ b_{i1} & b_{i2} & \cdots & b_{in} \\ \vdots & \vdots & & \vdots \\ a_{n1} & a_{n2} & \cdots & a_{nn} \end{vmatrix}.$$

⑦ 把一行(列)的倍数加到另一行(列),行列式不变.

3. 按行(按列展开定理)

$$a_{i1}A_{j1}+a_{i2}A_{j2}+\cdots+a_{in}A_{jn}=\begin{cases} D_n, i=j, \\ 0, i\neq j, \end{cases}\text{(按第 } i \text{ 行展开)}$$

$$a_{1j}A_{1k}+a_{2j}A_{2k}+\cdots+a_{nj}A_{nk}=\begin{cases} D_n, j=k, \\ 0, j\neq k. \end{cases}\text{(按第 } j \text{ 列展开)}$$

4. Laplace 定理

在行列式中任意取定 $k(1\leqslant k\leqslant n-1)$ 个行(列),由这 k 个行(列)的元素所组成的一切 k 阶子式与它们的代数余子式的乘积之和等于这个行列式.

【例 1.1】 由行列式定义证明:

$$\begin{vmatrix} a_1 & a_2 & a_3 & a_4 & a_5 \\ b_1 & b_2 & b_3 & b_4 & b_5 \\ c_1 & c_2 & 0 & 0 & 0 \\ d_1 & d_2 & 0 & 0 & 0 \\ e_1 & e_2 & 0 & 0 & 0 \end{vmatrix}=0.$$

证 行列式展开的一般项可表示为 $a_{1j_1}a_{2j_2}a_{3j_3}a_{4j_4}a_{5j_5}$,列标 $j_3j_4j_5$ 只可以在 1,2,3,4,5 中取不同的值,故三个下标中至少有一个要取 3,4,5 列之中一数,从而任何一个展开式中至少要包含一个 0 元素,故所给行列式展开式中每一项的乘积必为 0,因此原行列式值为 0.

【例 1.2】 由行列式定义计算

$$f(x)=\begin{vmatrix} 2x & x & 1 & 2 \\ 1 & x & 1 & -1 \\ 3 & 2 & x & 1 \\ 1 & 1 & 1 & x \end{vmatrix}$$

中 x^4 与 x^3 的系数,并说明理由.

解 含有 x^4 的展开项只能是 $a_{11}a_{22}a_{33}a_{44}$,所以 x^4 的系数为 2;同理,含有 x^3 的展开项只能是 $a_{12}a_{21}a_{33}a_{44}$,所以 x^3 的系数为 -1.

第二节　行列式计算的一般方法

n 阶行列式的中心问题是计算,只要我们熟悉行列式的性质,掌握计算行列式的基本方法,如三角化,利用递推公式降阶,边加法,将行列式拆成一些行列式的和等,并且能综合应用之,就可解决相当数量的行列式的计算.

一些常见类型行列式的计算方法

1. 定义法

【例 2.1】 设 $f(x)=\begin{vmatrix} 1 & -1 & 2 & 0 \\ 2 & x & -1 & 1 \\ 0 & -2 & x-1 & 1 \\ -2 & 1 & -3 & 2 \end{vmatrix}$，则 $\frac{d^2}{dx^2}f(x)=$______.

分析 因 $f(x)$ 是一个 2 次多项式，故只需考虑二次项前的系数.

因 $f(x)$ 二次项前的系数为 2. 故 $\frac{d^2}{dx^2}f(x)=4$.

2. 化为三角形的方法

【例 2.2】 $\begin{vmatrix} x+a_1 & a_2 & \cdots & a_n \\ a_1 & x+a_2 & \cdots & a_n \\ a_1 & a_2 & \cdots & a_n \\ \vdots & \vdots & & \vdots \\ a_1 & a_2 & \cdots & x+a_n \end{vmatrix}$，$(x\neq 0)$

解

$$\begin{vmatrix} x+a_1 & a_2 & \cdots & a_n \\ a_1 & x+a_2 & \cdots & a_n \\ a_1 & a_2 & \cdots & a_n \\ \vdots & \vdots & & \vdots \\ a_1 & a_2 & \cdots & x+a_n \end{vmatrix} = \begin{vmatrix} x+a_1 & a_2 & \cdots & a_n \\ -x & x & \cdots & 0 \\ -x & 0 & \cdots & 0 \\ \vdots & \vdots & & \vdots \\ -x & 0 & \cdots & x \end{vmatrix} =$$

$$\begin{vmatrix} x+a_1+\cdots+a_n & a_2 & \cdots & a_n \\ 0 & x & \cdots & 0 \\ 0 & 0 & \cdots & 0 \\ \vdots & \vdots & & \vdots \\ 0 & 0 & \cdots & x \end{vmatrix} = (x+a_1+\cdots+a_n)x^{n-1}.$$

3. 化为范德蒙行列式的方法

【例 2.3】 求增次的范德蒙行列式 $V_n^{(i)}=\begin{vmatrix} 1 & 1 & \cdots & 1 \\ x_1 & x_2 & \cdots & x_n \\ x_1^2 & x_2^2 & \cdots & x_n^2 \\ \vdots & \vdots & & \vdots \\ x_1^{i-1} & x_2^{i-1} & \cdots & x_n^{i-1} \\ x_1^{i+1} & x_2^{i+1} & \cdots & x_n^{i+1} \\ \vdots & \vdots & & \vdots \\ x_1^n & x_2^n & \cdots & x_n^n \end{vmatrix}$ 的值.

解　考虑下面的范德蒙行列式：

$$V_{n+1}=\begin{vmatrix} 1 & 1 & \cdots & 1 & 1 \\ x_1 & x_2 & \cdots & x_n & y \\ \vdots & \vdots & & \vdots & \\ x_1^{i-1} & x_2^{i-1} & \cdots & x_n^{i-1} & y^{i-1} \\ x_1^{i} & x_2^{i} & \cdots & x_n^{i} & y^{i} \\ x_1^{i+1} & x_2^{i+1} & \cdots & x_n^{i+1} & y^{i+1} \\ \vdots & \vdots & & \vdots & \\ x_1^{n} & x_2^{n} & \cdots & x_n^{n} & y^{n} \end{vmatrix}=V_n(x_1,x_2,\cdots,x_n)(y-x_1)(y-x_2)\cdots(y-x_n)$$

$$=V_n(x_1,x_2,\cdots,x_n)\cdot[y^n-\sigma_1y^{n-1}+\cdots+(-1)^{n-i}\sigma_{n-i}y^i+\cdots+(-1)^n\sigma_n].$$

其中 σ_i 是 $x_1,x_2,\cdots,x_n$ 的初等对称多项式，于是 y^i 的系数为

$$(-1)^{n-i}\sigma_{n-i}V_n(x_1,x_2,\cdots,x_n).$$

另外一方面，将 V_{n+1} 按最后一列展开，y^i 的代数余子式为 $(-1)^{(i+1)+(n+1)}V_n^{(i)}$，它即为将 V_{n+1} 看成 y 的多项式时，y^i 的系数，所以，有

$$(-1)^{(i+1)+(n+1)}V_n^{(i)}=(-1)^{n-i}\sigma_{n-1}V_n(x_1,x_2,\cdots,x_n),$$

故 $V_n^{(i)}=\sigma_{n-1}V_n(x_1,x_2,\cdots,x_n)$.

4. 拆行(列)法

把某一行(列)的元素写成两数和的形式，再利用行列式的性质，将原行列式写成两行列式的和.

【例 2.4】　求 $D=\begin{vmatrix} a & a & \cdots & a & 0 \\ a & a & \cdots & 0 & b \\ \vdots & \vdots & & \vdots & \vdots \\ a & 0 & \cdots & b & b \\ 0 & b & \cdots & b & b \end{vmatrix}$.

解　$D=(-1)^{\frac{n(n-1)}{2}}\begin{vmatrix} 0 & a & \cdots & a \\ b & 0 & \cdots & a \\ \vdots & \vdots & & \vdots \\ b & b & \cdots & a \\ b & b & \cdots & 0 \end{vmatrix}=(-1)^{\frac{n(n-1)}{2}}D_n=(-1)^{\frac{n(n-1)}{2}}\begin{vmatrix} 0 & a & \cdots & a-0 \\ b & 0 & \cdots & a-0 \\ \vdots & \vdots & & \vdots \\ b & b & \cdots & a-a \end{vmatrix}$，

$$D_n=\begin{vmatrix} 0 & a & \cdots & a \\ b & 0 & \cdots & a \\ \vdots & \vdots & & \vdots \\ b & b & \cdots & a \end{vmatrix}-\begin{vmatrix} 0 & a & \cdots & 0 \\ b & 0 & \cdots & 0 \\ \vdots & \vdots & & \vdots \\ b & b & \cdots & a \end{vmatrix}=\begin{vmatrix} -b & a-b & \cdots & 0 \\ 0 & -b & \cdots & 0 \\ \vdots & \vdots & & \vdots \\ 0 & 0 & \cdots & a \end{vmatrix}-aD_{n-1}$$

$=a(-b)^{n-1}-aD_{n-1}$，

同理可得，

$$D_n=b(-a)^{n-1}-bD_{n-1}.$$

当 $a\neq b$ 时，$D_n=(-1)^{n-1}ab(a^{n-2}+a^{n-3}b+\cdots+ab^{n-3}+b^{n-2})$，而

$$D=(-1)^{\frac{n(n-1)}{2}}D_n,$$

当 $a=b$ 时,易算出

$$D=(n-1)a\begin{vmatrix}1 & & & & -a\\ & & & -a & \\ \vdots & & \begin{matrix}\cdot^{\cdot^{\cdot}}\end{matrix} & & \\ 1 & -a & & & \\ 1 & & & & \end{vmatrix}$$

$$=(n-1)a(-1)^{\frac{(n-1)(n-2)}{2}}a^{n-1}=(-1)^{\frac{(n-1)(n-2)}{2}}(n-1)a^n.$$

5. 降阶递推法

【例 2.5】 $D_n=\begin{vmatrix}2 & 1 & & & \\ 1 & 2 & 1 & & \\ & 1 & 2 & 1 & \\ & & \ddots & \ddots & \ddots \\ & & & \ddots & & 1\\ & & & & 1 & 2\end{vmatrix}$,(空白处为 0)

解

$$D_n\underline{\underline{依第一行展开}}2\begin{vmatrix}2 & 1 & & & \\ 1 & 2 & 1 & & \\ & 1 & 2 & 1 & \\ & & \ddots & \ddots & \ddots \\ & & & \ddots & \ddots & 1\\ & & & & & 1\end{vmatrix}-\begin{vmatrix}1 & 1 & & & \\ & 2 & 1 & & \\ & & \ddots & \ddots & \\ & & & \ddots & 1\\ & & & 1 & 2\end{vmatrix}$$

$=2D_{n-1}-D_{n-2}$, $D_1=2$, $D_3=3$, $D_3=2D_2-D_1=6-2=4$.

类推有 $D_n=n+1$,须要用归纳法证明一下.

当 $n=1$ 时,$D_1=2$,假设当 $n=k$ 时,$D_k=k+1$,则当 $n=k+1$ 时,

$$D_{k+1}=2D_k-D_{k-1}=2(k+1)-k=k+2=(k+1)+1=n+1.$$

【例 2.6】 $D_n=\begin{vmatrix}a & a+b & a+b & \cdots & a+b\\ a-b & a & a+b & \cdots & a+b\\ a-b & a-b & a & \cdots & a+b\\ \vdots & \vdots & \vdots & \cdots & \vdots\\ a-b & a-b & a-b & \cdots & a\end{vmatrix}$.

解 $D\xlongequal[加到第一行上]{第二行乘(-1)}\begin{vmatrix}b & b & 0 & \cdots & 0\\ a-b & a & a+b & \cdots & a+b\\ a-b & a-b & a & \cdots & a+b\\ \vdots & \vdots & \vdots & & \vdots\\ a-b & a-b & a-b & \cdots & a\end{vmatrix}$

$$\xrightarrow[\text{加到第一列上}]{\text{第二列乘}(-1)}\begin{vmatrix} 0 & b & 0 & \cdots & 0 \\ -b & & & & \\ 0 & & D_{n-1} & & \\ \vdots & & & & \\ 0 & & & & \end{vmatrix}=b^2D_{n-2},$$

$D_1=a, D_2=b^2$.

当 n 为偶数时，$D_n=b^2D_{n-2}=b^4D_{n-4}=\cdots=b^{n-2}D_2=b^n$；

当 n 为奇数时，$D_n=b^2D_{n-2}=\cdots=b^{n-1}D_{n-(n-1)}=b^{n-1}D_1=ab^{n-1}$.

6. 加边法

【例 2.7】 $D=\begin{vmatrix} x+a_1 & a_2 & \cdots & a_n \\ a_1 & x+a_2 & \cdots & a_n \\ a_1 & a_2 & \cdots & a_n \\ \vdots & \vdots & & \vdots \\ a_1 & a_2 & \cdots & x+a_n \end{vmatrix}\ (x\neq 0)$

解 $D=\begin{vmatrix} 1 & a_1 & \cdots & a_n \\ 0 & & & \\ \vdots & & D & \\ 0 & & & \end{vmatrix}=\begin{vmatrix} 1 & a_1 & a_2 & \cdots & a_n \\ -1 & x & 0 & \cdots & 0 \\ -1 & 0 & x & \cdots & 0 \\ \vdots & \vdots & \vdots & & \vdots \\ -1 & 0 & 0 & \cdots & x \end{vmatrix}$

$$=\begin{vmatrix} 1+\sum\limits_{i=1}^{n}\frac{a_i}{x} & a_1 & a_2 & \cdots & a_n \\ 0 & x & 0 & \cdots & a_n \\ 0 & 0 & x & \cdots & 0 \\ \vdots & \vdots & \vdots & & \vdots \\ 0 & 0 & 0 & \cdots & x \end{vmatrix}=x^n\left(1+\frac{1}{x}\sum_{i=1}^{n}a_i\right)$$

$$=x^n+x^{n-1}\sum_{i=1}^{n}a_i\text{（当 }x=0\text{ 时，}D=0\text{）}.$$

7. 数学归纳法

【例 2.8】 证明 $\begin{vmatrix} \cos\alpha & 1 & 0 & \cdots & 0 & 0 \\ 1 & 2\cos\alpha & 1 & \cdots & 0 & 0 \\ 0 & 1 & 2\cos\alpha & \ddots & 0 & 0 \\ \vdots & \vdots & \ddots & \ddots & \ddots & \vdots \\ 0 & 0 & 0 & \ddots & 2\cos\alpha & 1 \\ 0 & 0 & 0 & \cdots & 1 & 2\cos\alpha \end{vmatrix}=\cos n\alpha.$

证 对 2 阶行列式，有 $D_2=\begin{vmatrix} \cos\alpha & 1 \\ 1 & 2\cos\alpha \end{vmatrix}=2\cos^2\alpha-1=\cos 2\alpha$，此时，结论成立.

假设对阶数小于 n 的行列式结论皆成立，则对 n 阶行列式 D_n 按最后一行展开，得 $D_n=2\cos\alpha D_{n-1}-D_{n-2}$，因为

$$\begin{aligned}D_{n-2}&=\cos(n-2)\alpha\\&=\cos[(n-1)\alpha-\alpha]=\cos(n-1)\alpha\cos\alpha+\sin(n-1)\alpha\sin\alpha,\end{aligned}$$

代入 D_n，可得

$$\begin{aligned}D_n&=2\cos\alpha\cos(n-1)\alpha-\cos(n-1)\alpha\cos\alpha-\sin(n-1)\alpha\sin\alpha\\&=\cos(n-1)\alpha\cos\alpha-\sin(n-1)\alpha\sin\alpha\\&=\cos[(n-1)\alpha+\alpha]=\cos n\alpha.\end{aligned}$$

故对一切 n 结论成立，即证.

第三节　典型行列式

题型 1

$$D_n=\begin{vmatrix}x_1 & y & y & \cdots & y & y\\ z & x_2 & y & \cdots & y & y\\ z & z & x_3 & \cdots & y & y\\ \vdots & \vdots & \vdots & & \vdots & \vdots\\ z & z & z & \cdots & x_{n-1} & y\\ z & z & z & \cdots & z & x_n\end{vmatrix}.(z\neq y)$$

解

$$\begin{aligned}D_n&=\begin{vmatrix}x_1 & y & y & \cdots & y & y\\ z-x_1 & x_2-y & 0 & \cdots & 0 & 0\\ 0 & z-x_2 & x_3-y & \cdots & 0 & 0\\ \vdots & \vdots & \vdots & & \vdots & \vdots\\ 0 & 0 & 0 & \cdots & x_{n-1}-y & 0\\ 0 & 0 & 0 & \cdots & z-x_{n-1} & x_n-y\end{vmatrix}\\&=(x_n-y)D_{n-1}+(-1)^{n+1}y(z-x_1)(z-x_2)\cdots(z-x_{n-1})\end{aligned}$$

对于 D_n 的转置 D_n' 同样可得（只要 y 与 z 互换）：

$$D_n'=(x_n-z)D_{n-1}'+(-1)^{n+1}z(y-x_1)(y-x_2)\cdots(y-x_{n-1}).$$

于是得：

$$\begin{aligned}D_n-(x_n-y)D_{n-1}&=y(x_1-z)(x_2-z)\cdots(x_{n-1}-z),\\D_n-(x_n-z)D_{n-1}&=z(x_1-y)(x_2-y)\cdots(x_{n-1}-y).\end{aligned}$$

由 Cramer 法则得：

$$D=\frac{\begin{vmatrix} y\prod\limits_{i=1}^{n-1}(x_i-z) & -(x_n-y) \\ z\prod\limits_{i=1}^{n-1}(x_i-y) & -(x_n-z) \end{vmatrix}}{\begin{vmatrix} 1 & -(x_n-y) \\ 1 & -(x_n-z) \end{vmatrix}}=\frac{z\prod\limits_{i=1}^{n}(x_i-y)-y\prod\limits_{i=1}^{n}(x_i-z)}{z-y}.$$

注:形如 $\begin{vmatrix} x & y & y & \cdots & y & y \\ z & x & y & \cdots & y & y \\ z & z & x & \cdots & y & y \\ \vdots & \vdots & \vdots & & \vdots & \vdots \\ z & z & z & \cdots & x & y \\ z & z & z & \cdots & z & x \end{vmatrix}$ $(z\neq y)$解题过程都等同于题型 1.

题型 2

$$D_n=\begin{vmatrix} x_1 & y & y & \cdots & y \\ y & x_2 & y & \cdots & y \\ y & y & x_3 & \cdots & y \\ \vdots & \vdots & \vdots & & \vdots \\ y & y & y & \cdots & x_n \end{vmatrix}.\ (y\neq x_i)$$

解　这种类型的行列式的一个显著特点是每一列(行)除个别元素外均相同,这时可加一条边,将相同元素化为零.

$$D_n=\begin{vmatrix} 1 & y & y & y & \cdots & y \\ 0 & x_1 & y & y & \cdots & y \\ 0 & y & x_2 & y & \cdots & y \\ 0 & y & y & x_3 & \cdots & y \\ \vdots & \vdots & \vdots & \vdots & & \vdots \\ 0 & y & y & y & \cdots & x_n \end{vmatrix}=\begin{vmatrix} 1 & y & y & y & \cdots & y \\ -1 & x_1-y & 0 & 0 & \cdots & 0 \\ -1 & 0 & x_2-y & 0 & \cdots & 0 \\ -1 & 0 & 0 & x_3-y & \cdots & 0 \\ \vdots & \vdots & \vdots & \vdots & & \vdots \\ -1 & 0 & 0 & 0 & \cdots & x_n-y \end{vmatrix}$$

$$=\begin{vmatrix} 1+\sum\limits_{i=1}^{n}\frac{y}{x_i-y} & y & y & \cdots & y \\ 0 & x_1-y & 0 & \cdots & 0 \\ 0 & 0 & x_2-y & \cdots & 0 \\ \vdots & \vdots & \vdots & & \vdots \\ 0 & 0 & 0 & \cdots & x_n-y \end{vmatrix}$$

$$=\left(1+\sum_{i=1}^{n}\frac{y}{x_i-y}\right)\prod_{i=1}^{n}(x_i-y).$$

注:诸如

$$\begin{vmatrix} 1+a_1 & 1 & 1 & \cdots & 1 & 1 \\ 1 & 1+a_2 & 1 & \cdots & 1 & 1 \\ 1 & 1 & 1+a_3 & \cdots & 1 & 1 \\ \vdots & \vdots & \vdots & & \vdots & \vdots \\ 1 & 1 & 1 & \cdots & 1 & 1+a_n \end{vmatrix}, \begin{vmatrix} 1 & 2 & 2 & \cdots & 2 \\ 2 & 2 & 2 & \cdots & 2 \\ 2 & 2 & 3 & \cdots & 2 \\ \vdots & \vdots & \vdots & & \vdots \\ 2 & 2 & 2 & \cdots & n \end{vmatrix}.$$

都是题型 2 的行列式,可用加边法求之. 其实,与题型 1 有相同特点的行列式也可考虑用加边法,甚至可以不止一次地加边. 例如

$$\begin{vmatrix} x_1 & y_2 & y_3 & \cdots & y_n \\ y_1 & x_2 & y_3 & \cdots & y_n \\ y_1 & y_2 & x_3 & \cdots & y_n \\ \vdots & \vdots & \vdots & & \vdots \\ y_1 & y_2 & y_3 & \cdots & y_n \end{vmatrix}, \begin{vmatrix} x_1-y_1 & x_1-y_2 & \cdots & x_1-y_n \\ x_2-y_1 & x_2-y_2 & \cdots & x_2-y_n \\ x_3-y_1 & x_3-y_2 & \cdots & x_3-y_n \\ \vdots & \vdots & & \vdots \\ x_n-y_1 & x_n-y_2 & \cdots & x_n-y_n \end{vmatrix},$$

$$|(i-j)| = \begin{vmatrix} 0 & 1-2 & 1-3 & \cdots & 1-n \\ 2-1 & 0 & 2-3 & \cdots & 2-n \\ 3-1 & 3-2 & 0 & \cdots & 3-n \\ \vdots & \vdots & \vdots & & \vdots \\ n-1 & n-2 & n-3 & \cdots & 0 \end{vmatrix},$$

$$D_n = \begin{vmatrix} 0 & a_1+a_2 & \cdots & a_1+a_n \\ a_2+a_1 & 0 & \cdots & a_2+a_n \\ \vdots & \vdots & & \vdots \\ a_n+a_1 & a_n+a_2 & \cdots & 0 \end{vmatrix}, (a_1a_2\cdots a_n \neq 0)$$

等也可以用加边法求之,例如最后一个行列式可以如下加边计算:

$$D_n \underline{\underline{\text{加边}}} \begin{vmatrix} 1 & a_1 & a_2 & \cdots & a_n \\ 0 & 0 & a_1+a_2 & \cdots & a_1+a_n \\ 0 & a_2+a_1 & 0 & \cdots & a_2+a_n \\ \vdots & \vdots & \vdots & & \vdots \\ 0 & a_n+a_1 & a_n+a_2 & \cdots & 0 \end{vmatrix} = \begin{vmatrix} 1 & a_1 & a_2 & \cdots & a_n \\ -1 & -a_1 & a_1 & \cdots & a_1 \\ -1 & a_2 & -a_2 & \cdots & a_2 \\ \vdots & \vdots & \vdots & & \vdots \\ -1 & a_n & a_n & \cdots & -a_n \end{vmatrix}$$

$$\underline{\underline{\text{加边}}} \begin{vmatrix} 1 & 0 & 0 & 0 & \cdots & 0 \\ 0 & 1 & a_1 & a_2 & \cdots & a_n \\ a_1 & -1 & -a_1 & a_1 & \cdots & a_1 \\ a_2 & -1 & a_2 & -a_2 & \cdots & a_2 \\ \vdots & \vdots & \vdots & \vdots & & \vdots \\ a_n & -1 & a_n & a_n & \cdots & -a_n \end{vmatrix} = \begin{vmatrix} 1 & 0 & -1 & -1 & \cdots & -1 \\ 0 & 1 & a_1 & a_2 & \cdots & a_n \\ a_1 & -1 & -2a_1 & 0 & \cdots & 0 \\ a_2 & -1 & 0 & -2a_2 & \cdots & 0 \\ \vdots & \vdots & \vdots & \vdots & & \vdots \\ a_n & -1 & 0 & 0 & \cdots & -2a_n \end{vmatrix},$$

将最后一个行列式的第 $3,4,\cdots,n+2$ 列分别乘 $\frac{1}{2}$ 加到第 1 列,再将第 $3,4,\cdots,n+2$ 列分别乘以 $-\frac{1}{2a_1}, -\frac{1}{2a_2}, \cdots, -\frac{1}{2a_n}$ 都加到第 2 列,即得 D_n 的值.

题型 3　(三对角行列式)

【例 3.1】 $D_n=\begin{vmatrix} a & b & & & & \\ c & a & b & & & \\ & c & a & b & & \\ & & \ddots & \ddots & \ddots & \\ & & & c & a & b \\ & & & & c & a \end{vmatrix}$,空白处的元素皆为 0.

解　当 $bc=0$ 时,显然 $D_n=a^n$. 若 $bc\neq 0$,按第 1 行展开得:

$$D_n=aD_{n-1}-bcD_{n-2}.$$

设 $x^2-ax+bc=0$ 的两个根为 α,β,则 $\alpha+\beta=a,\alpha\beta=bc$. 于是

$$D_n=(\alpha+\beta)D_{n-1}-\alpha\beta D_{n-2}.$$

所以,

$$\begin{aligned} D_n-\alpha D_{n-1} &=\beta(D_{n-1}-\alpha D_{n-2})=\beta^2(D_{n-2}-\alpha D_{n-3}) \\ &=\cdots=\beta^{n-2}(D_2-\alpha D_1) \\ &=\beta^{n-2}(a^2-bc-\alpha a)=\beta^n. \end{aligned} \qquad (\text{Ⅰ})$$

同样可得:

$$D_n-\beta D_{n-1}=\alpha(D_{n-1}-\beta D_{n-2})=\alpha^n.$$

当 $\alpha\neq\beta$ 时,由 Cramer 法则解得:

$$D_n=\frac{\alpha^{n+1}-\beta^{n+1}}{\alpha-\beta}.$$

当 $\alpha=\beta$ 时,由(Ⅰ)得

$$D_n=\alpha D_{n-1}+\alpha^n,$$

按此递推得:

$$\begin{aligned} D_n &=\alpha D_{n-1}+\alpha^n=\alpha(\alpha D_{n-2}+\alpha^{n-1})+\alpha^n \\ &=\alpha^2 D_{n-2}+2\alpha^n=\cdots=\alpha^{n-1}D_1+(n-1)\alpha^n=2\alpha^n+(n-1)\alpha^n \\ &=(n+1)\alpha^n=(n+1)\left(\frac{a}{2}\right)^n. \end{aligned}$$

注: $\begin{vmatrix} 2 & 1 & & & & \\ 1 & 2 & 1 & & & \\ & 1 & 2 & 1 & & \\ & & \ddots & \ddots & \ddots & \\ & & & 1 & 2 & 1 \\ & & & & 1 & 2 \end{vmatrix}$, $\begin{vmatrix} x^2+1 & x & & & & \\ x & x^2+1 & x & & & \\ & x & x^2+1 & x & & \\ & & \ddots & \ddots & \ddots & \\ & & & x & x^2+1 & x \\ & & & & x & x^2+1 \end{vmatrix}$,

$\begin{vmatrix} \alpha+\beta & \alpha\beta & & & & \\ 1 & \alpha+\beta & \alpha\beta & & & \\ & 1 & \alpha+\beta & \alpha\beta & & \\ & & \ddots & \ddots & \ddots & \\ & & & 1 & \alpha+\beta & \alpha\beta \\ & & & & 1 & \alpha+\beta \end{vmatrix}$ 等都是三对角行列式,都可按如上方法计算之,对于

一些特殊的三对角行列式，α,β 可观察出来.

题型 4 （循环行列式）

【例 3.2】 称如下行列式

$$C_n=\begin{vmatrix} a_1 & a_2 & a_3 & \cdots & a_n \\ a_n & a_1 & a_2 & \cdots & a_{n-1} \\ a_{n-1} & a_n & a_1 & \cdots & a_{n-2} \\ \vdots & \vdots & \ddots & \ddots & \vdots \\ a_2 & a_3 & \cdots & a_n & a_1 \end{vmatrix}$$

为关于 $a_1,a_2,\cdots,a_n$ 的循环行列式. 设 $\varepsilon_1,\varepsilon_2,\cdots,\varepsilon_n$ 为 $x^n-1=0$ 的所有根（全体 n 次单位根），$f(x)=a_1+a_2x+a_3x^2+\cdots+a_nx^{n-1}$，证明：

$$C_n=f(\varepsilon_1)f(\varepsilon_2)\cdots f(\varepsilon_n).$$

证 设 n 阶矩阵

$$\boldsymbol{A}=\begin{pmatrix} a_1 & a_2 & \cdots & a_n \\ a_n & a_1 & \cdots & a_{n-1} \\ & & \ddots & \\ a_2 & \cdots & a_n & a_1 \end{pmatrix},\boldsymbol{U}=\begin{pmatrix} 1 & 1 & \cdots & 1 \\ \varepsilon_1 & \varepsilon_2 & \cdots & \varepsilon_n \\ \varepsilon_1^2 & \varepsilon_2^2 & & \varepsilon_n^2 \\ \vdots & \vdots & & \vdots \\ \varepsilon_1^{n-1} & \varepsilon_2^{n-1} & \cdots & \varepsilon_n^{n-1} \end{pmatrix},$$

令 $\boldsymbol{B}=\boldsymbol{AU}$，则 $\boldsymbol{B}$ 中第 i 行 j 列的元素为

$$\begin{aligned} & a_{n-i+2}\cdot 1+a_{n-i+3}\cdot\varepsilon_j+\cdots+a_n\cdot\varepsilon_j^{i-2}+a_1\cdot\varepsilon_j^{i-1}+\cdots+a_{n-i+1}\varepsilon_j^{n-1} \\ =\ & a_{n-i+2}\cdot\varepsilon_j^{n}+a_{n-i+3}\cdot\varepsilon_j^{n+1}+\cdots+a_n\varepsilon_j^{n+i-2}+a_1\varepsilon_j^{i-1}+\cdots+a_{n-i+1}\varepsilon_j^{n-1} \\ =\ & \varepsilon_j^{i-1}(a_1+a_2\cdot\varepsilon_j+\cdots+a_{n-i+1}\varepsilon_j^{n-i}+a_{n-i+2}\cdot\varepsilon_j^{n-i+1}+\cdots+a_n\varepsilon_j^{n-1}) \\ =\ & \varepsilon_j^{i-1}f(\varepsilon_j). \end{aligned}$$

由此得到：

$$\boldsymbol{B}=\boldsymbol{AU}=\begin{pmatrix} f(\varepsilon_1) & f(\varepsilon_2) & \cdots & f(\varepsilon_n) \\ \varepsilon_1 f(\varepsilon_1) & \varepsilon_2 f(\varepsilon_2) & \cdots & \varepsilon_n f(\varepsilon_n) \\ \vdots & \vdots & & \vdots \\ \varepsilon_1^{n-1}f(\varepsilon_1) & \varepsilon_2^{n-1}f(\varepsilon_2) & \cdots & \varepsilon_n^{n-1}f(\varepsilon_n) \end{pmatrix},$$

因此，$|\boldsymbol{B}|=f(\varepsilon_1)f(\varepsilon_2)\cdots f(\varepsilon_n)\begin{vmatrix} 1 & 1 & \cdots & 1 \\ \varepsilon_1 & \varepsilon_2 & \cdots & \varepsilon_n \\ \varepsilon_1^2 & \varepsilon_2^2 & \cdots & \varepsilon_n^2 \\ \vdots & \vdots & & \vdots \\ \varepsilon_1^{n-1} & \varepsilon_2^{n-1} & \cdots & \varepsilon_n^{n-1} \end{vmatrix}=f(\varepsilon_1)f(\varepsilon_2)\cdots f(\varepsilon_n)|\boldsymbol{U}|$，

而 $|\boldsymbol{B}|=|\boldsymbol{AU}|=|\boldsymbol{A}||\boldsymbol{U}|$，且 $|\boldsymbol{U}|\neq 0$，所以

$$C_n=|\boldsymbol{A}|=f(\varepsilon_1)f(\varepsilon_2)\cdots f(\varepsilon_n).$$

【例 3.3】 计算 $D=\begin{vmatrix} a & b & c & d \\ d & a & b & c \\ c & d & a & b \\ b & c & d & a \end{vmatrix}$.

解　$f(x)=a+bx+cx^2+dx^3$，$\varepsilon_1=i$，$\varepsilon_2=-1$，$\varepsilon_3=-i$，$\varepsilon_4=1$，所以

$$\begin{aligned}D&=f(i)f(-1)f(-i)f(1)=(a+bi-c-di)(a-b+c-d)(a-bi-c+di)(a+b+c+d)\\&=(a+b+c+d)(a-b+c-d)(a^2+b^2+c^2+d^2-2ac-2bd).\end{aligned}$$

设 $\varepsilon_1,\varepsilon_2,\cdots,\varepsilon_n$ 为 $x^n-1=0$ 的所有根(全体 n 次单位根)，则有

性质 1
$$(a-b\varepsilon_1)(a-b\varepsilon_2)\cdots(a-b\varepsilon_n)=a^n-b^n, \tag{Ⅰ}$$
$$(a+b\varepsilon_1)(a+b\varepsilon_2)\cdots(a+b\varepsilon_n)=a^n-(-b)^n. \tag{Ⅱ}$$

性质 2　$(1-\varepsilon_1)(1-\varepsilon_2)\cdots(1-\varepsilon_n)=0$.（因为 $(x-\varepsilon_1)(x-\varepsilon_2)\cdots(x-\varepsilon_{n-1})=x^n-1$）

性质 3　若 $(p,n)=1$，则 $\varepsilon_1^p,\varepsilon_2^p,\cdots,\varepsilon_n^p$ 也是全体单位根(n 次).

性质 4　若 $(p,n)\neq1$，则 $\varepsilon_1^p,\varepsilon_2^p,\cdots,\varepsilon_n^p$ 中存在 $\varepsilon_i\neq1$ 且 $\varepsilon_i^p=1$.

只证性质 3：因为 $(\varepsilon_i^p)^n=(\varepsilon_i^n)^p=1$，所以 ε_i^p 是 n 次单位根. 又 $(p,n)=1$，故 $\exists s,t$ 使 $sp+tn=1$，若

$$\varepsilon_i^p=\varepsilon_j^p\Rightarrow\varepsilon_i^{sp}=\varepsilon_j^{sp}\Rightarrow\varepsilon_i^{1-tn}=\varepsilon_j^{1-tn}\Rightarrow\varepsilon_i=\varepsilon_j,$$

即 $\varepsilon_1^p,\varepsilon_2^p,\cdots,\varepsilon_n^p$ 是 n 个两两不同的(全体)n 次单位根. 通常用 x 表示：

$$x=\cos\frac{2k\pi}{n}+i\sin\frac{2k\pi}{n},k=0,1,2,\cdots,n-1.$$

【例 3.4】　计算 n 阶行列式

$$D(p)=\begin{vmatrix}\overbrace{a & a\cdots a}^{p\text{列}} & b & b & \cdots & b\\ b & a\cdots a & a & b & \cdots & b\\ b & b\cdots a & a & a & \cdots & b\\ \vdots & \vdots & \ddots & & & \vdots\\ a\cdots a & b & b & \cdots & b & a\end{vmatrix}.$$

解
$$\begin{aligned}f(x)&=a+ax+\cdots+ax^{p-1}+bx^p+\cdots+bx^{n-1}\\&=(a-b)(1+x+\cdots+x^{p-1})+b(1+x+\cdots+x^p+\cdots+x^{n-1}),\end{aligned}$$

所以 $f(1)=pa+(n-p)b$，而对于 $\varepsilon_i\neq1$，$f(\varepsilon_i)=(a-b)\cdot\dfrac{1-\varepsilon_i^p}{1-\varepsilon_i}+0$.

所以，

$$D(p)=f(1)f(\varepsilon_1)\cdots f(\varepsilon_{n-1})=[pa+(n-p)b](a-b)^{n-1}\cdot\frac{(1-\varepsilon_1^p)\cdots(1-\varepsilon_{n-1}^p)}{(1-\varepsilon_1)\cdots(1-\varepsilon_{n-1})}.$$

由性质 3、性质 4

$$D(p)=\begin{cases}0, & \text{当}(p,n)\neq1\\ [pa+(n-p)b](a-b)^{n-1}. & \text{当}(p,n)=1\end{cases}$$

注意到，计算和化简 $f(\varepsilon_i)$ 是计算循环行列式的关键.

第四节　分块矩阵的行列式

1. 分块矩阵的初等变换

分块矩阵的初等行(列)变换是指:

① 对调分块矩阵中任意两行(列)的位置;

② 以一可逆矩阵左(右)乘分块矩阵的某一行(列);

③ 以矩阵 $\boldsymbol{K}$ 左(右)乘分块矩阵的某一行(列)加到另一行(列)上去.

分块矩阵的初等变换也适合"左行右列"原则. 如将分块矩阵

$$\boldsymbol{A}=\begin{bmatrix} \boldsymbol{A}_{11} & \boldsymbol{A}_{12} & \cdots & \boldsymbol{A}_{1s} \\ \vdots & \vdots & & \vdots \\ \boldsymbol{A}_{i1} & \boldsymbol{A}_{i2} & \cdots & \boldsymbol{A}_{is} \\ \vdots & \vdots & & \vdots \\ \boldsymbol{A}_{j1} & \boldsymbol{A}_{j2} & \cdots & \boldsymbol{A}_{js} \\ \vdots & \vdots & & \vdots \\ \boldsymbol{A}_{t1} & \boldsymbol{A}_{t2} & \cdots & \boldsymbol{A}_{ts} \end{bmatrix}$$

的第 i 行加上以 $\boldsymbol{K}$ 左乘第 j 行的乘积,得到的新矩阵

$$\boldsymbol{B}=\begin{bmatrix} \boldsymbol{A}_{11} & \boldsymbol{A}_{12} & \cdots & \boldsymbol{A}_{1s} \\ \vdots & \vdots & & \vdots \\ \boldsymbol{A}_{i1}+\boldsymbol{K}\boldsymbol{A}_{j1} & \boldsymbol{A}_{i2}+\boldsymbol{K}\boldsymbol{A}_{j2} & \cdots & \boldsymbol{A}_{is}+\boldsymbol{K}\boldsymbol{A}_{js} \\ \vdots & \vdots & & \vdots \\ \boldsymbol{A}_{j1} & \boldsymbol{A}_{j2} & \cdots & \boldsymbol{A}_{js} \\ \vdots & \vdots & & \vdots \\ \boldsymbol{A}_{t1} & \boldsymbol{A}_{t2} & \cdots & \boldsymbol{A}_{ts} \end{bmatrix}$$

$$=\begin{bmatrix} \boldsymbol{E}_1 & & & & & & \\ & \ddots & & & & & \\ & & \boldsymbol{E}_i & \cdots & \boldsymbol{K} & & \\ & & & \ddots & \vdots & & \\ & & & & \boldsymbol{E}_j & & \\ & & & & & \ddots & \\ & & & & & & \boldsymbol{E}_t \end{bmatrix}\boldsymbol{A},$$

其中 $\boldsymbol{K}$ 的行数与 $\boldsymbol{A}_{i1}$ 的行数相同,$\boldsymbol{K}$ 的列数与 $\boldsymbol{A}_{j1}$ 的行数相同.

显然,若 $\boldsymbol{A}$ 是 n 阶方阵,则有 $|\boldsymbol{A}|=|\boldsymbol{B}|$.

【例 4.1】 设 $\boldsymbol{A}$ 与 $\boldsymbol{B}$ 为同阶方阵,则

$$D=\begin{vmatrix} \boldsymbol{A} & \boldsymbol{B} \\ \boldsymbol{B} & \boldsymbol{A} \end{vmatrix}=\begin{vmatrix} \boldsymbol{A}+\boldsymbol{B} & \boldsymbol{B}+\boldsymbol{A} \\ \boldsymbol{B} & \boldsymbol{A} \end{vmatrix}=\begin{vmatrix} \boldsymbol{A}+\boldsymbol{B} & \boldsymbol{0} \\ \boldsymbol{B} & \boldsymbol{A}-\boldsymbol{B} \end{vmatrix}$$

$$=|A+B||A-B|.$$

计算行列式的基本方法之一是降阶法. 下面介绍两个降阶定理.

2. 第一降阶定理

设$\begin{pmatrix} A & B \\ C & D \end{pmatrix}$是方阵,且 A 可逆,则

$$\begin{vmatrix} A & B \\ C & D \end{vmatrix}=|A||D-CA^{-1}B|.$$

证　以$-CA^{-1}$左乘第 1 行加到第 2 行上,$\begin{pmatrix} A & B \\ C & D \end{pmatrix}$变成$\begin{pmatrix} A & B \\ 0 & D-CA^{-1}B \end{pmatrix}$,所以

$$\begin{vmatrix} A & B \\ C & D \end{vmatrix}=\begin{vmatrix} A & B \\ 0 & D-CA^{-1}B \end{vmatrix}=|A||D-CA^{-1}B|.$$

注 1:对于方阵$\begin{pmatrix} A & B \\ -C & D \end{pmatrix}$,若 A 可逆,则

$$\begin{vmatrix} A & B \\ -C & D \end{vmatrix}=|A||D+CA^{-1}B|.$$

注 2:对于方阵$\begin{pmatrix} A & B \\ C & D \end{pmatrix}$,若 D 可逆,则

$$\begin{vmatrix} A & B \\ C & D \end{vmatrix}=|D||A-BD^{-1}C|.$$

【例 4.2】　设 A,B,C,D 都是 n 阶方阵,且$|A|\neq 0$, $AC=CA$. 证明$\begin{vmatrix} A & B \\ C & D \end{vmatrix}=|AD-CB|$.

证　由第一降阶定理,

$$\begin{aligned}\begin{vmatrix} A & B \\ C & D \end{vmatrix}&=|A||D-CA^{-1}B|=|A(D-CA^{-1}B)|\\&=|AD-ACA^{-1}B|=|AD-CAA^{-1}B|\\&=|AD-CB|.\end{aligned}$$

3. 第二降阶定理

设 A 与 D 分别是 n 阶与 m 阶可逆矩阵,B 与 C 分别是 $n\times m$, $m\times n$ 矩阵,则

$$|D-CA^{-1}B|=\frac{|D|}{|A|}|A-BD^{-1}C|.$$

证　考虑方阵$\begin{pmatrix} A & B \\ C & D \end{pmatrix}$. 由第一降阶定理,有

$$\begin{vmatrix} A & B \\ C & D \end{vmatrix}=|A||D-CA^{-1}B|=|D||A-BD^{-1}C|.$$

由$|A|\neq 0$,得$|D-CA^{-1}B|=\dfrac{|D|}{|A|}|A-BD^{-1}C|$.

注 1:显然相应可求$|\boldsymbol{D}+\boldsymbol{C}\boldsymbol{A}^{-1}\boldsymbol{B}|$.

注 2:在 m 与 n 不等的情形下,利用公式可以将阶数高的行列式化为阶数较低的行列式来计算,达到降阶的目的.

【例 4.3】 设$\prod_{i=1}^{n} a_i \neq 0$,计算行列式

$$D_n=\begin{vmatrix} 0 & a_1+a_2 & \cdots & a_1+a_n \\ a_2+a_1 & 0 & \cdots & a_2+a_n \\ \vdots & \vdots & & \vdots \\ a_n+a_1 & a_n+a_2 & \cdots & 0 \end{vmatrix}.$$

解 因

$$D_n=\left|\begin{bmatrix} -2a_1 & & & \\ & -2a_2 & & \\ & & \ddots & \\ & & & -2a_n \end{bmatrix}+\begin{bmatrix} a_1+a_1 & a_1+a_2 & \cdots & a_1+a_n \\ a_2+a_1 & a_2+a_2 & \cdots & a_2+a_n \\ \vdots & \vdots & & \vdots \\ a_n+a_1 & a_n+a_2 & \cdots & a_n+a_n \end{bmatrix}\right|$$

$$=\left|\begin{bmatrix} -2a_1 & & & \\ & -2a_2 & & \\ & & \ddots & \\ & & & -2a_n \end{bmatrix}+\begin{bmatrix} a_1 & 1 \\ a_2 & 1 \\ \vdots & \vdots \\ a_n & 1 \end{bmatrix}\begin{bmatrix} 1 & 1 & \cdots & 1 \\ a_1 & a_2 & \cdots & a_n \end{bmatrix}\right|$$

$$=\left|\begin{bmatrix} -2a_1 & & & \\ & -2a_2 & & \\ & & \ddots & \\ & & & -2a_n \end{bmatrix}+\begin{bmatrix} a_1 & 1 \\ a_2 & 1 \\ \vdots & \vdots \\ a_n & 1 \end{bmatrix}\begin{bmatrix} 1 & 0 \\ 0 & 1 \end{bmatrix}^{-1}\begin{bmatrix} 1 & 1 & \cdots & 1 \\ a_1 & a_2 & \cdots & a_n \end{bmatrix}\right|$$

$$=\frac{\begin{vmatrix} -2a_1 & & & \\ & -2a_2 & & \\ & & \ddots & \\ & & & -2a_n \end{vmatrix}}{\begin{vmatrix} 1 & 0 \\ 0 & 1 \end{vmatrix}}\times$$

$$\left|\begin{bmatrix} 1 & 0 \\ 0 & 1 \end{bmatrix}+\begin{bmatrix} 1 & 1 & \cdots & 1 \\ a_1 & a_2 & \cdots & a_n \end{bmatrix}\begin{bmatrix} -\frac{1}{2a_1} & & & \\ & -\frac{1}{2a_2} & & \\ & & \ddots & \\ & & & -\frac{1}{2a_n} \end{bmatrix}\begin{bmatrix} a_1 & 1 \\ a_2 & 1 \\ \vdots & \vdots \\ a_n & 1 \end{bmatrix}\right|$$

$$=(-2)^n\prod_{i=1}^{n} a_i\left|\begin{bmatrix} 1 & 0 \\ 0 & 1 \end{bmatrix}+\begin{bmatrix} -\frac{n}{2} & -\frac{1}{2}\sum_{i=1}^{n}\frac{1}{a_i} \\ -\frac{1}{2}\sum_{i=1}^{n} a_i & -\frac{n}{2} \end{bmatrix}\right|$$

$$= (-2)^n \prod_{i=1}^{n} a_i \begin{vmatrix} 1-\dfrac{n}{2} & -\dfrac{1}{2}\sum\limits_{i=1}^{n}\dfrac{1}{a_i} \\ -\dfrac{1}{2}\sum\limits_{i=1}^{n} a_i & 1-\dfrac{n}{2} \end{vmatrix}$$

$$= (-2)^{n-2}\left((n-2)^2 - \sum_{i,j=1}^{n}\frac{a_j}{a_i}\right)\prod_{i=1}^{n} a_i.$$

【例 4.4】 计算 n 阶行列式 $D_n=\begin{vmatrix} 1 & b & b & \cdots & b \\ c & \lambda & d & \cdots & d \\ c & d & \lambda & \cdots & d \\ \vdots & \vdots & \vdots & & \vdots \\ c & d & d & \cdots & \lambda \end{vmatrix}$，$\lambda \neq d$.

解

$$D_n = |1| \left| \begin{bmatrix} \lambda & d & \cdots & d \\ d & \lambda & \cdots & d \\ \vdots & \vdots & & \vdots \\ d & d & \cdots & \lambda \end{bmatrix} - \begin{bmatrix} c \\ c \\ \vdots \\ c \end{bmatrix} (-1)^{-1} [b \ \ b \ \ \cdots \ \ b] \right|$$

$$= \begin{vmatrix} \lambda-cb & d-cb & \cdots & d-cb \\ d-cb & \lambda-cb & \cdots & d-cb \\ d-cb & d-cb & \cdots & d-cb \\ \vdots & \vdots & & \vdots \\ d-cb & d-cb & \cdots & \lambda-cb \end{vmatrix} = \begin{vmatrix} \lambda-cb & d-\lambda & d-\lambda & \cdots & d-\lambda \\ d-cb & \lambda-d & 0 & \cdots & 0 \\ d-cb & 0 & \lambda-d & \cdots & 0 \\ \vdots & \vdots & \vdots & & \vdots \\ d-cb & 0 & 0 & \cdots & \lambda-d \end{vmatrix}$$

$$= \begin{vmatrix} \lambda+(n-2)d-(n-1)cb & 0 & 0 & \cdots & 0 \\ d-cb & \lambda-d & 0 & \cdots & 0 \\ d-cb & 0 & \lambda-d & \cdots & 0 \\ \vdots & \vdots & \vdots & & \vdots \\ d-cb & 0 & 0 & \cdots & \lambda-d \end{vmatrix}$$

$$= (\lambda-d)^{n-2}[\lambda+(n-2)d-(n-1)cb].$$

第五节　方阵和的行列式及 Binet-Cauchy 公式

1. 方阵和的行列式

定理　设矩阵 $\boldsymbol{A}=(a_{ij})_{m\times n}$，$\boldsymbol{B}=(b_{ij})_{m\times n}$，$\Delta$ 表 $\boldsymbol{A}$ 的任一子式，Δ' 表示 $\boldsymbol{B}$ 中相当于 Δ 的子式的代数余子式，则 $|\boldsymbol{A}+\boldsymbol{B}|$ 等于所有可能的 Δ 与 Δ' 之积的和.

证　设 $\boldsymbol{A}=(\alpha_1,\alpha_2,\cdots,\alpha_n)$，$\boldsymbol{B}=(\beta_1,\beta_2,\cdots,\beta_n)$

$$\begin{aligned} |\boldsymbol{A}+\boldsymbol{B}| &= |(\alpha_1+\beta_1,\alpha_2+\beta_2,\cdots,\alpha_n+\beta_n)| \\ &= |\beta_1,\beta_2,\cdots,\beta_n| + |\alpha_1,\beta_2,\cdots,\beta_n| + |\beta_1,\alpha_2,\beta_3,\cdots,\beta_n| + \cdots \\ &\quad + |\beta_1,\beta_2,\cdots,\beta_{n-1},\alpha_n| + \cdots + |\alpha_1,\cdots,\alpha_{n-1},\beta_n| + \cdots + \end{aligned}$$

$$|\beta_1,\alpha_2,\cdots,\alpha_n|+|\alpha_1,\alpha_2,\cdots,\alpha_n|,$$

对于上面的每个$|\cdots\alpha_{t_1}\cdots\alpha_{t_k}\cdots|$应用 Laplace 定理,依第 $t_1,t_2\cdots,t_k$ 列展开得:

$$|\cdots\alpha_{t_1}\cdots\alpha_{t_k}\cdots|=\sum_{(u)}\det\left(\boldsymbol{A}\begin{pmatrix}u_1 & u_2 & \cdots & u_k\\ t_1 & t_2 & \cdots & t_k\end{pmatrix}\right).$$

代余式 $\det\boldsymbol{B}\begin{pmatrix}u_1 & u_2 & \cdots & u_k\\ t_1 & t_2 & \cdots & t_k\end{pmatrix}$,$(u)$表示 $1,2,\cdots,n$ 中取 k 个的组合.

所以,$|\boldsymbol{A}+\boldsymbol{B}|=\sum\limits_{k=0}^{n}\sum\limits_{t}\sum\limits_{(u)}\det\boldsymbol{A}\begin{pmatrix}u_1 & u_2 & \cdots & u_k\\ t_1 & t_2 & \cdots & t_k\end{pmatrix}\det\left(\boldsymbol{B}\begin{pmatrix}u_1 & u_2 & \cdots & u_k\\ t_1 & t_2 & \cdots & t_k\end{pmatrix}\text{的代数余子式}\right)$.

【例 5.1】 设 n 阶方阵 $\boldsymbol{A}=(a_{ij})$,求 $\boldsymbol{A}$ 的特征多项式中各项的系数,即$|\lambda\boldsymbol{E}-\boldsymbol{A}|=\lambda^n+b_1\lambda^{n-1}+b_2\lambda^{n-2}+\cdots+b_{n-1}\lambda+b_n$. 求 b_k.

解 $$|\lambda\boldsymbol{E}-\boldsymbol{A}|=\left|\begin{bmatrix}\lambda & & & \\ & \lambda & & \\ & & \ddots & \\ & & & \lambda\end{bmatrix}+\begin{bmatrix}-a_{11} & -a_{12} & \cdots & -a_{1n}\\ -a_{21} & -a_{21} & \cdots & -a_{2n}\\ & \vdots & & \\ -a_{n1} & -a_{n2} & \cdots & -a_{m}\end{bmatrix}\right|$$

则$|\lambda\boldsymbol{E}-\boldsymbol{A}|$中 λ^{n-k}的系数 b_k 即为$-\boldsymbol{A}$ 中一切 $n-k$ 阶主子式的余子式(k 阶)之和,亦即 $\boldsymbol{A}$ 的一切 k 阶主子式之和乘以$(-1)^k$,即

$$b_k=(-1)^k\sum_{(i_1i_2\cdots i_k)}\det\left(\boldsymbol{A}\begin{pmatrix}i_1 & i_2 & \cdots & i_k\\ i_1 & i_2 & \cdots & i_k\end{pmatrix}\right),$$

特别,$b_1=(-1)\sum\limits_{i-1}^{n}a_{ii}$,$b_n=(-1)^n\,|\,\boldsymbol{A}\,|$.

【例 5.2】 设 n 阶方阵,$\boldsymbol{A}=(a_{ij})$,$\boldsymbol{B}=(b_{ij})$且 $R(\boldsymbol{B})\leqslant 1$,则

(1) $|\,\boldsymbol{A}+\boldsymbol{B}\,|=|\,\boldsymbol{A}\,|+\sum\limits_{i=1}^{n}b_{ij}A_{ij}$($A_{ij}$ 为 a_{ij} 的代数余子式);

(2) $|\,\boldsymbol{A}+\boldsymbol{X}\boldsymbol{Y}'\,|=|\,\boldsymbol{A}\,|+\sum\limits_{i,j=1}^{n}x_iy_iA_{ij}=|\,\boldsymbol{A}\,|+\boldsymbol{Y}'\boldsymbol{A}\cdot\boldsymbol{X}$,这里 $\boldsymbol{X}'=(x_1,x_2,\cdots,x_n)$,$\boldsymbol{Y}'=(y_1,y_2,\cdots,y_n)$.

证 (1) $R(\boldsymbol{B})=1$. 则 $\boldsymbol{B}$ 的 k 阶子式($k\geqslant 2$)为零,所以

$$|\,\boldsymbol{A}+\boldsymbol{B}\,|=|\,\boldsymbol{A}\,|+\sum M_{n-1}(-1)^{i_1+i_2+\cdots+i_{n-1}+j_1+j_2+\cdots+j_{n-1}}b_{ij}=|\,\boldsymbol{A}\,|+\sum b_{ij}A_{ij}.$$

其中 M_{n-1}为 $\boldsymbol{A}$ 的相应的 $n-1$ 阶余子式.

(2) $R(\boldsymbol{X}\boldsymbol{Y}')\leqslant 1$,用(1)的结论即可.

2. Binet-Cauchy 公式

设矩阵 $\boldsymbol{A}_{m\times n}\cdot\boldsymbol{B}_{n\times m}=\boldsymbol{C}_{m\times m}$,则

(1) 当 $m>n$ 时,$|\boldsymbol{C}|=0$,

(2) 当 $m=n$ 时,$|\boldsymbol{C}|=|\boldsymbol{A}|\,|\boldsymbol{B}|$,

(3) 当 $m<n$ 时,

$|\boldsymbol{C}|=\sum\limits_{i_1\cdots i_m}\det\boldsymbol{A}\begin{pmatrix}1 & 2 & \cdots & m\\ i_1 & i_2 & \cdots & i_m\end{pmatrix}\det\boldsymbol{B}\begin{pmatrix}i_1 & i_2 & \cdots & i_m\\ 1 & 2 & \cdots & m\end{pmatrix}$,其中$(i_1\quad i_2\quad\cdots\quad i_m)$表示从

$1,2,\cdots,n$ 中取 m 个的一个组合，$A\begin{pmatrix}1 & 2 & \cdots & m\\ i_1 & i_2 & \cdots & i_m\end{pmatrix}$ 表示在 A 中取第 $i_1,i_2,\cdots,i_m$ 列与所有 m 行组成的 m 阶子矩阵，det 为行列式记号.

【例 5.3】 证明柯西不等式

$$\left(\sum_{i=1}^{n}x_i^2\right)\left(\sum_{i=1}^{n}y_i^2\right)\geqslant\left(\sum_{i=1}^{n}x_iy_i\right)^2.$$

证 设 $A=\begin{bmatrix}x_1 & x_2 & \cdots & x_n\\ y_1 & y_2 & \cdots & y_n\end{bmatrix}$，

$$P=AA'=\begin{bmatrix}\sum x_i^2 & \sum x_iy_i\\ \sum x_iy_i & \sum y_i^2\end{bmatrix},$$

$$|P|=\left(\sum x_i^2\right)\left(\sum y_i^2\right)-\left(\sum x_iy_i\right)^2.$$

另一方面：

$$|P|=\sum_{(ij)}\det\left(A\begin{pmatrix}1 & 2\\ i & j\end{pmatrix}\right)\det\left(A'\begin{pmatrix}1 & 2\\ i & j\end{pmatrix}\right)$$

$$=\sum\left(\det A\begin{pmatrix}1 & 2\\ i & j\end{pmatrix}\right)^2\geqslant 0.$$

因此，原不等式成立.

第六节 综合举例

【例 6.1】 设

$$P(x)=\begin{vmatrix}1 & x & x^2 & \cdots & x^{n-1}\\ 1 & a_1 & a_1^2 & \cdots & a_1^{n-1}\\ 1 & a_2 & a_2^2 & \cdots & a_2^{n-1}\\ \vdots & \vdots & \vdots & & \vdots\\ 1 & a_{n-1} & a_{n-1}^2 & \cdots & a_{n-1}^{n-1}\end{vmatrix},$$

其中 $a_1,a_2,\cdots,a_{n-1}$ 是互不相同的数.

(1) 由行列式定义，说明 $P(x)$ 是一个 $n-1$ 次多项式；

(2) 由行列式性质，求 $P(x)$ 的根.

证 (1) 因为所给行列式的展开式中只有第一行含有 x，所以若将行列式按第一行展开时，含有 x^{n-1} 的对应项的系数恰为 $(-1)^{n+1}$ 乘一个范德蒙行列式

$$\begin{vmatrix}1 & a_1 & a_1^2 & \cdots & a_1^{n-2}\\ 1 & a_2 & a_2^2 & \cdots & a_2^{n-2}\\ 1 & a_3 & a_3^2 & \cdots & a_3^{n-2}\\ \vdots & \vdots & \vdots & & \vdots\\ 1 & a_{n-1} & a_{n-1}^2 & \cdots & a_{n-1}^{n-2}\end{vmatrix}.$$

于是，由 $a_1,a_2,\cdots,a_{n-1}$ 为互不相同的数，即知含有 x^{n-1} 的对应项的系数不为 0，因而 $P(x)$ 为一个 $n-1$ 次的多项式.

(2) 若用 $a_1,a_2,\cdots,a_{n-1}$ 分别代替 x 时，则由行列式的性质知，所给行列式的值为 0，即 $P(a_i)=0$. 故 $P(x)$ 至少有 $n-1$ 个根 $a_1,a_2,\cdots,a_{n-1}$. 又因为 $P(x)$ 是一个 $n-1$ 次的多项式，所以 $a_1,a_2,\cdots,a_{n-1}$ 必是 $P(x)$ 的全部根.

【例 6.2】 计算 $D_n=\begin{vmatrix} a & b & \cdots & b \\ b & a & \cdots & b \\ \vdots & \vdots & \ddots & \vdots \\ b & \cdots & b & a \end{vmatrix}$.

解 它是一个下循环行列式，$f(x)=a+b(x+x^2+\cdots+x^{n-1})$，对任意 n 次单位根 $\varepsilon_i(\neq 1)$，则

$$f(\varepsilon_{n-1})=a+b(\varepsilon_i+\varepsilon_i^2+\cdots+\varepsilon_i^{n-1})=a+b(-1),$$

而 $f(1)=a+(n-1)b$，故

$$D=f(1)f(\varepsilon_1)\cdots f(\varepsilon_{n-1})=[a+(n-1)b](a-b)^{n-1}.$$

其中 $\varepsilon_1,\varepsilon_2,\cdots,\varepsilon_n$ 为全体 n 次单位根.

【例 6.3】 计算

$$D=\begin{vmatrix} 1 & \alpha & \alpha^2 & \cdots & \alpha^{n-1} \\ \alpha^{n-1} & 1 & \alpha & \cdots & \alpha^{n-2} \\ \alpha^{n-2} & \alpha^{n-1} & 1 & \cdots & \alpha^{n-3} \\ \vdots & & \ddots & \ddots & \\ \alpha & \alpha^2 & \cdots & \alpha^{n-1} & 1 \end{vmatrix},\alpha\neq 1.$$

解 $f(x)=1+\alpha x+\alpha^2x^2+\cdots+\alpha^{n-1}x^{n-1}=(1-\alpha^nx^n)/(1-\alpha x)$，

所以

$$f(1)=(1-\alpha^n)/(1-\alpha),f(\varepsilon^i)=(1-\alpha^n)/(1-\alpha\varepsilon_i).$$

于是

$$D=f(1)f(\varepsilon_1)\cdots f(\varepsilon_{n-1})=\frac{(1-\alpha^n)^n}{(1-\alpha)(1-\alpha\varepsilon_1)\cdots(1-\alpha\varepsilon_{n-1})}=(1-\alpha^n)^{n-1}.$$

【例 6.4】 证明 $\begin{vmatrix} \alpha+\beta & \alpha\beta & 0 & \cdots & 0 & 0 \\ 1 & \alpha+\beta & \alpha\beta & \cdots & 0 & 0 \\ 0 & 1 & \alpha+\beta & \ddots & 0 & 0 \\ \vdots & \vdots & \ddots & \ddots & \ddots & \vdots \\ 0 & 0 & 0 & \ddots & \alpha+\beta & \alpha\beta \\ 0 & 0 & 0 & \cdots & 1 & \alpha+\beta \end{vmatrix}=\dfrac{\alpha^{n+1}-\beta^{n+1}}{\alpha-\beta}$.

证 将所给行列式记为 D_n，按第 1 列展开得

$$D_n=(\alpha+\beta)D_{n-1}-\alpha\beta D_{n-2},$$

即 $D_n-\alpha D_{n-1}=\beta(D_{n-1}-\alpha D_{n-2})$，此式对一切 n 都成立. 故递推得

$$\begin{aligned} D_n-\alpha D_{n-1}&=\beta^2(D_{n-2}-\alpha D_{n-3}) \\ &=\beta^3(D_{n-3}-\alpha D_{n-4})=\cdots=\beta^{n-2}(D_2-\alpha D_1) \\ &=\beta^{n-2}[(\alpha+\beta)^2-\alpha\beta-\alpha(\alpha+\beta)]=\beta^n. \end{aligned}$$

在 D_n 中 α,β 的地位是一样的，故同理可得

$$D_n-\beta D_{n-1}=\alpha^n,$$

所以，

$$(\alpha-\beta)D_n=\alpha^{n+1}-\beta^{n+1},$$

从而 $D_n=\dfrac{\alpha^{n+1}-\beta^{n+1}}{\alpha-\beta}=$右边.

【例 6.5】 证明：由正交矩阵 $\boldsymbol{A}$ 的 k 行所生成的一切 k 阶子式的平方和为 1.

证　$\boldsymbol{AA}'=\boldsymbol{E}$，取 $\boldsymbol{A}$ 的第 $i_1,i_2,\cdots,i_k$ 行，则

$$\begin{aligned}&\det\left[\boldsymbol{E}\begin{pmatrix}i_1 & i_2 & \cdots & i_k\\ i_1 & i_2 & \cdots & i_k\end{pmatrix}\right]\\ =&\sum_{(l_1l_2\cdots l_k)}\det\left[\boldsymbol{A}\begin{pmatrix}i_1 & i_2 & \cdots & i_k\\ l_1 & l_2 & \cdots & l_k\end{pmatrix}\right]\det\left[\boldsymbol{A}'\begin{pmatrix}l_1 & l_2 & \cdots & l_k\\ i_1 & i_2 & \cdots & i_k\end{pmatrix}\right]\\ =&\sum_{(l_1l_2\cdots l_k)}\det\left[\boldsymbol{A}\begin{pmatrix}i_1 & i_2 & \cdots & i_k\\ l_1 & l_2 & \cdots & l_k\end{pmatrix}\right]^2=1.\end{aligned}$$

这里 $l_1,l_2,\cdots,l_k$ 是在 $1,2,\cdots,n$ 中取 k 个的组合.

习　题

1. 设 $a_i\neq0(i=1,2,\cdots,n)$，计算

$$D=\begin{vmatrix}1+a_1 & 1 & \cdots & 1\\ 2 & 2+a_2 & \cdots & 2\\ \vdots & \vdots & & \vdots\\ n & n & \cdots & n+a_n\end{vmatrix}.$$

2. 设 n 级实矩阵 $\boldsymbol{A}=(a_{ij})$ 满足 $|\boldsymbol{A}|=1$ 且 $a_{ij}+a_{ji}=0,i,j=1,2,\cdots,n$. 对任意非零实数 b，计算行列式 $D=\begin{vmatrix}a_{11}+b & a_{12}+b & \cdots & a_{1n}+b\\ a_{21}+b & a_{22}+b & \cdots & a_{2n}+b\\ \vdots & \vdots & & \vdots\\ a_{n1}+b & a_{n2}+b & \cdots & a_{nn}+b\end{vmatrix}$.

3. 设 $\boldsymbol{A}$ 是一个 n 级矩阵，$\boldsymbol{\alpha}$ 是一个 n 维列向量. 证明：如果 $\begin{vmatrix}\boldsymbol{A} & \boldsymbol{\alpha}\\ \boldsymbol{\alpha}' & b\end{vmatrix}=0$，则有 $\begin{vmatrix}\boldsymbol{A} & \boldsymbol{\alpha}\\ \boldsymbol{\alpha}' & a\end{vmatrix}=(a-b)|\boldsymbol{A}|$.

4. 设 $x_1,\cdots,x_n$ 为 n 个实数，令 $s_k=x_1^k+x_2^k+\cdots+x_n^k$. 计算行列式：

$$D=\begin{vmatrix}s_1 & s_2 & \cdots & s_n\\ s_2 & s_3 & \cdots & s_{n+1}\\ \vdots & \vdots & & \vdots\\ s_n & s_{n+1} & \cdots & s_{2n-1}\end{vmatrix}.$$

5．计算行列式 $D=\begin{vmatrix} x & a & a & \cdots & a & a \\ -a & x & a & \cdots & a & a \\ -a & -a & x & \cdots & a & a \\ \vdots & \vdots & \vdots & & \vdots & \vdots \\ -a & -a & -a & \cdots & x & a \\ -a & -a & -a & \cdots & -a & x \end{vmatrix}$.

6．计算行列式 $D_n=\begin{vmatrix} 7 & 4 & & & & \\ 3 & 7 & 4 & & & \\ & 3 & 7 & 4 & & \\ & & \ddots & \ddots & \ddots & \\ & & & 3 & 7 & 4 \\ & & & & 3 & 7 \end{vmatrix}$.

7．设 $a_{ij}=\dfrac{\alpha_i^n-\beta_j^n}{\alpha_i-\beta_j}(i,j=1,2,\cdots,n)$，$n$ 阶方阵 $\boldsymbol{A}=(a_{ij})$，求行列式 $|\boldsymbol{A}|$.

8．设 $P_i(x)=x^1+x^{i-1}+\cdots+x+1$，$(i=0,1,2,\cdots,n-1)$，求如下行列式：

$$D_n=\begin{vmatrix} P_0(1) & P_0(2) & \cdots & P_0(n) \\ P_1(1) & P_1(2) & \cdots & P_1(n) \\ \vdots & \vdots & & \vdots \\ P_{n-1}(1) & P_{n-1}(2) & \cdots & P_{n-1}(n) \end{vmatrix}.$$

10．计算 n 阶行列式 $\begin{vmatrix} 2 & 1 & 0 & \cdots & 0 & 0 & 0 & 0 \\ 1 & 2 & 1 & \cdots & 0 & 0 & 0 & 0 \\ 0 & 1 & 2 & \cdots & 0 & 0 & 0 & 0 \\ \vdots & \vdots & \vdots & & \vdots & \vdots & \vdots & \vdots \\ 0 & 0 & 0 & \cdots & 0 & 1 & 2 & 1 \\ 0 & 0 & 0 & \cdots & 0 & 0 & 1 & 1 \end{vmatrix}$.

11．计算 n 阶行列式 $D_n=\begin{vmatrix} \alpha+\beta & \alpha\beta & 0 & 0 & \cdots & 0 & 0 \\ 1 & \alpha+\beta & \alpha\beta & 0 & \cdots & 0 & 0 \\ 0 & 1 & \alpha+\beta & \alpha\beta & \cdots & 0 & 0 \\ \vdots & \vdots & \vdots & \vdots & & \vdots & \vdots \\ 0 & 0 & 0 & 0 & \cdots & 1 & \alpha+\beta \end{vmatrix}$.

12．计算 n 阶行列式 $D_n=\begin{vmatrix} a & b & b & \cdots & b & b \\ -b & a & b & \cdots & b & b \\ -b & -b & a & \cdots & b & b \\ \vdots & \vdots & \ddots & \ddots & \ddots & \vdots \\ -b & -b & -b & \cdots & a & b \\ -b & -b & -b & \cdots & -b & a \end{vmatrix}$.

13．设 $\boldsymbol{A}$ 是 n 级正定矩阵，$\boldsymbol{B}$ 是 n 级实矩阵，并且 0 不是 $\boldsymbol{B}$ 的特征值，证明：$|\boldsymbol{A}+\boldsymbol{B}'\boldsymbol{B}|>|\boldsymbol{A}|$.

14．当 $x\neq a_i(i=1,2,\cdots,n)$ 时，计算下列行列式

$$D_n=\begin{vmatrix} a_1 & x & \cdots & x \\ x & a_2 & \cdots & x \\ \vdots & \vdots & & \vdots \\ x & x & \cdots & a_n \end{vmatrix}.$$

15. 计算下面 n 阶行列式：

$$D_n=\begin{vmatrix} 1 & 1 & \cdots & 1 \\ x_1 & x_2 & \cdots & x_n \\ x_1^2 & x_2^2 & \cdots & x_n^2 \\ \vdots & \vdots & & \vdots \\ x_1^{n-2} & x_2^{n-2} & \cdots & x_n^{n-2} \\ x_1^n & x_2^n & \cdots & x_n^n \end{vmatrix}$$

16. 设 $a_i\neq 0(i=1,2,\cdots,n)$，计算

$$D_n=\begin{vmatrix} 1+a_1 & 1 & \cdots & 1 \\ 2 & 2+a_2 & \cdots & 2 \\ \vdots & \vdots & & \vdots \\ n & n & \cdots & n+a_n \end{vmatrix}.$$

第三章　线性方程组

码上学习

第一节　线性方程组的基本内容

1. 线性方程组的一般形式与解的定理

线性方程组的一般形式为

$$\begin{cases} a_{11}x_1+a_{12}x_2+\cdots+a_{1n}x_n=b_1, \\ a_{21}x_1+a_{22}x_2+\cdots+a_{2n}x_n=b_2, \\ \cdots\cdots \\ a_{m1}x_1+a_{m2}x_2+\cdots+a_{mn}x_n=b_m, \end{cases} \quad (\text{Ⅰ})$$

令 $\boldsymbol{A}=(a_{ij})_{m\times n}$，$\boldsymbol{X}=(x_1,x_2,\cdots,x_n)'$，$\boldsymbol{b}=(b_1,b_2,\cdots,b_m)'$，则(Ⅰ)可写成矩阵形式

$$\boldsymbol{AX}=\boldsymbol{b}.$$

$\boldsymbol{A}$ 称为(Ⅰ)的系数矩阵，$\bar{\boldsymbol{A}}=(\boldsymbol{Ab})$称为(Ⅰ)的增广矩阵.

令 $a_1,a_2,\cdots,a_n$ 为 $\boldsymbol{A}$ 的列向量组，则线性方程组(Ⅰ)可写成向量形式

$$x_1a_1+x_2a_2+\cdots+x_na_n=b.$$

注：(Ⅰ)有解的充要条件是常数项列向量可由系数列向量 $a_1,a_2,\cdots,a_n$ 线性表示.

2. 线性方程组的初等变换

定义　以下三种变换称为线性方程组的初等变换：

① 互换任意两个方程的位置；

② 用一个不等于零的数乘以某一方程的两端；

③ 用一个数乘某一方程的两端加到另一方程上去.

可以证明一个线性方程组经过若干次初等变换，所得到的新的线性方程组与原方程组同解.

对一个方程组进行初等变换，实际上就是对它的增广矩阵进行初等行变换.

对增广矩阵的行进行初等变换，总可以化为阶梯型矩阵，其对应的方程组有解与否即可看出.

线性方程组的初等变换概括了中学里二元、三元线性方程组所用的加减消元法与代入消元法.

【例 1.1】　用消元法解下列线性方程组：

$$\begin{cases}x_1-2x_2+3x_3-4x_4=4,\\x_2-x_3+x_4=-3,\\x_1+3x_2+x_4=1,\\-7x_2+3x_3+x_4=-3.\end{cases}$$

解　对方程组的增广矩阵作行初等变换，有

$$\begin{bmatrix}1&-2&3&-4&4\\0&1&-1&1&-3\\1&3&0&1&1\\0&-7&3&1&-3\end{bmatrix}\to\begin{bmatrix}1&-2&3&-4&4\\0&1&-1&1&-3\\0&5&-3&5&-3\\0&-7&3&1&-3\end{bmatrix}$$

$$\to\begin{bmatrix}1&0&1&-2&-2\\0&1&-1&1&-3\\0&0&2&0&12\\0&0&-4&8&-24\end{bmatrix}\to\begin{bmatrix}1&0&0&0&-8\\0&1&0&0&3\\0&0&2&0&12\\0&0&0&8&0\end{bmatrix},$$

因为

$$\operatorname{rank}(\bar{\boldsymbol{A}})=\operatorname{rank}(\boldsymbol{A})=4,$$

所以方程组有唯一解，且其解为

$$\begin{cases}x_1=-8,\\x_2=3,\\x_3=6,\\x_4=0.\end{cases}$$

第二节　向量组的线性相关性，向量组的秩

1. 定义

P^n 中向量组的线性相关、线性无关、线性表示、等价、极大无关组，以及向量组的秩等.

$\boldsymbol{\alpha}_1,\boldsymbol{\alpha}_2,\cdots,\boldsymbol{\alpha}_m$ 线性无关(相关)的充分必要条件是以 $\boldsymbol{\alpha}_1,\cdots,\boldsymbol{\alpha}_m$ 为列做成的矩阵为系数矩阵的齐次线性方程组只有零解(存在非零解)，$\boldsymbol{\beta}$ 可由 $\boldsymbol{\alpha}_1,\cdots,\boldsymbol{\alpha}_m$ 线性表示的充分必要条件是以 $\boldsymbol{\alpha}_1,\cdots,\boldsymbol{\alpha}_m,\boldsymbol{\beta}$ 为列做成的矩阵为增广矩阵的线性方程组有解.

这些基本概念比较重要，它以后可应用到矩阵的秩，线性空间的基底和维数，二次型的秩等方面.

应熟练掌握的基本性质：

① 向量组 $\boldsymbol{\alpha}_1,\boldsymbol{\alpha}_2,\cdots,\boldsymbol{\alpha}_m(m\geqslant 2)$ 线性相关$\Leftrightarrow$至少存在一个向量(不一定是每一个向量)可由其余向量线性表示.

② 将一个线性相关(线性无关)的向量组任意增添(减少)若干个向量所得新向量组仍线性相关(线性无关). 若去掉(增加)若干个向量，则不一定.

③ 若将线性无关的 r 维(或元)向量组中，每个向量均增加相同个数的分量而得到的 n 维向量组仍线性无关. 若去掉相同个数的分量，则不一定.

④ 向量组 $\boldsymbol{\alpha}_1,\boldsymbol{\alpha}_2,\cdots,\boldsymbol{\alpha}_r$ 线性无关,且向量 $\boldsymbol{\beta}$ 不能由 $\boldsymbol{\alpha}_1,\boldsymbol{\alpha}_2,\cdots,\boldsymbol{\alpha}_r$ 线性表示,则 $\boldsymbol{\alpha}_1,\boldsymbol{\alpha}_2,\cdots,\boldsymbol{\alpha}_r,\boldsymbol{\beta}$ 线性无关.

⑤ 设向量 $\boldsymbol{\beta}$ 可由 $\boldsymbol{\alpha}_1,\boldsymbol{\alpha}_2,\cdots,\boldsymbol{\alpha}_r$ 线性表示,则表示法唯一$\Leftrightarrow\boldsymbol{\alpha}_1,\boldsymbol{\alpha}_2,\cdots,\boldsymbol{\alpha}_r$ 线性无关.

⑥ 向量组 $\boldsymbol{\beta}_1,\boldsymbol{\beta}_2,\cdots,\boldsymbol{\beta}_s$ 可由线性无关的向量组 $\boldsymbol{\alpha}_1,\boldsymbol{\alpha}_2,\cdots,\boldsymbol{\alpha}_r$ 线性表示,即有$(\boldsymbol{\beta}_1,\boldsymbol{\beta}_2,\cdots,\boldsymbol{\beta}_s)=(\boldsymbol{\alpha}_1,\boldsymbol{\alpha}_2,\cdots,\boldsymbol{\alpha}_r)\boldsymbol{B}$,则向量组 $\boldsymbol{\beta}_1,\boldsymbol{\beta}_2,\cdots,\boldsymbol{\beta}_s$ 的秩等于矩阵 $\boldsymbol{B}$ 的秩.

⑦ 设向量组 $\boldsymbol{\alpha}_1,\boldsymbol{\alpha}_2,\cdots,\boldsymbol{\alpha}_s$ 的秩为 r,则 $\boldsymbol{\alpha}_1,\boldsymbol{\alpha}_2,\cdots,\boldsymbol{\alpha}_s$ 中任何 r 个线性无关的向量为其极大无关组,且任何两个极大无关组等价.

⑧ 两个向量组等价的必要条件是它们的秩相等,但此条件并不充分.

⑨ 设两向量组 $\boldsymbol{\alpha}_1,\boldsymbol{\alpha}_2,\cdots,\boldsymbol{\alpha}_s$ 与 $\boldsymbol{\beta}_1,\boldsymbol{\beta}_2,\cdots,\boldsymbol{\beta}_t$ 的秩均为 r,且 $\boldsymbol{\alpha}_1,\boldsymbol{\alpha}_2,\cdots,\boldsymbol{\alpha}_s$ 可由 $\boldsymbol{\beta}_1,\boldsymbol{\beta}_2,\cdots,\boldsymbol{\beta}_t$ 线性表示,则此两向量组等价.

证 设 $\boldsymbol{\alpha}_1,\cdots,\boldsymbol{\alpha}_r$ 为 $\boldsymbol{\alpha}_1,\cdots,\boldsymbol{\alpha}_s$ 的极大无关部分组,$\boldsymbol{\beta}_1,\cdots,\boldsymbol{\beta}_r$ 为 $\boldsymbol{\beta}_1,\cdots,\boldsymbol{\beta}_t$ 的极大无关部分组,则有$(\boldsymbol{\alpha}_1,\cdots,\boldsymbol{\alpha}_r)=(\boldsymbol{\beta}_1,\cdots,\boldsymbol{\beta}_r)\boldsymbol{B}$,$R(\boldsymbol{\alpha}_1,\boldsymbol{\alpha}_2,\cdots,\boldsymbol{\alpha}_r)=R(\boldsymbol{B})=r$,$|\boldsymbol{B}|\neq0$,有$(\boldsymbol{\alpha}_1,\cdots,\boldsymbol{\alpha}_r)\boldsymbol{B}^{-1}=(\boldsymbol{\beta}_1,\cdots,\boldsymbol{\beta}_r)$.

由此得原两向量组等价.

推论 若方阵 $\boldsymbol{A}$ 的列向量组可由行向量组线性表示,则 $\boldsymbol{A}$ 的行向量组与列向量组等价.

2. Steinitz 替换定理

设向量组 $\boldsymbol{\alpha}_1,\boldsymbol{\alpha}_2,\cdots,\boldsymbol{\alpha}_r$(Ⅰ)线性无关,并且可由向量组 $\boldsymbol{\beta}_1,\boldsymbol{\beta}_2,\cdots,\boldsymbol{\beta}_s$(Ⅱ)线性表示,则

① $r\leqslant s$;

② 适当地选取 r 个 $\boldsymbol{\beta}_i$ 用 $\boldsymbol{\alpha}_1,\cdots,\boldsymbol{\alpha}_r$ 替换得(可设)$\boldsymbol{\alpha}_1,\cdots,\boldsymbol{\alpha}_r,\boldsymbol{\beta}_{r+1},\cdots,\boldsymbol{\beta}_s$(Ⅲ)与向量组(Ⅱ)等价.

证 对 r 用归纳法来证.

当 $r=1$ 时,$\boldsymbol{\alpha}_1=k_1\boldsymbol{\beta}_1+k_2\boldsymbol{\beta}_2+\cdots+k_s\boldsymbol{\beta}_s$,$r\leqslant s$,$k_1,k_2,\cdots,k_s$ 不全为 0,否则与 $\boldsymbol{\alpha}_1$ 线性无关矛盾. 不妨设 $k_1\neq0$,即有 $\boldsymbol{\beta}_1$ 可由 $\boldsymbol{\alpha}_1,\boldsymbol{\beta}_2,\cdots,\boldsymbol{\beta}_s$ 线性表示. 得 $\boldsymbol{\alpha}_1,\boldsymbol{\beta}_2,\cdots,\boldsymbol{\beta}_s$ 与(Ⅱ)等价.

假设命题对 $r-1$ 成立,现对 r 证,$\boldsymbol{\alpha}_1,\boldsymbol{\alpha}_2,\cdots,\boldsymbol{\alpha}_r$ 线性无关,则 $\boldsymbol{\alpha}_1,\cdots,\boldsymbol{\alpha}_{r-1}$ 线性无关,由归纳假定,有 $r-1\leqslant s$,且 $\boldsymbol{\alpha}_1,\boldsymbol{\alpha}_2,\cdots,\boldsymbol{\alpha}_{r-1},\boldsymbol{\beta}_r,\boldsymbol{\beta}_{r+1},\cdots,\boldsymbol{\beta}_s$(Ⅱ)′与(Ⅱ)等价.

因为 $r-1\neq s$,否则若 $r-1=s$,但 $\boldsymbol{\alpha}_r$ 可由(Ⅱ)线性表示,(Ⅱ)与(Ⅲ)′$=(\boldsymbol{\alpha}_1,\cdots,\boldsymbol{\alpha}_{r-1})$等价,得 $\boldsymbol{\alpha}_r$ 可由 $\boldsymbol{\alpha}_1,\cdots,\boldsymbol{\alpha}_{r-1}$ 线性表示,此与 $\boldsymbol{\alpha}_1,\boldsymbol{\alpha}_2,\cdots,\boldsymbol{\alpha}_r$ 线性无关矛盾.

所以 $r-1<s$,即 $r\leqslant s$.

$\boldsymbol{\alpha}_r$ 可(Ⅲ)′由线性表示:

$\boldsymbol{\alpha}_r=k_1\boldsymbol{\alpha}_1+k_2\boldsymbol{\alpha}_2+\cdots+k_{r-1}\boldsymbol{\alpha}_{r-1}+k_r\boldsymbol{\beta}_r+\cdots+k_s\boldsymbol{\beta}_s$ 其中 $k_r,\cdots,k_s$ 不全为零,否则将与 $\boldsymbol{\alpha}_1,\boldsymbol{\alpha}_2,\cdots,\boldsymbol{\alpha}_r$ 线性无关矛盾.

可设 $k_r\neq0$,得 $\boldsymbol{\beta}_r$ 可由 $\boldsymbol{\alpha}_1,\cdots,\boldsymbol{\alpha}_r,\boldsymbol{\beta}_{r+1},\cdots,\boldsymbol{\beta}_s$ 线性表示. 因此,$\boldsymbol{\alpha}_1,\cdots,\boldsymbol{\alpha}_r,\boldsymbol{\beta}_{r+1},\cdots,\boldsymbol{\beta}_s$ 与 $\boldsymbol{\alpha}_1,\cdots,\boldsymbol{\alpha}_{r-1},\boldsymbol{\beta}_r,\cdots,\boldsymbol{\beta}_s$ 等价,而后者与(Ⅱ)等价,所以向量组(Ⅲ)与(Ⅱ)等价.

推论 1 若向量组 $\boldsymbol{\alpha}_1,\cdots,\boldsymbol{\alpha}_m$ 可由 $\boldsymbol{\beta}_1,\cdots,\boldsymbol{\beta}_s$ 线性表示,且 $m>s$,则 $\boldsymbol{\alpha}_1,\boldsymbol{\alpha}_2,\cdots,\boldsymbol{\alpha}_m$ 线性相关.

推论 2 两个等价的线性无关的向量组含有相同个数的向量.

3. 线性方程组有解

线性方程组有解的充要条件是系数矩阵的秩等于增广矩阵的秩. 在有解条件下对增广矩阵的行施行初等变换. 可以求出线性方程组的一般解.

设 $\boldsymbol{A}$ 是秩为 r 的 $m\times n$ 矩阵，则对 $\boldsymbol{A}$ 的行施行初等变换总可以化为矩阵 $\boldsymbol{B}$，使得 $\boldsymbol{B}$ 的后 $m-r$ 行全是零；且 $\boldsymbol{B}$ 中有 r 个互不相同的单位向量列，称 $\boldsymbol{B}$ 为 $\boldsymbol{A}$ 的行等价标准形. 其用途：

① 利用行等价标准形可以解线性方程组：以 $\boldsymbol{A}$ 为增广矩阵的线性方程组与以 $\boldsymbol{A}$ 的行等价标准型 $\boldsymbol{B}$ 为增广矩阵的线性方程组是同解的. 将 $\boldsymbol{B}$ 中单位列向量对应的未知量视为非自由未知量，而其余的对应的未知量视为自由未知量，最后一列视为常数项. 即可得线性方程组的解.

【例 2.1】 解线性方程组：$\begin{pmatrix}2 & 3 & -1\\ 3 & 2 & -2\\ 5 & 0 & -4\end{pmatrix}\begin{pmatrix}x_1\\ x_2\\ x_3\end{pmatrix}=\begin{pmatrix}1\\ 2\\ 4\end{pmatrix}$.

解 求其增广矩阵$\bar{\boldsymbol{A}}$的行等价标准形

$$\bar{\boldsymbol{A}}=\begin{pmatrix}2 & 3 & -1 & 1\\ 3 & 2 & -2 & 2\\ 5 & 0 & -4 & 4\end{pmatrix}\rightarrow\begin{pmatrix}1 & 0 & -\frac{4}{5} & \frac{4}{5}\\ 0 & 1 & \frac{1}{5} & -\frac{1}{5}\\ 0 & 0 & 0 & 0\end{pmatrix}=\bar{\boldsymbol{B}}.$$

方程组的系数矩阵与增广矩阵的秩均为 2，小于未知量的个数 3，故此方程组有无穷多解. 将$\bar{\boldsymbol{B}}$的单位向量列对应的未知量 x_1，x_2 视为非自由未知量，其余的列对应的未知量 x_3 视为自由未知量，可以直接写出线性方程组的解：

$$\begin{cases}x_1=\frac{4}{5}+\frac{4}{5}x_3,\\ x_2=-\frac{1}{5}-\frac{1}{5}x_3.\end{cases}\quad(x_3\text{ 可以自由取值})$$

② 利用矩阵的行等价标准形还可以求出向量间的线性关系，即对矩阵的行（列）施行（列）初等变换，不改变列（行）间的线性关系，例如，如上例，设$\bar{\boldsymbol{A}}=(\boldsymbol{\alpha}_1,\boldsymbol{\alpha}_2,\boldsymbol{\alpha}_3,\boldsymbol{\alpha}_4)$，$\bar{\boldsymbol{B}}=(\boldsymbol{\beta}_1,\boldsymbol{\beta}_2,\boldsymbol{\beta}_3,\boldsymbol{\beta}_4)$

由观察计算，容易得出$\bar{\boldsymbol{B}}$的列间的线性关系：

$$\boldsymbol{\beta}_3=-\frac{4}{5}\boldsymbol{\beta}_1+\frac{1}{5}\boldsymbol{\beta}_2,\boldsymbol{\beta}_4=\frac{4}{5}\boldsymbol{\beta}_1-\frac{1}{5}\boldsymbol{\beta}_2,\boldsymbol{\beta}_4=\frac{8}{5}\boldsymbol{\beta}_1-\frac{2}{5}\boldsymbol{\beta}_2+\boldsymbol{\beta}_3$$

因此，亦有$\bar{\boldsymbol{A}}$的列向量间的同样的线性关系：

$$\boldsymbol{\alpha}_3=-\frac{4}{5}\boldsymbol{\alpha}_1+\frac{1}{5}\boldsymbol{\alpha}_2,\boldsymbol{\alpha}_4=\frac{4}{5}\boldsymbol{\alpha}_1-\frac{1}{5}\boldsymbol{\alpha}_2,\boldsymbol{\alpha}_4=\frac{8}{5}\boldsymbol{\alpha}_1-\frac{2}{5}\boldsymbol{\alpha}_2+\boldsymbol{\alpha}_3.$$

③ 利用行等价标准形还可以求出向量组的极大线性无关部分组，行等价标准矩阵中单位列向量是其列向量组的极大无关部分组，其在原矩阵中对应的列向量是原矩阵的列向量组的极大无关部分组，如上例 $\boldsymbol{\beta}_1$，$\boldsymbol{\beta}_2$ 是 $\boldsymbol{\beta}_1$，$\boldsymbol{\beta}_2$，$\boldsymbol{\beta}_3$，$\boldsymbol{\beta}_4$ 的极大无关部分组，因此 $\boldsymbol{\alpha}_1$，$\boldsymbol{\alpha}_2$，是 $\boldsymbol{\alpha}_1$，$\boldsymbol{\alpha}_2$，$\boldsymbol{\alpha}_3$，$\boldsymbol{\alpha}_4$ 的极大无关部分组.

④ 利用矩阵的行等价标准形还可以进行矩阵的满秩分解.

4. 解的定理

① 有解性定理. 线性方程组一般形式(Ⅰ)(下同)有解的充要条件是秩($\boldsymbol{A}$)=秩($\bar{\boldsymbol{A}}$).

② 解的个数定理. 在 n 元线性方程组(Ⅰ)有解的条件下,若 $R(\boldsymbol{A})=n$,则(Ⅰ)有唯一解;若 $R(\boldsymbol{A})<n$ 时,则(Ⅰ)有无限多解.

③ Cramer 法则,若 $m=n$,且 $|\boldsymbol{A}|=D\neq 0$ 时,(Ⅰ)有唯一解

$$x_i=\frac{D_i}{D},\quad i=1,2,\cdots,n.$$

其中,D_i 是用常数项列向量代替 D 的第 i 列所得行列式.

【例 2.2】 设 $\boldsymbol{A}$ 为 $m\times n$ 矩阵,且 $R(\boldsymbol{A})=r$,而 $\boldsymbol{B}$ 为 $n\times m$ 矩阵,$R(\boldsymbol{B})=n-r$. 若 $\boldsymbol{AB}=0$,证明:$\boldsymbol{A}$ 的 r 个线性无关的行向量是齐次线性方程组 $\boldsymbol{B}'\boldsymbol{Y}=0$ 的一个基础解系.

证 因 $\boldsymbol{AB}=\boldsymbol{0}$,于是 $\boldsymbol{B}'\boldsymbol{A}'=0$. 所以 $\boldsymbol{A}'$的列向量组,即 $\boldsymbol{A}$ 的行向量组是 $\boldsymbol{B}'\boldsymbol{A}'=0$ 的解向量组. 因 $R(\boldsymbol{A})=r$,所以 $\boldsymbol{A}$ 的行向量组中有 r 个线性无关的行,它们是 $\boldsymbol{B}'\boldsymbol{Y}=0$ 的 r 个线性无关的解. 由于 $R(\boldsymbol{B}')=R(\boldsymbol{B})=n-r$,故 $\boldsymbol{B}'\boldsymbol{Y}=\boldsymbol{0}$ 的基础解系含 $n-(n-r)=r$ 个向量. 所以,$\boldsymbol{A}$ 的 r 个线性无关的行向量是 $\boldsymbol{B}'\boldsymbol{Y}=0$ 的一个基础解系.

【例 2.3】 设 $m\times n$ 矩阵 $\boldsymbol{A}$ 的秩为 r,$r<n$,$\boldsymbol{AX}=0$ 的基础解系为

$$\boldsymbol{\beta}_i'=(b_{i1},b_{i2},\cdots,b_{in})',i=1,2,\cdots,n-r.$$

令

$$\boldsymbol{B}=\begin{pmatrix}\boldsymbol{\beta}_1\\ \boldsymbol{\beta}_2\\ \vdots\\ \boldsymbol{\beta}_{n-r}\end{pmatrix}.$$

证明:$\boldsymbol{A}$ 的行向量组的极大无关组是 $\boldsymbol{BX}=\boldsymbol{0}$ 的一个基础解系.

证 首先,$\boldsymbol{\beta}_i'$是 $\boldsymbol{AX}=\boldsymbol{0}$ 的解,于是

$$\boldsymbol{A\beta}_i'=\boldsymbol{0},i=1,2,\cdots,n-r.$$

故有

$$\boldsymbol{AB}'=\boldsymbol{0}$$

所以

$$\boldsymbol{BA}'=\boldsymbol{0}$$

因此,$\boldsymbol{A}'$的列向量组,即 $\boldsymbol{A}$ 的行向量组是 $\boldsymbol{BX}=\boldsymbol{0}$ 的解.

因 $R(\boldsymbol{A})=r$,故 $\boldsymbol{A}$ 的行向量组的极大无关组由 r 个向量组成,不妨设 $\boldsymbol{A}$ 的前 r 个行向量 $\boldsymbol{\alpha}_1,\boldsymbol{\alpha}_2,\cdots,\boldsymbol{\alpha}_r$ 是其一个极大无关组,于是 $\boldsymbol{\alpha}_1,\boldsymbol{\alpha}_2,\cdots,\boldsymbol{\alpha}_r$ 是 $\boldsymbol{BX}=\boldsymbol{0}$ 的 r 个线性无关的解向量.

因 $\boldsymbol{\beta}_1',\boldsymbol{\beta}_2',\cdots,\boldsymbol{\beta}_{n-r}'$是 $\boldsymbol{AX}=\boldsymbol{0}$ 的基础解系,所以线性无关. 于是 $R(\boldsymbol{B})=n-r$,这样 $\boldsymbol{BX}=0$ 的基础解系由 r 个向量组成. 所以,$\boldsymbol{A}$ 的行向量组的极大无关组 $\boldsymbol{\alpha}_1,\boldsymbol{\alpha}_2,\cdots,\boldsymbol{\alpha}_r$ 是 $\boldsymbol{BX}=\boldsymbol{0}$ 的一个基础解系.

【例 2.4】 设 $\boldsymbol{\alpha}_i=(\alpha_{i1},\alpha_{i2},\cdots,\alpha_{in})$,$i=1,2,\cdots,s$;$\boldsymbol{\beta}=(b_1,b_2,\cdots,b_n)$,证明:若齐次线性方程组

$$\begin{cases}\alpha_{11}x_1+\alpha_{12}x_2+\cdots+\alpha_{1n}x_n=0,\\ \alpha_{21}x_1+\alpha_{22}x_2+\cdots+\alpha_{2n}x_n=0,\\ \cdots\cdots\\ \alpha_{s1}x_1+\alpha_{s2}x_3+\cdots+\alpha_{sn}x_n=0\end{cases}\qquad(\text{Ⅰ})$$

的解全是方程

$$b_1x_1+b_3x_3+\cdots+b_nx_n=0$$

的解，则 $\boldsymbol{\beta}$ 可由 $\boldsymbol{\alpha}_1,\boldsymbol{\alpha}_2,\cdots,\boldsymbol{\alpha}_s$ 线性表示.

证　由已知，齐次线性方程组(Ⅰ)与

$$\begin{cases}\alpha_{11}x_1+\alpha_{12}x_2+\cdots+\alpha_{1n}x_n=0,\\ \cdots\cdots\\ \alpha_{s1}x_1+\alpha_{s2}x_3+\cdots+\alpha s_{2n}x_n=0,\\ b_1x_1+b_3x_3+\cdots+b_nx_n=0\end{cases}\qquad(\text{Ⅱ})$$

显然同解，从而有相同的基础解系，于是(Ⅰ)与(Ⅱ)的系数矩阵有相同的秩，故它们的行向量组 $\boldsymbol{\alpha}_1,\boldsymbol{\alpha}_2,\cdots,\boldsymbol{\alpha}_s$ 与 $\boldsymbol{\alpha}_1,\boldsymbol{\alpha}_2,\cdots,\boldsymbol{\alpha}_s,\boldsymbol{\beta}$ 有相同的秩，且 $\boldsymbol{\alpha}_1,\boldsymbol{\alpha}_2,\cdots,\boldsymbol{\alpha}_s$ 可由 $\boldsymbol{\alpha}_1,\boldsymbol{\alpha}_2,\cdots,\boldsymbol{\alpha}_s,\boldsymbol{\beta}$ 线性表示. 故这两个向量组等价，所以 $\boldsymbol{\beta}$ 可由 $\boldsymbol{\alpha}_1,\boldsymbol{\alpha}_2,\cdots,\boldsymbol{\alpha}_s$ 线性表示.

【例 2.5】　设 $\boldsymbol{A},\boldsymbol{B}$ 分别为 $m\times n$ 与 $s\times n$ 矩阵. 证明：$\boldsymbol{AX}=0$ 与 $\boldsymbol{BX}=0$ 同解的充要条件是 $\boldsymbol{A}$ 与 $\boldsymbol{B}$ 的行向量组等价.

证法一　(利用上例)

(⇒)设 $\boldsymbol{AX}=\boldsymbol{0}$ 与 $\boldsymbol{BX}=0$ 同解，于是它们有相同的基础解系，设为

$$\boldsymbol{\gamma}_i=(c_{i1},c_{i2},\cdots,c_{in}),i=1,2,\cdots,n-r.$$

故 $R(\boldsymbol{A})=R(\boldsymbol{B})=r$. 令

$$\boldsymbol{C}=\begin{pmatrix}\boldsymbol{\gamma}_1\\ \boldsymbol{\gamma}_2\\ \vdots\\ \boldsymbol{\gamma}_{n-r}\end{pmatrix},$$

由上例，$\boldsymbol{A}$ 的行向量的极大无关组与 $\boldsymbol{B}$ 的行向量组的极大无关组都是 $\boldsymbol{CX}=\boldsymbol{0}$ 的基础解系. 所以，$\boldsymbol{A}$ 的行向量组的极大无关组与 $\boldsymbol{B}$ 的行向量组的极大无关组等价，从而 $\boldsymbol{A}$ 的行向量与 $\boldsymbol{B}$ 的行向量组等价.

(⇐)设 $\boldsymbol{A}$ 与 $\boldsymbol{B}$ 的行向量组等价，而 $\boldsymbol{AX}=\boldsymbol{0}$ 与 $\boldsymbol{BX}=0$ 的基础解系为行的矩阵分别为 $\boldsymbol{A}_1$ 与 $\boldsymbol{B}_1$. 由上例，$\boldsymbol{A}$ 的行向量的极大无关组是 $\boldsymbol{A}_1\boldsymbol{X}=\boldsymbol{0}$ 的基础解系，$\boldsymbol{B}$ 的行向量的极大无关组是 $\boldsymbol{B}_1\boldsymbol{X}=\boldsymbol{0}$ 的基础解系，因 $\boldsymbol{A}$ 与 $\boldsymbol{B}$ 的行向量组等价，于是它们的极大无关组等价，即 $\boldsymbol{A}_1\boldsymbol{X}=\boldsymbol{0}$ 与 $\boldsymbol{B}_1\boldsymbol{X}=\boldsymbol{0}$ 的基础解系等价，故 $\boldsymbol{A}_1\boldsymbol{X}=\boldsymbol{0}$ 与 $\boldsymbol{B}_1\boldsymbol{X}=\boldsymbol{0}$ 同解，按必要性的证明，$\boldsymbol{A}_1$ 的行向量与 $\boldsymbol{B}_1$ 的行向量组等价，即 $\boldsymbol{AX}=\boldsymbol{0}$ 的基础解系与 $\boldsymbol{BX}=0$ 的基础解系等价，所以，$\boldsymbol{AX}=0$ 与 $\boldsymbol{BX}=0$ 同解.

证法二

(⇒)设 $\boldsymbol{AX}=\boldsymbol{0}$ 与 $\boldsymbol{BX}=0$ 同解，于是有 $R(\boldsymbol{A})=R(\boldsymbol{B})$. 以 $\boldsymbol{\beta}_1,\boldsymbol{\beta}_2,\cdots,\boldsymbol{\beta}_i$ 表示 $\boldsymbol{B}$ 的行向量组，则有

$$\boldsymbol{AX}=\boldsymbol{0}\text{ 与 }\begin{pmatrix}\boldsymbol{A}\\ \boldsymbol{\beta}_i\end{pmatrix}\boldsymbol{X}=\boldsymbol{0}.$$

同解. 由前例, $\boldsymbol{\beta}_i$ 可由 $\boldsymbol{A}$ 的行向量组线性表示, $i=1,2,\cdots,s$. 故 $\boldsymbol{B}$ 的行向量组可由 $\boldsymbol{A}$ 的行向量组线性表示, 且它们的秩相等(因秩($\boldsymbol{A}$)=秩($\boldsymbol{B}$)), 所以 $\boldsymbol{A}$ 与 $\boldsymbol{B}$ 的行向量组等价.

(⇐)以 $\boldsymbol{\alpha}_1,\boldsymbol{\alpha}_2,\cdots,\boldsymbol{\alpha}_m$ 与 $\boldsymbol{\beta}_1,\boldsymbol{\beta}_2,\cdots,\boldsymbol{\beta}_s$ 分别记 $\boldsymbol{A}$ 与 $\boldsymbol{B}$ 的行向量组. 若 $\boldsymbol{A}$ 与 $\boldsymbol{B}$ 的行向量组等价, 则 $\boldsymbol{A}$ 的行向量组可由 $\boldsymbol{B}$ 的行向量组线性表示, 设为

$$\begin{aligned}\boldsymbol{\alpha}_1&=k_{11}\boldsymbol{\beta}_1+k_{12}\boldsymbol{\beta}_2+\cdots+k_{1s}\boldsymbol{\beta}_s,\\ \boldsymbol{\alpha}_2&=k_{21}\boldsymbol{\beta}_1+k_{22}\boldsymbol{\beta}_2+\cdots+k_{2s}\boldsymbol{\beta}_s,\\ &\cdots\cdots\\ \boldsymbol{\alpha}_m&=k_{m1}\boldsymbol{\beta}_1+k_{m2}\boldsymbol{\beta}_2+\cdots+k_{ms}\boldsymbol{\beta}_s.\end{aligned}$$

或写成

$$\begin{pmatrix}\boldsymbol{\alpha}_1\\ \boldsymbol{\alpha}_2\\ \vdots\\ \boldsymbol{\alpha}_m\end{pmatrix}=\begin{pmatrix}k_{11}&k_{12}&\cdots&k_{1s}\\ k_{21}&k_{22}&\cdots&k_{2s}\\ \vdots&\vdots&&\vdots\\ k_{m1}&k_{m2}&\cdots&k_{ms}\end{pmatrix}\begin{pmatrix}\boldsymbol{\beta}_1\\ \boldsymbol{\beta}_2\\ \vdots\\ \boldsymbol{\beta}_{ms}\end{pmatrix}.$$

令

$$\boldsymbol{K}=\begin{pmatrix}k_{11}&k_{12}&\cdots&k_{1s}\\ k_{21}&k_{22}&\cdots&k_{2s}\\ \vdots&\vdots&&\vdots\\ k_{m1}&k_{m2}&\cdots&k_{ms}\end{pmatrix},$$

即有 $\boldsymbol{A}=\boldsymbol{K}\boldsymbol{B}$. 设 $\boldsymbol{\eta}$ 是 $\boldsymbol{B}\boldsymbol{X}=\boldsymbol{0}$ 的任一解, 则有 $\boldsymbol{B}\boldsymbol{\eta}=0$. 于是

$$\boldsymbol{A}\boldsymbol{\eta}=(\boldsymbol{K}\boldsymbol{B})\boldsymbol{\eta}=\boldsymbol{K}(\boldsymbol{B}\boldsymbol{\eta})=0,$$

即 $\boldsymbol{\eta}$ 也是 $\boldsymbol{A}\boldsymbol{X}=\boldsymbol{0}$ 的解. 类似可证, $\boldsymbol{A}\boldsymbol{X}=0$ 的解也是 $\boldsymbol{B}\boldsymbol{X}=0$ 的解. 所以, $\boldsymbol{A}\boldsymbol{X}=0$ 与 $\boldsymbol{B}\boldsymbol{X}=0$ 同解.

第三节　线性方程组的解及求解的一般方法

1. 齐次线性方程组与其解

① 线性方程组 $\boldsymbol{A}\boldsymbol{X}=0$ 称为齐次线性方程组.

② 齐次线性方程组 $\boldsymbol{A}\boldsymbol{X}=\boldsymbol{0}$ 总有解, $(0,0,\cdots,0)$ 总是解, 即总有零解.

a. 若 $R(\boldsymbol{A})=n\Leftrightarrow\boldsymbol{A}\boldsymbol{X}=\boldsymbol{0}$ 的解唯一, 即只有零解.

b. 若 $R(\boldsymbol{A})<n\Leftrightarrow\boldsymbol{A}\boldsymbol{X}=0$ 有非零解.

特别地, $m<n$ 时, $\boldsymbol{A}\boldsymbol{X}=\boldsymbol{0}$ 有非零解. $m=n$ 时, $\boldsymbol{A}\boldsymbol{X}=0$ 有非零解 $\Leftrightarrow|\boldsymbol{A}|=0$.

③ 基础解系及性质

a. 设 $\boldsymbol{\eta}_1,\boldsymbol{\eta}_2,\cdots,\boldsymbol{\eta}_t$ 是 $\boldsymbol{A}\boldsymbol{X}=\boldsymbol{0}$ 的一组解. 若 $\boldsymbol{\eta}_1,\boldsymbol{\eta}_2,\cdots,\boldsymbol{\eta}_t$ 线性无关, 而 $\boldsymbol{A}\boldsymbol{X}=\boldsymbol{0}$ 的任一解都可由 $\boldsymbol{\eta}_1,\boldsymbol{\eta}_2,\cdots,\boldsymbol{\eta}_t$ 线性表示, 就称 $\boldsymbol{\eta}_1,\boldsymbol{\eta}_2,\cdots,\boldsymbol{\eta}_t$ 是 $\boldsymbol{A}\boldsymbol{X}=\boldsymbol{0}$ 的一个基础解系.

b. 性质

(ⅰ) 若 $R(\boldsymbol{A})=r<n$, 则 $\boldsymbol{A}\boldsymbol{X}=\boldsymbol{0}$ 必有基础解系, 且基础解系所含向量的个数为 $n-r$.

(ⅱ) 若 $R(\boldsymbol{A})=r<n$, 则 $\boldsymbol{A}\boldsymbol{X}=\boldsymbol{0}$ 的任何 $n-r$ 个线性无关的解都是基础解系.

（ⅲ）设 $\boldsymbol{\eta}_1,\boldsymbol{\eta}_2,\cdots,\boldsymbol{\eta}_t$ 是 $\boldsymbol{AX}=\mathbf{0}$ 的任一基础解系，则其一般解（或所有解，或称解空间）是基础解系的一切线性组合 $\sum_{i=1}^{t}c_i\boldsymbol{\eta}_i,\forall c_i\in P$.

2. 非齐次线性方程组解的结构定理

非齐次线性方程组 $\boldsymbol{AX}=\boldsymbol{b}(\boldsymbol{b}\neq 0)$ 的全部解是 $\boldsymbol{\gamma}+c_1\boldsymbol{\eta}_1+c_2\boldsymbol{\eta}_2+\cdots c_{n-r}\boldsymbol{\eta}_{n-r}$，其中 $\boldsymbol{\gamma}$ 是 $\boldsymbol{AX}=\boldsymbol{b}$ 的一个特解，$\boldsymbol{\eta}_1,\boldsymbol{\eta}_2,\cdots,\boldsymbol{\eta}_{n-r}$ 是导出方程组 $\boldsymbol{AX}=\mathbf{0}$ 的一个基础解系，$r=R(\boldsymbol{A}),\forall c_i\in P$.

设 $\boldsymbol{A},\boldsymbol{B}$ 分别是 $m\times n,n\times s$ 矩阵，$\boldsymbol{B}$ 的列向量组为 $\boldsymbol{B}_1,\boldsymbol{B}_2,\cdots,\boldsymbol{B}_s$ 则 $\boldsymbol{AB}=\mathbf{0}\Leftrightarrow\boldsymbol{B}_1,\boldsymbol{B}_2,\cdots,\boldsymbol{B}_s$ 是 $\boldsymbol{AX}=\mathbf{0}$ 的解组.

3. 线性方程组求解的一般方法

（1）用消元法化阶梯形法

（2）用行等价标准形法

线性方程组有解的充要条件是系数矩阵的秩等于增广矩阵的秩，在有解时对增广矩阵的行施行初等变换，可求出线性方程组的一般解.

（3）矩阵法求齐次线性方程组的基础解系

① 研究线性方程组解集合的构造情况，亦即解与解之间的关系. 线性方程组的全部解可由有限个解表示出来.

设 $R(\boldsymbol{A})=r$，则齐次线性方程组 $\boldsymbol{AX}=\mathbf{0}$ 的解集合构成一个 $n-r$ 维子空间（$\boldsymbol{A}$ 为 $m\times n$ 矩阵），其基底成为齐次方程组 $\boldsymbol{AX}=0$ 的一个基础解系，下面介绍两种求基础解系的方法.

性质 1　设 $m\times n$ 矩阵 $\boldsymbol{A}$ 的秩为 r，对 $\boldsymbol{A}$ 的行施行初等变换化为 $\boldsymbol{B}=\begin{pmatrix}\boldsymbol{E}_r & \boldsymbol{C}\\ \mathbf{0} & \mathbf{0}\end{pmatrix}$，则 $\boldsymbol{D}=\begin{pmatrix}\boldsymbol{C}\\ -\boldsymbol{E}_{n-r}\end{pmatrix}$ 的列向量为齐次线性方程组 $\boldsymbol{AX}=\mathbf{0}$ 的基础解系.

证　因 $\boldsymbol{AX}=\mathbf{0}$ 与 $\begin{pmatrix}\boldsymbol{E}_r & \boldsymbol{C}\\ \mathbf{0} & \mathbf{0}\end{pmatrix}\boldsymbol{X}=0$ 同解，后者以 $x_{r+1},\cdots,x_n$ 为自由未知量，取 $n-r$ 个向量 $(-1,0,\cdots,0),\cdots,(0,\cdots,0,-1)$，即得 $\begin{pmatrix}\boldsymbol{C}\\ -\boldsymbol{E}_{n-r}\end{pmatrix}$ 的 $n-r$ 个列向量为 $\begin{pmatrix}\boldsymbol{E}_r & \boldsymbol{C}\\ \mathbf{0} & \mathbf{0}\end{pmatrix}\boldsymbol{X}=0$ 的解向量，又因，$\begin{pmatrix}\boldsymbol{C}\\ -\boldsymbol{E}_{n-r}\end{pmatrix}$ 的秩为 $n-r$，故此 $n-r$ 个列向量是基础解系.

性质 2　假设如性质 1，若 $\boldsymbol{A}$ 的行等价标准形 $\boldsymbol{B}$ 中，r 个单位列向量不位在前 r 列，这时存在 n 阶非退化阵 $\boldsymbol{Q}$，使 $\boldsymbol{BQ}=\begin{pmatrix}\boldsymbol{E}_r & \boldsymbol{C}_1\\ \mathbf{0} & \mathbf{0}\end{pmatrix}$，$\boldsymbol{Q}\begin{bmatrix}\boldsymbol{C}_1\\ -\boldsymbol{E}_{n-r}\end{bmatrix}$ 的列向量为 $\boldsymbol{BX}=\mathbf{0}$（亦即 $\boldsymbol{AX}=0$）的基础解系.

证　将 $\boldsymbol{B}$ 施行初等变换变为 $\begin{pmatrix}\boldsymbol{E}_r & \boldsymbol{C}_1\\ \mathbf{0} & \mathbf{0}\end{pmatrix}$，故存在 n 阶非退化阵 $\boldsymbol{Q}$，右乘 $\boldsymbol{B}$ 为 $\boldsymbol{BQ}=\begin{pmatrix}\boldsymbol{E}_r & \boldsymbol{C}_1\\ \mathbf{0} & \mathbf{0}\end{pmatrix}$，由性质 1，$\begin{bmatrix}\boldsymbol{C}_1\\ -\boldsymbol{E}_{n-r}\end{bmatrix}$ 为 $(\boldsymbol{BQ})\boldsymbol{X}=\mathbf{0}$ 的基础解系，故 $\boldsymbol{Q}\begin{bmatrix}\boldsymbol{C}_2\\ -\boldsymbol{E}_{n-r}\end{bmatrix}$ 的列向量为 $\boldsymbol{BX}=\mathbf{0}$ 的解，因而是 $\boldsymbol{BX}=0$ 的基础解系.

性质 3 设 $\boldsymbol{A}$ 为秩是 r 的 $m\times n$ 矩阵，则存在 n 阶非退化阵 $\boldsymbol{P}$，使 $\boldsymbol{AP}$ 的后 $n-r$ 列为零，且 $\boldsymbol{P}$ 的后 $n-r$ 列是齐次线性方程组 $\boldsymbol{BX}=\boldsymbol{0}$ 的基础解系.

证 对 $\boldsymbol{A}$ 的列施加初等变换可使 $\boldsymbol{A}$ 的后列 $n-r$ 变为零. 即对矩阵 $\begin{pmatrix}\boldsymbol{A}\\ \boldsymbol{E}_n\end{pmatrix}$ 施加列的初等变换可化为 $\begin{pmatrix}\boldsymbol{B}\\ \boldsymbol{P}\end{pmatrix}=\begin{bmatrix}\boldsymbol{B}_1 & \boldsymbol{0}\\ \boldsymbol{P}_1 & \boldsymbol{P}_2\end{bmatrix}$，$\boldsymbol{B}_1$ 为 $m\times r$ 阵，$\boldsymbol{0}$ 为 $m\times(n-r)$ 阵，$\boldsymbol{P}_2$ 为 $n\times(n-r)$ 阵.

令 $\boldsymbol{B}=(\boldsymbol{\beta}_1,\boldsymbol{\beta}_2,\cdots,\boldsymbol{\beta}_r,\boldsymbol{0},\cdots,\boldsymbol{0})$，

$$\boldsymbol{P}=(\boldsymbol{\eta}_1,\boldsymbol{\eta}_2,\cdots,\boldsymbol{\eta}_r,\boldsymbol{\eta}_{r+1},\cdots,\boldsymbol{\eta}_n),\boldsymbol{P}_2=(\boldsymbol{\eta}_{r+1},\cdots,\boldsymbol{\eta}_n).$$

则由 $\boldsymbol{AP}=\boldsymbol{B}$，有 $\boldsymbol{A}(\boldsymbol{\eta}_1,\cdots,\boldsymbol{\eta}_r,\boldsymbol{\eta}_{r+1},\cdots,\boldsymbol{\eta}_n)=(\boldsymbol{\beta}_1,\cdots,\boldsymbol{\beta}_r,\boldsymbol{0},\cdots,\boldsymbol{0})$，所以

$$\boldsymbol{A\eta}_{r+1}=\boldsymbol{0},\cdots,\boldsymbol{A\eta}_n=\boldsymbol{0}.$$

因 $\boldsymbol{P}$ 是非退化的，故 $\boldsymbol{\eta}_{r+1},\cdots,\boldsymbol{\eta}_n$ 线性无关，所以，$\boldsymbol{\eta}_{r+1},\cdots,\boldsymbol{\eta}_n$ 是 $\boldsymbol{AX}=\boldsymbol{0}$ 的基础解系.

② 非齐次线性方程组 $\boldsymbol{AX}=\boldsymbol{b}$ 的一般解是它的一个特解 $\boldsymbol{\beta}$ 加上其导出方程组的基础解系的线性组合，即

$$\boldsymbol{X}=\boldsymbol{\beta}+(k_1\boldsymbol{\varepsilon}_1+k_2\boldsymbol{\varepsilon}_2+\cdots+k_{n-r}\boldsymbol{\varepsilon}_{n-r}).$$

这是因为一般线性方程组的两个解之差是其导出方程组的解；且一般线性方程组的一个解与其导出方程组的一个解之和仍是原方程组的解，下面进一步讨论一般线性方程组的解集合的构造.

(a) 设 $R(\boldsymbol{A})=R(\bar{\boldsymbol{A}})=r$，则方程组的 $\boldsymbol{AX}=\boldsymbol{b}$ 解向量集合的秩是 $n-r+1$，$(\bar{\boldsymbol{A}}=(\boldsymbol{A},\boldsymbol{b}))$.

证 设 $\boldsymbol{AX}=\boldsymbol{b}$ 的一个解为 $\boldsymbol{\beta}$，$\boldsymbol{AX}=\boldsymbol{0}$ 的基础解系为 $\boldsymbol{\alpha}_1,\cdots,\boldsymbol{\alpha}_{n-r}$，则 $\boldsymbol{\beta},\boldsymbol{\beta}+\boldsymbol{\alpha}_1,\cdots,\boldsymbol{\beta}+\boldsymbol{\alpha}_{n-r}$ 均为 $\boldsymbol{AX}=\boldsymbol{b}$ 的解，即它是线性无关的.

若有 $k\boldsymbol{\beta}+\sum\limits_{i=1}^{n-r}k_i(\boldsymbol{\beta}+\boldsymbol{\alpha}_i)=\boldsymbol{0}$，即有 $(k+\sum\limits_{i=1}^{n-r}k_i)\boldsymbol{\beta}+\sum\limits_{i=1}^{n-r}k_i\boldsymbol{\alpha}_i=\boldsymbol{0}$，必有 $k+\sum\limits_{i=1}^{n-r}k_i=0$. 否则，$\boldsymbol{\beta}$ 可由 $\boldsymbol{\alpha}_1,\boldsymbol{\alpha}_2,\cdots,\boldsymbol{\alpha}_{n-r}$ 线性表示，因而 $\boldsymbol{\beta}$ 是 $\boldsymbol{AX}=\boldsymbol{0}$ 的解，这是不可能的，进而得 $\sum\limits_{i=1}^{n-r}k_i\boldsymbol{\alpha}_i=\boldsymbol{0}$，$k_i=0\Rightarrow k=0$.

再设，$\boldsymbol{\gamma}$ 为 $\boldsymbol{AX}=\boldsymbol{b}$ 的任意一个解，则 $\boldsymbol{\gamma}-\boldsymbol{\beta}$ 是 $\boldsymbol{AX}=\boldsymbol{0}$ 的解，因而可由基础解系 $\boldsymbol{\alpha}_1,\boldsymbol{\alpha}_2,\cdots,\boldsymbol{\alpha}_{n-r}$ 线性表示，不妨设

$$\boldsymbol{\gamma}-\boldsymbol{\beta}=k_1\boldsymbol{\alpha}_1+k_2\boldsymbol{\alpha}_2+\cdots+k_{n-r}\boldsymbol{\alpha}_{n-r},$$

$$\boldsymbol{\gamma}=\boldsymbol{\beta}+\sum_{i=1}^{n-r}k_i\boldsymbol{\alpha}_i=(1-\sum_{i=1}^{n-r}k_i)\boldsymbol{\beta}+\sum_{i=1}^{n-r}k_i(\boldsymbol{\beta}+\boldsymbol{\alpha}_1).$$

故 $\boldsymbol{\beta},\boldsymbol{\beta}+\boldsymbol{\alpha}_1,\cdots,\boldsymbol{\beta}+\boldsymbol{\alpha}_{n-r}$ 是 $\boldsymbol{AX}=\boldsymbol{b}$ 的解集合的极大无关组，因此得证.

(b) 设 $\boldsymbol{\beta}_1,\boldsymbol{\beta}_2,\cdots,\boldsymbol{\beta}_{n-r+1}$ 为 $\boldsymbol{AX}=\boldsymbol{b}$ 的解集合的极大无关组，则 $\sum\limits_{i=1}^{n-r+1}k_i\boldsymbol{\beta}_i=\boldsymbol{\gamma}$ 为 $\boldsymbol{AX}=\boldsymbol{b}$ 的解 $\Leftrightarrow\sum\limits_{i=1}^{n-r+1}k_i=1$.

证 $(\Rightarrow)$ $\boldsymbol{\gamma}=\sum\limits_{i=1}^{n-r+1}k_i\boldsymbol{\beta}_i=(\sum\limits_{i=1}^{n-r+1}k_i)\boldsymbol{\beta}_1+\sum\limits_{i=2}^{n-r+1}k_i(\boldsymbol{\beta}_i-\boldsymbol{\beta}_1)$ 则 $\sum\limits_{i=1}^{n-r+1}k_i\boldsymbol{\beta}_i$ 为 $\boldsymbol{AX}=\boldsymbol{b}$ 的解，所以，$\sum\limits_{i-1}^{n-r+1}k_i=1$.

$(\Leftarrow)$ 当 $\sum\limits_{i=1}^{n-r+1}k_i=1$ 时，$k_1=1-k_2-\cdots-k_{n-r+1}$，

$$\gamma=\sum_{i=1}^{n-r+1}k_i\boldsymbol{\beta}_i=(1-k_2-\cdots-k_{n-r+1})\boldsymbol{\beta}_1+\sum_{i=2}^{n-r+1}k_i\boldsymbol{\beta}_i=\boldsymbol{\beta}_1+\sum_{i=2}^{n-r+1}k_i(\boldsymbol{\beta}_i-\boldsymbol{\beta}_1),$$

即 $\boldsymbol{\gamma}$ 为 $\boldsymbol{AX}=\boldsymbol{b}$ 的解.

(c) 设 $\boldsymbol{\beta}_1,\cdots,\boldsymbol{\beta}_{n-r+1}$ 为 $\boldsymbol{AX}=\boldsymbol{b}$ 的"基础解系"(即解集合的极大无关部分组),则 $\boldsymbol{\beta}_2-\boldsymbol{\beta}_1$, $\boldsymbol{\beta}_3-\boldsymbol{\beta}_1,\cdots,\boldsymbol{\beta}_{n-r+1}-\boldsymbol{\beta}_1$ 为 $\boldsymbol{AX}=\boldsymbol{0}$ 的基础解系.

证　$\boldsymbol{\beta}_2-\boldsymbol{\beta}_1,\boldsymbol{\beta}_3-\boldsymbol{\beta}_1,\cdots,\boldsymbol{\beta}_{n-r+1}-\boldsymbol{\beta}_1$ 为 $\boldsymbol{AX}=\boldsymbol{0}$ 的解,若有 $\sum_{i=2}^{n-r+1}k_i(\boldsymbol{\beta}_i-\boldsymbol{\beta}_1)=\boldsymbol{0}\Rightarrow\sum_{i=2}^{n-r+1}k_i\boldsymbol{\beta}_i-\sum_{i=2}^{n-r+1}k_i\boldsymbol{\beta}_1=\boldsymbol{0}$,必有 $k_i=0,i=2,3,\cdots,n-r+1$,$\boldsymbol{AX}=\boldsymbol{0}$ 的解空间是 $n-r$ 维的,所以 $\boldsymbol{\beta}_2-\boldsymbol{\beta}_1,\cdots,\boldsymbol{\beta}_{n-r+1}-\boldsymbol{\beta}_1$ 为 $\boldsymbol{AX}=\boldsymbol{0}$ 的基础解系. 同样,$\boldsymbol{\beta}_1-\boldsymbol{\beta}_2,\boldsymbol{\beta}_2-\boldsymbol{\beta}_3,\cdots,\boldsymbol{\beta}_{n-r}-\boldsymbol{\beta}_{n-r+1}$ 亦是 $\boldsymbol{AX}=\boldsymbol{0}$ 的基础解系.

4. 解线性方程组的逆问题

之前研究了已知线性方程组求解的问题,现在来讨论已知解求线性方程组的问题.

先看齐次线性方程组的情况:

命题 1　设 n 维向量组 $\boldsymbol{\alpha}_i=(\boldsymbol{\alpha}_{i1},\boldsymbol{\alpha}_{i2},\cdots,\boldsymbol{\alpha}_{in})$(其中 $i=1,2,\cdots,s$)线性无关. 令 $\boldsymbol{A}=\begin{pmatrix}\boldsymbol{\alpha}_1\\\boldsymbol{\alpha}_2\\\vdots\\\boldsymbol{\alpha}_s\end{pmatrix}$,$\boldsymbol{AX}=\boldsymbol{0}$ 的基础解系为 $\boldsymbol{\beta}_j=(\boldsymbol{b}_{j1},\cdots,\boldsymbol{b}_{jn})$,$j=1,2,\cdots,n-s$.

令 $\boldsymbol{B}=\begin{pmatrix}\boldsymbol{\beta}_1\\\boldsymbol{\beta}_2\\\vdots\\\boldsymbol{\beta}_{n-s}\end{pmatrix}$,则 $\boldsymbol{\alpha}_1',\boldsymbol{\alpha}_2',\cdots,\boldsymbol{\alpha}_s'$,是齐次线性方程组 $\boldsymbol{BX}=\boldsymbol{0}$ 的基础解系.

证　因为 $\boldsymbol{A\beta}'=\boldsymbol{0}$,所以 $\boldsymbol{AB}'=0\Leftrightarrow\boldsymbol{BA}'=\boldsymbol{O}$

即 $\boldsymbol{A}'$ 的列向量(即 $\boldsymbol{A}$ 的行向量 $\boldsymbol{\alpha}_i$)为 $\boldsymbol{BX}=\boldsymbol{0}$ 的解,$R(\boldsymbol{A})=s$,$R(\boldsymbol{B})=n-s$,故结论成立.

注:任给向量组 $\boldsymbol{\alpha}_1,\boldsymbol{\alpha}_2,\cdots,\boldsymbol{\alpha}_n$,其极大无关组(可设)$\boldsymbol{\alpha}_1,\boldsymbol{\alpha}_2,\cdots,\boldsymbol{\alpha}_s$,总是存在的,则以原向量为解的齐次线性方程组总是存在的,并且可以按命题 1 的方法求出来,这里答案不是唯一的.

命题 2　设向量组 $\boldsymbol{\alpha}_i=(\boldsymbol{\alpha}_{i1},\boldsymbol{\alpha}_{i2},\cdots,\boldsymbol{\alpha}_{in})$(其中 $i=1,2,\cdots,t$)线性无关,且以 $\boldsymbol{\alpha}_1-\boldsymbol{\alpha}_t,\boldsymbol{\alpha}_2-\boldsymbol{\alpha}_t,\cdots,\boldsymbol{\alpha}_{t-1}-\boldsymbol{\alpha}_t$ 为基础解系的齐次线性方程组为 $\boldsymbol{BX}=\boldsymbol{0}$,这里 $\boldsymbol{B}$ 为 $(n-t+1)\times n$ 矩阵. 则向量组 $\boldsymbol{\alpha}_1',\boldsymbol{\alpha}_2',\cdots,\boldsymbol{\alpha}_t'$ 是线性方程组 $\boldsymbol{BX}=\boldsymbol{B\alpha}_1'$ 的"基础解系".

证　首先有

$$\boldsymbol{B}(\boldsymbol{\alpha}_1-\boldsymbol{\alpha}_2)'=\boldsymbol{B}((\boldsymbol{\alpha}_1-\boldsymbol{\alpha}_t)-(\boldsymbol{\alpha}_2-\boldsymbol{\alpha}_t))'=\boldsymbol{B}(\boldsymbol{\alpha}_1-\boldsymbol{\alpha}_t)'-\boldsymbol{B}(\boldsymbol{\alpha}_2-\boldsymbol{\alpha}_t)'=\boldsymbol{0}-\boldsymbol{0}=\boldsymbol{0},$$

即 $\boldsymbol{B\alpha}_1'-\boldsymbol{B\alpha}_2'=\boldsymbol{0}$;$\boldsymbol{B\alpha}_2'=\boldsymbol{B\alpha}_1'$.

此即 $\boldsymbol{\alpha}_2'$ 为线性方程组 $\boldsymbol{BX}=\boldsymbol{B\alpha}_1'$ 的解.

同理,$\boldsymbol{\alpha}_3',\cdots,\boldsymbol{\alpha}_t'$ 均为方程组 $\boldsymbol{BX}=\boldsymbol{B\alpha}_1'$ 的解,反之,亦真,这里答案不是唯一的.

注:并不是以任意向量组为解的线性方程组都是存在的.

【例 3.1】　设 $m\times n$ 矩阵 $\boldsymbol{A}$ 的秩为 r,线性方程组 $\boldsymbol{AX}=\boldsymbol{b}(\boldsymbol{b}\neq0)$ 有解,试证其解集中有

$n-r+1$ 个线性无关的向量组，且每个解都可以由这个向量组线性表示.

证 因 $\boldsymbol{AX}=\boldsymbol{b}$ 有解，设 $\boldsymbol{\gamma}_0$ 是其一个解，再设 $\boldsymbol{\eta}_1,\boldsymbol{\eta}_2,\cdots,\boldsymbol{\eta}_{n-r}$ 是其导出组 $\boldsymbol{AX}=\boldsymbol{0}$ 的一个基础解系，则

$$\boldsymbol{\gamma}_0,\boldsymbol{\gamma}_0+\boldsymbol{\eta}_1,\boldsymbol{\gamma}_0+\boldsymbol{\eta}_2,\cdots,\boldsymbol{\gamma}_0+\boldsymbol{\eta}_{n-r},$$

是 $\boldsymbol{AX}=\boldsymbol{b}$ 的 $n-r+1$ 个解. 可证明它们是线性无关的. 事实上，设

$$k_0\boldsymbol{\gamma}_0+k_1(\boldsymbol{\gamma}_0+\boldsymbol{\eta}_1)+\cdots+k_{n-r}(\boldsymbol{\gamma}_0+\boldsymbol{\eta}_{n-r})=\boldsymbol{0}, \tag{Ⅰ}$$

则有

$$(k_0+k_1+\cdots+k_{n-r})\boldsymbol{\gamma}_0+k_1\boldsymbol{\eta}_1+\cdots+k_{n-r}\boldsymbol{\eta}_{n-r}=\boldsymbol{0}. \tag{Ⅱ}$$

由此可知

$$k_0+k_1+\cdots+k_{n-r}=0.$$

其实，若 $\boldsymbol{\gamma}_0$ 可由 $\boldsymbol{\eta}_1,\boldsymbol{\eta}_2,\cdots,\boldsymbol{\eta}_{n-r}$ 线性表示，从而 $\boldsymbol{\gamma}_0$ 是 $\boldsymbol{AX}=\boldsymbol{0}$ 的一个解. 这是不可能的，于是(Ⅱ)成为

$$k_1\boldsymbol{\eta}_1+\cdots+k_{n-r}\boldsymbol{\eta}_{n-r}=0.$$

因 $\boldsymbol{\eta}_1,\boldsymbol{\eta}_2,\cdots,\boldsymbol{\eta}_{n-r}$ 线性无关，所以 $k_1=k_2=\cdots=k_{n-r}=0$. 由 $k_0+k_1+\cdots+k_{n-r}=0$ 得 $k_0=0$. 所以 $\boldsymbol{\gamma}_0,\boldsymbol{\gamma}_0+\boldsymbol{\eta}_1,\boldsymbol{\gamma}_0+\boldsymbol{\eta}_2,\cdots,\boldsymbol{\gamma}_0+\boldsymbol{\eta}_{n-r}$ 线性无关.

下证 $\boldsymbol{AX}=\boldsymbol{b}$ 的任一解可由 $\boldsymbol{\gamma}_0,\boldsymbol{\gamma}_0+\boldsymbol{\eta}_1,\boldsymbol{\gamma}_0+\boldsymbol{\eta}_2,\cdots,\boldsymbol{\gamma}_0+\boldsymbol{\eta}_{n-r}$ 线性表示. 设 $\boldsymbol{\gamma}$ 是 $\boldsymbol{AX}=\boldsymbol{b}$ 的任一解，于是 $\boldsymbol{\gamma}-\boldsymbol{\gamma}_0$ 是导出组 $\boldsymbol{AX}=\boldsymbol{0}$ 的一个解. 故可由其基础解系 $\boldsymbol{\eta}_1,\boldsymbol{\eta}_2,\cdots,\boldsymbol{\eta}_{n-r}$ 线性表示，设为

$$\boldsymbol{\gamma}-\boldsymbol{\gamma}_0=c_1\boldsymbol{\eta}_1+c_2\boldsymbol{\eta}_2+\cdots+c_{n-r}\boldsymbol{\eta}_{n-r},$$

于是

$$\begin{aligned}\boldsymbol{\gamma}&=\boldsymbol{\gamma}_0+c_1\boldsymbol{\eta}_1+c_2\boldsymbol{\eta}_2+\cdots+c_{n-r}\boldsymbol{\eta}_{n-r}\\&=\boldsymbol{\gamma}_0+c_1(\boldsymbol{\gamma}_0+\boldsymbol{\eta}_1)+c_2(\boldsymbol{\gamma}_0+\boldsymbol{\eta}_2)+\cdots+c_{n-r}(\boldsymbol{\gamma}_0+\boldsymbol{\eta}_{n-r})-(c_1+\\&\quad c_2+\cdots+c_{n-r})\boldsymbol{\gamma}_0\\&=(1-c_1-c_2-\cdots-c_{n-r})\boldsymbol{\gamma}_0+c_1(\boldsymbol{\gamma}_0+\boldsymbol{\eta}_1)+c_2(\boldsymbol{\gamma}_0+\boldsymbol{\eta}_2)+\cdots\\&\quad+c_{n-r}(\boldsymbol{\gamma}_0+\boldsymbol{\eta}_{n-r}),\end{aligned}$$

结论得证.

【例 3.2】 证明：P^n 的任意一个子空间都是某个含 n 个未知量的齐次线性方程组的解空间.

证 设 W 是 P^n 的任意一个子空间，$\dim W=r$.

若 $r=n$，即 $W=P^n$ 时，易知系数矩阵是零矩阵的齐次线性方程组的解空间为 P^n.

若 $r=0$，即 $W=\{0\}$，系数矩阵为可逆矩阵的齐次线性方程组的解空间为 $\{0\}$.

若 $0<r<n$，设 $\boldsymbol{\alpha}_1,\boldsymbol{\alpha}_2,\cdots,\boldsymbol{\alpha}_r$ 是 W 的一组基，$\boldsymbol{\alpha}_i=(\boldsymbol{\alpha}_{i1},\boldsymbol{\alpha}_{i2},\cdots,\boldsymbol{\alpha}_{in})$，$i=1,2,\cdots,r$. 令 $\boldsymbol{A}=\begin{pmatrix}\boldsymbol{\alpha}_1\\\boldsymbol{\alpha}_2\\\vdots\\\boldsymbol{\alpha}_r\end{pmatrix}$，则齐次线性方程组 $\boldsymbol{AX}=\boldsymbol{0}$ 的基础解系有 $n-r$ 个向量，设为

$$\boldsymbol{\beta}_k=(\boldsymbol{b}_{k1},\boldsymbol{b}_{k2},\cdots,\boldsymbol{b}_{kn}),k=1,2,\cdots,n-r.$$

令 $\boldsymbol{B}=\begin{pmatrix}\boldsymbol{\beta}_1\\\boldsymbol{\beta}_2\\\vdots\\\boldsymbol{\beta}_{n-r}\end{pmatrix}$，则 $\boldsymbol{A}$ 的行向量组 $\boldsymbol{\alpha}_1,\boldsymbol{\alpha}_2,\cdots,\boldsymbol{\alpha}_r$ 是 $\boldsymbol{BX}=\boldsymbol{0}$ 的一个基础解系，即 W 的基 $\boldsymbol{\alpha}_1,\boldsymbol{\alpha}_2,\cdots,\boldsymbol{\alpha}_r$ 是 $\boldsymbol{BX}=\boldsymbol{0}$ 的一个基础解系. 所以 W 是 $\boldsymbol{BX}=0$ 的解空间.

【例 3.3】 设

$$\boldsymbol{A}=\begin{pmatrix}\alpha_{11} & \alpha_{12} & \cdots & \alpha_{1n}\\ \alpha_{21} & \alpha_{22} & \cdots & \alpha_{2n}\\ \vdots & \vdots & & \vdots\\ \alpha_{n1} & \alpha_{n2} & \cdots & \alpha_{nn}\end{pmatrix}$$

为一个 n 阶实矩阵. 证明：若

$$|\alpha_{ii}|>\sum_{j\neq i}|\alpha_{ij}|,i=1,2,\cdots,n \tag{Ⅰ}$$

则 $|\boldsymbol{A}|\neq 0$.

证　用反证法.

若 $|\boldsymbol{A}|=0$，则齐次线性方程组 $\boldsymbol{AX}=\boldsymbol{0}$ 有非零解，设 $\boldsymbol{X}=(\boldsymbol{\xi}_1,\boldsymbol{\xi}_2,\cdots,\boldsymbol{\xi}_n)'$ 是一个非零解，于是 $\boldsymbol{\xi}_1,\boldsymbol{\xi}_2,\cdots,\boldsymbol{\xi}_n$ 是不全为零的实数，且

$$\sum_{j=1}^{n}\boldsymbol{\alpha}_{ij}\boldsymbol{\xi}_j=\boldsymbol{0},i=1,2,\cdots,n.$$

由此得

$$\boldsymbol{\alpha}_{ii}\boldsymbol{\xi}_i=-\sum_{j\neq i}\boldsymbol{\alpha}_{ij}\boldsymbol{\xi}_j,i=1,2,\cdots,n.$$

故有

$$|\boldsymbol{\alpha}_{ii}||\boldsymbol{\xi}_i|=|-\sum_{j\neq i}\boldsymbol{\alpha}_{ij}\boldsymbol{\xi}_j|\leqslant-\sum_{j\neq i}|\boldsymbol{\alpha}_{ij}||\boldsymbol{\xi}_j|,i=1,2,\cdots,n.$$

令

$$|\boldsymbol{\xi}_i|=\max\{|\boldsymbol{\xi}_1|,|\boldsymbol{\xi}_2|,\cdots,|\boldsymbol{\xi}_n|\},$$

由于 $\boldsymbol{\xi}_1,\boldsymbol{\xi}_2,\cdots,\boldsymbol{\xi}_n$ 不全为零，不妨设 $|\boldsymbol{\xi}_i|\neq 0$，有

$$|\boldsymbol{\alpha}_{ii}||\boldsymbol{\xi}_i|\leqslant\sum_{j\neq i}|\boldsymbol{\alpha}_{ij}||\boldsymbol{\xi}_j|\leqslant|\boldsymbol{\xi}_i|\sum_{j\neq i}|\boldsymbol{\alpha}_{ij}|,$$

于是有

$$|\boldsymbol{\alpha}_{ii}|\leqslant\sum_{j\neq i}|\boldsymbol{\alpha}_{ij}|.$$

这与已知条件矛盾，所以 $|\boldsymbol{A}|\neq 0$.

注：一个满足条件（Ⅰ）的实矩阵称为严格对角占优阵，它有很多应用.

第四节 综合举例

【例 4.1】 证明：含有 n 个未知量 $n+1$ 个方程的线性方程组

$$\begin{cases}\alpha_{11}x_1+\alpha_{12}x_2+\cdots+\alpha_{1n}x_n=b_1,\\ \qquad\cdots\cdots\\ \alpha_{n1}x_1+\alpha_{n2}x_2+\cdots+\alpha_{nn}x_n=b_n,\\ \alpha_{n+1,1}x_1+\alpha_{n+1,2}x_2+\cdots+\alpha_{n+1,n}x_n=b_{n+1},\end{cases}\tag{Ⅰ}$$

有解的必要条件是行列式

$$\begin{vmatrix}\alpha_{11} & \cdots & \alpha_{1n} & b_1\\ \vdots & & \vdots & \vdots\\ \alpha_{n1} & \cdots & \alpha_{nn} & b_n\\ \alpha_{n+1,1} & \cdots & \alpha_{n+1,n} & b_{n+1}\end{vmatrix}=0.$$

证 因(Ⅰ)有解，必有

$$R(\boldsymbol{A})=R(\bar{\boldsymbol{A}}).$$

由于秩$(\boldsymbol{A})\leqslant n$，故秩$(\bar{\boldsymbol{A}})\leqslant n$，所以$|\boldsymbol{A}|=0$.

注：条件不是充分的，例如$\begin{cases}x_1+x_2=1,\\ 2x_1+2x_3=2,\\ x_1+x_3=3,\end{cases}$ $|\boldsymbol{A}|=0$，但方程组无解.

【例 4.2】 设 $\boldsymbol{A}=(\alpha_{ij})$ 是 n 阶方阵. 证明：对于线性方程组 $\boldsymbol{AX}=\boldsymbol{b}$，若 $R(\boldsymbol{A})=R\begin{pmatrix}\boldsymbol{A} & \boldsymbol{b}\\ \boldsymbol{b}' & \boldsymbol{0}\end{pmatrix}$，则 $\boldsymbol{AX}=\boldsymbol{b}$ 有解.

证 因为 $R(\boldsymbol{A})\leqslant R(\bar{\boldsymbol{A}})$，$R(\boldsymbol{A})\leqslant R\begin{pmatrix}\boldsymbol{A} & \boldsymbol{b}\\ \boldsymbol{b}' & \boldsymbol{0}\end{pmatrix}=R(\boldsymbol{A})$，于是 $R(\boldsymbol{A})=R(\bar{\boldsymbol{A}})$. 所以 $\boldsymbol{AX}=\boldsymbol{b}$ 有解.

【例 4.3】 已知 $\boldsymbol{A}=(\alpha_{ij})$，$\boldsymbol{B}=(\alpha_{ij})$为两个 n 阶方阵，令

$$\boldsymbol{A}_k=\begin{pmatrix}\alpha_{11} & \alpha_{12} & \cdots & \alpha_{1n} & b_{1k}\\ \alpha_{21} & \alpha_{22} & \cdots & \alpha_{2n} & b_{2k}\\ \vdots & \vdots & & \vdots & \vdots\\ \alpha_{n1} & \alpha_{n2} & \cdots & \alpha_{nn} & b_{nk}\end{pmatrix},k=1,2,\cdots,n.$$

$\boldsymbol{X}$ 为 n 阶方阵. 证明：$\boldsymbol{AX}=\boldsymbol{B}$ 有解的充要条件是 $n+1$ 个矩阵 $\boldsymbol{A},\boldsymbol{A}_1,\cdots,\boldsymbol{A}_n$ 的秩都相等.

证 设 $\boldsymbol{X}=(\boldsymbol{X}_1,\boldsymbol{X}_2,\cdots,\boldsymbol{X}_n)$，$\boldsymbol{B}=(\boldsymbol{b}_1,\boldsymbol{b}_3,\cdots,\boldsymbol{b}_n)$，其中 $b_k=(b_{1k},b_{2k},\cdots,b_{nk})'$.

于是

$\boldsymbol{AX}=\boldsymbol{B}$ 有解

$\Leftrightarrow(\boldsymbol{AX}_1,\boldsymbol{AX}_2,\cdots,\boldsymbol{AX}_n)=(\boldsymbol{b}_1,\boldsymbol{b}_2,\cdots,\boldsymbol{b}_n)$有解

$\Leftrightarrow\boldsymbol{AX}_k=\boldsymbol{b}_k$ 有解，$k=1,2,\cdots,n$，

$\Leftrightarrow R(\boldsymbol{A})=R(\boldsymbol{Ab}_k)$. 即 $R(\boldsymbol{A})=R(\boldsymbol{A}_k)$，$k=1,2,\cdots,n$.

所以，$\boldsymbol{AX}=\boldsymbol{B}$ 有解的充要条件是$R(\boldsymbol{A})=R(\boldsymbol{A}_1)=\cdots=R(\boldsymbol{A}_k)$，

【例 4.4】 设$A\in P^{s\times n}$证明$AX=b$对任何$b\in P^s$都有解的充要条件是$R(A)=s$.

证 (⇒)若$AX=b$对任何$b\in P^s$都有解,则b取P^s中的标准向量组$\boldsymbol{\varepsilon}_1,\boldsymbol{\varepsilon}_2,\cdots,\boldsymbol{\varepsilon}_s$时,$AX=b$都有解,即$AX=\boldsymbol{\varepsilon}_i(1,2,\cdots,s)$都有解. 于是$\boldsymbol{\varepsilon}_1,\boldsymbol{\varepsilon}_2,\cdots,\boldsymbol{\varepsilon}_s$可由$A$的列向量组线性表示. 因为$A$的列向量都是$s$维向量,自然都可由$\boldsymbol{\varepsilon}_1,\boldsymbol{\varepsilon}_2,\cdots,\boldsymbol{\varepsilon}_s$线性表示,从而$A$的列向量组与$\boldsymbol{\varepsilon}_1,\boldsymbol{\varepsilon}_2,\cdots,\boldsymbol{\varepsilon}_s$等价. 所以$R(A)=s$.

(⇐)若$R(A)=s$,于是对任何$b\in P^s$,$R(\bar{A})\leqslant s$;因$R(A)\leqslant R(\bar{A})$,所以,$R(A)=R(\bar{A})$. 故对任何$b\in P^s$,线性方程组$AX=b$都有解.

【例 4.5】 设线性方程组:

$$\sum_{j=1}^{n}\alpha_{ij}x_j=b_i,\qquad i=1,2,\cdots,n,\tag{Ⅰ}$$

$$\sum_{j=1}^{n}A_{ij}x_j=c_i,\qquad i=1,2,\cdots,n,\tag{Ⅱ}$$

其中A_{ij}是$|A|$中元素α_{ij}的代数余子式. 证明:

① 有唯一解⇔(Ⅱ)有唯一解.

证 令$b=(b_1,b_3,\cdots,b_n)'$,$c=(c_1,c_2,\cdots,c_n)'$则(Ⅰ)与(Ⅱ)分别为与$AX=b$与$(A^*)'X=c$. 于是

(Ⅰ)有唯一解⇔$R(A)=n$⇔$R(A^*)=n$⇔$R(A^*)'=n$⇔(Ⅱ)有唯一解.

【例 4.6】 设n阶矩阵A的秩是$n-1$,且元素α_{ij}在$|A|$中的代数余子式$A_{ij}\neq 0$. 证明:$(A_{k1}\cdots A_{kj}\cdots A_{kn})'$是齐次线性方程组$AX=0$的一个基础解系.

证 因$R(A)=n-1$,所以$|A|=0$. 而

$$\begin{pmatrix}\alpha_{11}&\alpha_{12}&\cdots&\alpha_{1n}\\ \vdots&\vdots&&\vdots\\ \alpha_{k1}&\alpha_{k2}&\cdots&\alpha_{kn}\\ \vdots&\vdots&&\vdots\\ \alpha_{n1}&\alpha_{n2}&\cdots&\alpha_{nn}\end{pmatrix}\begin{pmatrix}A_{k1}\\ \vdots\\ A_{kj}\\ \vdots\\ A_{kn}\end{pmatrix}=\begin{pmatrix}0\\ \vdots\\ |A|\\ \vdots\\ 0\end{pmatrix}=\begin{pmatrix}0\\ \vdots\\ 0\\ \vdots\\ 0\end{pmatrix},$$

所以,$(A_{k1}\cdots A_{kj}\cdots A_{kn})'$是$AX=0$的一个解. 又$A_{kj}\neq 0$,故$(A_{k1}\cdots A_{kj}\cdots A_{kn})'\neq\mathbf{0}$,因而线性无关. 因$R(A)=n-1$,所以$AX=0$的基础解系只含一个向量. 因此,$(A_{k1}\cdots A_{kj}\cdots A_{kn})'$是$AX=0$的一个基础解系.

【例 4.7】 设$A\in P^{s\times n}$,$R(A)=r<n$. 若$\boldsymbol{\varepsilon}_1,\boldsymbol{\varepsilon}_2,\cdots,\boldsymbol{\varepsilon}_{n-r}$是$AX=0$的$n-r$个解,且$AX=0$的任一个解都可用$\boldsymbol{\varepsilon}_1,\boldsymbol{\varepsilon}_2,\cdots,\boldsymbol{\varepsilon}_{n-r}$线性表示. 证明:$\boldsymbol{\varepsilon}_1,\boldsymbol{\varepsilon}_2,\cdots,\boldsymbol{\varepsilon}_{n-r}$是$AX=0$的一个基础解系.

证 因$R(A)=r<n$,故齐次线性方程组$AX=0$必有基础解系. 设$\boldsymbol{\eta}_1,\boldsymbol{\eta}_2,\cdots,\boldsymbol{\eta}_{n-r}$是其一个基础解系,于是$\boldsymbol{\varepsilon}_1,\boldsymbol{\varepsilon}_2,\cdots,\boldsymbol{\varepsilon}_{n-r}$可用$\boldsymbol{\eta}_1,\boldsymbol{\eta}_2,\cdots,\boldsymbol{\eta}_{n-r}$线性表示. 按题设$\boldsymbol{\eta}_1,\boldsymbol{\eta}_2,\cdots,\boldsymbol{\eta}_{n-r}$可由$\boldsymbol{\varepsilon}_1,\boldsymbol{\varepsilon}_2,\cdots,\boldsymbol{\varepsilon}_{n-r}$线性表示. 所以$\boldsymbol{\varepsilon}_1,\boldsymbol{\varepsilon}_2,\cdots,\boldsymbol{\varepsilon}_{n-r}$与$\boldsymbol{\eta}_1,\boldsymbol{\eta}_2,\cdots,\boldsymbol{\eta}_{n-r}$等价,从而这两个向量组有相同的秩.

由设定$\boldsymbol{\eta}_1,\boldsymbol{\eta}_2,\cdots,\boldsymbol{\eta}_{n-r}$线性无关,其秩为$n-r$,故向量组$\boldsymbol{\varepsilon}_1,\boldsymbol{\varepsilon}_2,\cdots,\boldsymbol{\varepsilon}_{n-r}$的秩为$n-r$,于是$\boldsymbol{\varepsilon}_1,\boldsymbol{\varepsilon}_2,\cdots,\boldsymbol{\varepsilon}_{n-r}$线性无关,所以$\boldsymbol{\varepsilon}_1,\boldsymbol{\varepsilon}_2,\cdots,\boldsymbol{\varepsilon}_{n-r}$是$AX=0$的一个基础解系.

【例 4.8】 证明方程组

$$\begin{cases}\alpha_{11}y_1+\alpha_{12}y_2+\cdots+\alpha_{1n}y_m=b_1,\\ \alpha_{21}y_1+\alpha_{22}y_2+\cdots+\alpha_{2n}y_m=b_2,\\ \cdots\cdots\\ \alpha_{m1}y_1+\alpha_{m2}y_2+\cdots+\alpha_{mn}y_m=b_m\end{cases}\qquad(\text{I})$$

有解的充要条件是齐次线性方程组

$$\begin{cases}\alpha_{11}x_1+\alpha_{21}x_2+\cdots+\alpha_{m1}x_m=0,\\ \alpha_{12}x_1+\alpha_{22}x_2+\cdots+\alpha_{m2}x_m=0,\\ \cdots\cdots\\ \alpha_{1n}x_1+\alpha_{2n}x_3+\cdots+\alpha_{mn}x_m=0\end{cases}\qquad(\text{II})$$

的任一解必是方程

$$b_1x_1+b_2x_2+\cdots+b_mx_m=0\qquad(\text{III})$$

的解.

证 (⇒)

证法一 令

$$\boldsymbol{A}=\begin{pmatrix}\alpha_{11}&\alpha_{12}&\cdots&\alpha_{1n}\\ \alpha_{21}&\alpha_{22}&\cdots&\alpha_{2n}\\ \vdots&\vdots&&\vdots\\ \alpha_{m1}&\alpha_{m2}&\cdots&\alpha_{mn}\end{pmatrix},\boldsymbol{b}=\begin{pmatrix}b_1\\ b_2\\ \vdots\\ b_m\end{pmatrix},\boldsymbol{X}=\begin{pmatrix}x_1\\ x_2\\ \vdots\\ x_m\end{pmatrix},\boldsymbol{Y}=\begin{pmatrix}y_1\\ y_2\\ \vdots\\ y_m\end{pmatrix}$$

于是(Ⅰ),(Ⅱ)与(Ⅲ)可分别写成:$\boldsymbol{AY}=\boldsymbol{b},\boldsymbol{A}'\boldsymbol{X}=\boldsymbol{0},\boldsymbol{b}'\boldsymbol{X}=0$.

因(Ⅰ)有解,于是

$$R(\boldsymbol{A})=R(\boldsymbol{Ab})=r,$$

所以

$$R(\boldsymbol{A}')=R\begin{pmatrix}\boldsymbol{A}'\\ \boldsymbol{b}'\end{pmatrix}=r,$$

由此可知

$$\boldsymbol{A}'\boldsymbol{X}=\boldsymbol{0}\text{ 与 }\begin{pmatrix}\boldsymbol{A}'\\ \boldsymbol{b}'\end{pmatrix}\boldsymbol{X}=0$$

的基础解系有相同个数的向量,即都有 $m-r$ 个向量.

设 $\boldsymbol{\eta}_1,\boldsymbol{\eta}_2,\cdots,\boldsymbol{\eta}_{m-r}$ 是 $\begin{pmatrix}\boldsymbol{A}'\\ \boldsymbol{b}'\end{pmatrix}\boldsymbol{X}=\boldsymbol{0}$ 的一个基础解系,于是 $\boldsymbol{\eta}_1,\boldsymbol{\eta}_2,\cdots,\boldsymbol{\eta}_{m-r}$ 是 $\boldsymbol{A}'\boldsymbol{X}=\boldsymbol{0}$ 的 $m-r$ 个线性无关的解,因而也是 $\boldsymbol{A}'\boldsymbol{X}=\boldsymbol{0}$ 的基础解系. 故

$$\boldsymbol{A}'\boldsymbol{X}=0\text{ 与 }\begin{pmatrix}\boldsymbol{A}'\\ \boldsymbol{b}'\end{pmatrix}\boldsymbol{X}=0$$

同解,所以(Ⅱ)的任意一个解也是 $\boldsymbol{b}'\boldsymbol{X}=\boldsymbol{0}$ 的解.

证法二 (利用前例)

因(Ⅰ)有解,则 $\boldsymbol{b}=(b_1,b_2,\cdots,b_m)'$ 可由 $\boldsymbol{A}$ 的列向量组线性表示,于是 $\boldsymbol{A}$ 的列向量组与 $(\boldsymbol{A},\boldsymbol{b})$ 的列向量组等价,即 $\boldsymbol{A}'$ 的行向量与 $\begin{pmatrix}\boldsymbol{A}'\\ \boldsymbol{b}'\end{pmatrix}$ 的行向量等价. 由前例,$\boldsymbol{A}'\boldsymbol{X}=\boldsymbol{0}$ 与 $\begin{pmatrix}\boldsymbol{A}'\\ \boldsymbol{b}'\end{pmatrix}\boldsymbol{X}=0$ 同解,故(Ⅱ)的任一解必是(Ⅲ)的解.

证法三　因 $\boldsymbol{AY}=\boldsymbol{b}$ 有解，设 $\boldsymbol{c}=(c_1,c_2,\cdots,c_m)'$ 是一个解，于是 $\boldsymbol{Ac}=\boldsymbol{b}$，若 $\boldsymbol{\beta}$ 是 $\boldsymbol{A}'\boldsymbol{X}=\boldsymbol{0}$ 的任一解，则有 $\boldsymbol{A}'\boldsymbol{\beta}=\boldsymbol{0}$. 所以

$$\boldsymbol{b}'\boldsymbol{\beta}=(\boldsymbol{Ac})'\boldsymbol{\beta}=\boldsymbol{c}'(\boldsymbol{A}'\boldsymbol{\beta})=\boldsymbol{c}'\boldsymbol{0}=\boldsymbol{0},$$

即 $\boldsymbol{\beta}$ 是 $\boldsymbol{b}'\boldsymbol{X}=\boldsymbol{0}$ 的解.

(⇐)设 $\boldsymbol{\beta}$ 方程组 $\boldsymbol{A}'\boldsymbol{X}=\boldsymbol{0}$ 的任一解，故有 $\boldsymbol{A}'\boldsymbol{\beta}=0$. 若 $\boldsymbol{\beta}$ 是(Ⅲ)的解，从而

$$\begin{pmatrix}\boldsymbol{A}'\boldsymbol{\beta}\\ \boldsymbol{b}'\boldsymbol{\beta}\end{pmatrix}=\begin{pmatrix}\boldsymbol{A}'\\ \boldsymbol{b}'\end{pmatrix}\boldsymbol{\beta}=\boldsymbol{0}.$$

即 $\boldsymbol{\beta}$ 是齐次线性方程组

$$\begin{pmatrix}\boldsymbol{A}'\\ \boldsymbol{b}'\end{pmatrix}\boldsymbol{X}=\boldsymbol{0},$$

的一个解.

反之，$\begin{pmatrix}\boldsymbol{A}'\\ \boldsymbol{b}'\end{pmatrix}\boldsymbol{X}=\boldsymbol{0}$ 的任一解显然是 $\boldsymbol{A}'\boldsymbol{X}=0$ 的解. 所以

$$\boldsymbol{A}'\boldsymbol{X}=0 \text{ 与 } \begin{pmatrix}\boldsymbol{A}'\\ \boldsymbol{b}'\end{pmatrix}\boldsymbol{X}=0$$

同解，由此可知

$$R(\boldsymbol{A}')=R\begin{pmatrix}\boldsymbol{A}'\\ \boldsymbol{b}'\end{pmatrix},$$

于是

$$R(\boldsymbol{A})=R(\boldsymbol{Ab}),$$

因此，$\boldsymbol{AX}=\boldsymbol{b}$ 有解.

注：证明 $\boldsymbol{AX}=\boldsymbol{0}$ 与 $\boldsymbol{BX}=0$ 同解是证明 $R(\boldsymbol{A})=R(\boldsymbol{B})$ 的一个重要方法.

【例 4.9】　设 $\boldsymbol{A}$ 是 $n\times m$ 实矩阵，证明：$R(\boldsymbol{A}'\boldsymbol{A})=R(\boldsymbol{A})$.

证　只要证 $\boldsymbol{AX}=\boldsymbol{0}$ 与 $\boldsymbol{A}'\boldsymbol{AX}=0$ 同解.

设列向量 $\boldsymbol{\beta}$ 是 $\boldsymbol{AX}=\boldsymbol{0}$ 的任一解. 于是 $\boldsymbol{A\beta}=0$，故

$$(\boldsymbol{A}'\boldsymbol{A})\boldsymbol{\beta}=\boldsymbol{A}'(\boldsymbol{A\beta})=\boldsymbol{A}'\boldsymbol{0}=\boldsymbol{0},$$

即 $\boldsymbol{\beta}$ 也是 $\boldsymbol{A}'\boldsymbol{AX}=\boldsymbol{0}$ 的一个解.

反之，设 $\boldsymbol{\beta}$ 是 $\boldsymbol{A}'\boldsymbol{AX}=\boldsymbol{0}$ 的一个解，于是 $(\boldsymbol{A}'\boldsymbol{A})\boldsymbol{\beta}=0$，进而有

$$\boldsymbol{\beta}'(\boldsymbol{A}'\boldsymbol{A})\boldsymbol{\beta}=0 \text{ 或 } (\boldsymbol{A\beta})'(\boldsymbol{A\beta})=\boldsymbol{0}.$$

设 $\boldsymbol{A\beta}=(y_1,y_2,\cdots,y_n)'$，则

$$(\boldsymbol{A\beta})'(\boldsymbol{A\beta})=(y_1,y_2,\cdots,y_n)\begin{pmatrix}y_1\\ y_2\\ \vdots\\ y_n\end{pmatrix}=y_1^2+y_2^2+\cdots+y_n^2,$$

其中 y_i 都是实数，由 $(\boldsymbol{A\beta})'(\boldsymbol{A\beta})=\boldsymbol{0}$，得

$$y_1^2+y_2^2+\cdots+y_n^2=0,$$

所以，

$$y_i=0, i=1,2,\cdots,n.$$

故 $\boldsymbol{A\beta}=\boldsymbol{0}$，即 $\boldsymbol{\beta}$ 也是 $\boldsymbol{AX}=0$ 的一个解，从而 $\boldsymbol{AX}=0$ 与 $\boldsymbol{A}'\boldsymbol{AX}=0$ 同解，所以，$R(\boldsymbol{A})=R(\boldsymbol{A}'\boldsymbol{A})$.

【例 4.10】 设 $R(\boldsymbol{A}_{m\times n})=r$，则存在秩为 $n-r$ 的 n 阶矩阵 $\boldsymbol{B}$ 和 $\boldsymbol{C}$，使 $\boldsymbol{AB}=\boldsymbol{0}$，$\boldsymbol{CA}=0$.

证 齐次方程组 $\boldsymbol{AX}=\boldsymbol{0}$ 的基础解系为

$$\xi_1,\xi_2,\cdots,\xi_{n-r},$$

令矩阵 $\boldsymbol{B}=(\xi_1,\xi_2,\cdots,\xi_{n-r},\xi_{n-r+1},\cdots,\xi_n)$其中 $\xi_j(j=n-r+1,\cdots,n)$是 $\xi_1,\xi_2,\cdots,\xi_{n-r}$的线性组合，则有 $\boldsymbol{AB}=\boldsymbol{0}$. 同理，存在 $\boldsymbol{D}$，使 $\boldsymbol{A}'\boldsymbol{D}=0$，$\boldsymbol{D}'\boldsymbol{A}=0$，令 $\boldsymbol{D}'=\boldsymbol{C}$，即 $\boldsymbol{CA}=0$.

【例 4.11】 两个 $m\times n$ 矩阵 $\boldsymbol{A}$ 与 $\boldsymbol{B}$ 的行向量组等价的充要条件是：$\boldsymbol{AX}=0$ 与 $\boldsymbol{BX}=0$ 同解.

证 设

$$\boldsymbol{A}=\begin{pmatrix}\boldsymbol{\alpha}_1\\ \boldsymbol{\alpha}_2\\ \vdots\\ \boldsymbol{\alpha}_m\end{pmatrix},\boldsymbol{B}=\begin{pmatrix}\boldsymbol{\beta}_1\\ \boldsymbol{\beta}_2\\ \vdots\\ \boldsymbol{\beta}_m\end{pmatrix},$$

则 $\boldsymbol{AX}=\boldsymbol{0}$ 与 $\boldsymbol{BX}=0$ 同解$\Leftrightarrow\boldsymbol{AX}=0$ 与 $\begin{pmatrix}\boldsymbol{A}\\ \boldsymbol{\beta}_i\end{pmatrix}\boldsymbol{X}=\boldsymbol{0}$ 同解及 $\boldsymbol{BX}=0$ 与 $\begin{pmatrix}\boldsymbol{B}\\ \boldsymbol{\alpha}_i\end{pmatrix}\boldsymbol{X}=\boldsymbol{0}$ 同解.

$\Leftrightarrow R(\boldsymbol{A})=R\begin{pmatrix}\boldsymbol{A}\\ \boldsymbol{\beta}_i\end{pmatrix}$及 $R(\boldsymbol{B})=R\begin{pmatrix}\boldsymbol{B}\\ \boldsymbol{\alpha}_i\end{pmatrix}$，

$\Leftrightarrow\boldsymbol{\beta}_i$ 可由 $\boldsymbol{\alpha}_1,\cdots,\boldsymbol{\alpha}_m$ 线性表示，$\boldsymbol{\alpha}_i$ 可由 $\boldsymbol{\beta}_1,\boldsymbol{\beta}_2,\cdots,\boldsymbol{\beta}_m$ 线性表示$\Leftrightarrow$向量组 $\boldsymbol{\alpha}_1,\boldsymbol{\alpha}_2,\cdots,\boldsymbol{\alpha}_m$ 与 $\boldsymbol{\beta}_1,\boldsymbol{\beta}_2,\cdots,\boldsymbol{\beta}_m$ 等价.

【例 4.12】 线性方程组 $\boldsymbol{AX}=0$ 的解均为 $\boldsymbol{BX}=0$ 解，则 $R(\boldsymbol{A})\geqslant R(\boldsymbol{B})$.

证 设 $R(\boldsymbol{A})=r$，则 $\boldsymbol{AX}=\boldsymbol{0}$ 的解空间 W_1 的维数为 $n-r$，设 $R(\boldsymbol{B})=S$，则 $\boldsymbol{BX}=\boldsymbol{0}$ 的解空间 W_2 的维数为 $n-s$. 因为 $W_1\subseteq W_2$，所以 $n-r\leqslant n-s$，故 $r\geqslant s$.

【例 4.13】 $R(\boldsymbol{AB})=R(\boldsymbol{B})\Leftrightarrow$线性方程组 $\boldsymbol{ABX}=0$ 与 $\boldsymbol{BX}=0$ 同解.

证 $\boldsymbol{BX}=\boldsymbol{0}$ 的解空间 W_1 包含 $\boldsymbol{ABX}=\boldsymbol{0}$ 的解空间 W_2，由例 4.3 知，维 $W_1\leqslant$维 W_2，即 $n-R(\boldsymbol{B})\leqslant n-R(\boldsymbol{AB})$，故 $R(\boldsymbol{AB})\leqslant R(\boldsymbol{B})$，但 $R(\boldsymbol{AB})=R(\boldsymbol{B})$，所以 $W_1=W_2$. 反之，亦真.

【例 4.14】 证明：齐次方程组 $\boldsymbol{AX}=0$ 与 $\boldsymbol{A}'\boldsymbol{AX}=0$ 同解.

证 $\boldsymbol{AX}=\boldsymbol{0}$ 的解显然为 $\boldsymbol{A}'\boldsymbol{AX}=0$ 的解，又 $\boldsymbol{A}'\boldsymbol{AX}=0$，则 $\boldsymbol{X}'\boldsymbol{A}'\boldsymbol{AX}=0$，即有$(\boldsymbol{XA})'\boldsymbol{AX}=\boldsymbol{0}$ 因此必有 $\boldsymbol{AX}=0$，所以，$\boldsymbol{AX}=0$ 与 $\boldsymbol{A}'\boldsymbol{AX}=0$ 同解.

推论：$R(\boldsymbol{A}'\boldsymbol{A})=R(\boldsymbol{A})$.

习　题

1. 设 $\boldsymbol{A},\boldsymbol{B}$ 分别为 m,n 阶矩阵，并且 $\boldsymbol{A},\boldsymbol{B}$ 没有公共特征值. 证明：矩阵方程 $\boldsymbol{AX}=\boldsymbol{XB}$ 仅有零解.

2. 设 $\boldsymbol{A}$ 是一个 $m\times n$，矩阵，$\boldsymbol{b}$ 是一个 m 维列向量. 证明 $\boldsymbol{Ax}=\boldsymbol{b}$ 有解的充分必要条件是方程组$\begin{cases}\boldsymbol{A}'\boldsymbol{y}=0,\\ \boldsymbol{b}'\boldsymbol{y}=1\end{cases}$无解.

3. 在 P^4 中,求由齐次线性方程组 $\begin{cases}3x_1+2x_2-5x_3+4x_4=0,\\3x_1-x_2+3x_3-3x_4=0,\\3x_1+5x_2-13x_3+11x_4=0\end{cases}$ 确定的解空间的基和维数.

4. 设 P 是一个数域,向量$(a_1,a_2,\cdots,a_m)\in P^n$,$R(a_1,a_2,\cdots,a_m)=s$ 且 $a_1,a_2,\cdots,a_m$ 中任意 s 个向量均线性无关,试证:

(1) 若 $\lambda_1\boldsymbol{\alpha}_1+\lambda_2\boldsymbol{\alpha}_2+\cdots+\lambda_m\boldsymbol{\alpha}_m=\mathbf{0}$,则 $\lambda_1=\lambda_2=\cdots=\lambda_m=0$ 或者至少存在 $s+1$ 个系数 $\lambda_{i_1},\cdots,\lambda_{i_{s+1}}$ 均不为零.

(2) 若 $s<m$,则 $\alpha_1,\alpha_2,\cdots,\alpha_m$ 中任一向量均可由其余向量线性表出.

5. 设 n 级行列式 $D_n=|a_{ij}|\neq 0$,$\boldsymbol{A}_{ij}$ 为 D_n 中元素 a_{ij} 的代数余子式,证明:当 $r<n$ 时,线性方程组 $\begin{cases}a_{11}x_1+a_{12}x_2+\cdots+a_{1n}x_n=0,\\a_{21}x_1+a_{22}x_2+\cdots+a_{2n}x_n=0,\\\quad\cdots\cdots\\a_{r1}x_1+a_{r2}x_2+\cdots+a_{rn}x_n=0\end{cases}$ 有一个基础解系为:$(A_{j1},A_{j2},\cdots,A_{jn})$,$j=r+1,r+2,\cdots,n$.

6. 设 $\boldsymbol{A},\boldsymbol{B}$ 都是 $m\times n$ 矩阵,线性方程组 $\boldsymbol{AX}=\mathbf{0}$ 与 $\boldsymbol{BX}=0$ 同解,则 $\boldsymbol{A}$ 与 $\boldsymbol{B}$ 的行向量组等价.

7. 设 $\boldsymbol{A}$ 是 $n\times n$ 阶矩阵. 证明:非齐次线性方程组 $\boldsymbol{A}x=\boldsymbol{b}$ 有解的充分必要条件是:若 $\boldsymbol{A}^{\mathrm{T}}\boldsymbol{y}=\mathbf{0}$,则 $\boldsymbol{b}^{\mathrm{T}}\boldsymbol{y}=0$.

8. 设 $\boldsymbol{A},\boldsymbol{B}$ 都是 $m\times n$ 阶矩阵,证明:齐次线性方程组 $\boldsymbol{AX}=\mathbf{0}$,$\boldsymbol{BX}=0$ 同解的充分必要条件是存在可逆矩阵 $\boldsymbol{P}$,使得 $\boldsymbol{B}=\boldsymbol{PA}$.

9. 设 $\boldsymbol{A}$ 为 n 级可逆矩阵,$\boldsymbol{U},\boldsymbol{V}$ 为 $n\times m$ 矩阵,$\boldsymbol{E}_m$ 是 m 级单位矩阵. 若 $R(\boldsymbol{V}'\boldsymbol{A}^{-1}\boldsymbol{U}+\boldsymbol{E}_m)<m$,则 $R(\boldsymbol{A}+\boldsymbol{UV}')<n$,其中 $\boldsymbol{V}'$表示 $\boldsymbol{V}$ 的转置.

10. 当 $a\neq 0$ 时,讨论 b 取何值时,方程组

$$\begin{cases}ax_1+bx_2+2x_3=2b-1,\\ax_1+(2b-1)x_2+3x_3=1,\\ax_1+bx_2+(b+3)x_3=2b-1\end{cases}$$

有唯一解,无解,有无穷多解时,并说明解集合的几何意义.

11. 已知平面上三条不同直线的方程分别为

$l_1:ax+2by+3c=0$,$l_2:bx+2cy+3a=0$,$l_3:cx+2ay+3b=0$.

试证:这三条直线交于一点的充分必要条件为 $a+b+c=0$.

12. 设 $\alpha_i=(a_{i1},a_{i2},\cdots,a_{in})$,$i=1,2,\cdots,s$,$\beta=(b_1,b_2,\cdots,b_n)$. 证明:如果线性方程组

$$\begin{cases}a_{11}x_1+a_{12}x_2+\cdots+a_{1n}x_n=0,\\a_{21}x_1+a_{22}x_2+\cdots+a_{2n}x_n=0,\\\quad\cdots\cdots\\a_{s1}x_1+a_{s2}x_2+\cdots+a_{sn}x_n=0\end{cases}$$

的解全是方程 $b_1x_1+b_2x_2+\cdots+b_nx_n=0$ 的解,那么 $\boldsymbol{\beta}$ 可以由 $\boldsymbol{\alpha}_1,\boldsymbol{\alpha}_2,\cdots,\boldsymbol{\alpha}_n$ 线性表出.

13. 证明:线性方程组 $\boldsymbol{AX}=\boldsymbol{b}$ 有解$\Leftrightarrow\boldsymbol{b}$ 与齐次线性方程组 $\boldsymbol{A}'\boldsymbol{Y}=\mathbf{0}$ 的解空间正交$(\boldsymbol{A}\neq\mathbf{0})$.

14. a,b 取什么值时，线性方程组

$$\begin{cases} x_1+x_2+x_3+x_4+x_5=1, \\ 3x_1+2x_2+x_3+x_4-3x_5=a, \\ x_2+2x_3+2x_4+6x_5=3, \\ 5x_1+4x_2+3x_3+3x_4-x_5=b \end{cases}$$

有解？在有解的情形，求一般的解.

15. 求齐次线性方程组$\begin{cases} 2x_1+x_2-x_3+x_4-3x_5=0, \\ x_1+x_2-x_3+x_5=0 \end{cases}$的解空间(作为 R^5 的子空间)的一组标准正交基.

16. 设 $\boldsymbol{\alpha}_1=(1,2,3,0)'$，$\boldsymbol{\alpha}_2=(-1,-2,0,3)'$，$\boldsymbol{\alpha}_3=(2,4,6,0)'$，$\boldsymbol{\alpha}_4=(1,-2,-1,0)'$，$\boldsymbol{\alpha}_5=(0,0,1,1)'$，试求向量组的一个极大线性无关组，并把其余向量用此极大线性无关组表示.

第四章　矩　阵

码上学习

第一节　矩阵基本概念及运算

1. 矩阵的定义

数域 P 上 $m\times n$ 个数排成 m 行 n 列的数表

$$\begin{pmatrix} a_{11} & a_{12} & \cdots & a_{1n} \\ a_{21} & a_{22} & \cdots & a_{2n} \\ \vdots & \vdots & & \vdots \\ a_{m1} & a_{m2} & \cdots & a_{mn} \end{pmatrix}$$

称为数域 P 上的 $m\times n$ 矩阵. 记为 $\boldsymbol{A}=(a_{ij})_{m\times n}$. 当 $m=n$ 时,即 $n\times n$ 矩阵叫作 n 阶方阵.

两个行数与列数相同的矩阵(叫同型矩阵),若对应的元素全相同,就称这两个矩阵是相等的. $\boldsymbol{A}$ 与 $\boldsymbol{B}$ 相等记作 $\boldsymbol{A}=\boldsymbol{B}$.

2. 矩阵的线性运算

(1) 矩阵的加法.

设 $\boldsymbol{A}=(a_{ij})_{m\times n}$,$\boldsymbol{B}=(b_{ij})_{m\times n}$,称矩阵 $\boldsymbol{C}=(c_{ij})_{m\times n}=(a_{ij}+b_{ij})$为矩阵 $\boldsymbol{A}$ 与 $\boldsymbol{B}$ 之和,记为 $\boldsymbol{C}=\boldsymbol{A}+\boldsymbol{B}$.

(2) 数量乘法.

设 $k\in P$,$\boldsymbol{A}=(a_{ij})_{m\times n}$,称$(ka_{ij})_{m\times n}$为 k 与 $\boldsymbol{A}$ 的数量乘积,记为 $k\boldsymbol{A}$.
矩阵的加法与数乘统称为矩阵的线性运算.

(3) 线性运算规律.

设 $\boldsymbol{A},\boldsymbol{B},\boldsymbol{C}$ 都是同型矩阵,$k,l\in P$,则有

① $\boldsymbol{A}+\boldsymbol{B}=\boldsymbol{B}+\boldsymbol{A}$;

② $\boldsymbol{A}+(\boldsymbol{B}+\boldsymbol{C})=(\boldsymbol{A}+\boldsymbol{B})+\boldsymbol{C}$;

③ $\boldsymbol{A}+\boldsymbol{0}=\boldsymbol{A}$;($\boldsymbol{0}$ 是同型的元素全为零的矩阵,称为零矩阵)

④ $\boldsymbol{A}+(-\boldsymbol{A})=\boldsymbol{0}$;($-\boldsymbol{A}=(-a_{ij})$叫作 $\boldsymbol{A}$ 的负矩阵)

⑤ $l\boldsymbol{A}=\boldsymbol{A}$;

⑥ $k(l\boldsymbol{A})=(kl)\boldsymbol{A}$;

⑦ $(k+l)\boldsymbol{A}=k\boldsymbol{A}+l\boldsymbol{A}$;

⑧ $k(\boldsymbol{A}+\boldsymbol{B})=k\boldsymbol{A}+k\boldsymbol{B}$.

3. 矩阵的乘法

(1) 矩阵乘法定义.

设 $\boldsymbol{A}=(a_{ij})_{s\times m}$, $\boldsymbol{B}=(b_{ij})_{m\times n}$. 称矩阵 $\boldsymbol{C}=(c_{ij})_{s\times n}$ 为矩阵 $\boldsymbol{A}$ 与 $\boldsymbol{B}$ 的乘积,记作 $\boldsymbol{C}=\boldsymbol{AB}$, 其中 $c_{ij}=a_{i1}b_{1j}+a_{i2}b_{2j}+\cdots+a_{im}b_{mj}=\sum_{k=1}^{m}a_{ik}b_{kj}$.

(2) 运算律.

① $\boldsymbol{A}(\boldsymbol{BC})=(\boldsymbol{AB})\boldsymbol{C}$;

② $\boldsymbol{A}(\boldsymbol{B}+\boldsymbol{C})=\boldsymbol{AB}+\boldsymbol{AC}$, $(\boldsymbol{B}+\boldsymbol{C})\boldsymbol{A}=\boldsymbol{BA}+\boldsymbol{CA}$;

③ $(k\boldsymbol{A})\boldsymbol{B}=\boldsymbol{A}(k\boldsymbol{B})=k\boldsymbol{AB}$.

注:矩阵的乘法不满足交换律:$\boldsymbol{AB}\neq\boldsymbol{BA}$;若 $\boldsymbol{A}\neq\boldsymbol{0}$, $\boldsymbol{B}\neq 0$, 可能有 $\boldsymbol{AB}=0$;矩阵的乘法不满足消去律:$\boldsymbol{AB}=\boldsymbol{AC}$, $\boldsymbol{A}\neq 0\not\Rightarrow\boldsymbol{B}=\boldsymbol{C}$.

(3) 方阵的幂.

设 $\boldsymbol{A}$ 是 n 阶方阵, $\boldsymbol{A}^m=\underbrace{\boldsymbol{AA}\cdots\boldsymbol{A}}_{m个}$叫作 $\boldsymbol{A}$ 的 m 次幂.

运算律:$\boldsymbol{A}^m\cdot\boldsymbol{A}^l=\boldsymbol{A}^{m+l}$; $(\boldsymbol{A}^m)^l=\boldsymbol{A}^{ml}$.

(4) 方阵的多项式.

设 $\boldsymbol{A}$ 是 n 阶方阵, $f(x)=a_nx^n+a_{n-1}x^{n-1}+\cdots+a_1x+a_0\in P[x]$. 定义

$$f(\boldsymbol{A})=a_n\boldsymbol{A}^n+a_{n-1}\boldsymbol{A}^{n-1}+\cdots+a_1\boldsymbol{A}+a_0\boldsymbol{E}.$$

4. 矩阵的转置

(1) 定义

设

$$\boldsymbol{A}=\begin{pmatrix} a_{11} & a_{12} & \cdots & a_{1n} \\ a_{21} & a_{22} & \cdots & a_{2n} \\ \vdots & \vdots & & \vdots \\ a_{m1} & a_{m2} & \cdots & a_{mn} \end{pmatrix},$$

称

$$\boldsymbol{A}'=\begin{pmatrix} a_{11} & a_{21} & \cdots & a_{m1} \\ a_{12} & a_{22} & \cdots & a_{m2} \\ \vdots & \vdots & & \vdots \\ a_{1n} & a_{2n} & \cdots & a_{mn} \end{pmatrix}$$

为矩阵 $\boldsymbol{A}$ 的转置矩阵,亦记为 $\boldsymbol{A}^{\mathrm{T}}$.

(2) 运算律:

① $(\boldsymbol{A}')'=\boldsymbol{A}$;

② $(k\boldsymbol{A})'=k\boldsymbol{A}'$;

③ $(\boldsymbol{A}+\boldsymbol{B})'=\boldsymbol{A}'+\boldsymbol{B}'$;

④ $(\boldsymbol{AB})'=\boldsymbol{B}'\boldsymbol{A}'$.

5. 矩阵乘法的技巧

为了更快捷地进行乘法运算,应注意积累一些经验. 例如

事实 1

$$\begin{pmatrix} k_1 & & & \\ & k_2 & & \\ & & \ddots & \\ & & & k_1 \end{pmatrix}\begin{pmatrix} a_{11} & a_{12} & \cdots & a_{1n} \\ a_{21} & a_{22} & \cdots & a_{2n} \\ \vdots & \vdots & & \vdots \\ a_{s1} & a_{s2} & \cdots & a_{sn} \end{pmatrix}=\begin{pmatrix} k_1a_{11} & k_1a_{12} & \cdots & k_1a_{1n} \\ k_2a_{21} & k_2a_{22} & \cdots & k_2a_{2n} \\ \vdots & \vdots & & \vdots \\ k_sa_{s1} & k_sa_{s2} & \cdots & k_sa_{sn} \end{pmatrix},$$

$$\begin{pmatrix} a_{11} & a_{12} & \cdots & a_{1n} \\ a_{21} & a_{22} & \cdots & a_{2n} \\ \vdots & \vdots & & \vdots \\ a_{s1} & a_{s2} & \cdots & a_{sn} \end{pmatrix}\begin{pmatrix} k_1 & & & \\ & k_2 & & \\ & & \ddots & \\ & & & k_n \end{pmatrix}=\begin{pmatrix} k_1a_{11} & k_2a_{12} & \cdots & k_na_{1n} \\ k_1a_{21} & k_2a_{22} & \cdots & k_na_{2n} \\ \vdots & \vdots & & \vdots \\ k_1a_{s1} & k_2a_{s2} & \cdots & k_na_{sn} \end{pmatrix}.$$

事实 2 设

$$\boldsymbol{A}=(a_{ij})_{mn}=(\boldsymbol{a}_1\boldsymbol{a}_2\cdots\boldsymbol{a}_n)=\begin{pmatrix} \boldsymbol{\beta}_1 \\ \boldsymbol{\beta}_2 \\ \vdots \\ \boldsymbol{\beta}_m \end{pmatrix},$$

其中 $\boldsymbol{a}_i,\boldsymbol{\beta}_i$ 分别是 $\boldsymbol{A}$ 的列向量与行向量.

$$\boldsymbol{\varepsilon}_j=(0\cdots0\underset{(j)}{1}0\cdots0)',j=1,2,\cdots,n,$$

则

$$\boldsymbol{A}\boldsymbol{\varepsilon}_j=(\boldsymbol{a}_1\quad\boldsymbol{a}_2\quad\cdots\quad\boldsymbol{a}_n)\begin{pmatrix} 0 \\ \vdots \\ 1 \\ \vdots \\ 0 \end{pmatrix}(j)=\boldsymbol{a}_j,\boldsymbol{\varepsilon}_i'\boldsymbol{A}=(0\quad\cdots\quad0\quad\overset{(i)}{1}\quad0\quad\cdots\quad0)\begin{pmatrix} \boldsymbol{\beta}_1 \\ \boldsymbol{\beta}_2 \\ \vdots \\ \boldsymbol{\beta}_m \end{pmatrix}=\boldsymbol{\beta}_i.$$

事实 3 $\boldsymbol{E}_{ij}\boldsymbol{E}_{ki}=\begin{cases}\boldsymbol{E}_{ii}, & j=k\text{ 时},\\ \boldsymbol{0}, & j\neq k\text{ 时},\end{cases}$ 其中 $\boldsymbol{E}_{ij}$ 是第 i,j 元素为 1,其余元素均为 0 的 n 阶方阵.

事实 4 $\boldsymbol{AB}=\boldsymbol{C}$,则 $\boldsymbol{C}$ 的第 i 个列向量是 $\boldsymbol{A}$ 的列向量的线性组合,其系数正好是 $\boldsymbol{B}$ 的第 i 列. 而 $\boldsymbol{C}$ 的第 i 个行向量是 $\boldsymbol{B}$ 的行向量的线性组合,其系数正好是 $\boldsymbol{A}$ 的第 i 行.

数域 P 上所有 $m\times n$ 矩阵 $\boldsymbol{P}^{m\times n}$ 对于矩阵的加法与数乘,构成一个 P 上的 $m\times n$ 维线性空间. 其基底为 $\boldsymbol{E}_{ij},i=1,2,\cdots,m;j=1,2,\cdots,n$($\boldsymbol{E}_{ij}$ 表示第 i 行第 j 列为 1,其余元素为零的矩阵).

数域 P 上全体 n 阶方阵 $\boldsymbol{P}^{n\times n}$ 对于加法及乘法构成一个有单位元,有零因子的非可交换环.

【例 1.1】 设矩阵 $\boldsymbol{A}_{m\times n}$,则 $\boldsymbol{A}$ 是左零因子$\Leftrightarrow R(\boldsymbol{A})<n$;

$\boldsymbol{A}$ 是右零因子$\Leftrightarrow R(\boldsymbol{A})<m$.

证 只需证左零因子的情况,右零因子的情况类似.

($\Rightarrow$)由 $\boldsymbol{AB}=\boldsymbol{0}$,$\boldsymbol{A}\neq 0$,$\boldsymbol{B}\neq 0$,$\boldsymbol{B}$ 的列向量(有非零的)是齐次线性方程组 $\boldsymbol{AZ}=0$ 的解,$\boldsymbol{AZ}=0$ 有非零解,所以,秩$(\boldsymbol{A})<n$.

($\Leftarrow$)秩$(\boldsymbol{A})<n$,则 $\boldsymbol{AZ}=\boldsymbol{0}$ 有非零解,所以,存在矩阵 $\boldsymbol{B}$,使 $\boldsymbol{AB}=0$,$\boldsymbol{B}$ 的列向量均为$\boldsymbol{AZ}=\boldsymbol{0}$ 的解,且 $\boldsymbol{B}\neq 0$.

【例 1.2】 设 $\boldsymbol{\beta}$、$\boldsymbol{\gamma}$ 均为列向量.则

$\boldsymbol{A\beta}=\boldsymbol{\gamma}\Leftrightarrow\boldsymbol{\gamma}$ 为 $\boldsymbol{A}$ 的列向量的线性组合,且其系数为 $\boldsymbol{\beta}$ 的各分量.

$\boldsymbol{\beta}'\boldsymbol{B}=\boldsymbol{\gamma}'\Leftrightarrow\boldsymbol{\gamma}'$是 $\boldsymbol{B}$ 的行向量的线性组合,且其系数为 $\boldsymbol{\beta}'$的各分量.

证明只须验证即可.

【例 1.3】 设方阵 $\boldsymbol{A}=(a_{ij})$,$\boldsymbol{a}_j$ 是$\boldsymbol{A}$ 的第 j 列,$\boldsymbol{\beta}_i$ 是$\boldsymbol{A}$ 的第 i 行,$\boldsymbol{e}_i$ 是$\boldsymbol{E}$ 的第 i 列,则

(1) $\boldsymbol{Ae}_j=\boldsymbol{a}_j$;(2) $\boldsymbol{e}_i'\boldsymbol{A}=\boldsymbol{\beta}_i$;(3) $\boldsymbol{e}_i'\boldsymbol{Ae}_j=\boldsymbol{a}_{ij}$;

(4) $$\boldsymbol{A}\begin{pmatrix} i_1 & i_2 & \cdots & i_k \\ j_1 & j_2 & \cdots & j_k \end{pmatrix}=\begin{pmatrix} \boldsymbol{e}_{i_1}' \\ \boldsymbol{e}_{i_2}' \\ \vdots \\ \boldsymbol{e}_{i_k}' \end{pmatrix}\boldsymbol{A}(\boldsymbol{e}_{j_1},\cdots,\boldsymbol{e}_{j_k}).$$

6. 初等矩阵

(1) 定义

换法矩阵:

$$\boldsymbol{P}(i,j)\begin{pmatrix} 1 &&&&&&&& \\ & \ddots &&&&&&& \\ && 1 &&&&&& \\ &&& 0 & \cdots & 1 &&& \\ &&&& 1 &&&& \\ &&& \vdots & \ddots & \vdots &&& \\ &&&& 1 &&&& \\ &&& 1 & \cdots & 0 &&& \\ &&&&&& 1 && \\ &&&&&&& \ddots & \\ &&&&&&&& 1 \end{pmatrix}\begin{matrix} \\ \\ \\ (i) \\ \\ \\ \\ (j) \\ \\ \\ \\ \end{matrix}.$$

倍法矩阵:

$$\boldsymbol{P}(i(k))=\begin{pmatrix} 1 &&&&&& \\ & \ddots &&&&& \\ && 1 &&&& \\ & \cdots && k & \cdots && \\ &&&& 1 && \\ &&&&& \ddots & \\ &&&&&& 1 \end{pmatrix}(i\text{ 行}),k\neq 0.$$

消法矩阵：

$$\boldsymbol{P}(i,j(k))=\begin{pmatrix}1 & & & & & & \\ & \ddots & & & & & \\ & & 1 & \cdots & k & & \\ & & & \ddots & \vdots & & \\ & & & & 1 & & \\ & & & & & \ddots & \\ & & & & & & 1\end{pmatrix}\begin{matrix}\\ \\ \\ (i\text{行}) \\ (j\text{行}).\\ \\ \\ \end{matrix}$$

统称为初等矩阵.

(2) 性质

① 初等矩阵均为非奇异(非退化、可逆)矩阵；初等矩阵的逆矩阵仍为初等矩阵；初等矩阵的转置矩阵仍为初等矩阵.

证　$|\boldsymbol{P}(i,j)|=-1\neq0$, $|\boldsymbol{P}(i(k))|=k\neq0$, $|\boldsymbol{P}(i,j(k))|=1\neq0$, $\boldsymbol{P}^{-1}(i,j)=\boldsymbol{P}(i,j)$,

$$\boldsymbol{P}(i(k))^{-1}=\boldsymbol{P}\left(i\left(\frac{1}{k}\right)\right),\boldsymbol{P}^{-1}(i,j(k))=\boldsymbol{P}(i,j(-k)),\boldsymbol{P}(i(k))'=\boldsymbol{P}(i(k)),$$

$$\boldsymbol{P}(i,j(k))'=\boldsymbol{P}(j,i(k)).$$

② 对矩阵 $\boldsymbol{A}_{m\times n}$的行(列)进行初等变换，相当于在 $\boldsymbol{A}$ 的左(右)边乘上相应的初等矩阵 $\boldsymbol{P}_{m\times m}$(或 $\boldsymbol{P}_{n\times n}$).

事实上，$\boldsymbol{P}(i,j)\boldsymbol{A}$(或 $\boldsymbol{AP}(i,j)$)相当于 $\boldsymbol{A}$ 的第 i 行(列)与第 j 行(列)对换，$\boldsymbol{P}(i,j)\boldsymbol{AP}(i,j)$ 与 $\boldsymbol{A}$ 合同、相似、正交相似.

$\boldsymbol{P}(i(k))\boldsymbol{A}$(或 $\boldsymbol{AP}(i(k))$)相当于 $\boldsymbol{A}$ 的第 i 行(或列)乘以 k，$\boldsymbol{P}(i(k))\boldsymbol{AP}(i(k))$与 $\boldsymbol{A}$ 合同，但未必相似. $\boldsymbol{P}(i(k))\boldsymbol{AP}\left(i\left(\frac{1}{k}\right)\right)$与 $\boldsymbol{A}$ 相似.

$\boldsymbol{P}(i,j(k))\boldsymbol{A}$(或 $\boldsymbol{AP}(i,j(k))$)相当于 $\boldsymbol{A}$ 的第 j 行(i 列)乘以 k 加到第 i 行(j 列)上去.

$\boldsymbol{P}(i,j(k))\boldsymbol{AP}(j,i(k))$与 $\boldsymbol{A}$ 合同，$\boldsymbol{P}(i,j(k))\boldsymbol{AP}(i,j(-k))$与 $\boldsymbol{A}$ 相似.

③ 方阵 $\boldsymbol{A}$ 非奇异的充要条件是 $\boldsymbol{A}$ 等于若干个初等矩阵的乘积.

④ 同型矩阵 $\boldsymbol{A}$ 与 $\boldsymbol{B}$ 等价的充要条件是 $R(\boldsymbol{A})=R(\boldsymbol{B})$.

⑤ $R(\boldsymbol{A}_{m\times n})=r\Leftrightarrow$存在非奇异阵 $\boldsymbol{P}_{m\times m}$与 $\boldsymbol{Q}_{n\times n}$使 $\boldsymbol{PAQ}=\begin{pmatrix}\boldsymbol{E}_r & \boldsymbol{0}\\ \boldsymbol{0} & \boldsymbol{0}\end{pmatrix}$(称为矩阵 $\boldsymbol{A}$ 的等价标准形).

证　对 $\boldsymbol{A}$ 的行及列进行初等变换总可化为$\begin{pmatrix}\boldsymbol{E}_r & \boldsymbol{0}\\ \boldsymbol{0} & \boldsymbol{0}\end{pmatrix}$，所以，$\exists\boldsymbol{P},\boldsymbol{Q}$ 是非奇异的，使 $\boldsymbol{PAQ}=\begin{pmatrix}\boldsymbol{E}_r & \boldsymbol{0}\\ \boldsymbol{0} & \boldsymbol{0}\end{pmatrix}$，$\boldsymbol{P},\boldsymbol{Q}$ 均为若干个初等矩阵之积.

【例 1.4】　设矩阵 $\boldsymbol{A}_{m\times n}$的秩为 r，则对 $\boldsymbol{A}$ 进行行初等变换(或列变换)可使后 $m-r$ 行(或后 $n-r$ 列)化为零.

证　因 $R(\boldsymbol{A})=r$，所以，存在非奇异阵 $P_{m\times m}$，$Q_{n\times n}$使

$$\boldsymbol{PAQ}=\begin{pmatrix}\boldsymbol{E}_r & \boldsymbol{0}\\ \boldsymbol{0} & \boldsymbol{0}\end{pmatrix},\boldsymbol{PA}=\begin{pmatrix}\boldsymbol{E}_r & \boldsymbol{0}\\ \boldsymbol{0} & \boldsymbol{0}\end{pmatrix}\boldsymbol{Q}^{-1}=\begin{pmatrix}\boldsymbol{E}_r & \boldsymbol{0}\\ \boldsymbol{0} & \boldsymbol{0}\end{pmatrix}\begin{bmatrix}\boldsymbol{Q}_1\\ \boldsymbol{Q}_2\end{bmatrix}=\begin{pmatrix}\boldsymbol{Q}_1\\ \boldsymbol{0}\end{pmatrix}$$

$$AQ=P^{-1}\begin{pmatrix}E_r & 0\\ 0 & 0\end{pmatrix}=(P_1,P_2)\begin{pmatrix}E_r & 0\\ 0 & 0\end{pmatrix}=(P_1,0)$$

P,Q 均为初等矩阵之积.

【例 1.5】 证明:满秩矩阵 A 可进行行(或列)初等变换将其化为单位矩阵 E.

证 因 A 非奇异,所以存在 A^{-1},使 $AA^{-1}=A^{-1}A=E$ 非奇异,A^{-1}等于初等矩阵之积.
$A^{-1}A=E$ 表示对 A 的行进行初等交换可化为 E,
$AA^{-1}=E$ 表示对 A 的列进行初等交换可化为 E.

【例 1.6】 设 n 阶方阵 A 的秩为 r,则 A 相似于一个后 $n-r$ 行为零的 n 阶方阵.

证 由例 1.4,存在满秩阵 P 使 $PA=\begin{pmatrix}Q_1\\ 0\end{pmatrix}$,$PAP^{-1}=\begin{pmatrix}Q_1\\ 0\end{pmatrix}P^{-1}=\begin{bmatrix}Q_1P^{-1}\\ 0\end{bmatrix}$.

第二节 矩阵的秩及矩阵的分解

1. 矩阵的秩

矩阵的秩是矩阵本身的性质,掌握好有关矩阵秩的知识对解决某些矩阵问题是很有效的.

(1) 矩阵秩的定义

设 $A\in P^{m\times n}$,矩阵 A 的行向量组的秩称为 A 的行秩,矩阵 A 的列向量组的秩称为 A 的列秩,A 的行秩与列秩必相等,统称为 A 的秩,记为 $R(A)$.

(2) $R(A)=r$ 的充要条件是 A 的非零子式的最高阶数为 r.

(3) 常用事实

事实 1 设 $A\in P^{m\times n}$,则 $R(A)\leqslant\min(m,n)$.

事实 2 初等变换不改变矩阵的秩.

事实 3 $R(A)=R(A')=R(kA)$,其中 $k\neq 0$.

事实 4 $R(A+B)\leqslant R(A)+R(B)$.

事实 5 $R(AB)\leqslant\min(R(A),R(B))$.

事实 6 设 $A\in P^{m\times n}$,S,T 分别是 m 阶与 n 阶的可逆矩阵,则

$$R(SA)=R(AT)=R(A).$$

事实 7 设 $A\in P^{m\times n}$,则 $R(A)=r$ 的充要条件是存在 m 阶可逆矩阵 P,n 阶可逆矩阵 Q,使

$$PAQ=\begin{pmatrix}E_r & 0\\ 0 & 0\end{pmatrix}.$$

事实 8 设 A,B 都是 n 阶方阵,且 $AB=0$,则 $R(A)+R(B)\leqslant n$.

事实 9 $R\begin{pmatrix}A & 0\\ 0 & B\end{pmatrix}=R(A)+R(B)$,$\max(R(A),R(B))\leqslant R\begin{pmatrix}A\\ B\end{pmatrix}\leqslant R(A)+R(B)$.

事实 10 设 A 是 $m\times n$ 实矩阵,则 $R(A'A)=R(AA')=R(A)$.

（4）确定或估计矩阵秩的常用方法

① 利用向量组的线性相关性；

② 利用子式；

③ 利用齐次线性方程组；

④ 利用初等变换；

⑤ 利用已知的常用事实.

【例 2.1】 证明：$R(\boldsymbol{A}+\boldsymbol{B})\leqslant R(\boldsymbol{A})+R(\boldsymbol{B})$.

证 设 $\boldsymbol{A}=(\alpha_1,\alpha_2,\cdots,\alpha_n)$，$\boldsymbol{B}=(\beta_1,\beta_2,\cdots,\beta_n)$.
$R(\boldsymbol{A})=r$，$R(\boldsymbol{B})=s$. $\boldsymbol{\alpha}_{i_1},\boldsymbol{\alpha}_{i_2},\cdots,\boldsymbol{\alpha}_{i_r}$ 与 $\boldsymbol{\beta}_{j_1},\boldsymbol{\beta}_{j_2},\cdots,\boldsymbol{\beta}_{j_s}$ 分别是 $\boldsymbol{A}$，$\boldsymbol{B}$ 列向量组的极大无关组，于是

$$\boldsymbol{A}+\boldsymbol{B}=(\boldsymbol{\alpha}_1+\boldsymbol{\beta}_1,\boldsymbol{\alpha}_2+\boldsymbol{\beta}_2,\cdots,\boldsymbol{\alpha}_n+\boldsymbol{\beta}_n)$$

的任一列向量 $\boldsymbol{\alpha}_i+\boldsymbol{\beta}_i$，必有

$$\boldsymbol{\alpha}_i+\boldsymbol{\beta}_i=\sum_{i=1}^{r}k_i\boldsymbol{a}_{i_r}+\sum_{k=1}^{s}l_k\boldsymbol{\beta}_{j_k},i=1,2,\cdots,n.$$

即 $\boldsymbol{A}+\boldsymbol{B}$ 的列向量组可由 $\boldsymbol{\alpha}_{i_1},\boldsymbol{\alpha}_{i_2},\cdots,\boldsymbol{\alpha}_{i_r},\boldsymbol{\beta}_{j_1},\boldsymbol{\beta}_{j_2},\cdots,\boldsymbol{\beta}_{j_s}$ 线性表示，所以

$\boldsymbol{A}+\boldsymbol{B}$ 的列秩$\leqslant$向量组 $\boldsymbol{\alpha}_{i_1},\boldsymbol{\alpha}_{i_2},\cdots,\boldsymbol{\alpha}_{i_r},\boldsymbol{\beta}_{j_1},\boldsymbol{\beta}_{j_2},\cdots,\boldsymbol{\beta}_{j_s}$ 的秩$\leqslant r+s$，

故

$$R(\boldsymbol{A}+\boldsymbol{B})\leqslant R(\boldsymbol{A})+R(\boldsymbol{B}).$$

【例 2.2】 设 $n\times m$ 矩阵 $\boldsymbol{A}$ 的秩为 r. 证明：从 $\boldsymbol{A}$ 中取出 s 个列向量作为列向量所构成矩阵的秩$\geqslant r+s-m$.

证法一 设 $\boldsymbol{A}$ 的列向量组为 $\boldsymbol{\beta}_1,\boldsymbol{\beta}_2,\cdots,\boldsymbol{\beta}_m$，取出的 s 个列向量为 $\boldsymbol{\beta}_{j_1},\boldsymbol{\beta}_{j_2},\cdots,\boldsymbol{\beta}_{j_s}$. 令 $\boldsymbol{B}=(\boldsymbol{\beta}_{j_1},\boldsymbol{\beta}_{j_2},\cdots,\boldsymbol{\beta}_{j_s})$，且设 $R(\boldsymbol{B})=t$，而 $\boldsymbol{B}$ 的列向量组的极大无关组为 $\boldsymbol{\beta}_{j_1},\boldsymbol{\beta}_{j_2},\cdots,\boldsymbol{\beta}_{j_t}$，$t\leqslant s\leqslant m$，它是 $\boldsymbol{A}$ 的列向量组的一个线性无关的部分组，因而可扩充成 $\boldsymbol{A}$ 的列向量组的一个极大无关组. 扩充所增添的 $r-t$ 个向量只能在 $\boldsymbol{A}$ 的列向量组中取出 $\boldsymbol{\beta}_{j_1},\boldsymbol{\beta}_{j_2},\cdots,\boldsymbol{\beta}_{j_s}$ 后余下的 $m-s$ 个向量中选取，所以

$$r-t\leqslant m-s,$$

故

$$t\geqslant r+s-m,$$

即

$$R(\boldsymbol{B})\geqslant r+s-m.$$

证法二 不妨设取出的 s 列是 $\boldsymbol{A}$ 的前 s 列，于是以 $\boldsymbol{A}$，$\boldsymbol{B}$ 为系数矩阵的齐次线性方程组分别为

$$\begin{cases}a_{11}x_1+\cdots+a_{1s}x_s+\cdots+a_{1m}x_{ms}=0,\\ \quad\cdots\cdots\\ a_{n1}x_1+\cdots+a_{ns}x_s+\cdots+a_{nm}x_{ns}=0,\end{cases}\qquad(\text{Ⅰ})$$

$$\begin{cases}a_{11}x_1+\cdots+a_{1s}x_s=0,\\ \quad\cdots\cdots\\ a_{n1}x_1+\cdots+a_{ns}x_s=0.\end{cases}\qquad(\text{Ⅱ})$$

令 $t=s-R(\boldsymbol{B})$，则（Ⅱ）的基础解系有 t 个向量. 设为

$$\boldsymbol{a}_i=(\boldsymbol{b}_{i1},\boldsymbol{b}_{i2},\cdots,\boldsymbol{b}_{is}),i=1,2,\cdots,t.$$

显然,m 维向量

$$\boldsymbol{\beta}_i=(\boldsymbol{b}_{i1},\boldsymbol{b}_{i2},\cdots,\boldsymbol{b}_{is},\boldsymbol{0},\cdots,\boldsymbol{0})(i=1,2,\cdots,t)$$

线性无关且是(Ⅰ)的一组解,故

$$t\leqslant m-R(\boldsymbol{A})=m-r,$$

于是

$$R(\boldsymbol{B})\geqslant s+r-m.$$

证法三 不妨设从 $\boldsymbol{A}$ 中取出的 s 个列向量是前 s 个列向量,$\boldsymbol{A}$ 的列向量组为 $\boldsymbol{\beta}_1,\boldsymbol{\beta}_2,\cdots,\boldsymbol{\beta}_m$,于是

$$\boldsymbol{A}=(\boldsymbol{\beta}_1,\boldsymbol{\beta}_2,\cdots,\boldsymbol{\beta}_m)=(\boldsymbol{\beta}_1,\boldsymbol{\beta}_2,\cdots,\boldsymbol{\beta}_s,\underbrace{\boldsymbol{0},\cdots,\boldsymbol{0}}_{m-s\text{个}})+(\underbrace{\boldsymbol{0},\cdots,\boldsymbol{0}}_{s\text{个}},\boldsymbol{\beta}_{s+1},\cdots,\boldsymbol{\beta}_m).$$

设 $\boldsymbol{B}=(\boldsymbol{\beta}_1,\boldsymbol{\beta}_2,\cdots,\boldsymbol{\beta}_s,\boldsymbol{0},\cdots,\boldsymbol{0})$ 的秩为 t,所以

$$\begin{aligned}R(\boldsymbol{A})&=R[\boldsymbol{B}+(\boldsymbol{0},\cdots,\boldsymbol{0},\boldsymbol{\beta}_{s+1},\cdots,\boldsymbol{\beta}_m)]\\&\leqslant R(\boldsymbol{B})+R((\boldsymbol{0},\cdots,\boldsymbol{0},\boldsymbol{\beta}_{s+1},\cdots,\boldsymbol{\beta}_m))\leqslant t+(m-s),\end{aligned}$$

即

$$r\leqslant t+m-s,$$

所以

$$t\geqslant r+s-m.$$

注:从 $\boldsymbol{A}$ 中取 t 个行向量为行向量所构成的矩阵的秩,类似地有

$$\text{新矩阵的秩}\geqslant R(\boldsymbol{A})+t-n.$$

【例 2.3】 设 $\boldsymbol{A}$ 是一个 $n\times m$ 矩阵,$R(\boldsymbol{A})=r$,从 $\boldsymbol{A}$ 中任取 s 行 t 列,这些行列相交处元素按原来的位置排成一个 $s\times t$ 矩阵 $\boldsymbol{C}$,则

$$R(\boldsymbol{C})\geqslant r+s+t-m-n.$$

证 矩阵 $\boldsymbol{C}$ 可看成矩阵 $\boldsymbol{A}$ 中取 s 行得到矩阵 $\boldsymbol{A}_1$,然后从 $\boldsymbol{A}_1$ 中取 t 列而得到的矩阵. 由【例 2.2】及注,有

$$R(\boldsymbol{A}_1)\geqslant r+s-n,$$
$$R(\boldsymbol{C})\geqslant R(\boldsymbol{A}_1)+t-m,$$

所以

$$R(\boldsymbol{C})\geqslant r+s+t-m-n.$$

【例 2.4】 设 $m\times n$ 实矩阵 $\boldsymbol{A}=(a_{ij})$,试证:

(1) 当 $m\geqslant n$,t 充分大时,$R\left[\begin{pmatrix}t\boldsymbol{E}_n\\\boldsymbol{0}\end{pmatrix}+\boldsymbol{A}\right]=n$;

(2) 当 $m\leqslant n$,t 充分大时,$R[(t\boldsymbol{E}_m,\boldsymbol{0})+\boldsymbol{A}]=m$.

证 只证(1),(2)可类似地证明.

因

$$\begin{pmatrix} t\boldsymbol{E}_n \\ \boldsymbol{0} \end{pmatrix}+\boldsymbol{A}=\begin{pmatrix} t+a_{11} & a_{12} & \cdots & a_{1n} \\ a_{21} & t+a_{22} & \cdots & a_{2n} \\ \vdots & \vdots & & \vdots \\ a_{n1} & a_{n2} & \cdots & t+a_{nn} \\ \vdots & \vdots & & \vdots \\ a_{m1} & a_{m2} & \cdots & a_{mn} \end{pmatrix},$$

令

$$\boldsymbol{A}_1=\begin{pmatrix} t+a_{11} & a_{12} & \cdots & a_{1n} \\ a_{21} & t+a_{22} & \cdots & a_{2n} \\ \vdots & \vdots & & \vdots \\ a_{n1} & a_{n2} & \cdots & t+a_{nn} \end{pmatrix},$$

当 t 充分大时,$\boldsymbol{A}_1$ 是严格对角占优阵,故 $|\boldsymbol{A}_1|\neq 0$,$|\boldsymbol{A}_1|$ 是 $\begin{pmatrix} t\boldsymbol{E}_n \\ \boldsymbol{0} \end{pmatrix}+\boldsymbol{A}$ 的 n 阶非零子式,所以,

$$R\left[\begin{pmatrix} t\boldsymbol{E}_n \\ \boldsymbol{0} \end{pmatrix}+\boldsymbol{A}\right]=n.$$

【例 2.5】 设 $\boldsymbol{A}=(a_{ij})$ 是一个 $n\times n$ 实矩阵,已知

$$a_{ii}>0,i=1,2,\cdots,n;a_{ij}<0,i\neq j,i,j=1,2,\cdots,n,\text{且}\sum_{j=1}^{n}a_{ij}=0,i=1,2,\cdots,n.$$

证明:$R(\boldsymbol{A})=n-1$.

证 因

$$|\boldsymbol{A}|=\begin{vmatrix} a_{11} & a_{12} & \cdots & a_{1n} \\ a_{21} & a_{22} & \cdots & a_{2n} \\ \vdots & \vdots & & \vdots \\ a_{n1} & a_{n2} & \cdots & a_{nn} \end{vmatrix}=\begin{vmatrix} \sum_{j=1}^{n}a_{1j} & a_{12} & \cdots & a_{1n} \\ \sum_{j=1}^{n}a_{2j} & a_{22} & \cdots & a_{2n} \\ \vdots & \vdots & & \vdots \\ \sum_{j=1}^{n}a_{nj} & a_{n2} & \cdots & a_{nn} \end{vmatrix}=0,$$

而 $\boldsymbol{A}$ 的子矩阵

$$\boldsymbol{A}_1=\begin{pmatrix} a_{11} & a_{12} & \cdots & a_{1n-1} \\ a_{21} & a_{22} & \cdots & a_{2n-1} \\ \vdots & \vdots & & \vdots \\ a_{n-11} & a_{n-12} & \cdots & a_{n-1n-1} \end{pmatrix},$$

因

$$\sum_{j=1}^{n}a_{ij}=0,i=1,2,\cdots,n-1,$$

所以

$$\sum_{j=1}^{n-1}a_{ij}=-a_{in}>0,$$

于是

$$a_{ii} > -\sum_{\substack{j\neq i\\ j=1}}^{n} a_{ij} = \sum_{\substack{j\neq i\\ j=1}}^{n-1} (-a_{ij}) = \sum_{\substack{j\neq i\\ j=1}}^{n-1} |a_{ij}|, i=1,2,\cdots,n-1.$$

故 $\boldsymbol{A}_1$ 是严格对角占优阵，从而 $|\boldsymbol{A}_1|\neq 0$. $|\boldsymbol{A}_1|$ 是 $\boldsymbol{A}$ 的 $n-1$ 阶的非零子式，所以

$$R(\boldsymbol{A})=n-1.$$

【例 2.6】 设 $\boldsymbol{A}$ 是 n 阶非退化反对称矩阵，$\boldsymbol{b}$ 为 n 维列向量，求证：

$$R\begin{pmatrix} \boldsymbol{A} & \boldsymbol{b} \\ -\boldsymbol{b}' & \boldsymbol{0} \end{pmatrix}=n.$$

证 令

$$\boldsymbol{B}=\begin{pmatrix} \boldsymbol{A} & \boldsymbol{b} \\ -\boldsymbol{b}' & \boldsymbol{0} \end{pmatrix},$$

因

$$\boldsymbol{B}'=\begin{pmatrix} \boldsymbol{A} & \boldsymbol{b} \\ -\boldsymbol{b}' & \boldsymbol{0} \end{pmatrix}'=\begin{pmatrix} \boldsymbol{A}' & -\boldsymbol{b} \\ \boldsymbol{b}' & \boldsymbol{0} \end{pmatrix}=\begin{pmatrix} -\boldsymbol{A} & -\boldsymbol{b} \\ \boldsymbol{b}' & \boldsymbol{0} \end{pmatrix}=-\boldsymbol{B},$$

所以 $\boldsymbol{B}$ 也是反对称矩阵.

因 $\boldsymbol{A}$ 是 n 阶非退化反对称阵，故 $R(\boldsymbol{A})=n$，且 n 必为偶数. 于是 $\boldsymbol{B}$ 是奇数阶反对称阵，从而 $|\boldsymbol{B}|=0$. $|\boldsymbol{A}|$ 是 $\boldsymbol{B}$ 的一个 n 阶非零子式. 所以，$R(\boldsymbol{B})=n$.

【例 2.7】 设 $\boldsymbol{A},\boldsymbol{B}$ 为 n 阶方阵. 若 $\boldsymbol{AB}=0$，证明：

$$R(\boldsymbol{A})+R(\boldsymbol{B})\leqslant n.$$

证 因 $\boldsymbol{AB}=\boldsymbol{0}$，故 $\boldsymbol{B}$ 的列向量组是 $\boldsymbol{AX}=0$ 的解组，于是 $\boldsymbol{B}$ 的列向量组可由 $\boldsymbol{AX}=0$ 的基础解系线性表示，所以

$$R(\boldsymbol{B})\leqslant n-R(\boldsymbol{A}),$$

故

$$R(\boldsymbol{A})+R(\boldsymbol{B})\leqslant n.$$

【例 2.8】 设 $\boldsymbol{A}$ 是 n 阶矩阵，证明

$$秩(\boldsymbol{A}^*)=\begin{cases} n, & 当 R(\boldsymbol{A})=n, \\ 1, & 当 R(\boldsymbol{A})=n-1, \\ 0, & 当 R(\boldsymbol{A})<n-1. \end{cases}$$

证 因 $\boldsymbol{AA}^*=|\boldsymbol{A}|\boldsymbol{E}$，固有 $|\boldsymbol{A}||\boldsymbol{A}^*|=|\boldsymbol{A}|^n$.

(1) $R(\boldsymbol{A})=n$ 时，有 $|\boldsymbol{A}^*|=|\boldsymbol{A}|^{n-1}\neq 0$，所以，$R(\boldsymbol{A}^*)=n$.

(2) $R(\boldsymbol{A})<n-1$ 时，$\boldsymbol{A}$ 的所有 $n-1$ 阶子式全为零，于是 $|\boldsymbol{A}|$ 中所有元素的代数余子式 A_{ij} 全为零，从而 $\boldsymbol{A}^*=\boldsymbol{0}$. 于是 $R(\boldsymbol{A}^*)=0$.

(3) $R(\boldsymbol{A})=n-1$ 时，有 $|\boldsymbol{A}|=0$，所以 $\boldsymbol{AA}^n=0$. 于是 $\boldsymbol{A}^n$ 的列向量组是 $\boldsymbol{AX}=\boldsymbol{0}$ 的解向量组.

因 $R(\boldsymbol{A})=n-1$，故 $\boldsymbol{A}$ 至少有一个 $n-1$ 阶子式不等于零. 这个 $n-1$ 阶子式必是 $|\boldsymbol{A}|$ 中某个元素的余子式，从而这个元素的代数余子式不为零. 不妨设 $A_{ij}\neq 0$，于是 $\boldsymbol{A}^*$ 的第 i 列 $(A_{i1},\cdots,A_{ij},\cdots,A_{in})'\neq\boldsymbol{0}$，故为 $\boldsymbol{AX}=0$ 的线性无关的解向量.

因 $R(\boldsymbol{A})=n-1$，所以 $\boldsymbol{AX}=\boldsymbol{0}$ 的基础解系由一个向量组成. 由此可知，$(A_{i1},\cdots,A_{ij},\cdots,A_{in})'$ 是 $\boldsymbol{AX}=\boldsymbol{0}$ 的一个基础解系. 于是 $\boldsymbol{A}^*$ 的列向量组的任一向量均可由它线性表示，可见它

是 $\boldsymbol{A}^*$ 的列向量组的一个极大无关组. 所以,$R(\boldsymbol{A}^*)=1$.

注:若用例 2.7,(3)的证明可简洁些. 因 $\boldsymbol{AA}^*=\boldsymbol{0}$,按例 2.7,有

$$R(\boldsymbol{A})+R(\boldsymbol{A}^*)\leqslant n.$$

又已知 $R(\boldsymbol{A})=n-1$,故 $R(\boldsymbol{A}^*)\leqslant 1$. 因 $R(\boldsymbol{A})=n-1$,$\boldsymbol{A}$ 中必有一个 $n-1$ 阶子式不为零. 所以,必有某个 $A_{ij}\neq 0$,于是,$R(\boldsymbol{A}^n)\geqslant 1$. 由此,$R(\boldsymbol{A}^*)=1$.

【例 2.9】 设 $\boldsymbol{A}$ 为任意 n 阶方阵,证明:$R(\boldsymbol{A}^{n+1})=R(\boldsymbol{A}^n)$.

证 $\boldsymbol{A}=\boldsymbol{0}$ 或 $\boldsymbol{A}\neq 0$,但 $\boldsymbol{A}^n=\boldsymbol{0}$ 时,结论显然成立.

下证 $\boldsymbol{A}\neq\boldsymbol{0}$ 且 $\boldsymbol{A}^n\neq\boldsymbol{0}$ 时,结论也成立. 为此只要证齐次线性方程组 $\boldsymbol{A}^n\boldsymbol{X}=0$ 与 $\boldsymbol{A}^{n+1}\boldsymbol{X}=\boldsymbol{0}$ 同解.

首先,$\boldsymbol{A}^n\boldsymbol{X}=\boldsymbol{0}$ 的解,显然是 $\boldsymbol{A}^{n+1}\boldsymbol{X}=\boldsymbol{0}$ 的解. 若 $\boldsymbol{X}_0$ 是 $\boldsymbol{A}^{n+1}\boldsymbol{X}=\boldsymbol{0}$ 的解,而不是 $\boldsymbol{A}^n\boldsymbol{X}=0$ 的解,则 $\boldsymbol{A}^n\boldsymbol{X}_0\neq\boldsymbol{0}$. 于是 $X_0,\boldsymbol{AX}_0,\cdots,\boldsymbol{A}^{n-1}\boldsymbol{X}_0$ 均不为零,且 $\boldsymbol{X}_0,\boldsymbol{AX}_0,\cdots,\boldsymbol{A}^{n-1}\boldsymbol{X}_0,\boldsymbol{A}^n\boldsymbol{X}_0$ 线性无关(学者自证之). 这样得到 $n+1$ 个 n 维列向量线性无关,这是不可能的. 这表明必有 $\boldsymbol{A}^n\boldsymbol{X}_0=\boldsymbol{0}$,即 $\boldsymbol{A}^{n+1}\boldsymbol{X}=\boldsymbol{0}$ 的解也是 $\boldsymbol{A}^n\boldsymbol{X}=0$ 的解. 总之,$\boldsymbol{A}^n\boldsymbol{X}=0$ 与 $\boldsymbol{A}^{n+1}\boldsymbol{X}=\boldsymbol{0}$ 同解. 所以 $R(\boldsymbol{A}^{n+1})=R(\boldsymbol{A}^n)$.

【例 2.10】 设 $\boldsymbol{A},\boldsymbol{B}$ 依次是 $m\times k,k\times n$ 矩阵,而 $R(\boldsymbol{B})=k$,证明:$R(\boldsymbol{AB})=R(\boldsymbol{A})$.

证 因 $R(\boldsymbol{B})=k$,于是 $k\leqslant n$,且存在 k 阶可逆矩阵 $\boldsymbol{P}$,n 阶可逆矩阵 $\boldsymbol{Q}$,使

$$\boldsymbol{B}=\boldsymbol{P}(\boldsymbol{E}_k\quad\boldsymbol{0})\boldsymbol{Q},$$

其中 $\boldsymbol{E}_k$ 是 k 阶单位阵,$(\boldsymbol{E}_k\quad\boldsymbol{0})$ 是 $k\times n$ 矩阵. 故

$$\boldsymbol{AB}=\boldsymbol{AP}(\boldsymbol{E}_k\quad\boldsymbol{0})\boldsymbol{Q}.$$

所以

$$\begin{aligned}R(\boldsymbol{AB})&=R(\boldsymbol{AP}(\boldsymbol{E}_k,\quad\boldsymbol{0})\boldsymbol{Q})=R(\boldsymbol{AP}(\boldsymbol{E}_k\quad\boldsymbol{0}))=R(\boldsymbol{APE}_k\quad\boldsymbol{0})=R(\boldsymbol{AP}\quad\boldsymbol{0})\\&=R(\boldsymbol{AP})=R(\boldsymbol{A}).\end{aligned}$$

2. 矩阵的分解

① 行列满秩分解:若 $R(\boldsymbol{A})=r$,则存在 $\boldsymbol{P}_{m\times r},\boldsymbol{Q}_{r\times n}$ 使 $\boldsymbol{A}=\boldsymbol{PQ}$.

命题 矩阵 $\boldsymbol{A}_{m\times n}$ 的秩等于 r 的充要条件是存在秩为 r 的两个矩阵 $\boldsymbol{M}_{m\times r},\boldsymbol{N}_{r\times n}$ 使 $\boldsymbol{A}=\boldsymbol{MN}$.

证 ($\Leftarrow$)$R(\boldsymbol{M}_{m\times r})=r$,则存在非奇异矩阵 $\boldsymbol{P}_{m\times m}$,使 $\boldsymbol{M}$ 的后 $m-r$ 行化为 0,即

$$\boldsymbol{PM}=\begin{pmatrix}\boldsymbol{B}_r\\\boldsymbol{0}\end{pmatrix},\boldsymbol{B}_r\text{ 为 } r \text{ 阶非奇异阵}.$$

同理,存在 n 阶非奇异阵 $\boldsymbol{Q}$,使 $\boldsymbol{QN}^{\mathrm{T}}=\begin{pmatrix}\boldsymbol{C}_r\\\boldsymbol{0}\end{pmatrix}$,$|\boldsymbol{C}_r|\neq 0$,于是

$$\boldsymbol{PAQ}^{\mathrm{T}}=\boldsymbol{PMNQ}^{\mathrm{T}}=(\boldsymbol{PM})(\boldsymbol{QN}^{\mathrm{T}})^{\mathrm{T}}=\begin{pmatrix}\boldsymbol{B}_r\\\boldsymbol{0}\end{pmatrix}(\boldsymbol{C}_r^{\mathrm{T}}\quad\boldsymbol{0})=\begin{bmatrix}\boldsymbol{B}_r\boldsymbol{C}_r^{\mathrm{T}}&\boldsymbol{0}\\\boldsymbol{0}&\boldsymbol{0}\end{bmatrix},$$

$$|\boldsymbol{B}_r\boldsymbol{C}_r^{\mathrm{T}}|\neq 0,R(\boldsymbol{PAQ}^{\mathrm{T}})=R(\boldsymbol{A})=r.$$

($\Rightarrow$)$R(\boldsymbol{A})=r$,由初等矩阵的性质,存在非奇异阵 $\boldsymbol{P}_{m\times m},\boldsymbol{Q}_{n\times n}$,使 $\boldsymbol{PAQ}=\begin{pmatrix}\boldsymbol{E}_r&\boldsymbol{0}\\\boldsymbol{0}&\boldsymbol{0}\end{pmatrix}$. 进行分块处理,令 $\boldsymbol{P}^{-1}=(\boldsymbol{M},\boldsymbol{M}_1)$,$\boldsymbol{M}$ 为 r 列阵,$\boldsymbol{Q}^{-1}=\begin{pmatrix}\boldsymbol{N}\\\boldsymbol{N}_1\end{pmatrix}$,$\boldsymbol{N}$ 为 $r\times n$ 矩阵,$R(\boldsymbol{M})=R(\boldsymbol{N})=r$.

则 $\boldsymbol{A}=\boldsymbol{P}^{-1}\begin{pmatrix}\boldsymbol{E}_r & \boldsymbol{0}\\ \boldsymbol{0} & \boldsymbol{0}\end{pmatrix}\boldsymbol{Q}^{-1}=(\boldsymbol{M},\boldsymbol{M}_1)\begin{pmatrix}\boldsymbol{E}_r & \boldsymbol{0}\\ \boldsymbol{0} & \boldsymbol{0}\end{pmatrix}\begin{pmatrix}\boldsymbol{N}\\ \boldsymbol{N}_1\end{pmatrix}=\boldsymbol{MN}$.

【例 2.11】 对 $\boldsymbol{A}$ 进行满秩分解

$$\boldsymbol{A}=\begin{pmatrix}-1 & 0 & 1 & 2\\ 1 & 2 & -1 & 1\\ 2 & 2 & -2 & -1\\ -2 & -4 & 2 & -2\end{pmatrix}.$$

解 对 $\boldsymbol{A}$ 的行进行初等变换化为标准形 B，

$$\boldsymbol{B}=\begin{pmatrix}1 & 0 & -1 & -2\\ 0 & 1 & 0 & \frac{3}{2}\\ 0 & 0 & 0 & 0\\ 0 & 0 & 0 & 0\end{pmatrix},$$

则

$$\boldsymbol{A}=\begin{pmatrix}-1 & 0\\ 1 & 2\\ 2 & 2\\ -2 & -4\end{pmatrix}\begin{pmatrix}1 & 0 & -1 & -2\\ 0 & 1 & 0 & \frac{3}{2}\end{pmatrix}.$$

② 相似分解：若 $\boldsymbol{A}$ 为方阵，则 $\boldsymbol{A}=\boldsymbol{P}^{-1}\boldsymbol{JP}$，其中 $\boldsymbol{J}$ 为 Jordan 矩阵.

③ 合同分解：若 $\boldsymbol{A}$ 为对称方阵，则存在对角矩阵 $\boldsymbol{D}$ 和可逆矩阵 $\boldsymbol{C}$，使 $\boldsymbol{A}=\boldsymbol{C}'\boldsymbol{DC}$.

④ 正交化分解：若 $\boldsymbol{A}$ 为实方阵，$|\boldsymbol{A}|\neq 0$，则存在正交矩阵 $\boldsymbol{Q}$ 与上三角形矩阵 $\boldsymbol{T}(t_{ii}>0)$，使 $\boldsymbol{A}=\boldsymbol{QT}$.

⑤ 正三角分解：若 $\boldsymbol{A}$ 为正定矩阵，则存在上三角形矩阵 $\boldsymbol{T}$，使 $\boldsymbol{A}=\boldsymbol{T}'\boldsymbol{T}$.

⑥ 角模分解：若 $\boldsymbol{A}$ 为实可逆矩阵，则存在正交矩阵 $\boldsymbol{U}$ 和正定矩阵 $\boldsymbol{S}$，使 $\boldsymbol{A}=\boldsymbol{US}$.

证 $\boldsymbol{A}'\boldsymbol{A}$ 正定，故存在正定 $\boldsymbol{S}$ 使，令 $\boldsymbol{U}=(\boldsymbol{A}')^{-1}\boldsymbol{S}$，则 $\boldsymbol{A}=\boldsymbol{US}$，其中，$\boldsymbol{UU}'=(\boldsymbol{A}')^{-1}\boldsymbol{SSA}^{-1}=\boldsymbol{E}$，$\boldsymbol{U}$ 是正交矩阵.

⑦ 奇异值分解：设 $\boldsymbol{A}$ 为 $m\times n$ 实矩阵，秩$(\boldsymbol{A})=r$，则存在正交矩阵 $\boldsymbol{U}_1$，$\boldsymbol{U}_2$ 和 r 阶对角矩阵 $\boldsymbol{D}$，使 $\boldsymbol{A}=\boldsymbol{U}_1\begin{pmatrix}\boldsymbol{D} & \boldsymbol{0}\\ \boldsymbol{0} & \boldsymbol{0}\end{pmatrix}\boldsymbol{U}_2$.

证 因 $\boldsymbol{A}'\boldsymbol{A}$ 半正定，故存在正交矩阵 $\boldsymbol{U}_2$ 和对角矩阵 $\boldsymbol{D}$，使 $\boldsymbol{A}'\boldsymbol{A}=\boldsymbol{U}_2'\begin{pmatrix}\boldsymbol{D}^2 & \boldsymbol{0}\\ \boldsymbol{0} & \boldsymbol{0}\end{pmatrix}\boldsymbol{U}_2$，令 $\boldsymbol{U}_2=\begin{pmatrix}\boldsymbol{V}_1\\ \boldsymbol{V}_2\end{pmatrix}$，有 $\boldsymbol{A}'\boldsymbol{A}\boldsymbol{V}_2'=\boldsymbol{V}_1'\boldsymbol{D}^2$，$\boldsymbol{A}'\boldsymbol{A}\boldsymbol{V}_2'=\boldsymbol{0}$，令 $\boldsymbol{V}_3=\boldsymbol{A}\boldsymbol{V}_1'\boldsymbol{D}^{-1}$，那么

$$\boldsymbol{V}_3'\boldsymbol{V}_3=\boldsymbol{D}^{-1}\boldsymbol{V}_1\cdot\boldsymbol{A}'\boldsymbol{A}\cdot\boldsymbol{V}_1'\boldsymbol{D}^{-1}=\boldsymbol{D}^{-1}\boldsymbol{V}_1\cdot\boldsymbol{V}_1'\boldsymbol{D}^2\cdot\boldsymbol{D}^{-1}=\boldsymbol{E}.$$

表明 $\boldsymbol{V}_3$ 是各列正交的，由 $\boldsymbol{V}_3$ 的列扩展得正交矩阵$(\boldsymbol{V}_3,\boldsymbol{V}_4)$，其中 $\boldsymbol{V}_4'\boldsymbol{V}_3=\boldsymbol{0}$，则

$$\boldsymbol{A}'\boldsymbol{A}\boldsymbol{V}_2'=\boldsymbol{0}\Rightarrow\boldsymbol{A}\boldsymbol{V}_2'=\boldsymbol{0}\text{，且 }\boldsymbol{V}_4'\boldsymbol{A}\boldsymbol{V}_1'=\boldsymbol{V}_4'\boldsymbol{V}_3\boldsymbol{D}=\boldsymbol{0},\boldsymbol{V}_3\boldsymbol{D}\boldsymbol{V}_1=\boldsymbol{A}.$$

$$(\boldsymbol{V}_3\quad\boldsymbol{V}_4)\begin{pmatrix}\boldsymbol{D} & \boldsymbol{0}\\ \boldsymbol{0} & \boldsymbol{0}\end{pmatrix}\begin{pmatrix}\boldsymbol{V}_1\\ \boldsymbol{V}_2\end{pmatrix}=(\boldsymbol{V}_3\boldsymbol{D}\quad\boldsymbol{0})\begin{pmatrix}\boldsymbol{V}_1\\ \boldsymbol{V}_2\end{pmatrix}=\boldsymbol{V}_3\boldsymbol{D}\boldsymbol{V}_1=\boldsymbol{A}.$$

⑧ 三角分解：若方阵 $\boldsymbol{A}$ 的所有顺序主子式均非零，则存在下三角形 L 和上三角形 U，使 $\boldsymbol{A}=\boldsymbol{LU}$.

证　由于各顺序主子式≠0，只需用归纳法以及往下初等行变换将 $\boldsymbol{A}$ 化为上三角形矩阵，即可证得.

【例 2.12】　将矩阵 $\boldsymbol{A}=\begin{pmatrix}2&3&4\\1&1&9\\1&2&-6\end{pmatrix}$ 做三角分解.

解

$$\boldsymbol{A}\xrightarrow{\boldsymbol{P}_{(3,2(-1))}}\begin{pmatrix}2&3&4\\1&1&9\\0&1&-15\end{pmatrix}\xrightarrow{\boldsymbol{P}\left(2,1\left(-\frac{1}{2}\right)\right)}\begin{pmatrix}2&3&4\\0&-\frac{1}{2}&7\\0&1&-15\end{pmatrix}\xrightarrow{\boldsymbol{P}(3,2(2))}\begin{pmatrix}2&3&4\\0&-\frac{1}{2}&7\\0&0&-1\end{pmatrix}=\boldsymbol{U}.$$

所以 $\boldsymbol{A}=\boldsymbol{LU}$，其中

$$\boldsymbol{U}=\boldsymbol{P}_{(3,2(2))}\boldsymbol{P}_{\left(2,1\left(-\frac{1}{2}\right)\right)}\boldsymbol{P}_{(3,2(-1))}\boldsymbol{A}=\begin{pmatrix}2&3&4\\0&-\frac{1}{2}&7\\0&0&-1\end{pmatrix},$$

$$\boldsymbol{L}=\boldsymbol{P}_{(3,2(1))}\boldsymbol{P}_{\left(2,1\left(\frac{1}{2}\right)\right)}\boldsymbol{P}_{(3,2(-2))}=\begin{pmatrix}1&0&0\\\frac{1}{2}&1&0\\\frac{1}{2}&-1&1\end{pmatrix}.$$

【例 2.13】　已知 $\boldsymbol{A}=\begin{pmatrix}2&3&4\\1&1&9\\1&2&-6\end{pmatrix}$，解线性方程组 $\boldsymbol{AX}=\begin{pmatrix}1\\1\\1\end{pmatrix}=\boldsymbol{b}$.

解　令 $\boldsymbol{Ly}=\boldsymbol{b}$，则 $\boldsymbol{UX}=\boldsymbol{y}$，

先解 $\begin{pmatrix}1&0&0\\\frac{1}{2}&1&0\\\frac{1}{2}&-1&1\end{pmatrix}\boldsymbol{y}=\begin{pmatrix}1\\1\\1\end{pmatrix}$，得 $\boldsymbol{y}=\begin{pmatrix}1\\\frac{1}{2}\\1\end{pmatrix}$，再解 $\begin{pmatrix}2&3&4\\0&-\frac{1}{2}&7\\0&0&-1\end{pmatrix}\boldsymbol{X}=\begin{pmatrix}1\\\frac{1}{2}\\1\end{pmatrix}$，得 $\boldsymbol{X}=\begin{pmatrix}25\\-15\\-1\end{pmatrix}$.

第三节　矩阵的分块

1. 矩阵的分块

一般，设 $\boldsymbol{A}=(a_{ik})_{sn}$，$\boldsymbol{B}=(b_{kj})_{nm}$，把 $\boldsymbol{A}$，$\boldsymbol{B}$ 分成一些小矩阵

$$\boldsymbol{A}=\begin{matrix} & \begin{matrix} n_1 & n_2 & \cdots & n_l \end{matrix} \\ \begin{matrix} s_1 \\ s_2 \\ \vdots \\ s_t \end{matrix} & \begin{pmatrix} \boldsymbol{A}_{11} & \boldsymbol{A}_{12} & \cdots & \boldsymbol{A}_{1l} \\ \boldsymbol{A}_{21} & \boldsymbol{A}_{22} & \cdots & \boldsymbol{A}_{2l} \\ \vdots & \vdots & & \vdots \\ \boldsymbol{A}_{t1} & \boldsymbol{A}_{t2} & \cdots & \boldsymbol{A}_{tl} \end{pmatrix} \end{matrix}, \tag{Ⅰ}$$

$$\boldsymbol{B}=\begin{matrix} & \begin{matrix} m_1 & m_2 & \cdots & m_r \end{matrix} \\ \begin{matrix} n_1 \\ n_2 \\ \vdots \\ n_l \end{matrix} & \begin{pmatrix} \boldsymbol{B}_{11} & \boldsymbol{B}_{12} & \cdots & \boldsymbol{B}_{1r} \\ \boldsymbol{B}_{21} & \boldsymbol{B}_{22} & \cdots & \boldsymbol{B}_{2r} \\ \vdots & \vdots & & \vdots \\ \boldsymbol{B}_{l1} & \boldsymbol{B}_{l2} & \cdots & \boldsymbol{B}_{lr} \end{pmatrix} \end{matrix}, \tag{Ⅱ}$$

其中每个 $\boldsymbol{A}_{ij}$ 是 $s_i\times n_j$ 小矩阵，每个 $\boldsymbol{B}_{ij}$ 是 $n_i\times m_j$ 小矩阵，于是有

$$\boldsymbol{C}=\boldsymbol{AB}=\begin{matrix} & \begin{matrix} m_1 & m_2 & \cdots & m_r \end{matrix} \\ \begin{matrix} s_1 \\ s_2 \\ \vdots \\ s_t \end{matrix} & \begin{pmatrix} \boldsymbol{C}_{11} & \boldsymbol{C}_{12} & \cdots & \boldsymbol{C}_{1r} \\ \boldsymbol{C}_{21} & \boldsymbol{C}_{22} & \cdots & \boldsymbol{C}_{2r} \\ \vdots & \vdots & & \vdots \\ \boldsymbol{C}_{t1} & \boldsymbol{C}_{t2} & \cdots & \boldsymbol{C}_{tr} \end{pmatrix} \end{matrix}, \tag{Ⅲ}$$

其中

$$\boldsymbol{C}_{pq}=\boldsymbol{A}_{p1}\boldsymbol{B}_{1q}+\boldsymbol{A}_{p2}\boldsymbol{B}_{2q}+\cdots+\boldsymbol{A}_{pl}\boldsymbol{B}_{lq}=\sum_{k=1}^{l}\boldsymbol{A}_{pk}\boldsymbol{B}_{kq}(p=1,2,\cdots,t;q=1,2,\cdots,r). \tag{Ⅳ}$$

这个结果是由矩阵乘积的定义直接验证即得. 应该注意，在分块（Ⅰ），（Ⅱ）中矩阵的列的分法必须与矩阵的行的分法一致. 以下会看到，分块乘法有许多方便之处. 常常在分块之后，矩阵间相互的关系看得更清楚.

实际上，在证明关于矩阵乘积的秩的定理时，已经用了矩阵分块的想法. 在那里，用 $\boldsymbol{B}_1$，$\boldsymbol{B}_2$，$\cdots$，$\boldsymbol{B}_m$ 表示 B 的行向量，于是

$$\boldsymbol{B}=\begin{pmatrix} \boldsymbol{B}_1 \\ \boldsymbol{B}_2 \\ \vdots \\ \boldsymbol{B}_m \end{pmatrix},$$

这就是 $\boldsymbol{B}$ 的一种分块. 按分块相乘，就有

$$\boldsymbol{AB}=\begin{pmatrix} a_{11}B_1+a_{12}B_2+\cdots+a_{1m}B_m \\ a_{21}B_1+a_{22}B_2+\cdots+a_{2m}B_m \\ \cdots\cdots\cdots\cdots \\ a_{n1}B_1+a_{n2}B_2+\cdots+a_{nm}B_m \end{pmatrix}.$$

用这个式子很容易看出 $\boldsymbol{AB}$ 的行向量是 $\boldsymbol{B}$ 的行向量的线性组合；将 $\boldsymbol{AB}$ 进行另一种分块乘法，从结果中可以看出 $\boldsymbol{AB}$ 的列向量是 $\boldsymbol{A}$ 的列向量的线性组合.

作为一个例子，我们来求矩阵

$$D=\begin{pmatrix} a_{11} & \cdots & a_{1k} & 0 & \cdots & 0 \\ \vdots & & \vdots & \vdots & & \vdots \\ a_{k1} & \cdots & a_{kk} & 0 & \cdots & 0 \\ c_{11} & \cdots & c_{1k} & b_{11} & \cdots & b_{1r} \\ \vdots & & \vdots & \vdots & & \vdots \\ c_{r1} & \cdots & c_{rk} & b_{r1} & \cdots & b_{rr} \end{pmatrix}=\begin{pmatrix} A & O \\ C & B \end{pmatrix}$$

的逆矩阵,其中A,B分别是k阶和r阶的可逆矩阵,C是$r\times k$矩阵,O是$k\times r$零矩阵.

首先,因为

$$|D|=|A||B|,$$

所以,当A,B可逆时,D也可逆.设

$$D^{-1}=\begin{pmatrix} X_{11} & X_{12} \\ X_{21} & X_{22} \end{pmatrix},$$

于是

$$\begin{pmatrix} A & O \\ C & B \end{pmatrix}\begin{pmatrix} X_{11} & X_{12} \\ X_{21} & X_{22} \end{pmatrix}=\begin{pmatrix} E_k & O \\ O & E_r \end{pmatrix},$$

这里E_k,E_r分别表示k阶和r阶单位矩阵.相乘并比较等式两边,得

$$\begin{cases} AX_{11}=E_k, & (\text{Ⅰ}) \\ AX_{12}=O, & (\text{Ⅱ}) \\ CX_{11}+BX_{21}=O, & (\text{Ⅲ}) \\ CX_{12}+BX_{22}=E_r. & (\text{Ⅳ}) \end{cases}$$

由(Ⅰ)、(Ⅱ)得

$$X_{11}=A^{-1},X_{12}=A^{-1}O=O,$$

代入(Ⅳ),得

$$X_{22}=B^{-1},$$

代入(Ⅲ),得

$$BX_{21}=-CX_{11}=-CA^{-1},X_{21}=-B^{-1}CA^{-1}.$$

因此

$$D^{-1}=\begin{pmatrix} A^{-1} & O \\ -B^{-1}CA^{-1} & B^{-1} \end{pmatrix}.$$

特别地,当$C=O$时,有

$$\begin{pmatrix} A & O \\ O & B \end{pmatrix}^{-1}=\begin{pmatrix} A^{-1} & O \\ O & B^{-1} \end{pmatrix}.$$

形式为

$$\begin{pmatrix} a_1 & 0 & \cdots & 0 \\ 0 & a_2 & \cdots & 0 \\ \vdots & \vdots & & \vdots \\ 0 & 0 & \cdots & a_l \end{pmatrix}$$

的矩阵,其中$a_i\in\mathbf{R}(i=1,2,\cdots,l)$,通常称为对角矩阵,而形式为

$$\begin{pmatrix} \boldsymbol{A}_1 & & & \boldsymbol{O} \\ & \boldsymbol{A}_2 & & \\ & & \ddots & \\ \boldsymbol{O} & & & \boldsymbol{A}_l \end{pmatrix}$$

的矩阵，其中 $\boldsymbol{A}_i$ 是 $n_i \times n_i$ 矩阵($i=1,2,\cdots,l$)，通常称为准对角矩阵. 当然，准对角矩阵包括对角矩阵.

对于两个有相同分块的准对角矩阵

$$\boldsymbol{A}=\begin{pmatrix} \boldsymbol{A}_1 & & & \boldsymbol{O} \\ & \boldsymbol{A}_2 & & \\ & & \ddots & \\ \boldsymbol{O} & & & \boldsymbol{A}_l \end{pmatrix}, \boldsymbol{B}=\begin{pmatrix} \boldsymbol{B}_1 & & & \boldsymbol{O} \\ & \boldsymbol{B}_2 & & \\ & & \ddots & \\ \boldsymbol{O} & & & \boldsymbol{B}_l \end{pmatrix},$$

如果它们相应的分块是同阶的，那么显然有

$$\boldsymbol{AB}=\begin{pmatrix} \boldsymbol{A}_1\boldsymbol{B}_1 & & & \boldsymbol{O} \\ & \boldsymbol{A}_2\boldsymbol{B}_2 & & \\ & & \ddots & \\ \boldsymbol{O} & & & \boldsymbol{A}_l\boldsymbol{B}_l \end{pmatrix},$$

$$\boldsymbol{A}+\boldsymbol{B}=\begin{pmatrix} \boldsymbol{A}_1+\boldsymbol{B}_1 & & & \boldsymbol{O} \\ & \boldsymbol{A}_2+\boldsymbol{B}_2 & & \\ & & \ddots & \\ \boldsymbol{O} & & & \boldsymbol{A}_l+\boldsymbol{B}_l \end{pmatrix},$$

并且它们还是准对角矩阵.

其次，如果 $\boldsymbol{A}_1,\boldsymbol{A}_2,\cdots,\boldsymbol{A}_l$ 都是可逆矩阵，那么

$$\begin{pmatrix} \boldsymbol{A}_1 & & & \boldsymbol{O} \\ & \boldsymbol{A}_2 & & \\ & & \ddots & \\ \boldsymbol{O} & & & \boldsymbol{A}_l \end{pmatrix}^{-1}=\begin{pmatrix} \boldsymbol{A}_1^{-1} & & & \boldsymbol{O} \\ & \boldsymbol{A}_2^{-1} & & \\ & & \ddots & \\ \boldsymbol{O} & & & \boldsymbol{A}_l^{-1} \end{pmatrix}.$$

2. 分块乘法的初等变换及应用举例

将分块乘法与初等变换结合就成为矩阵运算中非常重要的手段.

现将某个单位矩阵按如下形式进行分块：

$$\begin{pmatrix} \boldsymbol{E}_m & \boldsymbol{O} \\ \boldsymbol{O} & \boldsymbol{E}_n \end{pmatrix}.$$

对它进行两行(列)对换；某一行(列)左乘(右乘)一个矩阵 $\boldsymbol{P}$；一行(列)加上另一行(列)的 $\boldsymbol{P}$(矩阵)倍数，就可得到如下类型的一些矩阵：

$$\begin{pmatrix} \boldsymbol{O} & \boldsymbol{E}_n \\ \boldsymbol{E}_m & \boldsymbol{O} \end{pmatrix}, \begin{pmatrix} \boldsymbol{P} & \boldsymbol{O} \\ \boldsymbol{O} & \boldsymbol{E}_n \end{pmatrix}, \begin{pmatrix} \boldsymbol{E}_m & \boldsymbol{O} \\ \boldsymbol{O} & \boldsymbol{P} \end{pmatrix}, \begin{pmatrix} \boldsymbol{E}_m & \boldsymbol{P} \\ \boldsymbol{O} & \boldsymbol{E}_n \end{pmatrix}, \begin{pmatrix} \boldsymbol{E}_m & \boldsymbol{O} \\ \boldsymbol{P} & \boldsymbol{E}_n \end{pmatrix}.$$

和初等矩阵与初等变换的关系一样，用这些矩阵左乘任一个分块矩阵

$$\begin{pmatrix} A & B \\ C & D \end{pmatrix},$$

只要分块乘法能够进行，其结果就是对它进行相应的变换：

$$\begin{bmatrix} O & E_m \\ E_n & O \end{bmatrix}\begin{pmatrix} A & B \\ C & D \end{pmatrix}=\begin{pmatrix} C & D \\ A & B \end{pmatrix}, \tag{Ⅰ}$$

$$\begin{pmatrix} P & O \\ O & E_n \end{pmatrix}\begin{pmatrix} A & B \\ C & D \end{pmatrix}=\begin{pmatrix} PA & PB \\ C & D \end{pmatrix}, \tag{Ⅱ}$$

$$\begin{bmatrix} E_m & O \\ P & E_n \end{bmatrix}\begin{pmatrix} A & B \\ C & D \end{pmatrix}=\begin{pmatrix} A & B \\ C+PA & D+PB \end{pmatrix}. \tag{Ⅲ}$$

同样，用它们右乘任一矩阵，进行分块乘法时也有相应的结果.

在(Ⅲ)中，适当选择 P，可使 $C+PA=O$. 例如 A 可逆时，选 $P=-CA^{-1}$，则 $C+PA=O$. 于是(Ⅲ)的右端成为

$$\begin{pmatrix} A & B \\ O & D-CA^{-1}B \end{pmatrix}.$$

这种形状的矩阵在求行列式、逆矩阵和解决其他问题时是比较方便的，因此(Ⅲ)中的运算非常有用.

【例 3.1】 设

$$T=\begin{pmatrix} A & O \\ C & D \end{pmatrix},$$

A,D 可逆，求 T^{-1}.

解 因为

$$|T|=|A|\,|D|,$$

所以当 A,D 可逆时，T 也可逆. 设

$$D^{-1}=\begin{bmatrix} X_{11} & X_{12} \\ X_{21} & X_{22} \end{bmatrix},$$

于是

$$\begin{pmatrix} A & O \\ C & D \end{pmatrix}\begin{bmatrix} X_{11} & X_{12} \\ X_{21} & X_{22} \end{bmatrix}=\begin{bmatrix} E_k & O \\ O & E_r \end{bmatrix},$$

这里 E_k，E_r 分别表示 k 阶和 r 阶单位矩阵. 相乘并比较等式两边，得

$$\begin{cases} AX_{11}=E_k, & (Ⅰ) \\ AX_{12}=O, & (Ⅱ) \\ CX_{11}+DX_{21}=O, & (Ⅲ) \\ CX_{12}+DX_{22}=E_r. & (Ⅳ) \end{cases}$$

由(Ⅰ)、(Ⅱ)得

$$X_{11}=A^{-1},X_{12}=A^{-1}O=O,$$

代入(Ⅳ)，得

$$X_{22}=D^{-1},$$

代入(Ⅲ)，得

$$DX_{21}=-CX_{11}=-CA^{-1},X_{21}=-D^{-1}CA^{-1}.$$

因此

$$T^{-1}=\begin{pmatrix} A^{-1} & O \\ -D^{-1}CA^{-1} & D^{-1} \end{pmatrix}.$$

【例 3.2】 设

$$T_1=\begin{pmatrix} A & B \\ C & D \end{pmatrix},$$

其中 T_1, D 可逆,试证 $(A-BD^{-1}C)^{-1}$ 存在,并求 T_1^{-1}.

证

$$\begin{pmatrix} E & -BD^{-1} \\ 0 & E \end{pmatrix}\begin{pmatrix} A & B \\ C & D \end{pmatrix}=\begin{pmatrix} A-BD^{-1}C & 0 \\ C & D \end{pmatrix}$$

$$\begin{pmatrix} E & -BD^{-1} \\ 0 & E \end{pmatrix}\begin{pmatrix} A & B \\ C & D \end{pmatrix}\begin{pmatrix} E & 0 \\ -D^{-1}C & E \end{pmatrix}$$

$$=\begin{pmatrix} A-BD^{-1}C & 0 \\ 0 & D \end{pmatrix}.$$

因 T_1, D 可逆,故 $(A-BD^{-1}C)^{-1}$ 存在.

且 $T_1^{-1}=\begin{pmatrix} E & 0 \\ -D^{-1}C & E \end{pmatrix}\begin{bmatrix} (A-BD^{-1}C)^{-1} & 0 \\ 0 & D^{-1} \end{bmatrix}\begin{pmatrix} E & -BD^{-1} \\ 0 & E \end{pmatrix}$.

【例 3.3】 证明行列式的乘积公式 $|AB|=|A|\,|B|$.

证 $\begin{pmatrix} A & 0 \\ -E & B \end{pmatrix}\begin{pmatrix} E & B \\ 0 & E \end{pmatrix}=\begin{pmatrix} A & AB \\ -E & 0 \end{pmatrix}$,

上式相当于对 $\begin{pmatrix} A & 0 \\ -E & B \end{pmatrix}$ 的列施行若干次消法变换,所以有 $\begin{vmatrix} A & 0 \\ -E & B \end{vmatrix}=\begin{vmatrix} A & AB \\ -E & 0 \end{vmatrix}$,

两端均运用 laplace 定理展开得,

$$|A|\cdot|B|=|AB|(-1)^{1+2+\cdots+2n}|-E|=|AB|\cdot(-1)^{2(n^2+n)}=|AB|.$$

【例 3.4】 设 $A=(a_{ij})_{n\times n}$,且

$$\begin{vmatrix} a_{11} & \cdots & a_{1k} \\ \vdots & & \vdots \\ a_{k1} & \cdots & a_{kk} \end{vmatrix}\neq 0,1\leqslant k\leqslant n,$$

则有下三角形矩阵 $B_{n\times n}$,使 BA 为上三角形矩阵.

证 对 n 作数学归纳法

当 $n=1$ 时,结论显然成立.

设对 $n-1$ 命题为真,

对 $A_1=\begin{pmatrix} a_{11} & a_{12} & \cdots & a_{1n-1} \\ a_{21} & a_{22} & \cdots & a_{2n-1} \\ \vdots & \vdots & & \vdots \\ a_{n-11} & a_{n-12} & \cdots & a_{n-1n-1} \end{pmatrix}$ 它仍满足命题中条件,故有 $n-1$ 阶下三角形矩阵 B_1 满足 B_1A_1 为上三角形矩阵.

对 $\boldsymbol{A}$ 作如下分块
$$\boldsymbol{A}=\begin{pmatrix}\boldsymbol{A}_1 & \boldsymbol{\beta}\\ \boldsymbol{\alpha} & a_{nn}\end{pmatrix},$$

则
$$\begin{pmatrix}\boldsymbol{E} & \boldsymbol{0}\\ -\boldsymbol{\alpha}\boldsymbol{A}_1^{-1} & 1\end{pmatrix}\begin{pmatrix}\boldsymbol{A}_1 & \boldsymbol{\beta}\\ \boldsymbol{\alpha} & a_{nn}\end{pmatrix}=\begin{pmatrix}\boldsymbol{A}_1 & \boldsymbol{\beta}\\ \boldsymbol{0} & -\boldsymbol{\alpha}\boldsymbol{A}_1^{-1}\boldsymbol{\beta}+a_{nn}\end{pmatrix}.$$

再作
$$\begin{pmatrix}\boldsymbol{B}_1 & 0\\ 0 & 1\end{pmatrix}\begin{pmatrix}\boldsymbol{A}_1 & \boldsymbol{\beta}\\ 0 & -\boldsymbol{\alpha}\boldsymbol{A}_1^{-1}\boldsymbol{\beta}+a_{nn}\end{pmatrix}=\begin{pmatrix}\boldsymbol{B}_1\boldsymbol{A}_1 & \boldsymbol{B}_1\boldsymbol{\beta}\\ \boldsymbol{0} & -\boldsymbol{\alpha}\boldsymbol{A}_1^{-1}\boldsymbol{\beta}+a_{nn}\end{pmatrix},$$

这时矩阵已成为上三角形矩阵了.将两次乘法结合得
$$\boldsymbol{B}=\begin{pmatrix}\boldsymbol{B}_1 & 0\\ 0 & 1\end{pmatrix}\begin{pmatrix}\boldsymbol{E} & 0\\ -\boldsymbol{\alpha}\boldsymbol{A}_1^{-1} & 1\end{pmatrix}=\begin{pmatrix}\boldsymbol{B}_1 & 0\\ -\boldsymbol{\alpha}\boldsymbol{A}_1^{-1} & 1\end{pmatrix}.$$

此即所求下三角形矩阵 $\boldsymbol{B}$.

【例 3.5】 当 $|\boldsymbol{A}_{11}|\neq 0$ 或 $|\boldsymbol{A}_{22}|\neq 0$ 时,求 $\boldsymbol{A}=\begin{pmatrix}\boldsymbol{A}_{11} & \boldsymbol{A}_{12}\\ \boldsymbol{A}_{21} & \boldsymbol{A}_{22}\end{pmatrix}$ 的逆矩阵.

解 由上 $|\boldsymbol{A}_{11}|\neq 0$.
$$\begin{pmatrix}\boldsymbol{E}_{n1} & \boldsymbol{0}\\ -\boldsymbol{A}_{21}\boldsymbol{A}_{11}^{-1} & \boldsymbol{E}_{n2}\end{pmatrix}\begin{pmatrix}\boldsymbol{A}_{11} & \boldsymbol{A}_{12}\\ \boldsymbol{A}_{21} & \boldsymbol{A}_{22}\end{pmatrix}=\begin{pmatrix}\boldsymbol{A}_{11} & \boldsymbol{A}_{12}\\ \boldsymbol{0} & \boldsymbol{A}_{22}-\boldsymbol{A}_{21}\boldsymbol{A}_{11}^{-1}\boldsymbol{A}_{12}\end{pmatrix}$$
$$\begin{pmatrix}\boldsymbol{E}_{n1} & \boldsymbol{0}\\ -\boldsymbol{A}_{21}\boldsymbol{A}_{11}^{-1} & \boldsymbol{E}_{n2}\end{pmatrix}\begin{pmatrix}\boldsymbol{A}_{11} & \boldsymbol{A}_{12}\\ \boldsymbol{A}_{21} & \boldsymbol{A}_{22}\end{pmatrix}\begin{pmatrix}\boldsymbol{E}_{n1} & -\boldsymbol{A}_{11}^{-1}\boldsymbol{A}_{12}\\ \boldsymbol{0} & \boldsymbol{E}_{n2}\end{pmatrix}=\begin{pmatrix}\boldsymbol{A}_{11} & \boldsymbol{0}\\ \boldsymbol{0} & \boldsymbol{A}_{22}-\boldsymbol{A}_{21}\boldsymbol{A}_{11}^{-1}\boldsymbol{A}_{12}\end{pmatrix}$$
$$\begin{pmatrix}\boldsymbol{A}_{11} & \boldsymbol{A}_{12}\\ \boldsymbol{A}_{21} & \boldsymbol{A}_{22}\end{pmatrix}=\begin{pmatrix}\boldsymbol{E}_{n1} & \boldsymbol{0}\\ \boldsymbol{A}_{21}\boldsymbol{A}_{11}^{-1} & \boldsymbol{E}_{n2}\end{pmatrix}\begin{pmatrix}\boldsymbol{A}_{11} & \boldsymbol{0}\\ \boldsymbol{0} & \boldsymbol{A}_{22}-\boldsymbol{A}_{21}\boldsymbol{A}_{11}^{-1}\boldsymbol{A}_{12}\end{pmatrix}\begin{pmatrix}\boldsymbol{E}_{n1} & \boldsymbol{A}_{11}^{-1}\boldsymbol{A}_{12}\\ \boldsymbol{0} & \boldsymbol{E}_{n2}\end{pmatrix}$$

所以,
$$\boldsymbol{A}^{-1}=\begin{pmatrix}\boldsymbol{E}_{n1} & \boldsymbol{A}_{11}^{-1}\boldsymbol{A}_{12}\\ \boldsymbol{0} & \boldsymbol{E}_{n2}\end{pmatrix}^{-1}\begin{pmatrix}\boldsymbol{A}_{11}^{-1} & \boldsymbol{0}\\ \boldsymbol{0} & (\boldsymbol{A}_{22}-\boldsymbol{A}_{21}\boldsymbol{A}_{11}^{-1}\boldsymbol{A}_{12})^{-1}\end{pmatrix}\begin{pmatrix}\boldsymbol{E}_{n1} & \boldsymbol{0}\\ \boldsymbol{A}_{21}\boldsymbol{A}_{11}^{-1} & \boldsymbol{E}_{n2}\end{pmatrix}^{-1}$$
$$=\begin{pmatrix}\boldsymbol{E}_{n1} & -\boldsymbol{A}_{11}^{-1}\boldsymbol{A}_{12}\\ \boldsymbol{0} & \boldsymbol{E}_{n2}\end{pmatrix}\begin{pmatrix}\boldsymbol{A}_{11}^{-1} & \boldsymbol{0}\\ \boldsymbol{0} & (\boldsymbol{A}_{22}-\boldsymbol{A}_{21}\boldsymbol{A}_{11}^{-1}\boldsymbol{A}_{12})^{-1}\end{pmatrix}\begin{pmatrix}\boldsymbol{E}_{n1} & \boldsymbol{0}\\ -\boldsymbol{A}_{21}\boldsymbol{A}_{11}^{-1} & \boldsymbol{E}_{n2}\end{pmatrix}.$$

通过计算可得.

类似地方法,当 $|\boldsymbol{A}_{22}|\neq 0$,亦可求出 $\boldsymbol{A}^{-1}$.
$$\begin{pmatrix}\boldsymbol{A}_{11} & \boldsymbol{A}_{12}\\ \boldsymbol{A}_{21} & \boldsymbol{A}_{22}\end{pmatrix}^{-1}=\begin{pmatrix}\boldsymbol{E}_{n1} & \boldsymbol{0}\\ -\boldsymbol{A}_{12}\boldsymbol{A}_{22}^{-1} & \boldsymbol{E}_{n2}\end{pmatrix}\begin{pmatrix}(\boldsymbol{A}_{11}-\boldsymbol{A}_{12}\boldsymbol{A}_{22}^{-1}\boldsymbol{A}_{21})^{-1} & \boldsymbol{0}\\ \boldsymbol{0} & \boldsymbol{A}_{22}^{-1}\end{pmatrix}\begin{pmatrix}\boldsymbol{E}_{n1} & -\boldsymbol{A}_{12}\boldsymbol{A}_{22}^{-1}\\ \boldsymbol{0} & \boldsymbol{E}_{n2}\end{pmatrix}.$$

第四节 矩阵的逆与广义逆

1. 矩阵的逆

(1) 定义

n 阶方阵 $\boldsymbol{A}$ 称为可逆的,若存在 n 阶方阵 $\boldsymbol{B}$,使得
$$\boldsymbol{AB}=\boldsymbol{BA}=\boldsymbol{E} \tag{1}$$

成立，这里 $\boldsymbol{E}$ 是 n 阶单位矩阵. 适合(1)的矩阵 $\boldsymbol{B}$，称为 $\boldsymbol{A}$ 的逆矩阵.

注：可逆矩阵 $\boldsymbol{A}$ 的逆矩阵是唯一的，可记为 $\boldsymbol{A}^{-1}$.

(2) 运算性质

设 $\boldsymbol{A},\boldsymbol{B}$ 都是 n 阶可逆矩阵，则有

① $(\boldsymbol{A}^{-1})^{-1}=\boldsymbol{A}$；

② $(k\boldsymbol{A})^{-1}=\frac{1}{k}\boldsymbol{A}^{-1}, k\neq 0$；

③ $(\boldsymbol{AB})^{-1}=\boldsymbol{B}^{-1}\boldsymbol{A}^{-1}$；

④ $(\boldsymbol{A}')^{-1}=(\boldsymbol{A}^{-1})'$.

(3) 性质

设 $\boldsymbol{A}$ 是 n 阶方阵. 则以下条件等价：

① $\boldsymbol{A}$ 可逆；

② $\boldsymbol{A}$ 非退化，即 $|\boldsymbol{A}|\neq 0$，且 $\boldsymbol{A}^{-1}=\frac{1}{|\boldsymbol{A}|}\boldsymbol{A}^*$；

③ $\boldsymbol{A}$ 满秩，即 $R(\boldsymbol{A})=n$；

④ 存在 n 阶方阵 $\boldsymbol{B}$，使 $\boldsymbol{AB}=\boldsymbol{E}$(或 $\boldsymbol{BA}=\boldsymbol{E}$)；

⑤ $\boldsymbol{A}$ 的等价标准形为 n 阶单位矩阵 $\boldsymbol{E}$；

⑥ $\boldsymbol{A}$ 可表示成一些初等矩阵的乘积；

⑦ $\boldsymbol{A}$ 的特征值均不为零.

(4) 等价刻划

n 阶矩阵 $\boldsymbol{A}$ 可逆的充要条件有：

① 存在方阵 B，使 $\boldsymbol{AB}=\boldsymbol{BA}=\boldsymbol{E}$，记 $\boldsymbol{B}=\boldsymbol{A}^{-1}$，

② $\boldsymbol{A}$ 非奇异(非退化)，即 $|\boldsymbol{A}|\neq 0$，

③ $R(\boldsymbol{A})=n$，

④ $\boldsymbol{A}$ 的特征值全不为零，

⑤ $\boldsymbol{A}$ 等于若干个初等矩阵之积.

(5) 求逆矩阵的方法

① 公式法

$\boldsymbol{AX}=\boldsymbol{E}, \boldsymbol{A}(\boldsymbol{X}_1,\boldsymbol{X}_2,\cdots,\boldsymbol{X}_n)=(\boldsymbol{e}_1,\boldsymbol{e}_2,\cdots,\boldsymbol{e}_n)$.

$\boldsymbol{AX}_i=\boldsymbol{e}_i, i=1,2,\cdots,n$.

$$\begin{cases} x_{1i}=\dfrac{A_{i1}}{|\boldsymbol{A}|}, \\ x_{2i}=\dfrac{A_{i2}}{|\boldsymbol{A}|}, \\ \quad\vdots \\ x_{ni}=\dfrac{A_{in}}{|\boldsymbol{A}|}. \end{cases}$$

设 n 阶方阵 $\boldsymbol{A}=(a_{ij})$ 的伴随矩阵

$$A^*=\begin{pmatrix}A_{11}&A_{21}&\cdots&A_{n1}\\A_{12}&A_{22}&\cdots&A_{n2}\\\vdots&\vdots&&\vdots\\A_{1n}&A_{2n}&\cdots&A_{nn}\end{pmatrix}$$

这里 A_{ij} 是 a_{ij} 的代数余子式，则有 $\boldsymbol{AA}^*=\boldsymbol{A}^*\boldsymbol{A}=|\boldsymbol{A}|\boldsymbol{E},\boldsymbol{A}^{-1}=\frac{1}{|\boldsymbol{A}|}\boldsymbol{A}^*=\boldsymbol{X}$.

② 初等变换法

若 $\boldsymbol{A}$ 可逆，则对 $\boldsymbol{A}$ 的行及列施行初等变换可以化为 $\boldsymbol{E}$（单位矩阵），即存在若干个初等矩阵 $\boldsymbol{P}_i,\boldsymbol{Q}_j$ 使

$$\boldsymbol{Q}_t\boldsymbol{Q}_{t-1}\cdots\boldsymbol{Q}_1\boldsymbol{A}\boldsymbol{P}_1\boldsymbol{P}_2\cdots\boldsymbol{P}_k=\boldsymbol{E},$$
$$\boldsymbol{A}=\boldsymbol{Q}_1^{-1}\boldsymbol{Q}_2^{-1}\cdots\boldsymbol{Q}_t^{-1}\boldsymbol{P}_k^{-1}\boldsymbol{P}_{k-1}^{-1}\cdots\boldsymbol{P}_1^{-1},$$
$$\boldsymbol{A}^{-1}=(\boldsymbol{P}_1\boldsymbol{P}_2\cdots\boldsymbol{P}_k)(\boldsymbol{Q}_t\cdots\boldsymbol{Q}_1)=\boldsymbol{BC}.$$

这样，对矩阵 $\begin{pmatrix}\boldsymbol{A}&\boldsymbol{E}\\\boldsymbol{E}&\boldsymbol{0}\end{pmatrix}$ 施行初等变换化为 $\begin{pmatrix}\boldsymbol{E}&\boldsymbol{C}\\\boldsymbol{B}&\boldsymbol{0}\end{pmatrix}$，算出 $\boldsymbol{BC}=\boldsymbol{A}^{-1}$，$\boldsymbol{B}$、$\boldsymbol{C}$ 亦可一次求出，因 $\boldsymbol{CAB}=\boldsymbol{E},\boldsymbol{CEA}(-\boldsymbol{E})\boldsymbol{B}=-\boldsymbol{E},\boldsymbol{A}=\boldsymbol{C}^{-1}(-\boldsymbol{E})\boldsymbol{B}^{-1}(-\boldsymbol{E}),\boldsymbol{A}^{-1}=\boldsymbol{BC}$. 所以，对矩阵 $\begin{pmatrix}-\boldsymbol{E}&\boldsymbol{0}\\\boldsymbol{A}&\boldsymbol{E}\end{pmatrix}$ 进行初等变换化为 $\begin{pmatrix}\boldsymbol{B}&\boldsymbol{0}\\-\boldsymbol{E}&\boldsymbol{C}\end{pmatrix}\to\begin{pmatrix}\boldsymbol{0}&\boldsymbol{BC}\\-\boldsymbol{E}&\boldsymbol{C}\end{pmatrix}$，$\boldsymbol{BC}=\boldsymbol{A}^{-1}$.

③ "行"初等变换法

若 $\boldsymbol{A}$ 可逆，对 $\boldsymbol{A}$ 的行进行初等变换可以化为单位矩阵，即有 $\boldsymbol{Q}_m\boldsymbol{Q}_{m-1}\cdots\boldsymbol{Q}_1\boldsymbol{A}=\boldsymbol{E}$，其中 $\boldsymbol{Q}_i$ 为初等矩阵.

$$\boldsymbol{A}=\boldsymbol{Q}_1^{-1}\boldsymbol{Q}_2^{-1}\cdots\boldsymbol{Q}_m^{-1},\boldsymbol{A}^{-1}=\boldsymbol{Q}_m\boldsymbol{Q}_{m-1}\cdots\boldsymbol{Q}_1.$$

这里只需对矩阵 $(\boldsymbol{A},\boldsymbol{E})$ 的行进行初等变换化为 $(\boldsymbol{E},\boldsymbol{C})$，即可求出 $\boldsymbol{A}^{-1}=\boldsymbol{C}$.

④ "列"初等变换法

同上的道理，对 $\begin{pmatrix}\boldsymbol{A}\\\boldsymbol{E}\end{pmatrix}\xrightarrow{\text{列变换}}\begin{pmatrix}\boldsymbol{E}\\\boldsymbol{D}\end{pmatrix}$，则 $\boldsymbol{A}^{-1}=\boldsymbol{D}$.

(6) 有关其他性质

① $(\boldsymbol{AB})^*=\boldsymbol{B}^*\boldsymbol{A}^*$； ② $(\boldsymbol{A}^*)'=(\boldsymbol{A}')^*$；

③ $|\boldsymbol{A}^*|=|\boldsymbol{A}|^{n-1}$； ④ $(\boldsymbol{A}^*)^{-1}=(\boldsymbol{A}^{-1})^*$；

⑤ $(\boldsymbol{A}^{-1})'=(\boldsymbol{A}')^{-1}$； ⑥ $(\boldsymbol{A}^*)^*=|\boldsymbol{A}|^{n-2}\boldsymbol{A}$；

⑦ $|\boldsymbol{A}^{-1}|=|\boldsymbol{A}|^{-1}$.

这里只证①与⑥，其余的自己证明.

①的证明：设 $\boldsymbol{A}=(a_{ij}),\boldsymbol{B}=(b_{ij}),\boldsymbol{AB}=\boldsymbol{G}=(g_{ij})$，$g_{ij}=\sum_{k=1}^{n}a_{ik}b_{kj}$，$\boldsymbol{G}^*$ 的第 i 行第 j 列的元素为 G_{ji}.

$$\begin{aligned}G_{ji}&=(-1)^{j+i}\det\boldsymbol{G}\begin{pmatrix}1,\cdots,j-1,j+1,\cdots,n\\1,\cdots,i-1,i+1,\cdots,n\end{pmatrix}\\&=(-1)^{j+i}\sum_{h_1\cdots h_{n-1}}\det\boldsymbol{A}\begin{pmatrix}1,\cdots,j-1,j+1,\cdots,n\\h_1,h_2,\cdots,h_{n-1}\end{pmatrix}\det\boldsymbol{B}\begin{pmatrix}h_1,h_2,\cdots,h_{n-1}\\1,\cdots,i-1,i+1,\cdots,n\end{pmatrix},\end{aligned}$$

($h_1,\cdots,h_{n-1}$ 是在 $1,2,\cdots n$ 中取 $n-1$ 个的组合).

$$=(-1)^{j+1}\det\boldsymbol{A}\begin{pmatrix}1,\cdots,j-1,j+1,\cdots,n\\2,3,\cdots,n\end{pmatrix}(-1)^{i+1}\det\boldsymbol{B}\begin{pmatrix}2,3,\cdots,n\\1,\cdots,i-1,i+1,\cdots,n\end{pmatrix}$$

$$+\cdots+(-1)^{j+n}\det\boldsymbol{A}\begin{pmatrix}1,\cdots,j-1,j+1,\cdots,n\\1,2,\cdots,n-1\end{pmatrix}(-1)^{i+n}\det\boldsymbol{B}\begin{pmatrix}1,2,\cdots,n-1\\1,\cdots,i-1,i+1,\cdots,n\end{pmatrix}$$

$$=\sum_{k=1}^{n}\boldsymbol{A}_{jk}\boldsymbol{B}_{ki}.$$

此即 $\boldsymbol{B}^*$ 的第 i 行与 $\boldsymbol{A}^*$ 的第 j 列相应元素乘积之和,所以$(\boldsymbol{AB})^*=\boldsymbol{G}^*=\boldsymbol{B}^*\boldsymbol{A}^*$.

⑥的证明:若 $|\boldsymbol{A}|\neq 0$,则 $\boldsymbol{A}^*\neq\boldsymbol{0}$,$\boldsymbol{A}^*=|\boldsymbol{A}|\boldsymbol{A}^{-1}$,从而,

$$(\boldsymbol{A}^*)^*=|\boldsymbol{A}^*|(\boldsymbol{A}^*)^{-1}=|\boldsymbol{A}|^{n-1}(|\boldsymbol{A}|\boldsymbol{A}^{-1})^{-1}$$
$$=|\boldsymbol{A}|^{n-1}|\boldsymbol{A}|^{-1}\boldsymbol{A}=|\boldsymbol{A}|^{n-2}\boldsymbol{A}.$$

若 $|\boldsymbol{A}|=0$,则秩$(\boldsymbol{A})^*\leqslant 1$,从而$(\boldsymbol{A}^*)^*=\boldsymbol{0}$,这时,$(\boldsymbol{A}^*)^*=|\boldsymbol{A}|^{n-2}\boldsymbol{A}$,亦成立.

2. 矩阵的广义逆

若 $\boldsymbol{A}$ 可逆,可用 Gramer 法则解 $\boldsymbol{AX}=\boldsymbol{b}$. 如果对一般矩阵 $\boldsymbol{A}$,希望从理论上研究 $\boldsymbol{AX}=\boldsymbol{b}$,讨论最小二乘解,求极小范数,那么须对逆矩阵的概念拓广.

若 $\boldsymbol{ABA}=\boldsymbol{A}$,称 $\boldsymbol{B}$ 为 $\boldsymbol{A}$ 的一个"减号逆",记 $\boldsymbol{B}=\boldsymbol{A}^-$.

定理 若 $R(\boldsymbol{A})=r$,$\boldsymbol{PAQ}=\begin{pmatrix}\boldsymbol{E}_r & \boldsymbol{0}\\ \boldsymbol{0} & \boldsymbol{0}\end{pmatrix}$,则

$$\boldsymbol{A}^-=\boldsymbol{Q}\begin{pmatrix}\boldsymbol{E}_r & \boldsymbol{C}\\ \boldsymbol{D} & \boldsymbol{F}\end{pmatrix}\boldsymbol{P},$$

其中 $\boldsymbol{C},\boldsymbol{D},\boldsymbol{F}$ 为任意合型的矩阵.

$\boldsymbol{A}$ 的"减号逆"一般不唯一. 若 $\boldsymbol{A}$ 可逆,则 $\boldsymbol{A}^-=\boldsymbol{A}^{-1}$ 是唯一的.

【例 4.1】 设 $\boldsymbol{B}=\boldsymbol{PAQ}$,$\boldsymbol{P}$,$\boldsymbol{Q}$ 为可逆矩阵,证明:$\boldsymbol{B}^-=\boldsymbol{Q}^{-1}\boldsymbol{A}^-\boldsymbol{P}^{-1}$.

证 因 $\boldsymbol{BQ}^{-1}\boldsymbol{A}^-\boldsymbol{P}^{-1}\boldsymbol{B}=\boldsymbol{PAA}^-\boldsymbol{AQ}=\boldsymbol{PAQ}=\boldsymbol{B}$,证毕.

【例 4.2】 设 $\boldsymbol{AX}=\boldsymbol{b}$ 可解,证明 $\boldsymbol{B}=\boldsymbol{A}^-\Leftrightarrow\boldsymbol{Bb}$ 为 $\boldsymbol{AX}=\boldsymbol{b}$ 的解.

证 ($\Rightarrow$)设 $\boldsymbol{b}=\boldsymbol{AX}_0$,故 $\boldsymbol{ABb}=\boldsymbol{AA}^-\boldsymbol{AX}_0=\boldsymbol{AX}_0=\boldsymbol{b}$,

因此,$\boldsymbol{Bb}$ 是一个解.

($\Leftarrow$)$\forall\,\boldsymbol{y}\in R^n$,$\boldsymbol{b}=\boldsymbol{Ay}$ 都有解 $\boldsymbol{y}=\boldsymbol{Bb}$,即 $\boldsymbol{ABb}=\boldsymbol{b}$,故 $\boldsymbol{ABAy}=\boldsymbol{Ay}$ 对 $\forall\,\boldsymbol{y}\in R^n$ 成立,得

$$\boldsymbol{ABA}=\boldsymbol{A},\boldsymbol{B}=\boldsymbol{A}^-.$$

【例 4.3】 求 $\boldsymbol{A}=\begin{pmatrix}2&1&0&1\\1&0&1&1\\1&0&1&1\end{pmatrix}$ 的减号逆 $\boldsymbol{A}^-$.

解 $$\boldsymbol{A}\xrightarrow[\boldsymbol{P}(2,1(-2))]{\substack{\boldsymbol{P}(2,1)\\ \boldsymbol{P}(3,1(-1))}}\begin{pmatrix}1&0&1&1\\0&1&-2&-1\\0&0&0&0\end{pmatrix}=\begin{pmatrix}1&0&0&0\\0&1&0&0\\0&0&0&0\end{pmatrix}\begin{pmatrix}1&0&1&1\\0&1&-2&-1\\0&0&1&0\\0&0&0&1\end{pmatrix},$$

$$\begin{pmatrix}0&1&0\\1&-2&0\\0&-1&1\end{pmatrix}A\begin{pmatrix}1&0&-1&-1\\0&1&2&1\\0&0&1&0\\0&0&0&1\end{pmatrix}=\begin{pmatrix}E_2&\mathbf{0}\\\mathbf{0}&\mathbf{0}\end{pmatrix},$$

$$A^{-}=\begin{pmatrix}1&0&-1&-1\\0&1&2&1\\0&0&1&0\\0&0&0&1\end{pmatrix}\begin{pmatrix}1&0&a\\0&1&b\\c&d&e\\f&g&h\end{pmatrix}\begin{pmatrix}0&1&0\\1&-2&0\\0&-1&1\end{pmatrix}.$$

第五节 矩阵的特征值与特征向量

1. 特征值与特征向量的定义

设 $A=(a_{ij})$是数域 P 上的 n 阶矩阵,λ 是一个文字.

$$\lambda E-A=\begin{pmatrix}\lambda-a_{11}&-a_{12}&\cdots&-a_{1n}\\-a_{21}&\lambda-a_{22}&\cdots&-a_{2n}\\\vdots&\vdots&&\vdots\\-a_{n1}&-a_{n2}&\cdots&\lambda-a_{nn}\end{pmatrix}$$

叫作 A 的特征矩阵,$f_A(\lambda)=|\lambda E-A|$叫作 A 的特征多项式. $f_A(\lambda)$在数域 P 中的根叫作 A 的特征值或特征根.

设 λ_1 是 A 的一个特征值,齐次线性方程组

$$(\lambda_1 E-A)X=\mathbf{0}$$

的非零解叫作 A 的属于特征值 λ_1 的一个特征向量.

设 $\alpha=(x_1,x_2,\cdots,x_n)'$是 A 的属于特征值 λ_1 的特征向量,则 $\alpha\neq\mathbf{0}$,且

$$(\lambda_1 E-A)\begin{pmatrix}x_1\\x_2\\\vdots\\x_n\end{pmatrix}=\mathbf{0},$$

或

$$A\begin{pmatrix}x_1\\x_2\\\vdots\\x_n\end{pmatrix}=\lambda\begin{pmatrix}x_1\\x_2\\\vdots\\x_n\end{pmatrix},(\text{即 } A\alpha=\lambda\alpha).$$

2. 零化多项式,最小多项式

设 $\varphi(x)\in P[x]$,$A\in P^{n\times n}$,若 $\varphi(x)\neq 0$,但 $\varphi(A)=0$,就称 $\varphi(x)$是 A 的一个零化多项式. 首项系数为 1 的 A 的次数最低的零化多项式叫作 A 的最小多项式,记为 $m_A(\lambda)$.(故有

$m_A(\mathbf{A})=0$)

3. 特征多项式的性质

定理 1 设 $\mathbf{A}\in P^{n\times n}$,则

$$f_A(\lambda)=|\lambda\mathbf{E}-\mathbf{A}|$$
$$=\lambda^n-tr(\mathbf{A})\lambda^{n-1}+\cdots+(-1)^{n-k}\sigma_{n-k}\lambda^k+\cdots+(-1)^n|\mathbf{A}|$$
$$=\lambda^n+\sum_{k=1}^{n}(-1)^k\sigma_k\lambda^{n-k},$$

其中 σ_k 是 $\mathbf{A}$ 的所有 k 阶主子式的和.

推论 1 设 $\mathbf{A}$ 的 n 个特征值为 $\lambda_1,\lambda_2,\cdots,\lambda_n$,则 $\lambda_1,\lambda_2,\cdots,\lambda_n$ 的初等对称多项式 σ_k 即为 $\mathbf{A}$ 的所有 k 阶主子式的和,特别

$$\sigma_1=\lambda_1+\lambda_2+\cdots+\lambda_n=a_{11}+a_{22}+\cdots+a_{nn}=tr(\mathbf{A}),$$
$$\sigma_n=\lambda_1\lambda_2\cdots\lambda_n=|\mathbf{A}|.$$

推论 2 $\mathbf{A}$ 非退化$\Leftrightarrow\lambda_i$ 均不为零,$i=1,2,\cdots,n$.

推论 3 若 $R(\mathbf{A})=r(r<n)$,则 $f_A(\lambda)$的零根至少是 $n-r$ 重重根.

推论 4 若 $R(\mathbf{A})=r<n-1$,则 $\mathbf{A}^*$ 的特征值全为零;若 $R(\mathbf{A})=r=n-1$,则 $\mathbf{A}^*$ 的 n 个特征值至少有 $n-1$ 个为零.

定理 2(Hamilton-Caylay) 设 $\mathbf{A}\in P^{n\times n}$,则 $f_A(\mathbf{A})=0$.

注:$f_A(\lambda)$是 $\mathbf{A}$ 的一个 n 次零化多项式.

定理 3 $f(\lambda)$是 $\mathbf{A}$ 的零化多项式$\Leftrightarrow m_A(\lambda)\mid f(\lambda)$.

推论 5 $m_A(\lambda)$只能是 $f_A(\lambda)$的因式.

注:求 $m_A(\lambda)$,只要在 $f_A(\lambda)$的因式中去找.

推论 6 $\mathbf{A}$ 的最小多项式是唯一的.

推论 7 设 $\mathbf{A}\in P^{n\times n}$,则 $\partial(m_A(\lambda))\leqslant n$.

推论 8 $m_A(\lambda)$的根都是 $\mathbf{A}$ 的特征值.

定理 4 $\mathbf{A}$ 的特征值也是 $m_A(\lambda)$的根.

推论 9 若 n 阶方阵 $\mathbf{A}$ 的 n 个特征值互异,则 $m_A(\lambda)=f_A(\lambda)$.

定理 5 设 $\mathbf{A}$ 是准对角阵,

$$\mathbf{A}=\begin{pmatrix}\mathbf{A}_1 & & & \\ & \mathbf{A}_2 & & \\ & & \ddots & \\ & & & \mathbf{A}_k\end{pmatrix},$$

其中 $\mathbf{A}_i$ 为 n_i 阶矩阵,则

(1) $f_A(\lambda)=f_{A_1}(\lambda)f_{A_2}(\lambda)\cdots f_{A_k}(\lambda)$;

(2) $m_A(\lambda)=[m_{A_1}(\lambda),m_{A_2}(\lambda),\cdots,m_{A_k}(\lambda)]$.

定理 6 $\mathbf{A}$ 与 $\mathbf{A}'$有相同的特征多项式与最小多项式.

定理 7 设 n 阶方阵 $\mathbf{A}$ 的 n 个特征值是 $\lambda_1,\lambda_2,\cdots,\lambda_n$,$f(x)$是 x 的任一多项式,则 $f(\lambda_1),f(\lambda_2),\cdots,f(\lambda_n)$是 $f(\mathbf{A})$的 n 个特征值.

推论 10 kA 的 n 个特征值是 $k\lambda_1, k\lambda_2, \cdots, k\lambda_n$.

推论 11 A^m 的 n 个特征值是 $\lambda_1^m, \lambda_2^m, \cdots, \lambda_n^m$，这里 m 是非负整数.

定理 8 非退化矩阵 A 的 n 个特征值 $\lambda_1, \lambda_2, \cdots, \lambda_n$ 都不为零，而且 A^{-1} 的 n 个特征值为 $\frac{1}{\lambda_1}, \frac{1}{\lambda_2}, \cdots, \frac{1}{\lambda_n}$.

推论 12 若 A 是可逆矩阵，对任何整数 m，A^m 的 n 个特征值是 $\lambda_1^m, \lambda_2^m, \cdots, \lambda_n^m$.

推论 13 若 A 是可逆矩阵，A^* 的 n 个特征值是 $\frac{|A|}{\lambda_1}, \frac{|A|}{\lambda_2}, \cdots, \frac{|A|}{\lambda_n}$.

定理 9 相似矩阵有相同的特征多项式与最小多项式.

注：有相同特征多项式与最小多项式的两个矩阵未必相似.

定理 10 矩阵 A 的属于不同特征值的特征向量必线性无关.

【例 5.1】 若 n 阶实方阵 A 的行列式为 d，A 的特征值全为实数，且 $E-A$ 的特征值的绝对值小于 1，试证：$0<d<2^n$.

证 令 $f(x)=1-x$，则 $f(A)=E-A$.

设 A 的特征值为 $\lambda_1, \lambda_2, \cdots, \lambda_n$，于是，$E-A$ 的特征值为

$$f(\lambda_i)=1-\lambda_i, i=1,2,\cdots,n.$$

由已知，$|1-\lambda_i|<1$，故 $0<\lambda_i<2$. 因 $|A|=d=\lambda_1\lambda_2\cdots\lambda_n$，所以 $0<d<2^n$.

【例 5.2】 设 n 阶非负矩阵 $A=(a_{ij})$，$a_{ij}\geqslant 0, i,j=1,2,\cdots,n$. 若对任意 i，有 $a_{i1}+a_{i2}+\cdots+a_{in}=1(i=1,2,\cdots,n)$（这样的 A 称为概率矩阵）. 试证：

(1) A 必有特征值 1，并求出属于特征值 1 的一个特征向量；

(2) A 的所有实特征值的绝对值均不大于 1.

证 (1) 因为

$$|1\cdot E-A|=\begin{vmatrix} 1-a_{11} & -a_{12} & \cdots & -a_{1n} \\ -a_{21} & 1-a_{22} & \cdots & -a_{2n} \\ \vdots & \vdots & & \vdots \\ -a_{n1} & -a_{n2} & \cdots & 1-a_{nn} \end{vmatrix}$$

$$=\begin{vmatrix} 0 & -a_{12} & \cdots & -a_{1n} \\ 0 & 1-a_{22} & \cdots & -a_{2n} \\ \vdots & \vdots & & \vdots \\ 0 & -a_{n2} & \cdots & 1-a_{nn} \end{vmatrix}=0,$$

所以，1 是 A 的一个特征值.

显然，

$$\begin{pmatrix} a_{11} & a_{12} & \cdots & a_{1n} \\ a_{21} & a_{22} & \cdots & a_{2n} \\ \vdots & \vdots & & \vdots \\ a_{n1} & a_{n2} & \cdots & a_{nn} \end{pmatrix}\begin{pmatrix} 1 \\ 1 \\ \vdots \\ 1 \end{pmatrix}=1\cdot\begin{pmatrix} 1 \\ 1 \\ \vdots \\ 1 \end{pmatrix},$$

即 $\boldsymbol{a}=(1,1,\cdots,1)'$ 是 A 的属于特征值 1 的一个特征向量.

(2) 设 λ_i 是 A 的任一实特征值. 若 $\lambda_i>1$，则

$$\lambda_i E-A=\begin{pmatrix} \lambda_i-a_{11} & -a_{12} & \cdots & -a_{1n} \\ -a_{21} & \lambda_i-a_{22} & \cdots & -a_{2n} \\ \vdots & \vdots & & \vdots \\ -a_{n1} & -a_{n2} & \cdots & \lambda_i-a_{nn} \end{pmatrix}.$$

由于 $\lambda_i>1,\sum_{j=1}^{n}a_{ij}=1,\lambda_i-\sum_{j=1}^{n}a_{ij}=(\lambda_i-a_{ii})-\sum_{j\neq i}a_{ij}>0$. 故

$$|\lambda_i-a_{ii}|>\sum_{j\neq i}a_{ij}.$$

于是,$\lambda_i E-A$ 是严格对角占优阵,所以 $|\lambda_i E-A|\neq 0$,从而 λ_i 不是 A 的特征值,矛盾. 所以 $\lambda_i\leqslant 1$. 同样可证,$\lambda_i\geqslant -1$. 总之,$|\lambda_i|\leqslant 1$.

【例 5.2】 设 n 阶方阵 $A=(a_{ij})$ 的特征值为 $\lambda_1,\lambda_2,\cdots,\lambda_n$,证明:

$$\sum_{i=1}^{n}\lambda_i^2=\sum_{i=1}^{n}\sum_{j=1}^{n}a_{ij}a_{ji}.$$

证 因 A 的 n 个特征值为 $\lambda_1,\lambda_2,\cdots,\lambda_n$,于是 A^2 的 n 个特征值为 $\lambda_1^2,\lambda_2^2,\cdots,\lambda_n^2$,故

$$\sum_{i=1}^{n}\lambda_i^2=tr(A^2).$$

因 A^2 的主对角线上的元素 $c_{ii}=\sum_{j=1}^{n}a_{ij}a_{ji},i=1,2,\cdots,n$,所以

$$tr(A^2)=\sum_{i=1}^{n}c_{ii}=\sum_{i=1}^{n}\sum_{j=1}^{n}a_{ij}a_{ji},$$

故

$$\sum_{i=1}^{n}\lambda_i^2=\sum_{i=1}^{n}\sum_{j=1}^{n}a_{ij}a_{ji}.$$

【例 5.4】 设 n 阶实方阵 A 的特征值全是实数,且 A 的所有一阶主子式之和为零,二阶主子式之和也为零,求证:$A^n=0$.

证 设 $\lambda_1,\lambda_2,\cdots,\lambda_n$ 是 A 的 n 个特征值,由已知,$\sigma_1=tr(A)=0$,于是

$$\sum_{i=1}^{n}\lambda_i=tr(A)=\sigma_1=0.$$

又已知 $\sigma_2=0$,而 $\sigma_2=\sum_{i,j}\lambda_i\lambda_j$,按牛顿公式,

$$s_2=\sigma_1^2-2\sigma_2,$$

即

$$\sum_{i=1}^{n}\lambda_1^2=\sigma_1^2-2\sigma_2=0.$$

由于 $\lambda_i(i=1,2,\cdots,n)$ 都是实数,故 $\lambda_i=0,i=1,2,\cdots,n$. 于是 $f_A(\lambda)=\lambda^n$,按 Hamilton-Caylay 定理,有 $A^n=0$.

【例 5.5】 设 A 是复数域 C 上的 n 阶方阵,$f(x)\in C[x]$,证明:$f(A)$ 非奇异 $\Leftrightarrow (f(x),f_A(x))=1$.

证 ($\Rightarrow$)设 A 的 n 个特征值为 $\lambda_1,\lambda_2,\cdots,\lambda_n$,于是 $f(A)$ 的 n 个特征值为 $f(\lambda_1),f(\lambda_2),\cdots,f(\lambda_n)$,而

$$f_A(x)=(x-\lambda_1)(x-\lambda_2)\cdots(x-\lambda_n).$$

若 $f(x)$ 与 $f_A(x)$ 在 **C** 上不互素，则必有一次以上的公因式，故 $f(x)$ 与 $f_A(x)$ 至少有一个公根. 不妨设为 λ_j，于是 $f(\lambda_j)=0$. 所以，

$$|f(\boldsymbol{A})|=f(\lambda_1)\cdots f(\lambda_j)\cdots f(\lambda_n)=0,$$

即 $f(\boldsymbol{A})$ 是奇异的，与 $f(\boldsymbol{A})$ 非奇异矛盾. 所以

$$(f(x),f_A(x))=1.$$

$(\Leftarrow)$ 若 $(f(x),f_A(x))=1$，则存在 $u(x),v(x)\in C[x]$，使

$$f(x)u(x)+f_A(x)v(x)=1.$$

于是

$$f(\boldsymbol{A})u(\boldsymbol{A})+f_A(\boldsymbol{A})v(\boldsymbol{A})=\boldsymbol{E}.$$

由 $f_A(\boldsymbol{A})=\boldsymbol{0}$，上式即为

$$f(\boldsymbol{A})u(\boldsymbol{A})=\boldsymbol{E},$$

所以 $f(\boldsymbol{A})$ 可逆，即 $f(\boldsymbol{A})$ 非奇异.

【例 5.6】 已知 $\boldsymbol{A},\boldsymbol{B}$ 都是 n 阶非零矩阵，且 $\boldsymbol{A}^2=\boldsymbol{A},\boldsymbol{B}^2=\boldsymbol{B},\boldsymbol{AB}=\boldsymbol{BA}=\boldsymbol{0},n\geqslant 3$. 证明：0 与 1 必是 $\boldsymbol{A}$ 与 $\boldsymbol{B}$ 的特征值，并且若 $\boldsymbol{X}$ 是 $\boldsymbol{A}$ 的属于 $\lambda=1$ 的特征向量，则 $\boldsymbol{X}$ 必是 $\boldsymbol{B}$ 的属于 0 的特征向量.

证 由 $\boldsymbol{A}^2=\boldsymbol{A}$ 得 $(\boldsymbol{A}-\boldsymbol{E})\boldsymbol{A}=\boldsymbol{0}$. 因 $\boldsymbol{A}\neq 0$，所以齐次线性方程组 $(\boldsymbol{A}-\boldsymbol{E})\boldsymbol{X}=0$ 有非零解. 于是 $|\boldsymbol{A}-\boldsymbol{E}|=0$，所以

$$|1\cdot\boldsymbol{E}-\boldsymbol{A}|=|-(\boldsymbol{A}-\boldsymbol{E})|=(-1)^n|\boldsymbol{A}-\boldsymbol{E}|=0,$$

故 1 是 $\boldsymbol{A}$ 的一个特征值.

因 $\boldsymbol{AB}=\boldsymbol{0},\boldsymbol{B}\neq 0$，故 $\boldsymbol{AX}=0$ 有非零解，于是 $|\boldsymbol{A}|=0$. 所以 $|0\boldsymbol{E}-\boldsymbol{A}|=0$，即 0 是 $\boldsymbol{A}$ 的一个特征值.

同样可证，0 与 1 是 $\boldsymbol{B}$ 的特征值.

设 $\boldsymbol{X}$ 是 $\boldsymbol{A}$ 的属于特征值 $\lambda=1$ 的特征向量，于是 $\boldsymbol{AX}=\boldsymbol{X}$，由此可得

$$\boldsymbol{B}(\boldsymbol{AX})=\boldsymbol{BX}.$$

因 $\boldsymbol{BA}=\boldsymbol{0}$，所以

$$\boldsymbol{BX}=0=0\boldsymbol{X}.$$

即 $\boldsymbol{X}$ 是 $\boldsymbol{B}$ 的属于特征值 0 的特征向量.

【例 5.7】 设 $\boldsymbol{A},\boldsymbol{B}$ 都是复数域 **C** 上的 n 阶方阵，若 $f_A(\lambda)$ 的 n 个根均不相同，则 $\boldsymbol{A}$ 的特征向量也是 $\boldsymbol{B}$ 的特征向量的充要条件是 $\boldsymbol{AB}=\boldsymbol{BA}$.

证 设 $f_A(\lambda)$ 的 n 个相异的根为 $\lambda_1,\lambda_2,\cdots,\lambda_n$，而 $\boldsymbol{a}_1,\boldsymbol{a}_2,\cdots,\boldsymbol{a}_n$ 是相应的特征向量，故线性无关，且

$$\boldsymbol{A}\boldsymbol{a}_i=\lambda_i\boldsymbol{a}_i,i=1,2,\cdots,n.$$

$(\Rightarrow)$ 若 $\boldsymbol{a}_1,\boldsymbol{a}_2,\cdots,\boldsymbol{a}_n$ 也是 $\boldsymbol{B}$ 的特征向量，且分别属于 $\boldsymbol{B}$ 的特征值 $\mu_1,\mu_2,\cdots,\mu_n$，即 $\boldsymbol{B}\boldsymbol{a}_i=\mu_i\boldsymbol{a}_i,i=1,2,\cdots,n$.

于是，

$$\begin{aligned}(\boldsymbol{AB}-\boldsymbol{BA})\boldsymbol{a}_i&=\boldsymbol{AB}\boldsymbol{a}_i-\boldsymbol{BA}\boldsymbol{a}_i=\boldsymbol{A}(\boldsymbol{B}\boldsymbol{a}_i)-\boldsymbol{B}(\boldsymbol{A}\boldsymbol{a}_i)\\&=\boldsymbol{A}(\mu_i\boldsymbol{a}_i)-\boldsymbol{B}(\lambda_i\boldsymbol{a}_i)=\mu_i\boldsymbol{A}\boldsymbol{a}_i-\lambda_i\boldsymbol{B}\boldsymbol{a}_i\\&=\mu_i\lambda_i\boldsymbol{a}_i-\lambda_i\mu_i\boldsymbol{a}_i=0,i=1,2,\cdots,n.\end{aligned}$$

所以，齐次线性方程组 $(\boldsymbol{AB}-\boldsymbol{BA})\boldsymbol{X}=\boldsymbol{0}$ 有 n 个线性无关的解，故 $\boldsymbol{AB}-\boldsymbol{BA}=0$，

从而 $AB=BA$.

【例 5.8】 设 A,B 均是 n 阶矩阵，证明：AB 与 BA 有相同的特征值.

证 设 λ_0 是 AB 的特征值，X_0 是 AB 属于 λ_0 的特征向量，于是

$$ABX_0=\lambda_0 X_0 \tag{Ⅰ}$$

若 $\lambda_0\neq 0$，由(Ⅰ)得 $BA(BX_0)=\lambda_0(BX_0)$，　　(Ⅱ)

这里 $BX_0\neq \mathbf{0}$. 其实，若 $BX_0=\mathbf{0}$，由(Ⅰ)将得 $\lambda_0 X_0=\mathbf{0}$，于是 $\lambda_0=0$ 或 $X_0=\mathbf{0}$，这都与设定矛盾. 故 $BX_0\neq\mathbf{0}$. 因此，由(Ⅱ)知 λ_0 是 BA 的一个特征值.

若 $\lambda_0=0$，则有

$$|0E-AB|=|-AB|=|-BA|=|0E-BA|=0,$$

于是，0 是 BA 的特征值.

同样可证，λ_0 是 BA 的特征值时，也是 AB 的特征值.

所以，AB 与 BA 有相同的特征值.

【例 5.9】 设 A,B 是任意两个 n 阶方阵，证明：AB 与 BA 有相同的特征多项式.

证 因 $\begin{pmatrix} E_n & -A \\ \mathbf{0} & E_n \end{pmatrix}\begin{pmatrix} \lambda E_n & A \\ B & E_n \end{pmatrix}=\begin{pmatrix} \lambda E_n-AB & \mathbf{0} \\ B & E_n \end{pmatrix}$，　　(Ⅰ)

$$\begin{pmatrix} \lambda E_n & A \\ B & E_n \end{pmatrix}\begin{pmatrix} E_n & -A \\ \mathbf{0} & \lambda E_n \end{pmatrix}=\begin{pmatrix} \lambda E_n & \mathbf{0} \\ B & \lambda E_n-BA \end{pmatrix}. \tag{Ⅱ}$$

由(Ⅰ)得 $\begin{vmatrix} \lambda E_n & A \\ B & E_n \end{vmatrix}=|\lambda E_n-AB|$，

由(Ⅱ)得 $\lambda^n\begin{vmatrix} \lambda E_n & A \\ B & E_n \end{vmatrix}=\lambda^n|\lambda E_n-BA|$.

所以，$\begin{vmatrix} \lambda E_n & A \\ B & E_n \end{vmatrix}=|\lambda E_n-BA|$.

故 $|\lambda E_n-AB|=|\lambda E_n-BA|$.

【例 5.10】 设 $n\geqslant 2$，E 表示 n 阶单位阵，u,v 表示 $n\times 1$ 实矩阵，求 $E-uv'$ 的全部特征值.

解 $uv'=\mathbf{0}$ 时，$E-uv'=E$ 的全部特征值为 1(n 重).

若 $uv'\neq\mathbf{0}$，令 $A=uv'$，则 $R(A)\geqslant 1$. 又

$$R(A)=R(uv')\leqslant R(v)=1,$$

所以，$R(A)=1$，于是由推论，A 有零特征值，至少是 $n-1$ 重. 因

$$E-uv'=E-A,$$

令 $f(x)=1-x$，则有

$$f(A)=E-A.$$

于是，若 A 的特征值全为零(即 n 重)，则 $E-uv'$ 的全部特征值为 1(n 重)；若 A 的特征值为零($n-1$ 重)与 λ_0，则 $\lambda_0=tr(uv')$，于是 $E-uv'$ 的全部特征值为 1($n-1$ 重)与 λ_0.

第六节 矩阵的相似与可对角化

1. 矩阵相似的定义与性质

① 设 $\boldsymbol{A},\boldsymbol{B}$ 为数域 P 上两个 n 阶矩阵，如果可以找到数域 P 上的 n 阶可逆矩阵 $\boldsymbol{X}$，使得 $\boldsymbol{B}=\boldsymbol{X}^{-1}\boldsymbol{A}\boldsymbol{X}$，则称 $\boldsymbol{A}$ 相似于 $\boldsymbol{B}$.

② 矩阵的相似是 $P^{m\times n}$ 中的一个等价关系，故具有自反性、对称性与传递性.

③ 相似的矩阵有相同的特征多项式(从而有相同的特征值，相同的迹与行列式).

2. 可对角化矩阵

① 数域 P 上的 n 阶方阵 $\boldsymbol{A}$，若与数域 P 上的一个对角阵相似，就称矩阵 $\boldsymbol{A}$ 可以对角化.

② 数域 P 上 n 阶方阵 $\boldsymbol{A}$ 可对角化的充要条件是 $\boldsymbol{A}$ 有 n 个线性无关的特征向量.

注：当 $\boldsymbol{A}$ 有 n 个线性无关的特征向量 $\boldsymbol{\alpha}_1,\boldsymbol{\alpha}_2,\cdots,\boldsymbol{\alpha}_n$，且 $\boldsymbol{A}\boldsymbol{\alpha}_i=\lambda_i\boldsymbol{\alpha}_i$，就有

$$\begin{aligned}\boldsymbol{A}(\boldsymbol{\alpha}_1\boldsymbol{\alpha}_2\cdots a_n)&=(\boldsymbol{A}\boldsymbol{\alpha}_1\boldsymbol{A}\boldsymbol{\alpha}_2\cdots\boldsymbol{A}\boldsymbol{\alpha}_n)\\&=(\boldsymbol{\alpha}_1\boldsymbol{\alpha}_2\cdots\boldsymbol{\alpha}_n)\begin{pmatrix}\lambda_1&&&\\&\lambda_2&&\\&&\ddots&\\&&&\lambda_n\end{pmatrix},\end{aligned}$$

故令 $P=(\boldsymbol{\alpha}_1\boldsymbol{\alpha}_2\cdots\boldsymbol{\alpha}_n)$，就有 $\boldsymbol{P}$ 可逆，且

$$\boldsymbol{P}^{-1}\boldsymbol{A}\boldsymbol{P}=\begin{pmatrix}\lambda_1&&&\\&\lambda_2&&\\&&\ddots&\\&&&\lambda_n\end{pmatrix},$$

这里 $\lambda_1,\lambda_2,\cdots,\lambda_n$ 是与 $\boldsymbol{\alpha}_1,\boldsymbol{\alpha}_2,\cdots,\boldsymbol{\alpha}_n$ 相对应的特征值.

③ 数域 P 上 n 阶方阵 $\boldsymbol{A}$，若其特征多项式在数域 P 中有 n 个不同的根，则 $\boldsymbol{A}$ 可以对角化.

④ 数域 P 上 n 阶方阵 $\boldsymbol{A}$ 可以对角化的充要条件是

a. $\boldsymbol{A}$ 的特征值都在数域 P 中；

b. 对于 $\boldsymbol{A}$ 的每一个特征值 λ，若它的重数为 s，有 $n-R(\lambda\boldsymbol{E}-\boldsymbol{A})=s$.

注：特征值 λ 的重数 s 通常称为 λ 的代数重数. 对于特征值 λ，齐次线性方程组 $(\lambda\boldsymbol{E}-\boldsymbol{A})\boldsymbol{X}=\boldsymbol{0}$ 的基础解系所含向量的个数 $t(t=n-R(\lambda\boldsymbol{E}-\boldsymbol{A}))$ 称为 λ 的几何重数. 条件 b 可说成：每个特征值 λ 的代数重数等于其几何重数.

【例 6.1】 设 $\boldsymbol{A}\in P^{n\times n}$，且 $\boldsymbol{A}^2=\boldsymbol{A}$，若 $R(\boldsymbol{A})=r$，$0<r<n$. 证明 $\boldsymbol{A}$ 可对角化.

证 由 $\boldsymbol{A}^2=\boldsymbol{A}$ 知，

$$R(\boldsymbol{A})+R(\boldsymbol{A}-\boldsymbol{E})=n. \tag{1}$$

因 $R(\boldsymbol{A})=r,0<r<n$,有 $\boldsymbol{A}\neq\boldsymbol{0}$,且 $|\boldsymbol{A}|=0$. 所以

$$|0\boldsymbol{E}-\boldsymbol{A}|=|-\boldsymbol{A}|=0,$$

即 0 是 $\boldsymbol{A}$ 的一个特征值,相应的齐次线性方程组 $(0\boldsymbol{E}-\boldsymbol{A})\boldsymbol{X}=\boldsymbol{0}$ 的基础解系有 $n-R(0\boldsymbol{E}-\boldsymbol{A})=n-R(\boldsymbol{A})=n-r$ 个向量. 所以属于特征值 0 有 $n-r$ 个线性无关的特征向量.

因 $R(\boldsymbol{A})=r$ 及(1),得

$$R(\boldsymbol{A}-\boldsymbol{E})=n-r,0<n-r<n.$$

于是 $|\boldsymbol{A}-\boldsymbol{E}|=0$. 所以 $|-(\boldsymbol{E}-\boldsymbol{A})|=(-1)^n|\boldsymbol{E}-\boldsymbol{A}|=0$,故 $|\boldsymbol{E}-\boldsymbol{A}|=0$. 这样 1 也是 $\boldsymbol{A}$ 的特征值. 对于特征值 1,齐次线性方程组

$$(1\cdot\boldsymbol{E}-\boldsymbol{A})\boldsymbol{X}=\boldsymbol{0}$$

的基础解系有 $n-R(\boldsymbol{E}-\boldsymbol{A})=n-(n-r)=r$ 个向量. 所以 $\boldsymbol{A}$ 有 n 个线性无关的特征向量,从而 $\boldsymbol{A}$ 可对角化.

【例 6.2】 证明:非零的幂零矩阵不相似于对角阵.

证 设 $\boldsymbol{A}$ 是非零的 n 阶幂零矩阵,于是有自然数 m,使 $\boldsymbol{A}^m=\boldsymbol{0}$. 若 $\boldsymbol{A}$ 可以相似于对角阵,则有可逆矩阵 $\boldsymbol{X}$,使得

$$\boldsymbol{X}^{-1}\boldsymbol{A}\boldsymbol{X}=\begin{pmatrix}\lambda_1 & & & \\ & \lambda_2 & & \\ & & \ddots & \\ & & & \lambda_n\end{pmatrix}.$$

于是

$$\boldsymbol{X}^{-1}\boldsymbol{A}^m\boldsymbol{X}=\begin{pmatrix}\lambda_1^m & & & \\ & \lambda_2^m & & \\ & & \ddots & \\ & & & \lambda_n^m\end{pmatrix}.$$

由 $\boldsymbol{A}^m=0$,得 $\lambda_i^m=0$,从而 $\lambda_i=0,i=1,2,\cdots,n$. 所以 $\boldsymbol{X}^{-1}\boldsymbol{A}\boldsymbol{X}=\boldsymbol{0}$,故 $\boldsymbol{A}=0$,与 $\boldsymbol{A}\neq 0$ 矛盾. 因此 $\boldsymbol{A}$ 不能相似于对角阵.

【例 6.3】 设 $\boldsymbol{A},\boldsymbol{B}\in P^{m\times n}$,且 $\boldsymbol{AB}=\boldsymbol{BA}$. 若 $\boldsymbol{A}$ 在数域 P 中有 n 个不同的特征值 $\lambda_1,\lambda_2,\cdots,\lambda_n$. 证明:存在可逆矩阵 $\boldsymbol{Q}$,使 $\boldsymbol{Q}^{-1}\boldsymbol{A}\boldsymbol{Q}$ 与 $\boldsymbol{Q}^{-1}\boldsymbol{B}\boldsymbol{Q}$ 皆为对角阵.

证 因 $\boldsymbol{A}$ 在 P 中有 n 个不同的特征值 $\lambda_1,\lambda_2,\cdots,\lambda_n$,故 $\boldsymbol{A}$ 可对角化,即在数域 P 上存在可逆矩阵 $\boldsymbol{Q}$,使

$$\boldsymbol{Q}^{-1}\boldsymbol{A}\boldsymbol{Q}=\begin{pmatrix}\lambda_1 & & & \\ & \lambda_2 & & \\ & & \ddots & \\ & & & \lambda_n\end{pmatrix}.$$

于是

$$\boldsymbol{Q}^{-1}\boldsymbol{A}\boldsymbol{Q}\boldsymbol{Q}^{-1}\boldsymbol{B}\boldsymbol{Q}=\boldsymbol{Q}^{-1}(\boldsymbol{AB})\boldsymbol{Q}=\boldsymbol{Q}^{-1}(\boldsymbol{BA})\boldsymbol{Q}=\boldsymbol{Q}^{-1}\boldsymbol{B}\boldsymbol{Q}\boldsymbol{Q}^{-1}\boldsymbol{A}\boldsymbol{Q},$$

所以 $Q^{-1}BQ$ 与 $Q^{-1}AQ$，即与 $\begin{pmatrix}\lambda_1 & & & \\ & \lambda_2 & & \\ & & \ddots & \\ & & & \lambda_n\end{pmatrix}$ 可交换，而 $i\neq j$ 时，$\lambda_i\neq\lambda_j$. 由此可知，$Q^{-1}BQ$ 是对角阵. 结论得证.

注：由证明可见，$\lambda_1,\lambda_2,\cdots,\lambda_n$ 互不相同是必要的，否则结论不成立. 其实，当 A 可对角化，而 B 与 A 可换时，B 甚至可以不能对角化. 但当 B 也是可对角化时，结论成立.

第七节　特殊矩阵

1. 特殊矩阵的概念

① 若 $A=A'$，A 称为对称矩阵；若 $A=-A'$，A 称为反对称矩阵.

② 一个实矩阵 A，若有 $A'A=E$，A 叫作正交矩阵.

③ 矩阵 A，若 $A^2=E$，A 称为对合矩阵.

④ 矩阵 A，若 $A^2=A$，A 称为幂等矩阵.

⑤ 矩阵 A，若存在正整数 k，使 $A^k=0$，A 称为幂零矩阵.

2. 对称矩阵(反对称矩阵)的性质

① 实对称矩阵的特征值全是实数，属于不同特征值的特征向量彼此正交.

② 实反对称矩阵的特征值全是零或纯虚数.

③ 实矩阵 A 是正交阵，当且仅当 $A'A=E$.

④ 实矩阵 A 是正交阵，当且仅当 $A^{-1}=A'$.

⑤ 实矩阵 A 是正交阵，当且仅当 A 的行(列)向量组是标准正交组.

⑥ 若 A 是正交阵，则 $|A|=\pm 1$.

⑦ (反)对称阵之和、差、数积仍是(反)对称阵，或者说，(反)对称阵的任意线性组合仍是(反)对称阵.

⑧ 两个(反)对称阵 A 与 B 之积，仍为(反)对称阵的充要条件是 $AB=BA$($AB=-BA$).

⑨ 设 k 为非负整数，A 为(反)对称阵，则 A^k 为对称阵(当 k 为奇数时，A^k 为反对称阵；当 k 为偶数时，A^k 为对称阵).

⑩ 对称矩阵 A 的任意多项式 $f(A)$ 仍为对称阵，这里 $f(x)$ 为任意多项式.

⑪ 数域 P 上全体对称(反对称)阵做成线性空间.

⑫ 若 A 为对称阵，则 A^* 为对称阵，当 A 非奇异时，逆命题成立.
若 A 为反对称阵，则当阶数 n 为偶数时，A^* 为反对称阵；当 n 为奇数时，A^* 为对称阵.

⑬ 若对称(反对称)阵 A 可逆，则 A^{-1} 仍为对称(反对称)阵.

⑭ 与对称(反对称)阵合同的阵仍为对称(反对称)阵.

⑮ 方阵 A，则 $A+A'$，AA'，$A'A$ 均为对称阵.

⑯ 奇数阶反对称矩阵的行列式为零，从而反对称阵的秩为偶数.

⑰ 任何矩阵均可唯一地分解为一个对称阵与一个反对称阵之和.

⑱ $\boldsymbol{A}$ 为反对称矩阵⇔对于任意实向量 $\boldsymbol{X}$,均有 $\boldsymbol{X}'\boldsymbol{A}\boldsymbol{X}=\boldsymbol{0}$.

证 (⇐) $\forall \boldsymbol{X},\boldsymbol{X}'\boldsymbol{A}\boldsymbol{X}=\boldsymbol{0}$,令 $\boldsymbol{X}=\boldsymbol{e}_i+\boldsymbol{e}_j$,有

$$(\boldsymbol{e}_i+\boldsymbol{e}_j)^{\mathrm{T}}\boldsymbol{A}(\boldsymbol{e}_i+\boldsymbol{e}_j)=\boldsymbol{e}_i^{\mathrm{T}}\boldsymbol{A}\boldsymbol{e}_i+\boldsymbol{e}_i^{\mathrm{T}}\boldsymbol{A}\boldsymbol{e}_j+\boldsymbol{e}_j^{\mathrm{T}}\boldsymbol{A}\boldsymbol{e}_i+\boldsymbol{e}_j^{\mathrm{T}}\boldsymbol{A}\boldsymbol{e}_j=\boldsymbol{0},$$

$$\boldsymbol{e}_i^{\mathrm{T}}\boldsymbol{A}\boldsymbol{e}_j+\boldsymbol{e}_j^{\mathrm{T}}\boldsymbol{A}\boldsymbol{e}_i=\boldsymbol{0},\boldsymbol{e}_i^{\mathrm{T}}\boldsymbol{A}\boldsymbol{e}_j=-\boldsymbol{e}_j^{\mathrm{T}}\boldsymbol{A}\boldsymbol{e}_i,\text{即 } a_{ij}=-a_{ji}.$$

所以,$\boldsymbol{A}$ 为反对称矩阵.

(⇒)因 $\boldsymbol{X}'\boldsymbol{A}\boldsymbol{X}$ 是一个数,所以,

$$\text{又}(\boldsymbol{X}^{\mathrm{T}}\boldsymbol{A}\boldsymbol{X})^{\mathrm{T}}=\boldsymbol{X}^{\mathrm{T}}\boldsymbol{A}^{\mathrm{T}}\boldsymbol{X}=\boldsymbol{X}^{\mathrm{T}}\boldsymbol{A}\boldsymbol{X}\qquad \forall \boldsymbol{X}\text{ 均成立},$$

又 $\boldsymbol{A}^{\mathrm{T}}=-\boldsymbol{A}$,故 $-\boldsymbol{X}^{\mathrm{T}}\boldsymbol{A}\boldsymbol{X}=\boldsymbol{X}^{\mathrm{T}}\boldsymbol{A}\boldsymbol{X}$,因此,$\boldsymbol{X}^{\mathrm{T}}\boldsymbol{A}\boldsymbol{X}=\boldsymbol{0}$.

3. 上(下)三角矩阵

定义 主对角线下(上)的元素全为零的矩阵,即

当 $i>j(i<j)$ 时,$a_{ij}=0$,称为上(下)三角矩阵;对角线上元素全为 1 的上(下)三角矩阵,称为单位上(下)三角矩阵;对角线上元素全为零的上(下)三角阵称为严格上(下)三角矩阵.

性质 ① 上(下)三角矩阵的和、差、数积、乘积仍为上(下)三角矩阵.即数域 P 上全体上(下)三角矩阵做成有零因子的非交换环,构成数域 P 上的线性空间.

② 上(下)三角矩阵的任一多项式,仍为上(下)三角矩阵.

③ 既是上三角矩阵又是下三角矩阵的矩阵是对角矩阵.

④ 若 $\boldsymbol{A}$ 是上(下)三角矩阵,则 $\boldsymbol{A}^*$ 亦为上(下)三角阵.

证 $\boldsymbol{A}^*=(d_{ij})=(A_{ji})$,$A_{ji}=(-1)^{j+i}M_{ji}$,$M_{ji}$ 为 a_{ji} 在 $\boldsymbol{A}$ 中的余子式.若 $i>j$ 时,M_{ji} 是上三角型的,而 $\boldsymbol{A}$ 中划去第 j 行第 i 列后,$a_{i+1,j}$ 就成为 M_{ji} 的主对角线上的元素.且对角线以下的元素为零.

因 $a_{i+1,j}=0$,所以,$M_{ji}=0$,因而 $A_{ji}=0$,

故 $\boldsymbol{A}^*$ 为上三角矩阵.

⑤ 非奇异阵 $\boldsymbol{A}$ 为上(下)三角阵的充要条件是 $\boldsymbol{A}^{-1}$ 也是上(下)三角阵,且 $\boldsymbol{A}$ 与 $\boldsymbol{A}^{-1}$ 的对角线上相应的元素互为倒数.

⑥ 任意矩阵 $\boldsymbol{A}$,存在非奇异阵 $\boldsymbol{P}$ 与 $\boldsymbol{T}$,上(下)三角阵 $\boldsymbol{Q}$ 与 $\boldsymbol{S}$,使 $\boldsymbol{A}=\boldsymbol{P}\boldsymbol{Q}$ 及 $\boldsymbol{A}=\boldsymbol{S}\boldsymbol{T}$.

注:⑥的证明只需对 $\boldsymbol{A}$ 进行行(或列)初等变换即可.

⑦ 上(下)三角阵非奇异的充要条件是主对角线上元素全非零.

⑧ 两个上(下)三角阵乘积矩阵主对角线上的元素是此两个上(下)三角阵主对角线上元素之积.

【例 7.1】 设 $\boldsymbol{AB}=\boldsymbol{C}$,$\boldsymbol{C}$ 为上(下)三角阵,则当 $\boldsymbol{A}$ 与 $\boldsymbol{B}$ 之一为非奇异的上(下)三角阵时,另一个必为上(下)三角阵.

证 直接验证即可.

【例 7.2】 设 $\boldsymbol{A}$ 的顺序主子式皆非零,则 $\boldsymbol{A}$ 可以分解成一个非退化的下三角阵与一个非退化的上三角阵的乘积,从而 $\boldsymbol{A}$ 可以唯一地分解成 $\boldsymbol{A}=\boldsymbol{LDU}$.其中 $\boldsymbol{L}$ 为单位下三角阵,$\boldsymbol{D}$ 为对角阵,$\boldsymbol{U}$ 为单位上三角阵.(矩阵的三角分解)

证 因 $\boldsymbol{A}$ 的顺序主子式均非零,所以,可对 $\boldsymbol{A}$ 的行施行若干次消法变换,将其化为上三

角阵,即有 $\boldsymbol{A}=\boldsymbol{LS}$. 其中 $\boldsymbol{L}$ 为若干消法矩阵之积,这些消法矩阵 $\boldsymbol{P}(i,j(k))$ 均有 $i>j$,即为下三角的消法矩阵.

因此,$\boldsymbol{L}$ 为单位下三角阵,$\boldsymbol{S}$ 为非退化的上三角阵. 再对 $\boldsymbol{S}$ 的行施以倍法变换可以将其化为单位上三角阵,即有 $\boldsymbol{S}=\boldsymbol{DU}$,其中 $\boldsymbol{D}$ 是若干个倍法矩阵(是对角阵)之积,$\boldsymbol{D}$ 是对角阵,$\boldsymbol{U}$ 是单位上三角阵.

所以,$\boldsymbol{A}=\boldsymbol{LDU}$. 若还有 $\boldsymbol{A}=\boldsymbol{L}_1\boldsymbol{D}_1\boldsymbol{U}_1$ 满足条件,

则 $\boldsymbol{LDU}=\boldsymbol{L}_1\boldsymbol{D}_1\boldsymbol{U}_1$,$\boldsymbol{L}_1^{-1}\boldsymbol{L}=\boldsymbol{D}_1\boldsymbol{U}_1\boldsymbol{U}^{-1}\boldsymbol{D}^{-1}$,该式左端为单位下三角阵,右端为上三角阵. 故必有 $\boldsymbol{L}_1^{-1}\boldsymbol{L}=\boldsymbol{E}$,即 $\boldsymbol{L}_1=\boldsymbol{L}$.

同理,有 $\boldsymbol{U}=\boldsymbol{U}_1$,又有 $\boldsymbol{D}_1=\boldsymbol{D}$.

4. 正交矩阵

定义　若有 $\boldsymbol{AA}'=\boldsymbol{A}'\boldsymbol{A}=\boldsymbol{E}$,称 $\boldsymbol{A}$ 为正交矩阵. ($\boldsymbol{A}\in R^{n\times n}$).

性质　① 全体正交矩阵作成乘群(证略).

② 若 $\boldsymbol{A}$ 是正交阵,则 $\boldsymbol{A}^{\mathrm{T}}$,$\boldsymbol{A}^{-1}$,$\boldsymbol{A}^*$ 均是正交阵(证略).

③ 矩阵 $\boldsymbol{A}$ 是正交阵的充要条件是 $|\boldsymbol{A}|=\pm1$,$|\boldsymbol{A}|=1$ 时,$a_{ij}=\boldsymbol{A}_{ij}$;$|\boldsymbol{A}|=-1$ 时,$a_{ij}=-\boldsymbol{A}_{ij}$.

证　($\Leftarrow$) $|\boldsymbol{A}|=\pm1$,$\boldsymbol{AA}^*=|\boldsymbol{A}|\boldsymbol{E}$.

当 $|\boldsymbol{A}|=1$ 时,$a_{ij}=A_{ij}$,有 $\boldsymbol{A}^*=\boldsymbol{A}'$,$\boldsymbol{A}'\boldsymbol{A}=\boldsymbol{E}$;

当 $|\boldsymbol{A}|=-1$ 时,$a_{ij}=-A_{ij}$,有 $\boldsymbol{A}^*=-\boldsymbol{A}'$,$\boldsymbol{AA}^*=-\boldsymbol{E}$,$-\boldsymbol{AA}'=-\boldsymbol{E}$,故 $\boldsymbol{AA}'=\boldsymbol{E}$.

因此,$\boldsymbol{A}$ 是正交阵.

($\Rightarrow$) $\boldsymbol{A}$ 是正交阵,$\boldsymbol{AA}'=\boldsymbol{E}$,$|\boldsymbol{A}|^2=1$,$|\boldsymbol{A}|=\pm1$,

当 $|\boldsymbol{A}|=1$ 时,$\boldsymbol{AA}^*=\boldsymbol{E}$,$\boldsymbol{A}^*=\boldsymbol{A}^{-1}=\boldsymbol{A}'$,

所以,$A_{ij}=a_{ij}$;

当 $|\boldsymbol{A}|=-1$ 时,$\boldsymbol{AA}^*=-\boldsymbol{E}$,$\boldsymbol{A}^*=-\boldsymbol{A}^{-1}=-\boldsymbol{A}'$,

所以,$\boldsymbol{A}_{ij}=-a_{ij}$.

5. 其他特殊矩阵

对合阵 $\boldsymbol{A}(\boldsymbol{A}^2=\boldsymbol{E})$;幂等阵 $\boldsymbol{A}(\boldsymbol{A}^2=\boldsymbol{A})$;幂零阵 $\boldsymbol{A}(\boldsymbol{A}^k=\boldsymbol{0}(k\geqslant1))$;幂幺阵 $\boldsymbol{A}(\boldsymbol{A}^k=\boldsymbol{E}(k\geqslant2))$.

【例 7.3】　证明:对于任意方阵 $\boldsymbol{A}$ 均可分解为一个非退化矩阵与一个幂等矩阵之积.

证　设 $R(A)=r$,则存在非退化阵 $\boldsymbol{P}$,$\boldsymbol{Q}$ 使

$$\boldsymbol{PAQ}=\begin{pmatrix}\boldsymbol{E}_r & \boldsymbol{0}\\ \boldsymbol{0} & \boldsymbol{0}\end{pmatrix}=\boldsymbol{C},\boldsymbol{C}^2=\boldsymbol{C},$$

$$\boldsymbol{A}=\boldsymbol{P}^{-1}\boldsymbol{CQ}^{-1}=\boldsymbol{P}^{-1}\boldsymbol{Q}^{-1}\boldsymbol{QCQ}^{-1}=\boldsymbol{BR},$$

其中,$\boldsymbol{B}=\boldsymbol{P}^{-1}\boldsymbol{Q}^{-1}$ 非退化,$\boldsymbol{R}=\boldsymbol{QCQ}^{-1}$,$\boldsymbol{R}^2=\boldsymbol{QCQ}^{-1}\boldsymbol{QCQ}^{-1}=\boldsymbol{QC}^2\boldsymbol{Q}^{-1}=\boldsymbol{QCQ}^{-1}=\boldsymbol{R}$,

所以,$\boldsymbol{R}$ 是幂等阵.

【例 7.4】　若 n 阶矩阵 $\boldsymbol{A}$ 满足下列条件中的任何两个,则 $\boldsymbol{A}$ 也满足另一个:① $\boldsymbol{A}$ 是对称矩阵;② $\boldsymbol{A}$ 是正交矩阵;③ $\boldsymbol{A}$ 是对合矩阵.(证略)

【例 7.5】　设 $\boldsymbol{A}=2\boldsymbol{B}-\boldsymbol{E}$,则 $\boldsymbol{A}$ 是对合阵,当且仅当 $\boldsymbol{B}$ 是幂等阵.

证 ($\Rightarrow$)若 $\boldsymbol{A}^2=\boldsymbol{E}$,即 $(2\boldsymbol{B}-\boldsymbol{E})^2=4\boldsymbol{B}^2-4\boldsymbol{B}+\boldsymbol{E}=\boldsymbol{E}$,
必有 $4\boldsymbol{B}^2-4\boldsymbol{B}=\boldsymbol{0}$,即 $\boldsymbol{B}^2=\boldsymbol{B}$.

($\Leftarrow$)若 $\boldsymbol{B}^2=\boldsymbol{B}$,有 $4\boldsymbol{B}^2-4\boldsymbol{B}=\boldsymbol{0}$,
$\boldsymbol{A}^2=(2\boldsymbol{B}-\boldsymbol{E})^2=4\boldsymbol{B}^2-4\boldsymbol{B}+\boldsymbol{E}=\boldsymbol{E}$,即 $\boldsymbol{A}$ 是对合阵.

【例 7.6】 证明秩为 r 的矩阵 $\boldsymbol{A}$ 可以分解为 r 个秩为 1 的矩阵之和.

证 因 $R(A)=r$,则存在非奇异阵 $\boldsymbol{P},\boldsymbol{Q}$,使

$$\boldsymbol{A}=\boldsymbol{P}\begin{pmatrix}\boldsymbol{E}_r & \boldsymbol{0}\\ \boldsymbol{0} & \boldsymbol{0}\end{pmatrix}\boldsymbol{Q}$$

$$=\boldsymbol{P}\left(\begin{pmatrix}1 & & & \\ & 0 & & \\ & & \ddots & \\ & & & 0\end{pmatrix}+\begin{pmatrix}0 & & & \\ & 1 & & \\ & & \ddots & \\ & & & 0\end{pmatrix}+\cdots+\begin{pmatrix}0 & & & & & & \\ & \ddots & & & & & \\ & & 0 & & & & \\ & & & 1 & & & \\ & & & & 0 & & \\ & & & & & \ddots & \\ & & & & & & 1\end{pmatrix}\right)\boldsymbol{Q}$$

$$=\boldsymbol{P}\boldsymbol{E}_{11}\boldsymbol{Q}+\boldsymbol{P}\boldsymbol{E}_{22}\boldsymbol{Q}+\cdots+\boldsymbol{P}\boldsymbol{E}_{rr}\boldsymbol{Q},$$

而 $R(\boldsymbol{P}\boldsymbol{E}_{ii}\boldsymbol{Q})=1,i=1,2,\cdots,r$.

【例 7.7】 证明秩为 r 的矩阵 $\boldsymbol{A}$,可以分解为一个秩为 t 的阵与一个秩为 k 的阵之和,这里 $t+k=r$.

证 同例 7.6

$$\boldsymbol{A}=\boldsymbol{P}\begin{pmatrix}\boldsymbol{E}_r & \boldsymbol{0}\\ \boldsymbol{0} & \boldsymbol{0}\end{pmatrix}\boldsymbol{Q}=\boldsymbol{P}\left[\begin{pmatrix}\boldsymbol{E}_t & \boldsymbol{0}\\ \boldsymbol{0} & \boldsymbol{0}\end{pmatrix}+\begin{pmatrix}\boldsymbol{0} & \boldsymbol{0} & \boldsymbol{0}\\ \boldsymbol{0} & \boldsymbol{E}_k & \boldsymbol{0}\\ \boldsymbol{0} & \boldsymbol{0} & \boldsymbol{0}\end{pmatrix}\right]\boldsymbol{Q}$$

$$\boldsymbol{A}=\boldsymbol{P}\begin{pmatrix}\boldsymbol{E}_t & \boldsymbol{0}\\ \boldsymbol{0} & \boldsymbol{0}\end{pmatrix}\boldsymbol{Q}+\boldsymbol{P}\begin{pmatrix}\boldsymbol{0} & \boldsymbol{0} & \boldsymbol{0}\\ \boldsymbol{0} & \boldsymbol{E}_k & \boldsymbol{0}\\ \boldsymbol{0} & \boldsymbol{0} & \boldsymbol{0}\end{pmatrix}\boldsymbol{Q}$$

$$R\left(\boldsymbol{P}\begin{pmatrix}\boldsymbol{E}_t & \boldsymbol{0}\\ \boldsymbol{0} & \boldsymbol{0}\end{pmatrix}\boldsymbol{Q}\right)=t,R\left[\boldsymbol{P}\begin{pmatrix}\boldsymbol{0} & \boldsymbol{0} & \boldsymbol{0}\\ \boldsymbol{0} & \boldsymbol{E}_k & \boldsymbol{0}\\ \boldsymbol{0} & \boldsymbol{0} & \boldsymbol{0}\end{pmatrix}\boldsymbol{Q}\right]=k.$$

第八节 综合举例

【例 8.1】 (Sylvester 不等式) 设 $\boldsymbol{A}=(a_{ij})_{t\times n},\boldsymbol{B}=(b_{ij})_{n\times m}$.
证明:$R(\boldsymbol{AB})\geqslant R(\boldsymbol{A})+R(\boldsymbol{B})-n$.

证 设 $R(\boldsymbol{A})=r$,于是存在 t 阶可逆矩阵 $\boldsymbol{P}$,n 阶可逆矩阵 $\boldsymbol{Q}$,使

$$\boldsymbol{A}=\boldsymbol{P}\begin{pmatrix}\boldsymbol{E}_r & \boldsymbol{0}\\ \boldsymbol{0} & \boldsymbol{0}\end{pmatrix}\boldsymbol{Q},$$

由此

$$\boldsymbol{AB}=\boldsymbol{P}\begin{pmatrix}\boldsymbol{E}_r & \boldsymbol{0}\\ \boldsymbol{0} & \boldsymbol{0}\end{pmatrix}\boldsymbol{QB},$$

所以

$$R(\boldsymbol{AB})=R\left(\boldsymbol{P}\begin{pmatrix}\boldsymbol{E}_r & \boldsymbol{0}\\ \boldsymbol{0} & \boldsymbol{0}\end{pmatrix}\boldsymbol{QB}\right)=R\left(\begin{pmatrix}\boldsymbol{E}_r & \boldsymbol{0}\\ \boldsymbol{0} & \boldsymbol{0}\end{pmatrix}\boldsymbol{QB}\right).$$

因

$$\begin{pmatrix}\boldsymbol{E}_r & \boldsymbol{0}\\ \boldsymbol{0} & \boldsymbol{0}\end{pmatrix}\boldsymbol{QB}=\begin{pmatrix}\boldsymbol{B}_1\\ \boldsymbol{0}\end{pmatrix},$$

其中 $\boldsymbol{B}_1$ 是 $\boldsymbol{QB}$ 的前 r 行组成的矩阵,于是

$$R(\boldsymbol{AB})=R\begin{pmatrix}\boldsymbol{B}_1\\ \boldsymbol{0}\end{pmatrix}R(\boldsymbol{B}_1).$$

所以

$$R(\boldsymbol{B}_1)\geqslant R(\boldsymbol{QB})+r-n=R(\boldsymbol{B})+R(\boldsymbol{A})-n,$$

所以

$$R(\boldsymbol{AB})\geqslant R(\boldsymbol{A})+R(\boldsymbol{B})-n.$$

【例 8.2】　(Frobenius 不等式)　证明:$R(\boldsymbol{ABC})\geqslant R(\boldsymbol{AB})+R(\boldsymbol{BC})-R(\boldsymbol{B})$.

证　因

$$\begin{pmatrix}\boldsymbol{B} & \boldsymbol{0}\\ \boldsymbol{0} & \boldsymbol{ABC}\end{pmatrix}\to\begin{pmatrix}\boldsymbol{B} & \boldsymbol{0}\\ \boldsymbol{AB} & \boldsymbol{ABC}\end{pmatrix}\to\begin{pmatrix}\boldsymbol{B} & -\boldsymbol{BC}\\ \boldsymbol{AB} & \boldsymbol{0}\end{pmatrix},$$

所以

$$R(\boldsymbol{B})+R(\boldsymbol{ABC})=R\begin{pmatrix}\boldsymbol{B} & \boldsymbol{0}\\ \boldsymbol{0} & \boldsymbol{ABC}\end{pmatrix}=R\begin{pmatrix}\boldsymbol{B} & -\boldsymbol{BC}\\ \boldsymbol{AB} & \boldsymbol{0}\end{pmatrix}\geqslant R(\boldsymbol{AB})+R(\boldsymbol{BC}).$$

故

$$R(\boldsymbol{ABC})\geqslant R(\boldsymbol{AB})+R(\boldsymbol{BC})-R(\boldsymbol{B}).$$

【例 8.3】　设 $\boldsymbol{A}$ 是 $s\times n$ 实矩阵,求证:$R(\boldsymbol{E}_n-\boldsymbol{A}'\boldsymbol{A})-R(\boldsymbol{E}_s-\boldsymbol{AA}')=n-s$.

证　因

$$\begin{bmatrix}\boldsymbol{E}_s-\boldsymbol{AA}' & \boldsymbol{0}\\ \boldsymbol{0} & \boldsymbol{E}_n\end{bmatrix}\to\begin{bmatrix}\boldsymbol{E}_s-\boldsymbol{AA}' & \boldsymbol{A}\\ \boldsymbol{0} & \boldsymbol{E}_n\end{bmatrix}\to\begin{bmatrix}\boldsymbol{E}_s & \boldsymbol{A}\\ \boldsymbol{A}' & \boldsymbol{E}_n\end{bmatrix}\to\begin{bmatrix}\boldsymbol{E}_s & \boldsymbol{A}\\ \boldsymbol{0} & \boldsymbol{E}_n-\boldsymbol{A}'\boldsymbol{A}\end{bmatrix}\to$$

$$\begin{bmatrix}\boldsymbol{E}_s & \boldsymbol{0}\\ \boldsymbol{0} & \boldsymbol{E}_n-\boldsymbol{A}'\boldsymbol{A}\end{bmatrix}$$所以

$$R(\boldsymbol{E}_s-\boldsymbol{AA}')+R(\boldsymbol{E}_n)=R\begin{bmatrix}\boldsymbol{E}_s-\boldsymbol{AA}' & \boldsymbol{0}\\ \boldsymbol{0} & \boldsymbol{E}_n\end{bmatrix}$$

$$=R\begin{bmatrix}\boldsymbol{E}_s & \boldsymbol{0}\\ \boldsymbol{0} & \boldsymbol{E}_n-\boldsymbol{A}'\boldsymbol{A}\end{bmatrix}=R(\boldsymbol{E}_s)+R(\boldsymbol{E}_n-\boldsymbol{A}'\boldsymbol{A}).$$

故

$$R(\boldsymbol{E}_n-\boldsymbol{A}'\boldsymbol{A})-R(\boldsymbol{E}_s-\boldsymbol{AA}')=n-s.$$

【例 8.4】　设 $\boldsymbol{A},\boldsymbol{B}$ 分别是 3×2 与 2×3 矩阵,已知

$$AB=\begin{pmatrix}8&2&-2\\2&5&4\\-2&4&5\end{pmatrix}.$$

(1) 证明:$R(A)=R(B)=2$.

(2) 证明:

$$BA=\begin{pmatrix}9&0\\0&9\end{pmatrix}.$$

证 (1) 易求得 $R(AB)=2$.

因 $R(AB)\leqslant R(A)$,所以,$R(A)\geqslant 2$,又 $R(A)\leqslant 2$,故 $R(A)=2$.

同理,$R(B)=2$.

(2) 因

$$9E_3-AB=\begin{pmatrix}1&-2&2\\-2&4&-4\\2&-4&4\end{pmatrix},$$

易知 $R(9E_3-AB)=1$,因

$$\begin{pmatrix}9E_3-AB&\mathbf{0}\\\mathbf{0}&9E_2\end{pmatrix}\to\begin{pmatrix}9E_3-AB&9A\\\mathbf{0}&9E_2\end{pmatrix}\to\begin{pmatrix}9E_3&9A\\B&9E_2\end{pmatrix}\to\begin{pmatrix}9E_3&9A\\\mathbf{0}&9E_2-BA\end{pmatrix}\to$$
$$\begin{pmatrix}9E_3&\mathbf{0}\\\mathbf{0}&9E_2-BA\end{pmatrix}$$

所以

$$R(9E_3-AB)+R(E_2)=R(9E_3)+R(9E_2-BA),$$

即

$$1+2=3+R(9E_2-BA),$$

于是

$$R(9E_2-BA)=0,$$

所以

$$9E_2-BA=\mathbf{0},$$

故

$$BA=9E_2=\begin{pmatrix}9&0\\0&9\end{pmatrix}.$$

【例 8.5】 设 A,B 都是 $m\times n$ 矩阵,证明:$R(A)-R(B)\leqslant R(A+B)$.

证 因

$$R(A)=R(A+B-B)\leqslant R(A+B)+R(-B)=R(A+B)+R(B),$$

所以

$$R(A)-R(B)\leqslant R(A+B).$$

【例 8.6】 设 A 是 n 阶方阵,证明:若 $A^2=E$,E 是 n 阶单位矩阵,则

$$R(A+E)+R(A-E)=n.$$

证 由 $A^2=E$ 得 $A^2-E=\mathbf{0}$,于是

$$(A+E)(A-E)=\mathbf{0},$$

所以

$$R(\boldsymbol{A}+\boldsymbol{E})+R(\boldsymbol{A}-\boldsymbol{E})\leqslant n. \qquad (\text{Ⅰ})$$

又

$$n=R(2\boldsymbol{E})=R[(\boldsymbol{A}+\boldsymbol{E})-(\boldsymbol{A}-\boldsymbol{E})]\leqslant R(\boldsymbol{A}+\boldsymbol{E})+R(\boldsymbol{A}-\boldsymbol{E}). \qquad (\text{Ⅱ})$$

由(Ⅰ)与(Ⅱ),得

$$R(\boldsymbol{A}+\boldsymbol{E})+R(\boldsymbol{A}-\boldsymbol{E})=n.$$

【例 8.7】 证明:若矩阵 $\boldsymbol{A}-\boldsymbol{E}$ 和 $\boldsymbol{B}-\boldsymbol{E}$ 的秩分别为 p 和 q,则 $\boldsymbol{AB}-\boldsymbol{E}$ 的秩不大于 $p+q$,其中 $\boldsymbol{E}$ 是单位矩阵.

证 因

$$\boldsymbol{AB}-\boldsymbol{E}=\boldsymbol{AB}-\boldsymbol{B}+\boldsymbol{B}-\boldsymbol{E}=(\boldsymbol{A}-\boldsymbol{E})\boldsymbol{B}+(\boldsymbol{B}-\boldsymbol{E}),$$

所以

$$R(\boldsymbol{AB}-\boldsymbol{E})\leqslant R[(\boldsymbol{A}-\boldsymbol{E})\boldsymbol{B}]+R(\boldsymbol{B}-\boldsymbol{E})\leqslant R(\boldsymbol{A}-\boldsymbol{E})+R(\boldsymbol{B}-\boldsymbol{E})=p+q.$$

【例 8.8】 设 $\boldsymbol{A}$ 是 n 阶正定矩阵,$\boldsymbol{B}$ 是任意的 n 阶实矩阵,证明:

$$R(\boldsymbol{B}'\boldsymbol{AB})=R(\boldsymbol{B}).$$

证 因 $\boldsymbol{A}$ 是正定阵,故存在可逆矩阵 $\boldsymbol{P}$,使 $\boldsymbol{A}=\boldsymbol{P}'\boldsymbol{P}$,于是

$$R(\boldsymbol{B}'\boldsymbol{AB})=R(\boldsymbol{B}'\boldsymbol{P}'\boldsymbol{PB})=R[(\boldsymbol{PB})'(\boldsymbol{PB})].$$

因 $\boldsymbol{PB}$ 是实矩阵,故

$$R[(\boldsymbol{PB})'(\boldsymbol{PB})]=R(\boldsymbol{PB})=R(\boldsymbol{B}).$$

所以

$$R(\boldsymbol{B}'\boldsymbol{AB})=R(\boldsymbol{B}).$$

【例 8.9】 若 $\boldsymbol{A}$、$\boldsymbol{B}$、$\boldsymbol{C}$ 均为 n 阶方阵,且 $\boldsymbol{AC}=\boldsymbol{CA}$,则 $\begin{vmatrix}\boldsymbol{A} & \boldsymbol{B}\\ \boldsymbol{C} & \boldsymbol{D}\end{vmatrix}=|\boldsymbol{AD}-\boldsymbol{CB}|$.

证 若 $\boldsymbol{A}$ 为满秩,由 $\boldsymbol{AC}=\boldsymbol{CA}$ 得 $\boldsymbol{CA}^{-1}=\boldsymbol{A}^{-1}\boldsymbol{C}$,由前面的例题有

$$\begin{pmatrix}\boldsymbol{E} & \boldsymbol{0}\\ -\boldsymbol{CA}^{-1} & \boldsymbol{E}\end{pmatrix}\begin{pmatrix}\boldsymbol{A} & \boldsymbol{B}\\ \boldsymbol{C} & \boldsymbol{D}\end{pmatrix}=\begin{pmatrix}\boldsymbol{A} & \boldsymbol{B}\\ \boldsymbol{0} & \boldsymbol{D}-\boldsymbol{CA}^{-1}\boldsymbol{B}\end{pmatrix},$$

两端取行列,有

$$\begin{vmatrix}\boldsymbol{A} & \boldsymbol{B}\\ \boldsymbol{C} & \boldsymbol{D}\end{vmatrix}=\begin{vmatrix}\boldsymbol{A} & \boldsymbol{B}\\ \boldsymbol{0} & \boldsymbol{D}-\boldsymbol{CA}^{-1}\boldsymbol{B}\end{vmatrix}=|\boldsymbol{A}|\cdot|\boldsymbol{D}-\boldsymbol{CA}^{-1}\boldsymbol{B}|=|\boldsymbol{AD}-\boldsymbol{ACA}^{-1}\boldsymbol{B}|=|\boldsymbol{AD}-\boldsymbol{CB}|.$$

若 $\boldsymbol{A}$ 降秩,当 λ 充分小,$\boldsymbol{A}+\lambda\boldsymbol{E}$ 恒为满秩,由 $\boldsymbol{CA}=\boldsymbol{AC}$ 可得 $(\boldsymbol{A}+\lambda\boldsymbol{E})\boldsymbol{C}=\boldsymbol{C}(\boldsymbol{A}+\lambda\boldsymbol{E})$,由刚才所证可得

$$\begin{vmatrix}\boldsymbol{A}+\lambda\boldsymbol{E} & \boldsymbol{B}\\ \boldsymbol{C} & \boldsymbol{D}\end{vmatrix}=|\boldsymbol{AD}+\lambda\boldsymbol{D}-\boldsymbol{CB}|.$$

这是关于 λ 的恒等式,令 $\lambda=0$,有 $\begin{vmatrix}\boldsymbol{A} & \boldsymbol{B}\\ \boldsymbol{C} & \boldsymbol{D}\end{vmatrix}=|\boldsymbol{AD}-\boldsymbol{CB}|$.

【例 8.10】 求证 $\begin{vmatrix}\boldsymbol{A} & \boldsymbol{Y}\\ \boldsymbol{X}^{\mathrm{T}} & \boldsymbol{0}\end{vmatrix}=-\boldsymbol{X}^{\mathrm{T}}\boldsymbol{A}^{*}\boldsymbol{Y}$,其中 $\boldsymbol{X}^{\mathrm{T}}=\boldsymbol{X}'=(x_1,x_2,\cdots,x_n)$,$\boldsymbol{Y}^{\mathrm{T}}=(y_1,y_2,\cdots,y_n)$,$\boldsymbol{A}^{*}$ 为 $\boldsymbol{A}$ 的伴随矩阵.

证 当 $\boldsymbol{A}$ 非奇异时,$\begin{pmatrix}\boldsymbol{E} & \boldsymbol{0}\\ -\boldsymbol{X}^{\mathrm{T}}\boldsymbol{A}^{-1} & 1\end{pmatrix}\begin{pmatrix}\boldsymbol{A} & \boldsymbol{Y}\\ \boldsymbol{X}^{\mathrm{T}} & \boldsymbol{0}\end{pmatrix}=\begin{pmatrix}\boldsymbol{A} & \boldsymbol{Y}\\ \boldsymbol{0} & -\boldsymbol{X}^{\mathrm{T}}\boldsymbol{A}^{-1}\boldsymbol{Y}\end{pmatrix}$,两端取行列式,得

$$\begin{vmatrix} \boldsymbol{A} & \boldsymbol{Y} \\ \boldsymbol{X}^{\mathrm{T}} & \boldsymbol{0} \end{vmatrix} = \begin{vmatrix} \boldsymbol{A} & \boldsymbol{Y} \\ \boldsymbol{0} & -\boldsymbol{X}^{\mathrm{T}}\boldsymbol{A}^{-1}\boldsymbol{Y} \end{vmatrix} = |\boldsymbol{A}|\,|-\boldsymbol{X}^{\mathrm{T}}\boldsymbol{A}^{-1}\boldsymbol{Y}| = -\boldsymbol{X}^{\mathrm{T}}\boldsymbol{A}^{*}\boldsymbol{Y}.$$

当 $\boldsymbol{A}$ 奇异时，设 μ 为 $\boldsymbol{A}$ 的特征值中绝对值最小者，$0<\varepsilon<\mu$，$|\boldsymbol{A}+\varepsilon\boldsymbol{E}|\neq 0$，由上面证明有

$$\begin{vmatrix} \boldsymbol{A}+\varepsilon\boldsymbol{E} & \boldsymbol{Y} \\ \boldsymbol{X}^{\mathrm{T}} & \boldsymbol{0} \end{vmatrix} = -\boldsymbol{X}^{\mathrm{T}}(\boldsymbol{A}+\varepsilon\boldsymbol{E})^{*}\boldsymbol{Y}.$$

两边为关于 ε 的连续函数，令 $\varepsilon\to 0$ 得 $\begin{vmatrix} \boldsymbol{A} & \boldsymbol{Y} \\ \boldsymbol{X}^{\mathrm{T}} & \boldsymbol{0} \end{vmatrix} = -\boldsymbol{X}^{\mathrm{T}}\boldsymbol{A}^{*}\boldsymbol{Y}$.

【例 8.11】 设 $\boldsymbol{A},\boldsymbol{B}$ 分别是 $m\times n$，$n\times m$ 矩阵 $(m\geqslant n)$，则

$$|\lambda\boldsymbol{E}_m-\boldsymbol{AB}| = \lambda^{m-n}|\lambda\boldsymbol{E}_n-\boldsymbol{BA}|.$$

证 由 $\begin{pmatrix} \boldsymbol{E}_m & -\boldsymbol{A} \\ \boldsymbol{0} & \boldsymbol{E}_n \end{pmatrix}\begin{pmatrix} \lambda\boldsymbol{E}_m & \boldsymbol{A} \\ \boldsymbol{B} & \boldsymbol{E}_n \end{pmatrix} = \begin{pmatrix} \lambda\boldsymbol{E}_m-\boldsymbol{AB} & \boldsymbol{0} \\ \boldsymbol{B} & \boldsymbol{E}_n \end{pmatrix}$，得

$$\begin{vmatrix} \lambda\boldsymbol{E}_m & \boldsymbol{A} \\ \boldsymbol{B} & \boldsymbol{E}_n \end{vmatrix} = |\lambda\boldsymbol{E}_m-\boldsymbol{AB}|. \tag{Ⅰ}$$

由 $\begin{pmatrix} \lambda\boldsymbol{E}_m & \boldsymbol{A} \\ \boldsymbol{B} & \boldsymbol{E}_n \end{pmatrix}\begin{pmatrix} \boldsymbol{E}_m & -\boldsymbol{A} \\ \boldsymbol{0} & \lambda\boldsymbol{E}_n \end{pmatrix} = \begin{pmatrix} \lambda\boldsymbol{E}_m & \boldsymbol{0} \\ \boldsymbol{B} & \lambda\boldsymbol{E}_n-\boldsymbol{BA} \end{pmatrix}$，得

$$\lambda^n\begin{vmatrix} \lambda\boldsymbol{E}_m & \boldsymbol{A} \\ \boldsymbol{B} & \boldsymbol{E}_n \end{vmatrix} = \lambda^m|\lambda\boldsymbol{E}_n-\boldsymbol{BA}|.$$

所以

$$\begin{vmatrix} \lambda\boldsymbol{E}_m & \boldsymbol{A} \\ \boldsymbol{B} & \boldsymbol{E}_n \end{vmatrix} = \lambda^{m-n}|\lambda\boldsymbol{E}_n-\boldsymbol{BA}|. \tag{Ⅱ}$$

比较（Ⅰ）与（Ⅱ），得 $|\lambda\boldsymbol{E}_m-\boldsymbol{AB}| = \lambda^{m-n}|\lambda\boldsymbol{E}_n-\boldsymbol{BA}|$.

注：本例称为 Sylwester 定理，又称特征多项式降阶定理，它指出要计算阶数较高的 $\boldsymbol{AB}$ 的特征多项式，可转化为阶数较低的 $\boldsymbol{BA}$ 的特征多项式的计算.

【例 8.12】 已知 $\sum_{i=1}^{n} a_i = 0$，求出下列 n 阶实对称阵 $\boldsymbol{A}$ 的 n 个特征值：

$$\boldsymbol{A} = \begin{pmatrix} a_1^2+1 & a_1a_2+1 & \cdots & a_1a_n+1 \\ a_2a_1+1 & a_2^2+1 & \cdots & a_2a_n+1 \\ \vdots & \vdots & & \vdots \\ a_na_1+a & a_na_2+1 & \cdots & a_n^2+1 \end{pmatrix}$$

解 易知 $\boldsymbol{A} = \begin{pmatrix} a_1 & 1 \\ a_2 & 1 \\ \vdots & \vdots \\ a_n & 1 \end{pmatrix}\begin{pmatrix} a_1 & a_2 & \cdots & a_n \\ 1 & 1 & \cdots & 1 \end{pmatrix}$

由降价定理得，$|\lambda\boldsymbol{E}-\boldsymbol{A}| = \left|\lambda\boldsymbol{E}-\begin{pmatrix} a_1 & 1 \\ a_2 & 1 \\ \vdots & \vdots \\ a_n & 1 \end{pmatrix}\begin{pmatrix} a_1 & a_2 & \cdots & a_n \\ 1 & 1 & \cdots & 1 \end{pmatrix}\right|$

$$=\lambda^{n-2}\left|\lambda E_2-\begin{pmatrix}a_1 & a_2 & \cdots & a_n\\ 1 & 1 & \cdots & 1\end{pmatrix}\begin{pmatrix}a_1 & 1\\ a_2 & 1\\ \vdots & \vdots\\ a_n & 1\end{pmatrix}\right|$$

$$=\lambda^{n-2}\left|\lambda E_2-\begin{pmatrix}\sum_{i=1}^{n}a_i^2 & 0\\ 0 & n\end{pmatrix}\right|=\lambda^{n-2}\begin{vmatrix}\lambda-\sum_{i=1}^{n}a_i^2 & 0\\ 0 & \lambda-n\end{vmatrix}$$

$$=\lambda^{n-2}(\lambda-\sum_{i=1}^{n}a_i^2)(\lambda-n).$$

于是，$\boldsymbol{A}$ 的特征值为 $0(n-2$ 重)，$\sum_{i=1}^{n}a_j^2,n$.

【例 8.13】 设 $\boldsymbol{A}$ 是 n 阶非奇异矩阵，$\boldsymbol{\alpha},\boldsymbol{\beta}$ 是 n 维非零列向量，求证：$|\lambda\boldsymbol{A}-\boldsymbol{\alpha\beta}'|$ 有一个根为 $\boldsymbol{\beta}'\boldsymbol{A}^{-1}\boldsymbol{\alpha}$，其他的根全是零.

证 因 $|\lambda\boldsymbol{A}-\boldsymbol{\alpha\beta}'|=|\boldsymbol{A}(\lambda\boldsymbol{E}-\boldsymbol{A}^{-1}\boldsymbol{\alpha\beta}')|=|\boldsymbol{A}|\,|\lambda\boldsymbol{E}-(\boldsymbol{A}^{-1}\boldsymbol{\alpha})\boldsymbol{\beta}'|$

$$=|\boldsymbol{A}|\lambda^{n-1}|\lambda\boldsymbol{E}_1-\boldsymbol{\beta}'(\boldsymbol{A}^{-1}\boldsymbol{\alpha})|=|\boldsymbol{A}|\lambda^{n-1}(\lambda-\boldsymbol{\beta}'\boldsymbol{A}^{-1}\boldsymbol{\alpha}).$$

所以，$|\lambda\boldsymbol{A}-\boldsymbol{\alpha\beta}'|$ 的根为 $0(n-1$ 重)与 $\boldsymbol{\beta}'\boldsymbol{A}^{-1}\boldsymbol{\alpha}$.

【例 8.14】 设 n 阶方阵 $\boldsymbol{A}^2=\boldsymbol{A},\boldsymbol{B}^2=\boldsymbol{B}$，且 $\boldsymbol{AB}=\boldsymbol{BA}$. 证明：存在可逆矩阵 $\boldsymbol{Q}$，使 $\boldsymbol{Q}^{-1}\boldsymbol{AQ}$ 与 $\boldsymbol{Q}^{-1}\boldsymbol{BQ}$ 都是对角阵.

证明 由幂等矩阵必可对角化知，$\boldsymbol{A}$ 与 $\boldsymbol{B}$ 均可对角化. 设存在可逆矩阵 $\boldsymbol{Q}_1$，使

$$\boldsymbol{Q}_1^{-1}\boldsymbol{A}\boldsymbol{Q}_1=\begin{pmatrix}\boldsymbol{E}_r & \boldsymbol{0}\\ \boldsymbol{0} & \boldsymbol{0}\end{pmatrix}.$$

令 $\boldsymbol{B}_1=\boldsymbol{Q}_1^{-1}\boldsymbol{B}\boldsymbol{Q}_1$，因 $\boldsymbol{AB}=\boldsymbol{BA}$，就有

$$\begin{aligned}\boldsymbol{B}_1\boldsymbol{Q}_1^{-1}\boldsymbol{A}\boldsymbol{Q}_1&=\boldsymbol{Q}_1^{-1}\boldsymbol{B}\boldsymbol{Q}\boldsymbol{Q}_1^{-1}\boldsymbol{A}\boldsymbol{Q}_1=\boldsymbol{Q}_1^{-1}\boldsymbol{BA}\boldsymbol{Q}_1=\boldsymbol{Q}_1^{-1}\boldsymbol{AB}\boldsymbol{Q}_1\\ &=\boldsymbol{Q}_1^{-1}\boldsymbol{A}\boldsymbol{Q}_1\boldsymbol{Q}_1^{-1}\boldsymbol{B}\boldsymbol{Q}_1=\boldsymbol{Q}_1^{-1}\boldsymbol{A}\boldsymbol{Q}_1\boldsymbol{B}_1,\end{aligned}$$

即

$$\boldsymbol{B}_1\begin{pmatrix}\boldsymbol{E}_r & \boldsymbol{0}\\ \boldsymbol{0} & \boldsymbol{0}\end{pmatrix}=\begin{pmatrix}\boldsymbol{E}_r & \boldsymbol{0}\\ \boldsymbol{0} & \boldsymbol{0}\end{pmatrix}\boldsymbol{B}_1.$$

于是 $\boldsymbol{B}_1$ 必是准对角阵. 设 $\boldsymbol{B}_1=\begin{pmatrix}\boldsymbol{B}_{11} & \boldsymbol{0}\\ \boldsymbol{0} & \boldsymbol{B}_{22}\end{pmatrix}$. 因 $\boldsymbol{B}_1^2=\boldsymbol{Q}_1^{-1}\boldsymbol{B}^2\boldsymbol{Q}_1=\boldsymbol{Q}_1^{-1}\boldsymbol{B}\boldsymbol{Q}_1=\boldsymbol{B}_1$，所以

$$\begin{pmatrix}\boldsymbol{B}_{11}^2 & \boldsymbol{0}\\ \boldsymbol{0} & \boldsymbol{B}_{22}^2\end{pmatrix}=\begin{pmatrix}\boldsymbol{B}_{11} & \boldsymbol{0}\\ \boldsymbol{0} & \boldsymbol{B}_{22}\end{pmatrix}.$$

由此，得 $\boldsymbol{B}_{11}^2=\boldsymbol{B}_{11},\boldsymbol{B}_{22}^2=\boldsymbol{B}_{22}$，即 $\boldsymbol{B}_{11},\boldsymbol{B}_{22}$ 也是幂等的，因而都可对角化. 于是存在可逆矩阵 $\boldsymbol{T}_1$ 与 $\boldsymbol{T}_2$，使

$$\boldsymbol{T}_1^{-1}\boldsymbol{B}_{11}\boldsymbol{T}_1=\begin{pmatrix}\boldsymbol{E}_t & \boldsymbol{0}\\ \boldsymbol{0} & \boldsymbol{0}\end{pmatrix},t\leqslant r;$$

$$\boldsymbol{T}_2^{-1}\boldsymbol{B}_{22}\boldsymbol{T}_2=\begin{pmatrix}\boldsymbol{E}_s & \boldsymbol{0}\\ \boldsymbol{0} & \boldsymbol{0}\end{pmatrix},s\leqslant n-r.$$

令

$$T=\begin{pmatrix}T_1 & 0\\ 0 & T_2\end{pmatrix},Q=Q_1T,$$

则 Q 是可逆矩阵，且

$$\begin{aligned}Q^{-1}BQ&=(Q_1T)^{-1}B(Q_1T)=T^{-1}(Q_1^{-1}BQ_1)T=T^{-1}B_1T\\&=\begin{pmatrix}T_1 & 0\\ 0 & T_2\end{pmatrix}^{-1}\begin{pmatrix}B_{11} & 0\\ 0 & B_{22}\end{pmatrix}\begin{pmatrix}T_1 & 0\\ 0 & T_2\end{pmatrix}\\&=\begin{pmatrix}T_1^{-1} & 0\\ 0 & T_2^{-1}\end{pmatrix}\begin{pmatrix}B_{11} & 0\\ 0 & B_{22}\end{pmatrix}\begin{pmatrix}T_1 & 0\\ 0 & T_2\end{pmatrix}\\&=\begin{pmatrix}T_1^{-1}B_{11}T & 0\\ 0 & T_2^{-1}B_{22}T_2\end{pmatrix}\\&=\begin{pmatrix}\begin{pmatrix}E_r & 0\\ 0 & 0\end{pmatrix} & 0\\ 0 & \begin{pmatrix}E_r & 0\\ 0 & 0\end{pmatrix}\end{pmatrix},\end{aligned}$$

即 $Q^{-1}BQ$ 是对角阵.

因

$$\begin{aligned}Q^{-1}AQ&=(Q_1T)^{-1}A(Q_1T)=T^{-1}(Q_1^{-1}AQ_1)T\\&=\begin{pmatrix}T_1^{-1} & 0\\ 0 & T_2^{-1}\end{pmatrix}\begin{pmatrix}E_r & 0\\ 0 & 0\end{pmatrix}\begin{pmatrix}T_1 & 0\\ 0 & T_2\end{pmatrix}=\begin{pmatrix}E_r & 0\\ 0 & 0\end{pmatrix}.\end{aligned}$$

所以结论成立.

注：实际上，本题可以推广为一般的命题：两个可对角化的 n 阶矩阵 A,B，若 $AB=BA$，则 A,B 可同时相似于对角阵，即存在可逆矩阵 Q，使得 $Q^{-1}AQ$ 与 $Q^{-1}BQ$ 都是对角阵. 这个命题还可推广到有限多个可对角化且两两可交换的矩阵.

【例 8.15】 $A=\begin{pmatrix}2 & -1 & 1\\ 1 & -1 & 0\\ 3 & -3 & 1\end{pmatrix}$ 的顺序主子式皆非零，求 A 的三角分解.

解 对矩阵 (E,A) 的行施行初等变换

$$\left(\begin{array}{ccc:ccc}1 & 0 & 0 & 2 & -1 & 1\\ 0 & 1 & 0 & 1 & -1 & 0\\ 0 & 0 & 1 & 3 & -3 & 1\end{array}\right)\to\left(\begin{array}{ccc:ccc}1 & 0 & 0 & 2 & -1 & 1\\ -\frac{1}{2} & 1 & 0 & 0 & -\frac{1}{2} & -\frac{1}{2}\\ -\frac{3}{2} & 0 & 1 & 0 & -\frac{3}{2} & -\frac{1}{2}\end{array}\right)$$

$$\to\left(\begin{array}{ccc:ccc}1 & 0 & 0 & 2 & -1 & 1\\ -\frac{1}{2} & 1 & 0 & 0 & -\frac{1}{2} & -\frac{1}{2}\\ 0 & -3 & 1 & 0 & 0 & 1\end{array}\right)=(L,S).$$

其中，$L=\begin{pmatrix}1 & 0 & 0\\ -\frac{1}{2} & 1 & 0\\ 0 & -3 & 1\end{pmatrix}$ 为单位下三角形阵；

$$S=\begin{pmatrix}2 & -1 & 1\\ 0 & -\frac{1}{2} & -\frac{1}{2}\\ 0 & 0 & 1\end{pmatrix}$$为非退化上三角阵.

即得:$LA=S$.

再对 L 的行施行初等变换求 L^{-1}

$$\left(\begin{array}{ccc:ccc}1 & 0 & 0 & 1 & 0 & 0\\ 0 & 1 & 0 & -\frac{1}{2} & 1 & 0\\ 0 & 0 & 1 & 0 & -3 & 1\end{array}\right)\to\left(\begin{array}{ccc:ccc}1 & 0 & 0 & 1 & 0 & 0\\ \frac{1}{2} & 1 & 0 & 0 & 1 & 0\\ \frac{3}{2} & 3 & 1 & 0 & 0 & 1\end{array}\right)=(L^{-1},E),$$

$$L^{-1}=\begin{pmatrix}1 & 0 & 0\\ \frac{1}{2} & 1 & 0\\ \frac{3}{2} & 3 & 1\end{pmatrix}.$$

对 S 的行施行初等变换使其变为单位上三角阵

$$\left(\begin{array}{ccc:ccc}1 & 0 & 0 & 2 & -1 & 1\\ 0 & 1 & 0 & 0 & -\frac{1}{2} & -\frac{1}{2}\\ 0 & 0 & 1 & 0 & 0 & 1\end{array}\right)\to\left(\begin{array}{ccc:ccc}\frac{1}{2} & 0 & 0 & 1 & -\frac{1}{2} & \frac{1}{2}\\ 0 & -2 & 0 & 0 & 1 & 1\\ 0 & 0 & 1 & 0 & 0 & 1\end{array}\right)=(D,U),$$

$$D=\begin{pmatrix}\frac{1}{2} & 0 & 0\\ 0 & -2 & 0\\ 0 & 0 & 1\end{pmatrix},U=\begin{pmatrix}1 & -\frac{1}{2} & \frac{1}{2}\\ 0 & 1 & 1\\ 0 & 0 & 1\end{pmatrix}.$$

即 $DS=U,S=D^{-1}U,D^{-1}=\begin{pmatrix}2 & 0 & 0\\ 0 & -\frac{1}{2} & 0\\ 0 & 0 & 1\end{pmatrix}$.

因此,$A=L^{-1}D^{-1}U=\begin{pmatrix}1 & 0 & 0\\ \frac{1}{2} & 1 & 0\\ \frac{3}{2} & 3 & 1\end{pmatrix}\begin{pmatrix}2 & 0 & 0\\ 0 & -\frac{1}{2} & 0\\ 0 & 0 & 1\end{pmatrix}\begin{pmatrix}1 & -\frac{1}{2} & \frac{1}{2}\\ 0 & 1 & 1\\ 0 & 0 & 1\end{pmatrix}$是 A 的三角分解.

【例 8.16】 设 A,B 均为正交矩阵,若 $|A|+|B|=0$,求证 $A+B$ 是降秩的.

证 $A+B=A(A'+B')B$

$$|A+B|=|A|\,|A'+B'|\,|B|,$$

$$|A+B|-|A|\,|A'+B'|\,|B|=|A+B|+|A^2|\,|A'+B'|=|A+B|+|A^2|\,|A+B|$$
$$=(1+|A|^2)|A+B|=0.$$

又 $1+|A|^2\neq0$,必有 $|A+B|=0$.

【例 8.17】 $\mathbf{R}$ 上矩阵 $A_{s\times n},B_{s\times m}$,求证:(1) $R(A'A)=R(A)$;

(2) 存在 $\mathbf{R}$ 上 $n\times m$ 矩阵 $\boldsymbol{C}$,使 $\boldsymbol{A}'\boldsymbol{A}\boldsymbol{C}=\boldsymbol{A}'\boldsymbol{B}$.

证 (1) 设 $R(\boldsymbol{A})=r$,则存在可逆矩阵 $\boldsymbol{P}$ 与 $\boldsymbol{Q}$,

使 $\boldsymbol{A}=\boldsymbol{P}\begin{pmatrix}\boldsymbol{E}_r & \boldsymbol{0}\\ \boldsymbol{0} & \boldsymbol{0}\end{pmatrix}\boldsymbol{Q}$,从而有 $\boldsymbol{A}'=\boldsymbol{Q}'\begin{pmatrix}\boldsymbol{E}_r & \boldsymbol{0}\\ \boldsymbol{0} & \boldsymbol{0}\end{pmatrix}\boldsymbol{P}'$,

$$\text{则 } R(\boldsymbol{A}'\boldsymbol{A})=R\left(\boldsymbol{Q}'\begin{pmatrix}\boldsymbol{E}_r & \boldsymbol{0}\\ \boldsymbol{0} & \boldsymbol{0}\end{pmatrix}\boldsymbol{P}'\boldsymbol{P}\begin{pmatrix}\boldsymbol{E}_r & \boldsymbol{0}\\ \boldsymbol{0} & \boldsymbol{0}\end{pmatrix}\boldsymbol{Q}\right)$$

$$=R\begin{pmatrix}\boldsymbol{E}_r & \boldsymbol{0}\\ \boldsymbol{0} & \boldsymbol{0}\end{pmatrix}\boldsymbol{P}'\boldsymbol{P}\begin{pmatrix}\boldsymbol{E}_r & \boldsymbol{0}\\ \boldsymbol{0} & \boldsymbol{0}\end{pmatrix}=R\begin{pmatrix}\boldsymbol{M}_r & \boldsymbol{0}\\ \boldsymbol{0} & \boldsymbol{0}\end{pmatrix}=R(\boldsymbol{M}_r)=r.$$

这里 $\boldsymbol{M}_r$ 是正定阵 $\boldsymbol{P}'\boldsymbol{P}$ 的顺序主子式.

(2) 设 $\boldsymbol{A}'=(\boldsymbol{\alpha}_1',\boldsymbol{\alpha}_2',\cdots,\boldsymbol{\alpha}_s')$,$\boldsymbol{B}=(\boldsymbol{\beta}_1,\boldsymbol{\beta}_2,\cdots,\boldsymbol{\beta}_m)$.

考虑方程组 $\boldsymbol{A}'\boldsymbol{A}\boldsymbol{X}=\boldsymbol{A}'\boldsymbol{\beta}_j$,$j=1,2,\cdots,m$.

$\boldsymbol{A}'\boldsymbol{\beta}_j$ 是 $\boldsymbol{\alpha}_1',\boldsymbol{\alpha}_2',\cdots,\boldsymbol{\alpha}_s'$ 的线性组合,$\boldsymbol{A}'\boldsymbol{A}$ 的列向量是 $\boldsymbol{A}'$ 的列向量的线性组合,故有:

$$R(\boldsymbol{A}'\boldsymbol{A})\leqslant R(\boldsymbol{A}'\boldsymbol{A},\boldsymbol{A}'\boldsymbol{\beta}_j)=R(\boldsymbol{A}'(\boldsymbol{A},\boldsymbol{\beta}_j))\leqslant R(\boldsymbol{A}')=R(\boldsymbol{A})=R(\boldsymbol{A}'\boldsymbol{A}),$$

从而

$$R(\boldsymbol{A}'\boldsymbol{A})=R(\boldsymbol{A}'\boldsymbol{A},\boldsymbol{A}'\boldsymbol{\beta}_j),$$

因此,方程组 $\boldsymbol{A}'\boldsymbol{A}X=\boldsymbol{A}'\boldsymbol{\beta}_j$ 有解 $\boldsymbol{C}_j$,

所以,$\boldsymbol{C}=(\boldsymbol{C}_1,\boldsymbol{C}_2,\cdots,\boldsymbol{C}_m)$为所求.

【例 8.18】 若矩阵 $\boldsymbol{A}$ 与对角矩阵 $\boldsymbol{B}$ 相似,求证:任给数 λ 和自然数 m,秩$(\lambda\boldsymbol{E}-\boldsymbol{A})^m=$秩$(\lambda\boldsymbol{E}-\boldsymbol{A})$.

证 存在非奇异矩阵 $\boldsymbol{Q}$,使 $\boldsymbol{A}=\boldsymbol{Q}^{-1}\boldsymbol{B}\boldsymbol{Q}$ 有

$$(\lambda\boldsymbol{E}-\boldsymbol{A})^m=(\boldsymbol{Q}^{-1}(\lambda\boldsymbol{E}-\boldsymbol{B})\boldsymbol{Q})^m=\boldsymbol{Q}^{-1}(\lambda\boldsymbol{E}-\boldsymbol{B})^m\boldsymbol{Q},$$

$$\begin{aligned}R(\lambda\boldsymbol{E}-\boldsymbol{A})^m&=R(\lambda\boldsymbol{E}-\boldsymbol{B})^m=R(\lambda\boldsymbol{E}-\boldsymbol{B})\\&=R(\lambda\boldsymbol{E}-\boldsymbol{Q}\boldsymbol{A}\boldsymbol{Q}^{-1})\\&=R(\boldsymbol{Q}(\lambda\boldsymbol{E}-\boldsymbol{A})\boldsymbol{Q}^{-1})=R(\lambda\boldsymbol{E}-\boldsymbol{A}).\end{aligned}$$

习 题

1. 设 $\boldsymbol{A}$ 为 n 阶实矩阵,证明:$\mathrm{rank}(\boldsymbol{A})=\mathrm{rank}(\boldsymbol{A}^{\mathrm{T}}\boldsymbol{A})$.

2. 设 λ 为 n 级实矩阵 $\boldsymbol{A}=(a_{ij})$的一个实特征值. 证明:存在正整数 $k(1\leqslant k\leqslant n)$使得 $|\lambda-a_{kk}|\leqslant\sum\limits_{j\neq k}^{n}|a_{kj}|$.

3. 设 n 级矩阵 $\boldsymbol{A}$ 和 $\boldsymbol{B}$ 可交换. 证明:$R(\boldsymbol{A})+R(\boldsymbol{B})\geqslant R(\boldsymbol{AB})+R(\boldsymbol{A}+\boldsymbol{B})$.

4. 设 $\boldsymbol{A}$ 为 n 级可逆实矩阵,证明:存在 n 级正交矩阵 $\boldsymbol{P}$ 和 $\boldsymbol{Q}$,使得 $\boldsymbol{P}'\boldsymbol{A}\boldsymbol{Q}=\begin{pmatrix}\lambda_1 & & & \\ & \lambda_2 & & \\ & & \ddots & \\ & & & \lambda_n\end{pmatrix}$,其中 $\lambda_1>0$,且 λ_i^2 为 $\boldsymbol{A}'\boldsymbol{A}$ 的特征值$(i=1,2,\cdots,n)$.

5. 设 n 维列向量 $\boldsymbol{\beta}=\begin{pmatrix}a_1\\a_2\\\vdots\\a_n\end{pmatrix}$，且 $\boldsymbol{\beta}^{\mathrm{T}}\boldsymbol{\beta}=2$. (1) 求 $|\boldsymbol{E}_n-\boldsymbol{\beta}^{\mathrm{T}}\boldsymbol{\beta}|$；(2) 求 $(\boldsymbol{E}_n-\boldsymbol{\beta}^{\mathrm{T}}\boldsymbol{\beta})^{-1}$.

6. 设矩阵 $\boldsymbol{A}=\begin{pmatrix}a_{11}&a_{12}&\cdots&a_{1n}\\a_{21}&a_{22}&\cdots&a_{2n}\\\vdots&\vdots&&\vdots\\a_{n1}&a_{n2}&\cdots&a_{nn}\end{pmatrix}$满足条件：(1) $a_{ii}>0,i=1,2,\cdots,n$；(2) $a_{ij}<0,i\neq j$；(3) $a_{i1}+a_{i2}+\cdots+a_{in}=0,i=1,2,\cdots,n$. 证明：$\boldsymbol{A}$ 的秩为 $n-1$.

7. 设 n 级实矩阵 $\boldsymbol{A}=(a_{ij})$ 满足：对任意的 $1\leqslant i,j\leqslant n$ 且 $i\neq j$，不等式 $|a_{ii}a_{jj}|>\left(\sum\limits_{k\neq i}|a_{ik}|\right)\left(\sum\limits_{t\neq j}|a_{jt}|\right)$成立. 证明：$|\boldsymbol{A}|\neq 0$.

8. 设 $\boldsymbol{A}$ 是一个 n 级矩阵，证明：

(1) $\boldsymbol{A}$ 是反对称矩阵当且仅当对任一个 n 维向量 $\boldsymbol{X}$，有 $\boldsymbol{X}'\boldsymbol{A}\boldsymbol{X}=\boldsymbol{0}$；($\boldsymbol{X}'$ 表示 $\boldsymbol{X}$ 的转置)

(2) 如果 $\boldsymbol{A}$ 是对称矩阵，且对任一个 n 维向量 $\boldsymbol{X}$，有 $\boldsymbol{X}'\boldsymbol{A}\boldsymbol{X}=\boldsymbol{0}$，那么 $\boldsymbol{A}=0$.

9. 设 $\boldsymbol{A}=\begin{pmatrix}2&4&2\\1&3&0\\1&2&1\end{pmatrix}$，请把 $\boldsymbol{A}$ 分解为一个可逆矩阵 $\boldsymbol{B}$ 和一个幂等矩阵 $\boldsymbol{C}$(即 $\boldsymbol{C}^2=\boldsymbol{C}$)的乘积.

10. 设 $\boldsymbol{A},\boldsymbol{B}$ 为复数域上的 n 级矩阵，且 $\boldsymbol{A}$ 和 $\boldsymbol{B}$ 无公共特征根，证明：关于 $\boldsymbol{X}$ 的矩阵方程 $\boldsymbol{A}\boldsymbol{X}=\boldsymbol{X}\boldsymbol{B}$ 只有零解.

11. 设 n 级循环矩阵 $\boldsymbol{A}=\begin{pmatrix}a_0&a_1&a_2&\cdots&a_{n-2}&a_{n-1}\\a_{n-1}&a_0&a_1&\cdots&a_{n-3}&a_{n-2}\\a_{n-2}&a_{n-1}&a_0&\cdots&a_{n-4}&a_{n-3}\\\vdots&\vdots&\vdots&&\vdots&\vdots\\a_2&a_3&a_4&\cdots&a_0&a_1\\a_1&a_2&a_3&\cdots&a_{n-1}&a_0\end{pmatrix}$.

(1) 试把 $\boldsymbol{A}$ 表示为一个 n 级可逆矩阵 $\boldsymbol{T}$ 的多项式；

(2) 证明：所有的 n 级循环矩阵在复数域上可以同时对角化.

12. 设 $\boldsymbol{A},\boldsymbol{B}$ 为 n 级矩阵满足 $\boldsymbol{A}^2+\boldsymbol{A}=2\boldsymbol{E},\boldsymbol{B}^2=\boldsymbol{B}$ 且 $\boldsymbol{A}\boldsymbol{B}=\boldsymbol{B}\boldsymbol{A}$，证明：存在可逆矩阵 $\boldsymbol{Q}$，使得 $\boldsymbol{Q}^{-1}\boldsymbol{A}\boldsymbol{Q}$ 和 $\boldsymbol{Q}^{-1}\boldsymbol{B}\boldsymbol{Q}$ 都是对角矩阵.

13. 设矩阵 $\boldsymbol{A}$、$\boldsymbol{B}\in \boldsymbol{P}^{n\times m}$，证明：$\mathrm{rank}(\boldsymbol{A}+\boldsymbol{B})\leqslant\mathrm{rank}\begin{pmatrix}\boldsymbol{A}\\\boldsymbol{B}\end{pmatrix}<\mathrm{rank}(\boldsymbol{A})+\mathrm{rank}(\boldsymbol{B})$，其中 rank()表示矩阵的秩.

14. 设矩阵 $\boldsymbol{A}$ 满足 $\boldsymbol{A}^4-2\boldsymbol{E}=\boldsymbol{0}$，设 $\boldsymbol{B}=\boldsymbol{A}+2\boldsymbol{E}$，其中 $\boldsymbol{E}$ 为单位矩阵，问矩阵 $\boldsymbol{B}$ 是否可逆，若可逆，求出 $\boldsymbol{B}^{-1}$，若不可逆，说明理由.

15. 设三阶实对称矩阵 $\boldsymbol{A}$ 的各行元素之和均为 3，向量 $\boldsymbol{\alpha}=(-1,2,-1)^{\mathrm{T}}$，$\boldsymbol{\beta}=(0,-1,1)^{\mathrm{T}}$ 是线性方程组 $\boldsymbol{A}\boldsymbol{X}=\boldsymbol{0}$ 的两个解.

(1) 求 $\boldsymbol{A}$ 的特征值与特征向量；

(2) 求正交矩阵 $\boldsymbol{Q}$ 和对角矩阵 $\boldsymbol{B}$，使得 $\boldsymbol{Q}^{\mathrm{T}}\boldsymbol{A}\boldsymbol{Q}=\boldsymbol{B}$.

16. 若 $\boldsymbol{A}$ 是 n 阶实矩阵，$\boldsymbol{E}_n$ 为 n 阶单位矩阵，且 $\boldsymbol{A}^{\mathrm{T}}+\boldsymbol{A}=\boldsymbol{E}_n$，其中 $\boldsymbol{A}^{\mathrm{T}}$ 是 $\boldsymbol{A}$ 的转置矩阵，则 $\boldsymbol{A}$ 是可逆矩阵.

17. 设 $\boldsymbol{A},\boldsymbol{B}$ 为数域 P 上的 n 阶方阵，$\boldsymbol{E}$ 为 n 阶单位阵.

(1) 证明：$\mathrm{rank}(\boldsymbol{A}+\boldsymbol{B})\leqslant\mathrm{rank}(\boldsymbol{A})+\mathrm{rank}(\boldsymbol{B})$，其中 rank( )为矩阵的秩；

(2) 若 $\boldsymbol{A}^2=\boldsymbol{E}$，证明：$\mathrm{rank}(\boldsymbol{A}+\boldsymbol{E})+\mathrm{rank}(\boldsymbol{A}-\boldsymbol{E})=n$.

18. 令 $\boldsymbol{A},\boldsymbol{B}$，是 $n\times n$ 正交矩阵. 证明：

(1) 若行列式 $|\boldsymbol{A}|=-1$，则 -1 是 $\boldsymbol{A}$ 的特征值；

(2) 若 $|\boldsymbol{A}|+|\boldsymbol{B}|=0$，则 $|\boldsymbol{A}+\boldsymbol{B}|=0$.

19. 设 $\boldsymbol{A}$ 为一个 n 阶实方阵，且它的行列式 $|\boldsymbol{A}|\neq0$. 证明：存在一个正交矩阵 $\boldsymbol{Q}$ 和一个上三角矩阵 $\boldsymbol{T}$，使得 $\boldsymbol{A}=\boldsymbol{T}\boldsymbol{Q}$.

20. 设 $\boldsymbol{A},\boldsymbol{B},\boldsymbol{C}$ 均为阶方阵，$\boldsymbol{A},\boldsymbol{B}$ 是可逆的，求分块矩 $\begin{pmatrix}\boldsymbol{A} & \boldsymbol{A}\\ \boldsymbol{C}-\boldsymbol{B} & \boldsymbol{C}\end{pmatrix}$ 的逆矩阵.

21. 设 $\boldsymbol{J},\boldsymbol{X}$ 均是 $n\times n$ 阶实矩阵，$\boldsymbol{J}$ 的各行各列元素都是 1. 证明：$\boldsymbol{X}=\boldsymbol{X}\boldsymbol{J}+\boldsymbol{J}\boldsymbol{X}$ 只有零解 $\boldsymbol{X}=\boldsymbol{0}$.

22. 设 $\boldsymbol{A}$ 是 n 阶可逆实对称矩阵，$\boldsymbol{S}$ 是实反对称矩阵且 $\boldsymbol{A}\boldsymbol{S}=\boldsymbol{S}\boldsymbol{A}$，证明：$\boldsymbol{A}+\boldsymbol{S}$ 是可逆矩阵.

23. 设 $\boldsymbol{A}$ 为 n 阶正交矩阵且特征值不等于 -1，证明：

(1) $\boldsymbol{E}+\boldsymbol{A}$ 是可逆矩阵；

(2) $(\boldsymbol{E}-\boldsymbol{A})(\boldsymbol{E}+\boldsymbol{A})^{-1}$ 是反对称矩阵.

24. 设 $\boldsymbol{A}$ 是三级正交矩阵，并且 $|\boldsymbol{A}|=1$. 求证：

(1) 1 是 $\boldsymbol{A}$ 的一个特征值；

(2) $\boldsymbol{A}$ 的特征多项式 $f(\lambda)$ 可表示为 $f(\lambda)=\lambda^3-\alpha\lambda^2+\alpha\lambda-1$，其中 α 是某个实数；

(3) 若 $\boldsymbol{A}$ 的特征值全为实数，并且 $|\boldsymbol{A}+\boldsymbol{E}|\neq0$. 则 $\boldsymbol{A}$ 的转置 $\boldsymbol{A}'=\boldsymbol{A}^2-3\boldsymbol{A}+3\boldsymbol{E}$，其中 $\boldsymbol{E}$ 是 3 级单位矩阵.

25. 设 $\boldsymbol{A},\boldsymbol{B}$ 都是正交矩阵，若 $|\boldsymbol{A}|+|\boldsymbol{B}|=0$，证明以下结论：

(1) $\boldsymbol{A}+\boldsymbol{B}=\boldsymbol{A}(\boldsymbol{A}^{\mathrm{T}}+\boldsymbol{B}^{\mathrm{T}})\boldsymbol{B}$；

(2) $\boldsymbol{A}+\boldsymbol{B}$ 是降秩矩阵.

26. 若矩阵 $\boldsymbol{A}$ 的伴随矩阵 $\boldsymbol{A}^*=\begin{pmatrix}1&1&1\\0&1&1\\0&0&1\end{pmatrix}$，$\boldsymbol{B}$ 满足 $\boldsymbol{A}^*\boldsymbol{B}\boldsymbol{A}=2\boldsymbol{A}^{-1}\boldsymbol{B}+3\boldsymbol{E}$，求 $\boldsymbol{B}$.

27. 设矩阵 $\boldsymbol{A}=\begin{pmatrix}3&0&8\\3&1&6\\-2&0&-5\end{pmatrix}$，求 $\boldsymbol{A}^{100}-2\boldsymbol{A}^{50}$.

28. 假设 $\boldsymbol{A}$ 是 $s\times n$ 实矩阵，在通常的内积下，$\boldsymbol{A}$ 的每个行向量的长度为 a，任意两个不同的行向量的内积为 b，其中 a,b 是两个固定的实数.

(1) 求矩阵 $\boldsymbol{A}\boldsymbol{A}^{\mathrm{T}}$ 的行列式；

(2) 若 $a^2>b\geqslant0$，证明：$\boldsymbol{A}\boldsymbol{A}^{\mathrm{T}}$ 的特征值均大于零.

29. 已知实矩阵 $\boldsymbol{A}=\begin{pmatrix}2 & 2\\ 2 & a\end{pmatrix}$，$\boldsymbol{B}=\begin{pmatrix}4 & b\\ 3 & 0\end{pmatrix}$.

(1) 若矩阵方程 $\boldsymbol{AX}=\boldsymbol{B}$ 有解，但 $\boldsymbol{BY}=\boldsymbol{A}$ 无解，问：参数 a,b 应满足什么条件？

(2) 若 $\boldsymbol{A},\boldsymbol{B}$ 相似，问：参数 a,b 应满足什么条件？

(3) 若 $\boldsymbol{A},\boldsymbol{B}$ 合同，问：参数 a,b 应满足什么条件？

30. 设 $\boldsymbol{A}$ 是 n 阶实对称矩阵，λ_0 是 $\boldsymbol{A}$ 的最大特征值. 证明：$\lambda_0=\max\limits_{\theta\neq x\in R^n}\dfrac{x^{\mathrm{T}}\boldsymbol{A}x}{x^{\mathrm{T}}x}$，其中，$R_n$ 表示实 n 维列向量全体之集.

31. 设 $\boldsymbol{A}$、$\boldsymbol{B}$ 是同阶方阵，(1) 如果 $\boldsymbol{A}$、$\boldsymbol{B}$ 相似，证明：$\boldsymbol{A}$、$\boldsymbol{B}$ 的特征多项式相等；(2) 请举一个例子说明(1)的逆命题不成立；(3) 如果 $\boldsymbol{A}$、$\boldsymbol{B}$ 都是实对称矩阵，请证明(1)的逆命题一定成立.

32. 设矩阵 $\boldsymbol{A}=\begin{bmatrix}3 & 2 & 2\\ 2 & 3 & 2\\ 2 & 2 & 3\end{bmatrix}$，$\boldsymbol{P}=\begin{pmatrix}0 & 1 & 0\\ 1 & 0 & 1\\ 0 & 0 & 1\end{pmatrix}$，$\boldsymbol{B}=\boldsymbol{P}^{-1}\boldsymbol{A}^*\boldsymbol{P}$，求 $\boldsymbol{B}+2\boldsymbol{E}$ 的特征值与特征向量，其中 $\boldsymbol{A}^*$ 为 $\boldsymbol{A}$ 的伴随矩阵，$\boldsymbol{E}$ 为 3 阶单位矩阵.

33. 设 $\boldsymbol{D}=\begin{pmatrix}\boldsymbol{A} & \boldsymbol{0}\\ \boldsymbol{C} & \boldsymbol{B}\end{pmatrix}$ 是分块矩阵，其中，$\boldsymbol{A},\boldsymbol{B}$ 是可逆方阵，求 $\boldsymbol{D}^{-1}$.

34. 设 $\boldsymbol{A}=\boldsymbol{\alpha\alpha}^{\mathrm{T}}+\boldsymbol{\beta\beta}^{\mathrm{T}}$，$\boldsymbol{\alpha},\boldsymbol{\beta}$ 是三维列向量，$\boldsymbol{\alpha}^{\mathrm{T}},\boldsymbol{\beta}^{\mathrm{T}}$ 分别是 $\boldsymbol{\alpha},\boldsymbol{\beta}$ 的转置. 请证明：$R(\boldsymbol{A})\leqslant 2$.

35. 已知 ±1 是矩阵 $\boldsymbol{A}=\begin{pmatrix}2 & a & 2\\ 5 & b & 3\\ -1 & 1 & -1\end{pmatrix}$ 特征值.

(1) 求参数 a,b 的值；

(2) 问 $\boldsymbol{A}$ 能否对角化？为什么？

36. 设 $\boldsymbol{A},\boldsymbol{B}$ 分别是 $n\times m$ 和 $m\times n$ 矩阵，证明：

$$\begin{vmatrix}\boldsymbol{E}_m & \boldsymbol{B}\\ \boldsymbol{A} & \boldsymbol{E}_n\end{vmatrix}=|\boldsymbol{E}_n-\boldsymbol{AB}|=|\boldsymbol{E}_m-\boldsymbol{BA}|.$$

37. 请将矩阵

$$\boldsymbol{A}=\begin{pmatrix}1 & 2 & 0\\ 2 & 1 & 0\\ 0 & 0 & 1\end{pmatrix}$$

表示成初等矩阵的乘积.

38. 设 $\boldsymbol{B}$ 是一个 $r\times r$ 矩阵，$\boldsymbol{C}$ 是一个 $r\times n$ 矩阵，且 $R(\boldsymbol{C})=r$. 证明：如果 $\boldsymbol{BC}=\boldsymbol{0}$，则 $\boldsymbol{B}=0$.

第五章　二次型

码上学习

第一节　定义与表示方法

① 定义

数域 P 上 n 个文字 $x_1,x_2,\cdots,x_n$ 的二次齐次多项式叫作数域 P 上的 n 元二次型,记作 $f(x_1,x_2,\cdots,x_n)$.

② 表示方法

a. n 元二次型的一般形式

$$f(x_1,x_2,\cdots,x_n)=\sum_{i=1}^{n}a_{ii}x_i^2+2\sum_{i<j}a_{ij}x_ix_j \qquad (\text{I})$$

b. n 元二次型的对称写法

令 $a_{ji}=a_{ij}(i,j=1,2,\cdots,n)$,一般形式(Ⅰ)有对称写法

$$f(x_1,x_2,\cdots,x_n)=\sum_{i=1}^{n}\sum_{j=1}^{n}a_{ij}x_ix_j \qquad (\text{II})$$

$$=\boldsymbol{X}'\boldsymbol{A}\boldsymbol{X}, \qquad (\text{III})$$

其中,$\boldsymbol{A}=\boldsymbol{A}'$,$\boldsymbol{X}=(x_1,x_2,\cdots,x_n)'$.

③ 对称写法(Ⅱ)中系数排成的矩阵,即矩阵表示(Ⅲ)的矩阵 $\boldsymbol{A}$,叫作二次型 $f(x_1,x_2,\cdots,x_n)$的矩阵,而 $R(\boldsymbol{A})$叫做二次型 $f(x_1,x_2,\cdots,x_n)$的秩.

④ 设 $x_1,x_2,\cdots,x_n$ 与 $y_1,y_2,\cdots,y_n$ 是两组文字,关系式

$$x_i=\sum_{j=1}^{n}c_{ij}y_j,i=1,2,\cdots,n,c_{ij}\in P$$

叫作由 $x_1,x_2,\cdots,x_n$ 到 $y_1,y_2,\cdots,y_n$ 的线性替换. 它的矩阵形式为

$$\boldsymbol{X}=\boldsymbol{C}\boldsymbol{Y},$$

其中 $\boldsymbol{X}=(x_1,x_2,\cdots,x_n)'$,$\boldsymbol{Y}=(y_1,y_2,\cdots,y_n)'$,$\boldsymbol{C}=(c_{ij})\in P^{n\times n}$,

若 $\boldsymbol{C}$ 是非退化矩阵,$\boldsymbol{X}=\boldsymbol{C}\boldsymbol{Y}$ 称为非退化(或可逆)线性替换;若 $\boldsymbol{C}$ 是正交矩阵,则称为正交线性替换.

⑤ 设 $\boldsymbol{A},\boldsymbol{B}\in P^{n\times n}$,若存在一个数域 P 上的可逆矩阵 $\boldsymbol{C}$,使得

$$\boldsymbol{B}=\boldsymbol{C}'\boldsymbol{A}\boldsymbol{C},$$

则称 $\boldsymbol{A}$ 与 $\boldsymbol{B}$ 是合同的.

第二节　标准形与规范形

1. 标准形及主要结果

① n 元二次型 $f(x_1,x_2,\cdots,x_n)$，若经 $\boldsymbol{X}=\boldsymbol{PY}(|\boldsymbol{P}|\neq 0)$ 化成 n 元二次型 $g(y_1,y_2,\cdots,y_n)$，就称 $f(x_1,x_2,\cdots,x_n)$ 与 $g(y_1,y_2,\cdots,y_n)$ 等价.

② $f(x_1,x_2,\cdots,x_n)=\boldsymbol{X}'\boldsymbol{AX}(\boldsymbol{A}'=\boldsymbol{A})$ 与 $g(y_1,y_2,\cdots,y_n)=\boldsymbol{Y}'\boldsymbol{BY}(\boldsymbol{B}'=\boldsymbol{B})$ 等价（在 $\boldsymbol{X}=\boldsymbol{CY}$ 下）的充要条件是 $\boldsymbol{A}$ 与 $\boldsymbol{B}$ 合同：$\boldsymbol{B}=\boldsymbol{C}'\boldsymbol{AC}$.

③ 数域 P 上每一个 n 元二次型 $f(x_1,x_2,\cdots,x_n)$ 等价于标准形

$d_1y_1^2+d_2y_2^2+\cdots+d_ry_r^2$,

这里 $d_i\neq 0$，r 为二次型 $f(x_1,x_2,\cdots,x_n)$ 的秩.

④ 每一个 n 元复二次型 $f(x_1,x_2,\cdots,x_n)$ 都等价于唯一的规范标准形

$$z_1^2+z_2^2+\cdots+z_r^2,$$

这里 r 为复二次型的秩.

推论　复二次型 $f(x_1,x_2,\cdots,x_n)$ 与 $g(y_1,y_2,\cdots,y_n)$ 等价的充要条件是它们有相同的秩.

⑤ 每一个 n 元实二次型 $f(x_1,x_2,\cdots,x_n)$ 都等价于唯一的规范标准形

$$z_1^2+z_2^2+\cdots+z_p^2-z_{p+1}^2-\cdots-z_r^2,$$

这里 r 为 $f(x_1,x_2,\cdots,x_n)$ 的秩，p 叫作它的正惯性指数，$r-p$ 叫作负惯性指数，$s=p-(r-p)=2p-r$ 叫作符号差.

推论　实二次型 $f(x_1,x_2,\cdots,x_n)$ 与 $g(y_1,y_2,\cdots,y_n)$ 等价的充要条件是它们有相同的秩与正惯性指数.

⑥ 任一实二次型 $f(x_1,x_2,\cdots,x_n)=\boldsymbol{X}'\boldsymbol{AX}(\boldsymbol{A}'=\boldsymbol{A})$ 可经过正交线性替换 $\boldsymbol{X}=\boldsymbol{TY}$（$\boldsymbol{T}$ 是正交矩阵）化成标准形

$$\lambda_1y_1^2+\lambda_2y_2^2+\cdots+\lambda_ny_n^2,$$

其中 $\lambda_1,\lambda_2,\cdots,\lambda_n$ 是 $\boldsymbol{A}$ 的全部特征值.

2. 对称矩阵的相应性质

① 数域 P 上任一对称矩阵 $\boldsymbol{A}$ 都合同于对角矩阵

$$\begin{pmatrix} d_1 & & & & & & \\ & d_2 & & & & & \\ & & \ddots & & & & \\ & & & d_r & & & \\ & & & & 0 & & \\ & & & & & \ddots & \\ & & & & & & 0 \end{pmatrix},$$

其中，$d_i\neq 0$，$i=1,2,\cdots,r$，$r=R(\boldsymbol{A})$.

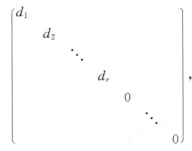

② 任一 n 阶复对称矩阵 $\boldsymbol{A}$ 合同于对角矩阵

$$\begin{pmatrix} \boldsymbol{E}_r & \\ & \boldsymbol{0} \end{pmatrix},$$

其中，$\boldsymbol{E}_r$ 是 r 阶单位阵，$r=R(\boldsymbol{A})$.

推论 两个复对称矩阵 $\boldsymbol{A}$ 与 $\boldsymbol{B}$ 合同的充要条件是 $R(\boldsymbol{A})=R(\boldsymbol{B})$.

③ 任一 n 阶实对称阵 $\boldsymbol{A}$ 都合同于对角矩阵

$$\begin{pmatrix} \boldsymbol{E}_p & & \\ & -\boldsymbol{E}_{r-p} & \\ & & \boldsymbol{0} \end{pmatrix},$$

这里 $r=R(\boldsymbol{A})$，p 称为 $\boldsymbol{A}$ 的正惯性指数.

推论 n 阶实对称阵 $\boldsymbol{A}$ 与 $\boldsymbol{B}$ 合同的充要条件是 $\boldsymbol{A}$ 与 $\boldsymbol{B}$ 有相同的秩与正惯性指数.

④ 任一 n 阶实对称矩阵 $\boldsymbol{A}$ 都正交合同(因而正交相似)于对角矩阵

$$\begin{pmatrix} \lambda_1 & & & \\ & \lambda_2 & & \\ & & \ddots & \\ & & & \lambda_n \end{pmatrix},$$

这里 $\lambda_1,\lambda_2,\cdots,\lambda_n$ 是 $\boldsymbol{A}$ 的全部特征值.

3. 实二次型的分类

实二次型 $f(x_1,x_2,\cdots,x_n)=\boldsymbol{X}'\boldsymbol{A}\boldsymbol{X}(\boldsymbol{A}'=\boldsymbol{A})$，若对任意一组不全为零的实数 $c_1,c_2,\cdots,c_n$ (或对任一非零实 n 维列向量 $\boldsymbol{X}_0=(c_1,c_2,\cdots,c_n)'$)，

① 都有 $f(c_1,c_2,\cdots,c_n)>0$(或 $f(\boldsymbol{X}_0)=\boldsymbol{X}'_0\boldsymbol{A}\boldsymbol{X}_0>0$)，$f(x_1,x_2,\cdots,x_n)$ 叫作正定实二次型；

② 都有 $f(c_1,c_2,\cdots,c_n)\geqslant 0$(或 $f(\boldsymbol{X}_0)=\boldsymbol{X}'_0\boldsymbol{A}\boldsymbol{X}_0\geqslant 0$)，$f(x_1,x_2,\cdots,x_n)$ 叫作半正定实二次型；

③ 都有 $f(c_1,c_2,\cdots,c_n)<0$(或 $f(\boldsymbol{X}_0)=\boldsymbol{X}'_0\boldsymbol{A}\boldsymbol{X}_0<0$)，$f(x_1,x_2,\cdots,x_n)$ 叫作负定实二次型；

④ 都有 $f(c_1,c_2,\cdots,c_n)\leqslant 0$(或 $f(\boldsymbol{X}_0)=\boldsymbol{X}'_0\boldsymbol{A}\boldsymbol{X}_0\leqslant 0$)，$f(x_1,x_2,\cdots,x_n)$ 叫作半负定实二次型；

$f(x_1,x_2,\cdots,x_n)$ 既不是半正定，又不是半负定，就叫作不定实二次型.

【例 2.1】 设实二次型 $f(x_1,x_2,\cdots,x_n)=\sum\limits_{i=1}^{s}(a_{i1}x_1+a_{i2}x_2+\cdots+a_{in}x_n)^2$，证明：$f(x_1,x_2,\cdots,x_n)$ 的秩等于矩阵

$$\boldsymbol{A}=\begin{pmatrix} a_{11} & a_{12} & \cdots & a_{1n} \\ a_{21} & a_{22} & \cdots & a_{2n} \\ \vdots & \vdots & & \vdots \\ a_{s1} & a_{s2} & \cdots & a_{sn} \end{pmatrix}$$

的秩.

证 设 $\boldsymbol{A}$ 的行向量组为 $\boldsymbol{A}_1,\boldsymbol{A}_2,\cdots,\boldsymbol{A}_s$，因

$$f(x_1,x_2,\cdots,x_n)=\sum_{i=1}^{s}(a_{i1}x_1+a_{i2}x_3+\cdots+a_{in}x_n)^2$$

$$=\sum_{i=1}^{s}\left[(x_1,x_2,\cdots,x_n)\begin{pmatrix}a_{i1}\\a_{i2}\\\vdots\\a_{in}\end{pmatrix}\right]^2$$

$$=\sum_{i=1}^{s}\left[(x_1,x_2,\cdots,x_n)\begin{pmatrix}a_{i1}\\a_{i2}\\\vdots\\a_{in}\end{pmatrix}(x_1,x_2,\cdots,x_n)\begin{pmatrix}a_{i1}\\a_{i2}\\\vdots\\a_{in}\end{pmatrix}\right]$$

注意到

$$(x_1,x_2,\cdots,x_n)\begin{pmatrix}a_{i1}\\a_{i2}\\\vdots\\a_{in}\end{pmatrix}=(a_{i1},a_{i2},\cdots,a_{in})\begin{pmatrix}x_1\\x_2\\\vdots\\x_n\end{pmatrix}$$

令 $\boldsymbol{X}=(x_1,x_2,\cdots,x_n)'$，就有

$$f(x_1,x_2,\cdots,x_n)=\sum_{i=1}^{s}\left[(x_1,x_2,\cdots,x_n)\begin{pmatrix}a_{i1}\\a_{i2}\\\vdots\\a_{in}\end{pmatrix}(x_1,x_2,\cdots,x_n)\begin{pmatrix}a_{i1}\\a_{i2}\\\vdots\\a_{in}\end{pmatrix}\right]=\boldsymbol{X}'\left(\sum_{i=1}^{n}\boldsymbol{A}'_i\boldsymbol{A}_i\right)\boldsymbol{X}$$

$$=\boldsymbol{X}'\left[(\boldsymbol{A}'_1,\boldsymbol{A}'_2,\cdots,\boldsymbol{A}'_s)\begin{pmatrix}\boldsymbol{A}_1\\\boldsymbol{A}_2\\\vdots\\\boldsymbol{A}_s\end{pmatrix}\right]\boldsymbol{X}=\boldsymbol{X}'(\boldsymbol{A}'\boldsymbol{A})\boldsymbol{X}$$

因 $\boldsymbol{A}'\boldsymbol{A}$ 是对称矩阵，所以 $f(x_1,x_2,\cdots,x_n)$ 的矩阵为 $\boldsymbol{A}'\boldsymbol{A}$，于是 $f(x_1,x_2,\cdots,x_n)$ 的秩 $=R(\boldsymbol{A}'\boldsymbol{A})=R(\boldsymbol{A})$.

【例 2.2】 设 $\boldsymbol{A}=(a_{ij})_{n\times n}$ 是可逆对称矩阵，证明：二次型

$$f(x_1,x_2,\cdots,x_n)=\begin{vmatrix}0&x_1&x_2&\cdots&x_n\\-x_1&a_{11}&a_{12}&\cdots&a_{1n}\\-x_2&a_{21}&a_{22}&\cdots&a_{2n}\\\vdots&\vdots&\vdots&&\vdots\\-x_n&a_{n1}&a_{n2}&\cdots&a_{nn}\end{vmatrix}$$

的矩阵是 $\boldsymbol{A}$ 的伴随矩阵 $\boldsymbol{A}^*$.

证 令 $\boldsymbol{X}=(x_1,x_2,\cdots,x_n)'$，则

$$f(x_1,x_2,\cdots,x_n)=\begin{vmatrix}\boldsymbol{0}&\boldsymbol{X}'\\-\boldsymbol{X}&\boldsymbol{A}\end{vmatrix},$$

由降阶定理，

$$f(x_1,x_2,\cdots,x_n)=|\boldsymbol{A}|\,|\boldsymbol{0}-\boldsymbol{X}'\boldsymbol{A}^{-1}(-\boldsymbol{X})|=|\boldsymbol{A}|(\boldsymbol{X}'\boldsymbol{A}^{-1}\boldsymbol{X})$$
$$=\boldsymbol{X}'(|\boldsymbol{A}|\boldsymbol{A}^{-1})\boldsymbol{X}=\boldsymbol{X}'\boldsymbol{A}^*\boldsymbol{X},$$

又 $\boldsymbol{A}^*=|\boldsymbol{A}|\boldsymbol{A}^{-1}$，而 $(\boldsymbol{A}^{-1})'=(\boldsymbol{A}')^{-1}=\boldsymbol{A}^{-1}$，即 $\boldsymbol{A}^{-1}$ 是对称阵，故 $\boldsymbol{A}^*$ 是对称阵，所以 $\boldsymbol{A}^*$ 是 $f(x_1,x_2,\cdots,x_n)$ 的矩阵.

【例 2.3】 求二次型

$$(n-1)\sum_{i=1}^{n}x_i^2-2\sum_{i<j}x_ix_j$$

的符号差.

解法一 已知二次型的矩阵为

$$\boldsymbol{A}=\begin{pmatrix} n-1 & -1 & -1 & \cdots & -1\\ -1 & n-1 & -1 & \cdots & -1\\ -1 & -1 & n-1 & \cdots & -1\\ \vdots & \vdots & \vdots & & \vdots\\ -1 & -1 & -1 & \cdots & n-1\end{pmatrix},$$

于是

$$|\boldsymbol{A}|=\begin{vmatrix} n-1 & -1 & -1 & \cdots & -1\\ -1 & n-1 & -1 & \cdots & -1\\ -1 & -1 & n-1 & \cdots & -1\\ \vdots & \vdots & \vdots & & \vdots\\ -1 & -1 & -1 & \cdots & n-1\end{vmatrix}=\begin{vmatrix} 0 & -1 & -1 & \cdots & n-1\\ 0 & n-1 & -1 & \cdots & -1\\ 0 & -1 & n-1 & \cdots & -1\\ \vdots & \vdots & \vdots & & \vdots\\ 0 & -1 & -1 & \cdots & n-1\end{vmatrix}=0.$$

而

$$\left|\boldsymbol{A}\begin{pmatrix}1 & 2 & \cdots & n-1\\ 1 & 2 & \cdots & n-1\end{pmatrix}\right|=\begin{vmatrix} n-1 & -1 & -1 & \cdots & -1\\ -1 & n-1 & -1 & \cdots & -1\\ -1 & -1 & n-1 & \cdots & -1\\ \vdots & \vdots & \vdots & & \vdots\\ -1 & -1 & -1 & \cdots & n-1\end{vmatrix}$$
$$=\begin{vmatrix} 1 & -1 & -1 & \cdots & -1\\ 1 & n-1 & -1 & \cdots & -1\\ 1 & -1 & n-1 & \cdots & -1\\ \vdots & \vdots & \vdots & & \vdots\\ 1 & -1 & -1 & \cdots & n-1\end{vmatrix}$$
$$=\begin{vmatrix} 1 & 0 & 0 & \cdots & 0\\ 1 & n & 0 & \cdots & 0\\ 1 & 0 & n & \cdots & 0\\ \vdots & \vdots & \vdots & & \vdots\\ 1 & 0 & 0 & \cdots & n\end{vmatrix}=n^{n-2}\neq 0,$$

所以，

$$R(\boldsymbol{A})=n-1,$$

又

$$(n-1)\sum_{i=1}^{n}x_i^2-2\sum_{i<j}x_ix_j=\sum_{1\leqslant i<j\leqslant n}(x_i-x_j)^2,$$

故已知二次型是半正定的,于是,正惯性指数 $p=R(\boldsymbol{A})=n-1$,
从而符号差为 $n-1$.

解法二　因

$$|\lambda\boldsymbol{E}-\boldsymbol{A}|=\begin{vmatrix}\lambda-(n-1) & 1 & 1 & \cdots & 1\\ 1 & \lambda-(n-1) & 1 & \cdots & 1\\ 1 & 1 & \lambda-(n-1) & \cdots & 1\\ \vdots & \vdots & \vdots & & \vdots\\ 1 & 1 & 1 & \cdots & \lambda-(n-1)\end{vmatrix}$$

$$=\begin{vmatrix}\lambda & 1 & 1 & \cdots & 1\\ \lambda & \lambda-(n-1) & 1 & \cdots & 1\\ \lambda & 1 & \lambda-(n-1) & \cdots & 1\\ \vdots & \vdots & \vdots & & \vdots\\ \lambda & 1 & 1 & \cdots & \lambda-(n-1)\end{vmatrix}$$

$$=\lambda\begin{vmatrix}1 & 0 & 0 & \cdots & 0\\ 1 & \lambda-n & 0 & \cdots & 0\\ 1 & 0 & \lambda-n & \cdots & 0\\ \vdots & \vdots & \vdots & & \vdots\\ 1 & 0 & 0 & \cdots & \lambda-n\end{vmatrix}=\lambda(\lambda-n)^{n-1},$$

于是,所给二次型可经正交线性替换化成标准形

$$ny_1^2+ny_2^2+\cdots+ny_{n-1}^2$$

所以,符号差为 $s=n-1$.

【例 2.4】　证明实二次型

$$\sum_{r=1}^{n}\sum_{s=1}^{n}(\lambda rs+r+s)x_rx_s,(n>1)$$

的秩和符号差与 λ 无关,并求秩与符号差.

证　所给实二次型的矩阵为

$$\boldsymbol{A}=\begin{pmatrix}\lambda+2 & 2\lambda+3 & 3\lambda+4 & \cdots & n\lambda+n+1\\ 2\lambda+3 & 4\lambda+4 & 6\lambda+5 & \cdots & 2n\lambda+n+2\\ 3\lambda+4 & 6\lambda+5 & 9\lambda+6 & \cdots & 3n\lambda+n+3\\ \vdots & \vdots & \vdots & & \vdots\\ n\lambda+n+1 & 2n\lambda+n+2 & 3n\lambda+n+3 & \cdots & n^2\lambda+2n\end{pmatrix},$$

将 $\boldsymbol{A}$ 的第一行的 (-2) 倍,(-3) 倍,…,$(-n)$ 倍依次加到第 2,3,…,n 行,得

$$\boldsymbol{A}_1=\begin{pmatrix}\lambda+2 & 2\lambda+3 & 3\lambda+4 & \cdots & n\lambda+n+1\\ -1 & -2 & -3 & \cdots & -n\\ -2 & -4 & -6 & \cdots & -2n\\ \vdots & \vdots & \vdots & & \vdots\\ -(n-1) & -2(n-1) & -3(n-1) & \cdots & -n(n-1)\end{pmatrix},$$

对 $\boldsymbol{A}_1$ 的列依次作与上述行变换相应的初等列变换,得

$$\boldsymbol{B}=\begin{pmatrix} \lambda+2 & -1 & -2 & \cdots & -(n-1) \\ -1 & 0 & 0 & \cdots & 0 \\ -2 & 0 & 0 & \cdots & 0 \\ \vdots & \vdots & \vdots & & \vdots \\ -(n-1) & 0 & 0 & \cdots & 0 \end{pmatrix},$$

将 $\boldsymbol{B}$ 的第 2 行的 $\dfrac{\lambda+2}{2}$ 倍加到第 1 行,再作相应的初等列变换,得

$$\boldsymbol{C}=\begin{pmatrix} 0 & -1 & -2 & \cdots & -(n-1) \\ -1 & 0 & 0 & \cdots & 0 \\ -2 & 0 & 0 & \cdots & 0 \\ \vdots & \vdots & \vdots & & \vdots \\ -(n-1) & 0 & 0 & \cdots & 0 \end{pmatrix}.$$

因 $\boldsymbol{A}$ 与 $\boldsymbol{C}$ 合同,而 $\boldsymbol{C}$ 与 λ 无关,其秩和符号差也与 λ 无关,所以,$\boldsymbol{A}$ 的秩和符号差与 λ 无关.其实,继续对 $\boldsymbol{C}$ 作合同变换,知 $\boldsymbol{C}$ 与

$$\begin{pmatrix} -2 & 0 & 0 & \cdots & 0 \\ 0 & \frac{1}{2} & 0 & \cdots & 0 \\ 0 & 0 & 0 & \cdots & 0 \\ \vdots & \vdots & \vdots & & \vdots \\ 0 & 0 & 0 & \cdots & 0 \end{pmatrix}$$

合同,从而,$R(\boldsymbol{A})=2$,符号差为 0.

【例 2.5】 设 $\boldsymbol{A}$ 为 n 阶实对称矩阵,且 $|\boldsymbol{A}|<0$,证明:必存在实 n 维向量 $\boldsymbol{X}_0\neq 0$,使得 $\boldsymbol{X}_1'\boldsymbol{A}\boldsymbol{X}_0<0$.

证 由 $|\boldsymbol{A}|<0$ 知,$R(\boldsymbol{A})=n$,且实二次型 $\boldsymbol{X}'\boldsymbol{A}\boldsymbol{X}$ 不是正定的,于是 $\boldsymbol{X}'\boldsymbol{A}\boldsymbol{X}$ 可经非退化线性替换 $\boldsymbol{X}=\boldsymbol{C}\boldsymbol{Y}$ 化成规范标准形

$$g(y_1,y_2,\cdots,y_n)=y_1^2+y_2^2+\cdots+y_p^2-y_{p+1}^2-\cdots-y_n^2 \qquad (\text{I})$$

其中 p 是正惯性指数,且有 $0\leqslant p<n$.

令

$$\boldsymbol{Y}_0=(\overbrace{0,\cdots,0}^{p\text{个}},1,0,\cdots,0)',$$

显然有 $g(\boldsymbol{Y}_0)=-1<0$.

因 $\boldsymbol{Y}_0\neq 0$,$\boldsymbol{C}$ 可逆,故 $\boldsymbol{X}_0=\boldsymbol{C}\boldsymbol{Y}_0\neq 0$,而且有 $\boldsymbol{X}_0'\boldsymbol{A}\boldsymbol{X}_0=g(\boldsymbol{Y}_0)$,所以 $\boldsymbol{X}_0'\boldsymbol{A}\boldsymbol{X}_0=-1<0$.

注:这样的二次型问题利用标准形来解决是方便的,因为对于标准形(Ⅰ)容易找到使其值小于零的非零向量 $\boldsymbol{Y}_0$,然后再经所作的非退化线性替换 $\boldsymbol{X}=\boldsymbol{C}\boldsymbol{Y}$ 找出要求的非零向量 $\boldsymbol{X}_0$.总之,利用标准形是解决这种问题的一个技巧,下面一些例子也是使用这种技巧的.

【例 2.6】 设 $f(x_1,x_2,\cdots,x_n)=\boldsymbol{X}'\boldsymbol{A}\boldsymbol{X}(\boldsymbol{A}'=\boldsymbol{A})$ 是一个实二次型,若有实 n 维向量 $\boldsymbol{X}_1$,$\boldsymbol{X}_2$,使

$$\boldsymbol{X}_1'\boldsymbol{A}\boldsymbol{X}_1>0,\boldsymbol{X}_2'\boldsymbol{A}\boldsymbol{X}_2<0,$$

证明:必存在实 n 维向量 $\boldsymbol{X}_0\neq 0$,使 $\boldsymbol{X}_0'\boldsymbol{A}\boldsymbol{X}_0=0$.

证　由已知，$f(x_1,x_2,\cdots,x_n)$不定，故有非退化线性替换 $\boldsymbol{X}=\boldsymbol{CY}$，将 $f(x_1,x_2,\cdots,x_n)$化成规范标准形

$$g(y_1,y_2,\cdots,y_n)=y_1^2+y_2^2+\cdots+y_p^2-y_{p+1}^2-\cdots-y_r^2,$$

其中 $r=R(\boldsymbol{A})$，且 $0<p<r$，取

$$Y_0=(\overbrace{1,\cdots,0,1}^{p个},0,\cdots,0)',$$

显然有 $g(\boldsymbol{Y}_0)=0$，令 $\boldsymbol{X}_0=\boldsymbol{CY}_0$，由 $\boldsymbol{Y}_0\neq 0$ 及 $\boldsymbol{C}$ 可逆，知 $\boldsymbol{X}_0\neq 0$，而且有

$$f(\boldsymbol{X}_0)=g(\boldsymbol{Y}_0)=0,$$

即有 $\boldsymbol{X}_0\neq 0$，使 $\boldsymbol{X}_0'\boldsymbol{AX}_0=0$.

【例 2.7】　设 $f(x_1,x_2,\cdots,x_n)=\boldsymbol{X}'\boldsymbol{AX}$ 是一个实二次型，$\lambda_1,\lambda_2,\cdots,\lambda_n$ 是 $\boldsymbol{A}$ 的特征多项式的根，且 $\lambda_1\leqslant\lambda_2\leqslant\cdots\leqslant\lambda_n$. 证明：对任一 $\boldsymbol{X}\in\mathbf{R}^n$，有

$$\lambda_1\boldsymbol{X}'\boldsymbol{X}\leqslant\boldsymbol{X}'\boldsymbol{AX}\leqslant\lambda_n\boldsymbol{X}'\boldsymbol{X}$$

证　对于实二次型 $f(x_1,x_2,\cdots,x_n)=\boldsymbol{X}'\boldsymbol{AX}$，必有正交线性替换 $\boldsymbol{X}=\boldsymbol{TY}$，将 $f(x_1,x_2,\cdots,x_n)$化成标准形

$$g(y_1,y_2,\cdots,y_n)=\lambda_1y_1^2+\lambda_2y_2^2+\cdots+\lambda_ny_n^2,$$

其中，$\lambda_1,\lambda_2,\cdots,\lambda_n$ 是 $\boldsymbol{A}$ 的全部特征值，且 $\lambda_1\leqslant\lambda_2\leqslant\cdots\leqslant\lambda_n$. 于是，对任一 $\boldsymbol{X}\in\mathbf{R}^n$，且 $\boldsymbol{X}=\boldsymbol{TY}$，则

$$\boldsymbol{X}'\boldsymbol{AX}=\lambda_1y_1^2+\lambda_2y_2^2+\cdots+\lambda_ny_n^2.$$

因为

$$\lambda_1(y_1^2+y_2^2+\cdots+y_n^2)\leqslant\lambda_1y_1^2+\lambda_2y_2^2+\cdots+\lambda_ny_n^2\leqslant\lambda_n(y_1^2+y_2^2+\cdots+y_n^2),$$

故有

$$\lambda_1\boldsymbol{Y}'\boldsymbol{Y}\leqslant\boldsymbol{X}'\boldsymbol{AX}\leqslant\lambda_n\boldsymbol{Y}'\boldsymbol{Y}.$$

因 $\boldsymbol{Y}=\boldsymbol{T}^{-1}\boldsymbol{X}$，所以

$$\boldsymbol{Y}'\boldsymbol{Y}=(\boldsymbol{T}^{-1}\boldsymbol{X})'(\boldsymbol{T}^{-1})\boldsymbol{X}=\boldsymbol{X}'\boldsymbol{X},$$

所以

$$\lambda_1\boldsymbol{X}'\boldsymbol{X}\leqslant\boldsymbol{X}'\boldsymbol{AX}\leqslant\lambda_n\boldsymbol{X}'\boldsymbol{X}.$$

【例 2.8】　设 n 个文字的实二次型 $f(x_1,x_2,\cdots,x_n)=\boldsymbol{X}'\boldsymbol{AX}(\boldsymbol{A}'=\boldsymbol{A})$，必可经正交线性替换 $\boldsymbol{X}=\boldsymbol{TY}$ 化成标准形

$$g(y_1,y_2,\cdots,y_n)=\lambda_1y_1^2+\lambda_2y_2^2+\cdots+\lambda_ny_n^2,$$

其中 $\lambda_1,\lambda_2,\cdots,\lambda_n$ 是 $\boldsymbol{A}$ 的全部特征值. 设 $\lambda_1=\max(\lambda_1,\lambda_2,\cdots,\lambda_n)$，
证明：$f(x_1,x_2,\cdots,x_n)$在条件 $x_1^2+x_2^2+\cdots+x_n^2=1$ 下的最大值为 λ_1.

证

$$\begin{aligned}g(y_1,y_2,\cdots,y_n)&=\lambda_1y_1^2+\lambda_2y_2^2+\cdots+\lambda_ny_n^2\\&\leqslant\lambda_1(y_1^2+y_2^2+\cdots+y_n^2)\\&=\lambda_1\boldsymbol{Y}'\boldsymbol{Y},\end{aligned}$$

$\forall\boldsymbol{X}=(x_1,x_2,\cdots,x_n)'$，在条件 $x_1^2+x_2^2+\cdots+x_n^2=1$ 下，则有 $\boldsymbol{X}'\boldsymbol{X}=1$，这时

$$\boldsymbol{Y}'\boldsymbol{Y}=(\boldsymbol{T}^{-1}\boldsymbol{X})'(\boldsymbol{T}^{-1}\boldsymbol{X})=\boldsymbol{X}'\boldsymbol{TY}'\boldsymbol{X}=\boldsymbol{X}'\boldsymbol{X}=1,$$

于是

$$f(x_1,x_2,\cdots,x_n)=\boldsymbol{X}'\boldsymbol{AX}=g(\boldsymbol{Y})$$

$$=\lambda_1 y_1^2+\lambda_2 y_2^2+\cdots+\lambda_n y_n^2\leqslant\lambda_1 \boldsymbol{Y}'\boldsymbol{Y}\leqslant\lambda_1,$$

即在条件 $x_1^2+x_2^2+\cdots+x_n^2=1$，即 $\boldsymbol{X}'\boldsymbol{X}=1$，$f(x_1,x_2,\cdots,x_n)$的最大值$\leqslant\lambda_1$，取

$$\boldsymbol{Y}_0=(1,0,\cdots,0)',$$

显然有 $\boldsymbol{Y}_0'\boldsymbol{Y}_0=1$，令 $\boldsymbol{X}_0=\boldsymbol{T}\boldsymbol{Y}_0$，则 $\boldsymbol{X}_0'\boldsymbol{X}_0=1$，而

$$f(\boldsymbol{X}_0)=g(\boldsymbol{Y}_0)=\lambda_1,$$

即 $f(x_1,x_2,\cdots,x_n)$在条件 $x_1^2+x_2^2+\cdots+x_n^2=1$ 下的最大值为 λ_1，结论得证.

【例 2.9】 设 $\boldsymbol{S}$ 是一个 n 阶复对称阵，证明：存在一个复矩阵 $\boldsymbol{A}$，使得 $\boldsymbol{S}=\boldsymbol{A}'\boldsymbol{A}$.

证 设 $R(\boldsymbol{S})=r$，于是存在可逆矩阵 $\boldsymbol{C}$，使

$$\boldsymbol{C}'\boldsymbol{S}\boldsymbol{C}=\begin{pmatrix}\boldsymbol{E}_r & \boldsymbol{0}\\ \boldsymbol{0} & \boldsymbol{0}\end{pmatrix},$$

所以

$$\boldsymbol{S}=(\boldsymbol{C}')^{-1}\begin{pmatrix}\boldsymbol{E}_r & \boldsymbol{0}\\ \boldsymbol{0} & \boldsymbol{0}\end{pmatrix}\boldsymbol{C}^{-1}=(\boldsymbol{C}')^{-1}\begin{pmatrix}\boldsymbol{E}_r & \boldsymbol{0}\\ \boldsymbol{0} & \boldsymbol{0}\end{pmatrix}\begin{pmatrix}\boldsymbol{E}_r & \boldsymbol{0}\\ \boldsymbol{0} & \boldsymbol{0}\end{pmatrix}\boldsymbol{C}^{-1}.$$

令

$$\boldsymbol{A}=\begin{pmatrix}\boldsymbol{E}_r & \boldsymbol{0}\\ \boldsymbol{0} & \boldsymbol{0}\end{pmatrix}\boldsymbol{C}^{-1},$$

则

$$\boldsymbol{S}=\boldsymbol{A}'\boldsymbol{A}.$$

注：对于对称矩阵，也常借助于它的标准形.

【例 2.10】 n 元实二次型 $f(\boldsymbol{X})=\boldsymbol{X}'\boldsymbol{A}\boldsymbol{X}$ 的秩为 n，正负惯性指数分别为 p,q，且 $p\geqslant q>0$.

(1) 证明存在 $\mathbf{R}^n$的 q 维子空间 W，使$\forall\boldsymbol{X}_0\in W$，都有 $f(\boldsymbol{X}_0)=0$；

(2) 令 $T=\{\boldsymbol{X}\mid\boldsymbol{X}\in\mathbf{R}^n,f(\boldsymbol{X})=0\}$，试问 $\boldsymbol{T}$ 是否与 W 相等？为什么？

证 (1) 由已知，存在非退化线性替换 $\boldsymbol{X}=\boldsymbol{C}\boldsymbol{Y}$，将 $f(\boldsymbol{X})$化成标准形

$g(y_1,y_2,\cdots,y_n)=y_1^2+y_2^2+\cdots+y_p^2-y_{p+1}^2-\cdots-y_n^2$，其中 $p\geqslant q>0$.

令

$$\boldsymbol{Y}_1=(1,0,\cdots,0,\overset{(p+1)}{1},0,\cdots,0)',$$

$$\boldsymbol{Y}_2=(0,1,0,\cdots,0,0,\overset{(p+2)}{1},0,\cdots,0)',$$

$$\cdots\cdots$$

$$\boldsymbol{Y}_q=(0,0,\cdots,0,\overset{(q)}{1},0,\cdots,\overset{(p+q)}{1},0,\cdots,0)',$$

显然，$g(\boldsymbol{Y}_i)=0,i=1,2,\cdots,q$，且 $\boldsymbol{Y}_1,\boldsymbol{Y}_2,\cdots,\boldsymbol{Y}_q$ 线性无关.

设 $\boldsymbol{X}_i=\boldsymbol{C}\boldsymbol{Y}_i,i=1,2,\cdots,q$，则有

$$f(\boldsymbol{X}_i)=\boldsymbol{X}_i'\boldsymbol{A}\boldsymbol{X}_i=g(\boldsymbol{Y}_i)=0,i=1,2,\cdots,q.$$

易证 $\boldsymbol{X}_1,\boldsymbol{X}_2,\cdots,\boldsymbol{X}_q$ 线性无关，令

$$W=\boldsymbol{L}(\boldsymbol{X}_1,\boldsymbol{X}_2,\cdots,\boldsymbol{X}_q),$$

则 W 是 $\mathbf{R}^n$的 q 维子空间，$\boldsymbol{X}_1,\boldsymbol{X}_2,\cdots,\boldsymbol{X}_q$ 是其一组基，于是$\forall\boldsymbol{X}_0\in W$，有

$$\boldsymbol{X}_0=\sum_{i=1}^{q}k_i\boldsymbol{X}_i.$$

而

$$f(\boldsymbol{X}_0)=\boldsymbol{X}'_0\boldsymbol{A}\boldsymbol{X}_0=\left(\sum_{i=1}^{q}k_i\boldsymbol{X}_i\right)'\boldsymbol{A}\left(\sum_{i=1}^{q}k_i\boldsymbol{X}_i\right)$$
$$=\sum_{i=1}^{q}\sum_{j=1}^{q}k_ik_j\boldsymbol{X}'_i\boldsymbol{A}\boldsymbol{X}_j=\sum_{i=1}^{q}\sum_{j=1}^{q}k_ik_j\boldsymbol{Y}'_i(\boldsymbol{C}'\boldsymbol{A}\boldsymbol{C})\boldsymbol{Y}_j,$$

因为

$$\boldsymbol{Y}'_i(\boldsymbol{C}'\boldsymbol{A}\boldsymbol{C})\boldsymbol{Y}_j=\boldsymbol{Y}'_i\begin{pmatrix}1&&&&&&&\\&1&&&&&&\\&&\ddots&&&&&\\&&&1&&&&\\&&&&-1&&&\\&&&&&-1&&\\&&&&&&\ddots&\\&&&&&&&-1\end{pmatrix}\boldsymbol{Y}_j$$

$$=(0,\cdots,0,\overset{i}{1},0,\cdots,0,\overset{p+i}{1},0,\cdots,0)\begin{pmatrix}1&&&&&&&\\&1&&&&&&\\&&\ddots&&&&&\\&&&1&&&&\\&&&&-1&&&\\&&&&&-1&&\\&&&&&&\ddots&\\&&&&&&&-1\end{pmatrix}\begin{pmatrix}0\\\vdots\\0\\1\\0\\\vdots\\0\\1\\0\\\vdots\\0\end{pmatrix}\begin{matrix}\\\\\\(j)\\\\=0,\\\\(p+j)\\\\\\\\\end{matrix}$$

于是 $f(\boldsymbol{X}_0)=0$. 故 W 为所求的子空间.

(2) $\boldsymbol{T}$ 与 W 未必相等,事实上,若 $p>q$,即 $p\geqslant q>0$ 时,当 $p<n$ 时,令

$$\boldsymbol{Y}_{q+1}=(0,\cdots,0,\overset{(q+1)}{1},0,\cdots,0,1)',$$

显然有 $g(\boldsymbol{Y}_{q+1})=0$. 令 $\boldsymbol{X}_{q+1}=\boldsymbol{C}\boldsymbol{Y}_{q+1}$,则有 $f(\boldsymbol{X}_{q+1})=0$. 于是 $\boldsymbol{X}_{q+1}\in\boldsymbol{T}$. 因 $\boldsymbol{Y}_1,\boldsymbol{Y}_2,\cdots,\boldsymbol{Y}_q,\boldsymbol{Y}_{q+1}$ 线性无关,故 $\boldsymbol{X}_1,\boldsymbol{X}_2,\cdots,\boldsymbol{X}_q,\boldsymbol{X}_{q+1}$ 线性无关,所以,$\boldsymbol{X}_{q+1}$ 不能由 $\boldsymbol{X}_1,\boldsymbol{X}_2,\cdots,\boldsymbol{X}_q$ 线性表示,于是 $\boldsymbol{X}_{q+1}\notin W$,因此,$\boldsymbol{T}\neq W$.

4. 二次型化为标准形的一般方法

(1) 二次型 $f(\boldsymbol{X}')=\boldsymbol{X}'\boldsymbol{A}\boldsymbol{X}$,可以经过非退化线性变换化为标准形.

此问题相当于对 $\boldsymbol{A}$ 施行合同变换化为对角矩阵,化标准形的方法有:

① 配方法.

② 初等变换法,即如第二节中所讲 $\begin{pmatrix}\boldsymbol{A}\\\boldsymbol{E}\end{pmatrix}\to\begin{pmatrix}\boldsymbol{B}\\\boldsymbol{P}\end{pmatrix}$,$\boldsymbol{B}$ 为对角阵,则 $f(\boldsymbol{X}')=\boldsymbol{X}'\boldsymbol{A}\boldsymbol{X}$,经过非

退化线性变换 $\boldsymbol{X}=\boldsymbol{PY}$ 即可化为标准形 $g(\boldsymbol{Y}')$，$f(\boldsymbol{\alpha}')=g(\boldsymbol{\beta}')$，当且仅当 $\boldsymbol{\alpha}=\boldsymbol{P\beta}$.

③ 用正交变换可以将实二次型化为标准形，亦即实对称阵正交合同于对角阵，亦即存在正交阵 $\boldsymbol{T}$，使 $\boldsymbol{T}'\boldsymbol{AT}$ 为对角阵，所施行的正交变换为 $\boldsymbol{X}=\boldsymbol{TY}$.

(2) 关于标准形及所经过的非退化线性变换的唯一性问题.

① 一般域 P 上二次形的标准不是唯一的，但系数不为 0 的平方项的个数是唯一确定的.

② 复数域上二次型的标准形，若限制系数不为 0 的平方项的系数为 1 的话，则是唯一的.

③ 实数域 R 上的二次型可经非退化线性变换化为规范标准形.

$f(\boldsymbol{X}')=\boldsymbol{X}'\boldsymbol{AX}=y_1^2+y_2^2+\cdots+y_p^2-y_{p+1}^2-\cdots-y_r^2$，$R(\boldsymbol{A})=r$，$\boldsymbol{X}=\boldsymbol{PY}$，$p$ 为 $f(\boldsymbol{X}')$ 的正惯性指标，$r-p$ 为负惯性指标，实二次型的秩、正惯性指标、负惯性指标都是唯一确定的.

实二次型 $f(\boldsymbol{X}')$ 的正惯性指标等于 $\boldsymbol{A}$ 的正特征值的个数.

④ 化标准型所用的非退化线性变换不是唯一的.

因为，若 $\begin{pmatrix}\boldsymbol{\alpha}_1'\\ \boldsymbol{\alpha}_2'\\ \vdots\\ \boldsymbol{\alpha}_n'\end{pmatrix}\boldsymbol{A}(\boldsymbol{\alpha}_1,\boldsymbol{\alpha}_2,\cdots,\boldsymbol{\alpha}_n)=\begin{pmatrix}d_1&&&\\&d_2&&\\&&\ddots&\\&&&d_n\end{pmatrix}$，有

$$\begin{pmatrix}\boldsymbol{\alpha}_2'\\ \boldsymbol{\alpha}_1'\\ \vdots\\ \boldsymbol{\alpha}_n'\end{pmatrix}\boldsymbol{A}(\boldsymbol{\alpha}_2,\boldsymbol{\alpha}_1,\cdots,\boldsymbol{\alpha}_n)=\begin{pmatrix}d_2&&&&\\&d_1&&&\\&&d_3&&\\&&&\ddots&\\&&&&d_n\end{pmatrix}.$$

(3) 数域 P 上两个未知量个数相同的二次型，可以通过非退化线性变换互相转化的充要条件是它们有相同的标准形.

第三节　正定二次型

1. 定义

实数域 $\mathbf{R}$ 上的二次型 $f(\boldsymbol{X}')=\boldsymbol{X}'\boldsymbol{AX}$，若对任意 $\boldsymbol{X}_1'=(x_1,\cdots,x_n)\in\mathbf{R}^n$，$\boldsymbol{X}_1'\neq 0$，均有 $f(\boldsymbol{X}_1')>0$(或$\geqslant 0$)，则称 $f(\boldsymbol{X}')$ 为正定二次型(或半正定的)，此时，称 $\boldsymbol{A}$ 为正定矩阵(或半正定矩阵).

注：类似地可定义半正定、负定、半负定、不定的矩阵.

2. 推论

设 $\boldsymbol{A}$ 为 n 阶实对称阵，则以下诸命题等价：

① $\boldsymbol{A}$ 是正定矩阵.

② $\boldsymbol{A}$ 的顺序主子式大于 0.

③ $\boldsymbol{A}$ 的所有主子式大于 0.

④ $\boldsymbol{A}$ 的特征值全大于 0.

⑤ $\boldsymbol{A}$ 合同于单位矩阵 $\boldsymbol{E}$.

⑥ $\boldsymbol{A}$ 的正惯性指数为 n.

⑦ 存在非退化矩阵 $\boldsymbol{P}$,使 $\boldsymbol{A}=\boldsymbol{P}'\boldsymbol{P}$.

⑧ 存在非退化上(下)三角阵 $\boldsymbol{Q}$,使 $\boldsymbol{A}=\boldsymbol{Q}'\boldsymbol{Q}$.

证　$\boldsymbol{A}=\boldsymbol{P}'\boldsymbol{P},\boldsymbol{P}=\boldsymbol{RT},\boldsymbol{R}$ 是正交阵,$\boldsymbol{T}$ 是上三角阵,$\boldsymbol{A}=\boldsymbol{T}'\boldsymbol{R}'\boldsymbol{RT}=\boldsymbol{T}'\boldsymbol{T}$,反之亦真.

⑨ $\boldsymbol{A}$ 的所有 i 阶主子式之和大于 0.

⑩ 存在正定矩阵 $\boldsymbol{B}$,使 $\boldsymbol{A}=\boldsymbol{B}^k$($k$ 是自然数).

⑪ 存在正交向量组 $\boldsymbol{\alpha}_1,\boldsymbol{\alpha}_2,\cdots,\boldsymbol{\alpha}_n$,使 $\boldsymbol{A}=\boldsymbol{\alpha}_1\boldsymbol{\alpha}_1'+\boldsymbol{\alpha}_2\boldsymbol{\alpha}_2'+\cdots+\boldsymbol{\alpha}_n\boldsymbol{\alpha}_n'$.

证　$\boldsymbol{A}=\boldsymbol{T}\begin{pmatrix}\lambda_1 & & \\ & \ddots & \\ & & \lambda_n\end{pmatrix}\boldsymbol{T}',\boldsymbol{TT}'=\boldsymbol{E},\boldsymbol{T}=(\boldsymbol{\beta}_1,\boldsymbol{\beta}_2,\cdots,\boldsymbol{\beta}_n)$,令 $\boldsymbol{\alpha}_1=\sqrt{\lambda_i}\boldsymbol{\beta}_i$ 即得.

类似地,有关于半正定矩阵的若干等价条件:

① $\boldsymbol{A}$ 是半正定矩阵.

② $\boldsymbol{A}$ 的所有主子式$\geqslant 0$.

③ $\boldsymbol{A}$ 的所有 i 阶主子式之和$\geqslant 0$.

④ $\boldsymbol{A}$ 的正惯性指数 $p=r=R(\boldsymbol{A})$(或负惯性指数为 0).

⑤ $\boldsymbol{A}$ 合同于$\begin{pmatrix}\boldsymbol{E}_r & \boldsymbol{0}\\ \boldsymbol{0} & \boldsymbol{0}\end{pmatrix}$.

⑥ 存在阵 $\boldsymbol{P}$,使 $\boldsymbol{A}=\boldsymbol{P}'\boldsymbol{P},R(\boldsymbol{P})=R(\boldsymbol{A})$.

⑦ $\boldsymbol{A}$ 的特征值$\geqslant 0$.

⑧ 存在半正定阵 $\boldsymbol{B}$,使 $\boldsymbol{A}=\boldsymbol{B}^k$($k$ 是自然数).

注:a. 负定矩阵的判别可有类似顺序主子式的方法;

b. 半正定矩阵的判定,没有类似的顺序主子式的结论.

3. 关于正定矩阵的一些重要结论

① 若 $\boldsymbol{A}$、$\boldsymbol{B}$ 均为正定阵,$a,b>0$ 则 $a\boldsymbol{A}+b\boldsymbol{B}$ 为正定阵.

证法一　$\boldsymbol{X}\neq\boldsymbol{0},\boldsymbol{X}'(a\boldsymbol{A}+b\boldsymbol{B})\boldsymbol{X}=a\boldsymbol{X}'\boldsymbol{AX}+b\boldsymbol{X}'\boldsymbol{BX}>0$,
所以,$a\boldsymbol{A}+b\boldsymbol{B}$ 是正定阵.

② 设 $\boldsymbol{A}$ 是正定阵,$a>0$,则 $a\boldsymbol{A},\boldsymbol{A}^*,\boldsymbol{A}^{-1}$ 均是正定的.

证　$\boldsymbol{A}=\boldsymbol{A}'\boldsymbol{A}^{-1}\boldsymbol{A}$,即 $\boldsymbol{A}$ 与 $\boldsymbol{A}^{-1}$ 合同,$\boldsymbol{A}^*=|\boldsymbol{A}|\boldsymbol{A}^{-1}$.

③ 设 $\boldsymbol{A}$ 是实对称阵,则存在 $a>0,b>0,c>0$,使 $a\boldsymbol{E}+\boldsymbol{A},\boldsymbol{E}+\boldsymbol{B}a,c\boldsymbol{E}-\boldsymbol{A}$ 均为正定矩阵.

证　若 $\boldsymbol{A}$ 的特征值为 $\lambda_1,\lambda_2,\cdots,\lambda_n$,则 $a\boldsymbol{E}+\boldsymbol{A}$ 的特征值为 $a+\lambda_1,a+\lambda_2,\cdots,a+\lambda_n$,所以存在 a,使 $a\boldsymbol{E}+\boldsymbol{A}$ 的特征值全大于零.

④ 设 $\boldsymbol{A}$、$\boldsymbol{B}$ 均为正定矩阵,则乘积 $\boldsymbol{AB}$ 是正定矩阵的充要条件是 $\boldsymbol{AB}=\boldsymbol{BA}$.

证　($\Rightarrow$)显然;

($\Leftarrow$)因 $\boldsymbol{AB}=\boldsymbol{BA}$,所以,$\boldsymbol{AB}$ 是对称阵. 设 $\boldsymbol{A}=\boldsymbol{P}'\boldsymbol{P},\boldsymbol{B}=\boldsymbol{Q}'\boldsymbol{Q}$,

$$|\boldsymbol{P}|\neq 0,|\boldsymbol{Q}|\neq 0,\boldsymbol{AB}=\boldsymbol{P}'\boldsymbol{PQ}'\boldsymbol{Q},$$

$QABQ^{-1}=QP'PQ'=(PQ')'(PQ')=R$，$R$ 是正定阵，AB 与 R 相似，因而有相同的特征值，所以，AB 是正定矩阵.

⑤ 若 A 是正定矩阵，则对于任意正整数 k，A^k 也是正定矩阵.

⑥ 设 A 是实对称矩阵，则 A 是正定阵的充要条件是存在正定矩阵 B，使 $A=B^k$，k 可为任意确定的正整数.

证 只需证，存在正交矩阵 T，使

$$A=T'\begin{pmatrix}\lambda_1&&&\\&\lambda_2&&\\&&\ddots&\\&&&\lambda_n\end{pmatrix}T,\lambda_i>0,i=1,2,\cdots,n$$

$$=T'\begin{pmatrix}\sqrt[k]{\lambda_1}&&\\&\ddots&\\&&\sqrt[k]{\lambda_n}\end{pmatrix}TT'\begin{pmatrix}\sqrt[k]{\lambda_1}&&\\&\ddots&\\&&\sqrt[k]{\lambda_n}\end{pmatrix}\cdots TT'\begin{pmatrix}\sqrt[k]{\lambda_1}&&\\&\ddots&\\&&\sqrt[k]{\lambda_n}\end{pmatrix}\cdots\begin{pmatrix}\sqrt[k]{\lambda_1}&&\\&\ddots&\\&&\sqrt[k]{\lambda_n}\end{pmatrix}T,$$

则 $B=T'\begin{pmatrix}\sqrt[k]{\lambda_1}&&\\&\ddots&\\&&\sqrt[k]{\lambda_n}\end{pmatrix}T$ 为所求.

⑦ 设 A,B 均为正定矩阵，则 AB 的特征值都大于零.

证 $A=D^2$，D 正定，$D^{-1}ABD=D^{-1}D^2BD=DBD$，$DBD$ 是正定阵，$AB\sim DBD$

所以，AB 的特征值均大于 0(不一定正定).

⑧ 设 A,B 均是正定阵，则 $|A|+|B|\leqslant|A+B|$.

证 $\exists P,|P|\neq0$，使 $P'AP=E$，存在正交矩阵 Q，使得

$$Q'P'BPQ=\mathrm{diag}(\mu_1,\mu_2,\cdots,\mu_n),\mu_i>0,$$

取行列式 $|P^2||A|=1,|P|^2|B|=\mu_1\mu_2\cdots\mu_n$.

$$Q'P'(A+B)PQ=\mathrm{diag}(1+\mu_1,1+\mu_2,\cdots,1+\mu_n),$$

两边取行列式：$|P|^2|A+B|=(1+\mu_1)(1+\mu_2)\cdots(1+\mu_n)$

$$\geqslant1+\mu_1\mu_2\cdots\mu_n=|P|^2(|A|+|B|),$$

所以，$|A+B|\geqslant|A|+|B|$.

⑨ 设 A 是正定阵，则 $0<|A|\leqslant a_{11}a_{22}\cdots a_{nn}$，其中 a_{ii} 为 A 的主对角线上的元素(提示：$A=LL'$，L 是下三角阵，由两端对角线元素之积即得).

⑩ 证明：正定阵 $A=(a_{ij})$ 中元素绝对值最大者在对角线上；且 $a_{ii}>0$；$i=1,2,\cdots,n$，$a_{ij}^2\leqslant a_{ii}a_{jj}$.

证 $a_{ii}>0$，显然(因 $e_iAe_i=a_{ii}$). 设 $|a_{ij}|$ 最大，$i\neq j$，$2|a_{ij}|>|a_{ii}|+|a_{jj}|$，

取 $X_1=e_i+e_j$，则 $X_1'AX_1=a_{ii}+a_{jj}+2a_{ij}>0$.

取 $X_2=e_i-e_j$ 则 $X_2'AX_2=a_{ii}+a_{jj}-2a_{ij}>0$，矛盾.

再者，R^n 对内积：$(\boldsymbol{\alpha},\boldsymbol{\beta})=\boldsymbol{\alpha}'A\boldsymbol{\beta}$ 做成欧氏空间.

由柯西不等式：$|\boldsymbol{\alpha}'A\boldsymbol{\beta}|\leqslant\sqrt{\boldsymbol{\alpha}'A\boldsymbol{\alpha}}\sqrt{\boldsymbol{\beta}'A\boldsymbol{\beta}}$，

取 $\boldsymbol{\alpha}=e_i,\boldsymbol{\beta}=e_j$ 得

$$|a_{ij}|\leqslant\sqrt{a_{ii}}\sqrt{a_{jj}}，故有\ a_{ij}^2\leqslant a_{ii}a_{jj}.$$

4. 对称、反对称矩阵的一些性质

① 对称矩阵合同于对角阵；实对称矩阵正交合同于对角阵.

② 实对称矩阵的特征值是实数，且属于不同特征值的特征向量正交.

③ 反对称矩阵合同于 $\mathrm{diag}(-1,\cdots,-1,0,\cdots,0,1,\cdots,1)$

④ $\boldsymbol{A}$ 是实对称矩阵，则 $\boldsymbol{A}^2=\boldsymbol{0}\Leftrightarrow\boldsymbol{A}=0$.

证　($\Rightarrow$)$\boldsymbol{AA}'=\boldsymbol{A}'\boldsymbol{A}=\boldsymbol{0}$，$\forall\,\boldsymbol{X}\neq0$，$\boldsymbol{X}'\boldsymbol{AAX}=0$，即$(\boldsymbol{AX})'\boldsymbol{AX}=0$，必有 $\boldsymbol{AX}=\boldsymbol{0}$，即 $\boldsymbol{A}=0$.

($\Leftarrow$)显然.

⑤ $\boldsymbol{A}$ 为实对称矩阵，则存在常数 c，对于任意 $x\in\mathbf{R}^n$，有 $\boldsymbol{X}'\boldsymbol{AX}\leqslant c\boldsymbol{X}'\boldsymbol{X}$.

证　存在 c，使 $c\boldsymbol{E}-\boldsymbol{A}$ 正定，$\boldsymbol{X}'(c\boldsymbol{E}-\boldsymbol{A})\boldsymbol{X}\geqslant0$，即 $\boldsymbol{X}'\boldsymbol{AX}\leqslant c\boldsymbol{X}'\boldsymbol{X}$.

5. 半正定、负定、半负定、不定二次型(矩阵)

定义　实二次型 $f(\boldsymbol{X}')=\boldsymbol{X}'\boldsymbol{AX}$，对 $\mathbf{R}^n$ 中任意 $\boldsymbol{X}'=(x_1,\cdots,x_n)\neq\boldsymbol{0}$，
若均有 $f(\boldsymbol{X}')\geqslant0$，称 $f(\boldsymbol{X}')=\boldsymbol{X}'\boldsymbol{AX}$ 为半正定的；
若均有 $f(\boldsymbol{X}')<0$，称 $f(\boldsymbol{X}')=\boldsymbol{X}'\boldsymbol{AX}$ 为负定的；
若均有 $f(\boldsymbol{X}')\leqslant0$，称 $f(\boldsymbol{X}')=\boldsymbol{X}'\boldsymbol{AX}$ 为半负定的；
既不是半正定的，又不是半负定的，称 f 为不定的.

命题　$f(\boldsymbol{X}')=\boldsymbol{X}'\boldsymbol{AX}$ 是负定的充要条件是$R(\boldsymbol{A})=n=$负惯性指数. $f(\boldsymbol{X}')=\boldsymbol{X}'\boldsymbol{AX}$ 是半负定的充要条件是$R(\boldsymbol{A})=$负惯性指数.

$f(\boldsymbol{X}')=\boldsymbol{X}'\boldsymbol{AX}$ 是不定的充要条件是$R(\boldsymbol{A})>$负惯性指数>0.

第四节　综合举例

【例 4.1】　设 $\boldsymbol{A}$ 是 n 阶实矩阵. 证明：$\boldsymbol{A}$ 正定的充要条件是存在可逆实矩阵 $\boldsymbol{P}$，使 $\boldsymbol{A}=\boldsymbol{P}'\boldsymbol{P}$.

证　($\Rightarrow$)因为 $\boldsymbol{A}$ 正定，故 $\boldsymbol{A}$ 与单位矩阵 $\boldsymbol{E}$ 合同. 于是 $\boldsymbol{E}$ 与 $\boldsymbol{A}$ 合同，所以存在可逆实矩阵 $\boldsymbol{P}$，使 $\boldsymbol{P}'\boldsymbol{EP}=\boldsymbol{A}$，即 $\boldsymbol{A}=\boldsymbol{P}'\boldsymbol{P}$.

($\Leftarrow$)若存在可逆实矩阵 $\boldsymbol{P}$，使 $\boldsymbol{A}=\boldsymbol{P}'\boldsymbol{P}$，即 $\boldsymbol{A}=\boldsymbol{P}'\boldsymbol{EA}$，于是 $\boldsymbol{E}$ 与 $\boldsymbol{A}$ 合同，因而 $\boldsymbol{A}$ 与 $\boldsymbol{E}$ 合同，所以 $\boldsymbol{A}$ 正定.

【例 4.2】　设 $\boldsymbol{A}$ 是 $n\times m$ 实矩阵，且 $\boldsymbol{A}$ 是列满秩的，即 $R(\boldsymbol{A})=m$，证明：$\boldsymbol{A}'\boldsymbol{A}$ 正定.

证法一　显然，$\boldsymbol{A}'\boldsymbol{A}$ 是实对称阵，由前例可知，其各主子式全大于 0，所以 $\boldsymbol{A}'\boldsymbol{A}$ 正定.

证法二　只要证实二次型 $\boldsymbol{X}'(\boldsymbol{A}'\boldsymbol{A})\boldsymbol{X}$ 正定.

因 $\boldsymbol{A}'\boldsymbol{A}$ 是 m 阶实对称阵，任取 $\boldsymbol{0}\neq\boldsymbol{X}_0\in\mathbf{R}^n$，

$$\boldsymbol{X}'_0(\boldsymbol{A}'\boldsymbol{A})\boldsymbol{X}_0=(\boldsymbol{AX}_0)'(\boldsymbol{AX}_0),$$

由于 $R(\boldsymbol{A})=m$，齐次线性方程组 $\boldsymbol{AX}=\boldsymbol{0}$ 只有零解，于是 $\forall\,\boldsymbol{X}_0\neq\boldsymbol{0}$，$\boldsymbol{AX}_0\neq\boldsymbol{0}$.

令
$$AX_0=(k_1,k_2,\cdots,k_n)'$$
其中，$k_1,k_2,\cdots,k_n$ 是不全为零的实数，于是
$$(AX_0)'(AX_0)=\sum_{i=1}^{n}k_i^2>0,$$
所以，实二次型 $X'(A'A)X$ 是正定实二次型，故 $A'A$ 正定.

注：本题是例 4.1 中充分性的推广.

【例 4.3】 设 A 是 $n\times m$ 实矩阵，且 $R(A)=m<n$，证明：AA'是 n 阶半正定矩阵.

证 因$(AA')'=AA'$，所以，AA'为 n 阶实对称矩阵，任取 $0\neq X_0\in \mathbf{R}^n$，
$$X'_0(AA')X_0=(A'X_0)'(A'X_0),$$
因 $R(A')=R(A)=m<n$，所以 n 个未知量的齐次线性方程组 $A'X=0$ 有非零解，所以，对任意非零的 $X_0\in\mathbf{R}^n$，有
$$(A'X_0)'(A'X_0)\geqslant 0,$$
因此，实二次型 $X'(AA')X$ 半正定，故 AA'是半正定矩阵.

【例 4.4】 设 A 是 m 阶正定矩阵，B 是 $m\times n$ 实矩阵. 证明：$B'AB$ 为正定矩阵的充要条件是 $R(B)=n$.

证法一 $(\Rightarrow)$若 $B'AB$ 正定，则 $X'(B'AB)X$ 是正定实二次型，于是 $\forall\, 0\neq X_0\in\mathbf{R}^n$，都有 $X'_0(B'AB)X_0>0$，即有
$$(BX_0)'A(BX_0)>0.$$
所以 $BX_0\neq 0$，这表明齐次线性方程组 $BX=\mathbf{0}$ 只有零解，故 $R(B)=n$.

$(\Leftarrow)$因
$$(B'AB)'=B'A'B=B'AB,$$
故 $B'AB$ 是 n 阶实对称阵. 因 $R(B)=n$，所以齐次线性方程组 $BX=\mathbf{0}$ 只有零解. 于是 $\forall X_0\in\mathbf{R}^n$，若 $X_0\neq 0$，则 $BX_0\neq 0$. 设 $BX_0=(c_1,c_2,\cdots,c_n)'$，则有
$$X'_0(B'AB)X_0=(BX_0)'A(BX_0)$$
$$=(c_1,c_2,\cdots,c_n)A\begin{pmatrix}c_1\\c_2\\\vdots\\c_n\end{pmatrix}>0,（因 A 正定）$$
所以 $B'AB$ 是正定矩阵.

证法二 $(\Rightarrow)$因 A 正定，故存在实可逆矩阵 P，使得
$$A=P'P,$$
于是
$$B'AB=(PB)'(PB).$$
若 $B'AB$ 正定，则 $R(B'AB)=n$，于是 $R((PB')(PB))=n$，但 $R((PB')(PB))\leqslant R(PB)=R(B)$，故 $R(B)\geqslant n$，但 $R(B)\leqslant n$，所以 $R(B)=n$.

$(\Leftarrow)$因 A 正定，故存在实可逆矩阵 P，使得 $A=P'P$，于是
$$B'AB=(PB)'(PB).$$
PB 是 $m\times n$ 矩阵，而 $R(PB)=R(B)=n$，由例 4.2 知$(PB')(PB)$正定.

注：充分性是例 4.1 的推广.

【例 4. 5】 设 $\begin{pmatrix} \boldsymbol{A} & \boldsymbol{B} \\ \boldsymbol{C} & \boldsymbol{D} \end{pmatrix}$ 是实对称阵. 证明: $\begin{pmatrix} \boldsymbol{A} & \boldsymbol{B} \\ \boldsymbol{C} & \boldsymbol{D} \end{pmatrix}$ 正定的充要条件是 $\begin{pmatrix} \boldsymbol{A} & \boldsymbol{0} \\ \boldsymbol{0} & \boldsymbol{D}-\boldsymbol{C}\boldsymbol{A}^{-1}\boldsymbol{B} \end{pmatrix}$ 正定.

证 由 $\begin{pmatrix} \boldsymbol{A} & \boldsymbol{B} \\ \boldsymbol{C} & \boldsymbol{D} \end{pmatrix}$ 是实对称阵,于是 $\boldsymbol{A}=\boldsymbol{A}'$, $\boldsymbol{D}=\boldsymbol{D}'$, $\boldsymbol{B}'=\boldsymbol{C}$. 因

$$\begin{bmatrix} \boldsymbol{E} & \boldsymbol{0} \\ -\boldsymbol{C}\boldsymbol{A}^{-1} & \boldsymbol{E}_1 \end{bmatrix}\begin{pmatrix} \boldsymbol{A} & \boldsymbol{B} \\ \boldsymbol{C} & \boldsymbol{D} \end{pmatrix}\begin{bmatrix} \boldsymbol{E} & -\boldsymbol{A}^{-1}\boldsymbol{B} \\ \boldsymbol{0} & \boldsymbol{E}_1 \end{bmatrix}=\begin{pmatrix} \boldsymbol{A} & \boldsymbol{0} \\ \boldsymbol{0} & \boldsymbol{D}-\boldsymbol{C}\boldsymbol{A}^{-1}\boldsymbol{B} \end{pmatrix}.$$

令

$$\boldsymbol{P}=\begin{bmatrix} \boldsymbol{E} & -\boldsymbol{A}^{-1}\boldsymbol{B} \\ \boldsymbol{0} & \boldsymbol{E}_1 \end{bmatrix},$$

于是

$$\boldsymbol{P}'=\begin{bmatrix} \boldsymbol{E} & \boldsymbol{0} \\ -(\boldsymbol{A}^{-1}\boldsymbol{B})' & \boldsymbol{E}_1 \end{bmatrix}=\begin{bmatrix} \boldsymbol{E} & \boldsymbol{0} \\ -\boldsymbol{B}'\boldsymbol{A}^{-1} & \boldsymbol{E}_1 \end{bmatrix}=\begin{bmatrix} \boldsymbol{E} & \boldsymbol{0} \\ -\boldsymbol{C}\boldsymbol{A}^{-1} & \boldsymbol{E}_1 \end{bmatrix},$$

所以

$$\boldsymbol{P}'\begin{pmatrix} \boldsymbol{A} & \boldsymbol{B} \\ \boldsymbol{C} & \boldsymbol{D} \end{pmatrix}\boldsymbol{P}=\begin{pmatrix} \boldsymbol{A} & \boldsymbol{0} \\ \boldsymbol{0} & \boldsymbol{D}-\boldsymbol{C}\boldsymbol{A}^{-1}\boldsymbol{B} \end{pmatrix}.$$

显然 $\boldsymbol{P}$ 是实可逆矩阵,所以 $\begin{pmatrix} \boldsymbol{A} & \boldsymbol{0} \\ \boldsymbol{0} & \boldsymbol{D}-\boldsymbol{C}\boldsymbol{A}^{-1}\boldsymbol{B} \end{pmatrix}$ 与 $\begin{pmatrix} \boldsymbol{A} & \boldsymbol{B} \\ \boldsymbol{C} & \boldsymbol{D} \end{pmatrix}$ 合同,因此,$\begin{pmatrix} \boldsymbol{A} & \boldsymbol{B} \\ \boldsymbol{C} & \boldsymbol{D} \end{pmatrix}$ 正定的充要条件是 $\begin{pmatrix} \boldsymbol{A} & \boldsymbol{0} \\ \boldsymbol{0} & \boldsymbol{D}-\boldsymbol{C}\boldsymbol{A}^{-1}\boldsymbol{B} \end{pmatrix}$ 正定.

【例 4.6】 设 $\boldsymbol{A}_1=\begin{pmatrix} \boldsymbol{A} & \boldsymbol{\alpha} \\ \boldsymbol{\alpha}' & \boldsymbol{\beta} \end{pmatrix}$,其中 $\boldsymbol{A}$ 为 n 阶正定矩阵,$\boldsymbol{\alpha}$ 为 n 维实数列向量,$\boldsymbol{\beta}$ 为实数,试证:$\boldsymbol{A}_1$ 为正定矩阵的充要条件是 $\boldsymbol{\beta}>\boldsymbol{\alpha}'\boldsymbol{A}^{-1}\boldsymbol{\alpha}$.

证 因 $\boldsymbol{A}$ 正定,故 $\boldsymbol{A}=\boldsymbol{A}'$,于是

$$\boldsymbol{A}_1'=\begin{pmatrix} \boldsymbol{A} & \boldsymbol{\alpha} \\ \boldsymbol{\alpha}' & \boldsymbol{\beta} \end{pmatrix}'=\begin{pmatrix} \boldsymbol{A}' & (\boldsymbol{\alpha}')' \\ \boldsymbol{\alpha}' & \boldsymbol{\beta} \end{pmatrix}=\begin{pmatrix} \boldsymbol{A} & \boldsymbol{\alpha} \\ \boldsymbol{\alpha}' & \boldsymbol{\beta} \end{pmatrix}=\boldsymbol{A}_1.$$

所以 $\boldsymbol{A}_1$ 是实对称阵.

(⇒)若 $\boldsymbol{A}_1$ 正定,由例 4.5 知 $\begin{pmatrix} \boldsymbol{A} & \boldsymbol{0} \\ \boldsymbol{0} & \boldsymbol{\beta}-\boldsymbol{\alpha}'\boldsymbol{A}^{-1}\boldsymbol{\alpha} \end{pmatrix}$ 正定. 于是其一阶主子式:

$$|\boldsymbol{\beta}-\boldsymbol{\alpha}'\boldsymbol{A}^{-1}\boldsymbol{\alpha}|=\boldsymbol{\beta}-\boldsymbol{\alpha}'\boldsymbol{A}^{-1}\boldsymbol{\alpha}>0,$$

故

$$\boldsymbol{\beta}>\boldsymbol{\alpha}'\boldsymbol{A}^{-1}\boldsymbol{\alpha}.$$

(⇐)若 $\boldsymbol{\beta}>\boldsymbol{\alpha}'\boldsymbol{A}^{-1}\boldsymbol{\alpha}$,则 $\boldsymbol{\beta}-\boldsymbol{\alpha}'\boldsymbol{A}^{-1}\boldsymbol{\alpha}>0$. 因 $\boldsymbol{A}$ 正定,故 $|\boldsymbol{A}|>0$. 于是

$$\begin{vmatrix} \boldsymbol{A} & \boldsymbol{0} \\ \boldsymbol{0} & \boldsymbol{\beta}-\boldsymbol{\alpha}'\boldsymbol{A}^{-1}\boldsymbol{\alpha} \end{vmatrix}>0.$$

由 $\boldsymbol{A}$ 正定,$\boldsymbol{A}$ 的所有顺序主子式全大于零. 故 $\begin{pmatrix} \boldsymbol{A} & \boldsymbol{0} \\ \boldsymbol{0} & \boldsymbol{\beta}-\boldsymbol{\alpha}'\boldsymbol{A}^{-1}\boldsymbol{\alpha} \end{pmatrix}$ 的所有顺序主子式全大于零,

所以$\begin{pmatrix} A & 0 \\ 0 & \beta-\alpha' A^{-1}\alpha \end{pmatrix}$正定. 由例 4.5 知 A_1 正定.

【例 4.7】 设 A 是 n 阶实对称阵,证明:t 充分大时,$tE+A$ 是正定矩阵.

证法一 先指出一个事实. 一个 n 阶实矩阵 $C=(c_{ij})$,若有

$$c_{ii} > \sum_{j\neq i} |c_{ij}|, i = 1,2,\cdots,n,$$

就称矩阵 C 是对角元全正的严格对角占优阵. 则可以证明 $|C|>0$.

显然,t 充分大时,$tE+A$ 是对角元全正的严格对角占优阵,其行列式大于零,其他的顺序主子式同理都大于零. 由于 $tE+A$ 是实对称阵,所以 $tE+A$ 正定.

证法二 设实对称阵 A 的全部特征值为 $\lambda_1,\lambda_2,\cdots,\lambda_n$,于是 $tE+A$ 的全部特征值为 $\mu_i=t+\lambda_i(i=1,2,\cdots,n)$. 很显然,$t$ 充分大时,$t+\lambda_i=\mu_i>0$. 因 $tE+A$ 是实对称阵,所以 $tE+A$ 正定.

【例 4.8】 设 A,B 均为 n 阶正定矩阵,证明 AB 所有的特征值全大于零.

证法一 设 A,B 均为 n 阶正定矩阵,故存在 n 阶可逆矩阵 P,Q,使得 $A=P'P$,$B=Q'Q$. 于是

$$AB=(P'P)(Q'Q)=P'(PQ'Q),$$

由于 $P'(PQ'Q)$ 与 $(PQ'Q)P'$ 有相同的特征多项式,故它们有相同的特征值. 但 $(PQ'Q)P'=(PQ')(QP')=(QP')'(QP')$,而 QP' 是可逆矩阵,所以 $(QP')'(QP')$ 即 $(PQ'Q)P'$ 是正定阵,于是它的所有特征值全大于零. 从而 $P'(PQ'Q)$ 所有的特征值全大于零,即 AB 所有的特征值全大于零.

证法二 因 A 是正定阵,故 A 与 n 阶单位矩阵合同,即存在可逆矩阵 P,使 $P'AP=E$,于是

$$P'(AB)(P')^{-1}=P'APP^{-1}B(P')^{-1}=P^{-1}B(P^{-1})',$$

因 B 正定,故 $P^{-1}B(P^{-1})'$ 也是正定阵,而它与 AB 相似,故有相同的特征值,所以,AB 的特征值全大于零.

注:虽然证得 AB 的特征值全大于零,但 AB 未必正定,因为 AB 未必是对称矩阵,若 $AB=BA$,则 AB 必是对称的,于是 AB 正定. 这样得到结论:两个同阶可交换的正定矩阵的乘积是正定矩阵.

【例 4.9】 设 A 是 n 阶正定矩阵,AB 是 n 阶实对称矩阵. 证明:AB 正定的充分必要条件是 B 的特征值全大于零.

证 因 A 是正定矩阵,故存在 n 阶实可逆矩阵 P,使 $P'AP=E$,由 AB 是 n 阶实对称矩阵知,$P'(AB)P$ 也是 n 阶实对称矩阵,于是存在正交矩阵 Q,使

$$Q'(P'(AB)P)Q=\begin{pmatrix} \lambda_1 & & & \\ & \lambda_2 & & \\ & & \ddots & \\ & & & \lambda_n \end{pmatrix},$$

其中 $\lambda_1,\lambda_2,\cdots,\lambda_n$ 是 $P'(AB)P$ 的全部特征值.
又有,$Q'(P'AP)Q=E$,所以

$$Q'(P'(AB)P)Q=Q'(P'AP)QQ^{-1}P^{-1}BPQ$$

$$=Q^{-1}P^{-1}BPQ=(PQ)^{-1}B(PQ).$$

于是

$$(PQ)^{-1}B(PQ)=\begin{pmatrix}\lambda_1 & & & \\ & \lambda_2 & & \\ & & \ddots & \\ & & & \lambda_n\end{pmatrix},$$

故 B 的特征值也是 $\lambda_1,\lambda_2,\cdots,\lambda_n$，因此，$AB$ 正定，当且仅当 $P'(AB)P$ 正定，当且仅当 $\lambda_1,\lambda_2,\cdots,\lambda_n$ 全大于零，即 B 的特征值全大于零.

【例 4.10】 设 $\boldsymbol{\alpha}$ 是实 n 维向量，k 是实数，若 $1+k\boldsymbol{\alpha}'\boldsymbol{\alpha}>0$，证明：$A=E+k\boldsymbol{\alpha}\boldsymbol{\alpha}'$ 为正定矩阵，其中 E 是 n 阶单位阵.

证 若 $\boldsymbol{\alpha}=\mathbf{0}$，则 $A=E$，自然是正定矩阵，若 $\boldsymbol{\alpha}\neq 0$，设 $\boldsymbol{\alpha}=(c_1,c_2,\cdots,c_n)'$，于是

$$\boldsymbol{\alpha}\boldsymbol{\alpha}'=\begin{pmatrix}c_1\\c_2\\\vdots\\c_n\end{pmatrix}(c_1,c_2,\cdots,c_n)=\begin{pmatrix}c_1^2 & c_1c_2 & \cdots & c_1c_n\\ c_2c_1 & c_2^2 & \cdots & c_2c_n\\ \vdots & \vdots & & \vdots\\ c_nc_1 & c_nc_2 & \cdots & c_n^2\end{pmatrix},$$

因 $\boldsymbol{\alpha}\neq\mathbf{0}$，所以 $R(\boldsymbol{\alpha}\boldsymbol{\alpha}')=1$，于是其特征多项式

$$f_{\boldsymbol{\alpha}\boldsymbol{\alpha}'}(\lambda)=\lambda^n-\mathrm{tr}(\boldsymbol{\alpha}\boldsymbol{\alpha}')\lambda^{n-1}=\lambda^n-\left(\sum_{i=1}^{n}c_i^2\right)\lambda^{n-1},$$

所以 $\boldsymbol{\alpha}\boldsymbol{\alpha}'$ 的特征值为

$$\lambda_1=\lambda_2=\cdots=\lambda_{n-1}=0,\lambda_n=\sum_{i=1}^{n}c_i^2,$$

由此，$A=E+k\boldsymbol{\alpha}\boldsymbol{\alpha}'$ 的特征值为

$$\mu_1=\mu_2=\cdots=\mu_{n-1}=1,$$

$$\mu_n=1+k\sum_{i=1}^{n}c_i^2=1+k\boldsymbol{\alpha}'\boldsymbol{\alpha}>0.$$

由于 $A=E+k\boldsymbol{\alpha}\boldsymbol{\alpha}'$ 是实对称阵，而其特征值全大于零，故 A 正定.

【例 4.11】 设 A 是非奇异实对称矩阵，B 是实反对称矩阵，且 $AB=BA$，证明：$A+B$ 必是非奇异的.

证 显然 $(A+B)(A+B)'$ 是实对称阵，对任一非零实 n 维列向 X_0，有

$$\begin{aligned}X_0'((A+B)(A+B)')X_0&=X_0'((A+B)(A'+B')X_0\\&=X_0'(AA'+BA'+AB'+BB')X_0,\end{aligned}$$

因 $BA'+AB'=BA-AB=\mathbf{0}$，所以

$$X_0'((A+B)(A+B)')X_0=X_0'(AA')X_0+X_0'(BB')X_0,$$

由于 A 是非异矩阵，故 AA' 正定，易证 BB' 半正定，所以

$$X_0'((A+B)(A+B)')X_0>0.$$

于是实二次型 $X_0'(A+B)(A+B)'X$ 正定，故 $(A+B)(A+B)'$ 是正定矩阵. 由此

$$|(A+B)(A+B)'|=|A+B|^2>0,$$

所以 $|A+B|\neq 0$，即 $A+B$ 是非奇异矩阵.

【例 4.12】 设 A,C 都是 n 阶实对称阵，且 C 是正定矩阵，已知矩阵方程：

$$AX+XA'=-C$$

有唯一解 $X=B$. 若 A 的特征值都小于零,证明:B 必是正定矩阵.

证 先证 B 是实对称矩阵.

因 B 是矩阵方程 $AX+XA'=-C$ 的唯一解,所以有等式

$$AB+BA'=-C, \tag{I}$$

于是

$$(AB+BA')'=B'A'+AB'=AB'+B'A'=(-C)',$$

由此可得

$$AB+B'A'=-C,$$

即 B' 也是满足上述矩阵方程的解,由唯一性,得 $B=B'$,所以 B 是实对称矩阵.

设 λ 是 B 的任一特征值,α 是属于 λ 的特征向量. 于是

$$B\alpha=\lambda\alpha, \tag{II}$$

由此及 $B'=B$,得

$$\alpha'B=\lambda\alpha', \tag{III}$$

因 A 是实对称阵,所以(I)为

$$AB+BA=-C,$$

于是有

$$\alpha'(AB+BA)\alpha=-\alpha'C\alpha,$$
$$\alpha'A(B\alpha)+(\alpha'B)A\alpha=-\alpha'C\alpha,$$

由(II)与(III),得

$$2\lambda\alpha'A\alpha=-\alpha'C\alpha, \tag{IV}$$

因 C 正定,$\alpha\neq 0$,知 $-\alpha'C\alpha<0$. 又实对称阵 A 的特征值小于零,故 A 是负定矩阵. 于是 $\alpha'A\alpha<0$. 由(IV)知 $\lambda>0$. 所以,B 是正定矩阵.

【例 13】 设 A 是 n 阶正定矩阵,证明:

(1) A 的元素中绝对值最大的必在其主对角线上;

(2) 存在 n 阶正定矩阵 C,使得 $C^2=A$.

证 (1) 若 A 的元素中绝对值最大的不在其主对角线上,这一元素的行、列指标不相等,不妨设绝对值最大的元素为 a_{ij},$i\neq j$,于是

$$|a_{ij}|\geqslant|a_{ii}|=a_{ii},\ |a_{ij}|\geqslant|a_{jj}|=a_{jj},$$

所以 A 的二阶主子式

$$\begin{vmatrix} a_{ii} & a_{ij} \\ a_{ij} & a_{jj} \end{vmatrix}=a_{ii}a_{jj}-a_{ij}^2\leqslant 0,$$

故 A 不是正定矩阵,与已知 A 正定矛盾,结论得证.

(2) 因 A 正定,故存在正交矩阵 T,使

$$T'AT=\begin{pmatrix} \lambda_1 & & & \\ & \lambda_2 & & \\ & & \ddots & \\ & & & \lambda_n \end{pmatrix},$$

其中 $\lambda_i>0$,$i=1,2,\cdots,n$,所以

$$A=T\begin{pmatrix}\lambda_1&&&\\&\lambda_2&&\\&&\ddots&\\&&&\lambda_n\end{pmatrix}T'$$

$$=T\begin{pmatrix}\sqrt{\lambda_1}&&&\\&\sqrt{\lambda_2}&&\\&&\ddots&\\&&&\sqrt{\lambda_n}\end{pmatrix}T'T\begin{pmatrix}\sqrt{\lambda_1}&&&\\&\sqrt{\lambda_2}&&\\&&\ddots&\\&&&\sqrt{\lambda_n}\end{pmatrix}T',$$

令

$$C=T\begin{pmatrix}\sqrt{\lambda_1}&&&\\&\sqrt{\lambda_2}&&\\&&\ddots&\\&&&\sqrt{\lambda_n}\end{pmatrix}T'.$$

显然 C 是正定矩阵，且有 $A=C^2$.

【例 4.14】 设 A 是 n 阶实对称矩阵，且满足 $A^2-4A+3E=0$. 证明：A 是正定矩阵.

证 因 A 是 n 阶实对称矩阵，故 A 的 n 个特征值皆为实数. 设 λ_0 为 A 的任一特征值，则 $\lambda_0^2-4\lambda_0+3$ 必是 $A^2-4A+3E$ 的特征值，因 $A^2-4A+3E=0$，所以 $A^2-4A+3E$ 的特征值全为零. 于是必有 $\lambda_0^2-4\lambda_0+3=0$，故 $\lambda_0=1$ 或 $\lambda_0=3$，可见 A 的特征值只能是 1 或 3，全是正实数. 所以 A 正定.

【例 4.15】 设 A 是 $m\times n$ 实矩阵，$B=\lambda E+A'A$. 证明：若 $\lambda>0$，则 B 是正定矩阵.

证法一 因

$$B'=(\lambda E+A'A)'=\lambda E+A'A=B,$$

所以 B 是 n 阶实对称矩阵，$\forall\, 0\neq X_0\in \mathbf{R}^n$，有

$$X_0'BX_0=X_0'(\lambda E+A'A)X_0=\lambda X_0'X_0+X_0'(A'A)X_0,$$

因 $X_0'X_0>0$，由 $A'A$ 半正定，必有 $X_0'(A'A)X_0\geqslant 0$，所以，当 $\lambda\geqslant 0$ 时，

$$X_0'BX_0>0.$$

于是，$X'BX$ 是正定实二次型，故 B 正定.

证法二 B 是实对称矩阵，而 $C=A'A$ 是半正定矩阵，所以 C 的所有特征值 $\lambda_1,\lambda_2,\cdots,\lambda_n$ 均非负，于是 $\lambda E+C$ 的特征值为 $\lambda+\lambda_i(i=1,2,\cdots,n)$，由 $\lambda>0$ 与 $\lambda_i\geqslant 0$，则有

$$\lambda+\lambda_i>0,(i=1,2,\cdots,n)$$

所以 $B=\lambda E+A'A$ 是正定矩阵.

【例 4.16】 设 A,B 是两个 n 阶实对称阵，且 B 是正定矩阵，证明：存在一个 n 阶实可逆矩阵 T，使 $T'AT,T'BT$ 同时为对角形矩阵.

证 因 B 正定，故有实可逆矩阵 P，使 $P'BP=E$，又 $(P'AP)'=P'AP$，所以，$P'AP$ 是实对称阵，于是存在正交阵 Q，使

$$Q'(P'AP)Q=\begin{pmatrix}\lambda_1&&&\\&\lambda_2&&\\&&\ddots&\\&&&\lambda_n\end{pmatrix},$$

其中 $\lambda_1,\lambda_2,\cdots,\lambda_n$ 是 $\boldsymbol{P}'\boldsymbol{AP}$ 的全部特征值. 令 $\boldsymbol{T}=\boldsymbol{PQ}$,易见 $\boldsymbol{T}$ 是实可逆矩阵,且有

$$\boldsymbol{T}'\boldsymbol{AT}=\begin{pmatrix}\lambda_1 & & & \\ & \lambda_2 & & \\ & & \ddots & \\ & & & \lambda_n\end{pmatrix},$$

而

$$\boldsymbol{T}'\boldsymbol{BT}=(\boldsymbol{PQ})'\boldsymbol{B}(\boldsymbol{PQ})=\boldsymbol{Q}'\boldsymbol{P}'\boldsymbol{BPQ}=\boldsymbol{E}.$$

所以,$\boldsymbol{T}$ 即为所要求的实可逆矩阵,结论得证.

【例 4.17】 设 $\boldsymbol{A},\boldsymbol{B}$ 均为实对称矩阵,且 $\boldsymbol{A}$ 为正定矩阵,证明 $\boldsymbol{A}+i\boldsymbol{B}$ 为非奇异矩阵,这里 i 是虚数单位.

证 由例 4.16,存在实可逆矩阵 $\boldsymbol{T}$,使

$$\boldsymbol{T}'\boldsymbol{AT}=\boldsymbol{E},$$

$$\boldsymbol{T}'\boldsymbol{BT}=\begin{pmatrix}\lambda_1 & & & \\ & \lambda_2 & & \\ & & \ddots & \\ & & & \lambda_n\end{pmatrix},$$

其中 $\lambda_1,\lambda_2,\cdots,\lambda_n$ 是实数,于是

$$\begin{aligned}\boldsymbol{T}'(\boldsymbol{A}+i\boldsymbol{B})\boldsymbol{T}&=\boldsymbol{T}'\boldsymbol{AT}+i\boldsymbol{T}'\boldsymbol{BT}\\&=\boldsymbol{E}+i\begin{pmatrix}\lambda_1 & & & \\ & \lambda_2 & & \\ & & \ddots & \\ & & & \lambda_n\end{pmatrix}=\begin{pmatrix}1+i\lambda_1 & & & \\ & 1+i\lambda_2 & & \\ & & \ddots & \\ & & & 1+i\lambda_n\end{pmatrix},\end{aligned}$$

所以

$$|\boldsymbol{T}|^2|\boldsymbol{A}+i\boldsymbol{B}|=(1+i\lambda_1)(1+i\lambda_2)\cdots(1+i\lambda_n).$$

由此,

$$|\boldsymbol{A}+i\boldsymbol{B}|\neq 0.$$

故 $\boldsymbol{A}+i\boldsymbol{B}$ 非奇异.

【例 4.18】 设 n 阶实对称矩阵 $\boldsymbol{A}$ 半正定,$\boldsymbol{B}$ 是 n 阶正定矩阵. 证明 $|\boldsymbol{A}+\boldsymbol{B}|\geqslant|\boldsymbol{B}|$,当且仅当 $\boldsymbol{A}=0$ 时,等号成立.

证 由例 4.16,存在实可逆矩阵 $\boldsymbol{T}$,使

$$\boldsymbol{T}'\boldsymbol{BT}=\boldsymbol{E},$$

$$\boldsymbol{T}'\boldsymbol{AT}=\begin{pmatrix}\lambda_1 & & & \\ & \lambda_2 & & \\ & & \ddots & \\ & & & \lambda_n\end{pmatrix},$$

因 $\boldsymbol{A}$ 半正定,由例 4.16 证明,可知 $\begin{pmatrix}\lambda_1 & & & \\ & \lambda_2 & & \\ & & \ddots & \\ & & & \lambda_n\end{pmatrix}$ 半正定,故 $\lambda_i\geqslant 0,i=1,2,\cdots,n$.

于是

$$T'(A+B)T=T'AT+T'BT=\begin{pmatrix}\lambda_1 & & & \\ & \lambda_2 & & \\ & & \ddots & \\ & & & \lambda_n\end{pmatrix}+E$$

$$=\begin{pmatrix}1+\lambda_1 & & & \\ & 1+\lambda_2 & & \\ & & \ddots & \\ & & & 1+\lambda_n\end{pmatrix},$$

所以,

$$|T|^2|A+B|=(1+\lambda_1)(1+\lambda_2)\cdots(1+\lambda_n),$$

$$|A+B|=\frac{1}{|T|^2}(1+\lambda_1)(1+\lambda_2)\cdots(1+\lambda_n)$$

$$=|B|(1+\lambda_1)(1+\lambda_2)\cdots(1+\lambda_n)\geqslant|B|.$$

显然,当且仅当所有 $\lambda_i=0$ 时,等号成立,即当且仅当 $A=0$ 时,等号才成立.

【例 4.19】 设 A 是 n 阶正定矩阵,B 是 n 阶反对称阵,证明:

$$|A-B|>0.$$

证 因 A 正定,故存在可逆实矩阵 P,使 $P'AP=E$,于是

$$P'(A-B)P=P'AP-P'BP=E-P'BP,$$

显然 $P'BP$ 是 n 阶反对称阵,令 $C=P'BP$,于是

$$|P'||A-B||P|=|E-C|,$$

即

$$|P|^2|A-B|=|E-C|.$$

所以,$|A-B|$ 与 $|E-C|$ 同号.

由于 C 是实反对称矩阵,故其特征值为 0 或纯虚数 b_i.

若 C 没有虚的特征值,则 C 只有零特征值,于是

$$|\lambda E-C|=\lambda^n,$$

所以,

$$f_C(1)=|E-C|=1,$$

故 $|A-B|>0$.

若 C 有虚的特征值,因 $f_C(\lambda)=|\lambda E-C|$ 是实系数多项式,故 $f_C(\lambda)$ 的虚根成对出现,故必为以下形式

$$f_C(\lambda)=|\lambda E-C|$$

$$=\lambda^{n-2t}(\lambda-b_1i)(\lambda+b_1i)\cdots(\lambda-b_ti)(\lambda+b_ti),$$

所以

$$f_C(1)=|E-C|=(1-b_1i)(1+b_1i)\cdots(1-b_ti)(1+b_ti)$$

$$=(1+b_1^2)\cdots(1+b_t^2)>0.$$

故 $|A-B|>0$. 总之结论成立.

注:若 B 为复反对称矩阵,结论不成立,例如

$$A=\begin{pmatrix}1&0\\0&1\end{pmatrix},B=\begin{pmatrix}0&i\\-i&0\end{pmatrix},$$

则

$$|A-B|=\begin{vmatrix}1&-i\\i&1\end{vmatrix}=0.$$

若 B 为实对称矩阵，结论也不成立，例如

$$A=\begin{pmatrix}1&0\\0&1\end{pmatrix},B=\begin{pmatrix}0&1\\1&0\end{pmatrix},$$

则

$$|A-B|=\begin{vmatrix}1&-1\\-1&1\end{vmatrix}=0.$$

【例 4.20】 证明：(1) 如果 $\sum\limits_{i=1}^{n}\sum\limits_{j=1}^{n}a_{ij}x_ix_j\ (a_{ij}=a_{ji})$ 是正定二次型，那么

$$f(y_1,y_2,\cdots,y_n)=\begin{vmatrix}a_{11}&a_{12}&\cdots&a_{1n}&y_1\\a_{21}&a_{22}&\cdots&a_{2n}&y_2\\\vdots&\vdots&&\vdots&\vdots\\a_{n1}&a_{n2}&\cdots&a_{nn}&y_n\\y_1&y_2&\cdots&y_n&0\end{vmatrix}$$

是负定二次型；

(2) 若 $A=(a_{ij})$ 正定，则 $|A|\leqslant a_{nn}P_{n-1}$，其中 P_{n-1} 是 A 的 $n-1$ 阶顺序主子式；

(3) 若 A 正定，则 $|A|\leqslant a_{11}a_{22}\cdots a_{nn}$；

(4) 若 $T=(t_{ij})$ 是 n 阶实可逆矩阵，则

$$|T|^2\leqslant\prod_{i=1}^{n}(t_{1i}^2+t_{2i}^2+\cdots+t_{ni}^2).$$

证 (1) 由降阶定理，

$$\begin{aligned}f(y_1,y_2,\cdots,y_n)&=\begin{vmatrix}A&\begin{matrix}y_1\\\vdots\\y_n\end{matrix}\\\begin{matrix}y_1&\cdots&y_n\end{matrix}&0\end{vmatrix}\\&=|A|\left|0-(y_1\cdots y_n)A^{-1}\begin{pmatrix}y_1\\\vdots\\y_n\end{pmatrix}\right|\\&=-(y_1\cdots y_n)|A|A^{-1}\begin{pmatrix}y_1\\\vdots\\y_n\end{pmatrix}\\&=-(y_1\cdots y_n)A^*\begin{pmatrix}y_1\\\vdots\\y_n\end{pmatrix},\end{aligned}$$

因 A 正定，故 A^* 正定，所以 $f(y_1,y_2,\cdots,y_n)$ 负定.

(2) 因 $\boldsymbol{A}$ 正定，所以

$$\boldsymbol{A}_{n-1}=\begin{vmatrix} a_{11} & \cdots & a_{1n-1} \\ \vdots & & \vdots \\ a_{n-11} & \cdots & a_{n-1n-1} \end{vmatrix}$$

正定，而

$$\begin{aligned}\boldsymbol{A}_{n-1}&=\begin{vmatrix} a_{11} & \cdots & a_{1n-1} & a_{1n} \\ \vdots & & \vdots & \vdots \\ a_{n-11} & \cdots & a_{n-1n-1} & a_{n-1n} \\ a_{n1} & \cdots & a_{nn-1} & a_{nn} \end{vmatrix} \\ &=\begin{vmatrix} a_{11} & \cdots & a_{1n-1} & a_{1n} \\ \vdots & & \vdots & \vdots \\ a_{n-11} & \cdots & a_{n-1n-1} & a_{n-1n} \\ a_{n1} & \cdots & a_{nn-1} & 0 \end{vmatrix}+\begin{vmatrix} a_{11} & \cdots & a_{1n-1} & 0 \\ \vdots & & \vdots & \vdots \\ a_{n-11} & \cdots & a_{n-1n-1} & 0 \\ a_{n1} & \cdots & a_{nn-1} & a_{nn} \end{vmatrix} \\ &=\Delta_1+a_{nn}P_{n-1}, \end{aligned} \tag{$*$}$$

其中

$$\boldsymbol{\Delta}_1=\begin{vmatrix} a_{11} & \cdots & a_{1n-1} & a_{1n} \\ \vdots & & \vdots & \vdots \\ a_{n-11} & \cdots & a_{n-1n-1} & a_{n-1n} \\ a_{n1} & \cdots & a_{nn-1} & 0 \end{vmatrix}.$$

令

$$f(y_1,y_2,\cdots,y_{n-1})=\begin{vmatrix} a_{11} & \cdots & a_{1n-1} & y_1 \\ \vdots & & \vdots & \vdots \\ a_{n-11} & \cdots & a_{n-1n-1} & y_{n-1} \\ y_1 & \cdots & y_{n-1} & 0 \end{vmatrix},$$

由 $\boldsymbol{A}_{n-1}$ 正定及(1)得，$f(y_1,y_2,\cdots,y_{n-1})$ 负定，所以

$$\boldsymbol{\Delta}_1=f(a_{1n},a_{2n},\cdots,a_{n-1n})\leqslant 0.$$

于是由($*$)得

$$|\boldsymbol{A}|\leqslant a_{nn}P_{n-1}.$$

注：这个结论也可用降阶定理简洁地证明.

(3) 因 $\boldsymbol{A}$ 正定，则显然有 $\boldsymbol{A}_{n-1},\boldsymbol{A}_{n-2},\cdots,\boldsymbol{A}_1$ 都正定，其中 $\boldsymbol{A}_i=\boldsymbol{A}\begin{pmatrix}1 & 2 & \cdots & i \\ 1 & 2 & \cdots & i\end{pmatrix}$，于是由(2)就有

$$|\boldsymbol{A}|\leqslant a_{nn}|\boldsymbol{A}_{n-1}|\leqslant a_{nn}a_{n-1n-1}|\boldsymbol{A}_{n-2}|\leqslant\cdots\leqslant a_{nn}a_{n-1n-1}\cdots a_{11}.$$

(4) 因 $\boldsymbol{T}=(t_{ij})$ 是 n 阶实可逆阵，所以 $\boldsymbol{T}'\boldsymbol{T}$ 是正定矩阵. 设

$$\boldsymbol{T}'\boldsymbol{T}=\begin{pmatrix} c_{11} & c_{12} & \cdots & c_{1n} \\ c_{21} & c_{22} & \cdots & c_{2n} \\ \vdots & \vdots & & \vdots \\ c_{n1} & c_{n2} & \cdots & c_{nn} \end{pmatrix},$$

其中

$$c_{ii}=t_{1i}^2+t_{2i}^2+\cdots+t_{ni}^2,i=1,2,\cdots,n.$$

由(3),有

$$|T'T|=|T|^2\leqslant c_{11}c_{22}\cdots c_{nn}=\prod_{i=1}^{n}(t_{1i}^2+t_{2i}^2+\cdots+t_{ni}^2).$$

【例 4.21】 设 $\boldsymbol{A}$ 是 n 阶实对称矩阵,若 $|\boldsymbol{A}|=0$,但其余各阶顺序主子式全大于零,则 $\boldsymbol{A}$ 是半正定的.

证 设

$$\boldsymbol{A}=\begin{pmatrix}\boldsymbol{A}_1 & \boldsymbol{\alpha}\\ \boldsymbol{\alpha}' & a_{nn}\end{pmatrix}$$

由已知,$\boldsymbol{A}_1$ 的各阶顺序主子式全大于 0,而 $\boldsymbol{A}_1$ 当然是对称的,故 $\boldsymbol{A}_1$ 是正定阵,于是 $\boldsymbol{A}$ 合同于 $\begin{pmatrix}\boldsymbol{A}_1 & \boldsymbol{0}\\ \boldsymbol{0} & a_{nn}-\boldsymbol{\alpha}'\boldsymbol{A}_1^{-1}\boldsymbol{\alpha}\end{pmatrix}$,即有实可逆阵 $\boldsymbol{C}$,使

$$\boldsymbol{C}'\boldsymbol{A}\boldsymbol{C}=\begin{pmatrix}\boldsymbol{A}_1 & \boldsymbol{0}\\ \boldsymbol{0} & a_{nn}-\boldsymbol{\alpha}'\boldsymbol{A}_1^{-1}\boldsymbol{\alpha}\end{pmatrix},$$

所以有

$$|\boldsymbol{C}|^2|\boldsymbol{A}|=|\boldsymbol{A}_1|(a_{nn}-\boldsymbol{\alpha}'\boldsymbol{A}_1^{-1}\boldsymbol{\alpha}).$$

因 $|\boldsymbol{A}|=0$,而 $|\boldsymbol{A}_1|\neq0$,必有 $a_{nn}-\boldsymbol{\alpha}'\boldsymbol{A}_1^{-1}\boldsymbol{\alpha}=0$,于是

$$\begin{pmatrix}\boldsymbol{A}_1 & \boldsymbol{0}\\ \boldsymbol{0} & a_{nn}-\boldsymbol{\alpha}'\boldsymbol{A}_1^{-1}\boldsymbol{\alpha}\end{pmatrix}=\begin{pmatrix}\boldsymbol{A}_1 & \boldsymbol{0}\\ \boldsymbol{0} & \boldsymbol{0}\end{pmatrix},$$

由于 $\boldsymbol{A}_1$ 正定,其所有主子式均大于零,故实对称矩阵 $\begin{pmatrix}\boldsymbol{A}_1 & \boldsymbol{0}\\ \boldsymbol{0} & \boldsymbol{0}\end{pmatrix}$ 的所有主子式均不小于零,所以 $\begin{pmatrix}\boldsymbol{A}_1 & \boldsymbol{0}\\ \boldsymbol{0} & \boldsymbol{0}\end{pmatrix}$ 半正定,从而 $\boldsymbol{A}=\begin{pmatrix}\boldsymbol{A}_1 & \boldsymbol{\alpha}\\ \boldsymbol{\alpha}' & a_{nn}\end{pmatrix}$ 半正定.

注:实对称矩阵 $\boldsymbol{A}$ 的所有顺序主子式 $\geqslant0$,$\boldsymbol{A}$ 未必半正定;但 $\boldsymbol{A}$ 的所有主子式 $\geqslant0$,$\boldsymbol{A}$ 必半正定.

【例 4.22】 设 $\boldsymbol{A}=(a_{ij})$,$\boldsymbol{B}=(b_{ij})$,$\boldsymbol{C}=(c_{ij})$,$c_{ij}=a_{ij}b_{ij}$,若 $\boldsymbol{A}$,$\boldsymbol{B}$ 均为正定阵,则 $\boldsymbol{C}$ 亦正定(许尔定理).

证 因 $\boldsymbol{B}$ 为正定,则存在 $\boldsymbol{M}$,$|\boldsymbol{M}|\neq0$,使 $\boldsymbol{B}=\boldsymbol{M}\boldsymbol{M}'$,$\boldsymbol{M}=(m_{ij})$,
所以

$$b_{ij}=m_{i1}m_{j1}+m_{i2}m_{j2}+\cdots+m_{in}m_{jn}=\sum_{k=1}^{n}m_{ik}m_{jk},$$

$$\begin{aligned}\boldsymbol{X}'\boldsymbol{C}\boldsymbol{X}&=\sum_{i,j=1}^{n}a_{ij}b_{ij}x_ix_j=\sum_{i,j=1}^{n}a_{ij}\Big(\sum_{k=1}^{n}m_{ik}m_{jk}\Big)x_ix_j\\&=\sum_{k=1}^{n}\sum_{i,j=1}^{n}a_{ij}(m_{ik}x_i)(m_{jk}x_j)=\sum_{k=1}^{n}\sum_{i,j=1}^{n}a_{ij}y_{ik}y_{jk}\text{(记 }m_{ik}x_i=y_{ik}\text{)}\\&=\sum_{k=1}^{n}\boldsymbol{Y}'_k\boldsymbol{A}\boldsymbol{Y}_k\text{,这里 }\boldsymbol{Y}_k=\begin{pmatrix}y_{1k}\\y_{2k}\\\vdots\\y_{nk}\end{pmatrix}.\end{aligned}$$

当 $\boldsymbol{X}\neq\boldsymbol{0}$ 时，必有某数 $x_l\neq 0$，因 $|\boldsymbol{M}|\neq 0$，$\boldsymbol{M}$ 的第 l 行元素不全为 0，因 $m_{lk}x_l=y_{lk}$，存在数 k 使 $y_{lk}\neq 0$，即存在 $\boldsymbol{Y}_k\neq\boldsymbol{0}$，

所以
$$\boldsymbol{X}'\boldsymbol{C}\boldsymbol{X}=\sum_{k=1}^{n}\boldsymbol{Y}'_k\boldsymbol{A}\boldsymbol{Y}_k>0.$$
因此，$\boldsymbol{C}$ 是正定阵.

推论　若 $(a_{ij})_{n\times n}$ 是正定的，则 $(a_{ij}^k)_{n\times n}$ 是正定的.（用归纳法证）

【例 4.23】　设 $\boldsymbol{A}$ 为正定阵，$\boldsymbol{S}$ 为反对称阵，则 $|\boldsymbol{A}+\boldsymbol{S}|>0$.

证　因 $\boldsymbol{A}$ 正定，所以，存在 $\boldsymbol{P}$，$|\boldsymbol{P}|\neq 0$，使 $\boldsymbol{P}'\boldsymbol{A}\boldsymbol{P}=\boldsymbol{E}$，
又 $(\boldsymbol{P}'\boldsymbol{S}\boldsymbol{P})'=\boldsymbol{P}'\boldsymbol{S}'\boldsymbol{P}=-\boldsymbol{P}'\boldsymbol{S}\boldsymbol{P}$，
所以，$\boldsymbol{P}'\boldsymbol{S}\boldsymbol{P}$ 为反对称.
则存在正交阵 $\boldsymbol{Q}$，使
$$\boldsymbol{Q}'(\boldsymbol{P}'\boldsymbol{S}\boldsymbol{P})\boldsymbol{Q}=\begin{pmatrix}0 & a_1 & & & & & & \\ -a_1 & 0 & & & & & & \\ & & \ddots & & & & & \\ & & & 0 & a_i & & & \\ & & & -a_i & 0 & & & \\ & & & & & 0 & & \\ & & & & & & \ddots & \\ & & & & & & & 0\end{pmatrix}=\boldsymbol{F}.$$
$\boldsymbol{P}'\boldsymbol{S}\boldsymbol{P}$ 的特征根为 $a_k i$ 及 0，$k=1,2,\cdots,t$.
两边取行列式
$$\begin{aligned}|\boldsymbol{P}\boldsymbol{Q}|^2|\boldsymbol{A}+\boldsymbol{S}|&=|\boldsymbol{P}|^2|\boldsymbol{A}+\boldsymbol{S}|\\&=(1+|a_1|^2)(1+|a_2|^2)\cdots(1+|a_i|^2)>0,\end{aligned}$$
所以 $|\boldsymbol{A}+\boldsymbol{S}|>0$.

【例 4.24】　证明：满秩实矩阵 $\boldsymbol{A}$ 可表为一个正定矩阵与一个正交矩阵之积，且表示法唯一.

证　因 $\boldsymbol{A}$ 满秩，则 $\boldsymbol{A}\boldsymbol{A}'$ 正定，故存在正定矩阵 $\boldsymbol{B}_1$，使 $\boldsymbol{A}\boldsymbol{A}'=\boldsymbol{B}_1^2$，令 $\boldsymbol{Q}_1=\boldsymbol{B}_1^{-1}\boldsymbol{A}$，$\boldsymbol{Q}_1\boldsymbol{Q}_1'=\boldsymbol{B}^{-1}\boldsymbol{A}\boldsymbol{A}'(\boldsymbol{B}_1^{-1})'=\boldsymbol{B}_1^{-1}\boldsymbol{B}_1^2(\boldsymbol{B}_1^{-1})'=\boldsymbol{E}$.
即 $\boldsymbol{Q}_1$ 为正交阵. 同理，$\boldsymbol{A}'\boldsymbol{A}=\boldsymbol{B}_2^2$，$\boldsymbol{B}_2$ 是正定矩阵，令 $\boldsymbol{Q}_2=\boldsymbol{A}\boldsymbol{B}_2^{-1}$，$\boldsymbol{A}=\boldsymbol{Q}_2\boldsymbol{B}_2$，$\boldsymbol{Q}_2$ 亦为正交矩阵.
因此，$\boldsymbol{A}=\boldsymbol{B}_1\boldsymbol{Q}_1=\boldsymbol{Q}_2\boldsymbol{B}_2$.

若还有 $\boldsymbol{A}=\boldsymbol{B}_1\boldsymbol{Q}_1=\boldsymbol{C}_1\boldsymbol{P}_1$，$\boldsymbol{C}_1$ 为正定矩阵，$\boldsymbol{P}_1$ 为正交矩阵，
$$(\boldsymbol{B}_1\boldsymbol{Q}_1)(\boldsymbol{B}_1\boldsymbol{Q}_1)'=(\boldsymbol{C}_1\boldsymbol{P}_1)(\boldsymbol{C}_1\boldsymbol{P}_1)'\text{，有 }\boldsymbol{B}_1^2=\boldsymbol{C}_1^2\text{，}$$
下面证明 $\boldsymbol{B}_1=\boldsymbol{C}_1$. 有

$\boldsymbol{C}_1=\boldsymbol{T}^{-1}\mathrm{diag}(\lambda_1,\lambda_2,\cdots,\lambda_n)\boldsymbol{T}$，可设 $\lambda_1\geqslant\lambda_2\geqslant\cdots\geqslant\lambda_n>0$，$\boldsymbol{T}$ 是正交阵；

$\boldsymbol{B}_1=\boldsymbol{S}^{-1}\mathrm{diag}(\mu_1,\mu_2,\cdots,\mu_n)\boldsymbol{S}$，可设 $\mu_1\geqslant\mu_2\geqslant\cdots\geqslant\mu_n>0$，$\boldsymbol{S}$ 是正交阵.

因 $\boldsymbol{B}_1^2=\boldsymbol{C}_1^2$，$\boldsymbol{T}^{-1}\mathrm{diag}(\lambda_1^2,\lambda_2^2,\cdots,\lambda_n^2)\boldsymbol{T}=\boldsymbol{S}^{-1}\mathrm{diag}(\mu_1^2,\cdots,\mu_n^2)\boldsymbol{S}$，
它们的特征值相同：$\lambda_1^2=\mu_1^2$，$\lambda_i=\mu_i$.
$$\boldsymbol{T}\boldsymbol{S}^{-1}\mathrm{diag}(\mu_1^2,\mu_2^2,\cdots,\mu_n^2)=\mathrm{diag}(\lambda_1^2,\lambda_2^2,\cdots,\lambda_n^2)\boldsymbol{T}\boldsymbol{S}^{-1}.$$

令 $$\boldsymbol{D}=\boldsymbol{TS}^{-1}=(d_{ij}),d_{ij}\mu_j^2=\lambda_i^2 d_{ij}=d_{ij}\lambda_j^2.$$

不论 $\lambda_i=\lambda_j$ 或 $\lambda_i\neq\lambda_j$，均有 $d_{ij}\lambda_j=d_{ij}\mu_j=\lambda_i d_{ij}$，

即有 $$\boldsymbol{D}\mathrm{diag}(\mu_1,\mu_2,\cdots\mu_n)=\mathrm{diag}(\lambda_1,\lambda_2,\cdots,\lambda_n)\boldsymbol{D},$$

因此，$$\boldsymbol{T}^{-1}\mathrm{diag}(\lambda_1,\lambda_2,\cdots,\lambda_n)\boldsymbol{T}=\boldsymbol{S}^{-1}\mathrm{diag}(\mu_1,\cdots,\mu_n)\boldsymbol{S},$$

即 $$\boldsymbol{C}_1=\boldsymbol{B}_1,\text{另外},Q_1=\boldsymbol{B}_1^{-1}\boldsymbol{A}=\boldsymbol{C}_1^{-1}\boldsymbol{A}=\boldsymbol{P}_1,$$

故分解唯一.

【例 4.25】 设 $a_1,a_2,\cdots,a_n$ 为 n 个实数，问二次型

$$f(\boldsymbol{X}')=(x_1+a_1x_2)^2+(x_2+a_2x_3)^2+\cdots+(x_{n-1}+a_{n-1}x_n)^2+(x_n+a_nx_1)^2,$$

何时正定？

解 令 $$\begin{cases} x_1+a_1x_2=y_1, \\ x_2+a_2x_3=y_2, \\ \cdots \\ x_n+a_nx_1=y_n. \end{cases}$$

即 $$\begin{pmatrix} 1 & a_1 & & & \\ & 1 & a_2 & & \\ & & \ddots & \ddots & \\ & & & \ddots & a_{n-1} \\ a_n & & & & 1 \end{pmatrix}\begin{pmatrix} x_1 \\ x_2 \\ \vdots \\ x_n \end{pmatrix}=\begin{pmatrix} y_1 \\ y_2 \\ \vdots \\ y_n \end{pmatrix},$$

$f(\boldsymbol{X}')=y_1^2+y_2^2+\cdots+y_n^2$ 必须所用的线性变换是非退化的. 即

$$\begin{vmatrix} 1 & a_1 & & & \\ & 1 & a_2 & & \\ & & \ddots & \ddots & \\ & & & \ddots & a_{n-1} \\ a_n & & & & 1 \end{vmatrix}=1+(-1)^{n+1}a_1a_2\cdots a_n\neq 0,$$

亦即 $a_1a_2\cdots a_n\neq(-1)^n$ 时，$f(\boldsymbol{X}')$ 为正定的.

【例 4.26】 若对称阵 $\boldsymbol{A}$ 是半正定的，则 $\boldsymbol{A}^*$ 是半正定的.

证法一 因 $\boldsymbol{A}$ 半正定，所以，$R(\boldsymbol{A})\leqslant n$ 当 $\boldsymbol{A}$ 为正定时，$\boldsymbol{A}^*$ 亦正定，当 $R(\boldsymbol{A})\leqslant n-1$ 时，即 $\boldsymbol{A}$ 奇异，则 $R(\boldsymbol{A})^*\leqslant 1$，$\boldsymbol{A}^*$ 的特征多项式为

$$\begin{aligned}|\lambda\boldsymbol{E}-\boldsymbol{A}^*|&=\lambda^n-(\boldsymbol{A}_{11}+\boldsymbol{A}_{22}+\cdots+\boldsymbol{A}_{nn})\lambda^{n-1}\\&=\lambda^{n-1}[\lambda-(\boldsymbol{A}_{11}+\boldsymbol{A}_{22}+\cdots+\boldsymbol{A}_{nn})],\end{aligned}$$

若 $\boldsymbol{A}_{11}+\boldsymbol{A}_{22}+\cdots+\boldsymbol{A}_{nn}=0$，则 $\boldsymbol{A}^*$ 的特征值只有 0.

若 $\boldsymbol{A}_{11}+\boldsymbol{A}_{22}+\cdots+\boldsymbol{A}_{nn}\neq 0$，则 $\boldsymbol{A}^*$ 的特征根有一个是 $\boldsymbol{A}_{11}+\boldsymbol{A}_{22}+\cdots+\boldsymbol{A}_{nn}$，而其余的均为 0.

对称阵 $\boldsymbol{A}^*$ 的特征值均大于 0 或等于 0，因而是半正定的.

证法二 $R(\boldsymbol{A})^*=1$ 时，$\boldsymbol{A}^*$ 合同于 $\mathrm{diag}(\pm1,0,\cdots,0)$，存在 $P=(p_{ij})$，使

$$A^* = P\begin{pmatrix} \pm 1 & & & \\ & 0 & & \\ & & \ddots & \\ & & & 0 \end{pmatrix}P' = \pm\left[P\begin{pmatrix} 1 & & & \\ & 0 & & \\ & & \ddots & \\ & & & 0 \end{pmatrix}P'\right]$$

$$= \pm\begin{pmatrix} p_{11} \\ p_{21} \\ \vdots \\ p_{n1} \end{pmatrix}(p_{11}, p_{21}, \cdots, p_{n1}) = \pm\boldsymbol{\alpha}_1\boldsymbol{\alpha}_1'.$$

若 $A^* = -\boldsymbol{\alpha}_1\boldsymbol{\alpha}_1'$，则 $A_{ij} < 0$（即 A 的 $n-1$ 阶主子式小于 0），这不可能，所以，$A^* = \boldsymbol{\alpha}_1\boldsymbol{\alpha}_1'$.

$$X'A^*X = X'\boldsymbol{\alpha}_1\boldsymbol{\alpha}_1'X = (X'\boldsymbol{\alpha}_1)(\boldsymbol{\alpha}_1'X) = (\boldsymbol{\alpha}_1'X)'(\boldsymbol{\alpha}_1'X) \geqslant 0,$$

所以，A 半正定.

【例 4.27】 已知非奇异阵 $A = \begin{pmatrix} A_1 \\ A_2 \end{pmatrix}$，其中 A_1 与 A_2 分别为 $p \times n$ 与 $(n-p) \times n$ 矩阵. 求证：

(1) 二次型 $f(X') = X'(A_1'A_1 - A_2'A_2)X$ 的正负惯性指数分别为 p 与 $n-p$；

(2) 矩阵 $A_1'A_1 - A_2'A_2$ 非奇异.

证 (1)

$$A'\begin{pmatrix} E_p & \\ & -E_{n-p} \end{pmatrix}A = (A_1', A_2')\begin{pmatrix} E_p & \\ & -E_{n-p} \end{pmatrix}\begin{pmatrix} A_1 \\ A_2 \end{pmatrix} = A_1'A_1 - A_2'A_2,$$

即 $A_1'A_1 - A_2'A_2$ 与 $\begin{pmatrix} E_p & \\ & -E_{n-p} \end{pmatrix}$ 合同，所以其正负惯性指数分别为 p 与 $n-p$.

(2) $A_1'A_1 - A_2'A_2$ 的秩为 $p + (n-p) = n$，所以非奇异.（亦可用上面矩阵等式两端取行列式来证）

【例 4.28】 设 $\boldsymbol{\alpha}' = (a_1, a_2, \cdots, a_n)$，$1 + c\boldsymbol{\alpha}'\boldsymbol{\alpha} > 0$，求证：$B = E + c\boldsymbol{\alpha}\boldsymbol{\alpha}'$ 为正定阵.

证法一 二次型 $X'BX = X'(E + c\boldsymbol{\alpha}\boldsymbol{\alpha}')X = X'X + c(\boldsymbol{\alpha}'X)^2$，

当 $c \geqslant 0$ 时，$X \neq \mathbf{0}$，有 $X'BX > 0$，所以 B 正定；

当 $c < 0$ 时，$X \neq \mathbf{0}$，有 $X'BX = X'X + c(X'\boldsymbol{\alpha})^2$.

（由柯一布不等式）$X'X + c(X'X)(\boldsymbol{\alpha}'\boldsymbol{\alpha}) = X'X(1 + c\boldsymbol{\alpha}'\boldsymbol{\alpha}) > 0$，这时 B 亦正定.

证法二 证 B 的任意 k 阶顺序主子式 $|B_k| > 0$，$k = 1, \cdots, n$. 设

$$\boldsymbol{\alpha}_k' = (a_1, a_2, \cdots, a_k), \quad 0 \leqslant \boldsymbol{\alpha}_k'\boldsymbol{\alpha}_k \leqslant \boldsymbol{\alpha}'\boldsymbol{\alpha}$$

$$|B_k| = |E_k + c\boldsymbol{\alpha}_k\boldsymbol{\alpha}_k'| = |E_k| + c\boldsymbol{\alpha}_k'E^*\boldsymbol{\alpha}_k = 1 + c\boldsymbol{\alpha}_k'\boldsymbol{\alpha}_k.$$

当 $c \geqslant 0$ 时，$|B| > 0$；

当 $c < 0$ 时，$|B_k| = 1 + c\boldsymbol{\alpha}_k'\boldsymbol{\alpha}_k \geqslant 1 + c\boldsymbol{\alpha}'\boldsymbol{\alpha} > 0$.

【例 4.29】 设 A, B 为 n 阶实对称阵，A 的特征值均小于 a，B 的特征值均小于 b，则 $A + B$ 的特征值小于 $a + b$.

证 $aE - A$ 为正定阵，$X \neq 0$，

$$X'(aE - A)X > 0, \text{即 } X'AX < aX'X,$$

同理：$X'BX < bX'X$.

设 λ 为 $\boldsymbol{A}+\boldsymbol{B}$ 的任意一个特征值，$\boldsymbol{X}$ 为其对应的特征向量.

则
$$\lambda\boldsymbol{X}=(\boldsymbol{A}+\boldsymbol{B})\boldsymbol{X},$$
$$\lambda\boldsymbol{X}'\boldsymbol{X}=\boldsymbol{X}'\boldsymbol{A}\boldsymbol{X}+\boldsymbol{X}'\boldsymbol{B}\boldsymbol{X}<a\boldsymbol{X}'\boldsymbol{X}+b\boldsymbol{X}'\boldsymbol{X}=(a+b)\boldsymbol{X}'\boldsymbol{X},$$
$$\boldsymbol{X}'\boldsymbol{X}\neq 0 \text{ 故 } \lambda<a+b.$$

【例 4.30】 设

$$\boldsymbol{A}=\begin{pmatrix}1&1&\cdots&1\\1&1&\cdots&1\\\vdots&\vdots&&\vdots\\1&1&\cdots&1\end{pmatrix},$$

(1) 求方阵 $\boldsymbol{P}$，使 $\boldsymbol{P}^{-1}\boldsymbol{A}\boldsymbol{P}$ 为若当标准阵；

(2) 求正交阵 $\boldsymbol{Q}$，使 $\boldsymbol{Q}'\boldsymbol{A}\boldsymbol{Q}$ 为对角阵.

解 $|\lambda\boldsymbol{E}-\boldsymbol{A}|=\lambda^n-s_1\lambda^{n-1}+\cdots+(-1)^n s_n$，$s_i$ 为 $\boldsymbol{A}$ 的所有 i 阶主子式之和，有 $s_2=s_3=\cdots=s_n=0$，

$$|\lambda\boldsymbol{E}-\boldsymbol{A}|=\lambda^n-n\lambda^{n-1}.$$

所以 $\boldsymbol{A}$ 的特征值为 n、0；(0 为 $n-1$ 重根)

求得特征向量 $\boldsymbol{\alpha}_1=(1,1,\cdots,1)'\boldsymbol{\alpha}_2=(1,0,\cdots,0,-1)'$，$\boldsymbol{\alpha}_3=(0,1,\cdots,0,-1)'$，$\boldsymbol{\alpha}_n=(0,0,\cdots,1,-1)'$，取 $\boldsymbol{P}=(\boldsymbol{\alpha}_1,\boldsymbol{\alpha}_2,\cdots,\boldsymbol{\alpha}_n)$，将 $\boldsymbol{\alpha}_1,\boldsymbol{\alpha}_2,\cdots,\boldsymbol{\alpha}_n$ 单位正交化为 $\boldsymbol{\beta}_1,\boldsymbol{\beta}_2,\cdots,\boldsymbol{\beta}_n$，令 $\boldsymbol{Q}=(\boldsymbol{\beta}_1,\boldsymbol{\beta}_2,\cdots,\boldsymbol{\beta}_n)$，则 $\boldsymbol{Q}'\boldsymbol{Q}=\boldsymbol{E}$，且

$$\boldsymbol{Q}'\boldsymbol{A}\boldsymbol{Q}=\begin{pmatrix}n&&&\\&0&&\\&&\ddots&\\&&&0\end{pmatrix},\boldsymbol{P}^{-1}\boldsymbol{A}\boldsymbol{P}=\begin{pmatrix}n&&&\\&0&&\\&&\ddots&\\&&&0\end{pmatrix}=\boldsymbol{Q}'\boldsymbol{A}\boldsymbol{Q},\boldsymbol{Q}'\boldsymbol{Q}=\boldsymbol{E}.$$

【例 4.31】 已知 $\boldsymbol{A}$ 为实反对称阵，则 $\boldsymbol{E}-\boldsymbol{A}^2$ 可逆且正定.

证 $\boldsymbol{A}'=-\boldsymbol{A}$，$\forall\,\boldsymbol{X}\neq\boldsymbol{0}$，

$$\boldsymbol{X}'(\boldsymbol{E}-\boldsymbol{A}^2)\boldsymbol{X}=\boldsymbol{X}'(\boldsymbol{E}+\boldsymbol{A}'\boldsymbol{A})\boldsymbol{X}=\boldsymbol{X}'\boldsymbol{X}+\boldsymbol{X}'\boldsymbol{A}'\boldsymbol{A}\boldsymbol{X}>0,$$
$$(\boldsymbol{E}-\boldsymbol{A}^2)'=\boldsymbol{E}'-\boldsymbol{A}'\boldsymbol{A}'=\boldsymbol{E}-\boldsymbol{A}^2.$$

故 $\boldsymbol{E}-\boldsymbol{A}^2$ 是正定阵，因而可逆.

【例 4.32】 设 $\boldsymbol{A}$、$\boldsymbol{C}$ 为正定阵，$\boldsymbol{B}$ 是满足方程 $\boldsymbol{A}\boldsymbol{X}+\boldsymbol{X}\boldsymbol{A}^{\mathrm{T}}=\boldsymbol{C}$ 的唯一解，求证 $\boldsymbol{B}$ 是正定阵.

证 $\boldsymbol{A}\boldsymbol{B}+\boldsymbol{B}\boldsymbol{A}^{\mathrm{T}}=\boldsymbol{C}$，$\boldsymbol{B}^{\mathrm{T}}\boldsymbol{A}+\boldsymbol{A}\boldsymbol{B}^{\mathrm{T}}=\boldsymbol{C}^{\mathrm{T}}=\boldsymbol{C}$，故 $\boldsymbol{B}=\boldsymbol{B}^{\mathrm{T}}$，即 $\boldsymbol{B}$ 为对称阵. 设 λ_i 为 $\boldsymbol{B}$ 的任一特征值，$\boldsymbol{X}$ 是它的特征向量：$\boldsymbol{B}\boldsymbol{X}=\lambda_i\boldsymbol{X}$，有

$$\boldsymbol{X}'\boldsymbol{C}\boldsymbol{X}=\boldsymbol{X}'\boldsymbol{A}\boldsymbol{B}\boldsymbol{X}+\boldsymbol{X}'\boldsymbol{B}\boldsymbol{A}^{\mathrm{T}}\boldsymbol{X}=\boldsymbol{X}'\boldsymbol{A}\lambda_i\boldsymbol{X}+(\lambda_i\boldsymbol{X})'\boldsymbol{A}\boldsymbol{X}=2\lambda_i\boldsymbol{X}'\boldsymbol{A}\boldsymbol{X},$$

所以 $\lambda_i>0$，故 $\boldsymbol{B}$ 为正定矩阵.

【例 4.33】 半正定二次型 $f(\boldsymbol{X}')=\boldsymbol{X}'\boldsymbol{A}\boldsymbol{X}$ 的秩为 r，则 $f(\boldsymbol{X}')=0$ 的实数解构成 $\mathbf{R}^n$ 的一个 $n-r$ 维子空间.

证 设存在非奇异阵 $\boldsymbol{P}$，使

$$\boldsymbol{P}'\boldsymbol{A}\boldsymbol{P}=\begin{pmatrix}\boldsymbol{E}_r&\boldsymbol{0}\\\boldsymbol{0}&\boldsymbol{0}\end{pmatrix},\boldsymbol{A}=(\boldsymbol{P}^{-1})'\begin{pmatrix}\boldsymbol{E}_r&\boldsymbol{0}\\\boldsymbol{0}&\boldsymbol{0}\end{pmatrix}\boldsymbol{P}^{-1},$$

$$A=(P^{-1})'\begin{pmatrix}E_r & 0\\ 0 & 0\end{pmatrix}\begin{pmatrix}E_r & 0\\ 0 & 0\end{pmatrix}P^{-1}.$$

设 $\boldsymbol{B}$ 为 $\boldsymbol{P}^{-1}$ 的前 r 行作成的阵，则 $\boldsymbol{BX}=\boldsymbol{0}$ 的解空间，即为 $f(\boldsymbol{X}')=0$ 的解，故结论得证.

习　题

1. 设 $\boldsymbol{A}$ 为 n 阶实可逆矩阵，证明：存在正交矩阵 $\boldsymbol{Q}_1,\boldsymbol{Q}_2$，使得 $\boldsymbol{Q}_1\boldsymbol{A}\boldsymbol{Q}_2$ 为对角阵. 且对角线元素全大于 0.

2. 设 $\boldsymbol{A}=\begin{pmatrix}\boldsymbol{B} & \boldsymbol{b}\\ \boldsymbol{b}' & a\end{pmatrix}$ 为正定矩阵，其中 $\boldsymbol{B}$ 是一个 n 级矩阵，$\boldsymbol{b}$ 是一个 n 维列向量. 证明如果 $\boldsymbol{b}\neq\boldsymbol{0}$，则有 $|\boldsymbol{A}|<|\boldsymbol{B}|\cdot a$.

3. 设 $\boldsymbol{E}$ 为 n 级单位矩阵，$\boldsymbol{a},\boldsymbol{b}$ 为给定的 n 维列向量，并有 $\boldsymbol{a}'\boldsymbol{b}>0$. 证明 $\boldsymbol{H}=\boldsymbol{I}-\dfrac{\boldsymbol{bb}'}{\boldsymbol{b}'\boldsymbol{b}}+\dfrac{\boldsymbol{aa}'}{\boldsymbol{a}'\boldsymbol{b}}$ 是正定矩阵.

4. 设矩阵 $\boldsymbol{A}=\begin{pmatrix}2 & 1 & 1\\ 1 & 2 & 1\\ 1 & 1 & 2\end{pmatrix}$，(1) 证明 $\boldsymbol{A}$ 为正定矩阵；(2) 试求正定矩阵 $\boldsymbol{B}$，使 $\boldsymbol{B}^2=\boldsymbol{A}$.

5. 设 $\boldsymbol{A}$ 为 n 级实对称半正定矩阵，$\boldsymbol{B}$ 为 n 级正定矩阵. 证明：$|\boldsymbol{A}+\boldsymbol{B}|\geqslant|\boldsymbol{B}|$.

6. 设 $\boldsymbol{A}=\begin{pmatrix}-2 & 4 & 3\\ 0 & 0 & 0\\ -1 & 5 & 2\end{pmatrix}$，求 $\boldsymbol{A}^{520}+3\boldsymbol{A}^{70}-7\boldsymbol{E}$.（其中 $\boldsymbol{E}$ 为单位矩阵）

7. 证明：任一 n 级方阵和它的转置矩阵相似.

8. 已知 $\boldsymbol{A},\boldsymbol{B}$ 都为 n 级正定矩阵，证明：(1) $\boldsymbol{A}$ 中绝对值最大的元素在主对角线上；(2) $|\boldsymbol{A}+\boldsymbol{B}|>|\boldsymbol{A}|+|\boldsymbol{B}|$.

9. 求实二次型 $f(x)=\sum\limits_{i=1}^{n}\left(x_i-\sum\limits_{j=1}^{n}\dfrac{x_j}{n}\right)^2$ 的矩阵及正负惯性指数.

10. 设分块实对称矩阵 $\boldsymbol{A}=\begin{pmatrix}a & \beta' & 0\\ \beta & A_1 & \gamma\\ 0 & \gamma' & b\end{pmatrix}$，其中 $a,b\in\mathbf{R}$，$\boldsymbol{\beta},\boldsymbol{\gamma}\in\mathbf{R}^n$，$\boldsymbol{A}_1\in\mathbf{R}^{n\times n}$，证明：$\boldsymbol{A}$ 正定的充要条件是 $a>0,b>0$，且矩阵 $\boldsymbol{A}_1-\dfrac{1}{a}\boldsymbol{\beta\beta}'-\dfrac{1}{b}\boldsymbol{\gamma\gamma}'$ 正定.

11. 求实二次型 $f(x_1,x_2,x_3,x_4)=2x_1x_2+2x_1x_3+4x_1x_4+2x_2x_3$ 的规范形及符号差.

12. 设实二次型 $f=x_1^2+x_2^2+x_3^2+2t(x_1x_2+x_1x_3+x_2x_3)$. 问当取 t 何值时，f 是正定的、半正定的？

13. 设 $\boldsymbol{A},\boldsymbol{B}$ 是任意两个正定矩阵，满足 $\boldsymbol{AB}=\boldsymbol{BA}$. 求证：

(1) 必存在一个 n 阶的正交矩阵 $\boldsymbol{P}$，使得 $\boldsymbol{P}^{\mathrm{T}}\boldsymbol{AP}$，$\boldsymbol{P}^{\mathrm{T}}\boldsymbol{BP}$ 均为对角矩阵；

(2) $\boldsymbol{AB}$ 也是正定矩阵.

14. 证明：$\boldsymbol{A}$ 是正定或半正定实对称矩阵的充要条件是，存在实矩阵 $\boldsymbol{S}$，使 $\boldsymbol{A}=\boldsymbol{S}^{\mathrm{T}}\boldsymbol{S}$，其中

S^{T} 表示 S 的转置矩阵.

15. 已知二次型 $f(x_1,x_2,x_3)=(1-a)x_1^2+(1-a)x_2^2+2x_3^2+2(1+a)x_1x_2$ 的秩为 2.

(1) 求 a 的值；

(2) 求正交变换 $\boldsymbol{X}=\boldsymbol{QY}$,将 $f(x_1,x_2,x_3)$化为标准形；

(3) 求方程 $f(x_1,x_2,x_3)=0$ 的解.

16. 用非退化的线性替换将二次型

$$f(x_1,x_2,x_3,x_4)=x_1x_2+x_1x_3+x_1x_4+x_2x_3+x_2x_4+x_3x_4$$

化成标准形.

17. 设 $\boldsymbol{A}$ 是 n 阶正定矩阵,证明：

(1) 二次型 $\begin{vmatrix} \boldsymbol{0} & \boldsymbol{X}' \\ \boldsymbol{X} & \boldsymbol{A} \end{vmatrix}$ 负定,这里,$\boldsymbol{X}=\begin{pmatrix} x_1 \\ x_2 \\ \vdots \\ x_n \end{pmatrix}\in\mathbf{R}^n$,$\boldsymbol{X}'$代表 $\boldsymbol{X}$ 的转置.

(2) $\boldsymbol{A}$ 的行列式$|\boldsymbol{A}|\leqslant a_{11}a_{22}\cdots a_{nn}$,这里,$a_{ii}$是 $\boldsymbol{A}$ 的第 i 行 i 列元素.

18. 设 $\boldsymbol{A}$ 是实对称矩阵,证明:当实数 t 充分大之后,$t\boldsymbol{E}+\boldsymbol{A}$ 是正定矩阵.

19. 用正交线性替换 $\boldsymbol{X}=\boldsymbol{QY}$,把二次型

$$f(x_1,x_2,x_3)=-4x_1^2-4x_2^2-4x_3^2-4x_1x_2-4x_1x_3-4x_2x_3$$

化为标准形并写出相应的正交矩阵 $\boldsymbol{Q}$.

码上学习

第六章　线性空间

第一节　线性空间的定义及简单性质

1. 定义

设 V 是一个非空集合，其元素用 $\boldsymbol{\alpha},\boldsymbol{\beta},\boldsymbol{\gamma},\cdots$ 表示. P 是一个数域，P 中的数用 $a,b,c,\cdots$ 表示. 在集合 V 中定义一个代数运算，叫作加法. $\boldsymbol{\alpha}$ 与 $\boldsymbol{\beta}$ 的和 $\boldsymbol{\gamma}$，记为 $\boldsymbol{\gamma}=\boldsymbol{\alpha}+\boldsymbol{\beta}$；在数域 P 与 V 之间定义一种运算，叫数量乘法. 数 k 与 $\boldsymbol{\alpha}$ 的数量乘积 $\boldsymbol{\delta}$，记为 $\boldsymbol{\delta}=k\boldsymbol{\alpha}$；上述两种运算若满足下述八条规则（称为线性空间的公理）：

① $\boldsymbol{\alpha}+\boldsymbol{\beta}=\boldsymbol{\beta}+\boldsymbol{\alpha}$；

② $(\boldsymbol{\alpha}+\boldsymbol{\beta})+\boldsymbol{\gamma}=\boldsymbol{\alpha}+(\boldsymbol{\beta}+\boldsymbol{\alpha})$；

③ V 中有一个元素 $\mathbf{0}$，$\forall\boldsymbol{\alpha}\in V$，都有 $\boldsymbol{\alpha}+0=\boldsymbol{\alpha}$（具有这个性质的元素 $\mathbf{0}$ 称为 V 的零元素）；

④ 对于 V 中的每个元素 $\boldsymbol{\alpha}$，都有 V 中的元素 $\boldsymbol{\beta}$，使得 $\boldsymbol{\alpha}+\boldsymbol{\beta}=\mathbf{0}$（$\boldsymbol{\beta}$ 称为 $\boldsymbol{\alpha}$ 的负元素）；

⑤ $1\cdot\boldsymbol{\alpha}=\boldsymbol{\alpha}$；

⑥ $k(l\boldsymbol{\alpha})=(kl)\boldsymbol{\alpha}$；

⑦ $(k+l)\boldsymbol{\alpha}=k\boldsymbol{\alpha}+l\boldsymbol{\alpha}$；

⑧ $k(\boldsymbol{\alpha}+\boldsymbol{\beta})=k\boldsymbol{\alpha}+k\boldsymbol{\beta}$，

其中 k,l 是 P 中的任意数，$\boldsymbol{\alpha},\boldsymbol{\beta},\boldsymbol{\gamma}$ 是 V 中的任意元素. 这时 V 称为数域 P 上的线性空间（或称向量空间）.

2. 向量的线性相关性

线性组合，线性表示，线性相关，线性无关

① 设 V 是数域 P 上的线性空间，$\boldsymbol{\alpha}_1,\boldsymbol{\alpha}_2,\cdots,\boldsymbol{\alpha}_s(s\geqslant 1)$ 是 V 中一组向量，$k_1,k_2,\cdots,k_s\in P$，称式子

$$k_1\boldsymbol{\alpha}_1+k_2\boldsymbol{\alpha}_2+\cdots+k_s\boldsymbol{\alpha}_s$$

为向量 $\boldsymbol{\alpha}_1,\boldsymbol{\alpha}_2,\cdots,\boldsymbol{\alpha}_s$ 的一个线性组合，$k_1,k_2,\cdots,k_s$ 称为组合系数.

② 设 $\boldsymbol{\alpha}_1,\boldsymbol{\alpha}_2,\cdots,\boldsymbol{\alpha}_s,\boldsymbol{\beta}$ 都是数域 P 上线性空间 V 中的向量，若有 P 中的一组数 $k_1,k_2,\cdots,k_s$，使得 $\boldsymbol{\beta}=k_1\boldsymbol{\alpha}_1+k_2\boldsymbol{\alpha}_2+\cdots+k_s\boldsymbol{\alpha}_s$，称 $\boldsymbol{\beta}$ 可由向量组 $\boldsymbol{\alpha}_1,\boldsymbol{\alpha}_2,\cdots,\boldsymbol{\alpha}_s$ 线性表示.

③ 设

$$\boldsymbol{\alpha}_1,\boldsymbol{\alpha}_2,\cdots,\boldsymbol{\alpha}_s, \qquad (\mathrm{I})$$

$$\boldsymbol{\beta}_1,\boldsymbol{\beta}_2,\cdots,\boldsymbol{\beta}_t, \qquad (\mathrm{II})$$

是数域 P 上线性空间 V 中的两个向量组，若组（Ⅰ）中每个向量可由组（Ⅱ）线性表示，就称向量组（Ⅰ）可由（Ⅱ）线性表示. 若（Ⅰ）和（Ⅱ）可以互相线性表示，就称组（Ⅰ）与组（Ⅱ）是等价的.

④ 数域 P 上线性空间 V 中向量 $\boldsymbol{\alpha}_1,\boldsymbol{\alpha}_2,\cdots,\boldsymbol{\alpha}_s$ 称为线性相关，若在数域 P 中有 s 个不全为零的数 $k_1,k_2,\cdots,k_s$，使

$$k_1\boldsymbol{\alpha}_1+k_2\boldsymbol{\alpha}_2+\cdots+k_s\boldsymbol{\alpha}_s=\mathbf{0}.$$

若 $\boldsymbol{\alpha}_1,\boldsymbol{\alpha}_2,\cdots,\boldsymbol{\alpha}_s$ 不是线性相关，就称为线性无关.

⑤ 常用性质

a. 零向量可由任何向量组线性表示.

b. 在线性空间 P^n 中任一向量 $\boldsymbol{\beta}=(b_1,b_2,\cdots,b_n)$，都可由 n 维基本向量组

$$\boldsymbol{\varepsilon}_i=(0,\cdots,0,\overset{(i)}{1},0,\cdots,0), \qquad i=1,2,\cdots,n$$

线性表示，且

$$\boldsymbol{\beta}=b_1\boldsymbol{\varepsilon}_1+b_2\boldsymbol{\varepsilon}_2+\cdots+b_n\boldsymbol{\varepsilon}_n.$$

c. 向量组 $\boldsymbol{\alpha}_1,\boldsymbol{\alpha}_2,\cdots,\boldsymbol{\alpha}_s$ 中任一向量 $\boldsymbol{\alpha}_i$ 都可用 $\boldsymbol{\alpha}_1,\boldsymbol{\alpha}_2,\cdots,\boldsymbol{\alpha}_s$ 线性表示.

d. 向量组 $\boldsymbol{\alpha}_1,\boldsymbol{\alpha}_2,\cdots,\boldsymbol{\alpha}_s$ 中任一部分组都可用 $\boldsymbol{\alpha}_1,\boldsymbol{\alpha}_2,\cdots,\boldsymbol{\alpha}_s$ 线性表示.

e. 含零向量的向量组线性相关.

f. 单独一个向量 $\boldsymbol{\alpha}$ 线性相关 $\Leftrightarrow \boldsymbol{\alpha}=\mathbf{0}$.

g. 一个向量组若有一个部分组线性相关，这个向量组必线性相关.

h. 在线性空间 P^n 中，

（ⅰ）设

$$\boldsymbol{\alpha}_i=(a_{1i},a_{2i},\cdots,a_{ni})',i=1,2,\cdots,s$$

$$\boldsymbol{\beta}=(b_1,b_2,\cdots,b_n)'$$

则 $\boldsymbol{\beta}$ 可由 $\boldsymbol{\alpha}_1,\boldsymbol{\alpha}_2,\cdots,\boldsymbol{\alpha}_s$ 线性表示的充要条件是线性方程组

$$\begin{cases} a_{11}x_1+a_{12}x_2+\cdots+a_{1s}x_s=b_1, \\ a_{21}x_1+a_{22}x_2+\cdots+a_{2s}x_s=b_2, \\ \qquad\cdots\cdots \\ a_{n1}x_1+a_{n2}x_2+\cdots+a_{ns}x_s=b_n, \end{cases}$$

有解，且组合系数就是一个解.

（ⅱ）设

$$\boldsymbol{\alpha}_i=(\boldsymbol{\alpha}_{1i},\boldsymbol{\alpha}_{2i},\cdots,\boldsymbol{\alpha}_{ni})',i=1,2,\cdots,s$$

则 $\boldsymbol{\alpha}_1,\boldsymbol{\alpha}_2,\cdots,\boldsymbol{\alpha}_s$ 线性相关（无关）的充要条件是齐次线性方程组

$$\begin{cases} a_{11}x_1+a_{12}x_2+\cdots+a_{1s}x_s=0, \\ a_{21}x_1+a_{22}x_2+\cdots+a_{2s}x_s=0, \\ \qquad\cdots\cdots \\ a_{n1}x_1+a_{n2}x_2+\cdots+a_{ns}x_s=0, \end{cases}$$

有非零解（只有零解）.

（ⅲ）设

$$\boldsymbol{\alpha}_i=(\boldsymbol{\alpha}_{1i},\boldsymbol{\alpha}_{2i},\cdots,\boldsymbol{\alpha}_{ni})',i=1,2,\cdots,n$$

则 $\boldsymbol{\alpha}_1,\boldsymbol{\alpha}_2,\cdots,\boldsymbol{\alpha}_n$ 线性相关(无关)的充要条件是

$$\begin{vmatrix} a_{11} & a_{12} & \cdots & a_{1n} \\ a_{21} & a_{22} & \cdots & a_{2n} \\ \vdots & \vdots & & \vdots \\ a_{n1} & a_{n2} & \cdots & a_{nn} \end{vmatrix}=0(\neq 0).$$

(ⅳ) P^n 中任何 $n+1$ 个向量都线性相关.

(ⅴ) 设 $\boldsymbol{\alpha}_i=(a_{i1},a_{i2},\cdots,a_{in})\in P^n$,$\boldsymbol{\beta}_i=(a_{i1},a_{i2},\cdots,a_{in},b_{i1},\cdots,b_{im})\in P^{n+m}$若 $\boldsymbol{\alpha}_1,\boldsymbol{\alpha}_2,\cdots,\boldsymbol{\alpha}_s$ 线性无关,则 $\boldsymbol{\beta}_1,\boldsymbol{\beta}_2,\cdots,\boldsymbol{\beta}_t$ 也线性无关.

(ⅵ) 线性空间 V 中一组向量 $\boldsymbol{\alpha}_1,\boldsymbol{\alpha}_2,\cdots,\boldsymbol{\alpha}_s$ 线性无关,而 $\boldsymbol{\alpha}_1,\boldsymbol{\alpha}_2,\cdots,\boldsymbol{\alpha}_s,\boldsymbol{\beta}$ 线性相关,则 $\boldsymbol{\beta}$ 可由 $\boldsymbol{\alpha}_1,\boldsymbol{\alpha}_2,\cdots,\boldsymbol{\alpha}_s$ 唯一线性表示,其中 $\boldsymbol{\beta}$ 也是线性空间 V 中的一个向量.

(ⅶ) 向量组 $\boldsymbol{\alpha}_1,\boldsymbol{\alpha}_2,\cdots,\boldsymbol{\alpha}_s(s\geqslant 2)$线性相关的充要条件是有一个向量可由其余向量线性表示.

(ⅷ) 数域 P 上线性空间 V 的两个向量组:

$$\boldsymbol{\alpha}_1,\boldsymbol{\alpha}_2,\cdots,\boldsymbol{\alpha}_s, \tag{Ⅰ}$$

$$\boldsymbol{\beta}_1,\boldsymbol{\beta}_2,\cdots,\boldsymbol{\beta}_t \tag{Ⅱ}$$

若向量组(Ⅰ)可由向量组(Ⅱ)线性表示,而 $s>t$,则向量组(Ⅰ)线性相关.

(ⅸ) 上述向量组(Ⅰ)与(Ⅱ),若向量组(Ⅰ)可由向量组(Ⅱ)线性表示,而向量组(Ⅰ)线性无关,则 $s\leqslant t$.

(ⅹ) 两个等价的线性无关的向量组含有相同个数的向量.

3. 向量组的极大无关组与秩

① 向量组 $\boldsymbol{\alpha}_1,\boldsymbol{\alpha}_2,\cdots,\boldsymbol{\alpha}_s$ 的一个部分向量组 $\boldsymbol{\alpha}_{i1},\boldsymbol{\alpha}_{i2},\cdots,\boldsymbol{\alpha}_{ir}$ 叫作一个极大线性无关部分组(简称极大无关组),若

a. $\boldsymbol{\alpha}_{i1},\boldsymbol{\alpha}_{i2},\cdots,\boldsymbol{\alpha}_{ir}$ 线性无关;

b. 每一个向量 $\boldsymbol{\alpha}_j(j=1,2,\cdots,s)$都可由 $\boldsymbol{\alpha}_{i1},\boldsymbol{\alpha}_{i2},\cdots,\boldsymbol{\alpha}_{ir}$ 线性表示.

② 线性无关向量组的极大无关组是这个向量组本身.

③ 一个向量组与它的任意一个极大无关组等价;一个向量组的任意两个极大无关组等价(从而含有相同个数的向量).

④ 一个向量组的极大无关组所含向量的个数称为这个向量组的秩,只含零向量的向量组的秩约定为零.

⑤ 向量组 $\boldsymbol{\alpha}_1,\boldsymbol{\alpha}_2,\cdots,\boldsymbol{\alpha}_s$ 线性无关$\Leftrightarrow$向量组 $\boldsymbol{\alpha}_1,\boldsymbol{\alpha}_2,\cdots,\boldsymbol{\alpha}_s$ 的秩为 s.

⑥ 向量组(Ⅰ)可由(Ⅱ)线性表示,则 R(Ⅰ)$\leqslant R$(Ⅱ).

⑦ 等价向量组有相同的秩.

⑧ 若向量组的秩为 r,则向量组中任何 $r+1$ 个向量线性相关.

⑨ 若向量组的秩为 r,则向量组中任何 r 个线性无关的向量都是这个向量组的极大无关组.

第二节　线性空间的维数与基

1. 维数、基与坐标

① 若在线性空间 V 中有 n 个线性无关的向量，但没有更多数目的线性无关的向量，那么 V 就称为 n 维的，记为 $\dim V=n$. 若在 V 中可以找到任意多个线性无关的向量，V 就称为无限维的.

② 在 n 维线性空间 V 中，n 个线性无关的向量 $\boldsymbol{\varepsilon}_1,\boldsymbol{\varepsilon}_2,\cdots,\boldsymbol{\varepsilon}_n$ 称为 V 的一组基.

③ 设 $\boldsymbol{\varepsilon}_1,\boldsymbol{\varepsilon}_2,\cdots,\boldsymbol{\varepsilon}_n$ 是线性空间 V 的一组基，则 V 中任一向量 $\boldsymbol{\alpha}$，均可以由基 $\boldsymbol{\varepsilon}_1,\boldsymbol{\varepsilon}_2,\cdots,\boldsymbol{\varepsilon}_n$ 唯一线性表示

$$\boldsymbol{\alpha}=a_1\boldsymbol{\varepsilon}_1+a_2\boldsymbol{\varepsilon}_2+\cdots+a_n\boldsymbol{\varepsilon}_n,$$

$a_1,a_2,\cdots,a_n$ 这组数称为 $\boldsymbol{\alpha}$ 在基 $\boldsymbol{\varepsilon}_1,\boldsymbol{\varepsilon}_2,\cdots,\boldsymbol{\varepsilon}_n$ 下的坐标，记为 $(a_1,a_2,\cdots,a_n)$.

④ 若在线性空间 V 中有 n 个线性无关的向量 $\boldsymbol{\alpha}_1,\boldsymbol{\alpha}_2,\cdots,\boldsymbol{\alpha}_n$，且 V 中任一向量都可以用它们线性表示，那么 V 是 n 维的，而 $\boldsymbol{\alpha}_1,\boldsymbol{\alpha}_2,\cdots,\boldsymbol{\alpha}_n$ 是 V 的一组基.

⑤ 设 $\boldsymbol{\varepsilon}_1,\boldsymbol{\varepsilon}_2,\cdots,\boldsymbol{\varepsilon}_n$ 与 $\boldsymbol{\xi}_1,\boldsymbol{\xi}_2,\cdots,\boldsymbol{\xi}_n$ 是 n 维线性空间 V 的两组基数. 若

$$\begin{aligned}
\boldsymbol{\xi}_1&=a_{11}\boldsymbol{\varepsilon}_1+a_{21}\boldsymbol{\varepsilon}_2+\cdots+a_{n1}\boldsymbol{\varepsilon}_{n1},\\
\boldsymbol{\xi}_2&=a_{12}\boldsymbol{\varepsilon}_1+a_{22}\boldsymbol{\varepsilon}_2+\cdots+a_{n2}\boldsymbol{\varepsilon}_n,\\
&\cdots\cdots\\
\boldsymbol{\xi}_n&=a_{1n}\boldsymbol{\varepsilon}_1+a_{2n}\boldsymbol{\varepsilon}_2+\cdots+a_{nn}\boldsymbol{\varepsilon}_n,
\end{aligned}$$

或表示为

$$(\boldsymbol{\xi}_1,\boldsymbol{\xi}_2,\cdots,\boldsymbol{\xi}_n)=(\boldsymbol{\varepsilon}_1,\boldsymbol{\varepsilon}_2,\cdots,\boldsymbol{\varepsilon}_n)\begin{pmatrix}a_{11}&a_{12}&\cdots&a_{1n}\\a_{21}&a_{22}&\cdots&a_{2n}\\\vdots&\vdots&&\vdots\\a_{n1}&a_{n2}&\cdots&a_{nn}\end{pmatrix}.$$

令

$$\boldsymbol{A}=\begin{pmatrix}a_{11}&a_{12}&\cdots&a_{1n}\\a_{21}&a_{22}&\cdots&a_{2n}\\\vdots&\vdots&&\vdots\\a_{n1}&a_{n2}&\cdots&a_{nn}\end{pmatrix}.$$

矩阵 $\boldsymbol{A}$ 就称为由基 $\boldsymbol{\varepsilon}_1,\boldsymbol{\varepsilon}_2,\cdots,\boldsymbol{\varepsilon}_n$ 到基 $\boldsymbol{\xi}_1,\boldsymbol{\xi}_2,\cdots,\boldsymbol{\xi}_n$ 的过渡矩阵.

⑥ n 维线性空间 V 中向量 $\boldsymbol{\alpha}$ 在两组基 $\boldsymbol{\varepsilon}_1,\boldsymbol{\varepsilon}_2,\cdots,\boldsymbol{\varepsilon}_n$ 与 $\boldsymbol{\xi}_1,\boldsymbol{\xi}_2,\cdots,\boldsymbol{\xi}_n$ 下的坐标分别为 $(x_1,x_2,\cdots,x_n)$ 与 $(y_1,y_2,\cdots,y_n)$，若由基 $\boldsymbol{\varepsilon}_1,\boldsymbol{\varepsilon}_2,\cdots,\boldsymbol{\varepsilon}_n$ 到基 $\boldsymbol{\xi}_1,\boldsymbol{\xi}_2,\cdots,\boldsymbol{\xi}_n$ 的过渡矩阵为 $\boldsymbol{A}$，则有坐标变换公式：

$$\begin{pmatrix}x_1\\x_2\\\vdots\\x_n\end{pmatrix}=\boldsymbol{A}\begin{pmatrix}y_1\\y_2\\\vdots\\y_n\end{pmatrix},\text{或}\begin{pmatrix}y_1\\y_2\\\vdots\\y_n\end{pmatrix}=\boldsymbol{A}^{-1}\begin{pmatrix}x_1\\x_2\\\vdots\\x_n\end{pmatrix}.$$

注：子空间也是线性空间，所以对于子空间也有维数、基等概念.

2. 例题选讲

【例 2.1】 若在 n 维线性空间 V 中，每个向量都可由 V 中 n 个非零向量 $\boldsymbol{\alpha}_1,\boldsymbol{\alpha}_2,\cdots,\boldsymbol{\alpha}_n$ 线性表示，证明 $\boldsymbol{\alpha}_1,\boldsymbol{\alpha}_2,\cdots,\boldsymbol{\alpha}_n$ 是 V 的一组基数.

证 因 $\dim V=n$，V 必有基. 设 $\boldsymbol{\xi}_1,\boldsymbol{\xi}_2,\cdots,\boldsymbol{\xi}_n$ 是 V 的一组基，由已知，向量组 $\boldsymbol{\xi}_1,\boldsymbol{\xi}_2,\cdots,\boldsymbol{\xi}_n$ 可以由 $\boldsymbol{\alpha}_1,\boldsymbol{\alpha}_2,\cdots,\boldsymbol{\alpha}_n$ 线性表示，但每个 $\boldsymbol{\alpha}_i(i=1,2,\cdots,n)$ 都可由基 $\boldsymbol{\xi}_1,\boldsymbol{\xi}_2,\cdots,\boldsymbol{\xi}_n$ 线性表示，所以 $\boldsymbol{\alpha}_1,\boldsymbol{\alpha}_2,\cdots,\boldsymbol{\alpha}_n$ 可由 $\boldsymbol{\xi}_1,\boldsymbol{\xi}_2,\cdots,\boldsymbol{\xi}_n$ 线性表示，于是 $\boldsymbol{\alpha}_1,\boldsymbol{\alpha}_2,\cdots,\boldsymbol{\alpha}_n$ 与 $\boldsymbol{\xi}_1,\boldsymbol{\xi}_2,\cdots,\boldsymbol{\xi}_n$ 等价.
故，$R(\boldsymbol{\alpha}_1,\boldsymbol{\alpha}_2,\cdots,\boldsymbol{\alpha}_n)=R(\boldsymbol{\xi}_1,\boldsymbol{\xi}_2,\cdots,\boldsymbol{\xi}_n)=n$，
所以，$\boldsymbol{\alpha}_1,\boldsymbol{\alpha}_2,\cdots,\boldsymbol{\alpha}_n$ 线性无关. 依定义，$\boldsymbol{\alpha}_1,\boldsymbol{\alpha}_2,\cdots,\boldsymbol{\alpha}_n$ 是 V 的一组基.

【例 2.2】 设 $W=\{\boldsymbol{A}\mid\boldsymbol{A}\in P^{n\times n},\operatorname{tr}(\boldsymbol{A})=0\}$，$W$ 是方阵空间 $P^{n\times n}$ 的子空间，求出 W 的一组基与 $\dim W$.

解 $\forall\boldsymbol{A}\subset W$，设

$$\boldsymbol{A}=\begin{pmatrix}a_{11}&a_{12}&\cdots&a_{1n}\\a_{21}&a_{22}&\cdots&a_{2n}\\\vdots&\vdots&&\vdots\\a_{n1}&a_{n2}&\cdots&a_{nn}\end{pmatrix}.$$

于是 $\operatorname{tr}(\boldsymbol{A})=0$，即 $\sum\limits_{i=1}^{n}a_{ij}=0$. 因为

$$\boldsymbol{A}=\begin{pmatrix}0&a_{12}&\cdots&a_{1n}\\a_{21}&0&\cdots&a_{2n}\\\vdots&\vdots&&\vdots\\a_{n1}&a_{n2}&\cdots&0\end{pmatrix}+\begin{pmatrix}a_{11}&&&\\&a_{22}&&\\&&\ddots&\\&&&a_{nn}\end{pmatrix}$$

$$=\sum_{i\neq j}a_{ij}\boldsymbol{E}_{ij}+\begin{pmatrix}-a_{22}-\cdots-a_{nn}&&&\\&a_{22}&&\\&&\ddots&\\&&&a_{nn}\end{pmatrix}$$

$$=\sum_{i\neq j}a_{ij}\boldsymbol{E}_{ij}+\sum_{i=2}^{n}a_{ii}(\boldsymbol{E}_{ii}-\boldsymbol{E}_{11}).$$

易知 $\boldsymbol{E}_{ij}(i\neq j)$，$\boldsymbol{E}_{ij}-\boldsymbol{E}_{11}(i=1,2,\cdots,n)$ 线性无关，所以 W 是的一组基，而 $\dim W=n^2-1$.

注：本题虽然简单，但却是求基与确定维数的一般方法.

【例 2.3】 设实对角矩阵

$$\boldsymbol{A}=\begin{pmatrix}a_1&&&\\&a_2&&\\&&\ddots&\\&&&a_n\end{pmatrix}，当 i\neq j 时，a_i\neq a_j.$$

$V=\{f(\boldsymbol{A})\mid f(x)\in\mathbf{R}[x]\}$，求 V 的一组基及维数.

解 先证对任何 $k(k=0,1,2,\cdots)$，$\boldsymbol{A}^k$ 可由 $\boldsymbol{E},\boldsymbol{A},\boldsymbol{A}^2,\cdots,\boldsymbol{A}^{n-1}$ 线性表示，为此，只要证明

存在一组数 $x_0,x_1,\cdots,x_{n-1}$，使

$$A^k=x_0E+x_1A+x_2A^2+\cdots+x_{n-1}A^{n-1},$$

即有

$$\begin{pmatrix}a_1^k&&&\\&a_2^k&&\\&&\ddots&\\&&&a_n^k\end{pmatrix}=\begin{pmatrix}x_0&&&\\&x_0&&\\&&\ddots&\\&&&x_0\end{pmatrix}+\begin{pmatrix}x_1a_1&&&\\&x_1a_2&&\\&&\ddots&\\&&&x_1a_n\end{pmatrix}+$$

$$\cdots+\begin{pmatrix}x_{n-1}a_1^{n-1}&&&\\&x_{n-1}a_2^{n-1}&&\\&&\ddots&\\&&&x_{n-1}a_n^{n-1}\end{pmatrix},$$

由此可得

$$\begin{cases}x_0+x_1a_1+x_2a_1^2+\cdots+x_{n-1}a_1^{n-1}=a_1^k,\\x_0+x_1a_2+x_2a_2^2+\cdots+x_{n-1}a_2^{n-1}=a_2^k,\\\qquad\cdots\cdots\\x_0+x_1a_n+x_2a_n^2+\cdots+x_{n-1}a_n^{n-1}=a_n^k.\end{cases}\tag{Ⅰ}$$

（Ⅰ）的系数行列式为 $V'(a_1,a_2,\cdots,a_n)\neq0$，所以适合（Ⅰ）的 $x_0,x_1,\cdots,x_{n-1}$ 存在. 因为 $f(A)$ 可由 A 的方幂线性表示，故可由 $E,A,A^2,\cdots,A^{n-1}$ 线性表示. 显然，$E,A,A^2,\cdots,A^{n-1}$ 线性无关，所以是 V 的一组基，故 $\dim W=n$.

【例 2.4】 设 $A\in P^{n\times n}$，令 $V=\{f(A)\mid f(x)\in P[x]\}$. 证明：可找到正整数 m，使 $E,A,A^2,\cdots,A^m$ 是 V 的一组基.

证 因 $P^{n\times n}$ 是有限维线性空间，所以向量组

$$E,A;E,A,A^2;E,A,A^2,A^3;\cdots$$

中必有一个线性相关. 设其中第 1 个线性相关的向量组为

$$E,A,A^2,\cdots,A^m,A^{m+1},$$

于是 $E,A,A^2,\cdots,A^m$ 线性无关，而 A^{m+1} 可由 $E,A,A^2,\cdots,A^m$ 线性表示，这样，$A^{m+2},\cdots,A^{m+k},\cdots$，显然都可由它们线性表示（严格些，可对 k 作数学归纳法）. 所以，V 中任何元素 $f(A)$ 均可由 $E,A,A^2,\cdots,A^m$ 线性表示，故 $E,A,A^2,\cdots,A^m$ 是 V 的一组基.

【例 2.5】 设 $A\in P^{n\times n}$，令 $V=\{f(A)\mid f(x)\in P[x]\}$. 若 $h(x)$ 是数域 P 上的首项系数为 1 的不可约多项式，且 $h(A)=0$. 证明：V 的维数等于 $h(x)$ 的次数.

证 首先，因 $h(A)=0$，且 $h(x)$ 在 P 上不可约，则 $h(x)$ 是最小多项式，事实上，若最小多项式为 $m_A(x)$，而 $\partial(m_A(x))<\partial(h(x))$，则有

$$m_A(x)\mid h(x).$$

于是存在 $q(x)\in P[x]$，使 $h(x)=m_A(x)q(x)$，其中，$\partial(m_A(x))\geqslant1,\partial q(m_A(x))\geqslant1$. 所以，$h(x)$ 在数域上 P 可约，得到矛盾. 故 $h(x)$ 是 A 的最小多项式.

现在，设 $\partial(h(x))=m$，且

$$h(x)=x^m+b_1x^{m-1}+\cdots+b_{m-1}x+b_m.$$

下证：$E,A,A^2,\cdots,A^{m-1}$ 是 V 中线性无关的向量. 事实上，若它们线性相关，则存在不全

为零的数 $l_0,l_1,\cdots,l_{m-1}$，使得

$$l_{m-1}\boldsymbol{A}^{m-1}+\cdots+l_1\boldsymbol{A}+l_0\boldsymbol{E}=\boldsymbol{0}.$$

令

$$\varphi(x)=l_{m-1}x^{m-1}+\cdots+l_1x+l_0,$$

则

$$\varphi(\boldsymbol{A})=0,$$

即 $\varphi(x)$是 $\boldsymbol{A}$ 的一个零化多项式，故

$$h(x)\mid\varphi(x).$$

但 $\partial(\varphi(x))=m-1<\partial(h(x))$，矛盾. 所以，$\boldsymbol{E},\boldsymbol{A},\boldsymbol{A}^2,\cdots,\boldsymbol{A}^{m-1}$线性无关.

下面证明：V 中任何元素都可用 $\boldsymbol{E},\boldsymbol{A},\boldsymbol{A}^2,\cdots,\boldsymbol{A}^{m-1}$线性表示.

对 $\forall f(\boldsymbol{A})\in V$，$f(x)\in P[x]$，

(1) 若 $\partial(f(x))<\partial(h(x))$，$f(x)$可设为

$$f(x)=a_1x^{m-1}+\cdots+a_{m-1}x+a_m,$$

这时

$$f(\boldsymbol{A})=a_1\boldsymbol{A}^{m-1}+\cdots+a_{m-1}\boldsymbol{A}+a_m\boldsymbol{E},$$

即 $f(\boldsymbol{A})$可用 $\boldsymbol{E},\boldsymbol{A},\boldsymbol{A}^2,\cdots,\boldsymbol{A}^{m-1}$线性表示.

(2) 若 $\partial(f(x))\geqslant\partial(h(x))$，用 $h(x)$去除 $f(x)$，得

$$f(x)=h(x)q(x)+r(x),$$

其中 $q(x),r(x)\in P[x]$.

若 $r(x)=0$，就有 $f(x)=h(x)q(x)$. 于是

$$f(\boldsymbol{A})=h(\boldsymbol{A})q(\boldsymbol{A})=0,$$

这时 $f(\boldsymbol{A})$当然可由 $\boldsymbol{E},\boldsymbol{A},\boldsymbol{A}^2,\cdots,\boldsymbol{A}^m$ 线性表示.

若 $r(x)\neq0$，这时 $\partial(r(x))<\partial(h(x))$，且有

$$f(\boldsymbol{A})=h(\boldsymbol{A})q(\boldsymbol{A})+r(\boldsymbol{A})=r(\boldsymbol{A}),$$

由(1)，$r(\boldsymbol{A})$可知，由 $\boldsymbol{E},\boldsymbol{A},\boldsymbol{A}^2,\cdots,\boldsymbol{A}^{m-1}$线性表示，从而 $f(\boldsymbol{A})$也可以.

综上所证，$\boldsymbol{E},\boldsymbol{A},\boldsymbol{A}^2,\cdots,\boldsymbol{A}^{m-1}$是 V 的一组基，故 V 的维数为 $h(x)$的次数 m.

【例 2.6】　设 $\boldsymbol{A}\in P^{n\times n}$，$R(\boldsymbol{A})=r$，$P^{n\times n}$的子空间

$$S(\boldsymbol{A})=\{\boldsymbol{B}\mid\boldsymbol{B}\in P^{n\times n},\boldsymbol{AB}=\boldsymbol{0}\}.$$

求 $\dim S(\boldsymbol{A})$.

解　因 $R(\boldsymbol{A})=r$，齐次线性方程 $\boldsymbol{AX}=\boldsymbol{0}$ 基础解系有 $n-r$ 个向量组成，设为 $\boldsymbol{\eta}_1,\boldsymbol{\eta}_2\cdots$，$\boldsymbol{\eta}_{n-r}$. 令

$$\boldsymbol{B}_{ij}=(\boldsymbol{0},\cdots,\boldsymbol{0},\overset{(j)}{\boldsymbol{\eta}_i},\boldsymbol{0},\cdots,\boldsymbol{0}),(i=1,2,\cdots,n-r;j=1,2,\cdots,n)$$

显然 $\boldsymbol{B}_{ij}\in S(\boldsymbol{A})$，且线性无关.

对 $\forall\boldsymbol{B}\in S(\boldsymbol{A})$，有 $\boldsymbol{AB}=\boldsymbol{0}$，故 $\boldsymbol{B}$ 的列向量是 $\boldsymbol{AX}=0$ 的解向量，所以，它的每个列都可由 $\eta_1,\eta_2\cdots,\eta_{n-r}$线性表示，从而 $\boldsymbol{B}$ 可由 $\boldsymbol{B}_{ij}(i=1,2,\cdots,n-r;j=1,2,\cdots,n)$线性表示.

所以，$\boldsymbol{B}_{ij}=(i=1,2,\cdots,n-r;j=1,2,\cdots,n)$是 $S(\boldsymbol{A})$的一组基，而其维数为 $n(n-r)$.

第三节　线性空间的子空间

1. 子空间、子空间的交与和

(1) 主要概念与结论

① 数域 P 上线性空间 V 的一个非空子集 W，叫作 V 的一个线性子空间，简称子空间，如果 W 关于 V 的两种运算也构成线性空间.

② 数域 P 上线性空间 V 的非空子集 W 是 V 的子空间的充分必要条件是 W 关于下述两种运算封闭，即有

a. $\forall \boldsymbol{\alpha},\boldsymbol{\beta}\in W$，都有 $\boldsymbol{\alpha}+\boldsymbol{\beta}=W$；

b. $\forall \boldsymbol{\alpha}\in W, k\in P$，都有 $k\boldsymbol{\alpha}\in W$.

③ 设 V_1 是 V 的子空间，若 $\dim V_1=\dim V$，则 $V_1=V$.

④ 有限维线性空间的子空间的一组基必可扩充为整个空间的基.

⑤ 设 $\boldsymbol{\alpha}_1,\boldsymbol{\alpha}_2,\cdots,\boldsymbol{\alpha}_s$ 是数域 P 上线性空间 V 中一组向量，子空间

$$L(\boldsymbol{\alpha}_1,\boldsymbol{\alpha}_2,\cdots,\boldsymbol{\alpha}_s)=\left\{\sum_{i=1}^{s}k_i\boldsymbol{\alpha}_i \mid k_i\in P\right\}$$

叫作由 $\boldsymbol{\alpha}_1,\boldsymbol{\alpha}_2,\cdots,\boldsymbol{\alpha}_s$ 生成的子空间，$\boldsymbol{\alpha}_1,\boldsymbol{\alpha}_2,\cdots,\boldsymbol{\alpha}_s$ 叫作它的一组生成元.

关于生成子空间有以下性质：

a. $\dim L(\boldsymbol{\alpha}_1,\boldsymbol{\alpha}_2,\cdots,\boldsymbol{\alpha}_s)=R(\boldsymbol{\alpha}_1,\boldsymbol{\alpha}_2,\cdots,\boldsymbol{\alpha}_s)$，而 $\boldsymbol{\alpha}_1,\boldsymbol{\alpha}_2,\cdots,\boldsymbol{\alpha}_s$ 的一个极大无关组是 $L(\boldsymbol{\alpha}_1,\boldsymbol{\alpha}_2,\cdots,\boldsymbol{\alpha}_s)$ 的一组基.

b. 若 $\boldsymbol{\alpha}_1,\boldsymbol{\alpha}_2,\cdots,\boldsymbol{\alpha}_n$ 是线性空间 V 的一组基，则 $V=L(\boldsymbol{\alpha}_1,\boldsymbol{\alpha}_2,\cdots,\boldsymbol{\alpha}_n)$.

c. $L(\boldsymbol{\alpha}_1,\boldsymbol{\alpha}_2,\cdots,\boldsymbol{\alpha}_s)=L(\boldsymbol{\beta}_1,\boldsymbol{\beta}_2,\cdots,\boldsymbol{\beta}_t)\Leftrightarrow\boldsymbol{\alpha}_1,\boldsymbol{\alpha}_2,\cdots,\boldsymbol{\alpha}_s$ 与 $\boldsymbol{\beta}_1,\boldsymbol{\beta}_2,\cdots,\boldsymbol{\beta}_t$ 等价.

⑥ 设 W_1,W_2 是线性空间 V 的两个子空间，则它们的交 $W_1\cap W_2=\{\boldsymbol{\alpha}\mid\boldsymbol{\alpha}\in W_1$ 且 $\boldsymbol{\alpha}\in W_2\}$ 是 V 的子空间.

⑦ 设 W_1,W_2 是线性空间 V 的两个子空间，V 的子集

$$W_1+W_2=\{\boldsymbol{\alpha}_1+\boldsymbol{\alpha}_2\mid\boldsymbol{\alpha}_1\in W_1,\boldsymbol{\alpha}_2\in W_2\}$$

叫作子空间 W_1 与 W_2 的和，它是 V 的一个子空间.

注：W_1 与 W_2 的和也可写成

$$W_1+W_2=\{\boldsymbol{\alpha}\in V\mid\boldsymbol{\alpha}=\boldsymbol{\alpha}_1+\boldsymbol{\alpha}_2,\boldsymbol{\alpha}_1\in W_1,\boldsymbol{\alpha}_2\in W_2\},$$

其中，$\boldsymbol{\alpha}=\boldsymbol{\alpha}_1+\boldsymbol{\alpha}_2,\boldsymbol{\alpha}_1\in W_1,\boldsymbol{\alpha}_2\in W_2$ 叫作 $\boldsymbol{\alpha}$ 关于子空间 W_1 与 W_2 的一个分解式.

⑧ (维数公式)设 W_1,W_2 是线性空间 V 的两个有限维子空间，则

$$\dim W_1+\dim W_2=\dim(W_1+W_2)+\dim(W_1\cap W_2).$$

⑨ 若线性空间 V 的两个子空间 W_1 与 W_2 的和 W_1+W_2 中每个向量的分解式都是唯一的，这个和就称为直和，记为 $W_1\oplus W_2$.

注：和与直和的概念可以推广到任意有限个子空间的情形.

⑩ 设 $W_1,W_2,\cdots,W_s$ 是 V 的子空间，则以下命题等价：

a. $W_1,W_2,\cdots,W_s$ 的和是直和；

b. 零向量的分解式唯一；

c. $W_i \cap \sum_{j\neq i} W_j = \{0\}$,(当 $s=2$ 时,$W_1 \cap W_2 = \{0\}$)；

d. $\dim(W_1+W_2+\cdots+W_s)=\sum_{i=1}^{s}\dim W_i$.

⑪ 设 W_1 与 W_2 是线性空间 V 的两个子空间,若 $V=W_1+W_2$,且 W_1+W_2 是直和,就称 V 是子空间 W_1 与 W_2 的直和,记为 $V=W_1\oplus W_2$.

⑫ 设 U 是有限维线性空间 V 的一个子空间,则一定存在子空间 W,使 $V=U\oplus W$,W 叫作空间 U 的一个余子空间.

注:一般余子空间不是唯一的.

⑬ 在 n 维向量空间 $\mathbf{R}^n$ 中,设向量组Ⅰ:$\left\{\begin{pmatrix}1\\k\\k^2\\\vdots\\k^{n-1}\end{pmatrix}\middle| k\in\mathbf{Z}\right\}$,向量组Ⅱ:$\left\{\begin{pmatrix}1\\k\\k^2\\\vdots\\k^{n-1}\end{pmatrix}\middle| k\in\mathbf{R}\right\}$,则向量组Ⅰ为含无穷多个向量的可数向量组,向量组Ⅱ为含无穷多个向量的不可数向量组.则有下列结论成立:

定理 1　向量组Ⅰ、Ⅱ中任意向量个数小于等于 n 的向量组必线性无关.

证　仅需对向量组Ⅱ中向量个数小于或等于 n 的向量组进行证明即可.

任取向量组Ⅱ中的 s 个向量($s\leqslant n$),再取该 s 个向量的前 s 个分量组成新的向量组,则对由这含 s 个分量的 s 个向量组成的矩阵的行列式,它一定不等于 0,从而知它们必线性无关,故原任取的 s 个向量组Ⅱ中的向量必线性无关.

定理 2　向量组Ⅰ、Ⅱ中任意向量个数大于 n 的向量组必线性相关.

定理 3　向量组Ⅰ、Ⅱ中任意 n 个向量必组成 $\mathbf{R}^n$ 的一组基.

定理 4　$\mathbf{R}^n$ 的任一真子空间至多含向量组Ⅱ中的 $n-1$ 个向量.

证　若 $\mathbf{R}^n$ 中的一真子空间 V 中含有多于 $n-1$ 个向量组Ⅱ中的向量,则 V 必含有Ⅱ中 n 个向量,这 n 个向量必线性无关且组成 V 的一组基,从而 V 与 $\mathbf{R}^n$ 含有相同的基,从而 $V=\mathbf{R}^n$,此与 V 为 $\mathbf{R}^n$ 的真子空间矛盾,故定理得证.

定理 5　$\mathbf{R}^n$ 不能被它的有限个真子空间所覆盖.

证　设 $V_1,V_2,\cdots,V_s$ 为 $\mathbf{R}^n$ 的 s 个真子空间,由定理 4,它们各至多含向量组Ⅱ中的 $n-1$ 个向量,即 $V_1,V_2,\cdots,V_s$ 至多覆盖向量组Ⅱ中的 $(n-1)\times s$ 个向量,即向量组Ⅱ不能被 $V_1,V_2,\cdots,V_s$ 这 s 个真子空间所覆盖,从而 $\mathbf{R}^n$ 不能被它的有限个真子空间所覆盖.

上述结论对一般数域 P 上的 n 维向量空间 P^n 亦成立.

设向量组Ⅲ:$\left\{\begin{pmatrix}1\\a\\a^2\\\vdots\\a^{n-1}\end{pmatrix}\middle| a\in P\right\}$,则有:

定理 6　向量组Ⅲ中任意向量个数小于等于 n 的向量组必线性无关.

定理 7 向量组Ⅲ中任意向量个数大于 n 的向量组必线性相关.

定理 8 向量组Ⅲ中任意 n 个向量均组成 P^n 的一组基.

定理 9 P^n 中的任一真子空间至多含向量组Ⅲ中的 $n-1$ 个向量.

定理 10 P^n 不能被它的有限个真子空间所覆盖.

上述结果一样可推广到一般的 n 维线性空间 V 上.

定理 11 设 V 为数域 P 上的 n 维线性空间,则 V 不能被它的有限个真子空间所覆盖.

证 取 V 的一组基,设为 $\boldsymbol{\varepsilon}_1,\boldsymbol{\varepsilon}_2,\cdots,\boldsymbol{\varepsilon}_n$,在此组基下,以向量组Ⅲ中的向量为坐标所对应的向量组设为向量组Ⅳ:$\{\boldsymbol{\alpha}_a \mid a\in P\}$,

即 $\boldsymbol{\alpha}_a$ 在基 $\boldsymbol{\varepsilon}_1,\boldsymbol{\varepsilon}_2,\cdots,\boldsymbol{\varepsilon}_n$ 下的坐标为 $\begin{pmatrix}1\\a\\a^2\\\vdots\\a^{n-1}\end{pmatrix}$.

由定理 4、定理 5,则 V 的任一真子空间至多含向量组Ⅳ中的 $n-1$ 个向量,故 V 的有限个真子空间至多覆盖向量组Ⅳ中的有限个向量(s 个真子空间至多覆盖 $(n-1)\times s$ 个向量组Ⅳ中的向量),即 V 不能被它的有限个真子空间所覆盖.

此定理的证明与传统的证明方法相比要简单明了得多,由此,亦可看出此类向量组在向量空间中有着非常重要的应用.

例 试证在几何空间中存在一有无穷多个向量的向量集合,使得该向量集中任三个不同向量均线性无关.

证 在几何空间中取向量集$\{(1,k,k^2)\mid k\in \mathbf{Z}\}$,则该向量集中任三个不同向量组成的向量组构成的三阶方阵的行列式的值,由范德蒙行列式知其一定不等于 0,故此三个向量必线性无关,从而所取的向量集即满足定理要求.

事实上,还可以得到此向量集中任一个或任两个向量组成的向量组也必线性无关,而任四个及四个以上向量组成的向量组必线性相关.

(2) 例题选讲

【例 3.1】 设 $\boldsymbol{\alpha}_1,\boldsymbol{\alpha}_2,\cdots,\boldsymbol{\alpha}_n$ 是 n 维线性空间 V 的一组基,$\boldsymbol{A}$ 是 $n\times s$ 矩阵,若

$$(\boldsymbol{\beta}_1,\boldsymbol{\beta}_2,\cdots,\boldsymbol{\beta}_s)=(\boldsymbol{\alpha}_1,\boldsymbol{\alpha}_2,\cdots,\boldsymbol{\alpha}_n)\boldsymbol{A},$$

证明:$L(\boldsymbol{\beta}_1,\boldsymbol{\beta}_2,\cdots,\boldsymbol{\beta}_s)$的维数等于 $\boldsymbol{A}$ 的秩.

证 因 $\boldsymbol{\alpha}_1,\boldsymbol{\alpha}_2,\cdots,\boldsymbol{\alpha}_n$ 是 V 的一组基,于是 $\boldsymbol{\beta}_i$ 在基 $\boldsymbol{\alpha}_1,\boldsymbol{\alpha}_2,\cdots,\boldsymbol{\alpha}_n$ 下的坐标即为 $\boldsymbol{A}$ 的第 i 列,$i=1,2,\cdots,s$. 在取定基后,向量与其坐标的对应是 V 与 P^n 间的同构对应. 由同构映射保持线性相关性的性质,$\boldsymbol{\beta}_1,\boldsymbol{\beta}_2,\cdots,\boldsymbol{\beta}_s$ 这个向量组与它们在这个同构映射下的象——$\boldsymbol{A}$ 的列向量组有完全相同的线性相关性. 所以

$$R(\boldsymbol{\beta}_1,\boldsymbol{\beta}_2,\cdots,\boldsymbol{\beta}_s)=R(\boldsymbol{A}).$$

于是,$L(\boldsymbol{\beta}_1,\boldsymbol{\beta}_2,\cdots,\boldsymbol{\beta}_s)$的维数$=R(\boldsymbol{A})$.

【例 3.2】 设 $\boldsymbol{\varepsilon}_1,\boldsymbol{\varepsilon}_2,\cdots,\boldsymbol{\varepsilon}_n$ 与 $\boldsymbol{\eta}_1,\boldsymbol{\eta}_2,\cdots,\boldsymbol{\eta}_n$ 是 n 维线性空间 V 的两组基,证明:

(1) 关于这两组基的坐标相同的全体向量的集合 V_1 是 V 的子空间;

(2) 如果向量组 $\boldsymbol{\varepsilon}_1-\boldsymbol{\eta}_1,\boldsymbol{\varepsilon}_2-\boldsymbol{\eta}_2,\cdots,\boldsymbol{\varepsilon}_n-\boldsymbol{\eta}_n$ 的秩为 r,则

$$\dim V_1=n-r.$$

证　(1) 显然零向量关于这两组基的坐标都是$(0,0,\cdots,0)$，于是$\mathbf{0}\in V_1$，故V_1是V的非空子集. $\forall\boldsymbol{\alpha},\boldsymbol{\beta}\in V_1$，于是可设

$$\boldsymbol{\alpha}=(\boldsymbol{\varepsilon}_1,\boldsymbol{\varepsilon}_2,\cdots,\boldsymbol{\varepsilon}_n)\begin{pmatrix}x_1\\x_2\\\vdots\\x_n\end{pmatrix}=(\boldsymbol{\eta}_1,\boldsymbol{\eta}_2,\cdots,\boldsymbol{\eta}_n)\begin{pmatrix}x_1\\x_2\\\vdots\\x_n\end{pmatrix},$$

$$\boldsymbol{\beta}=(\boldsymbol{\varepsilon}_1,\boldsymbol{\varepsilon}_2,\cdots,\boldsymbol{\varepsilon}_n)\begin{pmatrix}y_1\\y_2\\\vdots\\y_n\end{pmatrix}=(\boldsymbol{\eta}_1,\boldsymbol{\eta}_2,\cdots,\boldsymbol{\eta}_n)\begin{pmatrix}y_1\\y_2\\\vdots\\y_n\end{pmatrix},$$

所以

$$\boldsymbol{\alpha}+\boldsymbol{\beta}=(\boldsymbol{\varepsilon}_1,\boldsymbol{\varepsilon}_2,\cdots,\boldsymbol{\varepsilon}_n)\begin{pmatrix}x_1+y_1\\x_2+y_2\\\vdots\\x_n+y_n\end{pmatrix}=(\boldsymbol{\eta}_1,\boldsymbol{\eta}_2,\cdots,\boldsymbol{\eta}_n)\begin{pmatrix}x_1+y_1\\x_2+y_2\\\vdots\\x_n+y_n\end{pmatrix}.$$

故$\boldsymbol{\alpha}+\boldsymbol{\beta}\in V_1$. 又任取$k\in P$，显然

$$k\boldsymbol{\alpha}=(\boldsymbol{\varepsilon}_1,\boldsymbol{\varepsilon}_2,\cdots,\boldsymbol{\varepsilon}_n)\begin{pmatrix}kx_1\\kx_2\\\vdots\\kx_n\end{pmatrix}=(\boldsymbol{\eta}_1,\boldsymbol{\eta}_2,\cdots,\boldsymbol{\eta}_n)\begin{pmatrix}kx_1\\kx_2\\\vdots\\kx_n\end{pmatrix},$$

所以$k\boldsymbol{\alpha}\in V_1$，由子空间定义知，$V_1$是$V$的子空间.

(2)向量组$\boldsymbol{\varepsilon}_1-\boldsymbol{\eta}_1,\boldsymbol{\varepsilon}_2-\boldsymbol{\eta}_2,\cdots,\boldsymbol{\varepsilon}_n-\boldsymbol{\eta}_n$可用基$\boldsymbol{\varepsilon}_1,\boldsymbol{\varepsilon}_2,\cdots,\boldsymbol{\varepsilon}_n$线性表示，设为

$$(\boldsymbol{\varepsilon}_1-\boldsymbol{\eta}_1,\boldsymbol{\varepsilon}_2-\boldsymbol{\eta}_2,\cdots,\boldsymbol{\varepsilon}_n-\boldsymbol{\eta}_n)=(\boldsymbol{\varepsilon}_1,\boldsymbol{\varepsilon}_2,\cdots,\boldsymbol{\varepsilon}_n)\mathbf{A}.\tag{$*$}$$

因向量组$\boldsymbol{\varepsilon}_1-\boldsymbol{\eta}_1,\boldsymbol{\varepsilon}_2-\boldsymbol{\eta}_2,\cdots,\boldsymbol{\varepsilon}_n-\boldsymbol{\eta}_n$的秩为$r$，由前例，$R(\mathbf{A})=r$.

$\forall\boldsymbol{\alpha}\in V_1$，设$\boldsymbol{\alpha}$在基$\boldsymbol{\varepsilon}_1,\boldsymbol{\varepsilon}_2,\cdots,\boldsymbol{\varepsilon}_n$下的坐标为$(x_1,x_2,\cdots,x_n)$，则有

$$\boldsymbol{\alpha}=(\boldsymbol{\varepsilon}_1,\boldsymbol{\varepsilon}_2,\cdots,\boldsymbol{\varepsilon}_n)\begin{pmatrix}x_1\\x_2\\\vdots\\x_n\end{pmatrix}=(\boldsymbol{\eta}_1,\boldsymbol{\eta}_2,\cdots,\boldsymbol{\eta}_n)\begin{pmatrix}x_1\\x_2\\\vdots\\x_n\end{pmatrix},$$

于是

$$(\boldsymbol{\varepsilon}_1-\boldsymbol{\eta}_1,\boldsymbol{\varepsilon}_2-\boldsymbol{\eta}_2,\cdots,\boldsymbol{\varepsilon}_n-\boldsymbol{\eta}_n)\begin{pmatrix}x_1\\x_2\\\vdots\\x_n\end{pmatrix}=\mathbf{0}.$$

由$(*)$，有

$$(\boldsymbol{\varepsilon}_1,\boldsymbol{\varepsilon}_2,\cdots,\boldsymbol{\varepsilon}_n)\left(\mathbf{A}\begin{pmatrix}x_1\\x_2\\\vdots\\x_n\end{pmatrix}\right)=\mathbf{0}.$$

由此可得

$$\boldsymbol{A}\begin{pmatrix}x_1\\x_2\\\vdots\\x_n\end{pmatrix}=\boldsymbol{0}.$$

以上每步均可逆推. 所以,$\boldsymbol{\alpha}\in V_1$,当且仅当 $\boldsymbol{\alpha}$ 的坐标是 $\boldsymbol{AX}=\boldsymbol{0}$ 的解. 故 V_1 中向量的坐标恰好组成 $\boldsymbol{AX}=\boldsymbol{0}$ 的解空间. 因向量与坐标的对应是同构对应,所以

$$\dim V_1=n-R(\boldsymbol{A})=n-r.$$

【例 3.3】 设 W 是 $\mathbf{R}^n$ 的一个非零子空间,而对于 W 的每一个向量$(a_1,a_2,\cdots,a_n)$,要么$(a_1=a_2=\cdots=a_n=0)$,要么每一个 a_i 都不等于零. 证明:$\dim V=1$.

证 因 $W\neq\{\boldsymbol{0}\}$,所以 $\boldsymbol{\alpha}\in W$,而 $\boldsymbol{\alpha}\neq 0$. 设 $\boldsymbol{\alpha}=(a_1,a_2,\cdots,a_n)$,于是 a_i 均不为 0.

$\forall\boldsymbol{\beta}\in W$,若 $\boldsymbol{\beta}=\boldsymbol{0}$,$\boldsymbol{\beta}$ 当然可由 $\boldsymbol{\alpha}$ 线性表示. 若 $\boldsymbol{\beta}\neq 0$,设 $\boldsymbol{\beta}=(b_1,b_2,\cdots,b_n)$,则 b_i 均不为零. 因 W 是子空间,所以 $\boldsymbol{\beta}-\dfrac{b_1}{a_1}\boldsymbol{\alpha}\in W$.

因

$$\begin{aligned}\boldsymbol{\beta}-\frac{b_1}{a_1}\boldsymbol{\alpha}&=(b_1,b_2,\cdots,b_n)-\frac{b_1}{a_1}(a_1,a_2,\cdots,a_n)\\&=\left(0,b_2-\frac{b_1}{a_1}a_2,\cdots,b_n-\frac{b_1}{a_1}a_n\right),\end{aligned}$$

由其第一个分量为零,所以

$$b_i-\frac{b_1}{a_1}a_i=0,\quad i=2,\cdots,n.$$

于是

$$\boldsymbol{\beta}-\frac{b_1}{a_1}\boldsymbol{\alpha}=\boldsymbol{0}\text{ 或 }\boldsymbol{\beta}=\frac{b_1}{a_1}\boldsymbol{\alpha}$$

故 $\boldsymbol{\alpha}$ 是 W 的一组基,且 $\dim W=1$.

【例 3.4】 设 V 为 $n(>1)$维线性空间. 证明:V 的 r 维子空间有无穷多个,其中 $1<r<n$.

证 设 $\boldsymbol{\alpha}_1,\boldsymbol{\alpha}_2,\cdots,\boldsymbol{\alpha}_n$ 为 V 的一组基,易证:$\boldsymbol{\alpha}_1,\boldsymbol{\alpha}_2,\cdots,\boldsymbol{\alpha}_{r-1},\boldsymbol{\beta}_k=\boldsymbol{\alpha}_r+k\boldsymbol{\alpha}_n$ 线性无关,于是 $L(\boldsymbol{\alpha}_1,\boldsymbol{\alpha}_2,\cdots,\boldsymbol{\alpha}_{k-1},\boldsymbol{\beta}_k)$是 V 的 r 维子空间.

下证:$k\neq s$ 时,$L(\boldsymbol{\alpha}_1,\boldsymbol{\alpha}_2,\cdots,\boldsymbol{\alpha}_{k-1},\boldsymbol{\beta}_k)\neq L(\boldsymbol{\alpha}_1,\boldsymbol{\alpha}_2,\cdots,\boldsymbol{\alpha}_{k-1},\boldsymbol{\beta}_s)$. 实事上,$\boldsymbol{\beta}_s$ 不能由 $\boldsymbol{\alpha}_1$,$\boldsymbol{\alpha}_2,\cdots,\boldsymbol{\alpha}_{k-1},\boldsymbol{\beta}_k$ 线性表示,因为若有

$$\boldsymbol{\beta}_s=l_1\boldsymbol{\alpha}_1+\cdots+l_{r-1}\boldsymbol{\alpha}_{r-1}+l\boldsymbol{\beta}_k,$$

则

$$\boldsymbol{\alpha}_r+s\boldsymbol{\alpha}_n=l_1\boldsymbol{\alpha}_1+\cdots+l_{r-1}\boldsymbol{\alpha}_{r-1}+l(\boldsymbol{\alpha}_r+k\boldsymbol{\alpha}_n),$$

整理得

$$l_1\boldsymbol{\alpha}_1+\cdots+l_{r-1}\boldsymbol{\alpha}_{r-1}+(l-1)\boldsymbol{\alpha}_r+(kl-s)\boldsymbol{\alpha}_n=\boldsymbol{0}.$$

因 $\boldsymbol{\alpha}_1,\boldsymbol{\alpha}_2,\cdots,\boldsymbol{\alpha}_{r-1},\boldsymbol{\alpha}_r,\boldsymbol{\alpha}_n$ 线性无关,得 $l-1=0,kl-s=0$. 由此得 $k=s$,与 $k\neq s$ 矛盾.
所以

$$L(\boldsymbol{\alpha}_1,\boldsymbol{\alpha}_2,\cdots,\boldsymbol{\alpha}_{k-1},\boldsymbol{\beta}_k)\neq L(\boldsymbol{\alpha}_1,\boldsymbol{\alpha}_2,\cdots,\boldsymbol{\alpha}_{k-1},\boldsymbol{\beta}_s),$$

由 k 的任意性, r 维子空间 $L(\boldsymbol{\alpha}_1,\boldsymbol{\alpha}_2,\cdots,\boldsymbol{\alpha}_{k-1},\boldsymbol{\beta}_k)$ 有无穷多个.

【例 3.5】 设 W_1,W_2 是数域 P 上线性空间 V 的两个非平凡子空间. 证明:在 V 中存在向量 $\boldsymbol{\xi}$,使 $\boldsymbol{\xi}\notin W_1,\boldsymbol{\xi}\notin W_2$ 同时成立.

证 因 W_1,W_2 都是非平凡的子空间,所以, $\exists\boldsymbol{\xi},\boldsymbol{\eta}\in V,\boldsymbol{\xi}\notin W_1,\boldsymbol{\eta}\notin W_2$. 若 $\boldsymbol{\xi}\notin W_2$, $\boldsymbol{\xi}$ 即为所求. 若 $\boldsymbol{\xi}\in W_2$,对任意 $k\in P$,必有 $\boldsymbol{\eta}+k\boldsymbol{\xi}\notin W_2$. 这是易知的. 其实,若 $\boldsymbol{\eta}+k\boldsymbol{\xi}\in W_2$,由 $\boldsymbol{\xi}\in W_2$,将推得 $\boldsymbol{\eta}\in W_2$,与 $\boldsymbol{\eta}\notin W_2$ 的假设矛盾. 另外,最多只有一个 $k\in P$,使 $\boldsymbol{\eta}+k\boldsymbol{\xi}\in W_1$. 其实,若有 $k_1,k_2\in P$,且 $k_1\neq k_2$,使 $\boldsymbol{\eta}+k_1\boldsymbol{\xi}\in W_1,\boldsymbol{\eta}+k_2\boldsymbol{\xi}\in W_1$,则

$$(\boldsymbol{\eta}+k_1\boldsymbol{\xi})-(\boldsymbol{\eta}+k_2\boldsymbol{\xi})=(k_1+k_2)\boldsymbol{\xi}\in W_1,$$

因 $k_1-k_2\neq 0$,得 $\boldsymbol{\xi}\in W_1$,与 $\boldsymbol{\xi}\notin W_1$ 的假设矛盾.

由此可知,必有 k_1,使 $\boldsymbol{\eta}+k_1\boldsymbol{\xi}\in W_1$,对这个 k_1, $\boldsymbol{\eta}+k_1\boldsymbol{\xi}\in W_2$. 故 $\boldsymbol{\eta}+k_1\boldsymbol{\xi}$ 即为所求的向量.

【例 3.6】 设 $W_1,W_2,\cdots,W_r$ 是数域 P 上线性空间 V 的子空间,且都是非平凡的. 证明:存在一个向量 $\boldsymbol{\xi}\in V$,使得

$$\boldsymbol{\xi}\notin W_i,\qquad i=1,2,\cdots,r.$$

证 对 r 作数学归纳法.

$r=1$ 时,结论已成立(例 3.5). 归纳假定 $r-1$ 时,结论成立. 下证 r 时结论也成立. 由归纳假设,存在 $\boldsymbol{\xi}\in V$,有

$$\boldsymbol{\xi}\notin W_i,\qquad i=1,2,\cdots,r-1.$$

若 $\boldsymbol{\xi}\notin W_r$,结论已成立;若 $\boldsymbol{\xi}\in W_r$,与例 3.5 所证类似,最多有 $k_1,k_2,\cdots,k_{r-1}$,使

$$\boldsymbol{\beta}+k_i\boldsymbol{\xi}\in W_i\qquad i=1,2,\cdots,r-1$$

其中 $\boldsymbol{\beta}\in V$,而 $\boldsymbol{\beta}\notin W_r$. 取 $k\neq k_i,i=1,2,\cdots,r-1$,则 $\boldsymbol{\beta}+k\boldsymbol{\xi}\notin W_i,i=1,2,\cdots,r-1$,且 $\boldsymbol{\beta}+k\boldsymbol{\xi}\notin W_r$,所以, $\boldsymbol{\beta}+k\boldsymbol{\xi}$ 即为所求的向量. 归纳法完成.

【例 3.7】 设 $W_1,W_2,\cdots,W_s$ 是 n 维线性空间 V 的 s 个非平凡子空间,则在 V 中存在一组基 $\boldsymbol{\xi}_1,\boldsymbol{\xi}_2,\cdots,\boldsymbol{\xi}_n$,使得每个 $\boldsymbol{\xi}_i(i=1,2,\cdots,n)$ 均不属于任何子空间 $W_j(j=1,2,\cdots,s)$.

证 由前例,在 V 中存在 $\boldsymbol{\xi}_1,\boldsymbol{\xi}_1\notin W_i(i=1,2,\cdots,s)$. 令 $V_1=L(\boldsymbol{\xi}_1)$,则 V_1 是 V 的一个非平凡子空间. 对于 $W_1,W_2,\cdots,W_s,V_1$,由前面的例子讨论知,在 V 中存在 $\boldsymbol{\xi}_2,\boldsymbol{\xi}_2\notin W_i(i=1,2,\cdots,s)$ 且 $\boldsymbol{\xi}_2\notin V_1$. 显然 $\boldsymbol{\xi}_1,\boldsymbol{\xi}_2$ 线性无关. 令 $V_2=L(\boldsymbol{\xi}_1,\boldsymbol{\xi}_2)$,则 V_2 是 V 的一个非平凡子空间. 同样存在 $\boldsymbol{\xi}_3\in V_2$,有 $\boldsymbol{\xi}_3\notin W_i(i=1,2,\cdots,s),\boldsymbol{\xi}_3\notin V_2$,故 $\boldsymbol{\xi}_1,\boldsymbol{\xi}_2,\boldsymbol{\xi}_3$ 线性无关,这样进行下去,在 V 中存在 $\boldsymbol{\xi}_n,\boldsymbol{\xi}_n\notin W(i=1,2,\cdots,s),\boldsymbol{\xi}_n\notin V_j(j=1,2,\cdots,n-1)$. 故 $\boldsymbol{\xi}_1,\boldsymbol{\xi}_2,\cdots,\boldsymbol{\xi}_n$ 线性无关,从而是 V 的一组基,且 $\boldsymbol{\xi}_1,\boldsymbol{\xi}_2,\cdots,\boldsymbol{\xi}_n$ 均不属于 $W_i(i=1,2,\cdots,s)$.

注:前两题显然用⑬中的方法更简洁.

【例 3.8】 设 $\boldsymbol{\alpha}_1,\boldsymbol{\alpha}_2,\cdots,\boldsymbol{\alpha}_s$ 与 $\boldsymbol{\beta}_1,\boldsymbol{\beta}_2,\cdots,\boldsymbol{\beta}_t$ 是两组 n 维列向量,证明:若这两个向量组都线性无关,则空间

$$L(\boldsymbol{\alpha}_1,\boldsymbol{\alpha}_2,\cdots,\boldsymbol{\alpha}_s)\cap L(\boldsymbol{\beta}_1,\boldsymbol{\beta}_2,\cdots,\boldsymbol{\beta}_t)$$

的维数等于齐次线性方程组

$$\boldsymbol{\alpha}_1x_1+\cdots+\boldsymbol{\alpha}_sx_s+\boldsymbol{\beta}_1y_1+\cdots+\boldsymbol{\beta}_ty_t=\mathbf{0}\qquad(\text{I})$$

的解空间的维数.

证 令

$$V_1=L(\boldsymbol{\alpha}_1,\cdots,\boldsymbol{\alpha}_s),V_2=L(\boldsymbol{\beta}_1,\cdots,\boldsymbol{\beta}_t),$$

由已知，$\dim V_1=s,\dim V_2=t$，令 $\boldsymbol{A}=(\boldsymbol{\alpha}_1,\cdots,\boldsymbol{\alpha}_s,\boldsymbol{\beta}_1,\cdots,\boldsymbol{\beta}_t)$，显然 $\boldsymbol{A}$ 是齐次线性方程组(Ⅰ)的系数矩阵.

因

$$V_1+V_2=L(\boldsymbol{\alpha}_1,\cdots,\boldsymbol{\alpha}_s,\boldsymbol{\beta}_1,\cdots,\boldsymbol{\beta}_t),$$

所以

$$\begin{aligned}\dim(V_1+V_2)&=\dim L(\boldsymbol{\alpha}_1,\cdots,\boldsymbol{\alpha}_s,\boldsymbol{\beta}_1,\cdots,\boldsymbol{\beta}_t)\\&=R(\boldsymbol{\alpha}_1,\cdots,\boldsymbol{\alpha}_s,\boldsymbol{\beta}_1,\cdots,\boldsymbol{\beta}_t)\\&=R(\boldsymbol{A}).\end{aligned}$$

由维数公式知，

$$\dim(V_1\cap V_2)=s+t-\dim(V_1+V_2)=s+t-R(\boldsymbol{A}),$$

而 $s+t-R(\boldsymbol{A})$ 为齐次线性方程组(Ⅰ)解空间的维数，结论得证.

【例 3.9】 设 V_1,V_2,V_3 是 n 维数性空间 V 的子空间，且 $V_1\subseteq V_3$，则

$$V_1+(V_2\cap V_3)=(V_1+V_2)\cap V_3.$$

证 因 $V_1\subseteq V_3$ 及 $V_1\subseteq V_1+V_2$，于是

$$V_1\subseteq(V_1+V_2)\cap V_3 \tag{Ⅰ}$$

又 $V_2\cap V_3\subseteq V_2\subseteq V_1+V_2$ 及 $V_2\cap V_3\subseteq V$，于是

$$V_2\cap V_3\subseteq(V_1+V_2)\cap V_3. \tag{Ⅱ}$$

由(Ⅰ)与(Ⅱ)得

$$V_1+(V_2\cap V_3)\subseteq(V_1+V_2)\cap V_3.$$

要证明 $V_1+(V_2\cap V_3)\subseteq(V_1+V_2)\cap V_3$，只要证明它们的维数相等. 由维数公式

$$\begin{aligned}&\dim(V_1+(V_2\cap V_3))\\&=\dim V_1+\dim(V_2\cap V_3)-\dim(V_1\cap(V_2\cap V_3))\\&=\dim V_1+\dim(V_2\cap V_3)-\dim(V_1\cap V_2)\dim((V_1+V_2)\cap V_3)\\&=\dim(V_1+V_2)+\dim V_3-\dim((V_1+V_2)+V_3)\\&=\dim V_1+\dim V_2+\dim V_3-\dim(V_1\cap V_2)-\dim(V_2+V_3)\\&=\dim V_1+\dim(V_2+V_3)-\dim(V_1\cap V_2),\end{aligned}$$

所以

$$\dim(V_1+(V_2\cap V_3))=\dim((V_1+V_2)\cap V_3).$$

因此

$$V_1+(V_2\cap V_3)=(V_1+V_2)\cap V_3.$$

【例 3.10】 若 n 维线性空间的两个子空间的和的维数减 1 等于它们交的维数. 试证：它们的和与其中一个子空间相等，它们的交与另一个空间相等.

证 设 V_1 与 V_2 是 n 维线性空间 V 的两个子空间，且

$$\dim(V_1+V_2)-1=\dim(V_1\cap V_2),$$

于是

$$\dim(V_1+V_2)=\dim(V_1\cap V_2)+1,$$

因 $V_1\subseteq V_1+V_2$，故

$$\dim V_1\leqslant\dim(V_1+V_2).$$

(1) 若 $\dim V_1=\dim(V_1+V_2)$，则有 $V_1=V_1+V_2$，且由维数公式有

$$\begin{aligned}\dim V_1+\dim V_2 &=\dim(V_1+V_2)+\dim(V_1\cap V_2)\\&=\dim V_1+\dim(V_1\cap V_2),\end{aligned}$$

于是得

$$\dim V_2=\dim(V_1+V_2).$$

所以

$$V_2=V_1\cap V_2,$$

(2) 若 $\dim V_1<\dim(V_1+V_2)$,这时,

$$\dim V_1+1\leqslant\dim(V_1+V_2)=\dim(V_1\cap V_2)+1,$$

于是

$$\dim V_1\leqslant\dim(V_1\cap V_2).$$

但

$$\dim V_1\geqslant\dim(V_1\cap V_2),$$

所以

$$\dim V_1=\dim(V_1\cap V_2).$$

故

$$V_1=V_1\cap V_2.$$

由维数公式,得

$$\dim V_1+\dim V_2=\dim(V_1+V_2)+\dim V_1.$$

于是有

$$\dim V_2=\dim(V_1+V_2),$$

所以

$$V_2=V_1+V_2.$$

2. 求和空间与交空间的方法

命题 1 线性空间 V 的子空间 $V_1=L(\boldsymbol{\alpha}_1,\cdots,\boldsymbol{\alpha}_t)$ 与 $V_2=L(\boldsymbol{\beta}_1,\cdots,\boldsymbol{\beta}_t)$之和 $V_1+V_2=L(\boldsymbol{\alpha}_1,\cdots,\boldsymbol{\alpha}_t,\boldsymbol{\beta}_1,\cdots,\boldsymbol{\beta}_t)$.

命题 2 设 P^n 的两个子空间 $V_1=L(\boldsymbol{\alpha}_1,\cdots,\boldsymbol{\alpha}_t)$,$V_2=L(\boldsymbol{\beta},\cdots,\boldsymbol{\beta}_t)$为 P^n 中两组线性无关的向量组,则 $\dim(V_1\cap V_2)$等于齐次方程组

$$(\boldsymbol{\alpha}_1,\cdots,\boldsymbol{\alpha}_t,\boldsymbol{\beta}_1,\cdots,\boldsymbol{\beta}_t)\begin{pmatrix}x_1\\\vdots\\x_s\\y_1\\\vdots\\y_t\end{pmatrix}=\begin{pmatrix}\mathbf{0}\\\vdots\\\mathbf{0}\end{pmatrix}\tag{Ⅰ}$$

的解空间的维数.

证 因 $\dim(V_1\cap V_2)=\dim V_1+\dim V_2-\dim(V_1+V_2)=s+t-R(\boldsymbol{\alpha}_1\cdots\boldsymbol{\alpha}_s,\boldsymbol{\beta}_1,\cdots,\boldsymbol{\beta}_t)$,此即齐次方程组(Ⅰ)基础解系中所含向量的个数,即是其解空间的维数.

命题 3 如命题 2,设 $\boldsymbol{\eta}_i=(x_{i1},\cdots,x_{is},y_{i1},\cdots,y_{it})'=(\boldsymbol{X}_i,\boldsymbol{Y}_i)'(i=1,\cdots,m)$为方程组(Ⅰ)的基础解系,令 $\boldsymbol{\gamma}_i=x_{i1}\boldsymbol{\alpha}_1+x_{i2}\boldsymbol{\alpha}_2+\cdots+x_{is}\boldsymbol{\alpha}_s=-(y_{i1}\boldsymbol{\beta}_1+y_{i2}\boldsymbol{\beta}_2+\cdots+y_{it}\boldsymbol{\beta}_t)$,则

$$L(\boldsymbol{\gamma}_1,\boldsymbol{\gamma}_2,\cdots,\boldsymbol{\gamma}_m)=L(\boldsymbol{\alpha}_1,\cdots,\boldsymbol{\alpha}_s)\cap L(\boldsymbol{\beta}_1,\cdots,\boldsymbol{\beta}_t).$$

证 首先 $\boldsymbol{\gamma}_i\in L(\boldsymbol{\alpha}_1,\cdots,\boldsymbol{\alpha}_s)\cap L(\boldsymbol{\beta}_1,\cdots,\boldsymbol{\beta}_t)$，
其次，$\forall\boldsymbol{\gamma}\in L(\boldsymbol{\alpha}_1,\cdots,\boldsymbol{\alpha}_s)\cap L(\boldsymbol{\beta}_1,\cdots,\boldsymbol{\beta}_t)$有，

$$\boldsymbol{\gamma}=c_1\boldsymbol{\alpha}_1+\cdots+c_s\boldsymbol{\alpha}_s=d_1\boldsymbol{\beta}_1+\cdots+d_t\boldsymbol{\beta}_t,$$

$$c_1\boldsymbol{\alpha}_1+\cdots+c_s\boldsymbol{\alpha}_s-d_1\boldsymbol{\beta}_1-\cdots-d_t\boldsymbol{\beta}_t=\mathbf{0}.$$

即 $\boldsymbol{\xi}=(c_1,\cdots,c_s,-d_1,\cdots,-d_t)'$为齐次方程解(Ⅰ)的解.

因此，$\boldsymbol{\xi}$ 可由基础解系线性表示，不妨设 $\boldsymbol{\xi}=k_1\boldsymbol{\eta}_1+\cdots+k_m\boldsymbol{\eta}_m$，即有

$$\begin{pmatrix}c_1\\c_2\\\vdots\\c_s\end{pmatrix}=(\boldsymbol{X}_1,\boldsymbol{X}_2,\cdots,\boldsymbol{X}_m)\begin{pmatrix}k_1\\k_2\\\vdots\\k_m\end{pmatrix},$$

因此，

$$\begin{aligned}\boldsymbol{\gamma}&=(\boldsymbol{\alpha}_1,\boldsymbol{\alpha}_2,\cdots,\boldsymbol{\alpha}_s)\begin{pmatrix}c_1\\c_2\\\vdots\\c_s\end{pmatrix}\\&=(\boldsymbol{\alpha}_1,\boldsymbol{\alpha}_2,\cdots,\boldsymbol{\alpha}_s)(\boldsymbol{X}_1,\boldsymbol{X}_2,\cdots,\boldsymbol{X}_m)\begin{pmatrix}k_1\\k_2\\\vdots\\k_m\end{pmatrix}=(\boldsymbol{\gamma}_1,\boldsymbol{\gamma}_2,\cdots,\boldsymbol{\gamma}_m)\begin{pmatrix}k_1\\k_2\\\vdots\\k_m\end{pmatrix},\end{aligned}$$

故 $\boldsymbol{\gamma}\in L(\boldsymbol{\gamma}_1,\boldsymbol{\gamma}_2,\cdots,\boldsymbol{\gamma}_m)$，所以，$\boldsymbol{\gamma}\in L(\boldsymbol{\gamma}_1,\boldsymbol{\gamma}_2,\cdots,\boldsymbol{\gamma}_m)=L(\boldsymbol{\alpha}_1,\cdots,\boldsymbol{\alpha}_s)\cap L(\boldsymbol{\beta}_1,\cdots,\boldsymbol{\beta}_t)$，$\boldsymbol{\gamma}_1,\cdots,\boldsymbol{\gamma}_m$ 线性无关(因为交的维数为 m).

当然，亦可直接证明 $\boldsymbol{\gamma}_1,\boldsymbol{\gamma}_2,\cdots,\boldsymbol{\gamma}_m$ 线性无关.

即若$\sum\limits_{i=1}^{m}k_i\boldsymbol{\gamma}_i=\mathbf{0}$，

$$\begin{aligned}\sum_{i=1}^{m}k_i\boldsymbol{\gamma}_i&=\left(\sum_{i=1}^{m}k_ix_{i1}\right)\boldsymbol{\alpha}_1+\cdots+\left(\sum_{i=1}^{m}k_ix_{is}\right)\boldsymbol{\alpha}_s\\&=\left(-\sum_{i=1}^{m}k_iy_{i1}\right)\boldsymbol{\beta}_1+\cdots+\left(-\sum_{i=1}^{m}k_iy_{it}\right)\boldsymbol{\beta}_t\\&=\mathbf{0},\end{aligned}$$

有 $\sum\limits_{i=1}^{m}k_ix_{i1}=0,\cdots,\sum\limits_{i=1}^{m}k_ix_{is}=0,\sum\limits_{i=1}^{m}k_iy_{i1}=0,\cdots,\sum\limits_{i=1}^{m}k_ix_{it}=0.$

此即 $k_1\boldsymbol{\eta}_1+k_2\boldsymbol{\eta}_2+\cdots+k_m\boldsymbol{\eta}_m=\mathbf{0}$.

因为 $\boldsymbol{\eta}_1,\cdots,\boldsymbol{\eta}_m$ 为(Ⅰ)的基础解系，所以 $k_1=k_2=\cdots=k_m=0$，故 $\boldsymbol{\gamma}_1,\boldsymbol{\gamma}_2,\cdots,\boldsymbol{\gamma}_m$ 线性无关.

注：若求一般线性空间 V 的子空间 V_1 与 V_2 的交，须取定基底，找生成元的坐标，将问题转化到 P^n 中去.

3. 商空间(剩余类空间)

设 W 是数域 P 上线性空间 V 的子空间，$\forall\boldsymbol{\alpha}\in V$，令

$$\overline{\boldsymbol{\alpha}}=\boldsymbol{\alpha}+W=\{\boldsymbol{\alpha}+\boldsymbol{\beta}|,\boldsymbol{\beta}\in W,\boldsymbol{\alpha}\in V\}$$
$$V/W=\overline{V}=\{\overline{\boldsymbol{\alpha}}|\boldsymbol{\alpha}\in V\}$$

事实上，若 $\overline{\boldsymbol{\alpha}}=\overline{\boldsymbol{\eta}}$，$\boldsymbol{\alpha}+W=\boldsymbol{\eta}+W$，存在 $\boldsymbol{\gamma}\in W$，使 $\boldsymbol{\alpha}=\boldsymbol{\eta}+\boldsymbol{\gamma}$，故 $\boldsymbol{\alpha}-\boldsymbol{\eta}=\boldsymbol{\gamma}\in\boldsymbol{\gamma}\in W$.

反之，$\boldsymbol{\alpha}-\boldsymbol{\eta}\in W$，设 $\boldsymbol{\alpha}-\boldsymbol{\eta}=\boldsymbol{\gamma}$，任取 $\boldsymbol{\alpha}_1\in\overline{\boldsymbol{\alpha}}$，必有 $\boldsymbol{\gamma}_1\in W$，使 $\boldsymbol{\alpha}_1=\boldsymbol{\alpha}+\boldsymbol{\gamma}_1=\boldsymbol{\eta}+(\boldsymbol{\gamma}+\boldsymbol{\gamma}_1)\in\overline{\boldsymbol{\eta}}$，即有 $\overline{\boldsymbol{\alpha}}\subseteq\overline{\boldsymbol{\eta}}$.

同理 $\overline{\boldsymbol{\eta}}\subseteq\overline{\boldsymbol{\alpha}}$，故 $\overline{\boldsymbol{\alpha}}=\overline{\boldsymbol{\eta}}$.

规定 V/W 的加法：$\overline{\boldsymbol{\alpha}}+\overline{\boldsymbol{\beta}}=\overline{\boldsymbol{\alpha}+\boldsymbol{\beta}}$，数乘：$k\overline{\boldsymbol{\alpha}}=\overline{k\boldsymbol{\alpha}}$.

容易验证，这种规定与 V/W 中元素的代表选择无关.

V/W 对加法及数乘构成线性空间，还可以证明：当 V 是 n 维线性空间时，W 是 m 维子空间，则商空间 V/W 的维数是 $n-m$.

证　设 $\boldsymbol{\varepsilon}_1,\boldsymbol{\varepsilon}_2,\cdots,\boldsymbol{\varepsilon}_m$ 是 W 的基底，则可将其扩成 V 的基底：$\boldsymbol{\varepsilon}_1,\boldsymbol{\varepsilon}_2,\cdots,\boldsymbol{\varepsilon}_m,\boldsymbol{\varepsilon}_{m+1}\cdots,\boldsymbol{\varepsilon}_n$. 可以证明 $\overline{\boldsymbol{\varepsilon}}_{m+1},\overline{\boldsymbol{\varepsilon}}_{m+2}\cdots,\overline{\boldsymbol{\varepsilon}}_n$ 是 V/W 的基底.

若 $\overline{k}_{m+1}\overline{\boldsymbol{\varepsilon}}_{m+1}+\overline{k}_{m+2}\overline{\boldsymbol{\varepsilon}}_{m+2}+\cdots+k_n\overline{\boldsymbol{\varepsilon}}=\overline{\mathbf{0}}$，$(\overline{\mathbf{0}}=\mathbf{0}+W=W)$

即有

$$\overline{(k_{m+1}\boldsymbol{\varepsilon}_{m+1}+k_{m+2}\boldsymbol{\varepsilon}_{m+2}+\cdots+k_n\boldsymbol{\varepsilon}_n)}=\overline{\mathbf{0}},$$

故有，
$$k_{m+1}\boldsymbol{\varepsilon}_{m+1}+k_{m+2}\boldsymbol{\varepsilon}_{m+2}+\cdots+k_n\boldsymbol{\varepsilon}_n\in W.$$

因而有，
$$k_{m+1}\boldsymbol{\varepsilon}_{m+1}+\cdots+k_n\boldsymbol{\varepsilon}_n=k_1\boldsymbol{\varepsilon}_1+k_2\boldsymbol{\varepsilon}_2+\cdots+k_m\boldsymbol{\varepsilon}_m,$$
$$k_1\boldsymbol{\varepsilon}_1+k_2\boldsymbol{\varepsilon}_2+\cdots+k_m\boldsymbol{\varepsilon}_m-k_{m+1}\boldsymbol{\varepsilon}_{m+1}-\cdots-k_n\boldsymbol{\varepsilon}_n=\mathbf{0}.$$

因为 $\boldsymbol{\varepsilon}_1,\cdots,\boldsymbol{\varepsilon}_m,\boldsymbol{\varepsilon}_{m+1},\cdots,\boldsymbol{\varepsilon}_n$ 线性无关.

故 $k_1=k_2=\cdots=k_m=k_{m+1}=\cdots=k_n=0$，即 $\overline{\boldsymbol{\varepsilon}}_{m+1},\overline{\boldsymbol{\varepsilon}}_{m+2}\cdots,\overline{\boldsymbol{\varepsilon}}_n$ 线性无关.

$\forall\overline{\boldsymbol{\eta}}\in V/W$，$\boldsymbol{\eta}=b_1\boldsymbol{\varepsilon}_1+\cdots+b_m\boldsymbol{\varepsilon}_m+b_{m+1}\boldsymbol{\varepsilon}_{m+1}+\cdots+b_n\boldsymbol{\varepsilon}_n$，

$$\boldsymbol{\eta}-(b_{m+1}\boldsymbol{\varepsilon}_{m+1}+\cdots+b_n\boldsymbol{\varepsilon}_n)=b_1\boldsymbol{\varepsilon}_1+\cdots+b_m\boldsymbol{\varepsilon}_m\in W,$$

故，$\overline{\boldsymbol{\eta}}=\overline{(b_{m+1}\boldsymbol{\varepsilon}_{m+1}+\cdots+b_n\boldsymbol{\varepsilon}_n)}=b_{m+1}\overline{\boldsymbol{\varepsilon}}_{m+1}+b_{m+2}\overline{\boldsymbol{\varepsilon}}_{m+2}+\cdots+b_n\overline{\boldsymbol{\varepsilon}}_n$，

所以，

$$\dim(V/W)=n-m.$$

类似于加群，对于线性空间的同态映射、商空间与同态的关系的若干结论，可以相应讨论.

第四节　线性空间的同构

定义　在同一数域 P 上的两个线性空间 V 与 W 之间，如果存在一个保持运算关系的一一映射 σ，$\forall \boldsymbol{\alpha},\boldsymbol{\beta}\in V,k\in P$，都有

$$\sigma(\boldsymbol{\alpha}+\boldsymbol{\beta})=\sigma(\boldsymbol{\alpha})+\sigma(\boldsymbol{\beta}),\sigma(k\boldsymbol{\alpha})=k\sigma(\boldsymbol{\alpha}),$$

则称 σ 是 V 到 W 的同构映射，这时称 V 与 W 同构.

性质　设 V 与 W 是数域 P 上两个同构的线性空间，σ 是同构映射，对于 $\boldsymbol{\alpha}_1,\cdots,\boldsymbol{\alpha}_m\in V$，则 $\boldsymbol{\alpha}_1,\cdots,\boldsymbol{\alpha}_m$ 线性相关的充要条件是 $\sigma(\boldsymbol{\alpha}_1),\sigma(\boldsymbol{\alpha}_2),\cdots,\sigma(\boldsymbol{\alpha}_m)$ 线性相关.

$$\sigma(\sum_{i=1}^{m}k_i\boldsymbol{\alpha}_i)=\sum_{i=1}^{m}k_i\sigma(\boldsymbol{\alpha}_i).$$

同一数域 P 上两个有限维线性空间 V 与 W 同构的充要条件是 $\dim V=\dim W$.

同构关系具有反身性、对称性、传递性，因而是数域 P 上全体线性空间集合的一个分类关系(即等价关系).

数域 P 上任意 n 维线性空间 V 与 P^n 同构，P^n 可以作为这一类线性空间的代表，可以把 V 中的问题转化到 P^n 的问题来处理.

【例 4.1】　设数域 P 上线性空间 V，$\boldsymbol{\alpha}_1,\cdots,\boldsymbol{\alpha}_r\in V$ 且线性无关，向量组 $\boldsymbol{\beta}_1,\cdots,\boldsymbol{\beta}_m$ 可以由 $\boldsymbol{\alpha}_1,\cdots,\boldsymbol{\alpha}_r$ 线性表示：

$\boldsymbol{\beta}_i=\sum\limits_{k=1}^{r}\boldsymbol{\alpha}_{ki}\boldsymbol{\alpha}_k$，$(\boldsymbol{\beta}_1,\cdots,\boldsymbol{\beta}_m)=(\boldsymbol{\alpha}_1,\cdots,\boldsymbol{\alpha}_r)\mathbf{A}$，$\mathbf{A}=(\boldsymbol{\alpha}_{ij})$ 为 $r\times m$ 矩阵，则 $R(\boldsymbol{\beta}_1,\cdots,\boldsymbol{\beta}_m)=R(\mathbf{A})$，且 $\boldsymbol{\beta}_1,\cdots,\boldsymbol{\beta}_m$ 与 $\mathbf{A}$ 的列向量有相同的线性关系.

证　令 $\mathbf{A}=(\boldsymbol{\eta}_1,\boldsymbol{\eta}_2,\cdots,\boldsymbol{\eta}_m)$，

$$\mathbf{0}=\boldsymbol{\gamma}=(\boldsymbol{\beta}_1,\cdots,\boldsymbol{\beta}_m)\begin{pmatrix}c_1\\ \vdots\\ c_m\end{pmatrix}=(\boldsymbol{\alpha}_1,\cdots,\boldsymbol{\alpha}_r)\mathbf{A}\begin{pmatrix}c_1\\ \vdots\\ c_m\end{pmatrix}=\mathbf{0}$$

$$\Leftrightarrow\mathbf{A}\begin{pmatrix}c_1\\ \vdots\\ c_m\end{pmatrix}=(\boldsymbol{\eta}_1,\cdots,\boldsymbol{\eta}_m)\begin{pmatrix}c_1\\ \vdots\\ c_m\end{pmatrix}=\mathbf{0},$$

故 $\boldsymbol{\beta}_1,\cdots,\boldsymbol{\beta}_m$ 与 $\boldsymbol{\eta}_1,\cdots,\boldsymbol{\eta}_m$ 有相同的线性关系，当然就有相同的秩.

【例 4.2】　无限维空间可以与它的一个真子空间同构.

解　例如，数域 P 上 $W=\{(a_1,a_2,\cdots,a_n,\cdots)\mid a_i\in P,i\in N\}$，加法数乘按通常定义：子空间 $W_1=\{(0,a_1,0,a_2,\cdots)\}$；

映射：$\sigma:(a_1,a_2,\cdots,a_3,\cdots)\to(0,a_1,0,a_2,0,\cdots)$，使 $W\overset{\sigma}{\cong}W_1$.

第五节　综合举例

【例 5.1】 设 V 是数域 P 上，次数为 n 的 m 个文字，$x_1,x_2,\cdots,x_m$ 的齐次多项式及零多项式构成的线性空间，求 $\dim V$.

解　V 中元素的一般形式为

$$f(x_1,x_2,\cdots,x_m)=\sum_{l_1+l_2+\cdots+l_m=n} a_{l_1l_2\cdots l_m}x_1^{l_1}x_2^{l_2}\cdots x_m^{l_m},$$

即 V 中任一元素都可由 $x_1^{l_1}x_2^{l_2}\cdots x_m^{l_m}(0\leqslant l_i\leqslant n,l_1+l_2+\cdots+l_m=n)$ 线性表示，且这些单项式显然线性无关，从而是 V 的一组基，所含向量的个数是从 m 个元素 $x_1,x_2,\cdots,x_m$ 中取出 n 个元素允许重复的组合数，即 C_{n+m-1}^n. 所以，$\dim V=C_{n+m-1}^n$.

【例 5.2】 设 V 是实数域上全体 n 元数组构成的集合，关于 n 元数组通常的加法与数量乘法，V 也是有理数域 P 上的线性空间. 试问这个空间是有限维的吗?

解　这是无限维线性空间. 事实上，实 n 维向量

$$(1,0,\cdots,0),(\pi,0,\cdots,0),(\pi^2,0,\cdots,0),\cdots,(\pi^k,0,\cdots,0),$$

对于任何正整数 k，在有理数域上不可能线性相关，这是因为 π 是超越数，它不可能是次数大于 0 的有理系数多项式的根.

【例 5.3】 已知 $1,x,x^2,\cdots,x^{n-1}$ 与 $1,x+a,(x+a)^2,\cdots,(x+a)^{n-1}$ 是线性空间 $P[x]_n$ 的两组基，试求由基 $1,x,x^2,\cdots,x^{n-1}$ 到基 $1,x+a,(x+a)^2,\cdots,(x+a)^{n-1}$ 的过渡矩阵，并求出

$$f(x)=a_0+a_1x+\cdots+a_{n-1}x^{n-1}$$

在基 $1,x+a,(x+a)^2,\cdots,(x+a)^{n-1}$ 下的坐标.

解　因

$$\begin{aligned}&1=1\\&x+a=a+x,\\&(x+a)^2=a^2+2ax+x^2,\\&\qquad\cdots\cdots\\&(x+a)^{n-1}=a^{n-1}+C_{n-1}^1a^{n-2}x+C_{n-1}^2a^{n-3}x^2+\cdots+C_{n-1}^{n-2}ax^{n-2}+x^{n-1}.\end{aligned}$$

所以由基 $1,x,x^2,\cdots,x^{n-1}$ 到基 $1,x+a,(x+a)^2,\cdots,(x+a)^{n-1}$ 的过渡矩阵为

$$\boldsymbol{A}=\begin{pmatrix}1&a&a^2&\cdots&a^{n-1}\\0&1&aC_2^1&\cdots&a^{n-2}C_{n-1}^1\\0&0&1&\cdots&a^{n-3}C_{n-1}^2\\\vdots&\vdots&\vdots&&\vdots\\0&0&0&\cdots&1\end{pmatrix}.$$

设 $f(x)$ 在基 $1,x+a,(x+a)^2,\cdots,(x+a)^{n-1}$ 下的坐标为 $(b_0,b_1,\cdots,b_{n-1})$. 由坐标变换公式，有 $\begin{pmatrix}a_0\\a_1\\\vdots\\a_{n-1}\end{pmatrix}=\boldsymbol{A}\begin{pmatrix}b_0\\b_1\\\vdots\\b_{n-1}\end{pmatrix}$，或 $\begin{pmatrix}b_0\\b_1\\\vdots\\b_{n-1}\end{pmatrix}=\boldsymbol{A}^{-1}\begin{pmatrix}a_0\\a_1\\\vdots\\a_{n-1}\end{pmatrix}$，

其中

$$A^{-1}=\begin{pmatrix}1 & -a & (-a)^2 & (-a)^3 & \cdots & (-a)^{n-1}\\ 0 & 1 & (-a)C_2^1 & (-a)^2C_3^1 & \cdots & (-a)^{n-1}C_{n-1}^1\\ 0 & 0 & 1 & (-a)C_3^2 & \cdots & (-a)^{n-3}C_{n-1}^2\\ 0 & 0 & 0 & 1 & \cdots & (-a)^{n-4}C_{n-1}^3\\ \vdots & \vdots & \vdots & \vdots & & \vdots\\ 0 & 0 & 0 & 0 & \cdots & 1\end{pmatrix}.$$

注:本题给出了将 $f(x)=a_0+a_1x+\cdots+a_{n-1}x^{n-1}$ 按 $x+a$ 方幂展开的矩阵方法. A^{-1} 主对角线上方的元素,不难看出是 $-a$ 的方幂,恰好构成杨辉三角,所以计算并不麻烦.

【例 5.4】 设 $A\in P^{n\times n}$,且 $A^2=A$. 记

$$V_1=\{A\alpha|\alpha\in P^n\},V_2=\{\alpha|A\alpha=0,\alpha\in P^n\}.$$

证明:$P^n=V_1\oplus V_2$.

证 先证 $P^n=V_1+V_2$.

因 $\forall\alpha\in P^n$,有 $\alpha=A\alpha+(\alpha-A\alpha)$,其中 $A\alpha\in V_1$,而

$$A(\alpha-A\alpha)=A\alpha-A^2\alpha=A\alpha-A\alpha=0,$$

所以 $\alpha-A\alpha\in V_2$. 于是 $P^n\subseteq V_1+V_2$,故 $P^n=V_1+V_2$.

再证 V_1+V_2 是直和.

$\forall\xi\in V_1\cap V_2$,于是 $\xi\in V_1$,故 $\exists\alpha\in P^n$,使 $\xi=A\alpha$. 由 $A^2=A$,知

$$A\xi=A^2\alpha=A\alpha=\xi.$$

又 $\xi\in V_2$,故 $A\xi=0$,所以 $\xi=0$,于是

$$V_1\cap V_2=\{0\}.$$

这样,V_1+V_2 是直和.

综上所证,便有 $P^n=V_1\oplus V_2$.

【例 5.5】 设 $f(t)$ 与 $g(t)$ 实数域 P 上两个互素的多项式,$A\in P^{n\times n}$. 证明:齐次线性方程组 $f(A)g(A)X=0$ 的解空间 V 是 $f(A)X=0$ 与 $g(A)X=0$ 的解空间 V_1 与 V_2 的直和,其中 $X=(x_1,x_2,\cdots,x_n)'$.

证 首先易知 V_1,V_2 都是 V 的子空间. 下证:$V_1\cap V_2=\{0\}$.

因为 $(f(t),g(t))=1$,于是存在 $u(t),v(t)\in P[t]$,使得

$$u(t)f(t)+v(t)g(t)=1,$$

所以有

$$u(A)f(A)+v(A)g(A)=E,$$

$\forall X\in V_1\cap V_2$,于是 $X\in V_1$ 且 $X\in V_2$,即有

$$f(A)X=0\text{ 且 }g(A)X=0,$$

所以有

$$\begin{aligned}X&=EX=[u(A)f(A)+v(A)g(A)]X\\&=u(A)f(A)X+v(A)g(A)X\\&=0,\end{aligned}$$

故 $V_1\cap V_2=\{0\}$.

再证：$V=V_1+V_2$.

$\forall \boldsymbol{X}\in V$，则有

$$\begin{aligned}\boldsymbol{X}&=\boldsymbol{EX}=[u(\boldsymbol{A})f(\boldsymbol{A})+v(\boldsymbol{A})g(\boldsymbol{A})]\boldsymbol{X}\\&=u(\boldsymbol{A})f(\boldsymbol{A})\boldsymbol{X}+v(\boldsymbol{A})g(\boldsymbol{A})\boldsymbol{X}.\end{aligned}\tag{1}$$

令

$$\boldsymbol{X}_1=v(\boldsymbol{A})g(\boldsymbol{A})\boldsymbol{X},\boldsymbol{X}_2=u(\boldsymbol{A})f(\boldsymbol{A})\boldsymbol{X},$$

因为

$$f(\boldsymbol{A})\boldsymbol{X}_1=f(\boldsymbol{A})(v(\boldsymbol{A})g(\boldsymbol{A})\boldsymbol{X})=v(\boldsymbol{A})(f(\boldsymbol{A})g(\boldsymbol{A})\boldsymbol{X})=\boldsymbol{0};$$

$$g(\boldsymbol{A})\boldsymbol{X}_2=g(\boldsymbol{A})(u(\boldsymbol{A})f(\boldsymbol{A})\boldsymbol{X})=u(\boldsymbol{A})(f(\boldsymbol{A})g(\boldsymbol{A})\boldsymbol{X})=\boldsymbol{0}.$$

所以 $\boldsymbol{X}_1\in V_1$，而 $\boldsymbol{X}_2\in V_2$. 于是(1)即为

$$\boldsymbol{X}=\boldsymbol{X}_1+\boldsymbol{X}_2,\boldsymbol{X}_1\in V_1,\boldsymbol{X}_2\in V_2,$$

于是 $V=V_1+V_2$

综上所证，有 $V=V_1\oplus V_2$.

【例 5.6】 设实数域 $\mathbf{R}$ 上的齐次线性方程组

$$\begin{cases}a_{11}x_1+a_{12}x_2+\cdots+a_{1n}x_n=0,\\a_{21}x_1+a_{22}x_2+\cdots+a_{2n}x_n=0,\\\quad\cdots\cdots\\a_{s1}x_1+a_{s2}x_2+\cdots+a_{sn}x_n=0\end{cases}\tag{1}$$

的解空间为 W_1，令

$$\boldsymbol{\alpha}_1=(a_{11},a_{12},\cdots,a_{1n}),$$
$$\boldsymbol{\alpha}_2=(a_{21},a_{22},\cdots,a_{2n}),$$
$$\cdots\cdots$$
$$\boldsymbol{\alpha}_s=(a_{s1},a_{s2},\cdots,a_{sn}),$$

而

$$W_2=L(\boldsymbol{\alpha}_1,\boldsymbol{\alpha}_2,\cdots,\boldsymbol{\alpha}_s),$$

证明：$\mathbf{R}^n=W_1\oplus W_2$.

证　令

$$\boldsymbol{A}=\begin{pmatrix}\boldsymbol{\alpha}_1\\\boldsymbol{\alpha}_2\\\vdots\\\boldsymbol{\alpha}_s\end{pmatrix},$$

齐次线性方程组(1)即为

$$\boldsymbol{AX}=\boldsymbol{0},\boldsymbol{X}=(x_1,x_2,\cdots,x_n)',$$

设 $R(\boldsymbol{A})=t$，于是 $\dim W_1=n-R(\boldsymbol{A})=n-t$，而 $\dim W_2=t$，这里 W_1,W_2 均属 $\mathbf{R}^n$ 的子空间，且

$$\dim W_1+\dim W_2=n=\dim\mathbf{R}^n.$$

下证：$W_1\cap W_2=\{\boldsymbol{0}\}$.

$\forall\boldsymbol{\beta}\in W_1\cap W_2$，且设 $\boldsymbol{\beta}=(b_1,b_2,\cdots,b_n)$. 于是 $\boldsymbol{\beta}\in W_1$ 且 $\boldsymbol{\beta}\in W_2$. 由 $\boldsymbol{\beta}\in W_2$，则 $\boldsymbol{\beta}$ 可由 $\boldsymbol{\alpha}_1$，

$\boldsymbol{\alpha}_2,\cdots,\boldsymbol{\alpha}_s$ 线性表示. 于是 $\boldsymbol{\alpha}_1,\boldsymbol{\alpha}_2,\cdots,\boldsymbol{\alpha}_s$ 与 $\boldsymbol{\alpha}_1,\boldsymbol{\alpha}_2,\cdots,\boldsymbol{\alpha}_s,\boldsymbol{\beta}$ 等价. 由于 $\boldsymbol{AX}=\boldsymbol{0}$ 与 $\begin{pmatrix}\boldsymbol{A}\\\boldsymbol{\beta}\end{pmatrix}\boldsymbol{X}=\boldsymbol{0}$ 同解，所以 $\boldsymbol{AX}=0$ 的解满足方程

$$b_1x_1+b_2x_2+\cdots+b_nx_n=0.$$

因 $\boldsymbol{\beta}$ 是 $\boldsymbol{AX}=\boldsymbol{0}$ 的解，所以有

$$b_1^2+b_2^2+\cdots+b_n^2=0.$$

由 $b_i\in\mathbf{R}$，所以 $b_1=b_2=\cdots=b_n=0$，即 $\boldsymbol{\beta}=\boldsymbol{0}$. 故 $W_1\cap W_2=\{\boldsymbol{0}\}$.

由维数公式，有

$$\begin{aligned}\dim(W_1+W_2)&=\dim W_1+\dim W_2-\dim(W_1\cap W_2)\\&=n=\dim\mathbf{R}^n.\end{aligned}$$

综上所证，

$$\mathbf{R}^n=W_1\oplus W_2.$$

【例 5.7】 设 W_1,W_2 是数域 P 上 n 维线性空间 V 的两个子空间. 证明：若 $\dim W_1=\dim W_2$，则存在 V 的一个子空间 W，使

$$V=W_1\oplus W=W_2\oplus W.$$

证 若 $\dim W_1=\dim W_2=0$ 或 n 时，结论是显然的.

若 $\dim W_1=\dim W_2=r,0<r<n$，这时，$W_1,W_2$ 都是 V 的非平凡子空间，由前面例子，存在 $\boldsymbol{\xi}_1\in V$，使得 $\boldsymbol{\xi}_1\notin W_1$ 且 $\boldsymbol{\xi}_1\notin W_2$.

设 $\boldsymbol{\alpha}_1,\boldsymbol{\alpha}_2,\cdots,\boldsymbol{\alpha}_r$ 与 $\boldsymbol{\beta}_1,\boldsymbol{\beta}_2,\cdots,\boldsymbol{\beta}_r$ 分别是 W_1 与 W_2 的一组基，于是

$$W_1=L(\boldsymbol{\alpha}_1,\boldsymbol{\alpha}_2,\cdots,\boldsymbol{\alpha}_r),$$
$$W_2=L(\boldsymbol{\beta}_1,\boldsymbol{\beta}_2,\cdots,\boldsymbol{\beta}_r),$$

因 $\boldsymbol{\xi}_1\notin W_1,\boldsymbol{\xi}_1\notin W_2$，

所以 $\boldsymbol{\alpha}_1,\boldsymbol{\alpha}_2,\cdots,\boldsymbol{\alpha}_r,\boldsymbol{\xi}_1;\boldsymbol{\beta}_1,\boldsymbol{\beta}_2,\cdots,\boldsymbol{\beta}_r,\boldsymbol{\xi}_1$ 都线性无关. 令

$$W_{12}=L(\boldsymbol{\alpha}_1,\boldsymbol{\alpha}_2,\cdots,\boldsymbol{\alpha}_r,\boldsymbol{\xi}_1),$$
$$W_{22}=L(\boldsymbol{\beta}_1,\boldsymbol{\beta}_2,\cdots,\boldsymbol{\beta}_r,\boldsymbol{\xi}_1),$$

则 $\dim W_{11}=\dim W_{21}=r+1$.

对于 W_{11},W_{21}，存在 $\boldsymbol{\xi}_2\notin V$，使 $\boldsymbol{\xi}_2\notin W_{11}$ 且 $\boldsymbol{\xi}_2\notin W_{21}$. 于是 $\boldsymbol{\alpha}_1,\boldsymbol{\alpha}_2,\cdots,\boldsymbol{\alpha}_r,\boldsymbol{\xi}_1,\boldsymbol{\xi}_2$ 与 $\boldsymbol{\beta}_1,\boldsymbol{\beta}_2,\cdots,\boldsymbol{\beta}_r,\boldsymbol{\xi}_1,\boldsymbol{\xi}_2$ 都线性无关，令

$$W_{12}=L(\boldsymbol{\alpha}_1,\boldsymbol{\alpha}_2,\cdots,\boldsymbol{\alpha}_r,\boldsymbol{\xi}_1,\boldsymbol{\xi}_2),$$
$$W_{22}=L(\boldsymbol{\beta}_1,\boldsymbol{\beta}_2,\cdots,\boldsymbol{\beta}_r,\boldsymbol{\xi}_1,\boldsymbol{\xi}_2),$$

则

$$\dim W_{12}=\dim W_{22}=r+2.$$

继续如上讨论，便得

$$W_{1n-r}=L(\boldsymbol{\alpha}_1,\boldsymbol{\alpha}_2,\cdots,\boldsymbol{\alpha}_r,\boldsymbol{\xi}_1,\boldsymbol{\xi}_2,\cdots,\boldsymbol{\xi}_{n-r}),$$
$$W_{2n-r}=L(\boldsymbol{\beta}_1,\boldsymbol{\beta}_2,\cdots,\boldsymbol{\beta}_r,\boldsymbol{\xi}_1,\boldsymbol{\xi}_2,\cdots,\boldsymbol{\xi}_{n-r}),$$

且其中 $\boldsymbol{\alpha}_1,\boldsymbol{\alpha}_2,\cdots,\boldsymbol{\alpha}_r,\boldsymbol{\xi}_1,\boldsymbol{\xi}_2,\cdots,\boldsymbol{\xi}_{n-r}$ 与 $\boldsymbol{\beta}_1,\boldsymbol{\beta}_2,\cdots,\boldsymbol{\beta}_r,\boldsymbol{\xi}_1,\boldsymbol{\xi}_2,\cdots,\boldsymbol{\xi}_{n-r}$ 都是 V 中的线性无关的向量组，从而都是 V 的基. 所以

$$W_{1n-r}=W_{2n-r}=V.$$

令

$$W=L(\boldsymbol{\xi}_1,\boldsymbol{\xi}_2,\cdots,\boldsymbol{\xi}_{n-r}),$$

则有

$$W_{1n-r}=L(\boldsymbol{\alpha}_1,\boldsymbol{\alpha}_2,\cdots,\boldsymbol{\alpha}_r)+L(\boldsymbol{\xi}_1,\boldsymbol{\xi}_2,\cdots,\boldsymbol{\xi}_{n-r})=W_1+W=V,$$
$$W_{2n-r}=L(\boldsymbol{\beta}_1,\boldsymbol{\beta}_2,\cdots,\boldsymbol{\beta}_r)+L(\boldsymbol{\xi}_1,\boldsymbol{\xi}_2,\cdots,\boldsymbol{\xi}_{n-r})=W_2+W=V,$$

显然

$$W_1\cap W=\{\mathbf{0}\},W_2\cap W=\{\mathbf{0}\},$$

所以

$$V=W_1\oplus W=W_2\oplus W.$$

习 题

1. $\boldsymbol{A},\boldsymbol{J}$ 为阶矩阵. 证明:

(1) $\boldsymbol{AJ}=\boldsymbol{JA}$ 的充要条件条件是 $\boldsymbol{A}=a_{11}\boldsymbol{E}_n+a_{12}\boldsymbol{J}+a_{13}\boldsymbol{J}^2+\cdots+a_{bn}\boldsymbol{J}^{n-1}$. 其中

$$J=\begin{bmatrix}0&0&0&\cdots&0&1\\1&0&0&\cdots&0&1\\0&1&0&\cdots&0&1\\\vdots&\vdots&\vdots&&\vdots&\vdots\\0&0&0&\cdots&0&1\\0&0&0&\cdots&1&1\end{bmatrix};$$

(2) 令 $C(\boldsymbol{J})=\{\boldsymbol{A}|\boldsymbol{AJ}=\boldsymbol{JA}\}$,求 $C(\boldsymbol{J})$的维数.

2. 设 $\boldsymbol{A}=\begin{pmatrix}3&1&0\\0&3&1\\0&0&3\end{pmatrix}$,令 $V=\{\boldsymbol{B}|\boldsymbol{AB}=\boldsymbol{BA},\boldsymbol{B}$ 为实方阵$\}$. (1) 证明 V 是实数域上的线性空间;(2) 求 V 的一组基.

3. 设 V_1 与 V_2 分别是齐次方程组 $x_1+x_2+\cdots+x_n=0$ 与 $x_1=x_2=\cdots=x_n$ 的解空间,证明:$P^n=V_1\oplus V_2$.

4. 设 $C[x]$是由所有复系数多项式所构成的集合,$\boldsymbol{A}\in C^{n\times n}$,令 $V=\{f(\boldsymbol{A})\mid f(x)\in C[x]\}$,设 $\boldsymbol{A}$ 的最小多项式的次数为 m,证明:(1) V 是一个有限维线性空间;(2) $\boldsymbol{E},\boldsymbol{A},\boldsymbol{A}^2,\cdots,\boldsymbol{A}^{m-1}$构成 V 的一组基.

5. 设数域 P 上的矩阵 $\boldsymbol{A}$ 的最小多项式为 $f(x)=(x-\lambda_1)(x-\lambda_2)$,$\lambda_1\neq\lambda_2$,$\boldsymbol{A}$ 的属于 λ_1 的特征子空间为 $V_i(i=1,2)$,证明:$V=V_1\oplus V_2$.

6. 设 $\boldsymbol{A}$ 为 n 阶实矩阵,$\mathbf{R}_n$为实数域 $\mathbf{R}$ 上 n 维列向量空间,$W=\{Y\in\mathbf{R}_n\mid \boldsymbol{X}^{\mathrm{T}}\boldsymbol{A}Y=\mathbf{0}$,对一切 $\boldsymbol{X}\in\mathbf{R}_n$均成立$\}$,$W_1=\{Y\in\mathbf{R}_n|\boldsymbol{A}Y=\mathbf{0}\}$,则下列结论成立:

(1) $W=W_1$,且 W 为 $\mathbf{R}_n$的子空间;

(2) $\dim W+r(\mathbf{A})=n$. 其中 $\dim W$ 表示子空间 W 的维数.

7. 记 $C^{n\times s}$是 $n\times s$ 复矩阵全体在通常运算下构成的复数域上的线性空间. 假设 $\boldsymbol{A}\in C^{2\times 2}$.

(1) 证明:$W=\{\boldsymbol{X}\in C^{2\times 2}|\boldsymbol{AX}=\boldsymbol{O}\}$是 $C^{2\times 2}$的子空间;

(2) 若$\boldsymbol{A}=\begin{pmatrix}1 & -1\\ 2 & -2\end{pmatrix}$,求第(1)小题中子空间$W$的一组基及其维数;

(3) 设$M\in C^{n\times n}$的秩为r,$C^{n\times s}$的子空间$U=\{\boldsymbol{X}\in C^{n\times s}\mid \boldsymbol{MX}=\boldsymbol{0}\}$.求$U$的维数.

8. 假设F^n是数域F上n维列向量全体在通常运算下构成的数域F上的线性空间,$F^{n\times n}$表示数域F上$n\times n$矩阵全体之集,V是F^n的子空间.证明:V的维数$\dim V=s$的充分必要条件是$F^{n\times n}$中存在秩为$n-s$的矩阵$\boldsymbol{A}$,使得$V=\{x\in F^n\mid \boldsymbol{A}\boldsymbol{x}=\boldsymbol{0}\}$.

9. 设V是实数域上的二维线性空间,线性变换$\boldsymbol{A}$在基$\boldsymbol{\varepsilon}_1,\boldsymbol{\varepsilon}_2$下的矩阵为

$$\boldsymbol{A}=\begin{pmatrix}\cos\theta & -\sin\theta\\ -\sin\theta & \cos\theta\end{pmatrix},\theta\neq k\pi,\text{这里 }k\text{ 代表整数.}$$

请证明:$\boldsymbol{A}$没有非平凡不变子空间.

10. 设P是一个数域,已知$P^{2\times 2}$的线性变换

$$\varphi(\boldsymbol{X})=\boldsymbol{MX}-\boldsymbol{XM},\left(\forall \boldsymbol{X}\in P^{2\times 2},M=\begin{pmatrix}1 & 2\\ 0 & 3\end{pmatrix}\right)$$

(1) 求$\varphi(P^{2\times 2})$的基;

(2) 求$\varphi^{-1}(0)$的基.

11. 设V_1与V_2分别是齐次线性方程组$x_1+x_2+\cdots+x_n=0$与$x_1=x_2=\cdots=x_n$的解空间,证明:$P^n=V_1\oplus V_2$.

12. 在$\mathbf{R}^3$中取两个基:

$$\boldsymbol{\alpha}_1=\begin{pmatrix}1\\2\\1\end{pmatrix},\boldsymbol{\alpha}_2=\begin{pmatrix}2\\3\\3\end{pmatrix},\boldsymbol{\alpha}_3=\begin{pmatrix}3\\7\\1\end{pmatrix},$$

$$\boldsymbol{\beta}_1=\begin{pmatrix}3\\1\\4\end{pmatrix},\boldsymbol{\beta}_2=\begin{pmatrix}5\\2\\1\end{pmatrix},\boldsymbol{\beta}_3=\begin{pmatrix}1\\1\\-6\end{pmatrix},$$

试求坐标变换公式.

13. 设V_1是由$\boldsymbol{\alpha}_1=\{1,2,1,0\}$与$\boldsymbol{\alpha}_2=\{-1,1,1\}$生成的子空间,$V_2$是由$\boldsymbol{\beta}_1=\{2,-1,0,1\}$与$\boldsymbol{\beta}_2=\{1,-1,3,7\}$生成的子空间,求$V_1,V_2$的一组基和维数.

14. 设n维线性空间V中的线性变换$\boldsymbol{A}$在两组基$\boldsymbol{\varepsilon}_1,\boldsymbol{\varepsilon}_2,\cdots,\boldsymbol{\varepsilon}_n$与$\boldsymbol{\eta}_1,\boldsymbol{\eta}_2,\cdots,\boldsymbol{\eta}_n$下的矩阵分别为$\boldsymbol{A}$和$\boldsymbol{B}$,从基$\boldsymbol{\varepsilon}_1,\boldsymbol{\varepsilon}_2,\cdots,\boldsymbol{\varepsilon}_n$到基$\boldsymbol{\eta}_1,\boldsymbol{\eta}_2,\cdots,\boldsymbol{\eta}_n$的过渡矩阵为$\boldsymbol{X}$,证明:$\boldsymbol{A}$与$\boldsymbol{B}$是相似的.

15. 设$P^{2\times 2}$表示数域P上的二阶方阵全体所成的集合.

(1) 证明:$P^{2\times 2}$关于矩阵的加法和数乘构成线性空间;

(2) 设$\boldsymbol{B}=\begin{pmatrix}2 & 3\\ 1 & 4\end{pmatrix}$,定义线性变换$f:P^{2\times 2}\rightarrow P^{2\times 2}$为$f(\boldsymbol{X})=\boldsymbol{BX}$,求$f$在基

$$\boldsymbol{E}_{11}=\begin{pmatrix}1 & 0\\ 0 & 0\end{pmatrix},\boldsymbol{E}_{21}=\begin{pmatrix}0 & 0\\ 1 & 0\end{pmatrix},\boldsymbol{E}_{12}=\begin{pmatrix}0 & 1\\ 0 & 0\end{pmatrix},\boldsymbol{E}_{22}=\begin{pmatrix}0 & 0\\ 0 & 1\end{pmatrix}$$

下的矩阵$\boldsymbol{A}$,线性变换f的特征值和相应的特征向量.

第七章　线性变换

码上学习

第一节　线性变换的定义、运算及基本性质

1. 定义

线性空间 V 的一个变换 T 称为线性变换，若对于 V 中任意的元素 $\boldsymbol{\alpha}$，$\boldsymbol{\beta}$ 和数域 P 中任意数 k，都有

$$T(\boldsymbol{\alpha}+\boldsymbol{\beta})=T(\boldsymbol{\alpha})+T(\boldsymbol{\beta}),$$

$$T(k\boldsymbol{\alpha})=kT\boldsymbol{\alpha}.$$

2. 性质

① T 是 V 的线性变换，则 $T(\mathbf{0})=0$，$T(-\boldsymbol{\alpha})=-T\boldsymbol{\alpha}$.

② T 是 V 的线性变换，则 $T\left(\sum\limits_{i=1}^{\xi}k_i\boldsymbol{\alpha}_i\right)=\sum\limits_{i=1}^{\xi}k_iT\boldsymbol{\alpha}_i$.

③ 线性变换将线性相关的向量组变成线性相关的向量组.

3. 线性变换的运算

（1）基本概念

线性变换，可逆线性变换与逆变换；线性变换的值域与核，秩与零度；线性变换的和与差，乘积和数量乘法，幂和多项式.

（2）基本结论

① 线性变换保持零向量、线性组合与线性关系不变；线性变换把负向量变为象的负向量、把线性相关的向量组变为线性相关的向量组.

② 线性变换的和、差、积、数量乘法和可逆线性变换的逆变换仍为线性变换.

③ 线性变换的基本运算规律（略）.

④ 一个线性空间的全体线性变换关于线性变换的加法与数量乘法构成一个线性空间.

⑤ 线性空间 V 的线性变换 T 的值域与核是 V 的子空间. 若 $\dim(V)=n$，则 $\mathrm{Im}(T)$ 由 V 的一组基的象生成，而 T 的秩 $+T$ 的零度 $=n$，且 T 是双射 $\Leftrightarrow T$ 是单射 $\Leftrightarrow \ker(T)=\{\mathbf{0}\}$.

第二节　线性变换的矩阵

1. 基本概念

线性变换在基下的矩阵；相似矩阵.

2. 基本结论

① 若$\boldsymbol{\alpha}_1,\boldsymbol{\alpha}_2,\cdots,\boldsymbol{\alpha}_n$是线性空间$V$的一个基，$\forall \boldsymbol{\beta}_1,\boldsymbol{\beta}_2,\cdots,\boldsymbol{\beta}_n\in V$，则存在唯一$T\in L(V)$，使得$T(\boldsymbol{\alpha}_i)=\boldsymbol{\beta}_i,i=1,2,\cdots,n$. 其中$L(V)$为$V$上线性变换的全体所构成的线性空间.

② 在取定n维线性空间V的一组基之后，将V的每一线性变换与它在这个基下的矩阵相对应，则这个对应使得线性变换的和、乘积、数量乘积的矩阵分别对应于矩阵的和、乘积、数量乘积；可逆线性变换与可逆矩阵对应，且逆变换对应逆矩阵.

③ 同一线性变换关于不同基的矩阵是相似的；反之，若两个矩阵相似，则它们可看作是同一线性变换关于两个基的矩阵.

④ 若在线性空间V的一组基$\boldsymbol{\alpha}_1,\boldsymbol{\alpha}_2,\cdots,\boldsymbol{\alpha}_n$下，线性变换$T$对应的矩阵为$\mathbf{A}$，向量$\boldsymbol{\alpha}$的坐标为$(x_1,x_2,\cdots,x_n)$，则$A$的秩$=R(\mathbf{A})$，$T(\boldsymbol{\alpha})$的坐标

$$\begin{pmatrix} y_1 \\ y_2 \\ \vdots \\ y_n \end{pmatrix}=\mathbf{A}\begin{pmatrix} x_1 \\ x_2 \\ \vdots \\ x_n \end{pmatrix}.$$

第三节　线性变换的特征值、特征向量及对角化

1. 基本内容

① 定义

设$\varphi\in L(V)$，若对于$\lambda_0\in P$，存在$\mathbf{0}\neq\boldsymbol{\xi}\in V$，使得$\varphi(\boldsymbol{\xi})=\lambda_0\boldsymbol{\xi}$，就称$\lambda_0$为$\varphi$的一个特征值，$\boldsymbol{\xi}$称为$\varphi$的属于特征值$\lambda_0$的一个特征向量.

② 设$\dim V=n,\varphi\in L(V)$，φ在V的基$\boldsymbol{\varepsilon}_1,\boldsymbol{\varepsilon}_2,\cdots,\boldsymbol{\varepsilon}_n$下的矩阵为$\mathbf{A}$，则

a. λ_0是φ的特征值的充分必要条件是λ_0为$f_A(\lambda)$在数域P中的根.

b. $\boldsymbol{\alpha}$是φ的属于λ_0的特征向量的充分必要条件是$\boldsymbol{\alpha}$在$\boldsymbol{\varepsilon}_1,\boldsymbol{\varepsilon}_2,\cdots,\boldsymbol{\varepsilon}_n$下的坐标$(x_1,x_2,\cdots,x_n)'$是$\mathbf{A}$的属于$\lambda_0$的特征向量.

③ 设$\boldsymbol{\alpha}_1,\boldsymbol{\alpha}_2,\cdots,\boldsymbol{\alpha}_s$都是$\varphi$的属于$\lambda_0$的特征向量，若$\sum_{i=1}^{s}k_i\boldsymbol{\alpha}_i\neq\mathbf{0}$，则$\sum_{i=1}^{s}k_i\boldsymbol{\alpha}_i$是$\varphi$的属于特征值$\lambda_0$的特征向量.

④ 设λ是φ的一个特征值，则$V_\lambda=\{\boldsymbol{\alpha}|\boldsymbol{\alpha}\in V,\varphi\boldsymbol{\alpha}=\lambda\boldsymbol{\alpha}\}$是$V$的一个子空间，叫作$\varphi$的一

个属于特征值λ 的特征子空间.

2. 特征值与特征向量

定义　$\varphi\in L(V)$,若存在$\lambda\in P,\boldsymbol{\alpha}\in V,\boldsymbol{\alpha}\neq 0$,使$\varphi(\boldsymbol{\alpha})=\lambda\boldsymbol{\alpha}$,称$\lambda$为$\varphi$的特征值,$\boldsymbol{\alpha}$为$\varphi$的属于特征值$\lambda$ 的特征向量.

一个特征值可以有不同的特征向量,但一个特征向量只能属于一个特征值.

3. 特征值与特征向量的求法

取V的基$\boldsymbol{\varepsilon}_1,\cdots,\boldsymbol{\varepsilon}_n$,则有$\varphi(\boldsymbol{\varepsilon}_1,\cdots,\boldsymbol{\varepsilon}_n)=(\boldsymbol{\varepsilon}_1,\cdots,\boldsymbol{\varepsilon}_n)\boldsymbol{A}$,$|\lambda\boldsymbol{E}-\boldsymbol{A}|=f(\lambda)$称为$\boldsymbol{A}$的特征多项式,也是$\varphi$的特征多项式.特征多项式的根称为$\varphi$(或$\boldsymbol{A}$)的特征值(根).

若λ_1使$f(\lambda_1)=0$,$(\lambda_1\boldsymbol{E}-\boldsymbol{A})\begin{bmatrix}x_1\\ \vdots\\ x_n\end{bmatrix}=\begin{bmatrix}0\\ \vdots\\ 0\end{bmatrix}$的非零解$\begin{bmatrix}k_1\\ \vdots\\ k_n\end{bmatrix}$,则$\boldsymbol{\alpha}=(\boldsymbol{\varepsilon}_1,\cdots,\boldsymbol{\varepsilon}_n)\begin{bmatrix}k_1\\ \vdots\\ k_n\end{bmatrix}$为$\varphi$的属于$\lambda_1$的特征向量.

上面齐次线性方程组的解空间,即为$\boldsymbol{A}$的属于特征值λ_1的特征子空间,记为V_{λ_1},其维数称为λ_1的几何重复度,λ_1在$f(\lambda)$的根中的重数,称为λ_1的代数重复度.

若$V_{\lambda_1}=L(\boldsymbol{\xi}_1,\cdots,\boldsymbol{\xi}_t)$,$\boldsymbol{\alpha}_i=(\boldsymbol{\varepsilon}_1,\boldsymbol{\varepsilon}_2,\cdots,\boldsymbol{\varepsilon}_n)\boldsymbol{\xi}_i,i=1,2,\cdots t$,则$L(\boldsymbol{\alpha}_1,\cdots,\boldsymbol{\alpha}_t)$为$\varphi$的属于特征值$\lambda_1$的特征子空间.

【例 3.1】　设σ为复数域上三维线性空间V的线性变换,已知σ在基$\boldsymbol{\varepsilon}_1,\boldsymbol{\varepsilon}_2,\boldsymbol{\varepsilon}_3$下的矩阵为$\boldsymbol{A}=\begin{bmatrix}0&0&1\\0&1&0\\1&0&0\end{bmatrix}$,求$\sigma$的特征值与特征向量.

解　σ的特征多项式为$|\lambda\boldsymbol{E}-\boldsymbol{A}|=\begin{vmatrix}\lambda&0&-1\\0&\lambda-1&0\\-1&0&\lambda\end{vmatrix}=(\lambda-1)^2(\lambda+1)$,即得$\sigma$的特征值为:$\lambda_1=\lambda_2=1,\lambda_3=-1$.

解方程组$(\boldsymbol{E}-\boldsymbol{A})\boldsymbol{X}=\boldsymbol{0}$,得基础解系:$\boldsymbol{\xi}_1=(1,0,1)'$,$\boldsymbol{\xi}_2=(0,1,0)'$.而$\boldsymbol{\alpha}_1=(\boldsymbol{\varepsilon}_1,\boldsymbol{\varepsilon}_2,\boldsymbol{\varepsilon}_3)\boldsymbol{\xi}_1=\boldsymbol{\varepsilon}_1+\boldsymbol{\varepsilon}_3$,$\boldsymbol{\alpha}_2=(\boldsymbol{\varepsilon}_1,\boldsymbol{\varepsilon}_2,\boldsymbol{\varepsilon}_3)\boldsymbol{\xi}_2=\boldsymbol{\varepsilon}_2$是$\sigma$的属于特征值1的线性无关的特征向量,所以$\boldsymbol{A}$的属于特征值1的特征子空间为$L(\boldsymbol{\xi}_1,\boldsymbol{\xi}_2)$,$\sigma$的属于特征值1的特征子空间为$L(\boldsymbol{\alpha}_1,\boldsymbol{\alpha}_2)$.

再解方程组$(-\boldsymbol{E}-\boldsymbol{A})\boldsymbol{X}=\boldsymbol{0}$,得基础解系:$\boldsymbol{\eta}_1=(1,0,-1)'$,则$\boldsymbol{\beta}_1=(\boldsymbol{\varepsilon}_1,\boldsymbol{\varepsilon}_2,\boldsymbol{\varepsilon}_3),\boldsymbol{\eta}_1=\boldsymbol{\varepsilon}_1-\boldsymbol{\varepsilon}_3$为$\sigma$的属于特征值$-1$的特征向量.所以$\boldsymbol{A}$的属于特征值$-1$的特征子空间为$L(\boldsymbol{\eta}_1)$.$\sigma$的属于特征值$-1$的特征子空间为$L(\boldsymbol{\beta}_1)$.(特征子空间中的非零向量为特征向量)

注:不同线性变换可能有相同的特征值,而有不同的特征向量,例如:$\begin{pmatrix}0&-2\\1&3\end{pmatrix}$与$\begin{pmatrix}-2&-2\\6&5\end{pmatrix}$的特征值均为1,2.但特征向量不同.通常,不同线性变换可能有相同的特征向量,而特征值不同.例如,$\begin{pmatrix}1&0\\0&3\end{pmatrix}$的属于特征值1的特征向量亦为$\begin{pmatrix}2&0\\0&6\end{pmatrix}$的属于特征值2的特征向量.

性质 ① 若 φ 的特征值为 λ，若 φ^2 的特征值为 λ^2，φ^k 的特征值为 λ^k，$\boldsymbol{\alpha}\varphi$ 的特征值为 $\boldsymbol{\alpha}\lambda$.

证明提示：$\varphi(\boldsymbol{\alpha})=\lambda\boldsymbol{\alpha}$，$\varphi^2(\boldsymbol{\alpha})=\varphi(\varphi(\boldsymbol{\alpha}))=\varphi(\lambda\boldsymbol{\alpha})=\lambda\varphi(\boldsymbol{\alpha})=\lambda\lambda\boldsymbol{\alpha}=\lambda^2\boldsymbol{\alpha}$.

② $\forall f(x)\in P[x]$，若 λ 是 φ 的特征值，则 $f(\lambda)$ 为 $f(\varphi)$ 的特征值.

③ 若 φ 可逆，φ 的特征值为 λ，则 $\frac{1}{\lambda}$ 为 φ^{-1} 的特征根.

证 $\varphi(\boldsymbol{\alpha})=\lambda\boldsymbol{\alpha}$，$\boldsymbol{\alpha}=\varphi^{-1}\varphi\boldsymbol{\alpha}=\varphi^{-1}(\lambda\boldsymbol{\alpha})=\lambda\varphi^{-1}(\boldsymbol{\alpha})$，故 $\varphi^{-1}(\boldsymbol{\alpha})=\frac{1}{\lambda}\boldsymbol{\alpha}$.

④ 若 φ 可逆，φ 的特征根 λ，则 $\frac{1}{\lambda}|\boldsymbol{A}|$ 为 φ 的伴随变换 φ^* 的特征根，$\varphi(\boldsymbol{\varepsilon}_1,\cdots,\boldsymbol{\varepsilon}_n)=(\boldsymbol{\varepsilon}_1,\cdots,\boldsymbol{\varepsilon}_n)\boldsymbol{A}$.

证 $\boldsymbol{A}\boldsymbol{A}^*=|\boldsymbol{A}|\boldsymbol{E}$，$\boldsymbol{A}^*=|\boldsymbol{A}|\boldsymbol{A}^{-1}$，$\boldsymbol{A}\boldsymbol{\alpha}=\lambda\boldsymbol{\alpha}$，$\boldsymbol{A}^{-1}\boldsymbol{\alpha}=\frac{1}{\lambda}\boldsymbol{\alpha}$，$\boldsymbol{A}^*\boldsymbol{\alpha}=|\boldsymbol{A}|\boldsymbol{A}^{-1}\boldsymbol{\alpha}=\frac{1}{\lambda}|\boldsymbol{A}|\boldsymbol{\alpha}$.

⑤ 若 φ 不可逆，$\varphi(\boldsymbol{\varepsilon}_1,\cdots,\boldsymbol{\varepsilon}_n)=(\boldsymbol{\varepsilon}_1,\cdots,\boldsymbol{\varepsilon}_n)\boldsymbol{A}$，若 $R(\varphi)=R(\boldsymbol{A})<n-1$，则 $R(\boldsymbol{A}^*)=0$，$\boldsymbol{A}^*$ 的特征值为 0；若 $R(\varphi)=R(\boldsymbol{A})=n-1$，则 $R(\boldsymbol{A}^*)=1$，则 $\boldsymbol{A}^*$ 有一个 $n-1$ 重特征根零及一个单特征根 $A_{11}+A_{22}+\cdots+A_{nn}$，($\boldsymbol{A}=(a_{ij})$，$A_{ii}$ 是 a_{ii} 的代数余子式)

证 $|\lambda\boldsymbol{E}-\boldsymbol{A}^*|=\lambda^n-(A_{11}+A_{22}+\cdots+A_{nn})\lambda^{n-1}=\lambda^n[\lambda-(A_{11}+A_{22}+\cdots+A_{nn})]$.

注：若 $R(\boldsymbol{A})=r$，则 0 至少是 $\boldsymbol{A}$ 的 $n-r$ 重特征根.

⑥ 不同特征值的特征向量线性无关.

⑦ $\boldsymbol{A}\sim\boldsymbol{B}$，$\boldsymbol{B}=\boldsymbol{P}^{-1}\boldsymbol{A}\boldsymbol{P}$，则 $\boldsymbol{A}$ 与 $\boldsymbol{B}$ 有相同的特征值. 若 $\boldsymbol{\alpha}$ 是 $\boldsymbol{A}$ 的特征向量，则 $\boldsymbol{P}^{-1}\boldsymbol{\alpha}$ 为 $\boldsymbol{B}$ 的特征向量.

证 $|\lambda\boldsymbol{E}-\boldsymbol{B}|=|\lambda\boldsymbol{E}-\boldsymbol{P}^{-1}\boldsymbol{A}\boldsymbol{P}|=|\lambda\boldsymbol{E}-\boldsymbol{A}|$，$\boldsymbol{A}$ 与 $\boldsymbol{B}$ 的特征多项式相同，所以，$\boldsymbol{A}$ 与 $\boldsymbol{B}$ 的特征根相同. 又 $\boldsymbol{A}\boldsymbol{\alpha}=\lambda\boldsymbol{\alpha}$，$\boldsymbol{P}\boldsymbol{B}\boldsymbol{P}^{-1}\boldsymbol{\alpha}=\lambda\boldsymbol{\alpha}$，$\boldsymbol{B}(\boldsymbol{P}^{-1}\boldsymbol{\alpha})=\boldsymbol{P}^{-1}\lambda\boldsymbol{\alpha}=\lambda(\boldsymbol{P}^{-1}\boldsymbol{\alpha})$，则 $\boldsymbol{P}^{-1}\boldsymbol{\alpha}$ 为 $\boldsymbol{B}$ 的特征向量.

⑧ 已知 $\boldsymbol{A}\in P^{n\times n}$，$\boldsymbol{\alpha}\in P^n$ 是 $\boldsymbol{A}$ 的特征向量. 则 $\boldsymbol{\alpha}$ 属于的特征值为 $\lambda=\frac{\boldsymbol{\alpha}'\boldsymbol{A}\boldsymbol{\alpha}}{\boldsymbol{\alpha}'\boldsymbol{\alpha}}$.

证 $\boldsymbol{A}\boldsymbol{\alpha}=\lambda\boldsymbol{\alpha}$，$\boldsymbol{\alpha}'\boldsymbol{A}\boldsymbol{\alpha}=\boldsymbol{\alpha}'\lambda\boldsymbol{\alpha}=\lambda\boldsymbol{\alpha}'\boldsymbol{\alpha}$，所以，$\lambda=\frac{\boldsymbol{\alpha}'\boldsymbol{A}\boldsymbol{\alpha}}{\boldsymbol{\alpha}'\boldsymbol{\alpha}}$（所以，$\boldsymbol{\alpha}\neq\boldsymbol{0}$，$\boldsymbol{\alpha}'\boldsymbol{\alpha}\neq0$）.

⑨ 设 $\boldsymbol{A}$、$\boldsymbol{B}$ 为 n 阶方阵，则 $\Delta_{AB}(\lambda)=\Delta_{BA}(\lambda)$.

证 $\begin{pmatrix}\boldsymbol{E} & -\boldsymbol{A}\\ \boldsymbol{0} & \boldsymbol{E}\end{pmatrix}\begin{pmatrix}\lambda\boldsymbol{E} & \boldsymbol{A}\\ \boldsymbol{B} & \boldsymbol{E}\end{pmatrix}=\begin{pmatrix}\lambda\boldsymbol{E}-\boldsymbol{A}\boldsymbol{B} & \boldsymbol{0}\\ \boldsymbol{B} & \boldsymbol{E}\end{pmatrix}$

两端取行列式得

$$\begin{vmatrix}\lambda\boldsymbol{E} & \boldsymbol{A}\\ \boldsymbol{B} & \boldsymbol{E}\end{vmatrix}=|\lambda\boldsymbol{E}-\boldsymbol{A}\boldsymbol{B}|,$$

再由 $\begin{pmatrix}\lambda\boldsymbol{E} & \boldsymbol{A}\\ \boldsymbol{B} & \boldsymbol{E}\end{pmatrix}\begin{pmatrix}\boldsymbol{E} & -\boldsymbol{A}\\ \boldsymbol{0} & \lambda\boldsymbol{E}\end{pmatrix}=\begin{pmatrix}\lambda\boldsymbol{E} & \boldsymbol{0}\\ \boldsymbol{B} & \lambda\boldsymbol{E}-\boldsymbol{B}\boldsymbol{A}\end{pmatrix}$ 两端取行列式得

$$|\lambda\boldsymbol{E}-\boldsymbol{A}\boldsymbol{B}|\cdot\lambda^n=\lambda^n|\lambda\boldsymbol{E}-\boldsymbol{B}\boldsymbol{A}|$$

所以

$$|\lambda\boldsymbol{E}-\boldsymbol{A}\boldsymbol{B}|=|\lambda\boldsymbol{E}-\boldsymbol{B}\boldsymbol{A}|.$$

【例 3.2】 设 $\boldsymbol{A}\in\mathbf{R}^{n\times n}$，$\forall\boldsymbol{\alpha}\in\mathbf{R}^n$，均有 $\boldsymbol{\alpha}'\boldsymbol{A}\boldsymbol{\alpha}>0$，则 $|\boldsymbol{A}|>0$.

证　设 $\boldsymbol{A\beta}=\lambda\boldsymbol{\beta},\lambda\in\mathbf{C},\mathbf{0}\neq\boldsymbol{\beta}\in\mathbf{C}^n$，

$$\lambda=a+b\mathrm{i},\boldsymbol{\beta}=\eta+\gamma\mathrm{i},\eta,\gamma\in\mathbf{R}^n$$

由

$$\boldsymbol{A}(\eta+\gamma\mathrm{i})=(a+b\mathrm{i})(\eta+\gamma\mathrm{i})$$

$$\begin{cases}\boldsymbol{A}\eta=a\eta-b\gamma,\\ \boldsymbol{A}\gamma=a\gamma+b\eta,\end{cases}\qquad \begin{cases}\eta'\boldsymbol{A}\eta=a\eta'\eta-b\eta'\gamma,\\ \gamma'\boldsymbol{A}\gamma=a\gamma'\gamma+b\gamma'\eta.\end{cases}$$

两式相加：$\eta'\boldsymbol{A}\eta+\gamma'\boldsymbol{A}\gamma=a(\eta'\eta+\gamma'\gamma)>0$

因 $\eta'\eta+\gamma'\gamma>0$，故 $a>0$.

$\boldsymbol{A}$ 的特征根除实数外，虚根成对出现，$|\boldsymbol{A}|$ 等于其特征值的乘积. 因此，$|\boldsymbol{A}|>0$.

【例 3.3】　设 φ 是 n 维线性空间 V 的一个线性变换，λ_0 是 φ 的一个特征值，试证，对于任意一组不全为零的数 $k_1,\cdots,k_n$，都存在一组基 $\boldsymbol{\varepsilon}_1,\cdots,\boldsymbol{\varepsilon}_n$，使 $\boldsymbol{\alpha}=\sum\limits_{i=1}^{n}k_i\boldsymbol{\varepsilon}_i$ 是 φ 的属于 λ_0 的特征向量.

证　设 $\varphi(\boldsymbol{\alpha}_1)=\lambda_0\boldsymbol{\alpha}_1,\boldsymbol{\alpha}_1\neq\mathbf{0}$，将 $\boldsymbol{\alpha}_1$ 扩充成 V 的一组基 $\boldsymbol{\alpha}_1,\boldsymbol{\alpha}_2,\cdots,\boldsymbol{\alpha}_n$，令 $\boldsymbol{\beta}_1=(k_1,\cdots,k_n)'$ 并将其扩成 P^n 的一组基 $\boldsymbol{\beta}_1,\boldsymbol{\beta}_2,\cdots,\boldsymbol{\beta}_n$，令 $\boldsymbol{T}=(\boldsymbol{\beta}_1,\cdots,\boldsymbol{\beta}_n)$，则 $(\boldsymbol{\varepsilon}_1,\boldsymbol{\varepsilon}_2,\cdots,\boldsymbol{\varepsilon}_n)=(\boldsymbol{\alpha}_1,\cdots,\boldsymbol{\alpha}_n)\boldsymbol{T}^{-1}$ 为 V 的一组基. 故存在一组基 $\boldsymbol{\varepsilon}_1,\boldsymbol{\varepsilon}_2,\cdots,\boldsymbol{\varepsilon}_n$，使 $\boldsymbol{\alpha}=\sum\limits_{i=1}^{n}k_i\boldsymbol{\varepsilon}_i=\boldsymbol{\alpha}_1$ 是 φ 的属于 λ_0 的特征向量.

【例 3.4】　设 $\boldsymbol{A}$ 为 n 阶非负矩阵(即 $\boldsymbol{A}=(a_{ij}),a_{ij}\geqslant0$)若对任意 $i=1,2,\cdots,n$，有 $\sum\limits_{k=1}^{n}a_{ik}=1$，则称 $\boldsymbol{A}$ 为概率矩阵，求证：概率矩阵必有特征值 1，且其特征值的绝对值不超过 1.

证　令 $\boldsymbol{x}=(1,1,\cdots,1)'$，则 $\boldsymbol{Ax}=1\boldsymbol{x}$，$\boldsymbol{A}$ 有特征值 1.

若有 $|\lambda|>1$，使 $\boldsymbol{A\alpha}=\lambda\boldsymbol{\alpha},\boldsymbol{\alpha}\neq\mathbf{0},\boldsymbol{\alpha}=(b_1,\cdots,b_n)'$，

设 $\max\{|b_1|,\cdots,|b_n|\}=|b_k|>0$，由 $\boldsymbol{A\alpha}=\lambda\boldsymbol{\alpha}$，可得 $\sum\limits_{j=1}^{n}a_{kj}b_j=\lambda b_k$，

$|b_k|<|\lambda||b_k|=|\lambda b_k|\leqslant\sum\limits_{j=1}^{n}\alpha_{kj}|b_j|\leqslant\sum\limits_{j=1}^{n}a_{kj}|b_k|=1\cdot|b_k|=|b_k|$ 矛盾，故有 $|\lambda|\leqslant1$.

【例 3.5】　设 n 阶方阵 $\boldsymbol{A},\boldsymbol{B}$，且 $\boldsymbol{AB}=\boldsymbol{BA}$，则 $\boldsymbol{B}$ 的任意特征子空间中，都有 $\boldsymbol{A}$ 的特征向量，反之，$\boldsymbol{A}$ 的任意特征子空间中都有 $\boldsymbol{B}$ 的特征向量.

证　设 V_1 是 $\boldsymbol{B}$ 的特征值 λ 对应的特征子空间，V_1 的基底为 $\boldsymbol{\alpha}_1,\cdots,\boldsymbol{\alpha}_r$，$V_1=L(\boldsymbol{\alpha}_1,\cdots,\boldsymbol{\alpha}_r)$，则有 V_1 为 $\boldsymbol{A}$ 的不变子空间，设 $\boldsymbol{A\alpha}_i=\sum\limits_{j=1}^{r}C_{ij}\boldsymbol{\alpha}_j$，若 $\boldsymbol{\beta}\in V_1,\boldsymbol{\beta}=\sum\limits_{i=1}^{r}k_i\boldsymbol{\alpha}_i$，使 $\boldsymbol{A\beta}=\mu\boldsymbol{\beta}$，即 $\sum\limits_{i=1}^{r}k_i\boldsymbol{A\alpha}_i=\mu\sum\limits_{i=1}^{r}k_i\boldsymbol{\alpha}_i$，$\sum\limits_{i=1}^{r}k_i\sum\limits_{j=1}^{r}C_{ij}\boldsymbol{\alpha}_j=\mu\sum\limits_{i=1}^{r}k_i\boldsymbol{\alpha}_i$，

$$\sum_{j=1}^{r}\Big(\sum_{i=1}^{r}k_iC_{ij}-\mu k_j\Big)\boldsymbol{\alpha}_j=\mathbf{0}.$$

因为 $\boldsymbol{\alpha}_1,\cdots,\boldsymbol{\alpha}_r$ 线性无关. 从而 $\sum\limits_{i=1}^{r}k_iC_{ij}-\mu k_j=0,(j=1,2,\cdots,r)$，写成矩阵的形式为

$$\begin{bmatrix} C_{11} & C_{21} & \cdots & C_{r1} \\ C_{12} & C_{22} & \cdots & C_{r2} \\ \cdots & \cdots & \cdots & \cdots \\ C_{1r} & C_{2r} & \cdots & C_{rr} \end{bmatrix} \begin{bmatrix} k_1 \\ k_2 \\ \vdots \\ k_r \end{bmatrix} = \mu \begin{bmatrix} k_1 \\ k_2 \\ \vdots \\ k_r \end{bmatrix},$$

即 $(k_1, \cdots, k_r)^r$ 是矩阵 $C=(C_{ji})$ 的特征向量，因而 $\boldsymbol{\beta}$ 存在.

【例 3.6】 $\boldsymbol{A},\boldsymbol{B}\in P^{n\times n}$，且 $\boldsymbol{A}$ 的特征值两两互异，则 $\boldsymbol{A}$ 的特征向量恒为 $\boldsymbol{B}$ 特征向量的充要条件是 $\boldsymbol{AB}=\boldsymbol{BA}$.

证 设 $\boldsymbol{A}$ 的特征值为 $\lambda_1,\lambda_2,\cdots,\lambda_n,\lambda_i\neq\lambda_j$，$\boldsymbol{A}$ 的属于 λ_i 的特征向量为 $\boldsymbol{\alpha}_i$，即 $\boldsymbol{A\alpha}_i=\lambda_i\boldsymbol{\alpha}_i$，则 $\boldsymbol{\alpha}_1,\boldsymbol{\alpha}_2,\cdots,\boldsymbol{\alpha}_n$ 线性无关. $\Rightarrow\boldsymbol{\alpha}_i$ 是 $\boldsymbol{B}$ 的特征向量，$\boldsymbol{B\alpha}_i=t_i\boldsymbol{\alpha}_i$.

$$\boldsymbol{B}(\boldsymbol{\alpha}_1,\boldsymbol{\alpha}_2,\cdots,\boldsymbol{\alpha}_n)=(\boldsymbol{\alpha}_1,\cdots,\boldsymbol{\alpha}_n)\begin{bmatrix} t_1 & & & \\ & t_2 & & \\ & & \ddots & \\ & & & t_n \end{bmatrix},$$

$$\boldsymbol{A}(\boldsymbol{\alpha}_1,\cdots,\boldsymbol{\alpha}_n)=(\boldsymbol{\alpha}_1,\boldsymbol{\alpha}_2,\cdots,\boldsymbol{\alpha}_n)\begin{bmatrix} \lambda_1 & & & \\ & \lambda_2 & & \\ & & \ddots & \\ & & & \lambda_n \end{bmatrix}.$$

令 $\boldsymbol{P}^{-1}=(\boldsymbol{\alpha}_1,\cdots,\boldsymbol{\alpha}_n)$，

$$\boldsymbol{AB}=\boldsymbol{P}^{-1}\begin{bmatrix} \lambda_1 & & & \\ & \ddots & & \\ & & \ddots & \\ & & & \lambda_n \end{bmatrix}\boldsymbol{PP}^{-1}\begin{bmatrix} t_1 & & & \\ & \ddots & & \\ & & \ddots & \\ & & & t_n \end{bmatrix}\boldsymbol{P}$$

$$=\boldsymbol{P}^{-1}\begin{bmatrix} \lambda_1 t_1 & & & \\ & \lambda_2 t_2 & & \\ & & \ddots & \\ & & & \lambda_n t_n \end{bmatrix}\boldsymbol{P}=\boldsymbol{BA}.$$

$\Leftarrow\boldsymbol{A\alpha}_i=\lambda_i\boldsymbol{\alpha}_i$，$V_{\lambda_i}$ 特征子空间是一维的.
因为 $\boldsymbol{AB}=\boldsymbol{BA}$，$\boldsymbol{AB\alpha}_i=\boldsymbol{BA\alpha}_i=\boldsymbol{B}(\lambda_i\boldsymbol{\alpha}_i)=\lambda_i\boldsymbol{B\alpha}_i$，即 $\boldsymbol{B\alpha}_i\in V_{\lambda_i}$，所以 $\boldsymbol{B\alpha}_i$ 可由 $\boldsymbol{\alpha}_i$ 线性表示. $\boldsymbol{B\alpha}_i=t_i\boldsymbol{\alpha}_i$，即 $\boldsymbol{\alpha}_i$ 为 $\boldsymbol{B}$ 的特征向量.

4. 特征多项式的性质

① $\boldsymbol{A}\in P^{n\times n}$，$\boldsymbol{A}$ 的特征多项式 $(\boldsymbol{A}=(\alpha_{ij}))$，

$$\Delta_A(\lambda)=|\lambda\boldsymbol{E}-\boldsymbol{A}|=f(\lambda)=(\lambda-\lambda_1)(\lambda-\lambda_2)\cdots(\lambda-\lambda_n)$$

$$=\lambda^n+\sum_{k=1}^{n}(-1)^k S_k\lambda^{n-k}\ (S_k \text{ 为 } \boldsymbol{A} \text{ 所有 } K \text{ 阶主子式的和}).$$

特别地：$\sum\limits_{i=1}^{n}\lambda_i=\sum\limits_{i=1}^{n}\alpha_{ii}$，$\prod\limits_{i=1}^{n}\lambda_i=|\boldsymbol{A}|$.

② $\boldsymbol{A}$ 为退化的 $\Leftrightarrow\boldsymbol{A}$ 至少有一个特征值是 **0**.

③ $\boldsymbol{A}\sim\boldsymbol{B}$，则 $|\lambda\boldsymbol{E}-\boldsymbol{A}|=|\lambda\boldsymbol{E}-\boldsymbol{B}|$.

$\boldsymbol{A}\sim\boldsymbol{B}\Leftrightarrow(\lambda\boldsymbol{E}-\boldsymbol{A})$与$(\lambda\boldsymbol{E}-\boldsymbol{B})$等价.

④ 若$|\lambda\boldsymbol{E}-\boldsymbol{A}|=f(\lambda)$,则 $f(\boldsymbol{A})=0$.(Hamilton-Caylay)定理

迹的定义 设$\boldsymbol{A}=(a_{ij})_{n\times n}$,称 $\sum\limits_{i=1}^{n}a_{ii}$ 为$\boldsymbol{A}$ 的迹,记为 $\mathrm{tr}\boldsymbol{A}$.

迹的性质 ① $\mathrm{tr}\boldsymbol{A}=\sum\limits_{i=1}^{n}\lambda_i$,($\lambda_i$ 为$\boldsymbol{A}$ 的特征根).

② $\mathrm{tr}(a\boldsymbol{A}+b\boldsymbol{B})=a\mathrm{tr}\boldsymbol{A}+b\mathrm{tr}\boldsymbol{B}$.

③ 相似矩阵的迹相同.

④ $\mathrm{tr}(\boldsymbol{A})=\mathrm{tr}(\boldsymbol{A}')$.

⑤ $\mathrm{tr}(\boldsymbol{AB})=\mathrm{tr}(\boldsymbol{BA})$.

⑥ 若$\boldsymbol{A}=(a_{ij})$,则 $\mathrm{tr}(\boldsymbol{A}'\boldsymbol{A})=\sum\limits_{i=1}^{n}\sum\limits_{j=1}^{n}a_{ji}^2$.

证 $\boldsymbol{A}'\boldsymbol{A}=(C_{ij}),C_{ii}=\sum\limits_{j=1}^{n}a_{ji}^2$ $\quad\mathrm{tr}(\boldsymbol{A}'\boldsymbol{A})=\sum\limits_{i=1}^{n}C_{ii}=\sum\limits_{i=1}^{n}\sum\limits_{j=1}^{n}a_{ji}^2$.

【例 3.7】 设$\boldsymbol{A}$为实矩阵,则 $\mathrm{tr}(\boldsymbol{AA}')=0\Leftrightarrow\boldsymbol{A}=\boldsymbol{0}$.

证 $\mathrm{tr}(\boldsymbol{AA}')=0$,即 $\sum\limits_{i=1}^{n}\sum\limits_{j=1}^{n}a_{ji}^2=0\Leftrightarrow a_{ji}=0\Leftrightarrow\boldsymbol{A}=\boldsymbol{0}$.

【例 3.8】 将n阶实矩阵$\boldsymbol{A}=(\boldsymbol{\alpha}_{ij})$的全体元素的平方和记为$\sigma(\boldsymbol{A})=\sum\limits_{i=1}^{n}\sum\limits_{j=1}^{n}\alpha_{ij}^2$,求证:$\boldsymbol{A}$是正交矩阵的充要条件是任意$n$阶实方阵$\boldsymbol{B}$,均有$\sigma(\boldsymbol{ABA}')=\sigma(\boldsymbol{B})$.

证 显然$\sigma(\boldsymbol{A})=\mathrm{tr}(\boldsymbol{A}'\boldsymbol{A}),\mathrm{tr}(\boldsymbol{P}'\boldsymbol{AP})=\mathrm{tr}(\boldsymbol{A})$($\boldsymbol{P}$为正交阵)

($\Rightarrow$)$\mathrm{tr}[(\boldsymbol{ABA}')'(\boldsymbol{ABA}')]=\mathrm{tr}(\boldsymbol{AB}'\boldsymbol{BA}')=\mathrm{tr}(\boldsymbol{B}'\boldsymbol{B})$,所以$\sigma(\boldsymbol{ABA}')=\sigma(\boldsymbol{B})$.

($\Leftarrow$)$\sigma(\boldsymbol{AEA}')=\sigma(\boldsymbol{E})=\mathrm{tr}(\boldsymbol{E}'\boldsymbol{E})=n=\sigma(\boldsymbol{AA}')$.

令$\boldsymbol{A}=(\boldsymbol{\alpha}_1,\boldsymbol{\alpha}_2,\cdots,\boldsymbol{\alpha}_n)$,

则$\sigma(\boldsymbol{A}(\boldsymbol{\alpha}_i\boldsymbol{\alpha}_j')\boldsymbol{A}')=\sigma[(\boldsymbol{\alpha}_i\boldsymbol{\alpha}_j')]$

$=\mathrm{tr}[(\boldsymbol{\alpha}_i\boldsymbol{\alpha}_j')'(\boldsymbol{\alpha}_i\boldsymbol{\alpha}_j')]=\mathrm{tr}(\boldsymbol{\alpha}_j\boldsymbol{\alpha}_i'\boldsymbol{\alpha}_i\boldsymbol{\alpha}_j')$

$=(\boldsymbol{\alpha}_i'\boldsymbol{\alpha}_i)\mathrm{tr}(\boldsymbol{\alpha}_j\boldsymbol{\alpha}_j')=(\boldsymbol{\alpha}_i'\boldsymbol{\alpha}_i)(\boldsymbol{\alpha}_j'\boldsymbol{\alpha}_j)$(因为$\boldsymbol{\alpha}_i'\boldsymbol{\alpha}_i$为一个数).

$\boldsymbol{AE}_{ij}\boldsymbol{A}'=\boldsymbol{\alpha}_i\boldsymbol{\alpha}_j',\sigma(\boldsymbol{\alpha}_i\boldsymbol{\alpha}_j')=\sigma(\boldsymbol{AE}_{ij}\boldsymbol{A}')=\sigma(\boldsymbol{E}_{ij})=1$,(对任意的$i$、$j$均成立)

故$(\boldsymbol{\alpha}_i'\boldsymbol{\alpha}_i)(\boldsymbol{\alpha}_j'\boldsymbol{\alpha}_j)=1$.

所以$\boldsymbol{\alpha}_i\boldsymbol{\alpha}_i'=1$

当$i=j$时,

$$\text{所以 }\sigma(\boldsymbol{A}'\boldsymbol{A})=\sigma\left[\begin{bmatrix}\boldsymbol{\alpha}_1'\\\boldsymbol{\alpha}_2'\\\vdots\\\boldsymbol{\alpha}_n'\end{bmatrix}(\boldsymbol{\alpha}_1,\boldsymbol{\alpha}_2,\cdots,\boldsymbol{\alpha}_n)\right]$$

$$=\sum_{i-1}^{n}(\boldsymbol{\alpha}'_i\boldsymbol{\alpha}_i)^2+\sum_{i\neq j}(\boldsymbol{\alpha}'_i\boldsymbol{\alpha}_j)^2=n+\sum_{i\neq j}(\boldsymbol{\alpha}'_i\boldsymbol{\alpha}_j)^2=n;$$

当$i\neq j$时,$(\boldsymbol{\alpha}_i'\boldsymbol{\alpha}_j)=0$,即$\boldsymbol{A}'\boldsymbol{A}=\boldsymbol{E}$.

【例 3.9】 n阶方阵$\boldsymbol{A}$、$\boldsymbol{B}$、$\Delta_A(\lambda)=f(\lambda)$,则 $f(\boldsymbol{B})$降秩$\Leftrightarrow\boldsymbol{A}$与$\boldsymbol{B}$有公共特征值.

证 设$\boldsymbol{A}$、$\boldsymbol{B}$的特征值分别是:$\lambda_1,\lambda_2,\cdots,\lambda_n$与$u_1,u_2,\cdots,u_n$,

$$\Delta_A(\lambda)=f(\lambda)=\prod_{i=1}^{n}(\lambda-\lambda_i),$$

$$|f(\boldsymbol{B})|=\left|\prod(\boldsymbol{B}-\lambda_i\boldsymbol{E})\right|=(-1)^n\prod|(\lambda_i\boldsymbol{E}-\boldsymbol{B})|$$

$$=(-1)^n\prod_i\prod_j(\lambda_i-u_j)=0\Leftrightarrow \text{存在 } i,j \text{ 使 } \lambda_i=u_j.$$

5. 线性变换的可对角化条件

① 对于数域 P 上 n 维线性空间 V 的线性变换 φ，若存在一组基，使得 φ 在这组基下的矩阵是一个对角矩阵，就称 φ 可对角化.

② 设 $\dim V=n,\varphi\in L(V)$，φ 在基 $\boldsymbol{\varepsilon}_1,\boldsymbol{\varepsilon}_2,\cdots,\boldsymbol{\varepsilon}_n$ 下的矩阵为 $\boldsymbol{A}$，则以下条件等价：

a. φ 可对角化；

b. φ 有 n 个线性无关的特征向量；

c. 矩阵 φ 在数域 P 中可对角化；

d. V 可以分解成 φ 的所有特征子空间的直和.

③ φ 相似于对角形矩阵的充要条件是 $\boldsymbol{A}$ 的特征向量系可作为空间 P^n 的基底.（这时，称此特征向量系是完备的）.

④ φ 相似于对角阵的充要条件是特征子空间维数之和为 n，即 $\sum\dim V_{\lambda_i}=n$，此时 λ_i 的几何重数 $\dim V_{\lambda_i}$ 等于 λ_i 的代数重数 t_i，且 $\sum t_i=n$.

⑤ φ 相似于对角阵的充要条件是 φ 的初等因子是一次的.

⑥ $\boldsymbol{A}$ 相似于对角阵的充要条件是 $\boldsymbol{A}$ 的最小多项式 $m_A(\lambda)$ 无重根.

证 因不变因子 $d_n(\lambda)$ 是全体初等因子的最小公倍式，所以，$d_n(\lambda)$ 无重根，即 $m_A(\lambda)$ 无重根.

⑦ $\boldsymbol{A}$ 相似于对角阵的充要条件是对于 $\boldsymbol{A}$ 的任意特征根 λ_i，均有

$$R(\lambda_i\boldsymbol{E}-\boldsymbol{A})=R(\lambda_i\boldsymbol{E}-\boldsymbol{A})^2.$$

证 必要性. 因为 $\boldsymbol{A}$ 可对角化，所以 $m_A(\lambda)$ 无重根，故 $(\lambda-\lambda_i)\mid m_A(\lambda)$，且 $(m_A(\lambda),(\lambda-\lambda_i)^2)=\lambda-\lambda_i$，

故存在 $\mu(\lambda),V(\lambda)$，使得 $m_A(\lambda)\mu(\lambda)+(\lambda-\lambda_i)^2V(\lambda)=\lambda-\lambda_i$

将 $\boldsymbol{A}$ 代入得 $(\lambda-\lambda_i\boldsymbol{E})^2V(\boldsymbol{A})=\boldsymbol{A}-\lambda_i\boldsymbol{E}$，

所以 $R(\boldsymbol{A}-\lambda_i\boldsymbol{E})\leqslant R(\boldsymbol{A}-\lambda_i\boldsymbol{E})^2$，但 $R(\boldsymbol{A}-\lambda_i\boldsymbol{E})^2\leqslant R(\boldsymbol{A}-\lambda_i\boldsymbol{E})$，

所以 $R(\boldsymbol{A}-\lambda_i\boldsymbol{E})=R(\boldsymbol{A}-\lambda_i\boldsymbol{E})^2$.

充分性. 证明 $m_A(\lambda)$ 无重根，否则设 $\boldsymbol{A}$ 的特征根 λ_0 不是 $m_A(\lambda)$ 的单根，则 $(\lambda-\lambda_0)^2\mid m_A(\lambda)$.

有
$$m_A(\lambda)=(\lambda-\lambda_0)^2q(\lambda),$$

因为 $\partial((\lambda-\lambda_0)q(\lambda))$，$\partial(q(\lambda))$ 均小于 $\partial(m_A(\lambda))$，

所以，$(\boldsymbol{A}-\lambda_0\boldsymbol{E})q(\boldsymbol{A})\neq 0$，$q(\boldsymbol{A})\neq 0$，（$m_A(\lambda)$ 是最小多项式）

但 $(\boldsymbol{A}-\lambda_0\cdot\boldsymbol{E})^2q(\boldsymbol{A})=m_A(\boldsymbol{A})=0$，因为 $q(\boldsymbol{A})\neq 0$，

所以，矩阵 $q(\boldsymbol{A})$ 中必有不为 0 的列向量是齐次方程组 $(\boldsymbol{A}-\lambda_0\boldsymbol{E})^2\boldsymbol{X}=\boldsymbol{0}$ 的一个非零解，而不是 $(\boldsymbol{A}-\lambda_0\boldsymbol{E})\boldsymbol{X}=\boldsymbol{0}$ 的解，但 $R(\boldsymbol{A}-\lambda_0\boldsymbol{E})=R(\boldsymbol{A}-\lambda_0\boldsymbol{E})^2$，因而，方程组 $(\boldsymbol{A}-\lambda_0\boldsymbol{E})\boldsymbol{X}=\boldsymbol{0}$ 与 $(\boldsymbol{A}-\lambda_0\boldsymbol{E})^2\boldsymbol{X}=\boldsymbol{0}$ 同解，矛盾.

所以,λ_0 是 $m_A(\lambda)$的单根,$m_A(\lambda)$无重根.

推论　$\boldsymbol{A}$ 相似于对角阵的充要条件是对于 $\boldsymbol{A}$ 的任意特征根 λ_i,$(\lambda_i\boldsymbol{E}-\boldsymbol{A})$与$(\lambda_i\boldsymbol{E}-\boldsymbol{A})^2$的值域相等,或者它们的核相等.

【例 3.10】　方阵 $\boldsymbol{A}$ 满足 $\boldsymbol{A}^3+2\boldsymbol{A}^2-\boldsymbol{A}-2\boldsymbol{E}=\boldsymbol{0}$,问 $\boldsymbol{A}$ 是否相似于对角阵?

解　因 $g(\lambda)=\lambda^3+2\lambda^2-\lambda-2=(\lambda-2)(\lambda-1)(\lambda+1)$无重根,$g(\boldsymbol{A})=0$,$m_A(\lambda)\mid g(\lambda)$,$m_A(\lambda)$无重根,所以 $\boldsymbol{A}$ 相似于对角阵.

【例 3.11】　幂幺阵相似于对角阵.

证　$\boldsymbol{A}^k=\boldsymbol{E}$,设 λ_i 为 $\boldsymbol{A}$ 的特征值,则 λ_i^k 为 $\boldsymbol{A}^k$ 的特征值.
有 $\lambda_i^k=1$,λ_i 为 k 次单位根.
令 $g(x)=x_k-1=(x-\boldsymbol{\varepsilon}_1)(x-\boldsymbol{\varepsilon}_2)\cdots(x-\boldsymbol{\varepsilon}_k)$,$\boldsymbol{\varepsilon}_i$ 为 k 次单位根

$$g(\boldsymbol{A})=\boldsymbol{A}^k-\boldsymbol{E}=\boldsymbol{0},m_A(\lambda)\mid g(\lambda),m_A(\lambda)\text{无重根},$$

因此,$\boldsymbol{A}$ 相似于对角阵.

【例 3.12】　设 φ,ψ 为数域 P 上 n 维线性空间 V 的两个线性变换,且$(\Delta_\varphi(\lambda),\Delta'_\varphi(\lambda))=1$($\Delta'_\varphi(\lambda)$为 $\Delta_\varphi(\lambda)$的导数多项式),则 $\varphi\psi=\psi\varphi\Leftrightarrow(m_\psi(\lambda),m'_\psi(\lambda))=1$.

证　设 φ、ψ 在 V 的基底 $\boldsymbol{\alpha}_1,\cdots,\boldsymbol{\alpha}_n$ 下的矩阵为 $\boldsymbol{A}$ 与 $\boldsymbol{B}$,由$(\Delta_\varphi(\lambda),\Delta'_\varphi(\lambda))=1$ 知,$\Delta_A(\lambda)$无重根,

$$\text{故}\boldsymbol{A}\text{相似于对角矩阵,设}\boldsymbol{P}^{-1}\boldsymbol{AP}=\begin{bmatrix}\lambda_1 & & & \\ & \ddots & & \\ & & \ddots & \\ & & & \lambda_n\end{bmatrix}=\boldsymbol{A}_1,\lambda_i\neq\lambda_j$$

令 $\boldsymbol{P}^{-1}\boldsymbol{BP}=\boldsymbol{B}_1$,

$$\varphi\psi=\psi\varphi\Leftrightarrow\boldsymbol{AB}=\boldsymbol{BA}\Leftrightarrow\boldsymbol{A}_1\boldsymbol{B}_1=\boldsymbol{B}_1\boldsymbol{A}_1\Leftrightarrow\boldsymbol{B}_1\text{为对角阵}\Leftrightarrow m_{\boldsymbol{B}}(\lambda)\text{无重根},$$
$$\Leftrightarrow(m_{\boldsymbol{B}}(\lambda),m'_{\boldsymbol{B}}(\lambda))=1\Leftrightarrow(m_\psi(\lambda),m'_\psi(\lambda))=1.$$

【例 3.13】　一组两两可交换的方阵,它们都相似于对角阵,求证:它们可以同时相似于对角阵.

证　对方阵的阶数 n 用归纳法证.

设方阵 $\boldsymbol{A},\boldsymbol{B}_1,\boldsymbol{B}_2,\cdots,\boldsymbol{B}_s$ 都相似于对角阵,且两两可换,当 $n=1$ 时,显然成立.
假定命题对阶数不超过 $n-1$ 时成立,现对 n 证.
设 $\boldsymbol{A}$ 的特征根为 $\lambda_1,\lambda_2,\cdots,\lambda_k$,$\lambda_i$ 的重数为 r_i,则存在非奇异阵 $\boldsymbol{P}$,使

$$\boldsymbol{P}^{-1}\boldsymbol{AP}=\begin{bmatrix}\lambda_1\boldsymbol{E}_{r_1} & & & \\ & \ddots & & \\ & & \ddots & \\ & & & \lambda_k\boldsymbol{E}_{r_k}\end{bmatrix}=\boldsymbol{C},\text{记为}\boldsymbol{P}^{-1}\boldsymbol{B}_j\boldsymbol{P}=\boldsymbol{D}_j.$$

因为 $\boldsymbol{AB}_j=\boldsymbol{B}_j\boldsymbol{A}$. 所以 $\boldsymbol{CD}_j=\boldsymbol{D}_j\boldsymbol{C}$,故 $\boldsymbol{D}_j$ 为对角块阵.

$$\boldsymbol{D}_j=\begin{bmatrix}\boldsymbol{D}_{j1} & & \\ & \ddots & \\ & & \boldsymbol{D}_{jk}\end{bmatrix},\boldsymbol{D}_j\text{的阶数为}r_i.$$

因为 $\boldsymbol{D}_j$ 相似于对角阵,所以 $\boldsymbol{D}_{ji}$亦相似于对角阵.

另一方面,因为 $B_hB_t=B_tB_h$,所以 $D_nD_t=D_tD_n$,$D_{ni}D_{ti}=D_{ti}D_{ni}$,$D_{ni}$,$D_{ti}$ 的阶数小于或等于 $n-1$,由归纳假定,对每个 i,有非奇异阵 Q_i,使 $Q_i^{-1}D_{ji}Q_i=M_{ji}$ 同时成对角阵,记

$$G=P\begin{bmatrix}Q_1&&\\&\ddots&\\&&Q_k\end{bmatrix}=PQ,$$

则

$$G^{-1}B_jG=Q^{-1}P^{-1}B_jPQ=Q^{-1}D_jQ$$

$$=\begin{bmatrix}Q_1^{-1}D_{j1}Q&&\\&\ddots&\\&&Q_k^{-1}D_{jk}Q_k\end{bmatrix}=\begin{bmatrix}M_{j1}&&\\&\ddots&\\&&M_{jk}\end{bmatrix},$$

$G^{-1}AG=Q^{-1}P^{-1}APQ=Q^{-1}CQ=C.$

【例 3.14】 设 A、B 为 n 阶实方阵,$A^2=A$,$B^2=B$,$AB=BA$,求证:存在可逆阵 G,使 $G^{-1}AG$ 与 $G^{-1}BG$ 均为对角阵.

证 可利用上例直接得出,亦可证明如下:

由 $A^2=A$,知存在可逆阵 P 使

$$P^{-1}AP=\begin{pmatrix}E_r&0\\0&0\end{pmatrix}=C,R(A)=r.$$

$$P^{-1}BP=\begin{pmatrix}M_{r\times r}&N\\R&S\end{pmatrix}=D,$$

$$CD=P^{-1}APP^{-1}BP=DC,$$

$$CD=\begin{pmatrix}M&N\\0&0\end{pmatrix}=DC=\begin{pmatrix}M&0\\R&0\end{pmatrix},$$

所以,$N=0$,$R=0$,$D=\begin{pmatrix}M&0\\0&S\end{pmatrix}$,

$$D^2=\begin{bmatrix}M^2&0\\0&S^2\end{bmatrix}=D,M^2=M,S^2=S.$$

则存在 Q_1,Q_2,使 $Q_1^{-1}MQ_1=\begin{pmatrix}E_k&0\\0&0\end{pmatrix}$,

$$Q_2^{-1}SQ_2=\begin{pmatrix}E_t&0\\0&0\end{pmatrix},\text{令 }Q=\begin{pmatrix}Q_1&\\&Q_2\end{pmatrix},$$

有

$$Q^{-1}DQ=\begin{bmatrix}E_k&&&\\&0&&\\&&E_t&\\&&&0\end{bmatrix},Q^{-1}CQ=\begin{pmatrix}E_r&0\\0&0\end{pmatrix},$$

取 $G=PQ$,则有

$$G^{-1}AG=\begin{pmatrix}E_r&0\\0&0\end{pmatrix},G^{-1}BG=\begin{bmatrix}E_k&&&\\&0&&\\&&E_t&\\&&&0\end{bmatrix}.$$

【例 3.15】 设向量 $\boldsymbol{\alpha}=(a_1,a_2,\cdots,a_n),a_i\neq 0$.

(1) 证明:若 $\boldsymbol{B}=\boldsymbol{\alpha}'\boldsymbol{\alpha}$,则 $\boldsymbol{B}^k=m\boldsymbol{B}$($k$ 为自然数);

(2) 求可逆矩阵 $\boldsymbol{P}$,使 $\boldsymbol{P}^{-1}\boldsymbol{B}P$ 为对角阵.

证 (1) $\boldsymbol{B}_k=(\boldsymbol{\alpha}'\boldsymbol{\alpha})(\boldsymbol{\alpha}'\boldsymbol{\alpha})\cdots(\boldsymbol{\alpha}'\boldsymbol{\alpha})=\boldsymbol{\alpha}'(\boldsymbol{\alpha\alpha}')(\boldsymbol{\alpha\alpha}')\cdots(\boldsymbol{\alpha\alpha}')\boldsymbol{\alpha}=\left(\sum\limits_{i=1}^{n}a_i^2\right)^{k-1}\boldsymbol{\alpha}'\boldsymbol{\alpha}=m\boldsymbol{B}$,其中 $m=\left(\sum\limits_{i=1}^{n}a_i^2\right)^{k-1}$.

(2) 因 $\boldsymbol{B}$ 的 t 阶($t\geqslant 2$)子式均为 0,

$$\mathrm{tr}(\boldsymbol{B})=\sum_{i=1}^{n}\lambda i=\sum_{i=1}^{n}a_i^2,$$

所以 $\boldsymbol{B}$ 的特征值为 $\sum\limits_{i=1}^{n}a_i^2$ 及 0.

$\boldsymbol{\beta}_1=(a_1,\cdots,a_n)'$为属于特征值 $\sum\limits_{i=1}^{n}a_i^2$ 的特征向量,

$\boldsymbol{\beta}_2=(-a_2,a_1,0,\cdots,0)'$,

$\boldsymbol{\beta}_3=(-a_2,0,a_1,0,\cdots,0)'$,

……

$\boldsymbol{\beta}_n=(-a_2,0,\cdots,0,a_1)'$

是 $\boldsymbol{B}$ 的属于特征值零的特征向量,

令 $\boldsymbol{P}=(\boldsymbol{\beta}_1,\boldsymbol{\beta}_2,\cdots,\boldsymbol{\beta}_n)$,有 $|P|\neq 0$,

$$\boldsymbol{P}^{-1}\boldsymbol{BP}=\begin{bmatrix}\sum\limits_{i=1}^{n}a_i^2 & & & \\ & 0 & & \\ & & \ddots & \\ & & & 0\end{bmatrix}.$$

第四节　线性变换的值域与核及不变子空间

1. 基本内容

设 $T\in L(V)$. $TV=\{A\boldsymbol{\alpha}\mid\boldsymbol{\alpha}\in V\}$叫作 T 的值域. $T^{-1}(0)=\{\boldsymbol{\alpha}\mid\boldsymbol{\alpha}\in V,T\boldsymbol{\alpha}=\boldsymbol{0}\}$叫作 T 的核.

不变子空间:设 $\varphi\in L(V)$,W 是 V 的子空间,若 $\varphi(W)\subseteq W$,称 W 为 φ 的不变子空间,记为 $\varphi-W$.

2. 难点解析与重要结论

(1) 性质

① TV 与 $T^{-1}(0)$都是 V 的子空间.

② 设 T 是 n 维线性空间 V 的线性变换，$\varepsilon_1,\varepsilon_2,\cdots,\varepsilon_n$ 是 V 的一组基，T 在基 $\varepsilon_1,\varepsilon_2,\cdots,\varepsilon_n$ 下的矩阵为 $\boldsymbol{A}$，则

a. $TV=L(\boldsymbol{A\varepsilon}_1,\boldsymbol{A\varepsilon}_2,\cdots,\boldsymbol{A\varepsilon}_n)$；

b. $\dim(TV)=$秩$(\boldsymbol{A})$；

c. $\boldsymbol{A}$ 的秩$+\boldsymbol{A}$ 的零度$=\dim V$，其中 $\boldsymbol{A}$ 的零度即为 $A^{-1}(0)$ 的维数.

③ T 满，当且仅当 $TV=V$；T 单，当且仅当 $A^{-1}(0)=\{0\}$.

④ 设 $\dim V=n,T\in L(V)$，则 T 单的充要条件是 T 满.

(2) 不变子空间、值域、核的若干结论

① 设子空间 $W=L(\boldsymbol{\alpha}_1,\cdots,\boldsymbol{\alpha}_s)$ 则 $\varphi-W\Leftrightarrow\varphi(\boldsymbol{\alpha}_i)\in W,i=1,2,\cdots,s$.

② 设 $\varphi\in L(V)$，则 $\varphi-\varphi(V),\varphi-\ker(\varphi)$.

③ 若 V 为 n 维线性空间，$\boldsymbol{\varepsilon}_1,\boldsymbol{\varepsilon}_2,\cdots,\boldsymbol{\varepsilon}_n$ 为 V 的基底，且 $\varphi(\boldsymbol{\varepsilon}_1,\cdots,\boldsymbol{\varepsilon}_n)=(\boldsymbol{\varepsilon}_1,\cdots,\boldsymbol{\varepsilon}_n)\boldsymbol{T}$，则 $\varphi(V)=L(\varphi(\boldsymbol{\varepsilon}_1),\cdots,\varphi(\boldsymbol{\varepsilon}_n))$，且维数 $\varphi(V)=R(\boldsymbol{T})$.

④ 设 φ 是 n 维空间 V 的线性变换，则 φ 的秩$+\varphi$ 的零度$=n$.

⑤ 若 $\varphi-W,\psi-W$，则 $\varphi+\psi-W,\varphi\psi-W$.

⑥ 若 $\varphi-W,\varphi-N$，则 $\varphi-W+N,\varphi-W\cap N$.

⑦ 若 $\varphi-W$，且 φ 可逆，则 $\varphi^{-1}-W,\varphi-\varphi(W)$.

证 设 $\boldsymbol{\varepsilon}_1,\boldsymbol{\varepsilon}_2,\cdots,\boldsymbol{\varepsilon}_n$ 为 W 的基，因 φ 可逆，则 $\varphi(\boldsymbol{\varepsilon}_1),\varphi(\boldsymbol{\varepsilon}_2),\cdots,\varphi(\boldsymbol{\varepsilon}_n)$ 亦为 W 的基，$\boldsymbol{\beta}\in W$，$\boldsymbol{\beta}=\sum k_i\varphi(\boldsymbol{\varepsilon}_i)=\varphi(\sum k_i\boldsymbol{\varepsilon}_i)$，$\varphi^{-1}(\boldsymbol{\beta})=\sum k_i\boldsymbol{\varepsilon}_i\in W$. 故 $\varphi^{-1}-W$，至于 $\varphi-\varphi(W)$，显然.

⑧ 若 $\varphi\psi=\psi\varphi$，则 $\varphi-\ker(\psi),\varphi-\psi(V)$.

⑨ φ 的属于特征值 λ_0 的特征子空间 V_{λ_0} 是 $\varphi-V\lambda_0$，并且若 $\varphi\psi=\psi\varphi$，则有 $\psi-V_{\lambda_0}$.

证 $\boldsymbol{\alpha}\in V_{\lambda_0},\varphi\psi(\boldsymbol{\alpha})=\psi\varphi(\boldsymbol{\alpha})=\psi\lambda_0\boldsymbol{\alpha}=\lambda_0\psi(\boldsymbol{\alpha}),\psi(\boldsymbol{\alpha})\in V_{\lambda_0}$.

⑩ φ 的属于特征值 λ_0 的特征子空间 V_{λ_0}，则 $V_{\lambda_0}=\ker(\lambda_0E-\varphi)$.

⑪ 若 $\varphi-W,f(\lambda)\in P[x]$，则 $f(\varphi)-W,\varphi-\ker(f(\varphi))$.

⑫ $\{0\}\subseteq\ker(\varphi)\subseteq\ker(\varphi^2)\subseteq\ker(\varphi^3)\subseteq\cdots$

$V\supseteq\mathrm{Im}(\varphi)\mathrm{Im}(\varphi^2)\supseteq(\varphi^3)\supseteq\cdots$. 且当 V 为有限维空间时，存在自然数 t,s，使

$$\ker(\varphi)=\ker(\varphi^{t+1})=\ker(\varphi^{t+2})=\cdots$$

$$\mathrm{Im}(\varphi^s)=\mathrm{Im}(\varphi^{s+1})=\mathrm{Im}(\varphi^{s+2})=\cdots$$

⑬ 复数域上空间 C^m 的任意两两可交换的线性变换集有共同的特征向量.

证 对空间的维数 n 用归纳法.

当 $n=1$ 时，$C^m=L(\boldsymbol{\alpha})$，则 $\boldsymbol{\alpha}$ 为 C^m 的任意线性变换的特征向量.

假定命题对 $n-1$ 成立，今对 n 证.

若 C^m 中每个非零向量均为所给线性变换的特征向量，则命题成立. 否则，C^m 中至少有一个向量 $\boldsymbol{\alpha}\neq\boldsymbol{0}$，不是某给定线性变换 φ 的特征向量，但存在 φ 的特征子空间 $V_\lambda,V_\lambda\subset C^m$.

$V_\lambda\neq C^m$，维数 $V_\lambda\leqslant n-1$，V_λ 是所给线性变换的不变子空间，给定的线性变换在 V_λ 中的导出变换有共同的特征向量(由归纳假定)，这也就是所给的线性变换在 C^m 中有公共的特征向量.

3. 基本题型与方法

① 在有限维空间 V 中，关于已知线性变换 φ，求 φ 的值域；与已知值域，求线性变换的

问题.

设 $\boldsymbol{\alpha}_1,\boldsymbol{\alpha}_2,\cdots,\boldsymbol{\alpha}_n$ 为线性空间 V 的基底，$\boldsymbol{\alpha}\in V$，设有 $\boldsymbol{\alpha}=k_1\boldsymbol{\alpha}_1+k_2\boldsymbol{\alpha}_2+\cdots+k_n\boldsymbol{\alpha}_n$，则 $\varphi(\boldsymbol{\alpha})=k_1\varphi(\boldsymbol{\alpha}_1)+\cdots+k_n\varphi(\boldsymbol{\alpha}_n)$，因此，$\varphi$ 的值域：

$\mathrm{Im}\,\varphi=\varphi(V)=L(\varphi(\boldsymbol{\alpha}_1),\cdots,\varphi(\boldsymbol{\alpha}_n))$ 反过来，若已知 $\varphi(V)=L(\boldsymbol{\beta}_1,\boldsymbol{\beta}_2,\cdots,\boldsymbol{\beta}_m)$，则在 $\varphi(V)$ 中存在向量 $\boldsymbol{\beta}_{m+1},\cdots,\boldsymbol{\beta}_n$，它们均可由 $\boldsymbol{\beta}_1,\cdots,\boldsymbol{\beta}_m$ 线性表示，使 $\varphi(V)=L(\boldsymbol{\beta}_1,\cdots,\boldsymbol{\beta}_m)=L(\boldsymbol{\beta}_1,\boldsymbol{\beta}_2,\cdots,\boldsymbol{\beta}_m,\cdots,\boldsymbol{\beta}_n)$.

设 $\boldsymbol{\alpha}_1,\boldsymbol{\alpha}_2,\cdots,\boldsymbol{\alpha}_n$ 为 V 的基底，则存在线性变换 φ，使 $\varphi(\boldsymbol{\alpha}_i)=\boldsymbol{\beta}_i$，$i=1,2,\cdots,n$ 且 $\varphi(V)=L(\boldsymbol{\beta}_1,\cdots,\boldsymbol{\beta}_m)$. 因为 $\boldsymbol{\beta}_{m+1},\cdots,\boldsymbol{\beta}_n$ 在 $\varphi(V)$ 中存在但不唯一，则 φ 存在亦不是唯一的.

② 在有限维线性空间 V 中，关于已知线性变换 φ，求 φ 的核 $\varphi^{-1}(0)=\ker(\varphi)$，已知核空间，而去求线性变换的问题.

一方面，设 $\boldsymbol{\alpha}_1,\boldsymbol{\alpha}_2,\cdots,\boldsymbol{\alpha}_n$ 为 V 的基底. $\varphi(\boldsymbol{\alpha}_1,\cdots,\boldsymbol{\alpha}_n)=(\boldsymbol{\alpha}_1,\cdots,\boldsymbol{\alpha}_n)\boldsymbol{A}$，齐次方程组 $\boldsymbol{AX}=\boldsymbol{0}$ 的基础解系为 $\boldsymbol{\xi}_1,\boldsymbol{\xi}_2,\cdots,\boldsymbol{\xi}_{n-r}$. 令 $\boldsymbol{\beta}_i=(\boldsymbol{\alpha}_1,\cdots,\boldsymbol{\alpha}_n)\boldsymbol{\xi}_i$，则 $\ker(\varphi)=L(\boldsymbol{\beta}_1,\cdots,\boldsymbol{\beta}_{n-r})$.

事实上，$\varphi(\boldsymbol{\beta}_i)=\varphi[(\boldsymbol{\alpha}_1,\cdots,\boldsymbol{\alpha}_n)\boldsymbol{\xi}_i]=\varphi(\boldsymbol{\alpha}_1,\cdots,\boldsymbol{\alpha}_n)\boldsymbol{\xi}_i=(\boldsymbol{\alpha}_1,\cdots,\boldsymbol{\alpha}_n)A\boldsymbol{\xi}_i=(\boldsymbol{\alpha}_1,\cdots,\boldsymbol{\alpha}_n)\cdot\boldsymbol{0}=\boldsymbol{0}$.

又若 $\boldsymbol{\gamma}\in V$，$\varphi(\boldsymbol{\gamma})=\boldsymbol{0}$，$\boldsymbol{\gamma}=(\boldsymbol{\alpha}_1,\cdots,\boldsymbol{\alpha}_n)\boldsymbol{\xi}$，

$$\varphi(\boldsymbol{\gamma})=\varphi(\boldsymbol{\alpha}_1,\cdots,\boldsymbol{\alpha}_n)\boldsymbol{\xi}=(\boldsymbol{\alpha}_1,\cdots,\boldsymbol{\alpha}_n)A\boldsymbol{\xi}=\boldsymbol{0},$$

因为 $A\boldsymbol{\xi}=\boldsymbol{0}$，所以 $\boldsymbol{\xi}$ 可由 $\boldsymbol{\xi}_1,\boldsymbol{\xi}_2,\cdots,\boldsymbol{\xi}_{n-\gamma}$ 线性表示.

$$\text{设 }\boldsymbol{\xi}=k_1\boldsymbol{\xi}_1+k_2\boldsymbol{\xi}_2+\cdots+k_{n-\gamma}\boldsymbol{\xi}_{n-\gamma},$$

$$\begin{aligned}\text{则有 }\boldsymbol{\gamma}&=(\boldsymbol{\alpha}_1,\cdots,\boldsymbol{\alpha}_n)\boldsymbol{\xi}=(\boldsymbol{\alpha}_1,\cdots,\boldsymbol{\alpha}_n)(k_1\boldsymbol{\xi}_1+\cdots+k_{n-\gamma}\boldsymbol{\xi}_{n-\gamma})\\&=k_1(\boldsymbol{\alpha}_1,\cdots,\boldsymbol{\alpha}_n)\boldsymbol{\xi}_1+\cdots+k_{n-\gamma}(\boldsymbol{\alpha}_1,\cdots,\boldsymbol{\alpha}_n)\boldsymbol{\xi}_{n-\gamma}\\&=k_1\boldsymbol{\beta}_1+k_2\boldsymbol{\beta}_2+\cdots+k_{n-\gamma}\boldsymbol{\beta}_{n-r},\end{aligned}$$

即 $\boldsymbol{\gamma}\in L(\boldsymbol{\beta}_1,\boldsymbol{\beta}_2,\cdots,\boldsymbol{\beta}_{n-\gamma})$.

另一方面，就是反过来，已知线性变换 φ 的核，$\ker(\varphi)=L(\boldsymbol{\beta}_1,\cdots,\boldsymbol{\beta}_t)$. 设

$$(\boldsymbol{\beta}_1,\boldsymbol{\beta}_2,\cdots,\boldsymbol{\beta}_t)=(\boldsymbol{\alpha}_1,\cdots,\boldsymbol{\alpha}_n)\begin{bmatrix}\boldsymbol{\xi}_{11}&\cdots&\boldsymbol{\xi}_{1t}\\\vdots&&\vdots\\\boldsymbol{\xi}_{n1}&\cdots&\boldsymbol{\xi}_{nt}\end{bmatrix}.$$

通过解齐次线性方程组 $\begin{bmatrix}\boldsymbol{\xi}_{11}&\cdots&\boldsymbol{\xi}_{n1}\\\vdots&&\vdots\\\boldsymbol{\xi}_{1t}&\cdots&\boldsymbol{\xi}_{nt}\end{bmatrix}\begin{bmatrix}x_1\\\vdots\\x_n\end{bmatrix}=\begin{bmatrix}0\\\vdots\\0\end{bmatrix}$ 的方法，可求得 n 阶矩阵：$\boldsymbol{A}'=(\alpha_{ji})$

使得 $\begin{pmatrix}\boldsymbol{\xi}_{11}&\cdots&\boldsymbol{\xi}_{n1}\\\vdots&&\vdots\\\boldsymbol{\xi}_{1t}&\cdots&\boldsymbol{\xi}_{nt}\end{pmatrix}\boldsymbol{A}'=\boldsymbol{0}_{t\times n}$，令 $(\boldsymbol{\gamma}_1,\boldsymbol{\gamma}_2,\cdots,\boldsymbol{\gamma}_n)=(\boldsymbol{\alpha}_1,\boldsymbol{\alpha}_2,\cdots,\boldsymbol{\alpha}_n)\boldsymbol{A}$，则线性变换 φ：$\varphi(\boldsymbol{\alpha}_i)=\boldsymbol{\gamma}_i$，$i=1,2,\cdots,n$，即为所求.

事实上，$\boldsymbol{\gamma}\in\ker(\varphi)=L(\boldsymbol{\beta}_1,\cdots,\boldsymbol{\beta}_t)$，$\boldsymbol{\gamma}=k_1\boldsymbol{\beta}_1+\cdots+k_t\boldsymbol{\beta}_t$，

$$\varphi(\boldsymbol{\gamma})=\varphi(\boldsymbol{\beta}_1,\cdots,\boldsymbol{\beta}_t)\begin{bmatrix}k_1\\\vdots\\k_t\end{bmatrix}=\varphi(\boldsymbol{\alpha}_1,\boldsymbol{\alpha}_2,\cdots,\boldsymbol{\alpha}_n)\begin{bmatrix}\boldsymbol{\xi}_{11}&\cdots&\boldsymbol{\xi}_{1t}\\\vdots&&\vdots\\\boldsymbol{\xi}_{n1}&\cdots&\boldsymbol{\xi}_{nt}\end{bmatrix}\begin{bmatrix}k_1\\\vdots\\k_t\end{bmatrix}$$

$$=(\boldsymbol{\alpha}_1,\boldsymbol{\alpha}_2,\cdots,\boldsymbol{\alpha}_n)\boldsymbol{A}\begin{bmatrix}\xi_{11} & \cdots & \xi_{1t}\\ \vdots & & \vdots\\ \xi_{n1} & \cdots & \xi_{nt}\end{bmatrix}\begin{bmatrix}k_1\\ \vdots\\ k_i\end{bmatrix}=(\boldsymbol{\alpha}_1,\cdots\boldsymbol{\alpha}_n)\boldsymbol{0}\begin{bmatrix}k_1\\ \vdots\\ k_i\end{bmatrix}=\boldsymbol{0}.$$

一般说来,因为 $\boldsymbol{A}'$ 是不唯一的,所以,求得的 φ 亦不唯一.

第五节　综合举例

【例 5.1】 设 φ 为 n 维线性空间 V 的线性变换,$m_\varphi(\lambda)$ 为其最小多项式,$f(x)\in P[x]$,则 $f(\varphi)$ 可逆的充要条件是 $(m_\varphi(x),f(x))=1$.

证 ($\Leftarrow$)存在 $u(x),v(x)$,使 $m(x)u(x)+f(x)v(x)=1$.
因为 $m_\varphi(\varphi)u(\varphi)=0$,所以 $f(\varphi)v(\varphi)=\boldsymbol{E}$,故 $f(\varphi)$ 可逆.
($\Rightarrow$)设 $(m_\varphi(x),f(x))=r(x)$,$m_\varphi(x)=r(x)g(x)$,$f(x)=r(x)h(x)$,
则有 $f(\varphi)=r(\varphi)h(\varphi)$,因为 $f(\varphi)$ 可逆,知 $r(\varphi)$ 可逆,
所以 $m_\varphi(\varphi)=r(\varphi)g(\varphi)=0$,即 $g(\varphi)=0$.
因为 $\partial(g(x))\leqslant\partial(m_\varphi(x))$,
所以必有 $\partial(g(x))=\partial(m_\varphi(x))$,从而 $\partial(r(x))=0$,于是 $r(x)=1$.

【例 5.2】 设 $\boldsymbol{A}$ 的特征根是实数,求证 $\boldsymbol{A}$ 的所有一阶主子式之和,与所有二阶主子式之和均为零的充要条件是 $\boldsymbol{A}$ 的特征根全为零.

证 设 $|\lambda\boldsymbol{E}-\boldsymbol{A}|=\Delta_A(\lambda)$

$$=(\lambda-\lambda_1)(\lambda-\lambda_2)\cdots(\lambda-\lambda_n)=\lambda^n+\sum_{k=1}^{n}(-1)^kS_k\lambda^{n-k},$$

($\Rightarrow$) $\sum\limits_{i=1}^{n}\lambda_i^2=(\sum\limits_{i=1}^{n}\lambda_i)^2-2\sum\limits_{1\leqslant i<j\leqslant n}\lambda_i\lambda_j=(\mathrm{tr}(\boldsymbol{A}))^2-2S_2=0-0=0.$
所以 $\lambda_i=0,i=1,2,\cdots,n.$

($\Leftarrow$)若 $\lambda_i=0$,$\mathrm{tr}(\boldsymbol{A})=\sum\limits_{i-1}^{n}\boldsymbol{\alpha}_{ii}=\sum\limits_{i-1}^{n}\lambda_i=0$,

$\sum\limits_{i=1}^{n}\lambda_i^2=(\mathrm{tr}(\boldsymbol{A}))^2-2S_2=0-2S_2=0.$

所以 $S_2=0$.

【例 5.3】 $\boldsymbol{A}$ 是正定矩阵,$\boldsymbol{B}$ 是半正定矩阵,则乘积 $\boldsymbol{AB}$ 的特征根非负.

证 因 $\boldsymbol{A}$ 是正定矩阵,则存在可逆阵 $\boldsymbol{P}$,使 $\boldsymbol{A}=\boldsymbol{P}'\boldsymbol{P}$,
故 $\boldsymbol{AB}=\boldsymbol{P}'\boldsymbol{PB}=\boldsymbol{P}'\boldsymbol{PBP}'(\boldsymbol{P}')^{-1}$,即 $\boldsymbol{AB}\sim\boldsymbol{PBP}'$,而 $\boldsymbol{PBP}'$ 为半正定矩阵,其特征根非负.

注:$\boldsymbol{AB}$ 不一定是对称矩阵,所以不能称为半正定矩阵.

例【5.4】 设 φ 是 n 维线性空间 V 的线性变换,φ 在基 $\boldsymbol{\alpha}_1,\cdots,\boldsymbol{\alpha}_n$ 下的矩阵为 $\boldsymbol{A}$,

$$\Delta_\varphi(\lambda)=\Delta_A(\lambda)=(\lambda-\lambda_1)^{r_1}\cdots(\lambda-\lambda_s)^{r_s},\lambda_i\neq\lambda_j,$$

求证:(1) $\ker(\lambda_i\boldsymbol{E}-\varphi)\subseteq\ker(\lambda_i\boldsymbol{E}-\varphi)^{r_i}$;
(2) $\boldsymbol{A}$ 相似于对角阵$\Leftrightarrow$维数 $V_{\lambda_i}=$维数 $\ker(\lambda_i\boldsymbol{E}-\varphi)^{r_i}$;
(3) $V_{\lambda_i}\cap V_{\lambda_j}=\{0\}$,$i\neq j$ 时.

证　(1) 显然 $\forall \boldsymbol{\alpha}\in \ker(\lambda_i\boldsymbol{E}-\varphi)$，$(\lambda_i\boldsymbol{E}-\varphi)^{r_i}\boldsymbol{\alpha}=\boldsymbol{0}$，所以 $\ker(\lambda_i\boldsymbol{E}-\varphi)\subseteq\ker(\lambda_i\boldsymbol{E}-\varphi)^{r_i}$，$\forall \boldsymbol{\alpha}\in\ker(\lambda_i\boldsymbol{E}-\varphi)\subseteq\ker(\lambda_i\boldsymbol{E}-\varphi)^{r_i}$.

(2) $V=V_1\oplus V_2\oplus\cdots\oplus V_s$，$V_i=\ker(\lambda_i\boldsymbol{E}-\varphi)^{r_i}$，
但 $\boldsymbol{A}$ 相似于对角阵 $\Leftrightarrow V=V_{\lambda 1}\oplus V_{\lambda_2}\oplus\cdots\oplus V_{\lambda_s}\Leftrightarrow$ 维数 $V_{\lambda_i}=$ 维数 V_i.
(3) $\forall\boldsymbol{\alpha}\in V_{\lambda_i}\cap V_{\lambda_j}$，则 $(\lambda_i\boldsymbol{E}-\varphi)\boldsymbol{\alpha}=\boldsymbol{0}$ 即 $\varphi(\boldsymbol{\alpha})=\lambda_i\boldsymbol{\alpha}$.
同理 $\varphi(\boldsymbol{\alpha})=\lambda_j\boldsymbol{\alpha}$，$(\lambda_i-\lambda_j)\boldsymbol{\alpha}=\boldsymbol{0}$，$\lambda_i\neq\lambda_j$ 必有 $\boldsymbol{\alpha}=\boldsymbol{0}$，故 $V_{\lambda_i}\cap V_{\lambda_j}=\{0\}$，($V_{\lambda_i}$ 是 λ_i 的特征子空间).

【例 5.5】　证明 $C^{n\times n}$ 中两可交换矩阵 $\boldsymbol{A}$ 与 $\boldsymbol{B}$ 可以同时相似于上三角阵.

证　$\boldsymbol{A}$ 与 $\boldsymbol{B}$ 可看作空间 C^n 的线性变换，$\boldsymbol{A}$ 与 $\boldsymbol{B}$ 有共同的特征向量 $\boldsymbol{\alpha}_1$，不妨设

$$\boldsymbol{A\alpha}_1=\lambda_1\boldsymbol{\alpha}_1,\ \boldsymbol{B\alpha}_1=\mu_1\boldsymbol{\alpha}_1.$$

将 $\boldsymbol{\alpha}_1$ 扩充成 C^n 的基底：$\boldsymbol{\alpha}_1,\boldsymbol{\alpha}_2,\cdots,\boldsymbol{\alpha}_n$，则

$$\boldsymbol{A}(\boldsymbol{\alpha}_1,\boldsymbol{\alpha}_2,\cdots,\boldsymbol{\alpha}_n)=(\boldsymbol{\alpha}_1,\cdots,\boldsymbol{\alpha}_n)\begin{pmatrix}\lambda_1 & * \\ \boldsymbol{0} & \boldsymbol{A}_1\end{pmatrix},$$

$$\boldsymbol{B}(\boldsymbol{\alpha}_1,\boldsymbol{\alpha}_2,\cdots,\boldsymbol{\alpha}_n)=(\boldsymbol{\alpha}_1,\boldsymbol{\alpha}_2,\cdots,\boldsymbol{\alpha}_n)\begin{pmatrix}\mu_1 & * \\ \boldsymbol{0} & \boldsymbol{B}_1\end{pmatrix}.$$

由 $\boldsymbol{AB}=\boldsymbol{BA}$ 知 $\boldsymbol{A}_1\boldsymbol{B}_1=\boldsymbol{B}_1\boldsymbol{A}_1$.
用归纳法知，存在 $n-1$ 阶非奇异阵 $\boldsymbol{Q}$ 使

$$\boldsymbol{Q}^{-1}\boldsymbol{A}_1\boldsymbol{Q}=\begin{bmatrix}\lambda_2 & & * \\ & \ddots & \\ 0 & & \lambda_n\end{bmatrix},\ \boldsymbol{Q}^{-1}\boldsymbol{B}_1\boldsymbol{Q}=\begin{bmatrix}\mu_2 & & * \\ & \ddots & \\ 0 & & \mu_n\end{bmatrix},$$

令 $\boldsymbol{P}_1=(\boldsymbol{\alpha}_1,\boldsymbol{\alpha}_2,\cdots,\boldsymbol{\alpha}_n)$，$\boldsymbol{P}_2=\begin{pmatrix}1 & \\ & \boldsymbol{Q}\end{pmatrix}$，则 $\boldsymbol{P}=\boldsymbol{P}_1\boldsymbol{P}_2$ 为所求，

$$\boldsymbol{P}^{-1}\boldsymbol{AP}=\begin{bmatrix}\lambda_1 & & & * \\ & \lambda_2 & & \\ & & \ddots & \\ 0 & & & \lambda_n\end{bmatrix},\ \boldsymbol{P}^{-1}\boldsymbol{BP}=\begin{bmatrix}\mu_1 & & & * \\ & \mu_2 & & \\ & & \ddots & \\ 0 & & & \mu_n\end{bmatrix}.$$

【例 5.6】　证明数域 P 上 n 维空间 V 的对合线性变换 φ（即 $\varphi^2=\boldsymbol{E}$）的特征值为 ±1，且 $V=V_1\oplus V_{-1}$.

证　设有 $\varphi(\boldsymbol{\alpha})=\lambda\boldsymbol{\alpha}$，$\boldsymbol{\alpha}\neq\boldsymbol{0}$，$\varphi^2(\boldsymbol{\alpha})=\lambda^2\boldsymbol{\alpha}=\boldsymbol{\alpha}=E(\boldsymbol{\alpha})$，

$$(\lambda^2-1)\boldsymbol{\alpha}=\boldsymbol{0},\boldsymbol{\alpha}\neq 0,\lambda^2-1=\boldsymbol{0},\lambda=\pm1.$$

又 $\varphi^2=E$，$(\varphi-E)(\varphi+E)=0$，故 $R(\varphi-E)+R(\varphi+E)=n$.
又因 $\ker(\varphi-E)=V_1$，$\ker(\varphi+E)=V_{-1}$，
维数 V_1+ 维数 $V_{-1}=n$，且 $\forall\boldsymbol{\alpha}\in V_1\cap V_{-1}$，
$\varphi(\boldsymbol{\alpha})=\boldsymbol{\alpha}$，$\varphi(\boldsymbol{\alpha})=-\boldsymbol{\alpha}$，则必有 $\boldsymbol{\alpha}=\boldsymbol{0}$，所以 $V=V_1\oplus V_{-1}$.

【例 5.7】证明 n 维线性空间 V 中的幂等变换 φ（即 $\varphi^2=\varphi$）的特征值为 1，0，且 $V=\varphi(V)\oplus\ker(\varphi)=V_1\oplus V_0$.

推论　若矩阵 $\boldsymbol{A}^2=\boldsymbol{A}$，则 $\boldsymbol{A}$ 相似于 $\begin{pmatrix}\boldsymbol{E}_r & \boldsymbol{0} \\ \boldsymbol{0} & \boldsymbol{0}\end{pmatrix}$.

【例 5.8】 设 φ 和 ψ 是维线性空间 V 的两个线性变换,求证:

$$\dim(\ker(\varphi\psi))\leqslant\dim(\ker(\varphi))+\dim(\ker(\psi)).$$

证 $\varphi\psi$ 的秩$\geqslant\varphi$ 的秩$+\psi$ 秩$-n$,$\varphi\psi$ 的秩$+\dim(\ker(\varphi\psi))=n$,
又 $n\geqslant\varphi$ 的秩$+\psi$ 的秩$-\varphi\psi$ 的秩$=\varphi$ 的秩$+\psi$ 的秩$-(n-\dim(\ker(\varphi\psi)))$,

$$(n-\varphi\text{ 的秩})+(n-\psi\text{ 的秩})\geqslant\dim(\ker(\varphi\psi)).$$

故
$$\dim(\ker(\varphi\psi))\leqslant\dim(\ker(\varphi))+\dim(\ker(\psi)).$$

【例 5.9】 设 φ 是数域 P 上 n 维线性空间 V 的线性变换,且 $R(\varphi^2)=R(\varphi)$,则存在线性变换 σ,τ,使 $\varphi^2\sigma=\varphi$,及 $\varphi\tau=\varphi^2$.

证 取 V 的基底 $\boldsymbol{\varepsilon}_1,\boldsymbol{\varepsilon}_2,\cdots,\boldsymbol{\varepsilon}_n,\boldsymbol{\varphi}$ 在此基下的矩阵为 $\boldsymbol{A}$,有 $R(\boldsymbol{A}^2)=R(\boldsymbol{A}^2,\boldsymbol{A})$,故矩阵方程 $\boldsymbol{AZ}=\boldsymbol{A}^2$ 及 $\boldsymbol{A}^2\boldsymbol{Y}=\boldsymbol{A}$ 分别有解 $\boldsymbol{B},\boldsymbol{C}$,
令 $\tau(\boldsymbol{\varepsilon}_1,\cdots\boldsymbol{\varepsilon}_n)=(\boldsymbol{\varepsilon}_1,\cdots,\boldsymbol{\varepsilon}_n)\boldsymbol{B},\sigma(\boldsymbol{\varepsilon}_1,\cdots,\boldsymbol{\varepsilon}_n)=(\boldsymbol{\varepsilon}_1,\cdots,\boldsymbol{\varepsilon}_n)\boldsymbol{C}$,
则有 $\varphi\tau=\varphi^2,\varphi^2\sigma=\varphi$.

【例 5.10】 设实对称阵 $\boldsymbol{A}$ 的全部互异特征值 $\lambda_1,\lambda_2,\cdots,\lambda_s$ 的代数重复度分别为 $t_1,\cdots,t_s$,令 $W=\{\boldsymbol{B}\mid\boldsymbol{AB}=\boldsymbol{BA},\boldsymbol{B}\in\mathbf{R}^{n\times n}\}$,则(1) W 是 $\mathbf{R}^{n\times n}$的子空间;(2) 维数 $W=\sum\limits_{i=1}^{s}t_i^2$.

证 (1) $\forall\boldsymbol{B}_1,\boldsymbol{B}_2\in W$,

$$(k_1\boldsymbol{B}_1+k_2\boldsymbol{B}_2)\boldsymbol{A}=k_1\boldsymbol{B}_1\boldsymbol{A}+k_2\boldsymbol{B}_2\boldsymbol{A}=\boldsymbol{A}(k_1\boldsymbol{B}_1+k_2\boldsymbol{B}_2),$$

所以 W 是 $\mathbf{R}^{n\times n}$的子空间.

(2) 存在正交矩阵 $\boldsymbol{T}$,使 $\boldsymbol{T}'\boldsymbol{AT}=\begin{bmatrix}\lambda_1\boldsymbol{E}_1&&&\\&\lambda_2\boldsymbol{E}_2&&\\&&\ddots&\\&&&\lambda_s\boldsymbol{E}_s\end{bmatrix}=\boldsymbol{F},\boldsymbol{E}_i$ 为 t_i 阶方阵,令 $\boldsymbol{T}'\boldsymbol{BT}=\boldsymbol{G}$,
则 $\boldsymbol{AB}=\boldsymbol{BA}\Leftrightarrow\boldsymbol{FG}=\boldsymbol{GF}$,

故 $\boldsymbol{G}=\begin{bmatrix}\boldsymbol{G}_1&&&\\&\boldsymbol{G}_2&&\\&&\ddots&\\&&&\boldsymbol{G}_s\end{bmatrix}$,$\boldsymbol{G}_i$ 为 t_i 阶方阵,

因此,$\boldsymbol{B}$ 是形如 $\boldsymbol{TGT}'$ 的矩阵.
故,$\boldsymbol{E}_{ij},i,j=1,2,\cdots,t_1$ 或 $t_1+1,\cdots,t_1+t_2$,或 $t_1+t_2+\cdots+t_{s-1}+1,\cdots,t_1+t_2+\cdots+t_s$ 为 W 的基,因此 $\dim(W)=\sum\limits_{i=1}^{s}t_i^2$.

【例 5.11】 在线性空间 V 中,线性变换 σ 的互不相同的特征值 $\lambda_1,\lambda_2,\cdots,\lambda_k$ 的特征向量分别为 $\boldsymbol{\alpha}_1,\boldsymbol{\alpha}_2,\cdots,\boldsymbol{\alpha}_k$,$W$ 为 σ 的不变子空间,且 $\boldsymbol{\alpha}_1+\boldsymbol{\alpha}_2+\cdots+\boldsymbol{\alpha}_k=\boldsymbol{\beta}_1\in W$,求证 W 的维数不小于 k.

证 显然 $\boldsymbol{\alpha}_1,\boldsymbol{\alpha}_2,\cdots,\boldsymbol{\alpha}_k$ 线性无关.
$\boldsymbol{\beta}_2=\sigma(\boldsymbol{\beta}_1)-\lambda_1\boldsymbol{\beta}_1=(\lambda_2-\lambda_1)\boldsymbol{\alpha}_2+(\lambda_3-\lambda_1)\boldsymbol{\alpha}_3+\cdots+(\lambda_k-\lambda_1)\boldsymbol{\alpha}_k\in W$,
$\boldsymbol{\beta}_3=\sigma(\boldsymbol{\beta}_2)-\lambda_2\boldsymbol{\beta}_2=(\lambda_3-\lambda_1)(\lambda_3-\lambda_2)\boldsymbol{\alpha}_3+\cdots+(\lambda_k-\lambda_1)(\lambda_k-\lambda_2)\boldsymbol{\alpha}_k\in W$,
…………

$\boldsymbol{\beta}_{k-1}=\sigma(\boldsymbol{\beta}_{k-2})-\lambda_{k-2}\boldsymbol{\beta}_{k-2}=(\lambda_{k-1}-\lambda_1)(\lambda_{k-1}-\lambda_2)\cdots(\lambda_{k-1}-\lambda_{k-2})\boldsymbol{\alpha}_{k-1}+(\lambda_k-\lambda_1)(\lambda_k-\lambda_2)\cdots(\lambda_k-\lambda_{k-2})\boldsymbol{\alpha}_k\in W$,

$\boldsymbol{\beta}_k=\sigma(\boldsymbol{\beta}_{k-1})-\lambda_{k-1}\boldsymbol{\beta}_{k-1}=(\lambda_k-\lambda_1)(\lambda_k-\lambda_2)\cdots(\lambda_k-\lambda_{k-1})\boldsymbol{\alpha}_k\in W$,

故 $\boldsymbol{\alpha}_k\in W$,倒推上去 $\boldsymbol{\alpha}_{k-1}\in W,\boldsymbol{\alpha}_{k-2},\cdots,\boldsymbol{\alpha}_2,\boldsymbol{\alpha}_1$ 均属于 W.

因此,W 的维数大于等于 k.

【例 5.12】 设 T 是数域 P 上 n 维线性空间 V 的一个线性变换,$\boldsymbol{\alpha}_1,\boldsymbol{\alpha}_2,\cdots,\boldsymbol{\alpha}_n$ 为 V 中 n 个非零向量,$\lambda\in P$. 若

$$(T-\lambda E)\boldsymbol{\alpha}_1=\mathbf{0},$$
$$(T-\lambda \mathbf{E})\boldsymbol{\alpha}_{i+1}=\boldsymbol{\alpha}_i,i=1,2,\cdots,n-1,$$

其中 E 为 V 上的恒等变换.

(1) 证明 $\boldsymbol{\alpha}_1,\boldsymbol{\alpha}_2,\cdots,\boldsymbol{\alpha}_n$ 为 V 的一组基;

(2) 求 T 在基 $\boldsymbol{\alpha}_1,\boldsymbol{\alpha}_2,\cdots,\boldsymbol{\alpha}_n$ 下的一个矩阵.

证 (1) 设 $k_1\boldsymbol{\alpha}_1+k_2\boldsymbol{\alpha}_2+\cdots+k_n\boldsymbol{\alpha}_n=\mathbf{0}$, (*)

则$(T-\lambda E)(k_1\boldsymbol{\alpha}_1+k_2\boldsymbol{\alpha}_2+\cdots k_n\boldsymbol{\alpha}_n)=\mathbf{0}$. 因$(T-\lambda E)\boldsymbol{\alpha}_1=\mathbf{0}$,得

$$k_2(T-\lambda E)\boldsymbol{\alpha}_2+k_2(T-\lambda E)\boldsymbol{\alpha}_3+\cdots+k_n(T-\lambda E)\boldsymbol{\alpha}_n=\mathbf{0}.$$

由已知$(T-\lambda E)\boldsymbol{\alpha}_{i+1}=\boldsymbol{\alpha}_i,i=1,2,\cdots,n-1$,上式即为

$$k_2\boldsymbol{\alpha}_1+k_3\boldsymbol{\alpha}_2+\cdots+k_n\boldsymbol{\alpha}_{n-1}=\mathbf{0}.$$

再用$(T-\lambda E)$作用上式两边,并由已知条件,又得

$$k_3\boldsymbol{\alpha}_1+k_4\boldsymbol{\alpha}_2+\cdots+k_n\boldsymbol{\alpha}_{n-2}=\mathbf{0}.$$

如此继续,得 $k_n\boldsymbol{\alpha}_1=\mathbf{0}$. 因 $\boldsymbol{\alpha}_1\neq 0$,必有 $k_n=0$. 于是(*)为

$$k_1\boldsymbol{\alpha}_1+k_2\boldsymbol{\alpha}_2+\cdots+k_{n-1}\boldsymbol{\alpha}_{n-1}=\mathbf{0}.$$

重复以上做法,可证得 $k_{n-1}=\cdots=k_2=0$,这样(*)为 $k_1\boldsymbol{\alpha}_1=\mathbf{0}$.

由 $\boldsymbol{\alpha}_1\neq\mathbf{0}$,得 $k_1=0$,所以 $\boldsymbol{\alpha}_1,\boldsymbol{\alpha}_2,\cdots,\boldsymbol{\alpha}_n$ 线性无关,故为 V 的一组基.

(2) 由已知,有

$$(T-\lambda E)\boldsymbol{\alpha}_1=\mathbf{0},$$
$$(T-\lambda E)\boldsymbol{\alpha}_{i+1}=\boldsymbol{\alpha}_i,i=1,2,\cdots,n-1$$

所以

$$T\boldsymbol{\alpha}_1=\lambda\boldsymbol{\alpha}_1,$$
$$T\boldsymbol{\alpha}_2=\boldsymbol{\alpha}_1+\lambda\boldsymbol{\alpha}_2,$$
$$T\boldsymbol{\alpha}_3=\boldsymbol{\alpha}_2+\lambda\boldsymbol{\alpha}_3,$$
$$\cdots\cdots$$
$$T\boldsymbol{\alpha}_n=\boldsymbol{\alpha}_{n-1}+\lambda\boldsymbol{\alpha}_n,$$

于是 T 在基 $\boldsymbol{\alpha}_1,\boldsymbol{\alpha}_2,\cdots,\boldsymbol{\alpha}_n$ 下的矩阵为

$$\boldsymbol{A}=\begin{bmatrix}\lambda & 1 & 0 & \cdots & 0 & 0\\ 0 & \lambda & 1 & \cdots & 0 & 0\\ 0 & 0 & \lambda & \cdots & 0 & 0\\ \vdots & \vdots & \vdots & & \vdots & \vdots\\ 0 & 0 & 0 & \cdots & \lambda & 1\\ 0 & 0 & 0 & \cdots & 0 & \lambda\end{bmatrix}.$$

【例 5.13】 设 A、B 是数域 P 上 n 维线性空间 V 的线性变换，规定：

$$A_0=A, A_i=A_{i-1}B-BA_{i-1}, i=1,2\cdots n.$$

证明：若 $A_{n^2}=B$，则 $B=0$.

证 因 $L(V)$ 是 n^2 维线性空间，所以 $A_0, A_1, \cdots, A_{n^2}$ 线性相关，于是存在不全为零的数 $l_0, l_1, \cdots, l_{n^2}$，使得

$$l_0A_0+l_1A_1+\cdots+l_{n^2}A_{n^2}=0 \tag{Ⅰ}$$

设 l_i 是 $l_0, l_1, \cdots, l_{n^2}$ 中第一个不为零的数，则有

$$A_i=k_{i+1}A_{i+1}+\cdots+k_{n^2}A_{n^2}. \tag{Ⅱ}$$

若 $i=n^2$，(Ⅰ)为 $l_{n^2}A_{n^2}=0$，得 $A_{n^2}=0$，于是 $B=A_{n^2}=0$.

若 $i<n^2$，因(Ⅱ)有

$$\begin{aligned} A_{i+1}&=A_iB-BA_i \\ &=k_{i+1}(A_{i+1}B-BA_{i+1})+\cdots+k_{n^2}(A_{n^2}B-BA_{n^2}) \\ &=k_{i+1}A_{i+2}+\cdots+k_{n^2}A_{n^2+1}, \end{aligned}$$

同样，有

$$A_{i+2}=k_{i+1}A_{i+3}+\cdots+k_{n^2}A_{n^2+2},$$

$$\cdots\cdots$$

$$A_{i+t}=k_{i+1}A_{i+(t+1)}+\cdots+k_{n^2}A_{n^2+t}$$

当 $i+t=n^2$ 时，有

$$A_{n^2}=k_{i+1}A_{(n^2+1)}+\cdots+k_{n^2}A_{2n^2-i} \tag{Ⅲ}$$

因 $A_{n^2}=B$，所以

$A_{n^2+1}=A_{n^2}B-BA_{n^2}=B^2-B^2=0$，从而 $A_{n^2+2}=\cdots=A_{n^2+j}=0, j=1,2,\cdots n.$

这样由(Ⅲ)知，$A_{n^2}=0$，即 $B=0$.

【例 5.14】 设 $\boldsymbol{\varepsilon}_1, \boldsymbol{\varepsilon}_2, \cdots, \boldsymbol{\varepsilon}_n$ 是 n 维线性空间 V 的一组基，$T\in L(V)$，证明：T 可逆的充要条件是 $T\boldsymbol{\varepsilon}_1, T\boldsymbol{\varepsilon}_2, \cdots, T\boldsymbol{\varepsilon}_n$ 线性无关.

证 (⇒)因 T 可逆，故有 T^{-1}，而

$$T^{-1}(T\boldsymbol{\varepsilon}_1)=\boldsymbol{\varepsilon}_1, T^{-1}(T\boldsymbol{\varepsilon}_2)=\boldsymbol{\varepsilon}_2, \cdots, T^{-1}(T\boldsymbol{\varepsilon}_n)=\boldsymbol{\varepsilon}_n,$$

由 $\boldsymbol{\varepsilon}_1, \boldsymbol{\varepsilon}_2, \cdots, \boldsymbol{\varepsilon}_n$ 线性无关，必有 $T\boldsymbol{\varepsilon}_1, T\boldsymbol{\varepsilon}_2, \cdots, T\boldsymbol{\varepsilon}_n$ 线性无关.

(⇐)证法一 只要证明 T 是双射.

因 $T\boldsymbol{\varepsilon}_1, T\boldsymbol{\varepsilon}_2, \cdots, T\boldsymbol{\varepsilon}_n$ 线性表示设为 $\boldsymbol{\alpha}=k_1T\boldsymbol{\varepsilon}_1+k_2T\boldsymbol{\varepsilon}_2+\cdots+k_nT\boldsymbol{\varepsilon}_n$，

所以 $$\boldsymbol{\alpha}=T(k_1\boldsymbol{\varepsilon}_1+k_2\boldsymbol{\varepsilon}_2+\cdots+k_n\boldsymbol{\varepsilon}_n).$$

因 $$\sum_{i=1}^{n}k_i\boldsymbol{\varepsilon}_i\in V，故 T 是满射.$$

$\forall\boldsymbol{\alpha},\boldsymbol{\beta}\in V$，设 $\boldsymbol{\alpha}=\sum\limits_{i-1}^{n}k_i\boldsymbol{\varepsilon}_i, \boldsymbol{\beta}=\sum\limits_{i-1}^{n}l_i\boldsymbol{\varepsilon}_i$，

于是 $$T\boldsymbol{\alpha}=\sum_{i-1}^{n}k_iT\boldsymbol{\varepsilon}_i, T\boldsymbol{\beta}=\sum_{i-1}^{n}l_iT\boldsymbol{\varepsilon}_i,$$

因 $T\boldsymbol{\varepsilon}_1, T\boldsymbol{\varepsilon}_2, \cdots, T\boldsymbol{\varepsilon}_n$ 是 V 的一组基，若 $T\boldsymbol{\alpha}=T\boldsymbol{\beta}$，则它们在基 $T\boldsymbol{\varepsilon}_1, T\boldsymbol{\varepsilon}_2, \cdots, T\boldsymbol{\varepsilon}_n$ 下的坐标相等，故有 $k_i=l, i=1,2,\cdots,n$. 于是 $\boldsymbol{\alpha}=\boldsymbol{\beta}$，这就证明了 T 是单射.

综上所证，T 是双射，所以 T 可逆.

证法二　只要证存在线性变换 B,使 $TB=E$.

因 $T\boldsymbol{\varepsilon}_1,T\boldsymbol{\varepsilon}_2,\cdots,T\boldsymbol{\varepsilon}_n$ 线性无关,所以是 V 的一组基. 于是存在 $B\in L(V)$,使 $B(T\boldsymbol{\varepsilon}_i)=\boldsymbol{\varepsilon}_i,i=1,2,\cdots,n$,即有 $BT(\boldsymbol{\varepsilon}_i)=\boldsymbol{\varepsilon}_i=E(\boldsymbol{\varepsilon}_i),i=1,2,\cdots,n$.

所以 $BT=E$,故 T 可逆.

证法三　只要证 T 的矩阵可逆.

设 T 在基 $\boldsymbol{\varepsilon}_1,\boldsymbol{\varepsilon}_2,\cdots,\boldsymbol{\varepsilon}_n$ 下的矩阵为 $\boldsymbol{A}$,则有

$$(T\boldsymbol{\varepsilon}_1,T\boldsymbol{\varepsilon}_2,\cdots,T\boldsymbol{\varepsilon}_n)=(\boldsymbol{\varepsilon}_1,\boldsymbol{\varepsilon}_2,\cdots,\boldsymbol{\varepsilon}_n)\boldsymbol{A},$$

因 $T\boldsymbol{\varepsilon}_1,T\boldsymbol{\varepsilon}_2,\cdots,T\boldsymbol{\varepsilon}_n$ 线性无关,故是 V 的一组基. 上式说明 $\boldsymbol{A}$ 是由基 $\boldsymbol{\varepsilon}_1,\boldsymbol{\varepsilon}_2,\cdots,\boldsymbol{\varepsilon}_n$ 到基 $T\boldsymbol{\varepsilon}_1,T\boldsymbol{\varepsilon}_2,\cdots,T\boldsymbol{\varepsilon}_n$ 的过渡矩阵,所以 $\boldsymbol{A}$ 可逆,故 T 可逆.

【例 5.15】 设 W_1,W_2 是数域 P 上 n 维线性空间 V 的两个子空间,且 $V=W_1\oplus W_2$,$T\in L(V)$,证明:T 可逆的充要条件是 $V=TW_1\oplus TW_2$.

证　因 $V=W_1\oplus W_2$,若 $\boldsymbol{\alpha}_1,\boldsymbol{\alpha}_2,\cdots,\boldsymbol{\alpha}_r$ 是 W_1 基,则 $\dim W_2=n-r$,设 W_2 的一组基为 $\boldsymbol{\beta}_1,\boldsymbol{\beta}_2,\cdots,\boldsymbol{\beta}_{n-r}$,则 $\boldsymbol{\alpha}_1,\boldsymbol{\alpha}_2,\cdots,\boldsymbol{\alpha}_r,\boldsymbol{\beta}_1,\boldsymbol{\beta}_2,\cdots,\boldsymbol{\beta}_{n-1}$ 是 V 的一组基.

因 T 可逆,故 $T\boldsymbol{\alpha}_1,T\boldsymbol{\alpha}_2,\cdots,T\boldsymbol{\alpha}_r,T\boldsymbol{\beta}_1,T\boldsymbol{\beta}_2,\cdots,T\boldsymbol{\beta}_{n-r}$ 是 V 的一组基,于是,$\forall\boldsymbol{\xi}\in V$,

有
$$\boldsymbol{\xi}=k_1T\boldsymbol{\alpha}_1+\cdots+k_rT\boldsymbol{\alpha}_r+l_1T\boldsymbol{\beta}_1+\cdots+l_{n-r}T\boldsymbol{\beta}_{n-r}.$$

令

$$\boldsymbol{\xi}_1=k_1T\boldsymbol{\alpha}_1+\cdots+k_rT\boldsymbol{\alpha}_r=T(k_1\boldsymbol{\alpha}_1+\cdots+k_r\boldsymbol{\alpha}_r),$$
$$\boldsymbol{\xi}_2=l_1T\boldsymbol{\beta}_1+\cdots+l_{n-r}T\boldsymbol{\beta}_{n-r}=T(l_1\boldsymbol{\beta}_1+\cdots+l_{n-r}\boldsymbol{\beta}_{n-r}).$$

故 $\boldsymbol{\xi}_1\in TW_1,\boldsymbol{\xi}_2\in TW_2$,所以 $V=TW_1+TW_2$.

下证 $TW_1\cap TW_2=\{0\}$.

$\forall\boldsymbol{r}\in TW_1\cap TW_2$,则有 $\boldsymbol{r}=T(k_1\boldsymbol{\alpha}_1+\cdots+k_r\boldsymbol{\alpha}_r)=T(l\boldsymbol{\beta}_1+\cdots+l_{n-r}\boldsymbol{\beta}_{n-r})$.

于是
$$k_1T\boldsymbol{\alpha}_1+\cdots+k_rT\boldsymbol{\alpha}_r-l_1T\boldsymbol{\beta}_1-\cdots-l_{n-r}T\boldsymbol{\beta}_{n-r}=\boldsymbol{0},$$

因 $T\boldsymbol{\alpha}_1,T\boldsymbol{\alpha}_2,\cdots,T\boldsymbol{\alpha}_r,T\boldsymbol{\beta}_1,T\boldsymbol{\beta}_2,\cdots,T\boldsymbol{\beta}_{n-r}$ 是 V 的一组基,故得

$$k_1=\cdots=k_r=l_1=\cdots=l_{n-r}=0.$$

所以,$\boldsymbol{r}=\boldsymbol{0}$,故 $TW_1\cap TW_2=\{0\}$.

因此,$V=TW_1\oplus TW_2$.

($\Leftarrow$)因 $V=TW_1\oplus TW_2$,于是可设 $\boldsymbol{\beta}_1,\boldsymbol{\beta}_2,\cdots,\boldsymbol{\beta}_s$ 是 TW_1 的一组基,而 $\boldsymbol{\beta}_{s+1},\cdots,\boldsymbol{\beta}_n$ 是 TW_2 的一组基,而且 $\boldsymbol{\beta}_1,\boldsymbol{\beta}_2,\cdots,\boldsymbol{\beta}_s,\boldsymbol{\beta}_{s+1},\cdots,\boldsymbol{\beta}_n$ 是 V 的一组基.

因 $\boldsymbol{\beta}_i\in TW_1$,故存在 $\boldsymbol{\alpha}_i\in W_1$,使得

$$T\boldsymbol{\alpha}_i=\boldsymbol{\beta}_i,i=1,2,\cdots,s;$$

因 $\boldsymbol{\beta}_i\in TW$,故存在 $\boldsymbol{\alpha}_i\in W_2$,使得

$$T\boldsymbol{\alpha}_j=\boldsymbol{\beta}_j,j=s+1,\cdots,n.$$

显然 $\boldsymbol{\alpha}_1,\boldsymbol{\alpha}_2,\cdots,\boldsymbol{\alpha}_r$ 线性无关,且 $V_1=L(\boldsymbol{\alpha}_1,\boldsymbol{\alpha}_2,\cdots,\boldsymbol{\alpha}_s)\subseteq W_1$,同样 $\boldsymbol{\alpha}_{s+1},\cdots,\boldsymbol{\alpha}_n$ 线性无关,且 $V_2=L(\boldsymbol{\alpha}_{s+1},\cdots,\boldsymbol{\alpha}_n)\subseteqq W_2$,于是 $V_1\cap V_2\subseteqq W_1\cap W_2$.

由已知,$V=W_1\oplus W_2$,故 $W_1\cap W_2=\{0\}$. 所以 $V_1\cap V_2=\{0\}$.

由此可知 $\boldsymbol{\alpha}_1,\boldsymbol{\alpha}_2,\cdots,\boldsymbol{\alpha}_s,\boldsymbol{\alpha}_{s+1},\cdots,\boldsymbol{\alpha}_n$ 线性无关,从而是 V 的一组基,它们的象 $T\boldsymbol{\alpha}_1,T\boldsymbol{\alpha}_2,\cdots,T\boldsymbol{\alpha}_s,T\boldsymbol{\alpha}_{s+1},\cdots,T\boldsymbol{\alpha}_n$ 线性无关,按例 5.3. T 可逆.

【例 5.16】 设 T 是数域 P 上的线性空间 V 的一个线性变换,若 $T^2=\boldsymbol{E}$(T 称为对合变换),求 T 的特征值.

解 设λ是T的一个特征值,ξ是属于λ的一个特征向量,于是有

$$T\xi=\lambda\xi.$$

由此可得$T^2\xi=\lambda^2\xi$,因$T^2=E$,故有$\xi=\lambda^2\xi$,所以

$$(\lambda^2-1)\xi=0,\text{因 }\xi\neq 0,\text{必有 }\lambda^2-1=0.$$

所以$\lambda=1$或$\lambda=-1$,即T的特征值只能是1或者-1.

(1) 若$T=E$,$\forall\, 0\neq\alpha\in V$,有$T\alpha=E_\alpha=\alpha=1\cdot\alpha$故1是$T$的特征值;

(2) 若$T=-E$,同样可知-1是T的特征值;

(3) 若$T\neq E$,因$T\neq E$,故$\exists\, 0\neq\alpha\in V$,使

$T\alpha\neq T\alpha=\alpha$,或$T\alpha-\alpha\neq 0$.而

$T(T\alpha-\alpha)=T^2\alpha-T\alpha=\alpha-T\alpha=(-1)(T\alpha-\alpha)$,所以,$-1$是$T$的特征值.

因$T\neq -E$,故$\exists\, 0\neq\beta\in V$,有$T\beta\neq(-E)\beta=-\beta$,或$T\beta+\beta\neq 0$而

$T(T\beta+\beta)=T^2\beta+T\beta=\beta+T\beta=T\beta+\beta$,所以,1是$T$的特征值.

总之,$T=E$时,T有唯一的特征值1;$T=-E$时,T有唯一的特征值-1;$T\neq\pm E$时,T有两个不同的特征值1与-1.

【例5.17】 设T是数域P上n维线性空间V的对合变换,证明T必可对角化.

证 $T=E$或$T=-E$时,T显然可对角化,下证:$T\neq\pm E$时,T可对角化.

由例5.6,这时T有两个不同的特征值1与-1,为此,只要证明:$V=V_1\oplus V_{-1}$,V_1是属于特征值1的特征子空间,而V_{-1}是属于特征值-1的特征子空间.

先证$V=V_1+V_{-1}$.

$\forall\,\xi\in V$,有$\xi=\frac{1}{2}(\xi+T\xi)+\frac{1}{2}(\xi-T\xi)$.

易知,$\xi+T\xi\in V_1$,$\xi-T\xi\in V_{-1}$,所以$V=V_1+V_{-1}$.

再证$V_1\cap V_{-1}=\{0\}$. $\forall\,\xi\cup V_1\cap V_{-1}$,于是$\xi\in V_1$且$\xi\in V_{-1}$,故$T\xi=\xi$,且$T\xi=-\xi$.

所以$\xi=-\xi$,故$\xi=0$,这样$V_1\cap V_{-1}=\{0\}$,从而$V=V_1\oplus V_{-1}$,由此可知,T可对角化.

【例5.18】 设T是$n(>1)$维线性空间V的线性变换,证明:若有$\xi\in V$,$T^{n-1}\xi\neq 0$,但$T^n\xi=0$,则T是幂零变换,且T不能对角化.

证 显然,$\xi,T\xi,\cdots,T^{n-1}\xi$均不为零,易证$\xi,T\xi,\cdots,T^{n-1}\xi$线性无关,故是$V$的一组基,下证:$T$是幂零变换.

证法一 $\forall\,\alpha\in V$,则有

$$\alpha=l_0\xi+l_1T\xi+\cdots+l_{n-1}T^{n-1}\xi$$

所以有

$$T^n+\alpha=T^n(l_0\zeta+l_1T\zeta+\cdots+l_{n-1}T^{n-1}\zeta)=0.$$

因此,$T^n=0$.

证法二 因

$$T\zeta=0\zeta+1T\zeta+0T^2\zeta+\cdots+0T^{n-1}\zeta,$$

$$T(T\xi)=T^2\zeta,$$

$$\cdots\cdots$$

$$T(T^{n-2}\xi)=T^{n-1}\xi,$$

$$T(T^{n-1}\zeta)=0.$$

所以 T 在基 $\xi, T\xi, \cdots, T^{n-1}\xi$ 下的矩阵为

$$A=\begin{bmatrix} 0 & 0 & \cdots & 0 & 0 \\ 1 & 0 & \cdots & 0 & 0 \\ 0 & 1 & \cdots & 0 & 0 \\ \vdots & \vdots & & \vdots & \vdots \\ 0 & 0 & \cdots & 1 & 0 \end{bmatrix}.$$

显然 $T^n=\mathbf{0}$，故 $\boldsymbol{A}^n=\mathbf{0}$，所以 T 是幂零变换.

T 只有特征值 0(n 重)，相应的齐次线性方程组

$$\begin{bmatrix} 0 & & & & \\ -1 & 0 & & & \\ & -1 & \ddots & & \\ & & \ddots & 0 & \\ & & & -1 & 0 \end{bmatrix}\begin{bmatrix} x_1 \\ x_2 \\ \vdots \\ x_n \end{bmatrix}=0,$$

系数矩阵的秩为 $n-1$，基础解系由一个向量组成，于是 T 只有一个线性无关的特征向量，所以 T 不能对角化.

【例 5.19】 设 T 是数域 P 上 n 维线性空间 V 的一个线性变换，证明，若 $T\neq \alpha\boldsymbol{E}, \alpha\in P$，且 $T^2=T+2\boldsymbol{E}$，则 T 可对角化.

证　设 $\boldsymbol{\varepsilon}_1, \boldsymbol{\varepsilon}_2, \cdots, \boldsymbol{\varepsilon}_n$ 是 V 的一组基，而 T 在基 $\boldsymbol{\varepsilon}_1, \boldsymbol{\varepsilon}_2, \cdots, \boldsymbol{\varepsilon}_n$ 下的矩阵为 $\boldsymbol{A}$，由 $A^2=A+2\boldsymbol{E}$ 知 $\boldsymbol{A}^2=\boldsymbol{A}+2\boldsymbol{E}$. 于是 $\boldsymbol{A}^2-\boldsymbol{A}-2\boldsymbol{E}=\mathbf{0}$，或 $(\boldsymbol{A}-2\boldsymbol{E})(\boldsymbol{A}+\boldsymbol{E})=\mathbf{0}$，故

$$R(\boldsymbol{A}-2\boldsymbol{E})+R(\boldsymbol{A}+\boldsymbol{E})\leqslant n. \tag{Ⅰ}$$

因 $(\boldsymbol{A}-2\boldsymbol{E})+(-(\boldsymbol{A}+\boldsymbol{E}))=-3\boldsymbol{E}$，

则有

$$n=R[(\boldsymbol{A}-2\boldsymbol{E})+(-(\boldsymbol{A}+\boldsymbol{E}))] \tag{Ⅱ}$$

$$\leqslant R(\boldsymbol{A}-2\boldsymbol{E})+R(\boldsymbol{A}+\boldsymbol{E})=n. \tag{Ⅲ}$$

因 $T\neq \alpha\boldsymbol{E}, \alpha\in P$，所以 $T\neq -E$，于是存在 V 中，$\boldsymbol{\alpha}\neq\mathbf{0}$，有 $(T+\boldsymbol{E})\boldsymbol{\alpha}\neq 0$，

因 $\boldsymbol{A}^2=\boldsymbol{A}+2\boldsymbol{E}$，则有

$$(\boldsymbol{A}-2\boldsymbol{E})(\boldsymbol{A}+\boldsymbol{E})=\mathbf{0},$$

所以

$$(\boldsymbol{A}-2\boldsymbol{E})(\boldsymbol{A}+\boldsymbol{E})\boldsymbol{\alpha}=\mathbf{0}.$$

故 $(\boldsymbol{A}+\boldsymbol{E})\boldsymbol{\alpha}$ 是 A 的属于特征值 2 的一个特征向量.

同样由 $T\neq 2\boldsymbol{E}$ 可知，-1 是 $\boldsymbol{A}$ 的一个特征值，于是 $\boldsymbol{A}$ 有两个不同的特征值 2 与 -1.

对于 $\lambda=2$，相应的齐次线性方程组

$$(2\boldsymbol{E}-\boldsymbol{A})\boldsymbol{X}=\mathbf{0}$$

的基础解系有 $n-R(2\boldsymbol{E}-\boldsymbol{A})$ 个向量(于是 $\dim V_2=n-R(2\boldsymbol{E}-T)$)；

对于 $\lambda=-1$，相应的齐次线性方程组

$$(-\boldsymbol{E}-\boldsymbol{A})\boldsymbol{X}=\mathbf{0}$$

的基础解系有 $n-R(\boldsymbol{E}+\boldsymbol{A})$ 个向量(于是 $\dim V_{-1}=n-R(\boldsymbol{E}+\boldsymbol{A})$).

因为(Ⅲ)，T 共有 $[n-R(2\boldsymbol{E}-\boldsymbol{A})]+[n-R(\boldsymbol{E}+\boldsymbol{A})]=n$ 个线性无关的特征向量，故 T 在 P 上可对角化，所以 T 可对角化.

注：由证明可知，$\dim V_2+\dim V_{-1}=n$，

又易知 $V_2 \cap V_{-1}=\{0\}$. 所以 $V=V_2 \oplus V_{-1}$，由此也可知 T 可对角化.

【例 5.20】 设 λ_0 是 n 阶方阵 $\boldsymbol{A}$ 的特征多项式的 k 重根. 试证：$\boldsymbol{A}$ 的属于 λ_0 的线性无关的特征向量最多有 k 个.

证 设 $\boldsymbol{\varepsilon}_1,\boldsymbol{\varepsilon}_2,\cdots,\boldsymbol{\varepsilon}_n$ 是 n 维线性空间 V 的一组基，在这组基下与 $\boldsymbol{A}$ 相应的线性变换为 T，于是 $\boldsymbol{A}$ 的特征多项式即为 T 的特征多项式.

若 $\boldsymbol{A}$ 的属于 λ_0 的线性无关的特征向量有 s 个，设为 $\boldsymbol{\xi}_1,\boldsymbol{\xi}_2,\cdots,\boldsymbol{\xi}_s$，将 $\boldsymbol{\xi}_1,\boldsymbol{\xi}_2,\cdots,\boldsymbol{\xi}_s$ 扩充成 V 的一组基：$\boldsymbol{\xi}_1,\boldsymbol{\xi}_2,\cdots,\boldsymbol{\xi}_s,\boldsymbol{\xi}_{s+1},\cdots,\boldsymbol{\xi}_n$.

因 $T\boldsymbol{\xi}_i=\lambda_0\boldsymbol{\xi}_i, i=1,2,\cdots,s$,

于是 T 在基 $\boldsymbol{\xi}_1,\boldsymbol{\xi}_2,\cdots,\boldsymbol{\xi}_s,\boldsymbol{\xi}_{s+1},\cdots,\boldsymbol{\xi}_n$ 下的矩阵 $\boldsymbol{B}$ 具有下述形式：

$$\boldsymbol{B}=\begin{bmatrix} \lambda_0 & 0 & \cdots & 0 & b_{1s+1} & \cdots & b_{1n} \\ 0 & \lambda_0 & \cdots & 0 & b_{2s+1} & \cdots & b_{2n} \\ \vdots & \vdots & & \vdots & \vdots & & \vdots \\ 0 & 0 & \cdots & \lambda_0 & b_{ss+1} & \cdots & b_{sn} \\ 0 & 0 & \cdots & 0 & b_{s+1s+1} & \cdots & b_{s+1n} \\ \vdots & \vdots & & \vdots & \vdots & & \vdots \\ 0 & 0 & \cdots & 0 & b_{ns+1} & \cdots & b_{nn} \end{bmatrix}.$$

故
$$|\lambda\boldsymbol{E}-\boldsymbol{B}|=(\lambda-\lambda_0)^s g(\lambda).$$

因 $\boldsymbol{B}$ 与 $\boldsymbol{A}$ 是相似的，故
$$|\lambda\boldsymbol{E}-\boldsymbol{A}|=|\lambda\boldsymbol{E}-\boldsymbol{B}|=(\lambda-\lambda_0)^s g(\lambda),$$

所以 $s\leqslant k$.

【例 5.21】 设 T 是 n 维线性空间 V 的一个线性变换，W 是 V 的子空间，证明：
$$\dim TW+\dim(T^{-1}(0)\cap W)=\dim W.$$

证 设 $\dim W=m$, $\dim(T^{-1}(0)\cap W)=r$, $\boldsymbol{\alpha}_1,\boldsymbol{\alpha}_2,\cdots,\boldsymbol{\alpha}_r$ 是 $T^{-1}(0)\cap W$ 的一组基，将它扩充为 W 的基：$\boldsymbol{\alpha}_1,\boldsymbol{\alpha}_2,\cdots,\boldsymbol{\alpha}_r,\boldsymbol{\alpha}_{r+1},\cdots,\boldsymbol{\alpha}_m$,

显然有
$$TW=L(T\boldsymbol{\alpha}_1,T\boldsymbol{\alpha}_2,\cdots,T\boldsymbol{\alpha}_r,T\boldsymbol{\alpha}_{r+1},\cdots,T\boldsymbol{\alpha}_m).$$

因 $\boldsymbol{\alpha}_i\in T^{-1}(0)\cap W, i=1,2,\cdots,r$，故 $T\boldsymbol{\alpha}_i=\boldsymbol{0}, i=1,2,\cdots,r$，所以
$$TW=L(T\boldsymbol{\alpha}_{r+1},\cdots,T\boldsymbol{\alpha}_m),$$

下证 $T\boldsymbol{\alpha}_{r+1},\cdots,T\boldsymbol{\alpha}_m$ 线性无关.

设 $\sum\limits_{i=r+1}^{m}k_iT\boldsymbol{\alpha}_i=\boldsymbol{0}$，于是 $T\left(\sum\limits_{i=r+1}^{m}k_i\boldsymbol{\alpha}_i\right)=\boldsymbol{0}$,

故 $\sum\limits_{i=r+1}^{m}k_i\boldsymbol{\alpha}_i\in T^{-1}(0)\cap W$.

所以，$\sum\limits_{i=r+1}^{m}k_i\boldsymbol{\alpha}_i$ 可由 $\boldsymbol{\alpha}_1,\boldsymbol{\alpha}_2,\cdots,\boldsymbol{\alpha}_r$ 线性表示，设 $\sum\limits_{i=r+1}^{m}k_i\boldsymbol{\alpha}_i=-\sum\limits_{i=1}^{r}k_i\boldsymbol{\alpha}_i$，于是
$$\sum_{i=1}^{m}k_i\boldsymbol{\alpha}_i=\boldsymbol{0}.$$

因 $\boldsymbol{\alpha}_1,\boldsymbol{\alpha}_2,\cdots,\boldsymbol{\alpha}_m$ 线性无关，必有 $k_1=k_2=\cdots=k_m=0$. 所以 $T\boldsymbol{\alpha}_{r+1},\cdots,T\boldsymbol{\alpha}_m$ 线性无关，因而是 TW 的一组基，于是

$$\dim TW=m-r=\dim W-\dim(T^{-1}(0)\cap W).$$

【例 5.22】 设 T_1,T_2 均是数域 P 上 n 维线性空间 V 的线性变换. 证明:

$$R(T_1T_2)\geqslant R(T_1)+R(T_2)-n.$$

证 令 $W=T_2V$,于是

$$\begin{aligned}(T_1T_2)V&=\{(T_1T_2)\boldsymbol{\alpha}\mid\boldsymbol{\alpha}\in V\}=\{T_1(T_2(\boldsymbol{\alpha}))\mid\boldsymbol{\alpha}\in V\}\\&=\{T_1\boldsymbol{\xi}\mid\boldsymbol{\xi}\in T_2V\}=\{T_1\boldsymbol{\xi}\mid\boldsymbol{\xi}\in W\}=T_1W.\end{aligned}$$

所以,秩$(T_1T_2)=\dim T_1W$.
由北大教材习题结论,有

$$\dim T_1W=\dim W-\dim(T_1^{-1}(0)\cap W)$$

$\geqslant\dim W-\dim T_1^{-1}(0)=\dim W-(n-R(T_1))=R(T_1)+R(T_2)-n.$

注:若在 V 中取一组基,T_1,T_2 在这组基下的矩阵分别为 $\boldsymbol{A},\boldsymbol{B}$,由 Sylvester 不等式有 $R(\boldsymbol{AB})\geqslant R(\boldsymbol{A})+R(\boldsymbol{B})-n$.

【例 5.23】 设 N,M 是 n 维线性空间 V 的任意两个子空间,且 $\dim M+\dim N=n$,证明:存在 $T\in L(V)$,使 $TV=M,T^{-1}(0)=N$.

证 已知 $\dim M+\dim N=n$,于是设 $\dim N=r$,则 $\dim M=n-r=s$.
当 $r=0$ 或 $s=0$ 时,易知 T 分别是 $\boldsymbol{E}$ 与 $\boldsymbol{0}$ 即可,
若 $0<r<n$,设 N 的一组基为 $\boldsymbol{\alpha}_1,\boldsymbol{\alpha}_2,\cdots,\boldsymbol{\alpha}_r$,将之扩充成 $\boldsymbol{\alpha}_1,\boldsymbol{\alpha}_2,\cdots,\boldsymbol{\alpha}_r,\boldsymbol{\alpha}_{r+1},\cdots,\boldsymbol{\alpha}_n$ 为 V 的一组基.
再在 M 中取一组基 $\boldsymbol{\varepsilon}_1,\boldsymbol{\varepsilon}_2,\cdots,\boldsymbol{\varepsilon}_s$. 于是存在 $T\in L(V)$,使

$$\begin{aligned}&T\boldsymbol{\alpha}_i=\boldsymbol{0},i=1,2,\cdots,r,\\&T\boldsymbol{\alpha}_j=\boldsymbol{\varepsilon}_{j-r},j=r+1,\cdots,n.\end{aligned}$$

于是

$$\begin{aligned}TV&=L(T\boldsymbol{\alpha}_1,T\boldsymbol{\alpha}_2,\cdots,T\boldsymbol{\alpha}_r,T\boldsymbol{\alpha}_{r+1},\cdots,T\boldsymbol{\alpha}_n)\\&=L(T\boldsymbol{\alpha}_{r+1},\cdots,T\boldsymbol{\alpha}_n)=L(\boldsymbol{\varepsilon}_1,\boldsymbol{\varepsilon}_2,\cdots,\boldsymbol{\varepsilon}_s)=M,\end{aligned}$$

$$\begin{aligned}T^{-1}(0)&=\{\boldsymbol{\alpha}\mid\boldsymbol{\alpha}\in V,T\boldsymbol{\alpha}=\boldsymbol{0}\}=\left\{\sum_{i=1}^{n}k_i\boldsymbol{\alpha}_i\mid T\left(\sum_{i=1}^{n}k_i\boldsymbol{\alpha}_i\right)=\boldsymbol{0}\right\}\\&=\left\{\sum_{i=1}^{n}k_i\boldsymbol{\alpha}_i\mid\sum_{i=r+1}^{n}k_iT\boldsymbol{\alpha}_i=\boldsymbol{0}\right\}=\left\{\sum_{i=1}^{n}k_i\boldsymbol{\alpha}_i\mid\sum_{i=1}^{s}k_{r+i}\boldsymbol{\varepsilon}_i=\boldsymbol{0}\right\}\\&=\left\{\sum_{i=1}^{r}k_i\boldsymbol{\alpha}_i\right\}=L(\boldsymbol{\alpha}_1,\boldsymbol{\alpha}_2,\cdots,\boldsymbol{\alpha}_r)=N.\end{aligned}$$

注:对于 n 维线性空间 V 的线性变换,有子空间 TV 与 $T^{-1}(0)$,使

$$\dim TV+\dim T^{-1}(0)=n.$$

反过来问:若有两个子空间 M 与 N,有 $\dim M+\dim N=n$,M 与 N 能否成为某个线性变换 T 的值域与核? 本例就回答了这个问题.

【例 5.24】 设 V 是数域 P 上 n 维线性空间,M 与 N 是 V 的两个子空间. 若 $V=M\oplus N$,证明:存在唯一的 V 的幂等线性变换 T_1,使得 $T_1V=M,T_1^{-1}(0)=N$,即 $V=T_1V\oplus T_1^{-1}(0)$.

证 设 $\dim M=r$,由 $V=M\oplus N$,则 $\dim N=n-r$,在 M 中取一组基 $\boldsymbol{\varepsilon}_1,\boldsymbol{\varepsilon}_2,\cdots,\boldsymbol{\varepsilon}_r$,在 N 中取一组基 $\boldsymbol{\varepsilon}_{r+1},\cdots,\boldsymbol{\varepsilon}_n$,因 $V=M\oplus N$,故 $\boldsymbol{\varepsilon}_1,\boldsymbol{\varepsilon}_2,\cdots,\boldsymbol{\varepsilon}_r,\boldsymbol{\varepsilon}_{r+1},\cdots,\boldsymbol{\varepsilon}_n$ 为 V 的一组基,于是存在 $A\in L(V)$,使得

$$T_1\boldsymbol{\varepsilon}_i=\boldsymbol{\varepsilon}_i,i=1,2,\cdots,r,$$

$$T_1\boldsymbol{\varepsilon}_i=\mathbf{0},i=r+1,\cdots,n,$$

则

$$\begin{aligned}T_1V&=L(T_1\varepsilon_1,T_1\varepsilon_2,\cdots,T_1\varepsilon_r,T_1\varepsilon_{r+1},\cdots,T_1\varepsilon_n)\\&=L(T_1\varepsilon_1,T_1\varepsilon_2,\cdots,T_1\varepsilon_r)=L(\varepsilon_1,\varepsilon_2,\cdots,\varepsilon_r)=M.\end{aligned}$$

$$\begin{aligned}T_1^{-1}(0)&=\left\{\sum_{i=1}^{n}k_i\varepsilon_i\mid T_1\left(\sum_{i=1}^{n}k_i\varepsilon_i\right)=0\right\}\\&=\left\{\sum_{i=1}^{n}k_i\varepsilon_i\mid \sum_{i=1}^{r}k_i\varepsilon_i=0\right\}=\left\{\sum_{i=r+1}^{n}k_i\varepsilon_i\right\}=N.\end{aligned}$$

上述 T_1 是幂等的，事实上，由 T_1 的定义，有

$$T_1(T_1\boldsymbol{\varepsilon}_i)=T_1\boldsymbol{\varepsilon}_i,i=1,2,\cdots,r,$$

$$T_1(T_1\boldsymbol{\varepsilon}_i)=\mathbf{0}=T_1\boldsymbol{\varepsilon}_i,i=r+1,\cdots,n,$$

即

$$T_1^2\boldsymbol{\varepsilon}_i=T_1\boldsymbol{\varepsilon}_i,i=1,2,\cdots,n.$$

所以 $T_1^2=T_1$，即 T_1 是幂等的.

若有幂等的线性变换 T_2，使得 $T_2V=M,T_2^{-1}(0)=N$，可以证明 $T_1=T_2$，事实上，因 $T_1V=T_2V$，则 $\forall\, T_1\boldsymbol{\alpha}\in T_1V$，有 $T_1\boldsymbol{\alpha}\in T_2V$，于是 $\exists\,\boldsymbol{\beta}\in V$，使 $T_2\boldsymbol{\beta}=T_1\boldsymbol{\alpha}$，故 $\forall\,\boldsymbol{\alpha}\in V$，有

$$(T_2T_1)(\boldsymbol{\alpha})=T_2(T_1\boldsymbol{\alpha})=T_2(T_2\boldsymbol{\beta})=T_2^2\boldsymbol{\beta}=T_1\boldsymbol{\alpha}.$$

所以得

$$T_2T_1=T_1 \qquad (\text{Ⅰ})$$

又因 $T_1^{-1}(0)=T_2^{-1}(0)$，于是 $\forall\,\boldsymbol{\alpha}\in V$，由 $T_1^2\boldsymbol{\alpha}=T_1\boldsymbol{\alpha}$，有

$$T_1(T_1\boldsymbol{\alpha}-\boldsymbol{\alpha})=\mathbf{0}.$$

由此可知，$T_1\boldsymbol{\alpha}-\boldsymbol{\alpha}\in T_1^{-1}(0)=T_2^{-1}(0)$. 故

$$T_2(T_1\boldsymbol{\alpha}-\boldsymbol{\alpha})=\mathbf{0},T_2T_1\boldsymbol{\alpha}=T_2\boldsymbol{\alpha}.$$

所以得

$$T_2T_1=T_2 \qquad (\text{Ⅱ})$$

由于(Ⅰ)与(Ⅱ)知，$T_1=T_2$

因此，上述幂等线性变换是唯一的.

【例 5.25】 设 T 是 n 维线性空间 V 的一个线性变换，证明：若 TV 的维数为 r，则必有一个 r 维子空间 W，使 $V=W\oplus T^{-1}(0)$.

证 因 TV 的维数为 r，故可设 $\boldsymbol{\varepsilon}_1,\boldsymbol{\varepsilon}_2,\cdots,\boldsymbol{\varepsilon}_r$ 为 TV 的一组基，于是存在 $\boldsymbol{\eta}_1\in V$，使得

$$T\boldsymbol{\eta}_i=\boldsymbol{\varepsilon}_i,i=1,2,\cdots,r.$$

显然 $\boldsymbol{\eta}_1,\boldsymbol{\eta}_2,\cdots,\boldsymbol{\eta}_r$ 线性无关，令

$$W=L(\boldsymbol{\eta}_1,\boldsymbol{\eta}_2,\cdots,\boldsymbol{\eta}_r),$$

则 W 是 V 的一个 r 维子空间，下证 $V=W\oplus T^{-1}(0)$.

$\forall\,\boldsymbol{\alpha}\in W\cap T^{-1}(0)$，于是 $\boldsymbol{\alpha}\in W$，且 $\boldsymbol{\alpha}\in T^{-1}(0)$. 设

$$\boldsymbol{\alpha}=k_1\boldsymbol{\eta}_1+k_2\boldsymbol{\eta}_2+\cdots k_r\boldsymbol{\eta}_r,$$

则 $T\boldsymbol{\alpha}=\mathbf{0}$,即

$$\begin{aligned}T\boldsymbol{\alpha}&=T(k_1\boldsymbol{\eta}_1+k_2\boldsymbol{\eta}_2+\cdots+k_r\boldsymbol{\eta}_r)=k_1T\boldsymbol{\eta}_1+k_2T\boldsymbol{\eta}_2+\cdots+k_rT\boldsymbol{\eta}_r\\&=k_1\boldsymbol{\varepsilon}_1+k_2\boldsymbol{\varepsilon}_2+\cdots+k_r\boldsymbol{\varepsilon}_r=\mathbf{0}.\end{aligned}$$

因 $\boldsymbol{\varepsilon}_1,\boldsymbol{\varepsilon}_2,\cdots,\boldsymbol{\varepsilon}_r$ 线性无关,必有 $k_1=k_2=\cdots=k_r=0$,所以 $\boldsymbol{\alpha}=\mathbf{0}$,故

$$W\cap T^{-1}(0)=\{0\}.$$

因 $\dim TV+\dim T^{-1}(0)=\dim W+\dim T^{-1}(0)=n$,

由维数公式得

$$\begin{aligned}\dim V&=n=\dim W+\dim T^{-1}(0)\\&=\dim(W+T^{-1}(0))+\dim(W\cap T^{-1}(0))\\&=\dim(W+T^{-1}(0)).\end{aligned}$$

所以
$$V=W+T^{-1}(0).$$
因此
$$V=W\oplus T^{-1}(0).$$

注:虽有 $\dim TV+\dim T^{-1}(0)=n$,但未必有 $V=TV\oplus T^{-1}(0)$,本例指出却有与 TV 维数相同的子空间 W,能使 $V=W\oplus T^{-1}(0)$成立.

【例 5.26】 设线性空间 V 的线性变换 T_1 与 T_2,满足 $T_1^2=T_1,T_2^2=T_2,T_1T_2=T_2T_1=0$. 证明:$(T_1+T_2)V=T_1V\oplus T_2V$.

证 $\forall\boldsymbol{\beta}\in(T_1+T_2)V$,则存在 $\boldsymbol{\xi}\in V$,使得

$$\boldsymbol{\beta}=(T_1+T_2)\boldsymbol{\xi}=T_1\boldsymbol{\xi}+T_2\boldsymbol{\xi}\in T_1V+T_2V,$$

于是
$$(T_1+T_2)V\subseteq T_1V+T_2V.$$
$$\forall\boldsymbol{\alpha}\in T_1V+T_2V,$$
则有
$$\boldsymbol{\alpha}=\boldsymbol{\alpha}_1+\boldsymbol{\alpha}_2,\boldsymbol{\alpha}_1\in T_1V,\boldsymbol{\alpha}_2\in T_2V.$$
故 $\exists\boldsymbol{\beta}_1\in V$,有 $\boldsymbol{\alpha}_1=T_1\boldsymbol{\beta}_1$;$\exists\boldsymbol{\beta}_2\in V$,有 $\boldsymbol{\alpha}_2=T_2\boldsymbol{\beta}_2$,

于是
$$\boldsymbol{\alpha}=\boldsymbol{\alpha}_1+\boldsymbol{\alpha}_2=T_1\boldsymbol{\beta}_1+T_2\boldsymbol{\beta}_2.$$
因 $T_1T_2=T_2T_1=0$,有

$$T_1\boldsymbol{\alpha}=T_1(T_1\boldsymbol{\beta}_1+T_2\boldsymbol{\beta}_2)=T_1^2\boldsymbol{\beta}_1=T_1\boldsymbol{\beta}_1=\boldsymbol{\alpha}_1,$$
$$T_2\boldsymbol{\alpha}=T_2(T_1\boldsymbol{\beta}_1+T_2\boldsymbol{\beta}_2)=T_2^2\boldsymbol{\beta}_2=\boldsymbol{\alpha}_2,$$

于是
$$\boldsymbol{\alpha}=\boldsymbol{\alpha}_1+\boldsymbol{\alpha}_2=T_1\boldsymbol{\alpha}+T_2\boldsymbol{\alpha}=(T_1+T_2)(\boldsymbol{\alpha}),$$
故 $\boldsymbol{\alpha}\in(T_1+T_2)V$.

由此得

$$T_1V+T_2V\subseteq(T_1+T_2)V,$$

所以
$$(T_1+T_2)V=T_1V+T_2V.$$
下证 $T_1V\cap T_2V=\{0\}$.

$\forall\boldsymbol{\alpha}\in T_1V\cap T_2V$,则 $\boldsymbol{\alpha}\in T_2V$ 且 $\boldsymbol{\alpha}\in T_2V$,故存在 $\boldsymbol{\beta}_1,\boldsymbol{\beta}_2\in V$,使

$$\boldsymbol{\alpha}=T_1\boldsymbol{\beta}_1,\boldsymbol{\alpha}=T_2\boldsymbol{\beta}_2.$$

于是 $(T_2T_1)(\boldsymbol{\alpha})=T_2(T_1\boldsymbol{\alpha})=T_2(T_1^2\boldsymbol{\beta}_1)=T_2(T_1\boldsymbol{\beta}_1)=T_2\boldsymbol{\alpha}=T_2(T_2\boldsymbol{\beta}_2)=T_2^2\boldsymbol{\beta}_2=T_2\boldsymbol{\beta}_2=\boldsymbol{\alpha}$.

因 $T_2T_1=0$,故$(T_2T_1)(\boldsymbol{\alpha})=\mathbf{0}$,从而 $\boldsymbol{\alpha}=0$,所以得

$$T_1V\cap T_2V=\{0\},$$

因此,$(T_1+T_2)V=T_1V\oplus T_2V$.

【例 5.27】 设 T_1,T_2 是数域 P 上 n 维线性空间 V 的线性变换,$f(\lambda),g(\lambda)$分别为 T_1,

T_2 的特征多项式,已知$(f(\lambda),g(\lambda))=1$,证明:$f(T_2)^{-1}(0)=g(T_1)^{-1}(0)$.

证 因$(f(\lambda),g(\lambda))=1$,故存在$\mu(\lambda),\upsilon(\lambda)$,使得

$$u(\lambda)f(\lambda)+\upsilon(\lambda)g(\lambda)=1.$$

于是有

$$u(T_1)f(T_1)+\upsilon(T_1)g(T_1)=E,$$
$$u(T_2)f(T_2)+\upsilon(T_2)g(T_2)=E.$$

由哈密尔顿-凯莱定理,有 $f(T_1)=0,g(T_2)=0$,故上述两式为

$$\upsilon(T_1)g(T_1)=E,$$
$$\upsilon(T_2)f(T_2)=E.$$

$\forall \boldsymbol{\xi}\in f(T_2)^{-1}(0)$,则 $f(T_2)\boldsymbol{\xi}=\mathbf{0}$,而

$g(T_1)\boldsymbol{\xi}=g(T_1)E\boldsymbol{\xi}=g(T_1)(u(T_2)f(T_2))\boldsymbol{\xi}=(g(T_1)u(T_2))(f(T_2)\xi)=\mathbf{0}.$

故 $\boldsymbol{\xi}\in g(T_1)^{-1}(0)$,

所以 $$f(T_2)^{-1}(0)\subseteq g(T_1)^{-1}(0).$$

同样可证:$g(T_1)^{-1}(0)\subseteq f(T_2)^{-1}(0)$.

所以 $f(T_2)^{-1}(0)=g(T_1)^{-1}(0)$.

【例 5.28】 设 T 是数域 P 上 n 维线性空间 V 的一个线性变换,$g(x)\in P[x]$,$g(x)$与 T 的特征多项式 $f(x)$互素,证明 $g(T)$的核是一个零子空间.

证 因$(f(x),g(x))=1$,故存在 $u(x),\upsilon(x)\in P[x]$,使得

$$u(x)f(x)+\upsilon(x)g(x)=1.$$

于是 $$u(T)f(T)+\upsilon(T)g(T)=\boldsymbol{E}.$$

因 $f(T)=0$,故

$$\upsilon(T)g(T)=\boldsymbol{E},$$

$\forall \boldsymbol{\xi}\in g(T)^{-1}(0)$,则有 $g(T)\boldsymbol{\xi}=\mathbf{0}$,于是

$$\boldsymbol{\xi}=\boldsymbol{E\xi}=\upsilon(T)g(T)\boldsymbol{\xi}=0.$$

所以 $g(T)^{-1}(0)=\{0\}$.

【例 5.29】 设 T_1 和 T_2 是 n 维线性空间 V 的两个线性变换. 证明:$T_2V\subseteq T_1V$ 的充要条件为存在线性变换 T_3,使 $T_2=T_1T_3$.

证 ($\Leftarrow$)因 $T_2=T_1T_3$,于是

$T_2V=(T_1T_3)V=\{T_1T_3(\boldsymbol{\alpha})\mid\alpha\in V\}=\{T_1(T_3\boldsymbol{\alpha})\mid\boldsymbol{\alpha}\in V\}=\{T_1\boldsymbol{\xi}\mid\boldsymbol{\xi}\in T_3V\subset V\}\subseteq T_1V.$

($\Rightarrow$)设 $\boldsymbol{\varepsilon}_1,\boldsymbol{\varepsilon}_2,\cdots,\boldsymbol{\varepsilon}_n$ 是 V 的一组基,令 $T_2\boldsymbol{\varepsilon}_i=\boldsymbol{\alpha}_i$,则

$$\boldsymbol{\alpha}_i\in T_2V\subseteq T_1V,i=1,2,\cdots,n.$$

于是,$\exists\boldsymbol{\beta}_i\in V$,使得

$$\boldsymbol{\alpha}_i=T_1\boldsymbol{\beta}_i,i=1,2,\cdots,n.$$

对于上述 $\boldsymbol{\beta}_1,\boldsymbol{\beta}_2,\cdots,\boldsymbol{\beta}_n$ 存在线性变换 T_3,使 $T_3\boldsymbol{\varepsilon}_i=\boldsymbol{\beta}_i,i=1,2,\cdots,n$,

故 $$\boldsymbol{\alpha}_i=T_1\boldsymbol{\beta}_i=T_1(T_3\boldsymbol{\varepsilon}_i)=(T_1T_3)\boldsymbol{\varepsilon}_i,$$

所以 $$T_2\boldsymbol{\varepsilon}_i=(T_1T_3)\boldsymbol{\varepsilon}_i,i=1,2,\cdots,n,$$

因此 $T_2=T_1T_3$.

【例 5.30】 设 T 是数域 P 上 n 维线性空间 V 的一个线性变换,W 是一个 T-子空间,证明:若 T 可逆,则 W 也是 T^{-1}-子空间.

证法一 因 W 是 T-子空间,不妨设 $0<\dim W<n$(当 $\dim W=0$ 或 n 时,结论是显然的),于是,$T|_W$ 是 W 的一个线性变换,若 T 可逆,则 T 在 V 上是单射,从而在 W 上也是单射,故 $T|_W$ 在 W 上是单的,于是 $T|_W$ 在 W 上是满的,从而 $\forall \boldsymbol{\xi}\in W$,$\exists \boldsymbol{\beta}\in W$,使 $\boldsymbol{\xi}=T|_W(\boldsymbol{\beta})=T\boldsymbol{\beta}$,所以 $T^{-1}\boldsymbol{\xi}=\boldsymbol{\beta}\in W$.
依定义,W 是 T^{-1}-子空间.

证法二 当 $W=\{0\}$,结论显然.
设 $W\neq\{0\}$,取 W 的一组基 $\boldsymbol{\varepsilon}_1,\boldsymbol{\varepsilon}_2,\cdots,\boldsymbol{\varepsilon}_s$,因 W 是 T-子空间,所以 $T\boldsymbol{\varepsilon}_1,T\boldsymbol{\varepsilon}_2,\cdots,T\boldsymbol{\varepsilon}_s\in W$,因 T 可逆,故 $T\boldsymbol{\varepsilon}_1,T\boldsymbol{\varepsilon}_2,\cdots,T\boldsymbol{\varepsilon}_s$ 线性无关,从而是 W 的一组基,于是,$\forall \boldsymbol{\xi}\in W$,则有

$$\boldsymbol{\xi}=\sum_{i=1}^{s}k_iT\boldsymbol{\varepsilon}_i=T\left(\sum_{i=1}^{s}k_i\boldsymbol{\varepsilon}_i\right).$$

于是 $T^{-1}\boldsymbol{\xi}=\sum_{i=1}^{s}k_i\boldsymbol{\varepsilon}_i\in W$,
所以 W 是 T^{-1}-子空间.

【例 5.31】 设 V 是复数域上 n 维线性空间,而 V 的线性变换 T 在基 $\boldsymbol{\varepsilon}_1,\boldsymbol{\varepsilon}_2,\cdots,\boldsymbol{\varepsilon}_n$ 下的矩阵是一个若当块,证明:
(1) V 中包含 $\boldsymbol{\varepsilon}_1$ 的 T-子空间只有 V 本身;
(2) V 中任一非零 T-子空间都包含 $\boldsymbol{\varepsilon}_n$;
(3) V 不能分解成两个非平凡的 T-子空间的直和.

证 设

$$(T\boldsymbol{\varepsilon}_1,T\boldsymbol{\varepsilon}_2,\cdots,T\boldsymbol{\varepsilon}_n)=(\boldsymbol{\varepsilon}_1,\boldsymbol{\varepsilon}_2,\cdots,\boldsymbol{\varepsilon}_n)\begin{bmatrix}\lambda & & & & \\ 1 & \lambda & & & \\ & 1 & \lambda & & \\ & & \ddots & \ddots & \\ & & & 1 & \lambda\end{bmatrix},$$

于是

$$\begin{aligned}T\boldsymbol{\varepsilon}_1&=\lambda\boldsymbol{\varepsilon}_1+\boldsymbol{\varepsilon}_2,\\ T\boldsymbol{\varepsilon}_2&=\lambda\boldsymbol{\varepsilon}_2+\boldsymbol{\varepsilon}_3,\\ &\cdots\cdots\\ T\boldsymbol{\varepsilon}_{n-1}&=\lambda\boldsymbol{\varepsilon}_{n-1}+\boldsymbol{\varepsilon}_n,\\ T\boldsymbol{\varepsilon}_n&=\lambda\varepsilon_n.\end{aligned}$$

(1) 若 W 是包含 $\boldsymbol{\varepsilon}_1$ 的一个 T-子空间,于是

$$T\boldsymbol{\varepsilon}_1=\lambda\boldsymbol{\varepsilon}_1+\boldsymbol{\varepsilon}_2\in W.$$

由此得 $\boldsymbol{\varepsilon}_2\in W$,因 W 是 T-子空间,故

$$T\boldsymbol{\varepsilon}_2=\lambda\boldsymbol{\varepsilon}_2+\boldsymbol{\varepsilon}_3\in W.$$

同样可知 $\boldsymbol{\varepsilon}_3\in W$. 如此继续,由 $\boldsymbol{\varepsilon}_{n-1}\in W$,有 $T\boldsymbol{\varepsilon}_{n-1}=\lambda\boldsymbol{\varepsilon}_{n-1}+\boldsymbol{\varepsilon}_n\in W$.
从而得 $\boldsymbol{\varepsilon}_n\in W$,于是

$$W\supseteq L(\boldsymbol{\varepsilon}_1,\boldsymbol{\varepsilon}_2,\cdots,\boldsymbol{\varepsilon}_n)=V,$$

但 $W\subseteq V$,所以 $W=V$.

(2) 设 W 是 V 中任一非零 T-子空间,于是存在 $\boldsymbol{\xi}\neq\mathbf{0}$,而 $\boldsymbol{\xi}\in W$,设

$\xi=\sum_{i=1}^{n}k_i\varepsilon_i$，其中 $k_1,k_2,\cdots,k_n$ 不全为零，不妨设 $k_1\neq0$. 因 W 是 T-子空间，故

$$T\xi=\sum_{i=1}^{n}k_iT\varepsilon_i\in W,$$

即 $T\xi=k_1(\lambda\varepsilon_1+\varepsilon_2)+k_2(\lambda\varepsilon_2+\varepsilon_3)+\cdots+k_{n-1}(\lambda\varepsilon_{n-1}+\varepsilon_n)+k_n\lambda\varepsilon_n$

$=\lambda\xi+k_2\varepsilon_2+k_2\varepsilon_3+\cdots+k_{n-1}\varepsilon_n\in W.$

于是

$$\xi_1=T\xi-\lambda\xi=k_1\varepsilon_1+k_2\varepsilon_3+\cdots+k_{n-1}\varepsilon_n\in W.$$

类似地可得

$$\xi_2=T\xi_1-\lambda\xi_1=k_1\varepsilon_3+k_2\varepsilon_4+\cdots+k_{n-2}\varepsilon_n\in W,$$

$$\cdots\cdots$$

$$\xi_{n-1}=T\xi_{n-2}-\lambda\xi_{n-2}=k_1\varepsilon_n\in W.$$

因 $k_1\neq0$，所以 $\varepsilon_n\in W$.

(3) 若 V 能分解成两个非平凡的 T-子空间 V_1 与 V_2 的直和：

$$V=V_1\oplus V_2.$$

于是 $V_1\cap V_2=\{0\}$，但由(2)，$\varepsilon_n\in V_1\cap V_2$，得 $V_1\cap V_2\neq\{0\}$. 这是一个矛盾，所以 V 不能分解成两个非平凡 T-子空间的直和.

【例 5.32】设 n 维线性空间 V 的线性变换 T 在基 $\alpha_1,\alpha_2,\cdots,\alpha_n$ 下的矩阵是对角阵，且主对角线上的元素均不相等，证明：T 的不变子空间恰有 2^n 个.

证 设 T 在基 $\alpha_1,\alpha_2,\cdots,\alpha_n$ 下的对角矩阵为

$$\begin{bmatrix}\lambda_1&&&\\&\lambda_2&&\\&&\ddots&\\&&&\lambda_n\end{bmatrix},\lambda_i\neq\lambda_j,i\neq j\text{ 时}.$$

于是 λ_i 是 T 的特征值，α_i 是 T 的属于 λ_i 的特征向量. 易知，$\alpha_1,\alpha_2,\cdots,\alpha_n$ 中取 j 个生成的子空间 $L(\alpha_{i_1},\alpha_{i_2},\cdots,\alpha_{i_j})$ 是 T-子空间. 这样的 T-子空间共有 $C_n^j(j=1,2,\cdots,n)$，共有 $C_n^1+C_n^2+\cdots+C_n^n=2^n-1$ 个，连同不变子空间 $\{0\}$，共有 2^n 个，所以，T-子空间至少有 2^n 个.

若设 W 是任一 T-子空间，而 $\dim W=r,r>0,\varepsilon_1,\cdots,\varepsilon_r$ 是 W 的一组基，将其扩充成 V 的一组基 $\varepsilon_1,\cdots,\varepsilon_r\varepsilon_{r+1},\cdots,\varepsilon_\pi$，则 T 在这组基下的矩阵形式如下：

$S=\begin{pmatrix}B&C\\0&D\end{pmatrix}$，其中 B 是 $T|w$ 在 $\varepsilon_1,\varepsilon_2,\cdots,\varepsilon_r$ 下的矩阵，于是

$S=\begin{pmatrix}B&C\\0&D\end{pmatrix}$，相似于 $\begin{bmatrix}\lambda_1&&&\\&\lambda_2&&\\&&\ddots&\\&&&\lambda_n\end{bmatrix}$，所以

$$\begin{vmatrix}\lambda E-B&-C\\0&\lambda E-D\end{vmatrix}=(\lambda-\lambda_1)(\lambda-\lambda_2)\cdots(\lambda-\lambda_n),$$

故 $|\lambda E-B||\lambda E-D|=(\lambda-\lambda_1)(\lambda-\lambda_2)\cdots(\lambda-\lambda_n)$，

所以 $|\lambda E-B|=(\lambda-\lambda_1)(\lambda-\lambda_{t_2})\cdots(\lambda-\lambda_{t_s})$.

于是 $\boldsymbol{B}$ 可对角化，故 $T|_W$ 可对角化，所以 $\boldsymbol{\alpha}_{t_1},\boldsymbol{\alpha}_{t_2},\cdots,\boldsymbol{\alpha}_{t_r}$ 是 T 在 W 中特征向量，且为 W 的一组基，从而 $W=L(\boldsymbol{\alpha}_{t_1},\boldsymbol{\alpha}_{t_2},\cdots,\alpha_{t_r})$.

由以上证明知 T-子空间恰有 2^n 个.

【例 5.33】 设 V 是有理数域上的线性空间，T 是 V 的一个非零线性变换，并且满足 $4T^2=T^4+2T$，证明：

(1) V 是 TV 与 $T^{-1}(0)$ 的直和；

(2) 必存在一个 3 维 T-子空间.

证　(1) 只要证 $TV\cap T^{-1}(0)=\{0\}$.

$\forall\boldsymbol{\alpha}\in TV\cap T^{-1}(0)$，则 $\boldsymbol{\alpha}\in TV$ 且 $\boldsymbol{\alpha}\in T^{-1}(0)$，于是 $T\boldsymbol{\alpha}=\mathbf{0}$，且 $\exists\boldsymbol{\beta}\in V$，有 $\boldsymbol{\alpha}=T\boldsymbol{\beta}$. 故 $T\boldsymbol{\alpha}=T^2\boldsymbol{\beta}=\mathbf{0}$，所以 $4T^2\boldsymbol{\beta}=\mathbf{0}$，$T^4\boldsymbol{\beta}=\mathbf{0}$，由此得

$$(T^4+2T)\boldsymbol{\beta}=T^4\boldsymbol{\beta}+2T\boldsymbol{\beta}=2T\boldsymbol{\beta},$$

又 $4T^2=T^4+2T$，于是

$$(T^4+2T)\boldsymbol{\beta}=4T^2\boldsymbol{\beta}=\mathbf{0},$$

所以 $2T\boldsymbol{\beta}=\mathbf{0}$，由此可得 $\boldsymbol{\alpha}=0$.

因此 $TV\cap T^{-1}(0)=\{0\}$，所以 $V=TV\oplus T^{-1}(0)$.

(2) 因 T 是 V 的非零线性变换，故存在 $\mathbf{0}\neq\boldsymbol{\alpha}\in TV$，于是存在 $\boldsymbol{\beta}\in V$，使得 $\boldsymbol{\alpha}=T\boldsymbol{\beta}$. 由此 $T^2\boldsymbol{\beta},T^3\boldsymbol{\beta}\in TV$，且 $T^2\boldsymbol{\beta}=\mathbf{0}$，$T^3\boldsymbol{\beta}\neq\mathbf{0}$.

事实上，若 $T^2\boldsymbol{\beta}=\mathbf{0}$，则 $T\boldsymbol{\beta}\in T^{-1}(0)$. 于是 $T\boldsymbol{\beta}\in TC\cap T^{-1}(0)$. 由(1)，$TV\cap T^{-1}(0)=\{0\}$，所以 $T\boldsymbol{\beta}=\mathbf{0}$，这与 $T\boldsymbol{\beta}=\boldsymbol{\alpha}\neq 0$ 矛盾，因此，$T^2\boldsymbol{\beta}\neq\mathbf{0}$，同样可证 $T^3\boldsymbol{\beta}\neq\mathbf{0}$.

令 $W=L(T\boldsymbol{\beta},T^2\boldsymbol{\beta},T^3\boldsymbol{\beta})$，

则 W 是 T-子空间，这是因为 $T(T\boldsymbol{\beta}),T(T^2\boldsymbol{\beta})\in W$，而

$$T(T^3\boldsymbol{\beta})=T^4\boldsymbol{\beta}=(4T^2-2T)\boldsymbol{\beta}=4T^2\boldsymbol{\beta}-2T\boldsymbol{\beta}\in W,$$

故 W 是 T-子空间.

下证 $T\boldsymbol{\beta},T^2\boldsymbol{\beta},T^3\boldsymbol{\beta}$ 线性无关.

先证 $T\boldsymbol{\beta},T^2\boldsymbol{\beta}$ 线性无关，若 $T\boldsymbol{\beta}$ 与 $T^2\boldsymbol{\beta}$ 线性相关，则有 k，使

$$T^2\boldsymbol{\beta}=kT\boldsymbol{\beta},k\in\mathbf{Q}.$$

于是
$$T^3\boldsymbol{\beta}=kT^2\boldsymbol{\beta}=k^2T\boldsymbol{\beta},T^4\boldsymbol{\beta}=k^3T\boldsymbol{\beta}.$$

又
$$T^4\boldsymbol{\beta}=(4T^2-2T)\boldsymbol{\beta}=4T^2\boldsymbol{\beta}-2T\boldsymbol{\beta}=(4k-2)T\boldsymbol{\beta},$$

所以
$$k^3T\boldsymbol{\beta}=(4k-2)T\boldsymbol{\beta}.$$

因 $T\boldsymbol{\beta}\neq\mathbf{0}$，得 $k^3=4k-2$，于是 k 是 $x^3-4x+2=0$ 是有理根，但 $x^3-4x+2=0$ 没有有理根，矛盾，所以 $T\boldsymbol{\beta},T^2\boldsymbol{\beta}$ 线性无关.

再证 $T\boldsymbol{\beta},T^2\boldsymbol{\beta},T^3\boldsymbol{\beta}$ 线性无关，其实，若 $T\boldsymbol{\beta},T^2\boldsymbol{\beta},T^3\boldsymbol{\beta}$ 线性相关，则 $T^3\boldsymbol{\beta}$ 可由 $T\boldsymbol{\beta},T^2\boldsymbol{\beta}$ 线性表示，即存在 $k,l\in\mathbf{Q}$，使

$$T^3\boldsymbol{\beta}=kT\boldsymbol{\beta}+lT^2\boldsymbol{\beta}.$$

于是
$$T^4\boldsymbol{\beta}=kT^2\boldsymbol{\beta}+lT^3\boldsymbol{\beta}=kT^2\boldsymbol{\beta}+l(kT\boldsymbol{\beta}+lT^2\boldsymbol{\beta})=klT\boldsymbol{\beta}+(k+l^2)T^2\boldsymbol{\beta}$$

又
$$T^4\boldsymbol{\beta}=(4T^2-2T)\boldsymbol{\beta}=4T^2\boldsymbol{\beta}-2T\boldsymbol{\beta},$$

所以得

$$klT\boldsymbol{\beta}+(k+l^2)T^2\boldsymbol{\beta}=4T^2\boldsymbol{\beta}-2T\boldsymbol{\beta},$$

即

$$(kl+2)T\boldsymbol{\beta}+(l^2+k-4)T^2\boldsymbol{\beta}=\mathbf{0}.$$

因 $T\boldsymbol{\beta}$、$T^2\boldsymbol{\beta}$ 线性无关，必有

$$kl+2=l^2+k-4=0.$$

消去 k，得 $l^3-4l-2=0$.

即 l 是方程 $x^3-4x-2=0$ 的有理根，但 $x^3-4x-2=0$ 无有理根. 这是一个矛盾，所以 $T\boldsymbol{\beta}$，$T^2\boldsymbol{\beta}$，$T^3\boldsymbol{\beta}$ 线性无关，故 $\dim W=3$. 因此，W 是一个 3 维 T-子空间.

习　题

1. 证明：n 维($n>2$)实线性空间 V 的一个线性变换 σ 必有一维或 2 维不变子空间.

2. 设 σ 是数域 P 上的线性变换，且 $\sigma^2=\sigma$. 证明：

(1) $\ker\sigma=\{\boldsymbol{\alpha}-\sigma(\boldsymbol{\alpha})\mid\boldsymbol{\alpha}\in V\}$；

(2) 如果 τ 是 V 的线性变换，$\ker\sigma$ 和 $\sigma(V)$ 都是 τ 的不变子空间.

3. 设 $\boldsymbol{A}$ 是一个 n 级矩阵，$\mathrm{tr}(\boldsymbol{A})=\sum_{i=1}^{n}a_{ii}$ 称为矩阵的迹.

(1) 请证明相似变换下的矩阵的迹不变；

(2) 设 $\boldsymbol{A},\boldsymbol{B}$ 为对称正半定矩阵，请证明 $\mathrm{tr}(\boldsymbol{AB})\geqslant 0$.

4. 设 $\mathbf{R}[x]$ 表示实数域 $\mathbf{R}$ 上全体多项式组成的线性空间，D 是 $\mathbf{R}[x]$ 的线性变换且满足：(1) $D(x)=1$；(2) $D(f(x)g(x))=D(f(x))g(x)+f(x)D(g(x))$，证明：$D$ 就是求导变换.

5. 设三维线性空间 V 上的线性变换 T 在基 $\boldsymbol{\varepsilon}_1,\boldsymbol{\varepsilon}_2,\boldsymbol{\varepsilon}_3$ 下的矩阵为 $\boldsymbol{A}=\begin{pmatrix}a_{11}&a_{12}&a_{13}\\a_{21}&a_{22}&a_{23}\\a_{31}&a_{32}&a_{33}\end{pmatrix}$.

(1) 求 $\boldsymbol{A}$ 在基 $\boldsymbol{\varepsilon}_3,\boldsymbol{\varepsilon}_2,\boldsymbol{\varepsilon}_1$ 下的矩阵；

(2) 求 $\boldsymbol{A}$ 在基 $\boldsymbol{\varepsilon}_1,k\boldsymbol{\varepsilon}_2,\boldsymbol{\varepsilon}_3$ 下的矩阵，其中 $k\in P$ 且 $k\neq 0$；

(3) 求 $\boldsymbol{A}$ 在基 $\boldsymbol{\varepsilon}_1+\boldsymbol{\varepsilon}_2,\boldsymbol{\varepsilon}_2,\boldsymbol{\varepsilon}_3$ 下的矩阵.

6. 设 V 是由数域 F 上 x 的次数小于 n 的全体多项式，再添上零多项式构成的线性空间，定义 V 上的线性变换 T，使 $T(f(x))=xf'(x)-f(x)$，其中 $f'(x)$ 为 $f(x)$ 的导数. (1) 求 T 的核 $T^{-1}(0)$ 与值域 TV；(2) 证明：线性空间 V 是 $T^{-1}(0)$ 与 TV 的直和.

7. 设 T 是有限维线性空间 V 上的线性变换. 证明 $V=TV\oplus T^2(0)$ 充要条件是 $T^2V=TV$.

8. 设 n 维线性空间上的线性变换 T 的特征多项式为

$$f(\lambda)=(\lambda-\lambda_1)^{n_1}(\lambda-\lambda_2)^{n_2},\lambda_1\neq\lambda_2,$$

并且有

$$T\boldsymbol{\alpha}_1=\lambda_1\boldsymbol{\alpha}_1,(T-\lambda_1B)\boldsymbol{\alpha}_2=\boldsymbol{\alpha}_1,\cdots,(T-\lambda_1B)\boldsymbol{\alpha}_{n_1}=\boldsymbol{\alpha}_{n_1-1},$$
$$T\boldsymbol{\beta}_1=\lambda_2\boldsymbol{\beta}_1,(T-\lambda_2B)\boldsymbol{\beta}_2=\boldsymbol{\beta}_1,\cdots,(T-\lambda_2B)\boldsymbol{\beta}_{n_2}=\boldsymbol{\beta}_{n_2-1}.$$

证明：$\boldsymbol{\alpha}_1,\boldsymbol{\alpha}_2,\cdots,\boldsymbol{\alpha}_{n_1},\boldsymbol{\beta}_1,\boldsymbol{\beta}_2,\cdots,\boldsymbol{\beta}_{n_2}$ 构成整个线性空间的一组基，并写出 T 在这组基下的矩阵.

9. 设 $P[x]_4$ 是所有次数小于 4 的多项式和 0 多项式构成的线性空间，求线性变换

$A(f(x))=x^2f''+f(x)+f'(x)$的特征值，求最大特征值的特征向量.

10. 设V是一个n维线性空间，V_1是一个r维子空间，$r\leqslant\frac{n}{2}$，证明存在一个线性变换T，使得$V_1=T^{-1}(0)\subseteq TV$.

11. 设V是数域P上的有限维线性空间，T是V上的线性变换，$f(\lambda)=(\lambda-1)(\lambda-2)^2$是$T$的最小多项式；再设$V_k=\ker(k\boldsymbol{\varepsilon}-T)^k(k=1,2)$. 其中 ker()表示核空间，证明：$V=V_1\oplus V_2$.

12. 设V是数域P上的一个n维线性空间，T是V上的非零线性变换，$f(x)$是数域P上的多项式，$f(0)=0$，$f(x)$在0处的导数$f'(0)\neq0$，$f(T)=0$，证明：$V=TV\oplus T^{-1}(0)$.

13. 设n维线性空间V上的线性变换σ的最小多项式与特征多项式相同. 求证：必存在某个$\boldsymbol{\alpha}\in V$，使得$\boldsymbol{\alpha},\sigma(\boldsymbol{\alpha}),\sigma^2(\boldsymbol{\alpha}),\cdots,\sigma^{n-1}(\boldsymbol{\alpha})$为$V$的一个基.

14. 设V是有理数域$\mathbf{Q}$上的线性空间，设σ是V的一个线性变换，设$g(x)=x(x^2+x-1)$. 证明：如果σ的多项式$g(\sigma)=0$，则V是σ的核与值域的直和.

15. 设V是数域F上的n维线性空间，σ是V上的线性变换. 任给F上两个互素多项式$h_1(x),h_2(x)$，令$g(x)=h_1(x)h_2(x)$，若$g(\sigma)=0$(零变换)，证明：$V=\ker h_1(\sigma)\oplus\ker h_2(\sigma)$，其中，$\ker h_1(\sigma)$是线性变换的核，$i=1,2$.

16. 设V是R上线性空间，σ是V的线性变换，多项式$g(x)=x^3-2x^2$. 若$g(\sigma)=0$，证明：$V=\ker(\sigma^2)\oplus\ker(\sigma-2)$.

17. 设f与g是n维向量空间V中的两个线性变换，而且f是幂等的(即$f^2=f$). 求证：

(1) $\ker(f)=\{x-f(x)\mid x\in V\}$；

(2) $V=\ker(f)\oplus\mathrm{Im}(f)$；

(3) 如果$\ker(f)$与$\mathrm{Im}(f)$都是g的不变子空间，则$fg=gf$.

18. 假设V是数域F上n维线性空间，f是V上的线性变换. 若1和2都是f的特征值，并且，f满足$(f-I)(f-2I)=O$，其中，O,I分别表示V上的零变换和恒等变换. 分别以V_1,V_2表示$f-I$及$f-2I$的核子空间，W_1,W_2表示$f-I$及$f-2I$的值域. 证明：

(1) $V=V_1\oplus V_2$；

(2) $V_1=W_2$；

(3) 若V仅有有限多个f不变子空间，你能得出什么结论？请给出你的结论成立的理由.

19. 设T是数域P上的n维线性空间V上的一个线性变换. 证明：

(1) 在$P[x]$中有一次数$\leqslant n^2$的多项式$f(x)$使$f(T)=0$；

(2) 若$f(T)=0$且$g(T)=0$，那么，$d(T)=0$，这里$d(x)$是$f(x)$与$g(x)$的最大公因式；

(3) T可逆$\Leftrightarrow$有一常数不为零的多项式$f(x)$，使$f(T)=0$.

20. 设V是复数域上的n维线性空间，V上的线性变换T在基$\boldsymbol{\varepsilon}_1,\boldsymbol{\varepsilon}_2,\cdots,\boldsymbol{\varepsilon}_n$下的矩阵为一若当块

$$\begin{pmatrix} \lambda & 0 & \cdots & 0 & 0 & 0 \\ 1 & \lambda & \cdots & 0 & 0 & 0 \\ \vdots & \vdots & & \vdots & \vdots & \vdots \\ 0 & 0 & \cdots & 1 & \lambda & 0 \\ 0 & 0 & \cdots & 0 & 1 & \lambda \end{pmatrix},$$

证明：

(1) V 中包含 $\boldsymbol{\varepsilon}_1$ 的 T-子空间只有 V 自身，其中 T-子空间代表 T 的不变子空间；

(2) V 中任一非零 T-子空间都包含 $\boldsymbol{\varepsilon}_n$；

(3) V 不能分解成两个非平凡的 T-子空间的直和.

第八章　λ-矩阵

码上学习

第一节　λ-矩阵的定义

1. 定义

设 P 是一个数域,λ 是一个文字,由 $P[\lambda]$中元素排成的表

$$\begin{bmatrix} f_{11}(\lambda) & \cdots & f_{1n}(\lambda) \\ \vdots & & \vdots \\ f_{m1}(\lambda) & \cdots & f_{mn}(\lambda) \end{bmatrix}$$

叫作数域 P 上关于文字 λ 的一个 $m\times n$ 多项式矩阵,简称 λ-矩阵.

注 1:λ-矩阵是原有数域 P 上的矩阵——数字矩阵概念的推广. λ-矩阵一般记作 $A(\lambda)$, $B(\lambda)$等;

注 2:与数字矩阵一样,λ-矩阵可定义加法、数乘、乘法等运算,与数字矩阵有相同的运算规律;

注 3:对于 λ-方阵与数字矩阵一样可以定义行列式. $|\boldsymbol{A}(\lambda)|$是 $P[\lambda]$中一个多项式,对于λ-矩阵也可定义子式,对于 λ-方阵的行列式也可定义元素的余子式,代数余子式等概念. 方阵 $\boldsymbol{A}(\lambda)$也可定义伴随矩阵 $\boldsymbol{A}^*(\lambda)$,且有

$$\boldsymbol{A}(\lambda)\boldsymbol{A}^*(\lambda)=\boldsymbol{A}^*(\lambda)\boldsymbol{A}(\lambda)=|\boldsymbol{A}(\lambda)|\boldsymbol{E}.$$

2. λ-矩阵的秩的定义

若 λ-矩阵 $\boldsymbol{A}(\lambda)$中有一个 $r(\geqslant 1)$阶子式不为零,而所有 $r+1$ 阶子式(如有的话)全为零,则称 $\boldsymbol{A}(\lambda)$的秩为 r. 零矩阵的秩约定为零.

注 1:设 $\boldsymbol{A}(\lambda)$是 n 阶方阵. 若 $R(\boldsymbol{A}(\lambda))=n$,$A(\lambda)$叫作满秩方阵;若 $R(\boldsymbol{A}(\lambda))<n$,$\boldsymbol{A}(\lambda)$叫作降秩方阵.

注 2:$\boldsymbol{A}(\lambda)$满秩$\Leftrightarrow|\boldsymbol{A}(\lambda)|\neq 0$.

3. 可逆 λ-方阵与逆矩阵的定义

一个 n 阶 λ-方阵 $\boldsymbol{A}(\lambda)$称为可逆的,若有一个 n 阶 λ-方阵 $\boldsymbol{B}(\lambda)$,使得

$$\boldsymbol{A}(\lambda)\boldsymbol{B}(\lambda)=\boldsymbol{B}(\lambda)\boldsymbol{A}(\lambda)=\boldsymbol{E},$$

这里 $\boldsymbol{E}$ 是 n 阶单位矩阵. 适合上式的 $\boldsymbol{B}(\lambda)$叫作 $\boldsymbol{A}(\lambda)$的逆矩阵. $\boldsymbol{A}(\lambda)$的逆矩阵记作 $\boldsymbol{A}^{-1}(\lambda)$.

4. $\boldsymbol{A}(\lambda)$可逆$\Leftrightarrow|\boldsymbol{A}(\lambda)|$是一个非零数

注:$\boldsymbol{A}(\lambda)$可逆,$\boldsymbol{A}(\lambda)$必满秩,反之则未必.

5. λ-矩阵的初等变换与初等矩阵

(1) λ-矩阵的初等变换是指以下三种变换：

① 矩阵的两行(列)互换位置；

② 矩阵的某一行(列)乘以非零常数 c；

③ 矩阵的某一行(列)加上另一行(列)的 $\varphi(\lambda)$倍(其中 $\varphi(\lambda)$是一个多项式).

(2) 初等矩阵

对单位矩阵作一次λ-矩阵的初等变换所得到的矩阵称为初等λ-矩阵.

初等矩阵 $\boldsymbol{P}(i,j)$,$\boldsymbol{P}(i(c))$与数字矩阵完全一样. 单位矩阵的第 j 行的 $\varphi(\lambda)$倍加到第 i 行所得的初等矩阵用$\boldsymbol{P}(i,j(\varphi(\lambda)))$表示：

$$\boldsymbol{P}(i,j(\varphi(\lambda)))=\left[\begin{array}{ccccccc} & & i\text{列} & & j\text{列} & & \\ 1 & & & & & & \\ & \ddots & & & & & \\ & & 1 & \cdots & \varphi(\lambda) & & \\ & & & \ddots & \vdots & & \\ & & & & 1 & & \\ & & & & & \ddots & \\ & & & & & & 1 \end{array}\right]\begin{array}{l} \\ \\ \\ i\text{行} \\ \\ j\text{行} \\ \\ \\ \end{array}$$

(3)“左行右列”原则仍成立.

第二节 λ-矩阵的等价标准形

1. 定义

λ-矩阵$\boldsymbol{A}(\lambda)$称为与$\boldsymbol{B}(\lambda)$等价,若可以经一系列初等变换将$\boldsymbol{A}(\lambda)$化为$\boldsymbol{B}(\lambda)$.

注:① λ-矩阵的等价是λ-矩阵间的等价关系.

② $\boldsymbol{A}(\lambda)$与$\boldsymbol{B}(\lambda)$等价的充要条件是有一系列λ-矩阵的初等矩阵$\boldsymbol{P}_1,\boldsymbol{P}_2,\cdots,\boldsymbol{P}_t,\boldsymbol{Q}_1,\boldsymbol{Q}_2,\cdots,\boldsymbol{Q}_l$,使

$$\boldsymbol{B}(\lambda)=\boldsymbol{P}_1\boldsymbol{P}_2\cdots\boldsymbol{P}_t\boldsymbol{A}(\lambda)\boldsymbol{Q}_1\boldsymbol{Q}_2\cdots\boldsymbol{Q}_l.$$

2. 定理

任意一个非零的 $s\times n$ 的λ-矩阵$\boldsymbol{A}(\lambda)$都等价于下列形式的矩阵.

$$\begin{bmatrix} d_1(\lambda) & & & & & & \\ & d_2(\lambda) & & & & & \\ & & \ddots & & & & \\ & & & d_r(\lambda) & & & \\ & & & & 0 & & \\ & & & & & \ddots & \\ & & & & & & 0 \end{bmatrix}, \tag{1}$$

其中 $r\geqslant 1$，$d_i(\lambda)$是非零的首项系数为 1 的多项式($i=1,2,\cdots,r$)且

$$d_i(\lambda)\mid d_{i+1}(\lambda),i=1,2,\cdots,r-1.$$

上述形式的矩阵叫作 $\boldsymbol{A}(\lambda)$的标准形. 注意(1)未必是对角矩阵.

3. 行列式因子与不变因子

定义 设λ-矩阵 $\boldsymbol{A}(\lambda)$的秩为 r. 对于正整数 $k(1\leqslant k\leqslant r)$，$A(\lambda)$中全部 k 阶子式的首项系数为 1 的最大公因式 $D_k(\lambda)$，称为 $\boldsymbol{A}(\lambda)$的 k 阶行列式因子.

定义 λ-矩阵 $\boldsymbol{A}(\lambda)$的标准形的左上角主对角线上非零元素 $d_1(\lambda),d_2(\lambda),\cdots,d_r(\lambda)$，称为 $\boldsymbol{A}(\lambda)$的不变因子.

重要结果：

① 等价的λ-矩阵有相同的秩与相同的各阶行列式因子.

② λ-矩阵的标准形是唯一的.

③ 若 $\boldsymbol{A}(\lambda)$的标准形为

$$\boldsymbol{D}(\lambda)=\begin{bmatrix} d_1(\lambda) & & & & & & \\ & d_2(\lambda) & & & & & \\ & & \ddots & & & & \\ & & & d_r(\lambda) & & & \\ & & & & 0 & & \\ & & & & & \ddots & \\ & & & & & & 0 \end{bmatrix},$$

则

a. $R(\boldsymbol{A}(\lambda))=R(\boldsymbol{D}(\lambda))=r$；

b. $\boldsymbol{A}(\lambda)$的 k 阶行列式因子；

$$D_k(\lambda)=d_1(\lambda)d_2(\lambda)\cdots d_k(\lambda),k=1,2,\cdots,r.$$

c. $d_1(\lambda)=D_1(\lambda),d_2(\lambda)=\dfrac{D_2(\lambda)}{D_1(\lambda)},\cdots,d_r(\lambda)=\dfrac{D_r(\lambda)}{D_{r-1}(\lambda)}$.

④ 两个同型的λ-矩阵等价的充要条件是它们有相同的行列式因子，或者，它们有相同的不变因子.

⑤ 矩阵 $\boldsymbol{A}(\lambda)$可逆的充要条件是 $\boldsymbol{A}(\lambda)$与单位矩阵等价.

⑥ 矩阵 $\boldsymbol{A}(\lambda)$可逆的充要条件是 $\boldsymbol{A}(\lambda)$可表示成一些初等矩阵的乘积.

⑦ 两个 $s\times n$ 的λ-矩阵 $A(\lambda)$与 $\boldsymbol{B}(\lambda)$等价的充要条件是存在 $s\times s$ 可逆矩阵 $\boldsymbol{P}(\lambda)$与一个 $n\times n$ 可逆矩阵 $\boldsymbol{Q}(\lambda)$，使

$$\boldsymbol{B}(\lambda)=\boldsymbol{P}(\lambda)\boldsymbol{A}(\lambda)\boldsymbol{Q}(\lambda).$$

【例 2.1】 设

$$\boldsymbol{A}(\lambda)=\begin{bmatrix} \lambda^2+\lambda & 0 & 0 \\ 0 & \lambda & 0 \\ 0 & 0 & (\lambda+1)^2 \end{bmatrix}.$$

求 $\boldsymbol{A}(\lambda)$的标准形与不变因子.

解法一 (用初等变换)

$$\boldsymbol{A}(\lambda)=\begin{bmatrix}\lambda^2+\lambda & 0 & 0\\ 0 & \lambda & 0\\ 0 & 0 & (\lambda+1)^2\end{bmatrix}\xrightarrow{[2+3(1)]}\begin{bmatrix}\lambda^2+\lambda & 0 & 0\\ 0 & \lambda & \lambda^2+2\lambda+1\\ 0 & 0 & \lambda^2+2\lambda+1\end{bmatrix}$$

$$\xrightarrow[{[3+2(-\lambda-2)]}]{}\begin{bmatrix}\lambda^2+\lambda & 0 & 0\\ 0 & \lambda & 1\\ 0 & 0 & \lambda^2+2\lambda+1\end{bmatrix}\xrightarrow[{[2+3(-\lambda)]}]{}\begin{bmatrix}\lambda^3+\lambda & 0 & 0\\ 0 & 0 & 1\\ 0 & -\lambda(\lambda+1)^2 & (\lambda+1)^2\end{bmatrix}$$

$$\xrightarrow[{[2(-1)]}]{\left[3+2\left(\frac{1}{\lambda}\right)\right]}\begin{bmatrix}\lambda^2+\lambda & 0 & 0\\ 0 & 0 & 1\\ 0 & \lambda(\lambda+1)^2 & 0\end{bmatrix}\xrightarrow[{[1,3]}]{[1,2]}\begin{bmatrix}1 & 0 & 0\\ 0 & 0 & \lambda^2+\lambda\\ 0 & \lambda(\lambda+1)^2 & 0\end{bmatrix}$$

$$\xrightarrow[{[2,3]}]{}\begin{bmatrix}1 & 0 & 0\\ 0 & \lambda^2+\lambda & 0\\ 0 & 0 & \lambda(\lambda+1)^2\end{bmatrix}.$$

由此可知,$\boldsymbol{A}(\lambda)$的不变因子为

$$d_1(\lambda)=1,d_2(\lambda)=\lambda^2+\lambda,d_{(}\lambda)=\lambda(\lambda+1)^2.$$

解法二 (先求行列式因子)

$\boldsymbol{A}(\lambda)$的非零的一阶子式有三个:

$$\lambda(\lambda+1),\lambda,(\lambda+1)^2,$$

它们的首项系数为 1 的最大公因式为 1,即 $D_1(\lambda)=1$;

$\boldsymbol{A}(\lambda)$的非零的二价子式有三个:

$$\lambda(\lambda+\lambda^2),(\lambda^2+\lambda)(\lambda+1)^2,\lambda(\lambda+1)^2,$$

它们的首项系数为 1 的最大公因式为 $\lambda(\lambda+1)$,即

$$D_2(\lambda)=\lambda(\lambda+1);$$

$\boldsymbol{A}(\lambda)$的三阶非零子式只有一个,即

$$|\boldsymbol{A}(\lambda)|=\lambda(\lambda^2+\lambda)(\lambda+1)^2.$$

于是

$$d_1(\lambda)=D_1(\lambda)=1,$$

$$d_2(\lambda)=\frac{D_2(\lambda)}{D_1(\lambda)}=\lambda(\lambda+1),$$

$$d_3(\lambda)=\frac{D_3(\lambda)}{D_2(\lambda)}=\frac{\lambda(\lambda^2+\lambda)(\lambda+1)^2}{\lambda(\lambda+1)}=\lambda(\lambda+1)^2.$$

所以,$\boldsymbol{A}(\lambda)$的标准形为

$$\begin{bmatrix}1 & 0 & 0\\ 0 & \lambda^2+\lambda & 0\\ 0 & 0 & \lambda(\lambda+1)^2\end{bmatrix}.$$

【例 2.2】 求 λ-矩阵

$$\boldsymbol{A}(\lambda)=\begin{bmatrix}0 & 0 & 1 & \lambda+2\\ 0 & 1 & \lambda+2 & 0\\ 1 & \lambda+2 & 0 & 0\\ \lambda+2 & 0 & 0 & 0\end{bmatrix}$$

的标准形及不变因子.

解 在$\boldsymbol{A}(\lambda)$中有三阶子式

$$\begin{vmatrix} 0 & 0 & 1 \\ 0 & 1 & \lambda+2 \\ 1 & \lambda+2 & 0 \end{vmatrix}=-1,$$

所以,$D_3(\lambda)=1$. 于是

$$D_2(\lambda)=D_1(\lambda)=1.$$

又$|\boldsymbol{A}(\lambda)|=(\lambda+2)^4$,故

$$D_4(\lambda)=(\lambda+2)^4.$$

于是

$$d_1(\lambda)=D_1(\lambda)=1, d_2(\lambda)=\frac{D_2(\lambda)}{D_1(\lambda)}=1,$$

$$d_3(\lambda)=\frac{D_3(\lambda)}{D_2(\lambda)}=1, d_4(\lambda)=\frac{D_4(\lambda)}{D_3(\lambda)}=(\lambda+2)^4.$$

所以,$\boldsymbol{A}(\lambda)$的标准形为

$$\begin{bmatrix} 1 & & & \\ & 1 & & \\ & & 1 & \\ & & & (\lambda+2)^4 \end{bmatrix}.$$

【例 2.3】 证明:

$$\begin{bmatrix} \lambda & 0 & 0 & \cdots & 0 & a_n \\ -1 & \lambda & 0 & \cdots & 0 & a_{n-1} \\ 0 & -1 & \lambda & \cdots & 0 & a_{n-2} \\ \vdots & \vdots & \vdots & & \vdots & \vdots \\ 0 & 0 & 0 & \cdots & \lambda & a_2 \\ 0 & 0 & 0 & \cdots & -1 & \lambda+a_1 \end{bmatrix}$$

的不变因子是

$$\overbrace{1,1,\cdots,1}^{n-1个},f(\lambda),$$

其中 $f(\lambda)=\lambda^n+a_1\lambda^{n-1}+\cdots a_{n-1}\lambda+a_n$.

证 易知已知λ-矩阵有 $n-1$ 阶子式

$$\begin{vmatrix} -1 & \lambda & 0 & \cdots & 0 & 0 \\ 0 & -1 & \lambda & \cdots & 0 & 0 \\ \vdots & \vdots & \vdots & & \vdots & \vdots \\ 0 & 0 & 0 & \cdots & -1 & \lambda \\ 0 & 0 & 0 & \cdots & 0 & -1 \end{vmatrix}=(-1)^{n-1}.$$

所以 $D_{n-1}(\lambda)=1$,于是 $D_1(\lambda)=\cdots=D_{n-2}(\lambda)=1$,故

$$d_1(\lambda)=d_2(\lambda)=\cdots=d_{n-1}(\lambda)=1.$$

将

$$|\boldsymbol{A}(\lambda)|=\begin{vmatrix}\lambda & 0 & 0 & \cdots & 0 & a_n\\ -1 & \lambda & 0 & \cdots & 0 & a_{n-1}\\ 0 & -1 & \lambda & \cdots & 0 & a_{n-2}\\ \vdots & \vdots & \vdots & & \vdots & \vdots\\ 0 & 0 & 0 & \cdots & \lambda & a_2\\ 0 & 0 & 0 & \cdots & -1 & \lambda+a_1\end{vmatrix}$$

的第 n 行乘以 λ 加到第 $n-1$ 行，继而将第 $n-1$ 行乘以 λ 加到第 $n-2$ 行，继续这样做，直到将第 2 行乘以 λ 加到第 1 行，得

$$|\boldsymbol{A}(\lambda)|=\begin{vmatrix}0 & 0 & 0 & \cdots & 0 & \lambda^n+a_1\lambda^{n-1}+\cdots+a_{n-1}\lambda+a_n\\ -1 & 0 & 0 & \cdots & 0 & \lambda^{n-1}+a_1\lambda^{n-2}+\cdots+a_{n-1}\\ 0 & -1 & 0 & \cdots & 0 & \lambda^{n-2}+a_1\lambda^{n-3}+\cdots+a^{n-2}\\ \vdots & \vdots & \vdots & & \vdots & \vdots\\ 0 & 0 & 0 & \cdots & 0 & \lambda^2+a_1\lambda+a_2\\ 0 & 0 & 0 & \cdots & -1 & \lambda+a_1\end{vmatrix}$$

$$=(-1)^{1+n}(-1)^{n-1}f(\lambda)=f(\lambda).$$

所以 $D_n(\lambda)=f(\lambda)$，故 $d_n(\lambda)=f(\lambda)$. 结论得证.

第三节　矩阵相似的条件

1. 矩阵相似的条件

① 定理　设 $\boldsymbol{A},\boldsymbol{B}\in P^{n\times n}$. $\boldsymbol{A}$ 与 $\boldsymbol{B}$ 相似的充要条件是它们的特征矩阵 $\lambda\boldsymbol{E}-\boldsymbol{A}$ 和 $\lambda\boldsymbol{E}-\boldsymbol{B}$ 等价.

② 数字矩阵 $\boldsymbol{A}$ 的行列式因子与不变因子

数字矩阵 $\boldsymbol{A}$ 的特征矩阵 $\lambda\boldsymbol{E}-\boldsymbol{A}$ 的行列式因子与不变因子叫作 $\boldsymbol{A}$ 的行列式因子与不变因子.

注：因

$$|\lambda\boldsymbol{E}-\boldsymbol{A}|=\lambda^n+\cdots(-1)^n|\boldsymbol{A}|\neq 0,$$

所以，$R(\lambda\boldsymbol{E}-\boldsymbol{A})=n$，它的不变因子总有 n 个. 显然 $D_n(\lambda)=|\lambda\boldsymbol{E}-\boldsymbol{A}|$，于是

$$d_1(\lambda)d_2(\lambda)\cdots d_n(\lambda)=|\lambda\boldsymbol{E}-\boldsymbol{A}|.$$

③ 设 $\boldsymbol{A},\boldsymbol{B}\in P^{n\times n}$，则 $\boldsymbol{A}$ 与 $\boldsymbol{B}$ 相似的充要条件是 $\boldsymbol{A},\boldsymbol{B}$ 有相同的行列式因子或相同的不变因子.

④ n 维线性空间 V 的线性变换 σ 的行列式因子与不变因子是指 σ 在 V 的任意一组基下的矩阵 $\boldsymbol{A}$ 的行列式因子与不变因子.

2. 初等因子

定义　把复方阵 $\boldsymbol{A}$ 的每个次数大于零的不变因子分解成互不相同的一次因式方幂的

乘积,所有这些一次因式方幂(相同的必须按出现的次数计算)称为矩阵 $\boldsymbol{A}$ 的初等因子.

定理 两个同阶复方阵相似的充要条件是它们有相同的初等因子.

定理 n 阶方阵的 $\boldsymbol{A}$ 的特征矩阵 $\lambda\boldsymbol{E}-\boldsymbol{A}$ 经初等变换化为对角阵,将主对角线上的元素分解成互不相同的一次因式方幂的乘积,则所有这些一次因式的方幂(相同的按出现的次数数计算)就是 $\boldsymbol{A}$ 的全部初等因子.

$\boldsymbol{A}$ 与 $\boldsymbol{B}$ 相似(即存在可逆阵 $\boldsymbol{P}$,使 $\boldsymbol{B}=\boldsymbol{P}^{-1}\boldsymbol{A}\boldsymbol{P}$,记 $\boldsymbol{A}\sim\boldsymbol{B}$)

$\Leftrightarrow(\lambda\boldsymbol{E}-\boldsymbol{A})\cong(\lambda\boldsymbol{E}-\boldsymbol{B})$

$\Leftrightarrow\boldsymbol{A}$ 与 $\boldsymbol{B}$ 的行列式因子相同

$\Leftrightarrow\boldsymbol{A}$ 与 $\boldsymbol{B}$ 的不变因子相同

$\Leftrightarrow\boldsymbol{A}$ 与 $\boldsymbol{B}$ 的初等因子组相同

$\Leftrightarrow\boldsymbol{A}$ 与 $\boldsymbol{B}$ 的若当标准形相同

$\boldsymbol{A}$ 与 $\boldsymbol{B}$ 相似的必要条件是:

① $\boldsymbol{A}$ 与 $\boldsymbol{B}$ 的特征多顶式相等.

② $|\boldsymbol{A}|=|\boldsymbol{B}|$.

③ $\mathrm{tr}\,\boldsymbol{A}=\mathrm{tr}\,\boldsymbol{B}$.

④ $\boldsymbol{A}$ 与 $\boldsymbol{B}$ 的特征值相同.

⑤ $\boldsymbol{A}$ 与 $\boldsymbol{B}$ 的最小多项式相等.

⑥ $R(\boldsymbol{A})=R(\boldsymbol{B})$.

我们可以利用这些条件来判定两个矩阵是否相似.

【例 3.1】 设矩阵

$$\boldsymbol{A}=\begin{bmatrix}1&1&\cdots&1\\1&1&\cdots&1\\\vdots&\vdots&&\vdots\\1&1&\cdots&1\end{bmatrix}.$$

(1) 求 $\boldsymbol{A}$ 的特征多项式与最小多项式;

(2) 若 $\boldsymbol{A}$ 相似于对角阵的话,求相似过渡阵.

解 $f_A(\lambda)=|\lambda\boldsymbol{E}-\boldsymbol{A}|=\lambda^n-n\lambda^{n-1}=\lambda^{n-1}(\lambda-n)$,

$$m_A(\lambda)=\lambda(\lambda-n),$$

因为最小多项式无重根,所以 $\boldsymbol{A}$ 的属于特征值 0 的特征向量为

$$\boldsymbol{\alpha}_1=(1,-1,0,\cdots,0),\boldsymbol{\alpha}_2=(1,0,-1,0,\cdots,0),\cdots,\boldsymbol{\alpha}_{n-1}=(1,0,\cdots,0,-1).$$

$\boldsymbol{A}$ 的属于特征值 n 的特征向量为

$$\boldsymbol{\beta}=(1,1,\cdots,1),$$

则以 $\boldsymbol{\alpha}_1,\cdots,\boldsymbol{\alpha}_{n-1},\boldsymbol{\beta}$ 为列向量的矩阵 $\boldsymbol{P}$ 即为所求.

$$\boldsymbol{P}\begin{bmatrix}1&1&\cdots&1&1\\-1&0&\cdots&0&1\\0&-1&\cdots&\vdots&\vdots\\\vdots&\vdots&&\vdots&\vdots\\0&0&\cdots&-1&1\end{bmatrix},$$

$$P^{-1}AP=\begin{bmatrix}0 & & & \\ & \ddots & & \\ & & 0 & \\ & & & n\end{bmatrix}.$$

若要求 P 是正交阵亦可办到.

第四节　若当标准形和有理标准形

1. 有理标准形

定义　设 $f(\lambda)\in P[\lambda]$

$f(\lambda)=\lambda^m+a_1\lambda^{m-1}+\cdots+a_{m-1}\lambda+a_m$ 称 m 阶方阵

$$N_0=\begin{bmatrix}0 & 0 & \cdots & 0 & -a_m\\ 1 & 0 & \cdots & 0 & -a_{m-1}\\ 0 & 1 & \cdots & 0 & -a_{m-2}\\ \vdots & \vdots & & \vdots & \vdots\\ 0 & 0 & \cdots & 0 & -a_2\\ 0 & 0 & \cdots & 1 & -a_1\end{bmatrix}$$

为 $f(\lambda)$的伴侣矩阵(或友阵).

例如 $f(\lambda)=2-3\lambda+5\lambda^2+\lambda^3$ 的伴侣阵为$\begin{bmatrix}0 & 0 & -2\\ 1 & 0 & +3\\ 0 & 1 & -5\end{bmatrix}$.

命题 1　设 $f(\lambda)$是一个首项系数为 1 的多项式,N_0 是它的伴侣矩阵,则 N_0 的不变因子是 $1,1,\cdots,1,f(\lambda)$.

证　设 $f(\lambda)=\lambda^m+a_1\lambda^{m-1}+\cdots+a_{m-1}\lambda+a_m$,

$$(\lambda E-N_0)=\begin{bmatrix}\lambda & 0 & \cdots & 0 & a_m\\ -1 & \lambda & \cdots & 0 & a_{m-1}\\ \vdots & \vdots & & \vdots & \vdots\\ 0 & 0 & \cdots & \lambda & a_2\\ 0 & 0 & \cdots & -1 & a_1+\lambda\end{bmatrix}$$

其行列式因子为 $D_1=D_2=\cdots=D_{m-1}=1,D_m(\lambda)=f(\lambda)$,(这里只需由下而上的将下一行乘以 λ 加到上一行去,即可求得).

因此,N_0 的不变因子 $d_1(\lambda),\cdots,d_m(\lambda)$为 $1,\cdots,1,f(\lambda)$.

命题 2　设 $A\in P^{n\times n}$,A 的不变因子为 $1,\cdots,1,d_1(\lambda),\cdots,d_s(\lambda)$,$d_i(\lambda)=\lambda^{m_i}+a_{i1}\lambda^{m_i-1}+\cdots+a_{i,m_i-1}\lambda+a_{im_i}$,$m_i-1\cdot\lambda+a_i,m_i$,$d_i(\lambda)$的伴侣阵:

$$\boldsymbol{N}_i=\begin{bmatrix}0 & 0 & \cdots & 0 & -a_{im_i}\\ 1 & 0 & \cdots & 0 & -a_{im_i-1}\\ \vdots & \vdots & & \vdots & \vdots\\ 0 & 0 & \cdots & 1 & -a_{i1}\end{bmatrix},\text{则 } \boldsymbol{A}\sim\boldsymbol{N}=\begin{bmatrix}N_1 & & & \\ & N_2 & & \\ & & \ddots & \\ & & & N_3\end{bmatrix}.$$

证 $$\lambda\boldsymbol{E}-\boldsymbol{N}=\begin{bmatrix}\lambda E_{m_1}-N_1 & & & \\ & \lambda E_{m_2}-N_2 & & \\ & & \ddots & \\ & & & \lambda E_{m_s}-N_s\end{bmatrix}$$

$$\cong\begin{bmatrix}1 & & & & & & & & & & & & \\ & \ddots & & & & & & & & & & & \\ & & d_1(\lambda) & & & & & & & & & & \\ & & & 1 & & & & & & & & & \\ & & & & \ddots & & & & & & & & \\ & & & & & 1 & & & & & & & \\ & & & & & & d_2(\lambda) & & & & & & \\ & & & & & & & \ddots & & & & & \\ & & & & & & & & 1 & & & & \\ & & & & & & & & & \ddots & & & \\ & & & & & & & & & & 1 & & \\ & & & & & & & & & & & \ddots & \\ & & & & & & & & & & & & d_s(\lambda)\end{bmatrix}$$

$$\cong\begin{bmatrix}1 & & & & & & \\ & \ddots & & & & & \\ & & 1 & & & & \\ & & & d_1(\lambda) & & & \\ & & & & d_2(\lambda) & & \\ & & & & & \ddots & \\ & & & & & & d_s(\lambda)\end{bmatrix},$$

因 $\boldsymbol{A}$ 与 $\boldsymbol{N}$ 的不变因子相同,所以 $\boldsymbol{A}\sim\boldsymbol{N}$,称 $\boldsymbol{N}$ 为矩阵 $\boldsymbol{A}$ 的有理标准型.

命题 3 设矩阵 $\boldsymbol{B}$ 的不变因子为 $1,\cdots,1,f(\lambda)$,则 $\boldsymbol{B}$ 相似于

$$\boldsymbol{B}_1=\begin{bmatrix}\boldsymbol{C} & & & \\ \boldsymbol{N} & \boldsymbol{C} & & \\ & \ddots & \ddots & \\ & & \boldsymbol{N} & \boldsymbol{C}\end{bmatrix},\boldsymbol{N}=\begin{bmatrix}0 & \cdots & 0 & 1\\ 0 & \cdots & 0 & 0\\ \vdots & & \vdots & \vdots\\ 0 & \cdots & 0 & 0\end{bmatrix}$$

这里 $\boldsymbol{C}$ 是 $f(\lambda)$ 的伴侣矩阵，有 t 个 $\boldsymbol{C}$，

证明提示：求 $\boldsymbol{B}_1$ 的行列式因子，不变因子.

命题 4 若 $\boldsymbol{B}$ 的不变因子为 $1,\cdots,1,\{(\lambda-a)^2+b^2\}$，$b\neq 0$ 则

$$\boldsymbol{B}\sim\boldsymbol{B}_1=\begin{bmatrix} a & b & & & & & & \\ -b & a & & & & & & \\ 0 & 1 & a & b & & & & \\ 0 & 0 & -b & a & & & & \\ & & 0 & 1 & \ddots & & & \\ & & 0 & 0 & \ddots & \ddots & & \\ & & & & \ddots & \ddots & \ddots & \\ & & & & & 0 & 1 & a & b \\ & & & & & 0 & 0 & -b & a \end{bmatrix}，有 t 块\begin{pmatrix} a & b \\ -b & a \end{pmatrix}.$$

证 $|\lambda\boldsymbol{E}-\boldsymbol{B}_1|\begin{vmatrix} \lambda-a & -b \\ b & \lambda-a \end{vmatrix}^t=[(\lambda-a)^2+b^2]^t$，$|\lambda\boldsymbol{E}-\boldsymbol{B}|$ 的左下角 $2t-1$ 阶子式为非零常数，即 $D_{n-1}(\lambda)=1$，所以 $\boldsymbol{B}_1$ 的不变因子为 $1,\cdots,1,[(\lambda-a)^2+b^2]^t$，因而 $\boldsymbol{B}\sim\boldsymbol{B}_1$.

实系数二次不可约多项式

$$h(\lambda)=[\lambda-(a+bi)][\lambda-(a-bi)]=\lambda^2-2a\lambda+(a^2+b^2)=(\lambda-a)^2+b^2,$$

$h(\lambda)$ 的伴侣矩阵为

$$\begin{pmatrix} 0 & -(a^2+b^2) \\ 1 & 2a \end{pmatrix}=\boldsymbol{C}.$$

因为 $\boldsymbol{P}^{-1}\boldsymbol{C}\boldsymbol{P}=\begin{pmatrix} 1 & a \\ 0 & -b \end{pmatrix}\begin{pmatrix} 0 & -(a^2+b^2) \\ 1 & 2a \end{pmatrix}\begin{bmatrix} 1 & \frac{a}{b} \\ 0 & -\frac{1}{b} \end{bmatrix}=\begin{pmatrix} a & b \\ -b & a \end{pmatrix}$，

所以 $\boldsymbol{C}=\begin{bmatrix} 0 & -(a^2+b^2) \\ 1 & 2a \end{bmatrix}\sim\begin{bmatrix} a & b \\ -b & a \end{bmatrix}$.

2. 若当标准形

① 若当形矩阵的初等因子

a. 若当块 $\boldsymbol{J}_0(\lambda_0,n)$ 的初等因子为 $(\lambda-\lambda_0)^n$.

b. 一个若当形矩阵的全部初等因子就是它的全部若当块的初等因子所组成的集合，且若当形矩阵除去其中若当块排列的次序外，被它的初等因子唯一决定.

② 每个 n 阶复数矩阵 $\boldsymbol{A}$ 都与一个若当形矩阵相似，这个若当形矩阵除了其中若当块排列的次序外，是被矩阵 $\boldsymbol{A}$ 唯一决定的，它称为 $\boldsymbol{A}$ 的若当标准形.

③ 设 $\boldsymbol{A}$ 的复数域上 n 维线性空间 V 的线性变换，则在 V 中必定存在一组基，使 A 在这组基下的矩阵是若当形的，并且这个若当形矩阵去其中若当块排列的次序外，是被 A 唯一决定的.

④ 复方阵 $\boldsymbol{A}$ 的最小多项式就是 $\boldsymbol{A}$ 的最后一个不变因子.

注：最后一个不变因子是所有初等因子的最小公倍式.

⑤ 复数矩阵 $\boldsymbol{A}$ 可对角化的充要条件是 $\boldsymbol{A}$ 的初等因子全是一次的.

⑥ 复数矩阵 $\boldsymbol{A}$ 可对角化的充要条件是 $\boldsymbol{A}$ 的最小多项式无重根.

命题 1　复数域 $\mathbf{C}$ 上任一 n 阶矩阵 $\boldsymbol{A}$，都相似于一个若当标准形矩阵 $\boldsymbol{J}$.

$$\boldsymbol{J}=\begin{bmatrix}\boldsymbol{J}_1 & & \\ & \ddots & \\ & & \boldsymbol{J}_s\end{bmatrix},$$

其中每一个 $(\lambda\boldsymbol{E}-\boldsymbol{A})$ 的初等因子确定一个若当块 $\boldsymbol{J}_i$，并且除若当块的次序外，若当标准阵 $\boldsymbol{J}$ 是唯一的.

若是用线性变换的观点来说就是：

命题 2　复数域 $\mathbf{C}$ 上 n 维线性空间 V 的一个线性变换 φ，总存在 V 的一组基底，使 φ 在这组基下的矩阵是若当标准形 $\boldsymbol{J}$，并且这个若当阵除去若当块次序外是唯一的.（证略）

推论 1　设 φ 为 n 维线性空间 V 上的线性变换，

$$\boldsymbol{\alpha}_1,\boldsymbol{\alpha}_2,\cdots,\boldsymbol{\alpha}_n \text{ 为 } V \text{ 的基}, \varphi(\boldsymbol{\alpha}_1,\boldsymbol{\alpha}_2,\cdots,\boldsymbol{\alpha}_n)=(\boldsymbol{\alpha}_1,\boldsymbol{\alpha}_2,\cdots,\boldsymbol{\alpha}_n)\begin{bmatrix}\boldsymbol{J}_1 & & & \\ & \boldsymbol{J}_2 & & \\ & & \ddots & \\ & & & \boldsymbol{J}_s\end{bmatrix},$$

设 $\boldsymbol{J}_i$ 对应着基中向量为 $\boldsymbol{\alpha}_{i1},\boldsymbol{\alpha}_{i2},\cdots,\boldsymbol{\alpha}_{ir_i}$，$r_i$ 为 $\boldsymbol{J}_i$ 的阶数，$r_1+r_2+\cdots+r_s=n$.
令 $V_i=L(\boldsymbol{\alpha}_{i1},\boldsymbol{\alpha}_{i2},\cdots,\boldsymbol{\alpha}_{ir_i})$，
则 V_i 是 φ 的不变子空间，且有 $V=V_1\oplus V_2\oplus\cdots\oplus V_s$.

推论 2　假设如上，令 $\boldsymbol{J}_i=\begin{bmatrix}\lambda_i & & & \\ 1 & \lambda_i & & \\ & \ddots & \ddots & \\ & & 1 & \lambda_i\end{bmatrix}$，则 V_i 是 $(\varphi-\lambda_i\boldsymbol{E})$ 的循环不变子空间.

证
$$\begin{cases}\varphi(\boldsymbol{\alpha}_{i1})=\lambda_i\boldsymbol{\alpha}_{i1}+\boldsymbol{\alpha}_{i2},\\ \varphi(\boldsymbol{\alpha}_{i2})=\lambda_i\boldsymbol{\alpha}_{i2}+\boldsymbol{\alpha}_{i3},\\ \quad\cdots\cdots\\ \varphi(\boldsymbol{\alpha}_{ir_i-1})=\lambda_i\boldsymbol{\alpha}_{ir_i-1}+\boldsymbol{\alpha}_{ir_i},\\ \varphi(\boldsymbol{\alpha}_{ir_i})=\lambda_i\boldsymbol{\alpha}_{ir_i},\end{cases}\Rightarrow\begin{cases}(\varphi-\lambda_iE)(\boldsymbol{\alpha}_{i1})=\boldsymbol{\alpha}_{i2},\\ (\varphi-\lambda_iE)(\boldsymbol{\alpha}_{i2})=\boldsymbol{\alpha}_{i3},\\ \quad\cdots\cdots\\ (\varphi-\lambda_iE)(\boldsymbol{\alpha}_{ir_i-1})=\boldsymbol{\alpha}_{ir_i},\\ (\varphi-\lambda_iE)(\boldsymbol{\alpha}_{ir_i})=\mathbf{0},\end{cases}\Rightarrow\begin{cases}(\varphi-\lambda_iE)(\boldsymbol{\alpha}_{i1})=\boldsymbol{\alpha}_{i2},\\ (\varphi-\lambda_iE)^2(\boldsymbol{\alpha}_{i1})=\boldsymbol{\alpha}_{i3},\\ \quad\cdots\cdots\\ (\varphi-\lambda_iE)^{r_i-1}(\boldsymbol{\alpha}_{i1})=\boldsymbol{\alpha}_{ir_i},\\ (\varphi-\lambda_iE)^{r_i}(\boldsymbol{\alpha}_{i1})=\mathbf{0},\end{cases}$$

因此，$V_i=L(\boldsymbol{\alpha}_{i1},\boldsymbol{\alpha}_{i2},\cdots,\boldsymbol{\alpha}_{ir_i})=L(\boldsymbol{\alpha}_{i1},(\varphi-\lambda_iE)(\boldsymbol{\alpha}_{i1}),\cdots,(\varphi-\lambda_iE)^{r_i-1}(\boldsymbol{\alpha}_{i1}))$，
这样，V_i 称为 $(\varphi-\lambda_iE)$ 的循环不变子空间.

另外，还有 $(\varphi-\lambda_iE)$ 是 V_i 的幂零变换，这是因为，存在自然数 r_i，使 $(\varphi-\lambda_iE)^{r_i}=0$.
事实上，$(\varphi-\lambda_iE)^{r_i}$ 作用于生成元均得零向量.

3. 几种特殊矩阵的若当标准形

① 幂等阵 $(\boldsymbol{A}^2=\boldsymbol{A})$ 的若当标准形 $\boldsymbol{J}=\begin{pmatrix}\boldsymbol{E}_r & \mathbf{0}\\ \mathbf{0} & \mathbf{0}\end{pmatrix}$.

证　设 $\boldsymbol{P}^{-1}\boldsymbol{A}\boldsymbol{P}=\boldsymbol{J}=\begin{bmatrix}\boldsymbol{J}_1 & & \\ & \ddots & \\ & & \boldsymbol{J}_s\end{bmatrix}$,

因为 $\boldsymbol{A}^2=\boldsymbol{A}$，所以 $\boldsymbol{J}^2=\boldsymbol{J}\Leftrightarrow\boldsymbol{J}_i^2=\boldsymbol{J}_i, i=1,\cdots,s$.
又所以 $\boldsymbol{A}$ 的特征值为 1，0，易于验证：

$$\boldsymbol{J}_i^2=\boldsymbol{J}_i\Leftrightarrow\boldsymbol{J}_i=\boldsymbol{E}_{r_i}\text{ 或 }\boldsymbol{J}_i=\boldsymbol{0},$$

所以

$$\boldsymbol{A}\sim\boldsymbol{J}=\begin{pmatrix}\boldsymbol{E}_r & \\ & \boldsymbol{0}\end{pmatrix}.$$

② 对称阵的若当标准形为对角形矩阵.

③ 对合阵($\boldsymbol{A}^2=\boldsymbol{E}$)的若当标准形.

$$\boldsymbol{J}=\begin{bmatrix}\boldsymbol{E}_r & \\ & -\boldsymbol{E}_{n-r}\end{bmatrix}.$$

证 $\boldsymbol{A}$ 的特征值为 $1,-1$，$\boldsymbol{A}\sim\begin{bmatrix}\boldsymbol{J}_1 & & \\ & \ddots & \\ & & \boldsymbol{J}_s\end{bmatrix}$,

$$\boldsymbol{A}^2-\boldsymbol{E}\Leftrightarrow\boldsymbol{J}^2-\boldsymbol{E}\Leftrightarrow\boldsymbol{J}_i^2=\boldsymbol{E},\boldsymbol{J}_i=\boldsymbol{E}\text{ 或 }\boldsymbol{J}_i=-\boldsymbol{E},$$

所以 $\boldsymbol{A}\sim\begin{pmatrix}\boldsymbol{E}_r & \\ & -\boldsymbol{E}_{n-r}\end{pmatrix}$.

④ 周期阵($\boldsymbol{A}^m=\boldsymbol{E}$)的若当标准形为对角阵，且对角线上的元素为 m 次单位根.

证 设 λ 为 $\boldsymbol{A}$ 的特征根，$\boldsymbol{A\alpha}=\boldsymbol{\lambda\alpha}$，

$\boldsymbol{A}^m\boldsymbol{\alpha}=\lambda^m\boldsymbol{\alpha}=\boldsymbol{E\alpha}=\boldsymbol{\alpha}$，所以 $\lambda^m-1=0$，即 λ 是 m 次单位根.

设 $\boldsymbol{J}=\begin{bmatrix}\boldsymbol{J}_1 & & \\ & \ddots & \\ & & \boldsymbol{J}_s\end{bmatrix}$ 为 $\boldsymbol{A}$ 的若当标准形

$$\boldsymbol{A}^m=\boldsymbol{E}\Leftrightarrow\boldsymbol{J}^m=\boldsymbol{E}\Leftrightarrow\boldsymbol{J}_i^m=\boldsymbol{E}_{r_i}\Leftrightarrow\boldsymbol{J}_i=\begin{bmatrix}\lambda_i & & \\ & \ddots & \\ & & \lambda_i\end{bmatrix}.$$

λ_i 为 m 次单位根，

所以 $\boldsymbol{A}\sim\boldsymbol{J}=\begin{bmatrix}\lambda_1 & & & \\ & \lambda_2 & & \\ & & \ddots & \\ & & & \lambda_n\end{bmatrix}$，$\lambda_i$ 为 m 次单位根.

⑤ 幂零($\boldsymbol{A}\neq\boldsymbol{0},\boldsymbol{A}^m=\boldsymbol{0}$)的若当标准形 $\boldsymbol{J}$ 的若当块为幂零若当块，即

$$\boldsymbol{J}_i=\begin{bmatrix}0 & & & \\ 1 & 0 & & \\ & \ddots & \ddots & \\ & & 1 & 0\end{bmatrix},$$

$\boldsymbol{A}$ 的特征根为 0，且 $\boldsymbol{A}$ 不能相似于对角阵.

证 设 $\boldsymbol{A\alpha}=\lambda\boldsymbol{\alpha}$，$\boldsymbol{A}^m\boldsymbol{\alpha}=\lambda^m\boldsymbol{\alpha}=0\boldsymbol{\alpha}=\boldsymbol{0}$，必有 $\lambda^m=0,\lambda=0$.

$\boldsymbol{A}^m=\boldsymbol{0}\Leftrightarrow\boldsymbol{J}^m=\boldsymbol{0}\Leftrightarrow\boldsymbol{J}_i^m=\boldsymbol{0}$，有 $\boldsymbol{J}_i$ 为幂零若当块，若 $\boldsymbol{A}$ 相似于对角阵，有 $\boldsymbol{J}_i=\boldsymbol{0}$，进而有 $\boldsymbol{J}=$

0，必有 $\boldsymbol{A}=0$，矛盾. 因此，$\boldsymbol{A}$ 不能相似于对角阵.

4. 若当块的几个变化规律

① 设 m 阶若当块

$$\boldsymbol{J}_i=\begin{bmatrix}\lambda & & & & \\ 1 & \lambda & & & \\ & 1 & \ddots & & \\ & & \ddots & \ddots & \\ & & & 1 & \lambda\end{bmatrix},$$

则 $\boldsymbol{J}_i^k=\begin{bmatrix}\lambda^k & & & \\ C_k^1\lambda^{k-1} & \lambda^k & & \\ \vdots & \vdots & \ddots & \\ C_k^{m-1}\lambda^{k-m+1} & C_k^{m-2}\lambda^{k-m+2} & \cdots & \lambda^k\end{bmatrix}$.

证明由归纳法即可证得.

② 设 r_i 阶若当块

$$\boldsymbol{J}_i=\begin{bmatrix}\lambda_i & & & & \\ 1 & \lambda_i & & & \\ & 1 & \ddots & & \\ & & \ddots & \ddots & \\ & & & 1 & \lambda_i\end{bmatrix},$$

则存在 r_i 阶矩阵：$\boldsymbol{Q}_i=\begin{bmatrix} & & & & 1\\ & & & \iddots & \\ & & 1 & & \\ & \iddots & & & \\ 1 & & & & \end{bmatrix}$,

使

$$\boldsymbol{Q}_i^{-1}\boldsymbol{J}_i\boldsymbol{Q}_i=\begin{bmatrix}\lambda_i & 1 & & & \\ & \lambda_i & \ddots & & \\ & & \ddots & \ddots & \\ & & & \ddots & 1\\ & & & & \lambda_i\end{bmatrix}=\boldsymbol{J}_i',\text{且 }\boldsymbol{Q}_i^{-1}=\boldsymbol{Q}_i'=\boldsymbol{Q}_i.$$

证明验证即可.

③ 设 r_i 阶幂零若当块

$$\boldsymbol{J}_i=\begin{bmatrix}0 & & & \\ 1 & 0 & & \\ & \ddots & \ddots & \\ & & 1 & 0\end{bmatrix},$$

则对于自然数 k，$\boldsymbol{J}_i^k=\boldsymbol{0}\Leftrightarrow k\geqslant r_i$.

证明验证即可.

④ r_i 阶若当块能分解为一个幂零若当块与一个纯对角形阵之和.

证 $$J_i=\begin{bmatrix}\lambda_i&&&\\1&\lambda_i&&\\&\ddots&\ddots&\\&&1&\lambda_i\end{bmatrix}=\begin{bmatrix}0&&&\\1&0&&\\&\ddots&\ddots&\\&&1&0\end{bmatrix}+\begin{bmatrix}\lambda_i&&\\&\ddots&\\&&\lambda_i\end{bmatrix}=B_i+C_i.$$

⑤ r_i 阶若当块能分解为两个对称阵之积,且其中之一是非退化的.

证 $$J_i=\begin{bmatrix}\lambda_i&&&\\1&\lambda_i&&\\&\ddots&\ddots&\\&&1&\lambda_i\end{bmatrix}=\begin{bmatrix}&&&1\\&&1&\\&\iddots&&\\1&&&\end{bmatrix}\begin{bmatrix}&&1&\lambda_i\\&\iddots&\iddots&\\1&\lambda_i&&\\\lambda_i&&&\end{bmatrix}$$

$$=\begin{bmatrix}&&\lambda_i&\lambda_i\\&\iddots&1&\\\lambda_i&\iddots&&\\1&&&\end{bmatrix}\begin{bmatrix}&&&1\\&&1&\\&\iddots&&\\1&&&\end{bmatrix}=F_iQ_i,$$

且 $|Q_i|=(-1)^{\frac{r_i(r_i-1)}{2}}\neq0$.

假设 $A\in\mathbf{C}^{n\times n}$, $\Delta_A(\lambda)=(\lambda-\lambda_1)^{r_1}(\lambda-\lambda_2)^{r_2}\cdots(\lambda-\lambda_s)^{r_s}$, $(\lambda_i\neq\lambda_j)$,则 A 的属于特征值 λ_i 的特征子空间 V_{λ_i} 的维数 t_i(即 λ_i 的几何重复度)等于 A 的初等因子中以 λ_i 为根的初等因子的个数. λ_i 的代数重复度 r_i 等于 A 的初等因子中以 λ_i 为根的初等因子的次数的和.

推论 λ_i 的几何重数是 A 的若当标准形中以 λ_i 为特征值的若当块的个数.

λ_i 的代数重数是 A 的若当标准形中以 λ_i 为特征值的若当块的阶数之和.

第五节 综合举例

【例 5.1】 求矩阵

$$A=\begin{bmatrix}3&1&0&0\\-4&-1&0&0\\6&1&2&1\\-14&-5&-1&0\end{bmatrix}$$

的若当标准形.

解 $$\lambda E-A=\begin{bmatrix}\lambda-3&-1&0&0\\4&\lambda+1&0&0\\-6&-1&\lambda-2&-1\\14&5&1&\lambda\end{bmatrix}\to\begin{bmatrix}0&-1&0&0\\(\lambda-1)^2&\lambda+1&0&0\\-\lambda-3&-1&\lambda-2&-1\\5\lambda-1&5&1&\lambda\end{bmatrix}$$

$$\to\begin{bmatrix}1&0&0&0\\0&(\lambda-1)^2&0&0\\0&-\lambda-3&\lambda-2&-1\\0&5\lambda-1&1&\lambda\end{bmatrix}\to\begin{bmatrix}1&0&0&0\\0&(\lambda-1)^2&0&0\\0&0&0&-1\\0&-\lambda^2+2\lambda-1&\lambda^2-2\lambda+1&\lambda\end{bmatrix}$$

$$\rightarrow\begin{bmatrix}1&0&0&0\\0&(\lambda-1)^2&0&0\\0&0&0&1\\0&0&(\lambda-1)^2&0\end{bmatrix}\rightarrow\begin{bmatrix}1&&&\\&1&&\\&&(\lambda-1)^2&\\&&&(\lambda-1)^2\end{bmatrix},$$

所以,$\boldsymbol{A}$ 的初等因子为$(\lambda-1)^2,(\lambda-1)^2$. 于是 $\boldsymbol{A}$ 的若当标准形为

$$\boldsymbol{J}=\begin{bmatrix}1&0&&\\1&1&&\\&&1&0\\&&1&1\end{bmatrix}.$$

【例 5.2】 设

$$\boldsymbol{A}=\begin{bmatrix}2&0&0\\a&2&0\\b&c&-1\end{bmatrix}$$

是复矩阵.

(1) 求出 $\boldsymbol{A}$ 的一切可能的若当标准形;

(2) 给出 $\boldsymbol{A}$ 可对角化的一个充要条件.

解 (1) $f_A(\lambda)=|\lambda\boldsymbol{E}-\boldsymbol{A}|=(\lambda-2)^2(\lambda+1)$,于是 $D_3(\lambda)=(\lambda-2)^2(\lambda+1)$.

$$\lambda\boldsymbol{E}-\boldsymbol{A}=\begin{bmatrix}\lambda-2&0&0\\-a&\lambda-2&0\\-b&-c&\lambda+1\end{bmatrix},$$

可能的二阶非零子式为

$$\begin{vmatrix}\lambda-2&0\\-a&\lambda-2\end{vmatrix}=(\lambda-2)^2;\quad\begin{vmatrix}\lambda-2&0\\-b&-c\end{vmatrix}=-c(\lambda-2);$$

$$\begin{vmatrix}\lambda-2&0\\-b&\lambda+1\end{vmatrix}=(\lambda-2)(\lambda+1);\quad\begin{vmatrix}-a&\lambda-2\\-b&-c\end{vmatrix}=ac+b(\lambda-2);$$

$$\begin{vmatrix}-a&0\\-b&\lambda+1\end{vmatrix}=-a(\lambda+1);\quad\begin{vmatrix}\lambda-2&0\\-c&\lambda+1\end{vmatrix}=(\lambda-2)(\lambda+1).$$

所以,① 当 $a=0$ 时,$D_2(\lambda)=(\lambda-2)$;② 当 $a\neq0$ 时,$D_2(\lambda)=1$.

又显然 $D_1(\lambda)=1$,于是

① 当 $a=0$ 时,

$$d_1(\lambda)=1,d_2(\lambda)=(\lambda-2),$$

$$d_3(\lambda)=\frac{D_3(\lambda)}{D_2(\lambda)}=(\lambda-2)(\lambda+1).$$

所以,初等因子为 $\lambda-2,\lambda-2,\lambda+1$,$\boldsymbol{A}$ 的若当标准形为

$$\boldsymbol{J}_1=\begin{bmatrix}2&&\\&2&\\&&-1\end{bmatrix}.$$

② 当 $a\neq0$ 时,$d_1(\lambda)=d_2(\lambda)=1,d_3(\lambda)=(\lambda-2)^2(\lambda+1)$,初等因子为$(\lambda-2)^2,(\lambda+1)$. 所以,$\boldsymbol{A}$ 的若当标准形为

$$J_2=\begin{bmatrix}2 & & \\ 1 & 2 & \\ & & -1\end{bmatrix}.$$

(2) 由上讨论可知 $\boldsymbol{A}$ 可对角化的充要条件是 $a=0$.

【例 5.3】 证明:n 阶复方阵 $\boldsymbol{A}$ 是一个数量矩阵的充要条件是 $\lambda\boldsymbol{E}-\boldsymbol{A}$ 的 $n-1$ 阶行列式因子是 $n-1$ 次多项式.

证 (⇒)设 $\boldsymbol{A}$ 是 n 阶数量矩阵 $k\boldsymbol{E}$,于是

$$\lambda\boldsymbol{E}-\boldsymbol{A}=\begin{bmatrix}\lambda-k & & & \\ & \lambda-k & & \\ & & \ddots & \\ & & & \lambda-k\end{bmatrix},$$

所以 $D_{n-1}(\lambda)=(\lambda-k)^{n-1}$ 是 $n-1$ 次多项式.

(⇐)因为

$$f_A(\lambda)=|\lambda\boldsymbol{E}-\boldsymbol{A}|=D_n(\lambda).$$

设 $\boldsymbol{A}$ 的 $n-1$ 阶行列式因子 $D_{n-1}(\lambda)$ 是 $n-1$ 次多项式,所以

$$d_n(\lambda)=\frac{D_n(\lambda)}{D_{n-1}(\lambda)}=\lambda+a.$$

因 $d_n(\lambda)$ 是 $\boldsymbol{A}$ 的最小多项式,故有 $\boldsymbol{A}+a\boldsymbol{E}=\boldsymbol{0}$,所以

$$\boldsymbol{A}=-a\boldsymbol{E}$$

是一个数量矩阵.

【例 5.4】 设 n 阶复矩阵 $\boldsymbol{A}$ 的特征值互不相等,且 $\boldsymbol{AB}=\boldsymbol{BA}$. 证明:$\boldsymbol{B}$ 的初等因子都是一次的.

证 设 $\lambda_1,\lambda_2,\cdots,\lambda_n$ 是 $\boldsymbol{A}$ 的 n 个互不相等的特征值,于是 $\boldsymbol{A}$ 可对角化,即有可逆矩阵 $\boldsymbol{T}$,使得

$$\boldsymbol{T}^{-1}\boldsymbol{AT}=\begin{bmatrix}\lambda_1 & & & \\ & \lambda_2 & & \\ & & \ddots & \\ & & & \lambda_n\end{bmatrix}.$$

因 $\boldsymbol{AB}=\boldsymbol{BA}$,故有 $\boldsymbol{T}^{-1}\boldsymbol{ABT}=\boldsymbol{T}^{-1}\boldsymbol{BAT}$. 于是有

$$\boldsymbol{T}^{-1}\boldsymbol{ATT}^{-1}\boldsymbol{BT}=\boldsymbol{T}^{-1}\boldsymbol{BTT}^{-1}\boldsymbol{AT}.$$

即 $\boldsymbol{T}^{-1}\boldsymbol{BT}$ 与对角阵

$$\begin{bmatrix}\lambda_1 & & & \\ & \lambda_2 & & \\ & & \ddots & \\ & & & \lambda_n\end{bmatrix},(\lambda_i\neq\lambda_j,i\neq j\text{ 时})$$

可以交换,故 $\boldsymbol{T}^{-1}\boldsymbol{BT}$ 是对角阵,即 $\boldsymbol{B}$ 可对角化. 所以 $\boldsymbol{B}$ 的初等因子都是一次的.

【例 5.5】 设复准对角阵

$$A=\begin{bmatrix}A_1 & & & \\ & A_2 & & \\ & & \ddots & \\ & & & A_s\end{bmatrix}$$

其中 A_i 是 n_i 阶矩阵，$i=1,2,\cdots,s$. 证明：A 的初等因子是各个 $A_i(i=1,2,\cdots,s)$ 初等因子的汇集.

证　因对于各个子块 A_i，都有 n_i 阶可逆矩阵 Q_i，使得

$$Q_i^{-1}A_iQ_i=J_i,i=1,2,\cdots,s.$$

这里 J_i 是 A_i 的若当标准形. 令

$$Q=\begin{bmatrix}Q_1 & & & \\ & Q_2 & & \\ & & \ddots & \\ & & & Q_s\end{bmatrix},$$

则 Q 是 n 阶可逆矩阵，且

$$Q^{-1}AQ=\begin{bmatrix}J_1 & & & \\ & J_2 & & \\ & & \ddots & \\ & & & J_s\end{bmatrix}=J.$$

由若当标准形的唯一性，J 是 A 的若当标准形. 每个 J_i 中的若当块就是 J 的若当块. 所以 A 的初等因子就是 A_i 所有初等因子的汇集.

【例 5.6】　设 n 阶复矩阵 A,B 都是可对角化矩阵，且 $AB=BA$，证明：A,B 可同时对角化.

证　因 A 可对角化，故存在可逆矩阵 P，使

$$P^{-1}AP=\begin{bmatrix}a_1E_1 & & & \\ & a_2E_2 & & \\ & & \ddots & \\ & & & a_rE_r\end{bmatrix},$$

其中 $a_i\neq a_j$，E_i 是 n_i 阶单位阵. 因 $AB=BA$，所以

$$P^{-1}APP^{-1}BP=P^{-1}BPP^{-1}AP.$$

令 $C=P^{-1}BP$，则 C 与

$$\begin{bmatrix}a_1E_1 & & & \\ & a_2E_2 & & \\ & & \ddots & \\ & & & a_rE_r\end{bmatrix},a_i\neq a_j$$

可交换，故 C 只能是准对角阵. 设

$$C=\begin{bmatrix}C_1 & & & \\ & C_2 & & \\ & & \ddots & \\ & & & C_r\end{bmatrix},C_i\text{ 是 }n_i\text{ 阶矩阵}.$$

因 $\boldsymbol{B}$ 可对角化，所以与之相似的矩阵 $\boldsymbol{C}$ 也可对角化，于是 $\boldsymbol{C}$ 的初等因子是一次的. 故每个 $\boldsymbol{C}_i$ 的初等因子也都是一次的. 于是存在 n_i 阶可逆矩阵 $\boldsymbol{Q}_i$，使得 $\boldsymbol{Q}_i^{-1}\boldsymbol{C}_i\boldsymbol{Q}_i$ 是对角阵，$i=1,2,\cdots,r$. 令 $\boldsymbol{Q}=\begin{bmatrix}\boldsymbol{Q}_1 & & & \\ & \boldsymbol{Q}_2 & & \\ & & \ddots & \\ & & & \boldsymbol{Q}_r\end{bmatrix}$，则 $\boldsymbol{Q}$ 是 n 阶可逆矩阵，且

$$\boldsymbol{Q}^{-1}\boldsymbol{C}\boldsymbol{Q}=\begin{bmatrix}\boldsymbol{Q}_1^{-1}\boldsymbol{C}_1\boldsymbol{Q}_1 & & & \\ & \boldsymbol{Q}_2^{-1}\boldsymbol{C}_2\boldsymbol{Q}_2 & & \\ & & \ddots & \\ & & & \boldsymbol{Q}_r^{-1}\boldsymbol{C}_r\boldsymbol{Q}_r\end{bmatrix}$$

是对角阵. 令 $\boldsymbol{T}=\boldsymbol{P}\boldsymbol{Q}$，则 $\boldsymbol{T}$ 是 n 阶可逆矩阵，且

$$\begin{aligned}\boldsymbol{T}^{-1}\boldsymbol{A}\boldsymbol{T}&=(\boldsymbol{P}\boldsymbol{Q})^{-1}\boldsymbol{A}(\boldsymbol{P}\boldsymbol{Q})=\boldsymbol{Q}^{-1}(\boldsymbol{P}^{-1}\boldsymbol{A}\boldsymbol{P})\boldsymbol{Q}\\&=\boldsymbol{Q}^{-1}\begin{bmatrix}a_1\boldsymbol{E}_1 & & & \\ & a_2\boldsymbol{E}_2 & & \\ & & \ddots & \\ & & & a_r\boldsymbol{E}_r\end{bmatrix}\boldsymbol{Q}\\&=\begin{bmatrix}a_1\boldsymbol{E}_1 & & & \\ & a_2\boldsymbol{E}_2 & & \\ & & \ddots & \\ & & & a_r\boldsymbol{E}_r\end{bmatrix}.\end{aligned}$$

$$\boldsymbol{T}^{-1}\boldsymbol{B}\boldsymbol{T}=(\boldsymbol{P}\boldsymbol{Q})^{-1}\boldsymbol{B}(\boldsymbol{P}\boldsymbol{Q})=\boldsymbol{Q}^{-1}(\boldsymbol{P}^{-1}\boldsymbol{B}\boldsymbol{P})\boldsymbol{Q}=\boldsymbol{Q}^{-1}\boldsymbol{C}\boldsymbol{Q}.$$

所以 $\boldsymbol{T}^{-1}\boldsymbol{B}\boldsymbol{T}$ 是对角阵. 结论成立.

【例 5.7】 设 $\boldsymbol{A}$ 是复的幂等矩阵，即有 $\boldsymbol{A}^2=\boldsymbol{A}$. 求出 $\boldsymbol{A}$ 的可能的初等因子，从而证明 $\boldsymbol{A}$ 与一个对角矩阵相似.

证 $\boldsymbol{A}=\boldsymbol{0}$ 或 $\boldsymbol{A}=\boldsymbol{E}$，这时初等因子显然分别为

$$\overbrace{\lambda,\lambda,\cdots,\lambda}^{n\text{个}}\text{与}\overbrace{\lambda-1,\lambda-1,\cdots,\lambda-1}^{n\text{个}},$$

都是一次的，从而可对角化.

下设 $\boldsymbol{A}\neq\boldsymbol{0}$ 且 $\boldsymbol{A}\neq\boldsymbol{E}$. 这时 $\boldsymbol{A}$ 的特征值是 0 与 1，于是

$$\lambda(\lambda-1)\mid m_\lambda(\lambda).$$

又 $\boldsymbol{A}^2=\boldsymbol{A}$，即 $\boldsymbol{A}^2-\boldsymbol{A}=\boldsymbol{0}$，于是 $\varphi(\lambda)=\lambda^2-\lambda=\lambda(\lambda-1)$ 是 $\boldsymbol{A}$ 的一个零化多项式. 所以

$$m_\lambda(\lambda)\mid\lambda(\lambda-1).$$

因此

$$m_\lambda(\lambda)=\lambda(\lambda-1).$$

因 $d_n(\lambda)=m_\lambda(\lambda)$，所以 $d_n(\lambda)=\lambda(\lambda-1)$. 故 $\boldsymbol{A}$ 的可能的初等因子为 λ，$(\lambda-1)$（会重复出现），都是一次的. 从而可对角化.

【例 5.8】 设 $\boldsymbol{A}$ 为 n 阶复方阵，$f(\lambda)$ 是 $\boldsymbol{A}$ 的特征多项式. 令

$$g(\lambda)=\frac{f(\lambda)}{(f(\lambda),f'(\lambda))}.$$

证明:$\boldsymbol{A}$ 与一个对角矩阵相似的充要条件是 $g(\boldsymbol{A})=0$.

证　(⇒)设

$$f(\lambda)=(\lambda-\lambda_1)^{k_1}(\lambda-\lambda_2)^{k_2}\cdots(\lambda-\lambda_s)^{k_s},$$

其中 $\sum_{i=1}^{s}k_i=n$,$i\neq j$ 时,$\lambda_i\neq\lambda_j$. 于是,

$$g(\lambda)=(\lambda-\lambda_1)(\lambda-\lambda_2)\cdots(\lambda-\lambda_s),$$

$$m_A(\lambda)=(\lambda-\lambda_1)^{r_1}(\lambda-\lambda_2)^{r_2}\cdots(\lambda-\lambda_s)^{r_s},r_i\leqslant k_i.$$

因 $\boldsymbol{A}$ 与一个对角矩阵相似,所以,$m_A(\lambda)$无重根. 于是必有 $r_i=1$,从而

$$g(\lambda)=m_A(\lambda),$$

所以

$$g(\boldsymbol{A})=0.$$

(⇐)若 $g(\boldsymbol{A})=0$,则有

$$m_A(\lambda)\mid g(\lambda).$$

$g(\lambda)$显然无重根,故 $m_A(\lambda)$无重根,所以,$\boldsymbol{A}$ 与一个对角矩阵相似.

【例 5.9】　设 V 是复数域上 n 维线性空间,$T\in L(V)$. 证明:若 $T^2=3T-E$,则存在 V 的一组基,使 T 在这组基下的矩阵是对角阵.

证　设 $\boldsymbol{\varepsilon}_1,\boldsymbol{\varepsilon}_2,\cdots,\boldsymbol{\varepsilon}_n$ 是 V 的一组基,而 $\boldsymbol{T}$ 在这组基下的矩阵为 $\boldsymbol{A}$. 因 $T^2=3T-E$,则有 $\boldsymbol{A}^2=3\boldsymbol{A}-\boldsymbol{E}$. 于是 $\boldsymbol{A}^2-3\boldsymbol{A}+\boldsymbol{E}=\boldsymbol{0}$. 令 $\varphi(\lambda)=\lambda^2-3\lambda+1$,则 $\varphi(\lambda)$是 $\boldsymbol{A}$ 的零化多项式. 因 $\Delta=(-3)^2-4=5\neq0$,所以 $\varphi(\lambda)$无重根. 从而 $m_A(\lambda)$无重根,故 $\boldsymbol{A}$ 可对角化. 于是 T 可对角化,即存在一组基,使 T 在这组基下的矩阵是对角阵.

【例 5.10】　设 $\boldsymbol{A}$ 为 n 阶复矩阵,证明:$\boldsymbol{A}$ 可对角化的充要条件是对 $\boldsymbol{A}$ 的任一特征值 λ_i,有

$$R(\lambda_i\boldsymbol{E}-\boldsymbol{A})^2=R(\lambda_i\boldsymbol{E}-\boldsymbol{A}).$$

证　(⇒)证法一　设 $\boldsymbol{A}$ 可对角化,于是存在 n 阶可逆矩阵 $\boldsymbol{T}$,使

$$\boldsymbol{T}^{-1}\boldsymbol{A}\boldsymbol{T}=\begin{bmatrix}\lambda_1\boldsymbol{E}_{n_1} & & & \\ & \lambda_2\boldsymbol{E}_{n_2} & & \\ & & \ddots & \\ & & & \lambda_k\boldsymbol{E}_{n_k}\end{bmatrix},\tag{1}$$

其中 $\boldsymbol{E}_{n_i}$ 是 n_i 阶的单位矩阵 $\sum_{i=1}^{k}n_i=n$. $i\neq j$ 时,$\lambda_i\neq\lambda_j$. 即 $\lambda_1,\lambda_2,\cdots,\lambda_k$ 是 $\boldsymbol{A}$ 的所有不同的特征值. 考虑 $\boldsymbol{A}$ 的任一特征值 λ_i,由(1)易知,

$$\boldsymbol{T}^{-1}(\lambda_i\boldsymbol{E}-\boldsymbol{A})\boldsymbol{T}=\lambda_i\boldsymbol{E}-\boldsymbol{T}^{-1}\boldsymbol{A}\boldsymbol{T}$$

$$=\begin{bmatrix}(\lambda_i-\lambda_1)\boldsymbol{E}_{n_1} & & & & \\ & \ddots & & & \\ & & 0\boldsymbol{E}_{n_i} & & \\ & & & \ddots & \\ & & & & (\lambda_i-\lambda_k)\boldsymbol{E}_{n_k}\end{bmatrix}.$$

于是

$$T^{-1}(\lambda_i E-A)^2T=\begin{bmatrix}(\lambda_i-\lambda_1)^2E_{n_1} & & & & \\ & \ddots & & & \\ & & 0E_{n_i} & & \\ & & & \ddots & \\ & & & & (\lambda_i-\lambda_1)^2E_{n_k}\end{bmatrix}.$$

故 $R[T^{-1}(\lambda_i E-A)T]=R[T^{-1}(\lambda_i E-A)^2T]=n-n_i$.

因此

$$R(\lambda_i E-A)=R(\lambda_i E-A)^2.$$

证法二　因 A 可对角化，故 $m_A(\lambda)$ 只有单根. 设 λ_i 是 A 的任一特征值，则 $\lambda-\lambda_i$ 是 $m_A(\lambda)$ 的单因式. 于是 $m_A(\lambda)$ 与 $(\lambda-\lambda_i)^2$ 的最大公因式是 $\lambda-\lambda_i$. 故存在 $u(\lambda)$，$\nu(\lambda)$，使得

$$u(\lambda)m_A(\lambda)+\nu(\lambda)(\lambda-\lambda_1)^2=\lambda-\lambda_1.$$

因 $m_A(A)=0$，则有等式

$$\nu(A)(A-\lambda_i E)^2=(A-\lambda_i E).$$

由此，有

$$R(A-\lambda_i E)\leqslant R(A-\lambda_i E)^2.$$

但

$$R(A-\lambda_i E)^2\leqslant R(A-\lambda_i E).$$

于是

$$R(A-\lambda_i E)^2=R(A-\lambda_i E).$$

所以

$$R(\lambda_i E-A)=R(\lambda_i E-A)^2.$$

($\Leftarrow$)因 A 总可化成若当标准形，即有可逆矩阵 T，使得

$$T^{-1}AT=\begin{bmatrix}J_1 & & & \\ & J_2 & & \\ & & \ddots & \\ & & & J_k\end{bmatrix},$$

其中 J_i 是 n_i 阶若当块，$i=1,2,\cdots,k$.

若 A 不可对角化，则必有一个若当块的阶数 $\geqslant 2$. 不妨设这个若当块为 J_1，这时 $n_1\geqslant 2$. 且设

$$J_1=\begin{bmatrix}\lambda_1 & & & \\ 1 & \lambda_1 & & \\ & \ddots & \ddots & \\ & & 1 & \lambda_1\end{bmatrix}.$$

于是

$$T^{-1}(\lambda_1 E-A)T=\lambda_1 E-\begin{bmatrix}J_1 & & & \\ & J_2 & & \\ & & \ddots & \\ & & & J_k\end{bmatrix}$$

$$=\begin{bmatrix}\lambda_1\boldsymbol{E}_{n_1}-\boldsymbol{J}_1 & & & \\ & \lambda_2\boldsymbol{E}_{n_2}-\boldsymbol{J}_2 & & \\ & & \ddots & \\ & & & \lambda_k\boldsymbol{E}_{n_k}-\boldsymbol{J}_k\end{bmatrix},$$

$$\boldsymbol{T}^{-1}(\lambda_1\boldsymbol{E}-\boldsymbol{A})^2\boldsymbol{T}=\begin{bmatrix}(\lambda_1\boldsymbol{E}_{n_1}-\boldsymbol{J}_1)^2 & & & \\ & (\lambda_2\boldsymbol{E}_{n_2}-\boldsymbol{J}_2)^2 & & \\ & & \ddots & \\ & & & (\lambda_k\boldsymbol{E}_{n_k}-\boldsymbol{J}_k)^2\end{bmatrix}.$$

因

$$\lambda_1\boldsymbol{E}_{n_1}-\boldsymbol{J}_1=\begin{bmatrix}0 & & & & \\ -1 & 0 & & & \\ & -1 & 0 & & \\ & & \ddots & \ddots & \\ & & & -1 & 0\end{bmatrix},$$

$$(\lambda_1\boldsymbol{E}_{n_1}-\boldsymbol{J}_1)^2=\begin{bmatrix}0 & & & & \\ 0 & 0 & & & \\ 1 & 0 & 0 & & \\ & \ddots & \ddots & \ddots & \\ & & 1 & 0 & 0\end{bmatrix},$$

所以

$$R(\lambda_1\boldsymbol{E}_{n_1}-\boldsymbol{J}_1)^2<R(\lambda_1\boldsymbol{E}_{n_1}-\boldsymbol{J}_1).$$

但

$$R(\lambda_1\boldsymbol{E}_{n_i}-\boldsymbol{J}_i)^2\leqslant R(\lambda_1\boldsymbol{E}_{n_i}-\boldsymbol{J}_i),i\neq 1.$$

所以

$$R(\lambda_1\boldsymbol{E}-\boldsymbol{A})^2<R(\lambda_1\boldsymbol{E}-\boldsymbol{A}).$$

这与充分性假设矛盾. 所以,$\boldsymbol{A}$ 必可对角化.

【例 5.11】 设 n 阶复方阵 $\boldsymbol{A}\neq 0$,但 $\boldsymbol{A}^k=\boldsymbol{0}$,其中 k 是使 $\boldsymbol{A}^k=\boldsymbol{0}$ 成立的最小正整数,这样的 k 叫作幂零指数. 则 $\boldsymbol{A}$ 不会相似于对角阵,但所有 n 阶的幂零指数为 $n-1$ 的幂零矩阵彼此相似.

证 要证的第一个结论,我们已经利用特征值证明过.
这里再给出一种证明方法. 因 $\boldsymbol{A}\neq\boldsymbol{0}$,而幂零指数为 k,故 $\boldsymbol{A}^k=\boldsymbol{0},k>1$.
于是 $\varphi(\lambda)=\lambda^k$ 是 $\boldsymbol{A}$ 的一个零化多项式. 由此

$$m_A(\lambda)\mid\lambda^k.$$

所以,$m_A(\lambda)=\lambda^s(s\leqslant k)$.

若 $s<k$,则有 $|m_A(\boldsymbol{A})=\boldsymbol{A}^s=\boldsymbol{0}$,与 k 是幂零指数矛盾. 故 $s=k$,即 $m_A(\lambda)=\lambda^k(k>1)$. 这时 $m_\lambda(\lambda)$有重根,$\boldsymbol{A}$ 不能对角化.

再证第二个结论. 设 $\boldsymbol{A}$ 为任一幂零指数为 $n-1$ 的幂零矩阵,如上所证:$m_A(\lambda)=\lambda^{n-1}$. 于是 $d_n(\lambda)=\lambda^{n-1}$.

因 n 阶的幂零矩阵 $\boldsymbol{A}$ 的特征多项式 $f_A(\lambda)=\lambda^n$，而

$$d_1(\lambda)d_2(\lambda)\cdots d_{n-1}(\lambda)d_n(\lambda)=f_A(\lambda),$$

于是

$$d_{n-1}(\lambda)=\lambda, d_{n-2}(\lambda)=\cdots d_1(\lambda)=1.$$

即 $\boldsymbol{A}$ 的不变因子全由于 $n-1$ 唯一确定，从而所有 n 阶的幂零指数为 $n-1$ 的幂零矩阵有相同的不变因子，故彼此相似.

【例 5.12】 求秩为 1 的 $n(\geqslant 2)$ 阶复矩阵 $\boldsymbol{A}$ 的 $n-1$ 阶行列式因子，并求 $\lambda\boldsymbol{E}-\boldsymbol{A}$ 的标准形.

解 因 $R(\boldsymbol{A})=1$，故 $\boldsymbol{A}$ 的若当标准形有且只有两种形式：

$$(i)\boldsymbol{J}_1=\begin{bmatrix}\lambda_0 & & & & \\ & 0 & & & \\ & & 0 & & \\ & & & \ddots & \\ & & & & 0\end{bmatrix}, \lambda_0\neq 0;$$

$$(ii)\boldsymbol{J}_2=\begin{bmatrix}0 & & & & \\ 1 & 0 & & & \\ & & 0 & & \\ & & & \ddots & \\ & & & & 0\end{bmatrix}.$$

形式(i)，$\boldsymbol{A}$ 的初等因子为 $\lambda-\lambda_0,\overbrace{\lambda,\lambda,\cdots,\lambda}^{n-1\text{个}}$，于是 $\boldsymbol{A}$ 的不变因子为

$$d_n(\lambda)=\lambda(\lambda-\lambda_0), d_{n-1}(\lambda)=\lambda,\cdots,$$
$$d_2(\lambda)=\lambda, d_1(\lambda)=1.$$

所以，

$$D_{n-1}(\lambda)=d_1(\lambda)d_2(\lambda)\cdots d_{n-1}(\lambda)=\lambda^{n-2}.$$

而 $\lambda\boldsymbol{E}-\boldsymbol{A}$ 的标准形为

$$\begin{bmatrix}1 & & & & \\ & \lambda & & & \\ & & \ddots & & \\ & & & \lambda & \\ & & & & \lambda(\lambda-\lambda_0)\end{bmatrix}.$$

形式(ii)，$\boldsymbol{A}$ 的初等因子为 $\lambda^2,\overbrace{\lambda,\lambda,\cdots,\lambda}^{n-2\text{个}}$，于是 $\boldsymbol{A}$ 的不变因子为

$$d_n(\lambda)=\lambda^2, d_{n-1}(\lambda)=\lambda,\cdots,$$
$$d_2(\lambda)=\lambda, d_1(\lambda)=1.$$

所以，

$$D_{n-1}(\lambda)=d_1(\lambda)d_2(\lambda)\cdots d_{n-1}(\lambda)=\lambda^{n-2},$$

而 $\lambda\boldsymbol{E}-\boldsymbol{A}$ 的标准形为

$$\begin{bmatrix}1 & & & & \\ & \lambda & & & \\ & & \ddots & & \\ & & & \lambda & \\ & & & & \lambda^2\end{bmatrix}.$$

【例 5.13】 证明:任意复数矩阵 $\boldsymbol{A}$ 都可以分解成一个可对角化矩阵 $\boldsymbol{B}$ 与一个幂零矩阵 $\boldsymbol{C}$ 的和,即 $\boldsymbol{A}=\boldsymbol{B}+\boldsymbol{C}$,且 $\boldsymbol{BC}=\boldsymbol{CB}$.

证 因存在可逆矩阵 $\boldsymbol{T}$,使 $\boldsymbol{T}^{-1}\boldsymbol{AT}=\boldsymbol{J}$,$\boldsymbol{J}$ 是 $\boldsymbol{A}$ 的若当标准形,于是

$$\boldsymbol{A}=\boldsymbol{TJT}^{-1}=\boldsymbol{T}\begin{bmatrix}\begin{bmatrix}\lambda_1 & & & \\ 1 & \lambda_1 & & \\ & \ddots & \ddots & \\ & & 1 & \lambda_1\end{bmatrix} & & \\ & \ddots & \\ & & \begin{bmatrix}\lambda_r & & & \\ 1 & \lambda_r & & \\ & \ddots & \ddots & \\ & & 1 & \lambda_r\end{bmatrix}\end{bmatrix}\boldsymbol{T}^{-1}$$

$$=\boldsymbol{T}\begin{bmatrix}\begin{bmatrix}\lambda_1 & & & \\ & \lambda_1 & & \\ & & \ddots & \\ & & & \lambda_1\end{bmatrix} & & \\ & \ddots & \\ & & \begin{bmatrix}\lambda_r & & & \\ & \lambda_r & & \\ & & \ddots & \\ & & & \lambda_r\end{bmatrix}\end{bmatrix}\boldsymbol{T}^{-1}+$$

$$\boldsymbol{T}\begin{bmatrix}\begin{bmatrix}0 & & & \\ 1 & 0 & & \\ & \ddots & \ddots & \\ & & 1 & 0\end{bmatrix} & & \\ & \ddots & \\ & & \begin{bmatrix}0 & & & \\ 1 & 0 & & \\ & \ddots & \ddots & \\ & & 1 & 0\end{bmatrix}\end{bmatrix}\boldsymbol{T}^{-1}.$$

令右边和的第一项为矩阵 $\boldsymbol{B}$,第二项为矩阵 $\boldsymbol{C}$. 易知 $\boldsymbol{B}$ 是可对角化的矩阵,易验证 $\boldsymbol{C}$ 是幂零矩阵,且 $\boldsymbol{BC}=\boldsymbol{CB}$.

【例 5.14】 设 $\boldsymbol{A}$ 是一个 n 阶复矩阵,λ_0 是 $\boldsymbol{A}$ 的 r 重特征值,

$$V=\{\boldsymbol{\alpha} \mid \boldsymbol{\alpha}\in \mathbf{C}^n, (\lambda_0\boldsymbol{E}-\boldsymbol{A})^r\boldsymbol{\alpha}=\mathbf{0}\}.$$

证明：$\dim V=r$.

证 因 λ_0 是 $\boldsymbol{A}$ 的 r 重特征值，故

$f_A(\lambda)=(\lambda-\lambda_0)^r\varphi(\lambda)$，其中 $(\lambda-\lambda_0)$ 不整除 $\varphi(\lambda)$.

$(\lambda-\lambda_0)^r$ 必是 $\boldsymbol{A}$ 的一些初等因子的乘积，设为 $(\lambda-\lambda_0)^{n_{01}}, (\lambda-\lambda_0)^{n_{02}}, \cdots, (\lambda-\lambda_0)^{n_{0t}}$ 的乘积.

由这些初等因子决定的若当块组成的若当形矩阵为

$$\boldsymbol{J}_0=\begin{bmatrix}\boldsymbol{J}_{01} & & & \\ & \boldsymbol{J}_{02} & & \\ & & \ddots & \\ & & & \boldsymbol{J}_{0t}\end{bmatrix},$$

其中

$$\boldsymbol{J}_{0i}=\begin{bmatrix}\lambda_0 & & & \\ 1 & \lambda_0 & & \\ & \ddots & \ddots & \\ & & 1 & \lambda_0\end{bmatrix}_{n_{0i}\times n_{0i}}, i=1,2,\cdots,t;\ \sum_{i=1}^{t} n_{0i}=r.$$

于是可设 $\boldsymbol{A}$ 的若当标准形为

$$\boldsymbol{J}=\begin{bmatrix}\boldsymbol{J}_0 & & & \\ & \boldsymbol{J}_1 & & \\ & & \ddots & \\ & & & \boldsymbol{J}_s\end{bmatrix},$$

其中

$$\boldsymbol{J}_i=\begin{bmatrix}\lambda_i & & & \\ 1 & \lambda_i & & \\ & \ddots & \ddots & \\ & & 1 & \lambda_i\end{bmatrix}_{n_i\times n_i}, i=1,2,\cdots,s;\ \sum_{i=1}^{s} n_i=n-r.$$

于是 $\boldsymbol{A}\sim\boldsymbol{J}$，即有可逆矩阵 $\boldsymbol{T}$，使 $\boldsymbol{T}^{-1}\boldsymbol{A}\boldsymbol{T}=\boldsymbol{J}$ 或 $\boldsymbol{A}=\boldsymbol{T}\boldsymbol{J}\boldsymbol{T}^{-1}$. 由此

$$(\lambda_0\boldsymbol{E}-\boldsymbol{A})^r=(\lambda_0\boldsymbol{E}-\boldsymbol{T}\boldsymbol{J}\boldsymbol{T}^{-1})^r=(\boldsymbol{T}(\lambda_0\boldsymbol{E}-\boldsymbol{J})\boldsymbol{T}^{-1})^r=\boldsymbol{T}(\lambda_0\boldsymbol{E}-\boldsymbol{J})^r\boldsymbol{T}^{-1}$$

$$=\boldsymbol{T}\begin{bmatrix}(\lambda_0\boldsymbol{E}_{n_0}-\boldsymbol{J}_0)^r & & & \\ & (\lambda_0\boldsymbol{E}_{n_1}-\boldsymbol{J}_1)^r & & \\ & & \ddots & \\ & & & (\lambda_0\boldsymbol{E}_{n_s}-\boldsymbol{J}_s)^r\end{bmatrix}\boldsymbol{T}^{-1}.$$

因

$$(\lambda_0 E_{n_0}-J_0)^r=\begin{bmatrix}\begin{bmatrix}0&&&\\-1&0&&\\&\ddots&\ddots&\\&&-1&0\end{bmatrix}_{n_{01}}^r&&\\&\ddots&\\&&\begin{bmatrix}0&&&\\-1&0&&\\&\ddots&\ddots&\\&&-1&0\end{bmatrix}_{n_{0t}}^r\end{bmatrix}=0,$$

而$(\lambda_0 E_{n_i}-J_i)^r=\begin{bmatrix}\lambda_0-\lambda_i&&&\\-1&\lambda_0-\lambda_i&&\\&\ddots&\ddots&\\&&-1&\lambda_0-\lambda_i\end{bmatrix}^r\neq 0$.（注意 $\lambda_0\neq\lambda_i$）.

所以

$$(\lambda_0 E-A)^r=T\begin{bmatrix}0&&&\\&(\lambda_0 E_{n_1}-J_1)^r&&\\&&\ddots&\\&&&(\lambda_0 E_{n_s}-J_s)^r\end{bmatrix}T^{-1}.$$

故

$$R(\lambda_0 E-A)^r=n-r.$$

习　题

1. 求矩阵 $A=\begin{pmatrix}-1&-2&6\\-1&0&3\\-1&-1&4\end{pmatrix}$ 的若当标准形 J，并求矩阵 P，使得 $P^{-1}AP=J$.

2. 设 A 是 n 阶复方阵，

（1）证明 A 的最小多项式等于 A 的特征矩阵 $\lambda E-A$ 的最高次不变因子；

（2）求 $A=\begin{bmatrix}-1&-2&6\\-1&0&3\\-1&-1&4\end{bmatrix}$ 的最小多项式.

3. 设矩阵 $A=\begin{pmatrix}3&0&0\\-1&1&1\\2&0&1\end{pmatrix}$，求 A 的若当标准形和 A 的有理标准形.

4. 求 $A=\begin{pmatrix}2&0&0\\-1&2&0\\3&4&-1\end{pmatrix}$ 的所有不变因子，初等因子及若当标准形.

5. 设 $\boldsymbol{A}$ 是一个 8 阶方阵，它的 8 个不变因子分别为

$$1,1,1,1,1,\lambda+1,\lambda+1,(\lambda+1)^2(\lambda-2)(\lambda+3)^3,$$

求 $\boldsymbol{A}$ 的所有的初等因子及 $\boldsymbol{A}$ 的若当标准形.

6. 设 $\boldsymbol{A}=\begin{pmatrix}3&0&0\\-1&1&4\\3&1&1\end{pmatrix}$. 求(1)$\boldsymbol{A}$ 的初等因子；(2)$\boldsymbol{A}$ 的若当标准型.

7. 令 $\boldsymbol{J}(0,n)=\begin{pmatrix}0&0&0&\cdots&0&0\\1&0&0&\cdots&0&0\\0&1&0&\cdots&0&0\\\vdots&\vdots&\vdots&&\vdots&\vdots\\0&0&0&\cdots&0&0\\0&0&0&\cdots&1&0\end{pmatrix}$ 为复数域 $\mathbf{C}$ 上的 $n\times n$ 矩阵.

(1) 求$(\boldsymbol{J}(0,n))^2$ 的最小多项式；

(2) 计算特征矩阵 $\lambda\boldsymbol{E}-(\boldsymbol{J}(0,n))^2$ 的行列式因子，不变因子，初等因子；

(3) 给出$(\boldsymbol{J}(0,n))^2$ 的若当标准形.

8. 设 $n\times n$ 矩阵

$$\boldsymbol{A}=\begin{pmatrix}0&0&0&\cdots&0&0\\1&0&0&\cdots&0&0\\0&1&0&\cdots&0&0\\\vdots&\vdots&\vdots&&\vdots&\vdots\\0&0&0&\cdots&1&0\end{pmatrix}.$$

(1) 求 $\boldsymbol{A}$ 的不变因子组和初等因子组；

(2) 写出 $\boldsymbol{A}$ 的若当标准形.

9. 设 $\boldsymbol{A}=\begin{pmatrix}3&-2&1\\2&-2&2\\3&-6&5\end{pmatrix}$. 求可逆矩阵 $\boldsymbol{T}$，使 $\boldsymbol{T}^{-1}\boldsymbol{A}\boldsymbol{T}$ 为若当形矩阵.

10. 求复数域上矩阵

$$\boldsymbol{A}=\begin{pmatrix}1&4&0&0&0\\0&-1&0&0&0\\0&0&2&1&2\\0&0&-1&0&-1\\0&0&-2&-1&-2\end{pmatrix}$$

的若当标准形.

第九章　欧氏空间

码上学习

第一节　欧氏空间的定义及性质

1. 定义

设 V 是实数域 $\mathbf{R}$ 上一个线性空间，在 V 上定义了一个二元实函数，称为内积，记作 $(\boldsymbol{\alpha},\boldsymbol{\beta})$，它具有以下性质：

① $(\boldsymbol{\alpha},\boldsymbol{\beta})=(\boldsymbol{\beta},\boldsymbol{\alpha})$；

② $(k\boldsymbol{\alpha},\boldsymbol{\beta})=k(\boldsymbol{\alpha},\boldsymbol{\beta})$；

③ $(\boldsymbol{\alpha}+\boldsymbol{\beta},\boldsymbol{\gamma})=(\boldsymbol{\alpha},\boldsymbol{\gamma})+(\boldsymbol{\beta},\boldsymbol{\gamma})$；

④ $(\boldsymbol{\alpha},\boldsymbol{\alpha})\geqslant 0$，当且仅当 $\boldsymbol{\alpha}=\mathbf{0}$ 时，$(\boldsymbol{\alpha},\boldsymbol{\alpha})=0$.

这里 $\boldsymbol{\alpha},\boldsymbol{\beta},\boldsymbol{\gamma}$ 是 V 任意的向量，k 是任意实数，这样的定义了内积的线性空间 V 称为欧几里得空间.

2. 欧几里得空间的基本性质

① 定义中条件①表明内积是对称的.

② $(\boldsymbol{\alpha},k\boldsymbol{\beta})=(k\boldsymbol{\beta},\boldsymbol{\alpha})=k(\boldsymbol{\alpha},\boldsymbol{\beta})=k(\boldsymbol{\beta},\boldsymbol{\alpha})$.

③ $(\boldsymbol{\alpha},\boldsymbol{\beta}+\boldsymbol{\gamma})=(\boldsymbol{\beta}+\boldsymbol{\gamma},\boldsymbol{\alpha})=(\boldsymbol{\beta},\boldsymbol{\alpha})+(\boldsymbol{\gamma},\boldsymbol{\alpha})=(\boldsymbol{\alpha},\boldsymbol{\beta})+(\boldsymbol{\alpha},\boldsymbol{\gamma})$.

3. 柯西-布涅柯夫斯基不等式：即对于任意的向量 $\boldsymbol{\alpha},\boldsymbol{\beta}$ 有

$|(\boldsymbol{\alpha},\boldsymbol{\beta})|\leqslant|\boldsymbol{\alpha}|\,|\boldsymbol{\beta}|$，当且仅当 $\boldsymbol{\alpha},\boldsymbol{\beta}$ 线性相关时，等式才成立.

根据柯西-布涅柯夫斯基不等式，有三角形不等式

$$|\boldsymbol{\alpha}+\boldsymbol{\beta}|\leqslant|\boldsymbol{\alpha}|+|\boldsymbol{\beta}|.$$

向量的长度：$|\boldsymbol{\alpha}|=\sqrt{(\boldsymbol{\alpha},\boldsymbol{\alpha})}$.

两个非零向量 $\boldsymbol{\alpha}$ 与 $\boldsymbol{\beta}$ 的夹角：$\theta=\arccos\dfrac{(\boldsymbol{\alpha},\boldsymbol{\beta})}{|\boldsymbol{\alpha}|\,|\boldsymbol{\beta}|}$.（$0\leqslant\theta\leqslant\pi$）. 若 $(\boldsymbol{\alpha},\boldsymbol{\beta})=0$，则称 $\boldsymbol{\alpha}$ 与 $\boldsymbol{\beta}$ 正交.

设 V 是一个 n 维欧几里得空间，在 V 中取一组基 $\boldsymbol{\varepsilon}_1,\boldsymbol{\varepsilon}_2,\cdots,\boldsymbol{\varepsilon}_n$，对于 V 中任意两个向量

$$\boldsymbol{\alpha}=x_1\boldsymbol{\varepsilon}_1+x_2\boldsymbol{\varepsilon}_2+\cdots+x_n\boldsymbol{\varepsilon}_n,\boldsymbol{\beta}=y_1\boldsymbol{\varepsilon}_1+y_2\boldsymbol{\varepsilon}_2+\cdots+y_n\boldsymbol{\varepsilon}_n,$$

由内积的性质得

$$(\boldsymbol{\alpha},\boldsymbol{\beta})=(x_1\boldsymbol{\varepsilon}_1+x_2\boldsymbol{\varepsilon}_2+\cdots+x_n\boldsymbol{\varepsilon}_n,y_1\boldsymbol{\varepsilon}_1+y_2\boldsymbol{\varepsilon}_2+\cdots+y_n\boldsymbol{\varepsilon}_n)$$

$$= \sum_{i=1}^{n}\sum_{j=1}^{n}(\boldsymbol{\varepsilon}_i,\boldsymbol{\varepsilon}_j)x_iy_j.$$

令

$$a_{ij}=(\boldsymbol{\varepsilon}_i,\boldsymbol{\varepsilon}_j),(i,j=1,2,\cdots,n)$$

显然

$$a_{ij}=a_{ji}.$$

于是

$$(\boldsymbol{\alpha},\boldsymbol{\beta}) = \sum_{i=1}^{n}\sum_{j=1}^{n}a_{ij}x_iy_j, \tag{Ⅰ}$$

利用矩阵，$(\boldsymbol{\alpha},\boldsymbol{\beta})$还可以写成

$$(\boldsymbol{\alpha},\boldsymbol{\beta})=X'\boldsymbol{A}Y, \tag{Ⅱ}$$

其中

$$\boldsymbol{X}=\begin{pmatrix}x_1\\x_2\\\vdots\\x_n\end{pmatrix},\boldsymbol{Y}=\begin{pmatrix}y_1\\y_2\\\vdots\\y_n\end{pmatrix},$$

分别是 $\boldsymbol{\alpha},\boldsymbol{\beta}$ 的坐标，而矩阵

$$\boldsymbol{A}=(a_{ij})_{n\times n},$$

称为基 $\boldsymbol{\varepsilon}_1,\boldsymbol{\varepsilon}_2,\cdots,\boldsymbol{\varepsilon}_n$ 的度量矩阵.

上面的讨论表明，在知道了一组基的度量矩阵之后，任意两个向量的内积就可以通过坐标按(Ⅰ)或(Ⅱ)来计算，因而度量矩阵完全确定了内积.

设 $\boldsymbol{\eta}_1,\boldsymbol{\eta}_2,\cdots,\boldsymbol{\eta}_n$ 是空间 V 的另外一组基，而由 $\boldsymbol{\varepsilon}_1,\boldsymbol{\varepsilon}_2,\cdots,\boldsymbol{\varepsilon}_n$ 到 $\boldsymbol{\eta}_1,\boldsymbol{\eta}_2,\cdots,\boldsymbol{\eta}_n$ 的过渡矩阵为 $\boldsymbol{C}$，即

$$(\boldsymbol{\eta}_1,\boldsymbol{\eta}_2,\cdots,\boldsymbol{\eta}_n)=(\boldsymbol{\varepsilon}_1,\boldsymbol{\varepsilon}_2,\cdots,\boldsymbol{\varepsilon}_n)\boldsymbol{C},$$

于是不难算出，基 $\boldsymbol{\eta}_1,\boldsymbol{\eta}_2,\cdots,\boldsymbol{\eta}_n$ 的度量矩阵

$$\boldsymbol{B}=(\boldsymbol{b}_{ij})=(\boldsymbol{\eta}_i,\boldsymbol{\eta}_j)=\boldsymbol{C}'\boldsymbol{A}\boldsymbol{C}.$$

这就是说，不同基的度量矩阵是合同的.

根据条件④，对于非零向量 $\boldsymbol{\alpha}$，对

$$\boldsymbol{X}\neq\begin{pmatrix}0\\0\\\vdots\\0\end{pmatrix},$$

有

$$(\boldsymbol{\alpha},\boldsymbol{\alpha})=\boldsymbol{X}'\boldsymbol{A}\boldsymbol{X}>0.$$

因此，度量矩阵是正定的.

反之，给定一个 n 级正定矩阵 $\boldsymbol{A}$ 及 n 维实线性空间 V 的一组基 $\boldsymbol{\varepsilon}_1,\boldsymbol{\varepsilon}_2,\cdots,\boldsymbol{\varepsilon}_n$. 可以规定 V 上内积，使它成为欧几里得空间，并且基的 $\boldsymbol{\varepsilon}_1,\boldsymbol{\varepsilon}_2,\cdots,\boldsymbol{\varepsilon}_n$ 度量矩阵就是 $\boldsymbol{A}$.

第二节　标准正交基

1. 定义

设 $\boldsymbol{\varepsilon}_1,\boldsymbol{\varepsilon}_2,\cdots,\boldsymbol{\varepsilon}_n$ 为 n 维欧氏空间 V 的一组基，若两两正交，即 $i\neq j$ 时，$(\boldsymbol{\varepsilon}_i,\boldsymbol{\varepsilon}_j)=0$，称此基为正交基.

若正交基中每个向量的长均为1(即是单位向量)称此正交基为标准正交基.

2. 标准正交基的判断

以下六条等价：

① $\boldsymbol{\varepsilon}_1,\boldsymbol{\varepsilon}_2,\cdots,\boldsymbol{\varepsilon}_n$ 是 V 的标准正交基.

② $(\boldsymbol{\varepsilon}_i,\boldsymbol{\varepsilon}_j)=\boldsymbol{\delta}_{ij}=\begin{cases}1(i=j),\\0(i\neq j).\end{cases}$

③ $\boldsymbol{\varepsilon}_1,\boldsymbol{\varepsilon}_2,\cdots,\boldsymbol{\varepsilon}_n$ 的度量矩阵是单位矩阵.

④ $\boldsymbol{\varepsilon}_1,\boldsymbol{\varepsilon}_2,\cdots,\boldsymbol{\varepsilon}_n$ 为 V 的基，则 $\forall\boldsymbol{\beta}\in V$，设 $\boldsymbol{\beta}=x_1\boldsymbol{\varepsilon}_1+x_2\boldsymbol{\varepsilon}_2+\cdots+x_n\boldsymbol{\varepsilon}_n$，有 $x_j=(\boldsymbol{\beta},\boldsymbol{\varepsilon}_j)$，即 $\boldsymbol{\beta}=\sum\limits_{j=1}^{n}(\boldsymbol{\beta},\boldsymbol{\varepsilon}_j)\boldsymbol{\varepsilon}_j$.

证　满足上述条件，$\boldsymbol{\varepsilon}_i=0\boldsymbol{\varepsilon}_1+\cdots+0\boldsymbol{\varepsilon}_{i-1}+\boldsymbol{\varepsilon}_i+0\boldsymbol{\varepsilon}_{i+1}+\cdots+0\boldsymbol{\varepsilon}_n$，又

$$\boldsymbol{\varepsilon}_i=(\boldsymbol{\varepsilon}_i,\boldsymbol{\varepsilon}_1)\boldsymbol{\varepsilon}_1+\cdots+(\boldsymbol{\varepsilon}_i,\boldsymbol{\varepsilon}_{i-1})\boldsymbol{\varepsilon}_{i-1}+(\boldsymbol{\varepsilon}_i,\boldsymbol{\varepsilon}_i)\boldsymbol{\varepsilon}_i+\cdots+(\boldsymbol{\varepsilon}_i,\boldsymbol{\varepsilon}_n)\boldsymbol{\varepsilon}_n,$$

因为 $\boldsymbol{\varepsilon}_i$ 由基底 $\boldsymbol{\varepsilon}_1,\boldsymbol{\varepsilon}_2,\cdots,\boldsymbol{\varepsilon}_n$ 线性表示，坐标唯一.
所以 $(\boldsymbol{\varepsilon}_i,\boldsymbol{\varepsilon}_j)=0$，$i\neq j$ 时；$(\boldsymbol{\varepsilon}_i,\boldsymbol{\varepsilon}_j)=1$，$i=j$ 时. 反之显然.

⑤ 设 $\boldsymbol{\varepsilon}_1,\boldsymbol{\varepsilon}_2,\cdots,\boldsymbol{\varepsilon}_n$ 为基底. $\forall\boldsymbol{\alpha},\boldsymbol{\beta}\in V$，

$$\boldsymbol{\alpha}=x_1\boldsymbol{\varepsilon}_1+x_2\boldsymbol{\varepsilon}_2+\cdots+x_n\boldsymbol{\varepsilon}_n,\boldsymbol{\beta}=y_1\boldsymbol{\varepsilon}_1+y_2\boldsymbol{\varepsilon}_2+\cdots+y_n\boldsymbol{\varepsilon}_n,$$

均有 $(\boldsymbol{\alpha},\boldsymbol{\beta})=\sum\limits_{i=1}^{n}x_i\cdot y_i$.

证 $\boldsymbol{\varepsilon}_i=0\boldsymbol{\varepsilon}_1+\cdots+0\boldsymbol{\varepsilon}_{i-1}+1\boldsymbol{\varepsilon}_i+0\boldsymbol{\varepsilon}_{i+1}+\cdots+0\boldsymbol{\varepsilon}_n$，

$$(\boldsymbol{\varepsilon}_i,\boldsymbol{\varepsilon}_j)=\begin{cases}1(i=j),\\0(i\neq j).\end{cases}$$

反之显然.

⑥ $\boldsymbol{\alpha}=\sum\limits_{i=1}^{n}x_i\boldsymbol{\varepsilon}_i$，则 $|\boldsymbol{\alpha}|^2=\sum\limits_{i=1}^{n}x_i^2$.

【例 2.1】　若 $\boldsymbol{\varepsilon}_1,\boldsymbol{\varepsilon}_2,\cdots,\boldsymbol{\varepsilon}_n$ 是欧氏空间 V 的标准正交基.

则(1) $\forall\boldsymbol{\alpha}\in V$，有 $|\boldsymbol{\alpha}|=\sqrt{(\boldsymbol{\alpha},\boldsymbol{\alpha})}=\sqrt{\sum\limits_{i=1}^{n}(\boldsymbol{\alpha},\boldsymbol{\varepsilon}_i)^2}$；

(2) $\forall\boldsymbol{\alpha},\boldsymbol{\beta}\in V$，有 $|\boldsymbol{\alpha}-\boldsymbol{\beta}|=\sqrt{\sum\limits_{i=1}^{n}((\boldsymbol{\alpha}-\boldsymbol{\beta}),\boldsymbol{\varepsilon}_i)^2}$.

3. 标准正交基的求法——施密特(schmidt)正交化过程

设 $\boldsymbol{\alpha}_1,\boldsymbol{\alpha}_2,\cdots,\boldsymbol{\alpha}_n$ 线性无关.施密特正交化格式如下：

$$\boldsymbol{\varepsilon}_1=\boldsymbol{\alpha}_1,\boldsymbol{\varepsilon}_2=\boldsymbol{\alpha}_2-\frac{(\boldsymbol{\alpha}_2,\boldsymbol{\varepsilon}_1)}{(\boldsymbol{\varepsilon}_1,\boldsymbol{\varepsilon}_1)}\boldsymbol{\varepsilon}_1,\boldsymbol{\varepsilon}_3=\boldsymbol{\alpha}_3-\frac{(\boldsymbol{\alpha}_3,\boldsymbol{\varepsilon}_1)}{(\boldsymbol{\varepsilon}_1,\boldsymbol{\varepsilon}_1)}\boldsymbol{\varepsilon}_1-\frac{(\boldsymbol{\alpha}_3,\boldsymbol{\varepsilon}_2)}{(\boldsymbol{\varepsilon}_2,\boldsymbol{\varepsilon}_2)}\boldsymbol{\varepsilon}_2,$$

$$\cdots\cdots$$

$$\boldsymbol{\varepsilon}_n=\boldsymbol{\alpha}_n-\frac{(\boldsymbol{\alpha}_n,\boldsymbol{\varepsilon}_1)}{(\boldsymbol{\varepsilon}_1,\boldsymbol{\varepsilon}_1)}\boldsymbol{\varepsilon}_1-\frac{(\boldsymbol{\alpha}_n,\boldsymbol{\varepsilon}_2)}{(\boldsymbol{\varepsilon}_2,\boldsymbol{\varepsilon}_2)}\boldsymbol{\varepsilon}_2-\cdots-\frac{(\boldsymbol{\alpha}_n,\boldsymbol{\varepsilon}_{n-1})}{(\boldsymbol{\varepsilon}_{n-1},\boldsymbol{\varepsilon}_{n-1})}\boldsymbol{\varepsilon}_{n-1}.$$

再单位化;令 $\boldsymbol{\eta}_i=\frac{1}{|\boldsymbol{\varepsilon}_i|}\boldsymbol{\varepsilon}_i,i=1,2,\cdots,n.$

则 $\boldsymbol{\varepsilon}_1,\boldsymbol{\varepsilon}_2,\cdots,\boldsymbol{\varepsilon}_n$ 是正交组,$\boldsymbol{\eta}_1,\boldsymbol{\eta}_2,\cdots,\boldsymbol{\eta}_n$ 是标准正交组. $L(\boldsymbol{\alpha}_1,\cdots,\boldsymbol{\alpha}_n)=L(\boldsymbol{\varepsilon}_1,\cdots,\boldsymbol{\varepsilon}_n)=L(\boldsymbol{\eta}_1,\cdots,\boldsymbol{\eta}_n)$.

$(\boldsymbol{\varepsilon}_1,\boldsymbol{\varepsilon}_2,\cdots,\boldsymbol{\varepsilon}_n)=(\boldsymbol{\alpha}_1,\boldsymbol{\alpha}_2,\cdots,\boldsymbol{\alpha}_n)\boldsymbol{B}$,$\boldsymbol{B}$ 是对角线上元素为 1 的上三角阵.

$(\boldsymbol{\eta}_1,\boldsymbol{\eta}_2,\cdots,\boldsymbol{\eta}_n)=(\boldsymbol{\varepsilon}_1,\boldsymbol{\varepsilon}_2,\cdots,\boldsymbol{\varepsilon}_n)\boldsymbol{C}_1$,

$$\boldsymbol{C}_1=\begin{bmatrix}\frac{1}{|\boldsymbol{\varepsilon}_1|} & & \\ & \ddots & \\ & & \frac{1}{|\boldsymbol{\varepsilon}_n|}\end{bmatrix}.$$

$(\boldsymbol{\varepsilon}_1,\boldsymbol{\varepsilon}_2,\cdots,\boldsymbol{\varepsilon}_n)=(\boldsymbol{\alpha}_1,\boldsymbol{\alpha}_2,\cdots,\boldsymbol{\alpha}_n)\boldsymbol{BC}_1=(\boldsymbol{\alpha}_1,\boldsymbol{\alpha}_2,\cdots,\boldsymbol{\alpha}_n)\boldsymbol{C}$,$\boldsymbol{C}=\boldsymbol{BC}_1$,$\boldsymbol{C}$ 是对角线上元素为正实数的上三角阵.

推论 $(\boldsymbol{\alpha}_1,\boldsymbol{\alpha}_2,\cdots,\boldsymbol{\alpha}_n)=(\boldsymbol{\varepsilon}_1,\boldsymbol{\varepsilon}_2,\cdots,\boldsymbol{\varepsilon}_n)\boldsymbol{B}^{-1}(\boldsymbol{\alpha}_1,\boldsymbol{\alpha}_2,\cdots,\boldsymbol{\alpha}_n)=(\boldsymbol{\eta}_1,\boldsymbol{\eta}_2,\cdots,\boldsymbol{\eta}_n)\boldsymbol{C}^{-1}$.

若是看作空间 C^n 中的式子,则有对于非退化矩阵 $\boldsymbol{A}=(\boldsymbol{\alpha}_1,\boldsymbol{\alpha}_2,\cdots,\boldsymbol{\alpha}_n)$,总可以分解为一个正交阵 $\boldsymbol{Q}=(\boldsymbol{\eta}_1,\boldsymbol{\eta}_2,\cdots,\boldsymbol{\eta}_n)$与一个对角线均是正实数的上三角阵 $\boldsymbol{C}^{-1}$之积,且分解是唯一的.(称为满秩阵的正交三角分解)

同样,将推论应用于 $\boldsymbol{A}'$,$\boldsymbol{A}^{-1}$与$(\boldsymbol{A}')^{-1}$可以得到 $\boldsymbol{A}=\boldsymbol{QT}=\boldsymbol{T}_1\boldsymbol{Q}_1=\boldsymbol{Q}_2\boldsymbol{S}_1=\boldsymbol{S}_2\boldsymbol{Q}_3$,其中 $\boldsymbol{Q}$,$\boldsymbol{Q}_1$,$\boldsymbol{Q}_2$,$\boldsymbol{Q}_3$ 是正交阵,$\boldsymbol{T}$,$\boldsymbol{T}_1$ 是上三角阵,$\boldsymbol{S}_1$,$\boldsymbol{S}_2$ 为下三角阵.

【例 2.2】 设 V 是 n 维欧氏空间,$\boldsymbol{\alpha}_1,\boldsymbol{\alpha}_2\cdots,\boldsymbol{\alpha}_n\in V$,$\boldsymbol{\alpha}\in V$. $\boldsymbol{\alpha}\neq\boldsymbol{0}$,$(\boldsymbol{\alpha}_i,\boldsymbol{\alpha})>0$,$i=1,2\cdots,n$ 且$(\boldsymbol{\alpha}_i,\boldsymbol{\alpha}_j)\leqslant 0(j\neq i)$,则 $\boldsymbol{\alpha}_1,\boldsymbol{\alpha}_2\cdots,\boldsymbol{\alpha}_n$ 线性无关.

证 可用施密特正交化将 $\boldsymbol{\alpha}_1,\cdots,\boldsymbol{\alpha}_n$ 正交化为 $\boldsymbol{\beta}_1,\cdots,\boldsymbol{\beta}_n$,即有

$$(\boldsymbol{\beta}_1,\boldsymbol{\beta}_2,\cdots,\boldsymbol{\beta}_n)=(\boldsymbol{\alpha}_1,\boldsymbol{\alpha}_2\cdots,\boldsymbol{\alpha}_n)\boldsymbol{M},$$

这是因为,用归纳法可证明：

当 $i<j$ 时,$(\boldsymbol{\alpha}_i,\boldsymbol{\beta}_j)\leqslant 0$ 及$(\boldsymbol{\alpha},\boldsymbol{\beta}_j)>0$,$j=1,\cdots,n$,因而 $\boldsymbol{\beta}_j\neq\boldsymbol{0}$,则有 $\boldsymbol{G}(\boldsymbol{\beta}_1,\cdots,\boldsymbol{\beta}_n)=\boldsymbol{M}'\boldsymbol{G}(\boldsymbol{\alpha}_1,\cdots,\boldsymbol{\alpha}_n)\boldsymbol{M}$. 因 $|\boldsymbol{G}(\boldsymbol{\beta}_1,\cdots,\boldsymbol{\beta}_n)|=\prod_{i=1}^{n}(\boldsymbol{\beta}_i,\boldsymbol{\beta}_i)\neq 0$,$|\boldsymbol{G}(\boldsymbol{\alpha}_1,\cdots,\boldsymbol{\alpha}_n)|\neq 0$,因此,$\boldsymbol{\alpha}_1,\cdots,\boldsymbol{\alpha}_n$ 线性无关.

【例 2.3】 证明 n 维欧氏空间内至多有 $n+1$ 个向量,其两两夹角都大于$\frac{\pi}{2}$.

证 因为 $\cos\langle\boldsymbol{\alpha},\boldsymbol{\beta}\rangle=\frac{(\boldsymbol{\alpha},\boldsymbol{\beta})}{|\boldsymbol{\alpha}||\boldsymbol{\beta}|}$,所以$(\boldsymbol{\alpha},\boldsymbol{\beta})>\frac{\pi}{2}\Leftrightarrow(\boldsymbol{\alpha},\boldsymbol{\beta})<0$.

对 n 用归纳法证：

当 $n=1$ 时，显然成立.

假定结论对于 $k-1$ 时成立，当 $n=k$ 时，考虑 k 维空间 W.

用反证法：存在 V 的 $k+2$ 个向量 $\boldsymbol{\alpha}_1,\boldsymbol{\alpha}_2,\cdots,\boldsymbol{\alpha}_{k+2}$，使得 $(\boldsymbol{\alpha}_i,\boldsymbol{\alpha}_j)<0(i\neq j)$。

取 V 的标准正交基：

$$\boldsymbol{e}_1=\frac{\boldsymbol{\alpha}_1}{|\boldsymbol{\alpha}_1|},\boldsymbol{e}_2,\cdots,\boldsymbol{e}_k.$$

$\boldsymbol{\alpha}_1,\boldsymbol{\alpha}_2,\cdots,\boldsymbol{\alpha}_{k+2}$ 在此基下的坐标为：

$$\boldsymbol{\alpha}_1=(|\boldsymbol{\alpha}_1|,0,\cdots,0)$$
$$\boldsymbol{\alpha}_i=(x_{i1},\cdots,x_{ik}),i=2,\cdots,k+2$$

由 $(\boldsymbol{\alpha}_1,\boldsymbol{\alpha}_i)<0$ 知 $x_{i1}<0,i=2,\cdots,k+2$，$(\boldsymbol{\alpha}_i,\boldsymbol{\alpha}_j)<0$ 必有 $\sum\limits_{t=2}^{k}x_{it}x_{jt}<0$，$i,j=2,\cdots,k+2$，此式说明 $k+1$ 个 $k-1$ 元向量 $(x_{i2},x_{i3},\cdots,x_{ik})(i=2,3,\cdots,k+2)$ 两两之积为负. 此与归纳假设矛盾，故结论得证.

第三节　子空间、正交补与同构

欧氏空间作为线性空间，其子空间 W 依照 V 中的内积也构成欧氏空间，称 W 为 V 的欧氏子空间.

1. 向量与子空间的正交

设 W 是欧氏空间 V 的子空间，$\boldsymbol{\alpha}\in V$. 若 $\forall\boldsymbol{\varepsilon}\in W$，均有 $(\boldsymbol{\alpha},\boldsymbol{\varepsilon})=0$，称 $\boldsymbol{\alpha}$ 与 W 正交. 记 $\boldsymbol{\alpha}\perp W$. $\boldsymbol{\varepsilon}\in W$，我们说 $\boldsymbol{\varepsilon}$ 是超平面 W 上的一个点.

2. 子空间与子空间的正交

设 W_1,W_2 是 V 的两个子空间，若 $\forall\boldsymbol{\alpha}\in W_1,\boldsymbol{\beta}\in W_2$，均有 $(\boldsymbol{\alpha},\boldsymbol{\beta})=0$，则称 W_1 与 W_2 正交，记为 $W_1\perp W_2$.

① 两个正交子空间的和是直和(因为 $W_1\cap W_2=\{0\}$).

② V 的子空间 V_1 有唯一的正交补空间 $V_1^{\perp}$ 使 $V=V_1\oplus V_1^{\perp}$，而 $V_1^{\perp}$ 是由 V 中所有与 V_1 垂直的向量组成的，$(V_1^{\perp})^{\perp}=V_1$. 若 $\boldsymbol{\varepsilon}_1,\boldsymbol{\varepsilon}_2,\cdots,\boldsymbol{\varepsilon}_r,\boldsymbol{\alpha}_{r+1},\cdots,\boldsymbol{\alpha}_n$ 与 $\boldsymbol{\varepsilon}_1,\boldsymbol{\varepsilon}_2,\cdots,\boldsymbol{\varepsilon}_r,\boldsymbol{\beta}_{r+1},\cdots,\boldsymbol{\beta}_n$ 均是 V 的标准正交基. 令

$$L=(\boldsymbol{\varepsilon}_1,\boldsymbol{\varepsilon}_2,\cdots,\boldsymbol{\varepsilon}_r)=W,L(\boldsymbol{\alpha}_{r+1},\cdots,\boldsymbol{\alpha}_n)=M,L(\boldsymbol{\beta}_{r+1},\cdots,\boldsymbol{\beta}_n)=N,$$

则 M,N 均是 W 的正交补. 可以证明 $M=N$.

事实上，$V=W\oplus M,V=W\oplus N$，$\forall\boldsymbol{\alpha}\in M$，有 $\boldsymbol{\alpha}\in V,\boldsymbol{\alpha}=\boldsymbol{\alpha}_1+\boldsymbol{\alpha}_2,\boldsymbol{\alpha}_1\in W,\boldsymbol{\alpha}_2\in N$，$(\boldsymbol{\alpha},\boldsymbol{\alpha}_1)=(\boldsymbol{\alpha}_1+\boldsymbol{\alpha}_2,\boldsymbol{\alpha}_1)=(\boldsymbol{\alpha}_1,\boldsymbol{\alpha}_1)+(\boldsymbol{\alpha}_2,\boldsymbol{\alpha}_1)=(\boldsymbol{\alpha}_1,\boldsymbol{\alpha}_1)=0$，故 $\boldsymbol{\alpha}_1=\boldsymbol{0}$，即有 $\boldsymbol{\alpha}=\boldsymbol{\alpha}_1+\boldsymbol{\alpha}_2=\boldsymbol{\alpha}_2\in N$. 因此，$M\subseteq N$，同理，$N\subseteq M$，所以 $M=N$.

3. 向量到子空间的距离

$\boldsymbol{\alpha},\boldsymbol{\beta}\in V$，$|\boldsymbol{\alpha}-\boldsymbol{\beta}|$ 表示两向量间的距离.

$\boldsymbol{\alpha}$ 到子空间 W 的距离，以垂线最短，即存在 $\boldsymbol{\beta}\in W$，对于任意 $\boldsymbol{\xi}\in W$，均有 $|\boldsymbol{\alpha}-\boldsymbol{\beta}|\leqslant|\boldsymbol{\alpha}-\boldsymbol{\xi}|$ 的充分必要条件是 $(\boldsymbol{\alpha}-\boldsymbol{\beta})\perp W$.

性质 1 设 $\boldsymbol{\varepsilon}_1,\boldsymbol{\varepsilon}_2,\cdots,\boldsymbol{\varepsilon}_r$ 为 W 的标准正交基底，$\forall\boldsymbol{\alpha}\in V$，则在 W 中唯一存在向量 $\boldsymbol{\beta}$，使 $(\boldsymbol{\alpha}-\boldsymbol{\beta})\perp W$，并且 $\boldsymbol{\beta}=(\boldsymbol{\alpha},\boldsymbol{\varepsilon}_1)\boldsymbol{\varepsilon}_1+(\boldsymbol{\alpha},\boldsymbol{\varepsilon}_2)\boldsymbol{\varepsilon}_2+\cdots+(\boldsymbol{\alpha},\boldsymbol{\varepsilon}_r)\boldsymbol{\varepsilon}_r$.

证 $V=W\oplus W^{\perp}$，$\boldsymbol{\alpha}=\boldsymbol{\beta}+\boldsymbol{\gamma}$，$\boldsymbol{\beta}\in W$，$\boldsymbol{\gamma}\in W^{\perp}$，$(\boldsymbol{\alpha}-\boldsymbol{\beta})\in W^{\perp}$ 即有 $(\boldsymbol{\alpha}-\boldsymbol{\beta})\perp W$，若还有 $\boldsymbol{\delta}\in W$，使 $(\boldsymbol{\alpha}-\boldsymbol{\delta})\perp W$，则有 $[(\boldsymbol{\alpha}-\boldsymbol{\beta})-(\boldsymbol{\alpha}-\boldsymbol{\delta})]\perp W$，$(\boldsymbol{\delta}-\boldsymbol{\beta})\perp W^{\perp}$，但 $(\boldsymbol{\delta}-\boldsymbol{\beta})\in W$，故有 $\boldsymbol{\delta}-\boldsymbol{\beta}=\mathbf{0}$，因此，$\boldsymbol{\beta}=\boldsymbol{\delta}$. 取 $W^{\perp}$ 的标准正交基底 $\boldsymbol{\varepsilon}_{r+1},\cdots,\boldsymbol{\varepsilon}_n$ 则 $\boldsymbol{\varepsilon}_1,\boldsymbol{\varepsilon}_2\cdots\boldsymbol{\varepsilon}_r,\boldsymbol{\varepsilon}_{r+1}\cdots\boldsymbol{\varepsilon}_n$ 为 V 的标准正交基底，

$$\boldsymbol{\alpha}=\boldsymbol{\beta}+\boldsymbol{\gamma}=(\boldsymbol{\alpha},\boldsymbol{\varepsilon}_1)\boldsymbol{\varepsilon}_1+\cdots+(\boldsymbol{\alpha},\boldsymbol{\varepsilon}_r)\boldsymbol{\varepsilon}_r+(\boldsymbol{\alpha},\boldsymbol{\varepsilon}_{r+1})\boldsymbol{\varepsilon}_{r+1}+\cdots+(\boldsymbol{\alpha},\boldsymbol{\varepsilon}_n)\boldsymbol{\varepsilon}_n,$$

故 $\boldsymbol{\beta}=(\boldsymbol{\alpha},\boldsymbol{\varepsilon}_1)\boldsymbol{\varepsilon}_1+\cdots+(\boldsymbol{\alpha},\boldsymbol{\varepsilon}_r)\boldsymbol{\varepsilon}_r$.

性质 2 若 W_1,W_2 是 V 的子空间，则有

① 若 $W_1\subseteq W_2$，则 $W_1^{\perp}\supseteq W_2^{\perp}$；

② $(W_1+W_2)^{\perp}=W_1^{\perp}\cap W_2^{\perp}$；$(W_1\cap W_2)^{\perp}=W_1^{\perp}+W_2^{\perp}$.

4. 欧氏空间的同构

实数域 $\mathbf{R}$ 上的欧氏空间 V 与 W 作为线性空间同构，其同构映射为 δ，若 $\forall\boldsymbol{\alpha},\boldsymbol{\beta}\in V$ 均有 $(\delta(\boldsymbol{\alpha}),\delta(\boldsymbol{\beta}))=(\boldsymbol{\alpha},\boldsymbol{\beta})$，则称 δ 是 V 与 W 的作为欧氏空间的同构映射，称 V 与 W 是同构的，记为 $V\cong W$.

命题 1 设 $V\overset{\delta}{\cong}W$，则有

① $\boldsymbol{\alpha}_1,\cdots,\boldsymbol{\alpha}_i$ 是 V 的正交组，当且仅当 $\delta(\boldsymbol{\alpha}_1),\cdots,\delta(\boldsymbol{\alpha}_i)$ 是 W 的正交组.

② $G(\boldsymbol{\alpha}_1,\cdots,\boldsymbol{\alpha}_s)=G(\delta(\boldsymbol{\alpha}_1),\cdots,\delta(\boldsymbol{\alpha}_s))$.

命题 2 实数域 $\mathbf{R}$ 上两个有限维欧氏空间同构的充要条件是它们的维数相同，这样 $\mathbf{R}$ 上任意 n 维欧氏空间均与 $\mathbf{R}^n$ 同构.

【例 3.1】 n 维欧氏空间 V 的可逆变换 φ，可分解为 $\varphi=\psi\tau$，其中 ψ 是正交交换，τ 是特征值均为正实数的线性变换.

证 φ 在标准正交基 $\boldsymbol{\varepsilon}_1,\boldsymbol{\varepsilon}_2,\cdots,\boldsymbol{\varepsilon}_n$ 下的矩阵为 $\boldsymbol{A}$，因为 φ 是可逆的. 所以 $\boldsymbol{A}$ 是非奇异的. 则 $\boldsymbol{A}=\boldsymbol{QT}$，其中 $\boldsymbol{Q}$ 是正交阵，$\boldsymbol{T}$ 是对角线元素为正实数的上三角阵，所以 $V\cong\mathbf{R}^n$，则在基 $\boldsymbol{\varepsilon}_1,\boldsymbol{\varepsilon}_2,\cdots,\boldsymbol{\varepsilon}_n$ 下，$\boldsymbol{Q}$ 与 $\boldsymbol{T}$ 对应的原象即为所求.

【例 3.2】 设 ψ,τ 为 n 维欧氏空间 V 的线性变换，若 $\forall\boldsymbol{\alpha}\in V$，均有 $(\psi(\boldsymbol{\alpha}),\psi(\boldsymbol{\alpha}))=(\tau(\boldsymbol{\alpha}),\tau(\boldsymbol{\alpha}))$，则 $\psi(V)\cong\tau(V)$.

证 首先可证 $(\psi(\boldsymbol{\alpha}),\psi(\boldsymbol{\beta}))=(\tau(\boldsymbol{\alpha}),\tau(\boldsymbol{\beta}))$. 设 $\boldsymbol{\varepsilon}_1,\cdots,\boldsymbol{\varepsilon}_n$ 为 V 的标准正交基底. 则 $G(\psi(\boldsymbol{\varepsilon}_1),\cdots,\psi(\boldsymbol{\varepsilon}_n))=G(\tau(\boldsymbol{\varepsilon}_1),\cdots,\tau(\boldsymbol{\varepsilon}_n))$，且

$$\psi(\boldsymbol{\varepsilon}_1,\cdots,\boldsymbol{\varepsilon}_n)=(\boldsymbol{\varepsilon}_1,\cdots,\boldsymbol{\varepsilon}_n)\boldsymbol{A},\tau(\boldsymbol{\varepsilon}_1,\cdots,\boldsymbol{\varepsilon}_n)=(\boldsymbol{\varepsilon}_1,\cdots,\boldsymbol{\varepsilon}_n)\boldsymbol{B},$$

所以 $G(\psi(\boldsymbol{\varepsilon}_1),\cdots,\psi(\boldsymbol{\varepsilon}_n))=\boldsymbol{A}'\boldsymbol{A}$，$G(\tau(\boldsymbol{\varepsilon}_1),\cdots,\tau(\boldsymbol{\varepsilon}_n))=\boldsymbol{B}'\boldsymbol{B}$. 从而 $\boldsymbol{AA}'=\boldsymbol{B}'\boldsymbol{B}$，$R(\boldsymbol{AA}')=R(\boldsymbol{A})=R(\psi)$，$R(\boldsymbol{B}'\boldsymbol{B})=R(\boldsymbol{B})=R(\tau)$，所以 $R(\psi)=R(\tau)$，故 $\psi(V)\cong\tau(V)$.

第四节 正交变换与正交矩阵

定义欧氏空间 V 的线性变换 T 称为正交变换，若它保持向量的内积不变，即 $\forall \boldsymbol{\alpha},\boldsymbol{\beta}\in V$，都有

$$(T\boldsymbol{\alpha},T\boldsymbol{\beta})=(\boldsymbol{\alpha},\boldsymbol{\beta}).$$

定理 设 T 是欧氏空间 V 的一个线性变换，于是下面五个命题是互相等价的：

① T 是正交变换.

② T 保持向量的长度不变，即 $\forall \boldsymbol{\alpha}\in V$，都有 $|T\boldsymbol{\alpha}|=|\boldsymbol{\alpha}|$.

③ T 保持向量间的距离不变.

④ 如果 $\boldsymbol{\varepsilon}_1,\boldsymbol{\varepsilon}_2,\cdots,\boldsymbol{\varepsilon}_n$ 是标准正交基，那么 $T\boldsymbol{\varepsilon}_1,T\boldsymbol{\varepsilon}_2,\cdots,T\boldsymbol{\varepsilon}_n$ 也是标准正交基.

⑤ T 在任一组标准正交基下的矩阵都是正交矩阵.

注 1：定理中①与②即使在无限维欧氏空间里也等价.

注 2：可以证明保持内积的变换是线性的，从而已经是正交变换. 但能举例说明，保持长度的变换可以不是线性的，因而保持长度的变换未必是正交变换，所以命题①与②的等价的前提是 T 为线性变换.

注 3：一组基若不是标准正交基，正交变换 T 在这组基下的矩阵未必是正交矩阵；一个正交矩阵在一组基(不是标准正交基)下相应的线性变换也未必是正交变换.

【例 4.1】 设 T 是欧氏空间 V 的一个变换. 证明：若 T 保持内积不变，即 $\forall \boldsymbol{\alpha},\boldsymbol{\beta}\in V$，都有

$$(T\boldsymbol{\alpha},T\boldsymbol{\beta})=(\boldsymbol{\alpha},\boldsymbol{\beta}),$$

则 T 一定是线性的，因而是正交变换.

证 $\forall \boldsymbol{\alpha},\boldsymbol{\beta}\in V$，因

$$\begin{aligned}&(T(\boldsymbol{\alpha}+\boldsymbol{\beta})-T\boldsymbol{\alpha}-T\boldsymbol{\beta},T(\boldsymbol{\alpha}+\boldsymbol{\beta})-T\boldsymbol{\alpha}-T\boldsymbol{\beta})\\&=(T(\boldsymbol{\alpha}+\boldsymbol{\beta}),T(\boldsymbol{\alpha}+\boldsymbol{\beta}))-2(T\boldsymbol{\alpha},T(\boldsymbol{\alpha}+\boldsymbol{\beta}))\\&\quad-2(T\boldsymbol{\beta},T(\boldsymbol{\alpha}+\boldsymbol{\beta}))+2(T\boldsymbol{\alpha},T\boldsymbol{\beta})+(T\boldsymbol{\alpha},T\boldsymbol{\alpha})+(T\boldsymbol{\beta},T\boldsymbol{\beta})\\&=(\boldsymbol{\alpha}+\boldsymbol{\beta},\boldsymbol{\alpha}+\boldsymbol{\beta})-2(\boldsymbol{\alpha},\boldsymbol{\alpha}+\boldsymbol{\beta})-2(\boldsymbol{\beta},\boldsymbol{\alpha}+\boldsymbol{\beta})+2(\boldsymbol{\alpha},\boldsymbol{\beta})+(\boldsymbol{\alpha},\boldsymbol{\alpha})+(\boldsymbol{\beta},\boldsymbol{\beta})\\&=\boldsymbol{0},\end{aligned}$$

所以 $T(\boldsymbol{\alpha}+\boldsymbol{\beta})-T\boldsymbol{\alpha}-T\boldsymbol{\beta}=\boldsymbol{0}$，故 $T(\boldsymbol{\alpha}+\boldsymbol{\beta})=T\boldsymbol{\alpha}+T\boldsymbol{\beta}$. 类似可证 $T(k\boldsymbol{\alpha})=kT\boldsymbol{\alpha}$.
因此，T 是线性变换.

【例 4.2】 设 T 是欧氏空间 V 的一个线性变换，T 将非零向量变成非零向量，则 T 保持 V 中任意非零向量 $\boldsymbol{\varepsilon},\boldsymbol{\eta}$ 的夹角不变(这时称 T 是保角变换)的充要条件是若 $(\boldsymbol{\varepsilon},\boldsymbol{\eta})=0$，必有 $(T\boldsymbol{\varepsilon},T\boldsymbol{\eta})=0$.

证 $(\Rightarrow)$ 对于 V 中任意非零向量 $\boldsymbol{\varepsilon},\boldsymbol{\eta}$ 若 $(\boldsymbol{\varepsilon},\boldsymbol{\eta})=0$，则 $\langle\boldsymbol{\varepsilon},\boldsymbol{\eta}\rangle=\frac{\pi}{2}$，因 T 是保角变换，故 $\langle T\boldsymbol{\varepsilon},T\boldsymbol{\eta}\rangle=\frac{\pi}{2}$，于是 $(T\boldsymbol{\varepsilon},T\boldsymbol{\eta})=0$.

$(\Leftarrow)$ $\forall \boldsymbol{\varepsilon},\boldsymbol{\eta}\in V$，且 $\boldsymbol{\varepsilon},\boldsymbol{\eta}$ 均为非零向量.

若 $\boldsymbol{\varepsilon},\boldsymbol{\eta}$ 线性相关，则 $\langle\boldsymbol{\varepsilon},\boldsymbol{\eta}\rangle=0$ 或 π，当 $\langle\boldsymbol{\varepsilon},\boldsymbol{\eta}\rangle=0$ 时，有 $\boldsymbol{\varepsilon}=k\boldsymbol{\eta},k>0$；当 $\langle\boldsymbol{\varepsilon},\boldsymbol{\eta}\rangle=\pi$，时，有 $\boldsymbol{\varepsilon}=l\boldsymbol{\eta},l<0$.

于是当 $\langle\boldsymbol{\varepsilon},\boldsymbol{\eta}\rangle=0$ 时，$T\boldsymbol{\varepsilon}=kT\boldsymbol{\eta},k>0$，由已知 $T\boldsymbol{\varepsilon},T\boldsymbol{\eta}$ 均不为零向量，故 $\langle T\boldsymbol{\varepsilon},T\boldsymbol{\eta}\rangle=0$；当 $\langle\boldsymbol{\varepsilon},\boldsymbol{\eta}\rangle=\pi$ 时，有 $T\boldsymbol{\varepsilon}=lT\boldsymbol{\eta},l<0$，且 $T\boldsymbol{\varepsilon},T\boldsymbol{\eta}$ 均不为零，故 $\langle T\boldsymbol{\varepsilon},T\boldsymbol{\eta}\rangle=\pi$.

若 $\boldsymbol{\varepsilon},\boldsymbol{\eta}$ 线性无关，如果 $\boldsymbol{\varepsilon},\boldsymbol{\eta}$ 是正交的两个向量，则 $\langle\boldsymbol{\varepsilon},\boldsymbol{\eta}\rangle=\frac{\pi}{2}$.

而由 $(\boldsymbol{\varepsilon},\boldsymbol{\eta})=0$ 有 $(T\boldsymbol{\varepsilon},T\boldsymbol{\eta})=0$，因 $T\boldsymbol{\varepsilon},T\boldsymbol{\eta}$ 均为非零向量，故 $\langle T\boldsymbol{\varepsilon},T\boldsymbol{\eta}\rangle=\frac{\pi}{2}$.

如果 $\boldsymbol{\varepsilon},\boldsymbol{\eta}$ 不是正交向量组，作 Schmidt 正交化，即令

$$\boldsymbol{\beta}_1=\boldsymbol{\varepsilon},$$

$$\boldsymbol{\beta}_2=\boldsymbol{\eta}-\frac{(\boldsymbol{\eta},\boldsymbol{\beta}_1)}{(\boldsymbol{\beta}_1,\boldsymbol{\beta}_1)}\boldsymbol{\beta}_1=\boldsymbol{\eta}-\frac{(\boldsymbol{\eta},\boldsymbol{\varepsilon})}{(\boldsymbol{\varepsilon},\boldsymbol{\varepsilon})}\boldsymbol{\varepsilon}.$$

由充分性条件，因 $(\boldsymbol{\beta}_1,\boldsymbol{\beta}_2)=0$，得 $(T\boldsymbol{\beta}_1,T\boldsymbol{\beta}_2)=0$，即

$$\left(T\boldsymbol{\varepsilon},T\boldsymbol{\eta}-\frac{(\boldsymbol{\eta},\boldsymbol{\varepsilon})}{(\boldsymbol{\varepsilon},\boldsymbol{\varepsilon})}T\boldsymbol{\varepsilon}\right)=0.$$

于是得

$$(T\boldsymbol{\varepsilon},T\boldsymbol{\eta})=\frac{(\boldsymbol{\eta},\boldsymbol{\varepsilon})}{(\boldsymbol{\varepsilon},\boldsymbol{\varepsilon})}(T\boldsymbol{\varepsilon},T\boldsymbol{\varepsilon}),\tag{Ⅰ}$$

同样可得

$$(T\boldsymbol{\eta},T\boldsymbol{\varepsilon})=\frac{(\boldsymbol{\varepsilon},\boldsymbol{\eta})}{(\boldsymbol{\eta},\boldsymbol{\eta})}(T\boldsymbol{\eta},T\boldsymbol{\eta}),\tag{Ⅱ}$$

因 $T\boldsymbol{\varepsilon},T\boldsymbol{\eta}$ 均是非零向量，由(Ⅰ)与(Ⅱ)分别得

$$\frac{(T\boldsymbol{\varepsilon},T\boldsymbol{\eta})}{|T\boldsymbol{\varepsilon}|^2}=\frac{(\boldsymbol{\eta},\boldsymbol{\varepsilon})}{|\boldsymbol{\varepsilon}|^2}\tag{Ⅲ}$$

$$\frac{(T\boldsymbol{\eta},T\boldsymbol{\varepsilon})}{|T\boldsymbol{\eta}|^2}=\frac{(\boldsymbol{\varepsilon},\boldsymbol{\eta})}{|\boldsymbol{\eta}|^2},\tag{Ⅳ}$$

将(Ⅲ)，(Ⅳ)两式左右分别两边相乘，得

$$\frac{(T\boldsymbol{\varepsilon},T\boldsymbol{\eta})^2}{|T\boldsymbol{\varepsilon}|^2|T\boldsymbol{\eta}|^2}=\frac{(\boldsymbol{\varepsilon},\boldsymbol{\eta})^2}{|\boldsymbol{\varepsilon}|^2|\boldsymbol{\eta}|^2},$$

注意到(Ⅲ)与(Ⅳ)中 $(T\boldsymbol{\varepsilon},T\boldsymbol{\eta})$ 与 $(\boldsymbol{\varepsilon},\boldsymbol{\eta})$ 同号，则有

$$\frac{(T\boldsymbol{\varepsilon},T\boldsymbol{\eta})}{|T\boldsymbol{\varepsilon}||T\boldsymbol{\eta}|}=\frac{(\boldsymbol{\varepsilon},\boldsymbol{\eta})}{|\boldsymbol{\varepsilon}||\boldsymbol{\eta}|},$$

所以

$$\langle T\boldsymbol{\varepsilon},T\boldsymbol{\eta}\rangle=\langle\boldsymbol{\varepsilon},\boldsymbol{\eta}\rangle,$$

总之，T 保持夹角不变.

注：正交变换保持内积与长度，故是保角变换，但保角变换必是正交变换. 例如数乘变换是保角变换，但不一定保长，故不一定是正交变换.

【例 4.3】 设 T 是欧氏空间 V 的一个变换. 若 T 既是保长的又是保角的，则 T 是 V 的一个正交变换.

证 $\forall\boldsymbol{\varepsilon},\boldsymbol{\eta}\in V$，

(1) 若 $\boldsymbol{\varepsilon},\boldsymbol{\eta}$ 中有一个为零，例如 $\boldsymbol{\varepsilon}=\mathbf{0}$，由于 T 保长，有

$$|\boldsymbol{\varepsilon}|=|T\boldsymbol{\varepsilon}|=0,$$

所以，$T\boldsymbol{\varepsilon}=\mathbf{0}$，故

$$(\boldsymbol{\varepsilon},\boldsymbol{\eta})=0=(T\boldsymbol{\varepsilon},T\boldsymbol{\eta}).$$

(2) 若 $\boldsymbol{\varepsilon},\boldsymbol{\eta}$ 均为非零向量，则

$$\langle\boldsymbol{\varepsilon},\boldsymbol{\eta}\rangle=\arccos\frac{\langle\boldsymbol{\varepsilon},\boldsymbol{\eta}\rangle}{|\boldsymbol{\varepsilon}||\boldsymbol{\eta}|},$$

因 T 是保长的，而 $\boldsymbol{\varepsilon},\boldsymbol{\eta}$ 为非零向量，故 $T\boldsymbol{\varepsilon},T\boldsymbol{\eta}$ 均为非零向量，且 $|T\boldsymbol{\varepsilon}|=|\boldsymbol{\varepsilon}|$，$|T\boldsymbol{\eta}|=|\boldsymbol{\eta}|$，于是

$$\langle\boldsymbol{\varepsilon},\boldsymbol{\eta}\rangle=\arccos\frac{(T\boldsymbol{\varepsilon},T\boldsymbol{\eta})}{|T\boldsymbol{\varepsilon}||T\boldsymbol{\eta}|}=\arccos\frac{(T\boldsymbol{\varepsilon},T\boldsymbol{\eta})}{|\boldsymbol{\varepsilon}||\boldsymbol{\eta}|},$$

因 T 是保角的，所以

$$\langle\boldsymbol{\varepsilon},\boldsymbol{\eta}\rangle=\langle T\boldsymbol{\varepsilon},T\boldsymbol{\eta}\rangle,$$

故得

$$\frac{(\boldsymbol{\varepsilon},\boldsymbol{\eta})}{|\boldsymbol{\varepsilon}||\boldsymbol{\eta}|}=\frac{(T\boldsymbol{\varepsilon},T\boldsymbol{\eta})}{|\boldsymbol{\varepsilon}||\boldsymbol{\eta}|},$$

从而

$$(\boldsymbol{\varepsilon},\boldsymbol{\eta})=(T\boldsymbol{\varepsilon},T\boldsymbol{\eta}),$$

总之，T 是保内积的，所以 T 是正交变换.

【例 4.4】 设 T 是欧氏空间 V 的一个变换. 若对任意的 $\boldsymbol{\varepsilon},\boldsymbol{\eta}\in V$，都有

$$|T\boldsymbol{\varepsilon}+T\boldsymbol{\eta}|=|\boldsymbol{\varepsilon}+\boldsymbol{\eta}|, \tag{Ⅰ}$$

则 T 是 V 的一个正交变换.

证 只要证明 T 保持内积. 在(Ⅰ)中取 $\boldsymbol{\eta}=-\boldsymbol{\varepsilon}$，得

$$|T\boldsymbol{\varepsilon}+T(-\boldsymbol{\varepsilon})|=|\boldsymbol{\varepsilon}+(-\boldsymbol{\varepsilon})|=0,$$

于是 $T\boldsymbol{\varepsilon}+T(-\boldsymbol{\varepsilon})=\mathbf{0}$，故

$$T(-\boldsymbol{\varepsilon})=-T\boldsymbol{\varepsilon}, \tag{Ⅱ}$$

所以，$\forall\,\boldsymbol{\varepsilon},\boldsymbol{\eta}\in V$，由(Ⅰ)，(Ⅱ)得

$$|T(\boldsymbol{\varepsilon})-T(\boldsymbol{\eta})|=|T(\boldsymbol{\varepsilon})+T(-\boldsymbol{\eta})|=|\boldsymbol{\varepsilon}-\boldsymbol{\eta}|, \tag{Ⅲ}$$

因

$$|\boldsymbol{\varepsilon}+\boldsymbol{\eta}|^2-|\boldsymbol{\varepsilon}-\boldsymbol{\eta}|^2=(\boldsymbol{\varepsilon}+\boldsymbol{\eta},\boldsymbol{\varepsilon}+\boldsymbol{\eta})-(\boldsymbol{\varepsilon}-\boldsymbol{\eta},\boldsymbol{\varepsilon}-\boldsymbol{\eta})=4(\boldsymbol{\varepsilon},\boldsymbol{\eta}).$$

所以

$$(\boldsymbol{\varepsilon},\boldsymbol{\eta})=\frac{1}{4}(|\boldsymbol{\varepsilon}+\boldsymbol{\eta}|^2-|\boldsymbol{\varepsilon}-\boldsymbol{\eta}|^2), \tag{Ⅳ}$$

由(Ⅲ)，(Ⅳ)得

$$\begin{aligned}(T\boldsymbol{\varepsilon},T\boldsymbol{\eta})&=\frac{1}{4}(|T\boldsymbol{\varepsilon}+T\boldsymbol{\eta}|^2-|T\boldsymbol{\varepsilon}-T\boldsymbol{\eta}|^2)\\&=\frac{1}{4}(|\boldsymbol{\varepsilon}+\boldsymbol{\eta}|^2-|\boldsymbol{\varepsilon}-\boldsymbol{\eta}|^2)\\&=(\boldsymbol{\varepsilon},\boldsymbol{\eta}).\end{aligned}$$

因此，T 是保持内积的变换，也是正交变换.

注：保长的变换未必是正交变换，本例说明向量 $\boldsymbol{\varepsilon}$ 和 $\boldsymbol{\eta}$ 的长，在 T 之下，它们的象的和

之长保持相等，则 T 必是正交变换.

【例 4.5】 设 V 是 n 维欧氏空间，证明：T 是 V 的保角线性变换的充要条件为 T 是一个数乘变换与一个正交变换的乘积.

证 充分性是易知，下证必要性.

设 $\boldsymbol{\alpha}_1,\boldsymbol{\alpha}_2,\cdots\boldsymbol{\alpha}_n$，是标准正交基，因 T 是保角变换，所以

$$\boldsymbol{\beta}_1=T\boldsymbol{\alpha}_1,\boldsymbol{\beta}_2=T\boldsymbol{\alpha}_2,\cdots,\boldsymbol{\beta}_n=T\boldsymbol{\alpha}_n$$

是 V 的正交基，将 $\boldsymbol{\beta}_1,\boldsymbol{\beta}_2,\cdots\boldsymbol{\beta}_n$，标准化，得标准正交基 $\boldsymbol{\eta}_1,\boldsymbol{\eta}_2,\cdots\boldsymbol{\eta}_n$，于是

$$\boldsymbol{\beta}_1=k_1\boldsymbol{\eta}_1,\boldsymbol{\beta}_1=k_1\boldsymbol{\eta}_2,\cdots\boldsymbol{\beta}_m=k_m\boldsymbol{\eta}_m,$$

这样存在 V 的线性变换 T_1，使

$$T_1(\boldsymbol{\eta}_i)=\boldsymbol{\alpha}_i,i=1,2,\cdots,n.$$

因 $\boldsymbol{\alpha}_1,\boldsymbol{\alpha}_2,\cdots,\boldsymbol{\alpha}_n$ 与 $\boldsymbol{\eta}_1,\boldsymbol{\eta}_2,\cdots,\boldsymbol{\eta}_n$ 都是标准正交基. 故 T_1 是正交变换，而且

$$T_1T(\boldsymbol{\alpha}_i)=T_1(T\boldsymbol{\alpha}_i)=T_1(\boldsymbol{\beta}_i)=T_1(k_i\boldsymbol{\eta}_i)=k_iT_1\boldsymbol{\eta}_i=k_i\boldsymbol{\alpha}_i,i=1,2,\cdots,n.$$

显然，T_1T 是保角的线性变换，由此，必得 $k_i=k_j$，$i\neq j$ 时. 其实，若 $k_i\neq k_j$，因

$$(\boldsymbol{\alpha}_i-\boldsymbol{\alpha}_j,\boldsymbol{\alpha}_i+\boldsymbol{\alpha}_j)=(\boldsymbol{\alpha}_i,\boldsymbol{\alpha}_i)-(\boldsymbol{\alpha}_j,\boldsymbol{\alpha}_j)=0,$$

有

$$\langle\boldsymbol{\alpha}_i-\boldsymbol{\alpha}_j,\boldsymbol{\alpha}_i+\boldsymbol{\alpha}_j\rangle=\frac{\pi}{2}.$$

而

$$(T_1T(\boldsymbol{\alpha}_i-\boldsymbol{\alpha}_j),T_1T(\boldsymbol{\alpha}_i+\boldsymbol{\alpha}_j))=(k_i\boldsymbol{\alpha}_i-k_j\boldsymbol{\alpha}_j,k_i\boldsymbol{\alpha}_i+k_j\boldsymbol{\alpha}_j)=k_i^2-k_j^2\neq0.$$

故

$$\langle T_1T(\boldsymbol{\alpha}_i-\boldsymbol{\alpha}_j),T_1T(\boldsymbol{\alpha}_i+\boldsymbol{\alpha}_j)\rangle\neq\frac{\pi}{2}.$$

这与 T_1T 是保角变换矛盾. 所以 $k_i=k_j$，令 $k=k_i$，$i=1,2,\cdots,n$，则

$$T_1T(\boldsymbol{\alpha}_i)=k\boldsymbol{\alpha}_i,i=1,2,\cdots,n.$$

于是 $T_1T=K$，这里 K 是 k 所决定的数乘变换，所以

$$T=T_1^{-1}K.$$

其中 B_1^{-1} 也是正交变换，必要性得证.

【例 4.6】 设 T 是欧氏空间 V 的一个正交变换，证明：T 是一个单射.

证 设 T 是欧氏空间 V 的正交变换，$\forall\boldsymbol{\alpha},\boldsymbol{\beta}\in\nu$，若 $T\boldsymbol{\alpha}=T\boldsymbol{\beta}$，则 $T\boldsymbol{\alpha}-T\boldsymbol{\beta}=\mathbf{0}$. 于是 $T(\boldsymbol{\alpha}-\boldsymbol{\beta})=\mathbf{0}$，所以

$$|T(\boldsymbol{\alpha}-\boldsymbol{\beta})|=0.$$

因 T 保持长度，则有

$$|T(\boldsymbol{\alpha}-\boldsymbol{\beta})|=|\boldsymbol{\alpha}-\boldsymbol{\beta}|,$$

故 $|\boldsymbol{\alpha}-\boldsymbol{\beta}|=0$，于是 $\boldsymbol{\alpha}-\boldsymbol{\beta}=\mathbf{0}$，所以

$$\boldsymbol{\alpha}=\boldsymbol{\beta}.$$

因此，T 是单射.

【例 4.7】 设 V 是 n 维欧氏空间，T 是 V 一个正交变换，令

$$V_1=\{\boldsymbol{\alpha}\,|\,T\boldsymbol{\alpha}=\boldsymbol{\alpha}\},V_2=\{\boldsymbol{\alpha}-T\boldsymbol{\alpha}\,|\,\boldsymbol{\alpha}\in V\}.$$

对于子空间 V_1 与 V_2，证明：

(1) $V_1 \perp V_2$;

(2) $V_1 = V_2^{\perp}$.

证 (1) $\forall \boldsymbol{\alpha} \in V_1, \boldsymbol{\beta} \in V_2$,于是 $T\boldsymbol{\alpha} = \boldsymbol{\alpha}$; $\exists \boldsymbol{\gamma} \in V$,使 $\boldsymbol{\beta} = \boldsymbol{\gamma} - T\boldsymbol{\gamma}$. 于是,由 T 是正交变换,有

$$(\boldsymbol{\alpha}, \boldsymbol{\beta}) = (T\boldsymbol{\alpha}, \boldsymbol{\gamma} - T\boldsymbol{\gamma}) = (T\boldsymbol{\alpha}, \boldsymbol{\gamma}) - (T\boldsymbol{\alpha}, T\boldsymbol{\gamma}) = (\boldsymbol{\alpha}, \boldsymbol{\gamma}) - (\boldsymbol{\alpha}, \boldsymbol{\gamma}) = 0.$$

所以,$V_1 \perp V_2$.

(2) 证法一 因

$$\begin{aligned} V_1 &= \{\boldsymbol{\alpha} \mid T\boldsymbol{\alpha} = \boldsymbol{\alpha}\} = \{\boldsymbol{\alpha} \mid \boldsymbol{\alpha} - T\boldsymbol{\alpha} = \mathbf{0}\} \\ &= \{\boldsymbol{\alpha} \mid (\boldsymbol{E} - T)\boldsymbol{\alpha} = \mathbf{0}\} = (\boldsymbol{E} - T)^{-1}(0). \\ V_2 &= \{\boldsymbol{\alpha} - T\boldsymbol{\alpha} \mid \boldsymbol{\alpha} \in V\} = \{(\boldsymbol{E} - T)\boldsymbol{\alpha} \mid \boldsymbol{\alpha} \in V\} \\ &= (\boldsymbol{E} - T)V. \end{aligned}$$

所以

$$\dim V_1 + \dim V_2 = n. \tag{Ⅰ}$$

因 $V_1 \perp V_2$,故

$$V_1 \cap V_2 = (0). \tag{Ⅱ}$$

于是

$$\dim(V_1 + V_2) = \dim V = n,$$

从而

$$V_1 + V_2 = V.$$

所以

$$V_1 = V_2^{\perp}.$$

证法二 由(1),$V_1 \perp V_2$,于是 $V_1 \subseteq V_2^{\perp}$,$V_2^{\perp} \subseteq V_1$.

$\forall \boldsymbol{\alpha} \in V_2^{\perp}$,于是 $\boldsymbol{\alpha} \perp V_2$,因 $\boldsymbol{\alpha} - T\boldsymbol{\alpha} \in V_2$,故$(\boldsymbol{\alpha}, \boldsymbol{\alpha} - T\boldsymbol{\alpha}) = 0$. 由此可知

$$\begin{aligned} (\boldsymbol{\alpha} - T\boldsymbol{\alpha}, \boldsymbol{\alpha} - T\boldsymbol{\alpha}) &= (\boldsymbol{\alpha}, \boldsymbol{\alpha} - T\boldsymbol{\alpha}) - (T\boldsymbol{\alpha}, \boldsymbol{\alpha} - T\boldsymbol{\alpha}) \\ &= 2(\boldsymbol{\alpha}, \boldsymbol{\alpha}) - 2(\boldsymbol{\alpha}, T\boldsymbol{\alpha}) = 2(\boldsymbol{\alpha}, \boldsymbol{\alpha} - T\boldsymbol{\alpha}) \\ &= 0. \end{aligned}$$

故有

$$\boldsymbol{\alpha} - T\boldsymbol{\alpha} = \mathbf{0},$$

从而 $\boldsymbol{\alpha} = T\boldsymbol{\alpha}$,于是 $\boldsymbol{\alpha} \in V_1$,这样就得

$$V_2^{\perp} \subseteq V_1.$$

所以

$$V_1 = V_2^{\perp}.$$

【例 4.8】 设 σ 是 n 维欧氏空间 V 的一个正交变换,$\boldsymbol{\varepsilon}_1, \boldsymbol{\varepsilon}_2, \cdots, \boldsymbol{\varepsilon}_n$ 是 V 的任意一组基,其度量矩阵为 $\boldsymbol{G}$,σ 在 $\boldsymbol{\varepsilon}_1, \boldsymbol{\varepsilon}_2, \cdots, \boldsymbol{\varepsilon}_n$ 下的矩阵为 $\boldsymbol{A}$. 证明 $\boldsymbol{A}'\boldsymbol{G}\boldsymbol{A} = \boldsymbol{G}$.

证 由已知

$$\sigma(\boldsymbol{\varepsilon}_1, \boldsymbol{\varepsilon}_2, \cdots, \boldsymbol{\varepsilon}_n) = (\sigma\boldsymbol{\varepsilon}_1, \sigma\boldsymbol{\varepsilon}_2, \cdots, \sigma\boldsymbol{\varepsilon}_n) = (\boldsymbol{\varepsilon}_1, \boldsymbol{\varepsilon}_2, \cdots, \boldsymbol{\varepsilon}_n)\boldsymbol{A}.$$

因 σ 是正交变换,$\sigma\boldsymbol{\varepsilon}_1, \sigma\boldsymbol{\varepsilon}_2, \cdots, \sigma\boldsymbol{\varepsilon}_n$ 也是 V 的一组基,于是 $\boldsymbol{A}$ 是由基 $\boldsymbol{\varepsilon}_1, \boldsymbol{\varepsilon}_2, \cdots, \boldsymbol{\varepsilon}_n$ 到基 $\sigma\boldsymbol{\varepsilon}_1, \sigma\boldsymbol{\varepsilon}_2, \cdots, \sigma\boldsymbol{\varepsilon}_n$ 的过渡矩阵. 因 $\boldsymbol{\varepsilon}_1, \boldsymbol{\varepsilon}_2, \cdots, \boldsymbol{\varepsilon}_n$ 的度量矩阵为 $\boldsymbol{G}$,所以,基 $\sigma\boldsymbol{\varepsilon}_1, \sigma\boldsymbol{\varepsilon}_2, \cdots, \sigma\boldsymbol{\varepsilon}_n$ 的度量矩阵为 $\boldsymbol{A}'\boldsymbol{G}\boldsymbol{A}$.

另一方面,$\boldsymbol{A}$ 是正交变换,有

$$(\sigma\boldsymbol{\varepsilon}_i,\sigma\boldsymbol{\varepsilon}_j)=(\boldsymbol{\varepsilon}_i,\boldsymbol{\varepsilon}_j),$$

故 $\sigma\boldsymbol{\varepsilon}_1,\sigma\boldsymbol{\varepsilon}_2,\cdots,\sigma\boldsymbol{\varepsilon}_n$ 的度量矩阵为$\boldsymbol{G}=(\boldsymbol{\varepsilon}_i,\boldsymbol{\varepsilon}_j)$. 所以得

$$\boldsymbol{A}'\boldsymbol{G}\boldsymbol{A}=\boldsymbol{G}.$$

【例 4.9】 设 T 是欧氏空间 V 的一个正交变换,证明:

(1) T 的特征值只能是±1;

(2) 若λ与μ是T的不同特征值,则属于λ,μ的特征向量必正交.

证 (1) 设λ是T的一个特征值,$\boldsymbol{\alpha}$是T的属于λ的特征向量,于是

$$T\boldsymbol{\alpha}=\lambda\boldsymbol{\alpha}.$$

因 T 是正交变换,所以

$$(T\boldsymbol{\alpha},T\boldsymbol{\alpha})=(\boldsymbol{\alpha},\boldsymbol{\alpha}),$$

于是

$$(\lambda\boldsymbol{\alpha},\lambda\boldsymbol{\alpha})=(\boldsymbol{\alpha},\boldsymbol{\alpha}),$$

故

$$\lambda^2(\boldsymbol{\alpha},\boldsymbol{\alpha})=(\boldsymbol{\alpha},\boldsymbol{\alpha}).$$

由$(\boldsymbol{\alpha},\boldsymbol{\alpha})\neq0$,得 $\lambda^2=1$,所以

$$\lambda=\pm1.$$

即 T 的特征值只能是±1.

(2) 设$\boldsymbol{\alpha},\boldsymbol{\beta}$分别是$T$的属于特征值$\lambda,\mu$的特征向量. 于是

$$T\boldsymbol{\alpha}=\lambda\boldsymbol{\alpha},T\boldsymbol{\beta}=\mu\boldsymbol{\beta}.$$

因 T 是正交变换,故有

$$(T\boldsymbol{\alpha},T\boldsymbol{\beta})=(\boldsymbol{\alpha},\boldsymbol{\beta}),$$

于是

$$(\lambda\boldsymbol{\alpha},\mu\boldsymbol{\beta})=(\boldsymbol{\alpha},\boldsymbol{\beta}).$$

由此得

$$\lambda\mu(\boldsymbol{\alpha},\boldsymbol{\beta})=(\boldsymbol{\alpha},\boldsymbol{\beta}),$$

或

$$(\lambda\mu-1)(\boldsymbol{\alpha},\boldsymbol{\beta})=0.$$

因λ与μ不同,由(1),$\lambda\mu=-1$,故$\lambda\mu-1\neq0$,所以

$$(\boldsymbol{\alpha},\boldsymbol{\beta})=0.$$

即$\boldsymbol{\alpha}$与$\boldsymbol{\beta}$正交.

【例 4.10】 设 T 为 n 维欧氏空间 V 的正交变换. 证明:T 的不变子空间的正交补也 T 是的不变子空间.

证 设 W 是 T 的一个不变子空间,因 T 是 n 维欧氏空间 V 的正交变换,故 T 是可逆变换. 于是 $T|_W$ 是单射,从而在 W 上也是满的. 所以,$\forall\boldsymbol{\beta}\in W$,$\exists\boldsymbol{\beta}'\in W$,使得 $T|_W\boldsymbol{\beta}'=\boldsymbol{\beta}$,即有 $T\boldsymbol{\beta}'=\boldsymbol{\beta}$. 于是$\forall\boldsymbol{\alpha}\in W^{\perp}$. 有

$$(T\boldsymbol{\alpha},\boldsymbol{\beta})=(T\boldsymbol{\alpha},T\boldsymbol{\beta}')=(\boldsymbol{\alpha},\boldsymbol{\beta}')=0.$$

故 $T\boldsymbol{\alpha}\perp W$,从而 $T\boldsymbol{\alpha}\in W^{\perp}$. 所以 $W^{\perp}$是 T-子空间.

【例 4.11】 设 $\boldsymbol{\eta}$ 是欧氏空间 V 中的一个单位向量,定义

$$T\boldsymbol{\alpha}=\boldsymbol{\alpha}-2(\boldsymbol{\eta},\boldsymbol{\alpha})\boldsymbol{\eta}.$$

则

(1) T 是正交变换(称为镜面反射);

(2) 当 V 为有限维欧氏空间时,T 是第二类的正交变换;

(3) 当 V 为 n 维欧氏空间,若正交变换 T 有特征值 1,且属于特征值 1 的特征子空间的维数为 $n-1$ 时,T 为镜面反射.

证 (1) 直接验证 T 保持内积即可.

(2) 设 $\dim V=n$,将 $\boldsymbol{\eta}$ 扩充为 V 的一组标准正交基 $\boldsymbol{\eta},\boldsymbol{\eta}_2,\cdots,\boldsymbol{\eta}_n$. 因

$$T\boldsymbol{\eta}=\boldsymbol{\eta}-2(\boldsymbol{\eta},\boldsymbol{\eta})\boldsymbol{\eta}=-\boldsymbol{\eta},$$

$$T\boldsymbol{\eta}_i=\boldsymbol{\eta}_i-2(\boldsymbol{\eta},\boldsymbol{\eta}_i)\boldsymbol{\eta}=\boldsymbol{\eta}_i,i=2,\cdots,n.$$

于是,T 在标准正交基 $\boldsymbol{\eta},\boldsymbol{\eta}_2,\cdots,\boldsymbol{\eta}_n$ 下的矩阵为

$$\boldsymbol{A}=\begin{bmatrix}-1 & & & \\ & 1 & & \\ & & \ddots & \\ & & & 1\end{bmatrix}.$$

显然 T 是第二类的. 所以,T 是第二类正交变换.

(3) 设 V_1 是 A 的属于特征值 1 的特征子空间,且 $\dim V_1=n-1$. 取 $\boldsymbol{\eta}_2,\boldsymbol{\eta}_3,\cdots,\boldsymbol{\eta}_n$ 为 V_1 的一组标准正交基,并将其扩充为 V 的一组标准正交基:

$$\boldsymbol{\eta}_1,\boldsymbol{\eta}_2\cdots,\boldsymbol{\eta}_{n-1},\boldsymbol{\eta}_n,$$

因为 $T\boldsymbol{\eta}_1\in V$,设 $T\boldsymbol{\eta}_1=k_1\boldsymbol{\eta}_1+k_2\boldsymbol{\eta}_2+\cdots+k_n\boldsymbol{\eta}_n$,$k_i$ 是实数,$i=1,2,\cdots,n$,因 $\boldsymbol{\eta}_i\in V_1$,故

$$T\boldsymbol{\eta}_i=\boldsymbol{\eta}_i,i=2,3,\cdots,n,$$

于是 T 在 $\boldsymbol{\eta}_1,\boldsymbol{\eta}_2,\cdots,\boldsymbol{\eta}_n$ 下列矩阵为

$$\boldsymbol{A}=\begin{bmatrix}k_1 & & & \\ k_2 & 1 & & \\ \vdots & & \ddots & \\ k_n & & & 1\end{bmatrix},$$

由 $\boldsymbol{A}$ 是正交阵,易知 $k_2=\cdots=k_n=0,k_1=\pm1$,因 $\boldsymbol{\eta}_1\notin V_1$,故

$$T\boldsymbol{\eta}_1=-\boldsymbol{\eta}_1,$$

$\forall\boldsymbol{\alpha}\in V$,设

$$\boldsymbol{\alpha}=\boldsymbol{\alpha}_1\boldsymbol{\eta}_1+\boldsymbol{\alpha}_2\boldsymbol{\eta}_2+\cdots+\boldsymbol{\alpha}_n\boldsymbol{\eta}_n,$$

则

$$\begin{aligned}T\boldsymbol{\alpha}&=T(\boldsymbol{\alpha}_1\boldsymbol{\eta}_1+\boldsymbol{\alpha}_2\boldsymbol{\eta}_2+\cdots+\boldsymbol{\alpha}_n\boldsymbol{\eta}_n)\\&=\boldsymbol{\alpha}_1T\boldsymbol{\eta}_1+\boldsymbol{\alpha}_2T\boldsymbol{\eta}_2+\cdots+\boldsymbol{\alpha}_nT\boldsymbol{\eta}_n\\&=-\boldsymbol{\alpha}_1\boldsymbol{\eta}_1+\boldsymbol{\alpha}_2\boldsymbol{\eta}_2+\cdots+\boldsymbol{\alpha}_n\boldsymbol{\eta}_n\\&=(\boldsymbol{\alpha}_1\boldsymbol{\eta}_1+\boldsymbol{\alpha}_2\boldsymbol{\eta}_2+\cdots\boldsymbol{\alpha}_n\boldsymbol{\eta}_n)-2\boldsymbol{\alpha}_1\boldsymbol{\eta}_1\\&=\boldsymbol{\alpha}-2(\boldsymbol{\eta}_1,\boldsymbol{\alpha})\boldsymbol{\eta}_1.\end{aligned}$$

所以,T 是镜面反射.

【例 4.12】 设 $\boldsymbol{\alpha},\boldsymbol{\beta}$ 是欧氏空间 V 中两个不同的单位向量,证明存在一镜面反射 T,使 $T\boldsymbol{\alpha}=\boldsymbol{\beta}$.

证 因 $\boldsymbol{\alpha},\boldsymbol{\beta}$ 是 V 中两个不同的单位向量，故 $\boldsymbol{\alpha}-\boldsymbol{\beta}\neq\boldsymbol{0}$，将 $a-\boldsymbol{\beta}$ 单位化，得

$$\boldsymbol{\eta}=\frac{1}{|\boldsymbol{\alpha}-\boldsymbol{\beta}|}(\boldsymbol{\alpha}-\boldsymbol{\beta}).$$

令

$$T\boldsymbol{\varepsilon}=\boldsymbol{\varepsilon}-2(\boldsymbol{\eta},\boldsymbol{\varepsilon})\boldsymbol{\eta}.,\forall\boldsymbol{\varepsilon}\in V.$$

由例 4.11，知 T 是一个镜面反射

而

$$\begin{aligned}T\boldsymbol{\alpha}&=\boldsymbol{\alpha}-2\left(\frac{1}{|\boldsymbol{\alpha}-\boldsymbol{\beta}|}(\boldsymbol{\alpha}-\boldsymbol{\beta}),\boldsymbol{\alpha}\right)\frac{1}{\boldsymbol{\alpha}-\boldsymbol{\beta}}(\boldsymbol{\alpha}-\boldsymbol{\beta})\\&=\boldsymbol{\alpha}-\frac{2}{|\boldsymbol{\alpha}-\boldsymbol{\beta}|^2}(\boldsymbol{\alpha}-\boldsymbol{\beta},\boldsymbol{\alpha})(\boldsymbol{\alpha}-\boldsymbol{\beta})\\&=\boldsymbol{\alpha}-\frac{2(1-(\boldsymbol{\alpha},\boldsymbol{\beta}))}{(\boldsymbol{\alpha}-\boldsymbol{\beta},\boldsymbol{\alpha}-\boldsymbol{\beta})}(\boldsymbol{\alpha}-\boldsymbol{\beta})\\&=\boldsymbol{\alpha}-\frac{2(1-(\boldsymbol{\alpha},\boldsymbol{\beta}))}{(\boldsymbol{\alpha}-\boldsymbol{\beta},\boldsymbol{\alpha},\boldsymbol{\beta})}(\boldsymbol{\alpha}-\boldsymbol{\beta})\\&=\boldsymbol{\beta}.\end{aligned}$$

所以，镜面反射 T 满足要求.

第五节　对称变换与对称矩阵

1. 实对称矩阵的性质

① 实对称矩阵的特征值全是实数.

② 实对称矩阵的属于不同特征值的特征向量正交.

③ **定理**(正交相似对角化)对于任意 n 阶实对称矩阵 $\boldsymbol{A}$. 都存在 n 阶正交矩阵 $\boldsymbol{T}$，使

$$\boldsymbol{T}'\boldsymbol{A}\boldsymbol{T}=\boldsymbol{T}^{-1}\boldsymbol{A}\boldsymbol{T}=\begin{bmatrix}\lambda_1&&&\\&\lambda_2&&\\&&\ddots&\\&&&\lambda_n\end{bmatrix},$$

其中 $\lambda_1,\lambda_2,\cdots,\lambda_n$ 是 $\boldsymbol{A}$ 的全部特征值.

注：正交相似对角化的具体步骤如下：

① 求出 $\boldsymbol{A}$ 的全部不同的特征值 $\lambda_1,\lambda_2,\cdots,\lambda_n$；

② 对于每个 λ_i，求出 $(\eta_i\boldsymbol{E}-\boldsymbol{A})\boldsymbol{X}=\boldsymbol{0}$ 的基础解系：

$$\boldsymbol{\eta}_{i1},\boldsymbol{\eta}_{i2},\cdots,\boldsymbol{\eta}_{ik_i},i=1,2,\cdots,s;$$

③ 用 Schmidt 正交方法，将 $\boldsymbol{\eta}_{i1},\boldsymbol{\eta}_{i2},\cdots,\boldsymbol{\eta}_{ik_i}$ 化成标准正交组：

$$\boldsymbol{\varepsilon}_{i1},\boldsymbol{\varepsilon}_{i2},\cdots,\boldsymbol{\varepsilon}_{ik_i},i=1,2,\cdots,s;$$

④ 令 $\boldsymbol{T}=(\boldsymbol{\varepsilon}_{11},\boldsymbol{\varepsilon}_{12},\cdots,\boldsymbol{\varepsilon}_{1k_1},\boldsymbol{\varepsilon}_{21},\boldsymbol{\varepsilon}_{22},\cdots,\boldsymbol{\varepsilon}_{2k_2},\cdots,\boldsymbol{\varepsilon}_{s1},\boldsymbol{\varepsilon}_{s2},\cdots,\boldsymbol{\varepsilon}_{sk_s})$，

则 $\boldsymbol{T}$ 是正交矩阵，且

$$\boldsymbol{T}'\boldsymbol{A}\boldsymbol{T}=\boldsymbol{T}^{-1}\boldsymbol{A}\boldsymbol{T}=\mathrm{diag}(\underbrace{\lambda_1,\cdots\lambda_1}_{k_1},\underbrace{\lambda_2,\cdots\lambda_2}_{k_2},\cdots,\underbrace{\lambda_s,\cdots\lambda_s}_{k_s}).$$

2. 用正交线性替换化实二次型为标准形

定理　任意一个实二次型

$$\sum_{i=1}^{n}\sum_{j=1}^{m}\boldsymbol{\alpha}_{ij}x_ix_j,\boldsymbol{\alpha}_{ij}=\boldsymbol{\alpha}_{ji},$$

都可以经过正交的线性替换变成平方和

$$\lambda_1y_1^2+\lambda_2y_2^2+\cdots+\lambda_ny_n^2,$$

其中平方项的系数 $\lambda_1,\lambda_2,\cdots,\lambda_n$,就是该二次型矩阵 $\boldsymbol{A}$ 的全部特征值.

注:对于二次型矩阵 $\boldsymbol{A}$,找到正交矩阵 $\boldsymbol{T}$,使

$$\boldsymbol{T}'\boldsymbol{AT}=\begin{bmatrix}\lambda_1 & & & \\ & \lambda_2 & & \\ & & \ddots & \\ & & & \lambda_n\end{bmatrix},$$

则所作的正交线性替换为 $\boldsymbol{X}=\boldsymbol{TY}$,其中 $\boldsymbol{X}=(x_1,x_2,\cdots,x_n)'$,$\boldsymbol{Y}=(y_1,y_2,\cdots,y_n)'$.

3. 对称变换

(1) 定义

欧氏空间 V 的线性变换 T,若对任意 $\boldsymbol{\alpha},\boldsymbol{\beta}\in V$,都有

$$(T\boldsymbol{\alpha},\boldsymbol{\beta})=(\boldsymbol{\alpha},T\boldsymbol{\beta}),$$

就称 T 是 V 的一个对称变换.

(2) 性质

① 设 T 是对称变换,V_1 是 T-子空间,则 $V_1^{\perp}$ 也是 T-子空间.

② n 维欧氏空间 V 的线性变换 T 是对称的充分必要条件是 T 在 V 的任一组标准正交基下的矩阵是实对称矩阵.

【例 5.1】　设 T 为欧氏空间 V 的线性变换,$\boldsymbol{\varepsilon}_1,\boldsymbol{\varepsilon}_2,\boldsymbol{\varepsilon}_3$ 是 V 标准正交基,已知:

$$T\boldsymbol{\varepsilon}_1=\boldsymbol{\varepsilon}_1-2\boldsymbol{\varepsilon}_2+a\boldsymbol{\varepsilon}_3,$$
$$T\boldsymbol{\varepsilon}_2=-2\boldsymbol{\varepsilon}_1-2\boldsymbol{\varepsilon}_2+b\boldsymbol{\varepsilon}_3,$$
$$T\boldsymbol{\varepsilon}_3=2\boldsymbol{\varepsilon}_1+4\boldsymbol{\varepsilon}_2-2\boldsymbol{\varepsilon}_3,$$

其中 a,b 是待确定的系数. 已知存在度量矩阵为单位阵的一组基 $\boldsymbol{\eta}_1,\boldsymbol{\eta}_2,\boldsymbol{\eta}_3$,$T$ 在这组基下的矩阵是对角阵,求 $a,b,\boldsymbol{\eta}_1,\boldsymbol{\eta}_2,\boldsymbol{\eta}_3$.

解　令

$$\boldsymbol{A}=\begin{bmatrix}1 & -2 & 2\\ -2 & -2 & 4\\ a & b & -2\end{bmatrix},$$

则 T 在基 $\boldsymbol{\varepsilon}_1,\boldsymbol{\varepsilon}_2,\boldsymbol{\varepsilon}_3$ 下的矩阵为 $\boldsymbol{A}$.

由已知,基 $\boldsymbol{\eta}_1,\boldsymbol{\eta}_2,\boldsymbol{\eta}_3$ 是一组标准正交基,若 $\boldsymbol{Q}$ 是基 $\boldsymbol{\varepsilon}_1,\boldsymbol{\varepsilon}_2,\boldsymbol{\varepsilon}_3$ 到 $\boldsymbol{\eta}_1,\boldsymbol{\eta}_2,\boldsymbol{\eta}_3$ 的过渡矩阵,所以 $\boldsymbol{Q}$ 是正交矩阵,且

$$\boldsymbol{Q}^{-1}\boldsymbol{AQ}=\begin{bmatrix}\lambda_1 & & \\ & \lambda_2 & \\ & & \lambda_3\end{bmatrix}.$$

由此可知,$\boldsymbol{A}$ 是实对称矩阵,于是 $a=2,b=4$. 所以

$$\boldsymbol{A}=\begin{bmatrix}1&-2&2\\-2&-2&4\\2&4&-2\end{bmatrix}.$$

由

$$|\lambda\boldsymbol{E}-\boldsymbol{A}|=\begin{bmatrix}\lambda-1&2&-2\\2&\lambda+2&-4\\-2&-4&\lambda+2\end{bmatrix}=(\lambda-2)^2(\lambda+7)$$

知 $\boldsymbol{A}$ 的特征值为 $-7,2$(二重).

对于特征值 -7,齐次线性方程组

$$\begin{bmatrix}-8&2&-2\\2&5&-4\\-2&-4&-5\end{bmatrix}\begin{bmatrix}x_1\\x_2\\x_3\end{bmatrix}=\begin{bmatrix}0\\0\\0\end{bmatrix}$$

的基础解系为

$$\boldsymbol{\zeta}_1=(1,2,-2)',$$

将 $\boldsymbol{\zeta}_1$ 标准化,得

$$\boldsymbol{\beta}_1=(\frac{1}{3},\frac{2}{3},-\frac{2}{3}),$$

对于特征值 2,齐次线性方程组

$$\begin{bmatrix}1&2&-2\\2&4&-4\\-2&-4&4\end{bmatrix}\begin{bmatrix}x_1\\x_2\\x_3\end{bmatrix}=\begin{bmatrix}0\\0\\0\end{bmatrix}$$

的基础解系为

$$\boldsymbol{\varepsilon}_2=(-2,1,0)',\boldsymbol{\varepsilon}_3=(2,0,1)'.$$

作 Schmidt 正交化,得

$$\boldsymbol{\beta}_2=\left(-\frac{2}{\sqrt{5}},\frac{1}{\sqrt{5}},0\right)',$$

$$\boldsymbol{\beta}_3=\left(\frac{2}{5\sqrt{5}},\frac{4}{5\sqrt{5}},\frac{1}{\sqrt{5}}\right)'.$$

于是所求的基为

$$\boldsymbol{\eta}_1=\frac{1}{3}\boldsymbol{\varepsilon}_1+\frac{2}{3}\boldsymbol{\varepsilon}_2-\frac{2}{3}\boldsymbol{\varepsilon}_3,$$

$$\boldsymbol{\eta}_2=-\frac{2}{\sqrt{5}}\boldsymbol{\varepsilon}_1+\frac{1}{\sqrt{5}}\boldsymbol{\varepsilon}_2,$$

$$\boldsymbol{\eta}_3=\frac{2}{5\sqrt{5}}\boldsymbol{\varepsilon}_1+\frac{4}{5\sqrt{5}}\boldsymbol{\varepsilon}_2+\frac{1}{\sqrt{5}}\boldsymbol{\varepsilon}_3.$$

【例 5.2】 设 $\boldsymbol{A}$ 为三阶实对称矩阵,其特征值为 $\lambda_1=0$(二重),$\lambda_2=3$,且对应于 $\lambda_2=3$ 的一个特征向量为 $\boldsymbol{\eta}_3=(1,1,1)'$. 求矩阵 $\boldsymbol{A}$.

解 对于三阶实对称阵 $\boldsymbol{A}$,必有正交矩阵 $\boldsymbol{T}$,使

$$T^{-1}AT=\begin{pmatrix}0&&\\&0&\\&&3\end{pmatrix},$$

于是

$$A=T\begin{pmatrix}0&&\\&0&\\&&3\end{pmatrix}T',$$

下面求正交矩阵 T,为此先求属于特征值 $\lambda_1=0$ 的两个线性无关的特征向量:η_1,η_2,η_1 与 η_2 可取齐次线性方程组$(\lambda_1 E-A)X=0$ 的基础解系,所以这个齐次线性方程组有两个自由未知量,设为 x_2,x_3,于是基础解系形如 $\eta_1=(x,1,0)'$,$\eta_2=(y,0,0)'$.

因$(\eta_1,\eta_2)=0$ 及$(\eta_2,\eta_3)=0$,得 $x=-1$,$y=-1$. 所以

$$\eta_1=(-1,1,0)',\eta_2=(-1,0,1)'.$$

将 η_1,η_2 标准正交化,得

$$\varepsilon_1=\left(-\frac{1}{\sqrt{2}},\frac{1}{\sqrt{2}},0\right)',$$

$$\varepsilon_2=\left(-\frac{1}{\sqrt{6}},-\frac{1}{\sqrt{6}},\frac{2}{\sqrt{6}}\right)'.$$

再将 η_3 单位化,得

$$\varepsilon_3=\left(\frac{1}{\sqrt{3}},\frac{1}{\sqrt{3}},\frac{1}{\sqrt{3}}\right).$$

于是

$$T=\begin{pmatrix}-\frac{1}{\sqrt{2}}&-\frac{1}{\sqrt{6}}&\frac{1}{\sqrt{3}}\\\frac{1}{\sqrt{2}}&-\frac{1}{\sqrt{6}}&\frac{1}{\sqrt{3}}\\0&\frac{2}{\sqrt{6}}&\frac{1}{\sqrt{3}}\end{pmatrix}.$$

所以

$$A=T\begin{pmatrix}0&&\\&0&\\&&3\end{pmatrix}T'=\begin{pmatrix}1&1&1\\1&1&1\\1&1&1\end{pmatrix}.$$

【例 5.3】 设 A,B 均为 n 阶实对称阵,试证 $A\sim B$ 的充要条件是它们的特征多项式相等.

证 必要性是显然的,下证充分性.

设 A 与 B 的特征多项式相等,因 A,B 都是 n 阶实对称阵,故有不同的 n 个实特征值 λ_1,$\lambda_2,\cdots,\lambda_n$,所以存在正交矩阵 T,Q 使得

$$T^{-1}AT=\begin{pmatrix}\lambda_1&&&\\&\lambda_2&&\\&&\ddots&\\&&&\lambda_n\end{pmatrix},$$

$$Q^{-1}BQ=\begin{pmatrix}\lambda_1 & & & \\ & \lambda_2 & & \\ & & \ddots & \\ & & & \lambda_n\end{pmatrix}.$$

即

$$A\sim\begin{pmatrix}\lambda_1 & & & \\ & \lambda_2 & & \\ & & \ddots & \\ & & & \lambda_n\end{pmatrix},B\sim\begin{pmatrix}\lambda_1 & & & \\ & \lambda_2 & & \\ & & \ddots & \\ & & & \lambda_n\end{pmatrix}.$$

由矩阵相似的对称性与传递性得 $A\sim B$.

注:由证明不难看出,A 与 B 是正交相似.

【例 5.4】 设 A 为 n 阶实对称矩阵,则存在 n 阶实对称矩阵 B,使得 $A=B^3$.

证 因 A 为 n 阶实对称矩阵,故存在正交阵 Q,使得 $Q^{-1}AQ=\Lambda$,其中

$$\Lambda=\begin{pmatrix}\lambda_1 & & & \\ & \lambda_2 & & \\ & & \ddots & \\ & & & \lambda_n\end{pmatrix},\lambda_i \text{ 是实数},i=1,2,\cdots,n.$$

令

$$C=\begin{pmatrix}\lambda_1^{1/3} & & & \\ & \lambda_2^{1/3} & & \\ & & \ddots & \\ & & & \lambda_n^{2/3}\end{pmatrix},$$

于是

$$A=Q\Lambda Q^{-1}=Q\Lambda Q^{-1}Q\Lambda Q^{-1}Q\Lambda Q^{-1}=(Q\Lambda Q^{-1})^3.$$

记 $B=Q\Lambda Q^{-1}$,B 显然是实对称阵,且有

$$A=B^3.$$

【例 5.5】 设 A 是 n 阶实对称矩阵,证明:A 正定的充分必要条件 A 的特征多项式的根全大于零.

证 因 A 是实对称矩阵,所以,有正交矩阵 T,使

$$T'AT=\begin{pmatrix}\lambda_1 & & & \\ & \lambda_2 & & \\ & & \ddots & \\ & & & \lambda_n\end{pmatrix},$$

其中 λ_i 是 A 的全部特征值,$i=1,2,\cdots,n$. 由于合同不改变矩阵的正定性,所以 A 与 $\begin{pmatrix}\lambda_1 & & & \\ & \lambda_2 & & \\ & & \ddots & \\ & & & \lambda_n\end{pmatrix}$ 有相同的正定性,故 A 正定时,必有 $\begin{pmatrix}\lambda_1 & & & \\ & \lambda_2 & & \\ & & \ddots & \\ & & & \lambda_n\end{pmatrix}$

正定，从而 $\lambda_i>0,i=1,2,\cdots,n$，$\begin{pmatrix}\lambda_1 & & & \\ & \lambda_2 & & \\ & & \ddots & \\ & & & \lambda_n\end{pmatrix}$ 正定，从而 $\boldsymbol{A}$ 正定.

【例 5.6】 n 维欧氏空间 V 的线性变换 T 是对称变换的充要条件是 T 在 V 的任一标准正交基下的矩阵是实对称矩阵.

证　(⇒)设 T 是 V 的对称变换，T 在 V 的任一标准正交基 $\boldsymbol{\varepsilon}_1,\boldsymbol{\varepsilon}_2,\cdots,\boldsymbol{\varepsilon}_n$ 下的矩阵为 $\boldsymbol{A}=(a_{ij}),a_{ij}\in\mathbf{R}$. 于是

$$(T\boldsymbol{\varepsilon}_1,T\boldsymbol{\varepsilon}_2,\cdots,T\boldsymbol{\varepsilon}_n)=(\boldsymbol{\varepsilon}_1,\boldsymbol{\varepsilon}_2,\cdots\boldsymbol{\varepsilon}_n)\boldsymbol{A}.$$

因 T 是对称变换，所以

$$(T\boldsymbol{\varepsilon}_i,\boldsymbol{\varepsilon}_j)=(\boldsymbol{\varepsilon}_i,T\boldsymbol{\varepsilon}_j),i,j=1,2,\cdots,n.$$

但

$$(T\boldsymbol{\varepsilon}_i,\boldsymbol{\varepsilon}_j)=(a_{1i}\boldsymbol{\varepsilon}_1+a_{2i}\boldsymbol{\varepsilon}_2+\cdots+a_{ni}\boldsymbol{\varepsilon}_n,\boldsymbol{\varepsilon}_j)=a_{ji},$$

$$(\boldsymbol{\varepsilon}_i,T\boldsymbol{\varepsilon}_j)=(\boldsymbol{\varepsilon}_i,a_{1j}\boldsymbol{\varepsilon}_1+a_{2j}\boldsymbol{\varepsilon}_2+\cdots+a_{nj}\boldsymbol{\varepsilon}_n)=a_{ji},i,j=1,2,\cdots,n.$$

所以 T 是实对称矩阵.

(⇐)设 $\boldsymbol{\varepsilon}_1,\boldsymbol{\varepsilon}_2\cdots\boldsymbol{\varepsilon}_n$ 是 V 的任一标准正交基，T 在此基下的矩阵为实对称矩阵 $\boldsymbol{A}$. $\forall\boldsymbol{\alpha},\boldsymbol{\beta}\in V$，设

$$\boldsymbol{\alpha}=\sum_{i=1}^{n}x_i\boldsymbol{\varepsilon}_i,\boldsymbol{\beta}=\sum_{i=1}^{n}y_i\boldsymbol{\varepsilon}_i,$$

于是 $\boldsymbol{\alpha},\boldsymbol{\beta}$ 的坐标列分别为 $\boldsymbol{X}=(x_1,x_2,\cdots x_n)',\boldsymbol{Y}=(y_1,y_2,\cdots y_n)'$. 故 $T\boldsymbol{\alpha},T\boldsymbol{\beta}$ 的坐标列分别为 $\boldsymbol{AX}$ 与 $\boldsymbol{AY}$，所以

$$(T\boldsymbol{\alpha},\boldsymbol{\beta})=(\boldsymbol{AX})'\boldsymbol{Y}=\boldsymbol{X}'\boldsymbol{A}'\boldsymbol{Y}=\boldsymbol{X}'\boldsymbol{AY},$$

$$(\boldsymbol{\alpha},T\boldsymbol{\beta})=\boldsymbol{X}'(\boldsymbol{AY})=\boldsymbol{X}'\boldsymbol{AY}.$$

于是

$$(T\boldsymbol{\alpha},\boldsymbol{\beta})=(\boldsymbol{\alpha},T\boldsymbol{\beta}),$$

所以，T 是 V 的对称变换.

第六节　综合举例

【例 6.1】 设 T 是 n 维欧氏空间 V 的一个线性变换，T 在基 $\boldsymbol{\alpha}_1,\boldsymbol{\alpha}_2,\cdots\boldsymbol{\alpha}_n$ 下的矩阵 $\boldsymbol{A}$，证明：T 为对称变换的充要条件是

$$\boldsymbol{A}'\boldsymbol{G}=\boldsymbol{GA}.$$

这里 G 是基 $\boldsymbol{\alpha}_1,\boldsymbol{\alpha}_2,\cdots\boldsymbol{\alpha}_n$ 的度量矩阵.

证　(⇒)$\forall\boldsymbol{\alpha},\boldsymbol{\beta}\in V$ 设

$$\boldsymbol{\alpha}=x_1\boldsymbol{\alpha}_1+x_2\boldsymbol{\alpha}_2+\cdots x_n\boldsymbol{\alpha}_n,$$

$$\boldsymbol{\beta}=y_1\boldsymbol{\alpha}_1+y_2\boldsymbol{\alpha}_2+\cdots y_n\boldsymbol{\alpha}_n,$$

即 $\boldsymbol{\alpha},\boldsymbol{\beta}$ 在基 $\boldsymbol{\alpha}_1,\boldsymbol{\alpha}_2,\cdots\boldsymbol{\alpha}_n$ 下的坐标列分别为 $\boldsymbol{X}=(x_1,x_2,\cdots x_n)',\boldsymbol{Y}=(y_1,y_2,\cdots y_n)'$.

因 T 在基 $\boldsymbol{\alpha}_1,\boldsymbol{\alpha}_2,\cdots,\boldsymbol{\alpha}_n$ 下的矩阵为 $\boldsymbol{A}$，故 $T\boldsymbol{\alpha},T\boldsymbol{\beta}$ 的坐标列分别为 $\boldsymbol{AX}$ 与 $\boldsymbol{AY}$.

所以

$$(T\alpha,\beta)=(\boldsymbol{AX})'\boldsymbol{GY}=\boldsymbol{X}'\boldsymbol{A}'\boldsymbol{GY},$$
$$(\alpha,T\beta)=\boldsymbol{X}'\boldsymbol{G}(\boldsymbol{AY})=\boldsymbol{X}'\boldsymbol{GAY}.$$

因 T 为对称变换，故有$(T\boldsymbol{\alpha},\boldsymbol{\beta})=(\boldsymbol{\alpha},T\boldsymbol{\beta})$，从而 $\boldsymbol{X}'\boldsymbol{A}'\boldsymbol{GY}=\boldsymbol{X}'\boldsymbol{GAY}$. 由 $\boldsymbol{\alpha},\boldsymbol{\beta}$ 之任意性，有

$$\boldsymbol{A}'\boldsymbol{G}=\boldsymbol{GA}.$$

($\Leftarrow$)逆推即得.

注：题中基 $\boldsymbol{\alpha}_1,\boldsymbol{\alpha}_2,\cdots\boldsymbol{\alpha}_n$，若为标准正交基，则 $\boldsymbol{G}$ 为单位矩阵，条件(1)即为 $\boldsymbol{A}'=\boldsymbol{A}$. 所以本题可视为例 5.6 之推广.

【例 6.2】 设 T 是 n 维欧氏空间 V 的一个线性变换，证明：T 是对称变换的充要条件是 T 有 n 个两两正交的特征向量.

证 ($\Rightarrow$)因 T 是 V 的对称变换，必有 V 的一组标准正交基 $\boldsymbol{\varepsilon}_1,\boldsymbol{\varepsilon}_2,\cdots\boldsymbol{\varepsilon}_n$，使 T 在这组基下的矩阵是对角阵

$$\begin{pmatrix}\lambda_1 & & & \\ & \lambda_2 & & \\ & & \ddots & \\ & & & \lambda_n\end{pmatrix},$$

于是 $\boldsymbol{\varepsilon}_1,\boldsymbol{\varepsilon}_2,\cdots,\boldsymbol{\varepsilon}_n$ 是 T 的分别属于特征值 $\lambda_1,\lambda_2,\cdots,\lambda_n$ 的特征向量. 因 $\boldsymbol{\varepsilon}_1,\boldsymbol{\varepsilon}_2,\cdots,\boldsymbol{\varepsilon}_n$ 两两正交，所以，T 有 n 个两两正交的特征向量.

($\Leftarrow$)若 T 有 n 个两两正交的特征向量，设为 $\boldsymbol{\alpha}_1,\boldsymbol{\alpha}_2,\cdots,\boldsymbol{\alpha}_n$ 且

$$T\boldsymbol{\alpha}_i=\lambda_i\boldsymbol{\alpha}_i,i=1,2,\cdots,n.$$

令

$$\boldsymbol{\varepsilon}_i=\frac{1}{|\boldsymbol{\alpha}_i|}\boldsymbol{\alpha}_i,i=1,2,\cdots,n,$$

则 $\boldsymbol{\varepsilon}_1,\boldsymbol{\varepsilon}_2,\cdots,\boldsymbol{\varepsilon}_n$ 是 V 的一组标准正交基，因

$$\begin{aligned}T\boldsymbol{\varepsilon}_i&=T\left(\frac{1}{|\boldsymbol{\alpha}_i|}\boldsymbol{\alpha}_i\right)=\frac{1}{|\boldsymbol{\alpha}_i|}T\boldsymbol{\alpha}_i=\lambda_i\left(\frac{1}{|\boldsymbol{\alpha}_i|}\boldsymbol{\alpha}_i\right)\\&=\lambda_i\boldsymbol{\varepsilon}_i,i=1,2,\cdots,n,\end{aligned}$$

故 T 在标准正交基 $\boldsymbol{\varepsilon}_1,\boldsymbol{\varepsilon}_2,\cdots,\boldsymbol{\varepsilon}_n$ 下的矩阵为对角阵

$$\begin{pmatrix}\lambda_1 & & & \\ & \lambda_2 & & \\ & & \ddots & \\ & & & \lambda_n\end{pmatrix}.$$

因对角阵是实对称阵，所以 T 是对称变换.

【例 6.3】 设 $\boldsymbol{A}$ 是一个 n 阶正定矩阵，若 $\boldsymbol{A}$ 是一个正交矩阵，则 $\boldsymbol{A}$ 必是单位矩阵.

证法一　设 V 是一个 n 维欧氏空间，$\boldsymbol{\varepsilon}_1,\boldsymbol{\varepsilon}_2,\cdots,\boldsymbol{\varepsilon}_n$ 是 V 的一组标准正交基，在这组基下与 $\boldsymbol{A}$ 相应的线性变换为σ. 由 $\boldsymbol{A}$ 是正定矩阵，因而是实对称的，故 σ 是 V 的一个对称变换，又 $\boldsymbol{A}$ 是正交阵，故 $\boldsymbol{A}$ 也是正交变换.

因 σ 是对称变换，则有标准正交基 $\boldsymbol{\varepsilon}_1,\boldsymbol{\varepsilon}_2,\cdots,\boldsymbol{\varepsilon}_n$，使 σ 在这组基下的矩阵为对角阵，即

$$(\sigma\boldsymbol{\varepsilon}_1,\sigma\boldsymbol{\varepsilon}_2,\cdots\sigma\boldsymbol{\varepsilon}_n)=(\boldsymbol{\varepsilon}_1,\boldsymbol{\varepsilon}_2,\cdots\boldsymbol{\varepsilon}_n)\begin{pmatrix}\lambda_1 & & & \\ & \lambda_2 & & \\ & & \ddots & \\ & & & \lambda_n\end{pmatrix}.$$

这里 $\lambda_1,\lambda_2,\cdots,\lambda_n$ 是 σ 的全部特征值，因 σ 的矩阵 $\boldsymbol{A}$ 正定，故 $\lambda_1,\lambda_2,\cdots,\lambda_n$ 全大于零，又 σ 是正交变换，其特征值只能是 ±1. 所以 $\lambda_i=1,i=1,2,\cdots,n$. 于是

$$\sigma\boldsymbol{\varepsilon}_i=\boldsymbol{\varepsilon}_i,i=1,2,\cdots,n.$$

故 $\sigma=\boldsymbol{E}$，从而 σ 在任何基下的矩阵为单位矩阵，因此，$\boldsymbol{A}=\boldsymbol{E}$.

证法二　(用矩阵方法)

因 $\boldsymbol{A}$ 是正定矩阵，故 $\boldsymbol{A}'=\boldsymbol{A}$，又 $\boldsymbol{A}$ 是正交矩阵，故 $\boldsymbol{A}'\boldsymbol{A}=\boldsymbol{E}$. 于是 $\boldsymbol{A}^2=\boldsymbol{E}$，或 $\boldsymbol{A}^2-\boldsymbol{E}=\boldsymbol{0}$，由此可得

$$(\boldsymbol{A}-\boldsymbol{E})(\boldsymbol{A}+\boldsymbol{E})=\boldsymbol{0}, \qquad (\text{I})$$

由 $\boldsymbol{A}$ 是正定矩阵，$\boldsymbol{A}$ 的特征值 $\lambda_i(i=1,2,\cdots,n.)$ 全大于 0，于是 $\boldsymbol{A}+\boldsymbol{E}$ 的特征值 $1+\lambda_i$ 也全大于零，故 $|\boldsymbol{A}+\boldsymbol{E}|\neq0$(或由 $\boldsymbol{A}$ 与 $\boldsymbol{E}$ 的和 $\boldsymbol{A}+\boldsymbol{E}$ 正定也可得)，由此可知，$\boldsymbol{A}+\boldsymbol{E}$ 可逆，以 $(\boldsymbol{A}+\boldsymbol{E})^{-1}$ 右乘(Ⅰ)的两边，得

$$\boldsymbol{A}-\boldsymbol{E}=\boldsymbol{0},$$

所以，$\boldsymbol{A}=\boldsymbol{E}$.

【例 6.4】　已知 $\boldsymbol{A},\boldsymbol{B}$ 为 n 阶实对称阵，且 $\boldsymbol{AB}=\boldsymbol{BA}$，$\boldsymbol{B}$ 的 n 个特征值两两不等. 证明：必有正交矩阵 $\boldsymbol{T}$，使 $\boldsymbol{T}'\boldsymbol{AT}$ 与 $\boldsymbol{T}'\boldsymbol{BT}$ 同时为对角阵.

证法一　设 V 是一个 n 维欧氏空间，$\boldsymbol{\varepsilon}_1,\boldsymbol{\varepsilon}_2,\cdots,\boldsymbol{\varepsilon}_n$ 是 V 的一组标准正交基，在这组基下，与 $\boldsymbol{A},\boldsymbol{B}$ 相应的线性变换分别为 T_1 与 T_2，于是 T_1 与 T_2 都是对称变换，且 $T_1T_2=T_2T_1$.

因 B 的特征值两两不等，设为 $\lambda_1,\lambda_2,\cdots,\lambda_n,\lambda_i\neq\lambda_j,i\neq j$ 时，故 $\lambda_1,\lambda_2,\cdots,\lambda_n$ 也是 T_2 的特征值，相应的特征向量设为 $\boldsymbol{\alpha}_1,\boldsymbol{\alpha}_2,\cdots\boldsymbol{\alpha}_n$，于是 $\boldsymbol{\alpha}_1,\boldsymbol{\alpha}_2,\cdots,\boldsymbol{\alpha}_n$ 是两两相交的，不妨设它们都是单位向量，这时，$\boldsymbol{\alpha}_1,\boldsymbol{\alpha}_2,\cdots,\boldsymbol{\alpha}_n$ 是 V 的一组标准正交基，且 T_2 在这组基下的矩阵为

$$\begin{pmatrix}\lambda_1 & & & \\ & \lambda_2 & & \\ & & \ddots & \\ & & & \lambda_n\end{pmatrix},$$

于是

$$T_1T_2(\boldsymbol{\alpha}_i)=T_1(T_2\boldsymbol{\alpha}_i)=T_1(\lambda_i\boldsymbol{\alpha}_i)=\lambda_iT_1\boldsymbol{\alpha}_i,i=1,2.\cdots,n,$$

因 $T_1T_2=T_2T_1$，故

$$T_2T_1(\boldsymbol{\alpha}_i)=T_2(T_1\boldsymbol{\alpha}_i)=\lambda_iT_1\boldsymbol{\alpha}_i,i=1,2.\cdots,n,$$

由此，当 $T_1\boldsymbol{\alpha}_i=\boldsymbol{0}$ 时，$\boldsymbol{\alpha}_i$ 是 T_1 的属于特征值为零的特征向量；当 $T_1\boldsymbol{\alpha}_i\neq\boldsymbol{0}$ 时，$T_1\boldsymbol{\alpha}_i$ 是 T_2 的属于 λ_i 的特征向量，又 $\boldsymbol{\alpha}_1,\boldsymbol{\alpha}_2,\cdots,\boldsymbol{\alpha}_n$ 线性无关，故必有 $\mu_i\in\mathbf{R}$，使 $T_1\boldsymbol{\alpha}_i=\mu_i\boldsymbol{\alpha}_i$.

总之，$\boldsymbol{\alpha}_1,\boldsymbol{\alpha}_2,\cdots,\boldsymbol{\alpha}_n$ 是 T_1 的特征向量，又 $\boldsymbol{\alpha}_1,\boldsymbol{\alpha}_2,\cdots,\boldsymbol{\alpha}_n$ 是标准正交的，故 T_1 在这组标准正交基下的矩阵为

$$\begin{pmatrix}\mu_1 & & & \\ & \mu_2 & & \\ & & \ddots & \\ & & & \mu_n\end{pmatrix},$$

令 $\boldsymbol{\varepsilon}_1,\boldsymbol{\varepsilon}_2,\cdots,\boldsymbol{\varepsilon}_n$，到 $\boldsymbol{\alpha}_1,\boldsymbol{\alpha}_2,\cdots,\boldsymbol{\alpha}_n$ 的过渡矩阵为 $\boldsymbol{T}$，则 $\boldsymbol{T}$ 是正交矩阵，且

$$\boldsymbol{T}^{-1}\boldsymbol{AT}=\boldsymbol{T}'\boldsymbol{AT}=\begin{pmatrix}\mu_1 & & & \\ & \mu_2 & & \\ & & \ddots & \\ & & & \mu_n\end{pmatrix};$$

$$\boldsymbol{T}^{-1}\boldsymbol{BT}=\boldsymbol{T}'\boldsymbol{BT}=\begin{pmatrix}\mu_1 & & & \\ & \mu_2 & & \\ & & \ddots & \\ & & & \mu_n\end{pmatrix}.$$

证法二 （用矩阵方法）

因 $\boldsymbol{B}$ 是实对称阵，于是存在正交矩阵 $\boldsymbol{T}$，使

$$\boldsymbol{T}'\boldsymbol{BT}=\begin{pmatrix}\lambda_1 & & & \\ & \lambda_2 & & \\ & & \ddots & \\ & & & \lambda_n\end{pmatrix},\lambda_i\neq\lambda_j,i\neq j \text{ 时},$$

因 $\boldsymbol{AB}=\boldsymbol{BA}$，故

$$\boldsymbol{T}'\boldsymbol{AT}\boldsymbol{T}'\boldsymbol{BT}=\boldsymbol{T}'\boldsymbol{ABT}=\boldsymbol{T}'\boldsymbol{BAT}=\boldsymbol{T}'\boldsymbol{BT}\boldsymbol{T}'\boldsymbol{AT}.$$

即有

$$\boldsymbol{T}'\boldsymbol{AT}\begin{pmatrix}\lambda_1 & & & \\ & \lambda_2 & & \\ & & \ddots & \\ & & & \lambda_n\end{pmatrix}=\begin{pmatrix}\lambda_1 & & & \\ & \lambda_2 & & \\ & & \ddots & \\ & & & \lambda_n\end{pmatrix}\boldsymbol{T}'\boldsymbol{AT},$$

所以 $\boldsymbol{T}'\boldsymbol{AT}$ 也是对角阵.

注：由于本题中 $\boldsymbol{A},\boldsymbol{B}$ 都是实对称阵，因而使得第五章的相应结论能加强到 $\boldsymbol{T}$ 是正交矩阵.

【例 6.5】 若 n 阶正交矩阵 $\boldsymbol{A}$ 的特征值全是实数. 证明：

(1) 存在 n 阶正交矩阵 $\boldsymbol{T}$，使 $\boldsymbol{T}'\boldsymbol{AT}=\boldsymbol{T}^{-1}\boldsymbol{AT}$ 成对角矩阵；

(2) $\boldsymbol{A}$ 是对称矩阵.

证 设 V 是 n 维欧氏空间，$\boldsymbol{\varepsilon}_1,\boldsymbol{\varepsilon}_2,\cdots,\boldsymbol{\varepsilon}_n$ 是 V 的一组标准正交基，在这组基下与 $\boldsymbol{A}$ 相应的线性变换为 σ，因 $\boldsymbol{A}$ 是正交阵，于是 σ 是正交变换，要证明存在正交阵 $\boldsymbol{T}$，使 $\boldsymbol{T}^{-1}\boldsymbol{AT}$ 是对角阵，只要证明 V 中存在由 σ 的特征向量组成的标准正交基. 因此，对空间的维数进行归纳.

$n=1$ 时，结论显然成立. 归纳假设 $n-1$ 时，结论成立，现在证明 n 时，结论也成立，设 A 的 n 个特征值为 $\lambda_1,\lambda_2,\cdots,\lambda_n$，且全是实数，故 $\lambda_1,\lambda_2,\cdots,\lambda_n$ 也是 $\boldsymbol{A}$ 的 n 个特征值. 再设 $\boldsymbol{\alpha}_1$ 是 σ 的属于 λ_1 的特征向量，也是单位向量，令 V_1 是 $L(\boldsymbol{\alpha}_1)$ 的正交补.

因 $L(\boldsymbol{\alpha}_1)$ 是 σ-子空间，于是 V_1 也是 σ-子空间. 易知 $\sigma|_{V_1}$ 是 V_1 的正交变换，V_1 是 $n-1$ 维欧氏空间，设其一组标准正交基为 $\boldsymbol{\eta}_2,\cdots,\boldsymbol{\eta}_n$，于是 $\boldsymbol{\alpha}_1,\boldsymbol{\eta}_2,\cdots,\boldsymbol{\eta}_n$ 是 V 的一组标准正交基，且因 V_1 是 σ-子空间，故有

$$\sigma\boldsymbol{\alpha}=\lambda_1\boldsymbol{\alpha},$$

$$\sigma\boldsymbol{\eta}_2=b_{22}\boldsymbol{\eta}_2+\cdots+b_{2n}\boldsymbol{\eta}_n,$$
$$\cdots\cdots$$
$$\sigma\boldsymbol{\eta}_n=b_{n2}\boldsymbol{\eta}_2+\cdots+b_{n2}\boldsymbol{\eta}_n,$$

所以，σ 在标准正交基 $\boldsymbol{\alpha}_1,\boldsymbol{\eta}_2,\cdots,\boldsymbol{\eta}_n$ 下的矩阵为

$$\boldsymbol{B}=\begin{pmatrix}\lambda_1 & 0 & \cdots & 0\\ 0 & b_{22} & \cdots & b_{n2}\\ \vdots & \vdots & & \vdots\\ 0 & b_{2n} & \cdots & b_{nn}\end{pmatrix}=\begin{pmatrix}\lambda_1 & \boldsymbol{0}\\ \boldsymbol{0} & \boldsymbol{B}_1\end{pmatrix},$$

其中 $\boldsymbol{B}_1$ 是 $\sigma|_{V_1}$ 在标准正交基 $\boldsymbol{\eta}_2,\cdots,\boldsymbol{\eta}_n$ 下的矩阵，由 $\boldsymbol{A}\sim\boldsymbol{B}$，故 $\boldsymbol{A},\boldsymbol{B}$ 有相同的特征值，于是 $\boldsymbol{B}_1$ 有特征值 $\lambda_2,\lambda_3,\cdots,\lambda_n$，故 $\sigma|_{V_1}$ 有特征值 $\lambda_2,\lambda_3,\cdots,\lambda_n$，且全是实数，由归纳假设 V_1 中存在 $\sigma|_{V_1}$ 的 $n-1$ 个特征向量 $\boldsymbol{\alpha}_2,\boldsymbol{\alpha}_3,\cdots,\boldsymbol{\alpha}_n$ 做成的标准正交基. 但显然 $\boldsymbol{\alpha}_2,\boldsymbol{\alpha}_3,\cdots,\boldsymbol{\alpha}_n$ 也是 $\boldsymbol{A}$ 的特征向量，且 $\boldsymbol{\alpha}_1,\boldsymbol{\alpha}_2,\cdots,\boldsymbol{\alpha}_n$ 是 V 的一组标准正交基. 故有正交阵 $\boldsymbol{T}$，使

$$\boldsymbol{T}^{-1}\boldsymbol{A}\boldsymbol{T}=\begin{bmatrix}\lambda_1 & & & \\ & \lambda_2 & & \\ & & \ddots & \\ & & & \lambda_n\end{bmatrix},$$

于是

$$\boldsymbol{A}=\boldsymbol{T}\begin{bmatrix}\lambda_1 & & & \\ & \lambda_2 & & \\ & & \ddots & \\ & & & \lambda_n\end{bmatrix}\boldsymbol{T}^{-1},$$

因

$$\boldsymbol{A}'=\boldsymbol{T}\begin{bmatrix}\lambda_1 & & & \\ & \lambda_2 & & \\ & & \ddots & \\ & & & \lambda_n\end{bmatrix}\boldsymbol{T}'=\boldsymbol{A},$$

所以，$\boldsymbol{A}$ 是对称矩阵.

【例 6.6】 设 T 是 n 维欧氏空间 V 的对称变换，试证：对 V 中一切非零向量 $\boldsymbol{\alpha}$，$(T\boldsymbol{\alpha},\boldsymbol{\alpha})>0$ 的充要条件是 T 的特征值全是正实数.

证 $(\Rightarrow)$设 λ 是 T 的任一特征值. 因 T 是对称变换，故 λ 是实数. 再设 $\boldsymbol{\alpha}$ 是 T 的属于 λ 的特征向量，则 $\boldsymbol{\alpha}\neq\boldsymbol{0}$，且

$$T\boldsymbol{\alpha}=\lambda\boldsymbol{\alpha},$$

由已知，则有 $(T\boldsymbol{\alpha},\boldsymbol{\alpha})>0$，故 $(\lambda\boldsymbol{\alpha},\boldsymbol{\alpha})>0$，于是

$$\lambda(\boldsymbol{\alpha},\boldsymbol{\alpha})>0.$$

因 $(\boldsymbol{\alpha},\boldsymbol{\alpha})>0$，所以 $\lambda>0$.

$(\Leftarrow)$因 T 是对称变换，故在 V 中存在特征向量 $\boldsymbol{a}_1,\boldsymbol{a}_2,\cdots,\boldsymbol{a}_n$ 做成的标准正交基，使 T 在这组基下的矩阵为

$$\begin{pmatrix} \lambda_1 & & & \\ & \lambda_2 & & \\ & & \ddots & \\ & & & \lambda_n \end{pmatrix},$$

故

$$T\boldsymbol{a}_i=\lambda_i\boldsymbol{a}_i,i=1,2,\cdots,n,$$

$\forall\boldsymbol{\alpha}\in V$,且 $\boldsymbol{\alpha}\neq\mathbf{0}$,于是可设

$$\boldsymbol{\alpha}=k_1\boldsymbol{\alpha}_1+k_2\boldsymbol{\alpha}_2+\cdots+k_n\boldsymbol{\alpha}_n,$$

其中,$k_1,k_2,\cdots,k_n$ 是不全为零的实数.由此,

$$T\boldsymbol{\alpha}=k_1T\boldsymbol{\alpha}_1+k_2T\boldsymbol{\alpha}_2+\cdots+k_nT\boldsymbol{\alpha}_n.$$

因 $\lambda_i>0,i=1,2,\cdots,n$,则

$$(T\boldsymbol{\alpha},\boldsymbol{\alpha})=(k_1\lambda_1,k_2\lambda_2,\cdots,k_n\lambda_n)\begin{bmatrix}k_1\\k_2\\\vdots\\k_n\end{bmatrix}=\lambda_1k_1^2+\lambda_2k_2^2+\cdots+\lambda_nk_n^2>0.$$

充分性得证.

【例 6.7】 设 $\boldsymbol{\alpha}_1,\boldsymbol{\alpha}_2,\cdots,\boldsymbol{\alpha}_n$ 是欧氏空间 V 的 n 个向量.令

$$\boldsymbol{\beta}_i=((\boldsymbol{\alpha}_i,\boldsymbol{\alpha}_1),(\boldsymbol{\alpha}_i,\boldsymbol{\alpha}_2),\cdots,(\boldsymbol{\alpha}_i,\boldsymbol{\alpha}_n))\in\mathbf{R}^n,i=1,2,\cdots,n.$$

证明:(1) $k_1\boldsymbol{\alpha}_1+k_2\boldsymbol{\alpha}_2+\cdots+k_n\boldsymbol{\alpha}_n=\mathbf{0}$ 的充要条件是 $k_1\boldsymbol{\beta}_1+k_2\boldsymbol{\beta}_2+\cdots+k_n\boldsymbol{\beta}_n=\mathbf{0}$;

(2) $\boldsymbol{\alpha}_{i_1},\boldsymbol{\alpha}_{i_2},\cdots,\boldsymbol{\alpha}_{i_r}$ 是 $\boldsymbol{\alpha}_1,\boldsymbol{\alpha}_2,\cdots,\boldsymbol{\alpha}_n$ 的极大无关组的充要条件为 $\boldsymbol{\beta}_{i_1},\boldsymbol{\beta}_{i_2},\cdots,\boldsymbol{\beta}_{i_r}$,是 $\boldsymbol{\beta}_1,\boldsymbol{\beta}_2,\cdots,\boldsymbol{\beta}_n$ 的极大无关组.

证 (1) 设

$$k_1\boldsymbol{\alpha}_1+k_2\boldsymbol{\alpha}_2+\cdots+k_n\boldsymbol{\alpha}_n=\mathbf{0}, \qquad (\text{I})$$

于是有

$$k_1(\boldsymbol{\alpha}_i,\boldsymbol{\alpha}_1)+k_2(\boldsymbol{\alpha}_i,\boldsymbol{\alpha}_2)+\cdots+k_n(\boldsymbol{\alpha}_i,\boldsymbol{\alpha}_n)=\mathbf{0}, \qquad (\text{II})$$

其中 $i=1,2,\cdots,n$.所以

$$\begin{aligned}&k_1\boldsymbol{\beta}_1+k_2\boldsymbol{\beta}_2+\cdots+k_n\boldsymbol{\beta}_n=k_1((a_1,a_1),(a_1,a_2),\cdots,(a_1,a_n))+\\&k_2((a_2,a_1),(a_2,a_2),\cdots,(a_2,a_n))+\cdots+k_n((a_n,a_1),(a_n,a_2),\cdots,(a_n,a_n))\\&=(k_1(a_1,a_1)+k_2(a_2,a_1)+\cdots+k_n(a_n,a_1),k_1(a_1,a_2)+k_2(a_2,a_2)+\cdots+k_n(a_n,a_2),\\&\cdots,k_1(a_1,a_n)+k_2(a_2,a_n)+\cdots+k_n(a_n,a_n))=0.\end{aligned}$$

反之,若 $k_1\boldsymbol{\beta}_1+k_2\boldsymbol{\beta}_2+\cdots+k_n\boldsymbol{\beta}_n=\mathbf{0}$,比较分量得等式(Ⅱ).令

$$\boldsymbol{\gamma}=k_1\boldsymbol{\alpha}_1+k_2\boldsymbol{\alpha}_2+\cdots+k_n\boldsymbol{\alpha}_n$$

由(Ⅱ)知

$$(\boldsymbol{\alpha}_i,\boldsymbol{\gamma})=0,i=1,2,\cdots,n.$$

于是有

$$(k_1\boldsymbol{\alpha}_1+k_2\boldsymbol{\alpha}_2+\cdots+k_n\boldsymbol{\alpha}_n,\boldsymbol{\gamma})=0.$$

即 $(\boldsymbol{\gamma},\boldsymbol{\gamma})=\mathbf{0}$,故 $\boldsymbol{\gamma}=0$,即 $k_1\boldsymbol{\alpha}_1+k_2\boldsymbol{\alpha}_2+\cdots+k_n\boldsymbol{\alpha}_n=\mathbf{0}$.

(2)类似于(1)所证,对于 $\boldsymbol{\alpha}_{i_1},\boldsymbol{\alpha}_{i_2},\cdots,\boldsymbol{\alpha}_{i_r};\boldsymbol{\beta}_{i_1},\boldsymbol{\beta}_{i_2},\cdots,\boldsymbol{\beta}_{i_r}$,仍有 $k_1\boldsymbol{\alpha}_{i_1}+k_2\boldsymbol{\alpha}_{i_2}+\cdots+k_r\boldsymbol{\alpha}_{i_r}=\mathbf{0}\Leftrightarrow k_1\boldsymbol{\beta}_{i_1}+k_2\boldsymbol{\beta}_{i_2}+\cdots+k_r\boldsymbol{\beta}_{i_r}=\mathbf{0}$,所以:

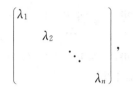

$$\boldsymbol{\alpha}_{i_1},\boldsymbol{\alpha}_{i_2},\cdots,\boldsymbol{\alpha}_{i_r}\text{线性无关}\Leftrightarrow\boldsymbol{\beta}_{i_1},\boldsymbol{\beta}_{i_2},\cdots,\boldsymbol{\beta}_{i_r}\text{线性无关}.$$

而 $\forall \boldsymbol{a}_j$,

$\boldsymbol{\alpha}_{i_1},\boldsymbol{\alpha}_{i_2},\cdots,\boldsymbol{\alpha}_{i_r},\boldsymbol{a}_j$ 线性无关$\Leftrightarrow\boldsymbol{\beta}_{i_1},\boldsymbol{\beta}_{i_2},\cdots,\boldsymbol{\beta}_{i_r},\boldsymbol{\beta}_j$ 线性无关.

由此可知：$\boldsymbol{\alpha}_{i_1},\boldsymbol{\alpha}_{i_2},\cdots,\boldsymbol{\alpha}_{i_r}$ 是 $\boldsymbol{\alpha}_1,\boldsymbol{\alpha}_2,\cdots,\boldsymbol{\alpha}_n$ 的极大无关组的充要条件为 $\boldsymbol{\beta}_{i_1},\boldsymbol{\beta}_{i_2},\cdots,\boldsymbol{\beta}_{i_r}$ 是 $\boldsymbol{\beta}_1,\boldsymbol{\beta}_2,\cdots,\boldsymbol{\beta}_n$ 的极大无关组.

【例 6.8】 设 $\boldsymbol{\alpha}_1,\boldsymbol{\alpha}_2,\cdots,\boldsymbol{\alpha}_n$ 是欧氏空间 V 的标准正交基. 证明：V 的向量 $\boldsymbol{\beta}_1,\boldsymbol{\beta}_2,\cdots,\boldsymbol{\beta}_n$ 两两正交的充分必要条件是

$$\sum_{r=1}^{n}(\boldsymbol{\beta}_i,\boldsymbol{\alpha}_r)(\boldsymbol{\beta}_j,\boldsymbol{\alpha}_r)=0,i\neq j.$$

证　因

$$\boldsymbol{\beta}_i=\sum_{j=1}^{n}(\boldsymbol{\beta}_i,\boldsymbol{\alpha}_j)\boldsymbol{\alpha}_j,i=1,2,\cdots,n.$$

又 $\boldsymbol{\alpha}_1,\boldsymbol{\alpha}_2,\cdots,\boldsymbol{\alpha}_n$ 是标准正交基，故

$$\begin{aligned}(\boldsymbol{\beta}_i,\boldsymbol{\beta}_j)&=(\boldsymbol{\beta}_i,\boldsymbol{\alpha}_1)(\boldsymbol{\beta}_j,\boldsymbol{\alpha}_1)+(\boldsymbol{\beta}_i,\boldsymbol{\alpha}_2)(\boldsymbol{\beta}_j,\boldsymbol{\alpha}_2)+\cdots+(\boldsymbol{\beta}_i,\boldsymbol{\alpha}_n)(\boldsymbol{\beta}_j,\boldsymbol{\alpha}_n)\\&=\sum_{t=1}^{n}(\boldsymbol{\beta}_i,\boldsymbol{\alpha}_t)(\boldsymbol{\beta}_j,\boldsymbol{\alpha}_t).\qquad i,j=1,2,\cdots,n.\end{aligned}$$

所以，$\boldsymbol{\beta}_1,\boldsymbol{\beta}_2,\cdots,\boldsymbol{\beta}_n$ 两两正交的充要条件为

$$\sum_{t=1}^{n}(\boldsymbol{\beta}_i,\boldsymbol{\alpha}_t)(\boldsymbol{\beta}_j,\boldsymbol{\alpha}_t)=0,i\neq j.$$

【例 6.9】 令 $\boldsymbol{\gamma}_1,\boldsymbol{\gamma}_2,\cdots,\boldsymbol{\gamma}_n$ 是 n 维欧氏空间 V 的一组标准正交基，又令

$$K=\{\boldsymbol{\varepsilon}\in V\mid\boldsymbol{\varepsilon}=\sum_{i=1}^{n}x_i\boldsymbol{\gamma}_i,0\leqslant x_i\leqslant 1,i=1,2,\cdots,n\}.$$

K 叫作一个 n—方体，如果每一 x_i 都等于 0 或 1，就叫 K 的一个顶点，K 的顶点间一切可能的距离是多少？

解　设 $\boldsymbol{\varepsilon}$ 与 $\boldsymbol{\eta}$ 是 K 的任意两个顶点，则

$$\boldsymbol{\varepsilon}=\sum_{i=1}^{n}x_i\boldsymbol{\gamma}_i,x_i=0\text{ 或 }1,i=1,2,\cdots,n;$$

$$\boldsymbol{\eta}=\sum_{i=1}^{n}y_i\boldsymbol{\gamma}_i,y_i=0\text{ 或 }1,i=1,2,\cdots,n.$$

于是

$$\begin{aligned}d(\boldsymbol{\varepsilon},\boldsymbol{\eta})&=|\boldsymbol{\varepsilon}-\boldsymbol{\eta}|=\left|\sum_{i=1}^{n}(x_i-y_i)\boldsymbol{\gamma}_i\right|\\&=\sqrt{(x_1-y_1)^2+(x_2-y_2)^2+\cdots+(x_n-y_n)^2}.\end{aligned}$$

显然 $(x_i-y_i)^2=0$ 或 1，所以一切可能的距离为：$0,1,\sqrt{2},\sqrt{3},\cdots,\sqrt{n}$.

【例 6.10】 设 V_1 和 V_2 是 n 维欧氏 V 空间的线性子空间，且 V_1 的维数小于 V_2 的维数，证明：在 V_2 中必有一个非零向量正交于 V_1 中的一切向量.

证　若 $V_1=\{0\}$，结论显然成立. 下设 $\dim V_1\geqslant 1$. 因

$$\dim V_1+\dim V_1^{\perp}=n,$$

而 $\dim V_2>\dim V_1$，故

$$\dim V_2+\dim V_1^{\perp}>n,$$

按维数公式,有:

$$\begin{aligned}\dim(V_2\cap V_1^{\perp})&=\dim V_2+\dim V_1^{\perp}-\dim(V_2+V_1^{\perp})\\&>n-\dim(V_2+V_1^{\perp}).\end{aligned}$$

因

$$\dim(V_2+V_1^{\perp})\leqslant\dim V=n,$$

所以

$$\dim(V_2\cap V_1^{\perp})>0,$$

故

$$V_2\cap V_1^{\perp}\neq\{0\}.$$

因此,存在 $\boldsymbol{\varepsilon}\neq\mathbf{0},\boldsymbol{\varepsilon}\in V_2\cap V_1^{\perp}$,即 $\boldsymbol{\varepsilon}\in V_2$,但 $\boldsymbol{\varepsilon}\perp V_1$.

【例 6.11】 假设 T 是 n 维欧氏空间 V 的线性变换,T^* 是 V 上的变换,且对任意 $\boldsymbol{\alpha},\boldsymbol{\beta}\in V$ 有

$$(T\boldsymbol{\alpha},\boldsymbol{\beta})=(\boldsymbol{\alpha},T^*\boldsymbol{\beta}).$$

证明:(1) T^* 是的线性变换;

(2) T 的核等于 T^* 的值域的正交补.

证 (1) $\forall\boldsymbol{\alpha},\boldsymbol{\beta},\boldsymbol{\gamma}\in V$ 则有

$$(T\boldsymbol{\alpha},\boldsymbol{\beta}+\boldsymbol{\gamma})=(\boldsymbol{\alpha},T^*(\boldsymbol{\beta}+\boldsymbol{\gamma})),$$

因

$$\begin{aligned}(T\boldsymbol{\alpha},\boldsymbol{\beta}+\boldsymbol{\gamma})&=(T\boldsymbol{\alpha},\boldsymbol{\beta})+(T\boldsymbol{\alpha},\boldsymbol{\gamma})=(\boldsymbol{\alpha},T^*\boldsymbol{\beta})+(\boldsymbol{\alpha},T^*\boldsymbol{\gamma})\\&=(\boldsymbol{\alpha},T^*\boldsymbol{\beta}+T^*\boldsymbol{\gamma}).\end{aligned}$$

所以

$$(\boldsymbol{\alpha},T^*(\boldsymbol{\beta}+\boldsymbol{\gamma}))=(\boldsymbol{\alpha},T^*\boldsymbol{\beta}+T^*\boldsymbol{\gamma}).$$

或

$$(\boldsymbol{\alpha},T^*(\boldsymbol{\beta}+\boldsymbol{\gamma})-T^*\boldsymbol{\beta}-T^*\boldsymbol{\gamma})=0.$$

由 $\boldsymbol{\alpha}$ 之任意性,有

$$T^*(\boldsymbol{\beta}+\boldsymbol{\gamma})-T^*\boldsymbol{\beta}-T^*\boldsymbol{\gamma}=0,$$

故

$$T^*(\boldsymbol{\beta}+\boldsymbol{\gamma})=T^*\boldsymbol{\beta}+T^*\boldsymbol{\gamma}.$$

类似可证:$\forall$ 实数 k,都有

$$T^*(k\boldsymbol{\beta})=kT^*\boldsymbol{\beta},$$

所以 T^* 是 V 的一个线性变换.

(2) $\forall\boldsymbol{\alpha}\in T^{-1}(0)$,则 $T\boldsymbol{\alpha}=\mathbf{0}$,$\forall\boldsymbol{\beta}\in T^*V$,于是 $\exists\boldsymbol{\beta}'\in V$,使 $T^*\boldsymbol{\beta}'=\boldsymbol{\beta}$. 所以

$$(\boldsymbol{\alpha},\boldsymbol{\beta})=(\boldsymbol{\alpha},T^*\boldsymbol{\beta}')=(T\boldsymbol{\alpha},\boldsymbol{\beta}')=(0,\boldsymbol{\beta}')=0,$$

故 $\boldsymbol{\alpha}\in(T^*V)^{\perp}$,由此可知

$$T^{-1}(0)\subseteq(T^*V)^{\perp},$$

又 $\forall\boldsymbol{\alpha}\in(T^*V)^{\perp}$,于是 $\boldsymbol{\alpha}\perp T^*V$,故 $\forall\boldsymbol{\beta}\in V$,有 $\boldsymbol{\alpha}\perp T^*\boldsymbol{\beta}$,即

$$(\boldsymbol{\alpha},T^*\boldsymbol{\beta}')=0.$$

因$(\boldsymbol{\alpha},T^*\boldsymbol{\beta})=(T\boldsymbol{\alpha},\boldsymbol{\beta})$,于是$(T\boldsymbol{\alpha},\boldsymbol{\beta})=0$. 由 $\boldsymbol{\beta}$ 之任意性,得

$$T\boldsymbol{\alpha}=0,$$

故 $\boldsymbol{\alpha}\in T^{-1}(0)$，由此可知

$$(T^{*}V)^{\perp}\subseteq T^{-1}(0),$$

所以

$$T^{-1}(0)=(T^{*}V)^{\perp}.$$

习　题

1. 设 V 为有限维欧氏空间，s 个单位向量 $\boldsymbol{\alpha}_1,\boldsymbol{\alpha}_2,\cdots,\boldsymbol{\alpha}_s$ 组成 V 中的一个正交向量组，使得对任意的 $\boldsymbol{\alpha}\in V$，都有 $\sum\limits_{i=1}^{s}(\boldsymbol{\alpha},\boldsymbol{\alpha}_i)^2=|\boldsymbol{\alpha}|^2$. 证明：$V=L(\boldsymbol{\alpha}_1,\boldsymbol{\alpha}_2,\cdots,\boldsymbol{\alpha}_s)$.

2. 设 σ 是欧氏空间 V 的线性变换，且 $\sigma^3+\sigma=0$. 证明：σ 的迹为 0.

3. 试从三维欧式空间 $\mathbf{R}^3$ 的一组基 $\boldsymbol{\alpha}_1=\begin{pmatrix}1\\1\\0\end{pmatrix}$，$\boldsymbol{\alpha}_2=\begin{pmatrix}2\\0\\1\end{pmatrix}$，$\boldsymbol{\alpha}_3=\begin{pmatrix}2\\2\\1\end{pmatrix}$ 出发构造一组标准正交基.

4. 证明：在 n 维欧氏空间中，至多有 $n+1$ 个向量使得其中任意两个向量之间的夹角均大于 $90°$.

5. 用正交线性替换化下列二次型为标准形：

$$x_1^2-2x_2^2-2x_3^2-4x_1x_2+4x_1x_3+8x_2x_3.$$

6. 设 T 欧氏空间 V 的一个正交变换，λ 和 μ 是 T 的两个不同特征值，设 T 的属于 λ 的特征向量为 $\boldsymbol{\alpha}$，属于 μ 的特征向量为 $\boldsymbol{\beta}$. 证明 $\boldsymbol{\alpha}$ 与 $\boldsymbol{\beta}$ 是正交的.

7. 已知三维欧几里得空间 V 中有一组基 $\boldsymbol{\alpha}_1,\boldsymbol{\alpha}_2,\boldsymbol{\alpha}_3$，其度量矩阵为 $\boldsymbol{A}=\begin{pmatrix}2&-1&0\\-1&2&1\\0&1&1\end{pmatrix}$，求向量 $\boldsymbol{\beta}=2\boldsymbol{\alpha}_1-\boldsymbol{\alpha}_3$ 的长度.

8. 设 V_1,V_2 是欧几里得空间 V 的两个子空间，证明：

$$(V_1+V_2)^{\perp}=V_1^{\perp}\cap V_2^{\perp},(V_1\cap V_2)^{\perp}=V_1^{\perp}+V_2^{\perp}.$$

9. 设 f 是有限维 Euclid 空间 V 上的正交变换.

(1) 证明：f 的特征值只能是 1 或 -1；

(2) 证明：f 的属于不同特征值的特征向量相互正交；

(3) 如果 1 和 -1 都是 f 的特征值，并且 V_1 和 V_{-1} 分别表示 f 的属于特征值 1 和 -1 的特征子空间. 若 $f^2=I$（I 表示 V 上的恒等变换），证明：$V_{-1}=V_1^{\perp}$.

10. 设 $\mathbf{R}^3$ 是三维欧氏空间，已知 $\mathbf{R}^3$ 上的三阶矩阵 $\boldsymbol{A}$ 与三维向量 x，使得向量 $\boldsymbol{x},\boldsymbol{Ax}$，$\boldsymbol{A}^2\boldsymbol{x}$ 线性无关，且 $\boldsymbol{A}^3\boldsymbol{x}=3\boldsymbol{Ax}-2\boldsymbol{A}^2\boldsymbol{x}$. 记 $\boldsymbol{C}=(\boldsymbol{x},\boldsymbol{Ax},\boldsymbol{A}^2\boldsymbol{x})$，求 3 阶方阵 $\boldsymbol{B}$，使得 $\boldsymbol{A}=\boldsymbol{CBC}^{-1}$.

11. 设 $\boldsymbol{A}=\begin{pmatrix}2&0&4\\0&6&0\\4&0&2\end{pmatrix}$，求正交矩阵 $\boldsymbol{T}$，使得 $\boldsymbol{T}^{-1}\boldsymbol{AT}$ 成为对角矩阵.